제4판

재개발·재건축

-전면개정된 도시정비법 해설을 중심으로-

최 근 형 저

진 원 사

제4판 머리말

정비사업은 주거환경이 불량한 지역을 계획적으로 정비하고, 노후·불량건축물을 개량하여 도심의 주거환경을 개선하는 사업으로, 도시 내 유휴부지가 부족한 상황에서 직주근접성이 높은 주택을 공급하는 데 중요한 역할을 한다. 그러나 현행 정비사업 제도의 한계로 주민 간 갈등 및 사업성 부족이 발생하여 상당수의 정비사업이 조합 설립도 하지 못하고 정체되고 있으며, 조합을 설립하더라도 복잡한 행정절차 등으로 인해 착공까지 상당한 기간이 소요되고 있는 실정이다. 이에 현행 제도로는 정비사업이 어려워 주거환경 개선이 어려운 지역의 주민들이 공공기관의 참여를 희망하는 경우, 공공기관이 사업시행자등으로 참여하여 용적률 완화 등 특례를 토대로 사업을 촉진하는 새로운 정비사업 유형을 신설하여, 도심 내 주거환경 개선과 주택공급 확대를 도모하려는 목적으로, 공공재개발사업과 공공재건축사업 유형이 신설되어, 2021. 7. 14.부터 시행되었다. 아직 시행 초기 단계이기 때문에 구체적 시행과정에서 문제점들도 드러날 것으로 보인다.

이 책은 2021. 9.까지 개정법률과 새로 나온 판례들을 보완하였다. 계속적인 관심과 사랑에 감사를 드린다.

2021. 12.

변호사 최 근 형

제3판 머리말

제2판이 발행된 이후 벌써 1년의 세월이 지났다. 그간 도시정비법은 두 차례 개정이 있었다.

첫 번째 개정은 국민의 안전을 위하여 정비구역에서 붕괴 우려가 있는 위험 건축물 등에 대한 안전조치는 허가를 받지 않고 할 수 있도록 하고, 정비구역 지정목적을 달성할 수 없거나 토지 등 소유자가 원하는 경우에 정비구역을 해제할 수 있도록 정비구역 직권해제 요건을 완화하는 한편, 정비사업 관련 비리를 근절하기 위하여 조합임원의 자격요건과 결격사유를 강화하고, 토지 등 소유자나 조합원이 요청하거나 공사비의 증액비율이 일정 비율 이상인 경우 공사비 검증을 요청하도록 하는 등 현행 제도의 운영상 나타난 일부 미비점을 개선·보완하려는 목적에서이다.

두 번째 개정은 정비사업전문관리업자가 등록취소처분 등을 받은 경우 해당 정비사업전문관리업자가 그 내용을 사업시행자에게 통지하도록 되어 있는데 정비사업전문관리업자가 이를 고의로 누락하는 경우에는 사업시행자가 계약해지 등 적절한 조치를 취할 수 없는 문제가 있는바, 등록취소처분 등을 명한 시·도지사도 추진위원회 또는 사업시행자에게 그 내용을 통지하도록 하고, 행정조사 권한의 남용을 방지하고 행정조사 업무의 통일성과 실효성을 확보하기 위하여 행정조사의 실시 요건, 사전통지 절차, 업무에 관한 보고 또는 자료 제출 기한, 조사 결과의 통지 기한 등을 구체적으로 규정하는 등 현행 제도의 운영상 나타난 일부 미비점을 개선·보완하려는 목적에서이다.

이에 이 책은 개정법률을 반영하고, 2020. 4.까지 새로 나온 판례를 반영하였다.

제3판이 나올 수 있도록 관심을 가져준 독자 제위에게 감사하며, 아울러 어려운 시기 잘 극복하길 바라는 바이다.

2020. 4.

변호사 최 근 형

제2판 머리말

초판이 발행될 당시 전면 개정된 도시정비법에 따른 지방자치단체의 조례가 나오지 않은 상태였다. 서울시에서 2018. 7. 19. 서울특별시조례 제6899호로 조례를 전부개정하였다. 이에 이 책은 서울시 개정조례를 반영하였다.

그간 도시정비법 개정도 있었다. 즉 2018. 6. 12. 도시정비법 일부개정으로 정비구역에서 지역주택조합원 모집을 금지시키는 규정을 명문화하였고, 건설업자와 공동시행방식으로 시행하는 재건축사업의 경우에도 재개발사업과 같이 공동사업시행자의 시공보증을 의무화하고, 건설업자가 시공자 선정 등과 관련하여 금품이나 향응을 제공하는 등 행위제한 의무를 위반한 경우 사업시행자에게 시공자 선정을 취소할 것을 명하거나, 건설업자에게 과징금을 부과할 수 있도록 하고, 해당 건설업자에 대하여는 2년의 범위에서 정비사업의 입찰참가를 제한할 수 있도록 하고, 건설업자에게 시공자 선정과 관련하여 계약한 용역업체 및 피고용인에 대한 관리·감독의무를 부여하고, 이를 위반한 경우 5천만원 이하의 벌금에 처하는 규정을 신설하였다. 이에 이 책은 개정법률을 반영하였다.

아울러 2018. 12.까지 새로 나온 판례를 반영하였다.

독자 여러분의 관심에 감사를 드린다.

2018. 12.

변호사 최 근 형

머 리 말

재개발·재건축을 규율하는 도시 및 주거환경정비법이 2003. 10. 1. 시행된 이후 빈번한 개정이 이루어지다가, 14년만인 2017. 2. 8. 전부개정되어 2018. 2. 9.부터 시행되었고, 그에 맞추어 시행령 및 시행규칙도 전면개정되었다. 종전법은 정비사업의 유형으로 주거환경개선사업, 주택재개발사업, 주택재건축사업, 도시환경정비사업, 주거환경관리사업, 가로주택정비사업을 규정하고 있었으나, 개정법에서는 주거환경개선사업과 주거환경관리사업을 통합하여 주거환경개선사업으로 하고, 주택재개발사업과 도시환경정비사업을 통합하여 재개발사업으로 하였다. 가로주택정비사업과 정비구역 아닌 구역에서 시행하는 주택재건축사업은 2018. 2. 9. 시행된 「빈집 및 소규모주택 정비에 관한 특례법」에서 정한 빈집정비사업 중 가로주택정비사업과 소규모재건축사업으로 이관되었다. 또 개정법은 일정 비율 이상의 토지등소유자 동의로 정비계획의 변경을 요청하는 경우 입안제안을 허용하는 규정을 신설하고, 재개발사업으로 공급할 수 있는 건축물을 주택 및 복리시설 이외에 일반 건축물로 확대하였다.

저자는 오랜 기간 현직에서 판사로 그리고 재야에서 변호사로 재직하면서 처리하고 축적한 실무경험을 토대로, 이번에 전부개정된 도시정비법령을 최초로 정리하고 2018. 2.말까지 나온 재건축·재개발에 관한 판례를 총망라하여 검토하였다. 다만 아직 개정법에 따른 시·도조례가 나오지 않았으나 기존 조례에서 크게 달라지지는 않을 것으로 보이므로, 주로 서울시 조례를 기준으로 하여 필요한 부분에 관하여 언급하였고, 조례가 나올 경우 이를 반영하고자 한다.

이 책의 서술체계 중 제1장 '서론'에서는 신구조문 대비를 통해 이번에 전면개정된 법 내용 전체를 일목요연하게 파악할 수 있도록 하였다. 도시정비사업의 진행과정에 따라 서술된 제2장 '도시·주거환경정비기본계획의 수립'부터 제15장 '각종 분담금'까지는, 관련 법조문과 동법 시행령과 시행규칙 및 대법원 판례의 원문을 인용함으로써 독자로 하여금 법전과 판례를 찾아보는 불편을 해소하였다. 특히 최근에 정부가 부동산경기안정화를 내세워 재건축 안전진단기준을 강화하는 정책을 추진하면서 재건축 현장에서 이에 대한 반발이 일어나고 있으므로, 제3장 '정비계획 결정 및 정비구역의 지정'에서는 논란이 일고 있는 재건축 안전진단기준에 대하여 자세히 언급을 하였다. 빈집정비사업·소규모주택정비사업에 관해서는 제16장에 서술하였고, 이 책의 말미에는 도시정비사업에 필요한 주요 서식(도시 및 주거환경정비법 시행규칙의 별지서식)을 예시하여 비법률가도 해당 서식을 통하여 도시정비사업의 전체적인 흐름을 쉽게 파악할 수 있도록 하였다. 이 책에 자주 등장하는 축약어, 용어의 뜻은 제1장 '서론'에 일괄하여 정리하였으므로 이를 참고하기 바란다.

십수 년 동안의 상담과 소송 경험을 바탕으로 쓰인 이 책이 도시정비사업의 시행자, 조합의 임원과 토지등소유자 등 도시정비사업에 관심을 가지고 고민하고 있는 많은 사람들에게 도움이 되었으면 한다. 끝으로 옆에서 늘 의견을 나누고 교정을 도와준 동료 정유나 변호사에게 감사를 전하는 바이다.

2018. 4.

변호사 최 근 형

목 차

‖제1장‖ 서 론 ‖3

1. 도시정비법의 제정과 개정의 연혁 ······ 3

2. 신구조문 대비표 ······ 4

(1) 개 요 ······ 4

(2) 종전 법률 제13912호와 전부개정된 법률 제14567호 비교 ······ 5

(3) 법률 제14567호와 일부 개정된 법률 제14857호 비교 ······ 27

(4) 법률 제14857호와 일부 개정된 법률 제14943호 비교 ······ 32

(5) 법률 제14943호와 일부 개정된 법률 제15676호 비교 ······ 35

(6) 법률 제15676호와 일부 개정된 법률 제16383호 비교 ······ 39

(7) 법률 제16383호와 일부 개정된 법률 제16493호 비교 ······ 44

3. 정비사업의 의의 및 종류 ······ 46

(1) 의 의 ······ 46

(2) 주거환경개선사업 ······ 46

(3) 재개발사업 ······ 47

(4) 재건축사업 ······ 47

(5) 전면개정되기 전 정비사업법에 따른 정비사업 ······ 48

4. 정비사업과 구분되는 사업 ······ 50

(1) 서 론 ······ 50

(2) 도시·군계획시설사업 ······ 50

(3) 도시개발사업 ······ 54

(4) 택지개발사업 ······ 56

(5) 주택건설사업·대지조성사업 ······ 57

(6) 시장정비사업 ······ 64

5. 용어의 설명 ······ 66

(1) 법령 축약어 ······ 66

(2) 용어의 뜻 또는 축약어 ········· 66

6. 정비사업 추진절차 개요도 ········· 70

‖ 제 2 장 ‖ 도시·주거환경정비기본계획의 수립 ‖ 71

1. 정비기본방침 ········· 71

2. 기본계획의 의의 ········· 71

3. 기본계획의 수립 ········· 72

4. 기본계획의 내용 ········· 72

(1) 법에 정해진 사항 ········· 72

(2) 시행령에 정해진 사항 ········· 73

(3) 일부 사항 생략 ········· 73

(4) 작성기준 ········· 74

5. 기본계획 수립절차 ········· 74

(1) 주민의견청취(주민공람) ········· 74

(2) 지방의회의견청취 ········· 74

(3) 관계기관협의 및 도시계획위심의, 도지사승인 ········· 74

(4) 공보고시 및 일반인 열람 ········· 75

(5) 국토부장관보고 ········· 75

(6) 경미한 사항의 변경시 절차생략 ········· 75

6. 기본계획을 소송의 대상으로 삼을 수 있는지 ········· 76

(1) 불 가 ········· 76

(2) 사 례 ········· 76

‖ 제 3 장 ‖ 정비계획 결정 및 정비구역의 지정 ‖ 79

1. 정비계획 의의 ········· 79

2. 정비계획 입안 및 내용 ········· 79

(1) 입 안 ··· 79
(2) 지 정 ··· 80
(3) 노후·불량건축물의 의의 ··· 80
(4) 정비계획의 입안대상지역 ··· 84

3. 정비계획의 내용 ··· 87
(1) 법률에 정해진 내용 ··· 87
(2) 시행령에 정해진 내용 ··· 88
(3) 조례에 정해진 내용 ··· 89
(4) 기본계획과 달리 입안하거나, 세부계획을 입안할 경우 ··· 89
(5) 작성기준 및 방법 ··· 90

4. 정비계획에 임대주택 및 주택규모별 건설비율 반영 ··· 101
(1) 정비계획에 반영 ··· 101
(2) 건설의무 ··· 105

5. 정비계획 수립시 용적률 완화 ··· 105
(1) 법적상한용적률 및 조례로 정한 용적률 ··· 105
(2) 주거지역 법적상한용적률 적용 ··· 106
(3) 상부기관 승인요청 ··· 107

6. 정비계획입안을 위한 안전진단 ··· 107
(1) 안전진단을 실시하는 경우 ··· 107
(2) 안전진단의 절차 ··· 109
(3) 안전진단결과 검토 ··· 111
(4) 안전진단 기준 강화 ··· 113

7. 정비계획 입안제안 ··· 125
(1) 입안제안을 하는 경우 ··· 125
(2) 절 차 ··· 126

8. 정비계획입안을 위한 의견청취 ··· 127
(1) 주민의견청취 ··· 127
(2) 지방의회의견청취 ··· 127

(3) 관리청의견청취 ······ 127

9. 정비계획결정 및 정비구역 지정·고시 ······ 127

(1) 지방도시계획위원회 심의 ······ 127

(2) 결정 및 지정·고시 ······ 128

(3) 보고 및 열람 ······ 128

10. 경미한 사항의 경우 절차 생략 ······ 128

11. 정비구역 지정·고시의 효력 ······ 130

(1) 정비구역 지정·고시시 지구단위계획구역의 결정·고시 의제 ······ 130

(2) 지구단위계획 결정·고시시 정비구역 지정·고시 의제 ······ 131

(3) 지구단위계획의 건폐율·용적률·높이제한 완화규정 준용 ······ 131

12. 행위제한 ······ 133

(1) 정비구역지정 후 행위제한 ······ 133

(2) 허가가 필요 없는 행위 ······ 135

(3) 정비구역 지정 전 착수한 공사 또는 사업 ······ 136

(4) 위반자에 대한 조치 ······ 136

(5) 허가 절차 ······ 136

(6) 정비구역 지정 전 행위제한 ······ 137

(7) 지역주택조합 조합원모집금지 ······ 137

13. 정비구역의 해제 ······ 138

(1) 필요적 해제 ······ 138

(2) 재량 해제 ······ 141

(3) 해제의 효력 ······ 146

14. 정비구역 지정에 관련한 소송 ······ 147

(1) 정비구역지정을 취소해 달라는 소송 ······ 147

(2) 정비구역지정을 해 달라는 소송 ······ 149

‖ 제4장 ‖ 정비사업의 시행방법, 시행자 및 시공자 ‖ 151

1. 정비사업의 시행방법 ··· 151
(1) 주거환경개선사업 ··· 151
(2) 재개발사업 ··· 152
(3) 재건축사업 ··· 153
2. 정비사업의 시행자 ··· 153
(1) 주거환경개선사업 ··· 153
(2) 재개발사업 ··· 154
(3) 재건축사업 ··· 155
3. 재개발·재건축사업의 공공시행자 ··· 155
(1) 시장·군수등이 직접 혹은 토지주택공사등을 사업시행자로 지정하여 시행 ··· 155
(2) 고시·통보 ··· 156
(3) 추진위원회구성승인·조합설립인가 취소의제 ··· 157
4. 재개발·재건축사업의 지정개발자 ··· 157
(1) 시장·군수등이 지정개발자를 사업시행자로 지정하여 시행 ··· 157
(2) 신탁업자가 지정개발자로 지정받기 위한 토지등소유자 동의요건 ··· 158
(3) 고시·통보 ··· 159
(4) 추진위원회구성승인·조합설립인가 취소의제 ··· 159
5. 재개발·재건축사업의 사업대행자 ··· 160
(1) 시장·군수등이 조합 또는 토지등소유자를 대신하여 시행하거나 시행하게 함 ··· 160
(2) 보수·비용 상환청구권 ··· 160
(3) 절 차 ··· 160
6. 계약의 방법 및 시공자·임대사업자 선정 ··· 162
(1) 계약의 방법 ··· 162
(2) 시공자 선정 ··· 163
(3) 임대사업자 선정 ··· 175
(4) 시공자 선정과 관련된 판례 ··· 184

제5장 조합설립추진위원회구성 및 조합설립 187

1. 추진위원회 구성·승인 ………… 187
   (1) 구성시기 ………… 187
   (2) 구성절차 ………… 188
   (3) 조합설립동의 간주 및 반대의사표시 ………… 190
   (4) 동의방법 및 절차 ………… 190
   (5) 공공지원과 추진위원회 구성생략 ………… 191
   (6) 추진위원회구성승인처분의 하자 ………… 191

2. 추진위원회의 기능 ………… 193
   (1) 업 무 ………… 193
   (2) 정비사업전문관리업자 선정방법 ………… 194
   (3) 창립총회 개최 ………… 194
   (4) 비용부담수반 및 권리의무변동발생시 동의 ………… 195

3. 추진위원회의 조직 ………… 196
   (1) 추진위원장 및 감사 ………… 196
   (2) 추진위원 선출 ………… 196
   (3) 추진위원 교체·해임 ………… 196
   (4) 추진위원장 직무대행 ………… 196
   (5) 결격사유 ………… 197

4. 추진위원회의 운영 ………… 197
   (1) 운영규정 ………… 197
   (2) 운영 및 경비납부 ………… 212
   (3) 조합의 권리의무 포괄승계 및 추진위원회 소멸 ………… 213
   (4) 조합의 서류인계 ………… 214

5. 조합의 설립 ………… 215
   (1) 조합설립원칙 ………… 215
   (2) 소유자동의 ………… 215
   (3) 인가·변경인가 ………… 220

(4) 조합설립인가의 주택건설사업등록 의제 ······ 227
(5) 추진위원회구성승인처분을 다투는 중에 조합설립인가처분이 있는 경우 ······ 228
(6) 조합설립인가처분 취소의 효력 ······ 229

6. 토지등소유자동의 ······ 232
(1) 서면동의서에 의한 동의를 요하는 행위 ······ 232
(2) 원칙적 지장날인·예외적 인감날인 ······ 233
(3) 검인서면동의서를 해야 하는 경우 ······ 233
(4) 국가·지방자치단체의 동의방법 ······ 233
(5) 동의자수 산정기준 ······ 234
(6) 동의 철회 또는 반대 의사표시 ······ 239
(7) 동의서 재사용의 특례 ······ 241

7. 조합의 성격 및 조합원의 자격 ······ 242
(1) 조합의 법인격 ······ 242
(2) 민법의 준용 ······ 242
(3) 조합원(사업시행자가 신탁업자인 경우에는 위탁자를 말함)의 자격 ······ 243
(4) 투기과열지구의 조합원지위승계 제한 ······ 246
(5) 무허가건물 소유자 ······ 251

8. 조합정관 ······ 253
(1) 정관의 성격 ······ 253
(2) 정관의 내용 ······ 254
(3) 표준정관 ······ 255
(4) 정관변경 ······ 256
(5) 경미한 사항 ······ 257
(6) 실질적 정관변경에 해당하는 경우 특별다수결 규정 유추적용 ······ 258

9. 조합임원 ······ 262
(1) 임원구성 ······ 262
(2) 임원선출 ······ 262
(3) 임원임기 ······ 263
(4) 전문조합관리인 선정 ······ 263

(5) 임원의 직무 ··· 264
(6) 임원의 결격사유 ··· 265
(7) 임원의 당연퇴임 ··· 266
(8) 임원의 해임 ··· 267

10. 총 회 ··· 268
(1) 소집권자 ··· 268
(2) 소집절차 ··· 268
(3) 총회 의결사항 및 상정사항 ··· 268
(4) 의결정족수 ··· 269
(5) 서면의결·대리인의결 ··· 270
(6) 조합원직접출석 요건 ··· 271
(7) 총회결의 없이 체결한 계약의 효력 ··· 272
(8) 총회결의가 적법하기 위한 충족기준 ··· 273

11. 대의원회·주민대표회의·토지등소유자전체회의 ··· 274
(1) 대의원회 ··· 274
(2) 주민대표회의 ··· 277
(3) 토지등소유자 전체회의 ··· 280

12. 조합의 해산 ··· 282

제6장 사업시행계획 285

1. 사업시행계획인가 ··· 285
(1) 정비사업시행의 요건 ··· 285
(2) 총회의결 내지 토지등소유자 동의 ··· 285
(3) 인가신청 ··· 286
(4) 인 가 ··· 287
(5) 변경인가 ··· 287
(6) 고 시 ··· 288
(7) 인가시 기부채납기준 ··· 289

2. 사업시행계획서·시행규정 작성 ······ 290
(1) 사업시행계획서 ······ 290
(2) 시행규정 ······ 293
3. 용적률완화 및 소형주택건설 ······ 294
(1) 해당 정비사업 ······ 294
(2) 용적률 및 허용세대수 완화 ······ 296
(3) 법적상한용적률 ······ 296
(4) 소형주택건설의무 ······ 297
(5) 소형주택공급의무 ······ 298
4. 관계서류 공람과 의견청취 ······ 300
(1) 공 람 ······ 300
(2) 의견청취 ······ 300
5. 인허가 의제 ······ 300
(1) 인허가등 의제 ······ 300
(2) 관계서류 사전 제출 ······ 302
(3) 관계기관 협의 ······ 302
(4) 점·사용료 면제 ······ 303
6. 일부 건축물 존치 또는 리모델링 ······ 303
(1) 사업시행계획서에 존치·리모델링 포함 ······ 303
(2) 소유자 동의 ······ 304
(3) 인가의 특례 ······ 305
7. 순환정비방식의 정비사업 ······ 306
(1) 이주대책수립 ······ 306
(2) 순환용주택의 임시거주시설 사용·임대 ······ 306
(3) 공공임대주택의 순환용주택으로 공급요청 ······ 307
(4) 순환용주택의 우선분양·임대 ······ 308
8. 지정개발자의 정비사업비 예치 ······ 308
9. 사업계획시행인가에 대한 쟁송 ······ 309

(1) 조합이 수립한 사업시행계획에 하자가 있으나 인가처분에는 하자가 없는 경우 ······· 309
(2) 당초 사업시행계획을 실질적으로 변경하는 내용으로 새로운 사업시행계획이 수립되어 인가받은 경우 ······· 309
(3) 토지등소유자가 조합을 설립하지 않고 직접 구법상 도시환경정비사업을 시행하면서 사업시행계획을 수립하고 인가를 받은 경우 ······· 310
(4) 사업시행인가처분의 제소기간: 고시후 5일이 경과한 날부터 90일 ······· 311

제7장 정비사업시행을 위한 조치 313

1. 임시거주시설·임시상가의 설치 ······· 313
(1) 임시거주시설 ······· 313
(2) 임시상가 ······· 313
(3) 타인 시설 일시사용 ······· 313
(4) 임시시설 철거 ······· 314

2. 수용·사용 ······· 314
(1) 적용사업 ······· 314
(2) 수용 대상 권리 ······· 315
(3) 토지보상법 준용 ······· 315
(4) 사업인정 및 고시 의제 ······· 315
(5) 재결신청기간의 연장 ······· 316
(6) 사후 현물보상 ······· 316
(7) 수용보상금 ······· 317
(8) 이주정착금 ······· 320
(9) 주거이전비 ······· 323
(10) 이 사 비 ······· 328
(11) 영업보상 ······· 329

3. 매도청구 ······· 330
(1) 적용사업 ······· 330
(2) 대 상 자 ······· 330
(3) 절 차 ······· 331

(4) 매도청구권행사의 효과 ········· 334

4. 세입자보호시 용적률완화 ········· 335

(1) 요 건 ········· 335

(2) 용적률완화 ········· 335

(3) 사전협의 ········· 336

5. 재건축사업시 토지분할 ········· 336

(1) 입법취지 ········· 336

(2) 요건 및 내용 ········· 337

(3) 협의 및 소제기 ········· 338

(4) 소제기 효과 ········· 338

(5) 새로운 조합설립동의서, 특별결의, 정관변경 불요 ········· 338

6. 건축규제완화 등에 관한 특례 ········· 339

(1) 주거환경개선사업 ········· 339

(2) 긴급시행 재건축사업 ········· 340

7. 다른 법령의 적용 및 배제 ········· 341

(1) 주거환경개선구역의 경우 주거지역 결정·고시 간주 ········· 341

(2) 환지방법사업의 경우 도시개발법 환지 규정 준용 ········· 343

(3) 주거환경개선사업의 경우 이주대책비용부담 규정 적용배제 ········· 344

8. 지상권 등 계약의 해지 ········· 344

(1) 해지할 수 있는 권리 ········· 344

(2) 금전반환의무 ········· 344

(3) 구상권 및 압류 ········· 345

(4) 기간보호규정 적용배제 ········· 346

9. 소유자확인불능물·조합원전체소유물에 대한 처분 ········· 346

(1) 소유자확인곤란물건 ········· 346

(2) 조합원전체공동소유물 ········· 347

▌제 8 장 ▌ 관리처분계획 ▌ 349

1. 분양공고 및 분양신청 ········· 349
(1) 분양신청통지·공고시기 ········· 349
(2) 분양신청통지·공고사항 ········· 350
(3) 분양신청기간 ········· 352
(4) 분양신청방법절차 ········· 352
(5) 재분양공고 ········· 353
(6) 투기과열지구 분양신청제한 ········· 353

2. 현금청산대상자에 대한 조치 ········· 354
(1) 현금청산대상자 ········· 354
(2) 청산금지급의무발생일 ········· 357
(3) 제73조제1항 현금청산대상자에 대한 손실보상절차 ········· 357
(4) 재개발사업의 현금청산대상자의 지위 ········· 361
(5) 재건축사업 현금대상자의 지위 ········· 365

3. 관리처분계획의 인가 ········· 371
(1) 수립 및 인가·변경인가 ········· 371
(2) 경미한 변경 신고 ········· 372
(3) 관리처분계획 내용 ········· 374
(4) 재산·권리 평가방법 ········· 376
(5) 종전자산 가격평가의 기준 시점 ········· 377
(6) 관리처분의 방법 및 기준 ········· 378
(7) 사전통지·총회의결 ········· 382
(8) 준 용 ········· 382

4. 사업시행계획인가 및 관리처분계획인가의 시기 조정 ········· 383
(1) 특별시장·광역시장 또는 도지사 ········· 383
(2) 특별자치시장 및 특별자치도지사 ········· 383
(3) 방법 및 절차 ········· 383

5. 관리처분계획의 수립기준 ········· 384

(1) 수립기준 ······ 384
(2) 관련 판례 ······ 385

6. 주택 등 건축물을 분양받을 권리의 산정 기준일 ······ 388
(1) 기 준 일 ······ 388
(2) 기준일을 기준으로 분양권을 산정하는 경우 ······ 388

7. 관리처분계획의 공람 및 인가절차 ······ 388
(1) 공람 및 의견청취 ······ 388
(2) 인 가 ······ 389
(3) 타당성검증 ······ 389
(4) 고 시 ······ 390
(5) 통 지 ······ 390
(6) 준 용 ······ 390

8. 사업시행계획 및 관리처분계획에 대한 쟁송 ······ 391
(1) 인가·고시 이전 ······ 391
(2) 인가·고시 이후 ······ 391
(3) 보전소송 ······ 394

9. 관리처분계획에 따른 처분·관리 ······ 395
(1) 관리처분계획에 따른 공급 ······ 395
(2) 사업시행자가 정하는 방법에 따른 공급 ······ 395
(3) 잔여분 공급 ······ 397
(4) 임대주택의 공급 ······ 399
(5) 남은 주택 공급 ······ 403

10. 지분형주택 등의 공급 ······ 403
(1) 지분형주택 ······ 403
(2) 토지임대부 분양주택 ······ 404

11. 건축물 등의 사용·수익의 중지 및 철거 ······ 405
(1) 물건조서작성 ······ 405
(2) 사용·수익금지 ······ 405

(3) 기존건축물철거 410

12. 시공보증 411

(1) 조합에 시공보증서 제출 411

(2) 시장·군수등 시공보증서 제출 확인 411

제9장 공사완료에 따른 조치 413

1. 정비사업의 준공인가·고시 및 공사완료고시 413

(1) 준공인가·고시 413

(2) 공사완료고시 414

(3) 분양대상자에 통지 414

(4) 준공인가전 사전사용 414

(5) 준공인가·공사완료고시의 효과 415

2. 이전고시 416

(1) 대지확정측량 및 토지분할 416

(2) 이전고시 417

(3) 소유권 및 지상권등 이전 417

(4) 환지 또는 보류지·체비지 의제 418

(5) 등기절차 420

(6) 권리변동제한 424

(7) 이전고시 후 법적안정성 확보 424

3. 청 산 금 425

(1) 청산금 의의 425

(2) 청산금 평가 425

(3) 청산금 징수 또는 지급 427

(4) 청산금 징수위탁 427

(5) 청산금 공탁 428

(6) 청산금채권 소멸시효 428

(7) 청산금에 물상대위 428

▌제10장▌ 비용의 부담, 정비기반시설의 설치 및 국·공유재산 처분 ▌429

1. 비용부담의 원칙 ······ 429
(1) 시행자 부담의 원칙 ······ 429
(2) 시장·군수등이 부담할 수 있는 경우 ······ 429
2. 비용의 조달 ······ 429
(1) 부과금 및 매몰비용 ······ 429
(2) 연 체 료 ······ 430
(3) 부과징수위탁 ······ 430
(4) 조합원지위상실자에 대한 사업비분담 ······ 431
3. 정비기반시설 관리자의 비용부담 ······ 431
(1) 정비기반시실 관리자 ······ 431
(2) 공동구 수용시설 설치의무자 ······ 432
4. 보조 및 융자 ······ 433
(1) 공공이 시행하는 정비사업 ······ 433
(2) 시장·군수등이 아닌 자가 시행하는 정비사업 ······ 434
(3) 임대주택 관련 지원 ······ 435
5. 정비기반시설의 설치 및 귀속 ······ 435
(1) 정비기반시설의 설치 ······ 435
(2) 정비기반시설 무상귀속·양도의 원칙 ······ 436
(3) 무상귀속·양도 해당도로 ······ 443
(4) 무상귀속·양도절차 ······ 443
6. 국유·공유재산의 처분·임대 및 무상양여 ······ 444
(1) 정비사업에 필요한 국유·공유재산의 처분 ······ 444
(2) 임대주택건설에 필요한 국·공유지의 임대 ······ 446
(3) 정비사업구역내 국·공유지 무상양여 ······ 447
(4) 주거환경개선구역내 공동시설 무상사용 ······ 449

▎제 11 장 ▎ 정비사업전문관리업 ▎ 451

1. 정비사업전문관리업의 등록 ········· 451
(1) 정비사업전문관리업 등록 ········· 451
(2) 등록절차 ········· 452
2. 정비사업전문관리업자의 업무 ········· 453
(1) 수행업무 ········· 453
(2) 업무제한 ········· 454
(3) 민법의 위임에 관한 규정준용 ········· 454
3. 결격사유 및 등록취소·업무정지 ········· 454
(1) 정비사업전문관리업자의 결격사유 ········· 454
(2) 정비사업전문관리업의 등록취소 및 영업정지처분 ········· 455
4. 정비사업전문관리업자 관리 ········· 459
(1) 조사·검사 ········· 459
(2) 정보종합관리 ········· 460
5. 정비사업전문관리업자단체(협회) ········· 460
(1) 협회의 설립 및 취소 ········· 460
(2) 협회의 업무 ········· 462
(3) 감 독 ········· 462

▎제 12 장 ▎ 행정청의 감독·조정·지원 ▎ 463

1. 자료제출명령·조사 ········· 463
(1) 상부기관보고 ········· 463
(2) 자료제출명령·조사 ········· 463
(3) 업무사항조사절차 ········· 464
(4) 조사태만에 대한 책임유무 ········· 464
2. 회계감사 ········· 465

(1) 회계감사시기 ········· 465
(2) 회계감사기관 선정 ········· 466
(3) 회계감사기관 감독 ········· 467

3. 감 독 ········· 467
(1) 필요한 행정처분 시행 ········· 467
(2) 점검반 현장조사 시행 ········· 468
(3) 시공자선정취소명령·과징금부과 및 입찰참가제한 ········· 469

4. 정비사업 지원기구 ········· 472

5. 교육의 실시 ········· 472

6. 분쟁조정 ········· 473
(1) 도시분쟁조정위원회 구성 ········· 473
(2) 조정대상 ········· 476
(3) 조정절차 ········· 476
(4) 조정수락효력 ········· 476

7. 정비사업의 공공지원 ········· 477
(1) 공공지원 또는 공공지원위탁 ········· 477
(2) 공공지원내용 ········· 478
(3) 위탁관리자 감독 ········· 479
(4) 공공지원 비용 ········· 479
(5) 공공지원 방법·절차 ········· 480

8. 정비사업 관리시스템구축 및 정보공개 ········· 481
(1) 정비사업관리시스템구축 ········· 481
(2) 정비사업의 정보공개 ········· 482

9. 청 문 ········· 483

제13장 보 칙 485

1. 토지등소유자의 설명의무 ········· 485

2. 재개발사업 등의 시행방식의 전환 ···· 485
(1) 재개발사업의 시행방식 전환 ···· 485
(2) 주거환경개선사업의 시행방식 전환 ···· 486
3. 관련자료 공개와 보존 ···· 486
(1) 자료공개 ···· 486
(2) 자료보관 ···· 491
4. 도시·주거환경정비기금의 설치 ···· 492
(1) 주 관 ···· 492
(2) 기 금 ···· 493
(3) 용 도 ···· 494
5. 노후·불량주거지 개선계획의 수립 ···· 495
6. 권한의 위임·위탁 ···· 495
(1) 시·도시지사 등에게 위임 ···· 495
(2) 협회 등에 위탁 ···· 496
7. 사업시행자 등의 권리의무의 승계 ···· 497
8. 정비구역의 범죄예방 ···· 497
9. 재건축사업의 안전진단 재실시 ···· 497
10. 조합임원등의 선임선정시 행위제한 ···· 498
11. 건설업자의 관리·감독 의무 ···· 498
12. 조합설립인가등의 취소에 따른 채권의 손해액 산입 ···· 498

제14장 벌 칙 501

1. 형법상 뇌물관련죄 ···· 501
(1) 공무원의제 ···· 501
(2) 취 지 ···· 501
(3) 임원의 의미 ···· 502

2. 도시정비법 위반행위 ········· 505
(1) 5년 이하의 징역 또는 5천만원 이하의 벌금에 처하는 경우 ········· 505
(2) 3년 이하의 징역 또는 3천만원 이하의 벌금에 처하는 경우 ········· 506
(3) 2년 이하의 징역 또는 2천만원 이하의 벌금에 처하는 경우 ········· 507
(4) 1년 이하의 징역 또는 1천만원 이하의 벌금에 처하는 경우 ········· 511
(5) 5천만원 이하의 벌금에 처하는 경우 ········· 512
(6) 양벌규정 ········· 512
(7) 도시정비법위반죄의 주체로 규정된 조합임원·추진위원장에 대한 검토 ········· 512

3. 토지보상법 위반행위 ········· 514
(1) 토지보상법 제93조 ········· 514
(2) 토지보상법 제95조 ········· 514
(3) 토지보상법 제95조의2 ········· 515
(4) 토지보상법 제96조 ········· 515
(5) 토지보상법 제97조 ········· 516
(6) 양벌규정(제98조) ········· 516

4. 과 태 료 ········· 516
(1) 도시정비법에 규정된 과태료 ········· 516
(2) 토지보상법에 규정된 과태료 ········· 519

제 15 장 각종 부담금 521

1. 부 담 금 ········· 521
(1) 의 의 ········· 521
(2) 근 거 ········· 521

2. 기반시설설치비용 부과금 ········· 522
(1) 기반시설부담구역 ········· 522
(2) 기반시설부담구역의 지정 ········· 522
(3) 기반시설설치비용의 부과대상 및 산정기준 ········· 522
(4) 기반시설설치비용의 납부 및 사용 ········· 523

3. 재건축부담금 ··· 523
(1) 재건축부담금 ··· 523
(2) 한시적면제후 재시행 ··· 523
(3) 부과기준 ··· 524
(4) 부 과 율 ··· 524
(5) 부과징수 ··· 525

4. 학교용지부담금 ··· 525
(1) 의 의 ··· 525
(2) 학교용지의 조성·개발 ··· 525
(3) 학교용지의 확보 및 경비의 부담 ··· 527
(4) 부담금의 부과·징수 ··· 527

5. 광역교통시설부담금 ··· 528
(1) 부과대상 사업 ··· 528
(2) 부담금의 산정기준 ··· 529
(3) 부과징수 ··· 531

제 16 장 빈집정비사업·소규모주택정비사업 533

1. 소규모주택정비법 제정 ··· 533
2. 사업의 유형과 비교 ··· 534
(1) 소규모주택정비법의 사업절차 비교 ··· 534
(2) 도시정비법의 정비사업과 비교 ··· 534

3. 빈집정비사업 ··· 535
(1) 의 의 ··· 535
(2) 빈집정비계획의 수립·고시 ··· 536
(3) 빈집실태조사 ··· 536
(4) 빈집정비사업의 시행방법 ··· 537
(5) 빈집정비사업의 시행자 ··· 537
(6) 빈집의 철거 ··· 538

(7) 사업시행계획서작성 및 사업시행계획인가 ··· 538
(8) 준공인가 및 공사완료고시 ··· 539

4. 소규모주택정비사업 ··· 540
(1) 의 의 ··· 540
(2) 시행방법 ··· 540
(3) 시 행 자 ··· 540
(4) 시공자 선정 ··· 542
(5) 주민합의체 구성 및 조합의 설립 ··· 543
(6) 사업시행계획 및 관리처분계획 ··· 545
(7) 사업시행을 위한 조치 ··· 549
(8) 공사완료에 따른 조치 ··· 551
(9) 사업활성화를 위한 지원 ··· 552

■ 도시 및 주거환경정비법 시행규칙[별지 제1호서식] ··· 555

✜ 판례색인 ··· 583
✜ 사항색인 ··· 586

재개발·재건축

-전면개정된 도시정비법 해설을 중심으로-

제 1 장 서 론 ▸ 3

제 2 장 도시·주거환경정비기본계획의 수립 ▸ 71

제 3 장 정비계획 결정 및 정비구역의 지정 ▸ 79

제 4 장 정비사업의 시행방법, 시행자 및 시공자 ▸ 151

제 5 장 조합설립추진위원회구성 및 조합설립 ▸ 187

제 6 장 사업시행계획 ▸ 285

제 7 장 정비사업시행을 위한 조치 ▸ 313

제 8 장 관리처분계획 ▸ 349

제 9 장 공사완료에 따른 조치 ▸ 413

제10장 비용의 부담, 정비기반시설의 설치 및 국·공유재산 처분 ▸ 429

제11장 정비사업전문관리업 ▸ 451

제12장 행정청의 감독·조정·지원 ▸ 463

제13장 보 칙 ▸ 485

제14장 벌 칙 ▸ 501

제15장 각종 부담금 ▸ 521

제16장 빈집정비사업·소규모주택정비사업 ▸ 533

제1장 서 론

1. 도시정비법의 제정과 개정의 연혁

1970년대 이후 산업화·도시화 과정에서 대량 공급된 주택들이 노후화됨에 따라 이들을 체계적이고 효율적으로 정비할 필요성이 커지는 반면 당시 재개발사업·재건축사업 및 주거환경개선사업이 각각 「도시재개발법」 「주택건설촉진법」 「도시저소득주민의 주거환경 개선을 위한 임시조치법」 등 개별법으로 규정되어 이에 관한 제도적 뒷받침이 미흡하여, 이를 보완하여 일관성 있고 체계적인 단일·통합법을 마련할 필요성이 대두되었다.

이에 도시기능의 회복이 필요하거나 주거환경이 불량한 지역을 계획적으로 정비하고 노후·불량건축물을 효율적으로 개량하기 위하여 필요한 사항을 규정함으로써 도시환경을 개선하고 주거생활의 질을 높이는데 이바지함을 목적으로, 「도시 및 주거환경정비법」(이하 도시정비법이라고 약칭한다)이 2002. 12. 30. 법률 제6852호로 제정되어, 2003. 10. 1. 시행되었다.

「국토의 계획 및 이용에 관한 법률」(이하 국토계획법이라고 약칭한다) 제2조제4호에 의하면, '기반시설의 설치·정비 또는 개량에 관한 계획'과 '도시개발사업 또는 정비사업에 관한 계획'은 국토계획법상의 '도시관리계획'에 해당하고, 국토계획법 제2조제11호에 의하면, 도시관리계획을 시행하기 위한 '도시계획사업'에 '도시계획시설사업', '도시개발법에 따른 도시개발사업', '도시정비법에 따른 정비사업'이 포함되므로, 이에 비추어 보면 도시정비법은 국토계획법상의 도시관리계획에 따라 도시기능의 회복이 필요하거나 주거환경이 불량한 지역을 계획적으로 정비하고 노후·불량건축물을 효율적으로 개량하기 위하여 필요한 사항을 규정하기 위한 목적으로 제정된 법률이라고 할 것이다.

도시정비법은 제정 이후 정비사업에 대한 사회적 수요가 급증하고, 시장상황 변화에 부응하기 위하여 법률 개정이 빈번하게 이루어졌으며, 법조문도 제정 당시 88개조 273개항에서 117개조 423개항으로 크게 증가하였고, 이로 인해 법률 규정이 지나치게 복잡하고 일반 국민이 이해하기가 어려울 뿐만 아니라, 정비사업을 둘러싼 분쟁이 다수 발생하고 있어, 법률을 알기 쉽게 개편하고 불필요한 분쟁을 저감할 수 있도록 법률 규정을 정비할 필요성이 증대되었다.

이에 복잡한 정비사업 유형을 통합하여 단순화하고, 분쟁을 유발하는 불명확한 규정은 명확하게 개선하는 한편, 일반 국민들이 정비사업 제도를 알기 쉽게 정비하려는 이유에서 2017.2.8. 법률 제14567호로 전부개정되고, 2017.8.9. 법률 제14857호로 일부개정되고, 2017.10.24. 법률 제14943호로 일부개정되어, 2018.2.9. 시행되었다.

개정법은 전부 개정이 되어 원칙적으로 기존 부칙 규정이 모두 소멸하는 관계로, 개정된 조문의 경과조치와 기존 법률 중 효력을 유지하면서 경과조치를 두어야 할 사항을 모두 규정함에 따라 부칙 규정이 많고 복잡해졌다. 개정법은 일반적 경과조치로 개정법 시행 당시 종전법에 따른 결정·처분·절차, 그 밖의 행위는 개정법의 규정에 따라 행하여진 것으로 본다는 규정을 두었다(부칙 제25조).

2. 신구조문 대비표

(1) 개 요

타법개정으로 일부 문구가 수정된 경우를 제외하고, 전부개정되기 직전 도시정비법 이래의 연혁을 살펴보면, 전부개정 직전의 도시정비법은 법률 제13912호(2016.1.27. 일부개정, 2016.7.28. 시행)로 시행되다가, 2017.2.8. 법률 제14567호(2018.2.9. 시행)로 전부개정되고, 이어 2017.8.9. 법률 제14857호(2018.2.9. 시행)로 일부개정되고, 2017.10.24. 법률 제14943호(2018.2.9. 시행)로 일부개정되어, 2018.2.9. 시행되었다. 그 뒤 2018.6.12. 법률 제15676호로 일부 개정되어, 2018.10.13. 시행되고, 2019.4.23. 법률 제16383호로 일부 개정되어, 2019.10.24. 시행되고, 2019.8.20. 다시 법률 제16493호로 일부 개정되어, 2019.11.21. 시행되고, 2021.1.5. 법률 17872호로 일부 개정되고, 2021.3.16. 법률 제17943호로 일부 개정되고, 2021.4.13. 법률 제18046호로 일부 개정되고, 2021.7.27. 법률 제18345호로 일부 개정되고, 2021.8.10. 일부 개정되었다. 전부개정과 일부개정된 내용을 순차 비교해 보기로 한다. 다만 2021년 이후 개정 법률에 대한 신구법비교는 생략하고 본문에서 개정된 내용에 대하여 구체적으로 기술하도록 하겠다.

(2) 종전 법률 제13912호와 전부개정된 법률 제14567호 비교

① 개정된 부분 비교

<table>
<tr><th>법률 제13912호</th><th>법률 제14567호</th></tr>
<tr><td colspan="2">가. 정비사업의 유형으로 주거환경개선사업과 주거환경관리사업을 통합하여 주거환경개선사업으로 하고, 주택재개발사업과 도시환경정비사업을 통합하여 재개발사업으로 함(제2조).</td></tr>
<tr><td>제2조(정의) 이 법에서 사용하는 용어의 뜻은 다음과 같다.
2. "정비사업"이라 함은 이 법에서 정한 절차에 따라 도시기능을 회복하기 위하여 정비구역 또는 가로구역에서 정비기반시설을 정비하거나 주택 등 건축물을 개량하거나 건설하는 다음 각목의 사업을 말한다. 다만, 다목의 경우에는 정비구역이 아닌 구역에서 시행하는 주택재건축 사업을 포함한다.
가. <u>주거환경개선사업</u>: 도시저소득주민이 집단으로 거주하는 지역으로서 정비기반시설이 극히 열악하고 노후·불량건축물이 과도하게 밀집한 지역에서 주거환경을 개선하기 위하여 시행하는 사업
나. <u>주택재개발사업</u>: 정비기반시설이 열악하고 노후·불량건축물이 밀집한 지역에서 주거환경을 개선하기 위하여 시행하는 사업
다. <u>주택재건축사업</u>: 정비기반시설은 양호하나 노후·불량건축물이 밀집한 지역에서 주거환경을 개선하기 위하여 시행하는 사업
라. <u>도시환경정비사업</u>: 상업지역·공업지역 등으로서 토지의 효율적 이용과 도심 또는 부도심 등 도시기능의 회복이</td><td>제2조(정의) 이 법에서 사용하는 용어의 뜻은 다음과 같다.
2. "정비사업"이란 이 법에서 정한 절차에 따라 도시기능을 회복하기 위하여 정비구역에서 정비기반시설을 정비하거나 주택 등 건축물을 개량 또는 건설하는 다음 각 목의 사업을 말한다.
가. <u>주거환경개선사업</u>: 도시저소득 주민이 집단거주하는 지역으로서 정비기반시설이 극히 열악하고 노후·불량건축물이 과도하게 밀집한 지역의 주거환경을 개선하거나 단독주택 및 다세대주택이 밀집한 지역에서 정비기반시설과 공동이용시설 확충을 통하여 주거환경을 보전·정비·개량하기 위한 사업
나. <u>재개발사업</u>: 정비기반시설이 열악하고 노후·불량건축물이 밀집한 지역에서 주거환경을 개선하거나 상업지역·공업지역 등에서 도시기능의 회복 및 상권활성화 등을 위하여 도시환경을 개선하기 위한 사업
다. <u>재건축사업</u>: 정비기반시설은 양호하나 노후·불량건축물에 해당하는 공동주택이 밀집한 지역에서 주거환경을 개선하기 위한 사업</td></tr>
</table>

나 상권활성화 등이 필요한 지역에서 도시환경을 개선하기 위하여 시행하는 사업 마. 주거환경관리사업 : 단독주택 및 다세대주택 등이 밀집한 지역에서 정비기반시설과 공동이용시설의 확충을 통하여 주거환경을 보전·정비·개량하기 위하여 시행하는 사업 바. 가로주택정비사업 : 노후·불량건축물이 밀집한 가로구역에서 종전의 가로를 유지하면서 소규모로 주거환경을 개선하기 위하여 시행하는 사업	

나. 도시·주거환경정비기본계획의 수립절차에서 주민 의견청취절차를 명확하게 규정함(제6조).

제3조(도시·주거환경정비기본계획의 수립) ③ 특별시장·광역시장·특별자치시장·특별자치도지사 또는 시장은 제1항의 규정에 의한 기본계획을 수립 또는 변경하고자 하는 때에는 14일 이상 주민에게 공람하고 지방의회의 의견을 들은 후…	**제6조(기본계획 수립을 위한 주민의견청취 등)** ① 기본계획의 수립권자는 기본계획을 수립하거나 변경하려는 경우에는 14일 이상 주민에게 공람하여 의견을 들어야 하며, 제시된 의견이 타당하다고 인정되면 이를 기본계획에 반영하여야 한다.

다. 도시·주거환경정비기본계획이 확정·고시된 경우 일반인이 열람할 수 있도록 함(제7조).

제3조(도시·주거환경정비기본계획의 수립) ⑥ 특별시장·광역시장·특별자치시장·특별자치도지사 또는 시장은 기본계획이 수립 또는 변경된 때에는 이를 지체없이 당해 지방자치단체의 공보에 고시하여야 한다.	**제7조(기본계획의 확정·고시 등)** ③ 기본계획의 수립권자는 기본계획을 수립하거나 변경한 때에는 지체 없이 이를 해당 지방자치단체의 공보에 고시하고 일반인이 열람할 수 있도록 하여야 한다.

라. 토지등소유자 2/3 이상 동의로 정비계획의 변경을 요청하는 경우 입안 제안을 허용함(제14조).

제4조(정비계획의 수립 및 정비구역의 지정) ④ 토지등소유자(제5호의 경우에는 제8조제4항제1호에 따라 사업시행자가 되려는 자를 말한다)는 다음 각 호의 어느 하나에 해당하는 경우에 특별자치시장, 특별자치	**제14조(정비계획의 입안 제안)** ① 토지등소유자(제5호의 경우에는 제26조제1항제1호 및 제27조제1항제1호에 따라 사업시행자가 되려는 자를 말한다)는 다음 각 호의 어느 하나에 해당하는 경우에는 정비계획의 입

도지사, 시장, 군수 또는 구청장등에게 제1항에 따른 정비계획의 입안을 제안할 수 있으며, 이 경우 정비계획의 제안을 위한 토지등소유자의 동의, 제안서의 처리 등에 관하여 필요한 사항은 대통령령으로 정한다. 1. 제3조제1항제9호에 따른 단계별 정비사업추진계획상 정비계획의 수립시기가 1년(시·도조례로 그 이상의 연수로 정하는 경우에는 그 연수로 한다) 이상 경과하였음에도 불구하고 정비계획이 수립되지 아니한 경우 2. 토지등소유자가 제8조제4항에 따라 주택공사등을 사업시행자로 요청하고자 하는 경우 3. 대도시가 아닌 시 또는 군으로서 시·도조례로 정하는 경우 4. 정비사업을 통하여 기업형임대주택을 공급하거나, 임대할 목적으로 주택을 주택임대관리업자에게 위탁하려는 경우로서 제1항제7호의2 각 목을 포함하는 정비계획의 수립을 요청하고자 하는 경우 5. 제8조제4항제1호에 따라 정비사업을 시행하려는 경우	안권자에게 정비계획의 입안을 제안할 수 있다. 1. 제5조제1항제10호에 따른 단계별 정비사업 추진계획상 정비예정구역별 정비계획의 입안시기가 지났음에도 불구하고 정비계획이 입안되지 아니하거나 같은 호에 따른 정비예정구역별 정비계획의 수립시기를 정하고 있지 아니한 경우 2. 토지등소유자가 제26조제1항제7호 및 제8호에 따라 토지주택공사등을 사업시행자로 지정 요청하려는 경우 3. 대도시가 아닌 시 또는 군으로서 시·도조례로 정하는 경우 4. 정비사업을 통하여 기업형임대주택을 공급하거나 임대할 목적으로 주택을 주택임대관리업자에게 위탁하려는 경우로서 제9조제1항제10호 각 목을 포함하는 정비계획의 입안을 요청하려는 경우 5. 제26조제1항제1호 및 제27조제1항제1호에 따라 정비사업을 시행하려는 경우 6. 토지등소유자(조합이 설립된 경우에는 조합원을 말한다. 이하 이 호에서 같다)가 3분의 2 이상의 동의로 정비계획의 변경을 요청하는 경우. 다만, 제15조제3항에 따른 경미한 사항을 변경하는 경우에는 토지등소유자의 동의절차를 거치지 아니한다.

마. 재개발사업으로 공급할 수 있는 건축물을 주택 및 부대복리시설 이외에 일반 건축물로 확대함(제23조).

제6조(정비사업의 시행방법) ② 주택재개발사업은 정비구역안에서 제48조의 규정에 의하여 인가받은 관리처분계획에 따라 주택, 부대·복리시설 및 오피스텔(「건축법」 제2	**제23조(정비사업의 시행방법)** ② 재개발사업은 정비구역에서 제74조에 따라 인가받은 관리처분계획에 따라 건축물을 건설하여 공급하거나 제69조제2항에 따라 환지로 공급

조제2항에 따른 오피스텔을 말한다. 이하 같다)을 건설하여 공급하거나, 제43조제2항의 규정에 의하여 환지로 공급하는 방법에 의한다.	하는 방법으로 한다.

바. 토지등소유자가 시행하는 재개발사업의 경우 토지등소유자가 20명 미만인 경우로 명시함(제25조).

제8조(주택재개발사업 등의 시행자) ① 주택재개발사업은 조합이 이를 시행하거나 조합이 조합원 과반수의 동의를 얻어 시장·군수, 주택공사등, 건설업자, 등록사업자 또는 대통령령이 정하는 요건을 갖춘 자와 공동으로 이를 시행할 수 있다	**제25조(재개발사업·재건축사업의 시행자)** ① 재개발사업은 다음 각 호의 어느 하나에 해당하는 방법으로 시행할 수 있다. 1. 조합이 시행하거나 조합이 조합원의 과반수의 동의를 받아 시장·군수등, 토지주택공사등, 건설업자, 등록사업자 또는 대통령령으로 정하는 요건을 갖춘 자와 공동으로 시행하는 방법 2. 토지등소유자가 20인 미만인 경우에는 토지등소유자가 시행하거나 토지등소유자가 토지등소유자의 과반수의 동의를 받아 시장·군수등, 토지주택공사등, 건설업자, 등록사업자 또는 대통령령으로 정하는 요건을 갖춘 자와 공동으로 시행하는 방법

사. 시공자, 기업형임대사업자, 정비사업전문관리업자 선정 시 경쟁입찰 방식을 원칙으로 하되, 예외적인 경우에는 수의계약도 허용함(제29조, 제30조 및 제32조).

제11조(시공자의 선정 등) ① 조합은 제16조에 따른 조합설립인가를 받은 후 조합총회에서 국토교통부장관이 정하는 경쟁입찰의 방법으로 건설업자 또는 등록사업자를 시공자로 선정하여야 한다. 다만, 대통령령으로 정하는 규모 이하의 정비사업의 경우에는 조합총회에서 정관으로 정하는 바에 따라 선정할 수 있다.	**제29조(계약의 방법 및 시공자 선정 등)** ④ 조합은 조합설립인가를 받은 후 조합총회에서 제1항에 따라 경쟁입찰 또는 수의계약(2회 이상 경쟁입찰이 유찰된 경우로 한정한다)의 방법으로 건설업자 또는 등록사업자를 시공자로 선정하여야 한다. 다만, 대통령령으로 정하는 규모 이하의 정비사업은 조합총회에서 정관으로 정하는 바에 따라 선정할 수 있다.

제46조의2(기업형임대사업자의 선정) ① 사업시행자는 기업형임대주택을 원활히 공급하기 위하여 제28조에 따른 사업시행인가를 받은 후에 「민간임대주택에 관한 특별법」 제2조제8호에 따른 기업형임대사업자(이하 "기업형임대사업자"라 한다)를 선정할 수 있다. 이 경우 국토교통부장관이 정하는 경쟁입찰의 방법으로 기업형임대사업자를 선정하여야 한다.	**제30조(기업형임대사업자의 선정)** ① 사업시행자는 기업형임대주택을 원활히 공급하기 위하여 국토교통부장관이 정하는 경쟁입찰의 방법 또는 수의계약(2회 이상 경쟁입찰이 유찰된 경우로 한정한다)의 방법으로 「민간임대주택에 관한 특별법」 제2조제8호에 따른 기업형임대사업자(이하 "기업형임대사업자"라 한다)를 선정할 수 있다.
제14조(추진위원회의 기능) ② 추진위원회가 정비사업전문관리업자를 선정하고자 하는 경우에는 제13조에 따라 시장·군수의 추진위원회 승인을 얻은 후 국토교통부장관이 정하는 경쟁입찰의 방법으로 선정하여야 한다.	**제32조(추진위원회의 기능)** ② 추진위원회가 정비사업전문관리업자를 선정하려는 경우에는 제31조에 따라 추진위원회 승인을 받은 후 제29조제1항에 따른 경쟁입찰 또는 수의계약(2회 이상 경쟁입찰이 유찰된 경우로 한정한다)의 방법으로 선정하여야 한다.
아. 조합원의 자격인정 기준에서 민법상 성년 규정과 동일하게 20세 이상에서 19세 이상 자녀로 변경하고, 자녀 분가요건을 실거주지와 주민등록상 분가한 경우로 명확히 함(제39조).	
제19조(조합원의 자격 등) ① 정비사업(시장·군수 또는 주택공사등이 시행하는 정비사업을 제외한다)의 조합원은 토지등소유자(주택재건축사업과 가로주택정비사업의 경우에는 주택재건축사업과 가로주택정비사업에 각각 동의한 자만 해당한다)로 하되, 다음 각 호의 어느 하나에 해당하는 때에는 그 수인을 대표하는 1인을 조합원으로 본다. 다만, 「국가균형발전 특별법」 제18조에 따른 공공기관지방이전시책 등에 따라 이전하는 공공기관이 소유한 토지 또는 건축물을 양수한 경우 양수한 자(공유의 경우 대표자 1인을 말한다)를 조합원으로 본다. 2. 수인의 토지등소유자가 1세대에 속하는	**제39조(조합원의 자격 등)** ① 제25조에 따른 정비사업의 조합원(사업시행자가 신탁업자인 경우에는 위탁자를 말한다. 이하 이 조에서 같다)은 토지등소유자(재건축사업의 경우에는 재건축사업에 동의한 자만 해당한다)로 하되, 다음 각 호의 어느 하나에 해당하는 때에는 그 여러 명을 대표하는 1명을 조합원으로 본다. 다만, 「국가균형발전 특별법」 제18조에 따른 공공기관지방이전시책 등에 따라 이전하는 공공기관이 소유한 토지 또는 건축물을 양수한 경우 양수한 자(공유의 경우 대표자 1명을 말한다)를 조합원으로 본다. 2. 여러 명의 토지등소유자가 1세대에 속하

때(이 경우 동일한 세대별 주민등록표 상에 등재되어 있지 아니한 배우자 및 미혼인 20세 미만의 직계비속은 1세대로 보며, 1세대로 구성된 수인의 토지등 소유자가 조합설립인가 후 세대를 분리하여 동일한 세대에 속하지 아니하는 때에도 이혼 및 20세 이상 자녀의 분가를 제외하고는 1세대로 본다)	는 때. 이 경우 동일한 세대별 주민등록표 상에 등재되어 있지 아니한 배우자 및 미혼인 19세 미만의 직계비속은 1세대로 보며, 1세대로 구성된 여러 명의 토지등 소유자가 조합설립인가 후 세대를 분리하여 동일한 세대에 속하지 아니하는 때에도 이혼 및 19세 이상 자녀의 분가(세대별 주민등록을 달리하고, 실거주지를 분가한 경우로 한정한다)를 제외하고는 1세대로 본다.
자. 조합장이 대의원회의 의장이 되는 경우 조합장도 대의원으로 인정함(제42조).	
제22조(조합임원의 직무 등) ① 조합장은 조합을 대표하고, 그 사무를 총괄하며, 총회 또는 제25조의 규정에 의한 대의원회의 의장이 된다. ② 삭제 ③ 삭제 ④ 조합장 또는 이사의 자기를 위한 조합과의 계약이나 소송에 관하여는 감사가 조합을 대표한다. ⑤ 조합임원은 같은 목적의 정비사업을 하는 다른 조합의 임원 또는 직원을 겸할 수 없다.	**제42조(조합임원의 직무 등)** ① 조합장은 조합을 대표하고, 그 사무를 총괄하며, 총회 또는 제46조에 따른 대의원회의 의장이 된다. ② 제1항에 따라 조합장이 대의원회의 의장이 되는 경우에는 대의원으로 본다. ③ 조합장 또는 이사가 자기를 위하여 조합과 계약이나 소송을 할 때에는 감사가 조합을 대표한다. ④ 조합임원은 같은 목적의 정비사업을 하는 다른 조합의 임원 또는 직원을 겸할 수 없다.
차. 조합총회에서의 일반의결정족수(조합원 과반수 출석과 출석 과반수 동의)를 신설함(제45조).	
제24조(총회개최 및 의결사항) ⑥ 총회의 소집절차·시기 및 의결방법 등에 관하여는 정관으로 정한다. 다만, 총회에서 의결을 하는 경우에는 조합원의 100분의 10(창립 총회, 사업시행계획서와 관리처분계획의 수립 및 변경을 의결하는 총회 등 대통령령으로 정하는 총회의 경우에는 조합원의 100분의 20을 말한다) 이상이 직접 출석하여야 한다.	**제45조(총회의 의결)** ③ 총회의 의결은 이 법 또는 정관에 다른 규정이 없으면 조합원 과반수의 출석과 출석 조합원의 과반수 찬성으로 한다. ④ 제1항제9호 및 제10호의 경우에는 조합원 과반수의 찬성으로 의결한다. 다만, 정비사업비가 100분의 10(생산자물가상승률분, 제73조에 따른 손실보상 금액은 제외한다)

<table>
<tr>
<td>⑦ 제3항제9호의2 및 제10호의 경우에는 조합원 과반수의 동의를 받아야 한다. 다만, 정비사업비가 100분의 10(생산자물가상승률분, 제47조에 따른 현금청산 금액은 제외한다) 이상 늘어나는 경우에는 조합원 3분의 2 이상의 동의를 받아야 한다.</td>
<td>이상 늘어나는 경우에는 조합원 3분의 2 이상의 찬성으로 의결하여야 한다.
⑥ 총회의 의결은 조합원의 100분의 10 이상이 직접 출석하여야 한다. 다만, 창립총회, 사업시행계획서의 작성 및 변경, 관리처분계획의 수립 및 변경을 의결하는 총회 등 대통령령으로 정하는 총회의 경우에는 조합원의 100분의 20 이상이 직접 출석하여야 한다.</td>
</tr>
<tr>
<td colspan="2">카. 토지등소유자가 시행하는 재개발사업의 경우 사업시행인가 신청 시 토지면적 1/2 이상의 동의 요건을 추가하고, 인가권자는 사업시행계획인가의 신청이 있는 경우 60일 이내에 인가 여부를 결정하여 통보하도록 의무화함(제50조).</td>
</tr>
<tr>
<td>제28조(사업시행인가) ① 사업시행자(제8조 제1항 내지 제3항의 규정에 의한 공동시행의 경우를 포함하되, 사업시행자가 시장·군수인 경우를 제외한다)는 정비사업을 시행하고자 하는 경우에는 제30조의 규정에 의한 사업시행계획서(이하 "사업시행계획서"라 한다)에 정관등과 그 밖에 국토교통부령이 정하는 서류를 첨부하여 시장·군수에게 제출하고 사업시행인가를 받아야 한다. 인가받은 내용을 변경하거나 정비사업을 중지 또는 폐지하고자 하는 경우에도 또한 같다. 다만, 대통령령이 정하는 경미한 사항을 변경하고자 하는 때에는 시장·군수에게 이를 신고하여야 한다.
⑦ 제8조제3항에 따라 도시환경정비사업을 토지등소유자가 시행하고자 하는 경우에는 사업시행인가를 신청하기 전에 제30조에 따른 사업시행계획서에 대하여 토지등소유자의 4분의 3 이상의 동의를 얻어야 한다. 다만, 인가받은 사항을 변경하고자 하는</td>
<td>제50조(사업시행계획인가) ① 사업시행자(제25조 제1항 및 제2항에 따른 공동시행의 경우를 포함하되, 사업시행자가 시장·군수등인 경우는 제외한다)는 정비사업을 시행하려는 경우에는 제52조에 따른 사업시행계획서(이하 "사업시행계획서"라 한다)에 정관등과 그 밖에 국토교통부령으로 정하는 서류를 첨부하여 시장·군수등에게 제출하고 사업시행계획인가를 받아야 하고, 인가받은 사항을 변경하거나 정비사업을 중지 또는 폐지하려는 경우에도 또한 같다. 다만, 대통령령으로 정하는 경미한 사항을 변경하려는 때에는 시장·군수등에게 신고하여야 한다.
② 시장·군수등은 특별한 사유가 없으면 제1항에 따라 사업시행계획서의 제출이 있은 날부터 60일 이내에 인가 여부를 결정하여 사업시행자에게 통보하여야 한다.
④ 토지등소유자가 제25조제1항제2호에 따라 재개발사업을 시행하려는 경우에는 사업</td>
</tr>
</table>

<table>
<tr><td>경우에는 규약이 정하는 바에 따라 토지등소유자의 과반수의 동의를 얻어야 하며, 제1항 단서에 따른 경미한 변경인 경우에는 토지등소유자의 동의를 필요로 하지 아니한다.</td><td>시행계획인가를 신청하기 전에 사업시행계획서에 대하여 토지등소유자의 4분의 3 이상 및 토지면적의 2분의 1 이상의 토지소유자의 동의를 받아야 한다. 다만, 인가받은 사항을 변경하려는 경우에는 규약으로 정하는 바에 따라 토지등소유자의 과반수의 동의를 받아야 하며, 제1항 단서에 따른 경미한 사항의 변경인 경우에는 토지등소유자의 동의를 필요로 하지 아니한다.</td></tr>
<tr><td colspan="2">타. 공공주택을 건설하는 경우 「공공주택 특별법」에 따라 사업시행계획서를 작성하도록 하고, 국토교통부장관이 기부채납 운영기준을 고시하도록 함(제51조 및 제52조).</td></tr>
<tr><td>(없음)</td><td>제51조(기반시설의 기부채납 기준) ① 시장·군수등은 제50조제1항에 따라 사업시행계획을 인가하는 경우 사업시행자가 제출하는 사업시행계획에 해당 정비사업과 직접적으로 관련이 없거나 과도한 정비기반시설의 기부채납을 요구하여서는 아니 된다.
② 국토교통부장관은 정비기반시설의 기부채납과 관련하여 다음 각 호의 사항이 포함된 운영기준을 작성하여 고시할 수 있다.
1. 정비기반시설의 기부채납 부담의 원칙 및 수준
2. 정비기반시설의 설치기준 등
③ 시장·군수등은 제2항에 따른 운영기준의 범위에서 지역여건 또는 사업의 특성 등을 고려하여 따로 기준을 정할 수 있으며, 이 경우 사전에 국토교통부장관에게 보고하여야 한다.</td></tr>
<tr><td>제30조(사업시행계획서의 작성)
(없음)</td><td>제52조(사업시행계획서의 작성) ② 사업시행자가 제1항에 따른 사업시행계획서에 「공공주택 특별법」 제2조제1호에 따른 공공주택(이하 "공공주택"이라 한다) 건설계획을</td></tr>
</table>

	포함하는 경우에는 공공주택의 구조·기능 및 설비에 관한 기준과 부대시설·복리시설의 범위, 설치기준 등에 필요한 사항은 같은 법 제37조에 따른다.
파. 관계 행정기관의 장이 30일 이내 협의의견을 제출하지 아니한 경우 사업절차의 신속을 위해 협의의제 규정을 둠(제57조).	
제32조(다른 법률의 인·허가등의 의제) ④ 시장·군수는 제28조제1항의 규정에 의한 사업시행인가를 하거나 사업시행계획서를 작성하고자 함에 있어서 제1항 각호 및 제2항 각호의 규정에 의하여 의제되는 인·허가등에 해당하는 사항이 있는 경우에는 미리 관계 행정기관의 장과 협의하여야 하며, 협의를 요청받은 관계행정기관의 장은 요청받은 날(제3항 단서의 경우에는 서류가 관계행정기관의 장에게 도달된 날을 말한다)부터 20일 이내에 의견을 제출하여야 한다. 이 경우 관계행정기관의 장은 당해 법률에서 규정한 인·허가등의 기준을 위반하여 협의에 응하여서는 아니된다.	**제57조(인·허가등의 의제 등)** ④ 시장·군수등은 사업시행계획인가를 하거나 사업시행계획서를 작성하려는 경우 제1항 각 호 및 제2항 각 호에 따라 의제되는 인·허가등에 해당하는 사항이 있는 때에는 미리 관계 행정기관의 장과 협의하여야 하고, 협의를 요청받은 관계 행정기관의 장은 요청받은 날(제3항 단서의 경우에는 서류가 관계 행정기관의 장에게 도달된 날을 말한다)부터 30일 이내에 의견을 제출하여야 한다. 이 경우 관계 행정기관의 장이 30일 이내에 의견을 제출하지 아니하면 협의된 것으로 본다.
하. 사업시행계획인가 시 「공공주택 특별법」에 따른 주택건설사업계획 승인도 의제처리 사항에 포함함(제57조).	
제32조(다른 법률의 인·허가등의 의제) ① 사업시행자가 사업시행인가를 받은 때(시장·군수가 직접 정비사업을 시행하는 경우에는 사업시행계획서를 작성한 때를 말한다. 이하 이 조에서 같다)에는 다음 각 호의 인가·허가·승인·신고·등록·협의·동의·심사 또는 해제(이하 "인·허가등"이라 한다)가 있은 것으로 보며, 제28조제4항에 따른 사업시행인가의 고시가 있은 때에는 다음 각 호의 관계 법률에 따른 인·허가등의 고시·공고 등이 있은 것으로 본다.	**제57조(인·허가등의 의제 등)** ① 사업시행자가 사업시행계획인가를 받은 때(시장·군수등이 직접 정비사업을 시행하는 경우에는 사업시행계획서를 작성한 때를 말한다. 이하 이 조에서 같다)에는 다음 각 호의 인가·허가·승인·신고·등록·협의·동의·심사·지정 또는 해제(이하 "인·허가등"이라 한다)가 있은 것으로 보며, 제50조제7항에 따른 사업시행계획인가의 고시가 있은 때에는 다음 각 호의 관계 법률에 따른 인·허가등의 고시·공고 등이 있은 것으로 본다.

<table>
<tr>
<td>1. 「주택법」 제15조의 규정에 의한 사업계획의 승인
2. 「건축법」 제11조의 규정에 의한 건축허가, 같은 법 제20조에 따른 가설건축물의 건축허가 또는 축조신고 및 같은 법 제29조에 따른 건축협의.</td>
<td>1. 「주택법」 제15조에 따른 사업계획의 승인
2. 「공공주택 특별법」 제35조에 따른 주택건설사업계획의 승인
3. 「건축법」 제11조에 따른 건축허가, 같은 법 제20조에 따른 가설건축물의 건축허가 또는 축조신고 및 같은 법 제29조에 따른 건축협의</td>
</tr>
<tr>
<td colspan="2">거. 정비계획에서 건축물이 존치 또는 리모델링으로 계획된 경우에는 존치건축물 소유자등의 동의를 요구하지 아니하도록 함(제58조).</td>
</tr>
<tr>
<td>제33조(사업시행인가의 특례) ② 사업시행자가 제1항의 규정에 의하여 사업시행계획서를 작성하고자 하는 경우에는 존치 또는 리모델링되는 건축물 소유자의 동의(집합건물의소유및관리에관한법률 제2조제2호의 규정에 의한 구분소유자가 있는 경우에는 구분소유자의 3분의 2 이상의 동의와 당해 건축물 연면적의 3분의 2 이상의 구분소유자의 동의로 한다)를 얻어야 한다.</td>
<td>제58조(사업시행계획인가의 특례) ③ 사업시행자가 제1항에 따라 사업시행계획서를 작성하려는 경우에는 존치 또는 리모델링하는 건축물 소유자의 동의(「집합건물의 소유 및 관리에 관한 법률」 제2조제2호에 따른 구분소유자가 있는 경우에는 구분소유자의 3분의 2 이상의 동의와 해당 건축물 연면적의 3분의 2 이상의 구분소유자의 동의로 한다)를 받아야 한다. 다만, 정비계획에서 존치 또는 리모델링하는 것으로 계획된 경우에는 그러하지 아니한다.</td>
</tr>
<tr>
<td colspan="2">너. 매도청구는 「집합건물의 소유 및 관리에 관한 법률」을 준용하지 아니하고 정비사업의 특성을 반영하여 필요한 절차를 법에서 직접 규정함(제64조).</td>
</tr>
<tr>
<td>제39조(매도청구) 사업시행자는 주택재건축사업 또는 가로주택정비사업을 시행할 때 다음 각 호의 어느 하나에 해당하는 자의 토지 또는 건축물에 대하여는 「집합건물의 소유 및 관리에 관한 법률」 제48조의 규정을 준용하여 매도청구를 할 수 있다. 이 경우 재건축결의는 조합 설립에 대한 동의(제3호의 경우에는 사업시행자 지정에 대한 동의를 말한다)로 보며, 구분소유권 및 대지사용권은 사업시행구역의 매도청구의 대상이 되는 토지 또는 건축물의 소유권과 그 밖의</td>
<td>제64조(재건축사업에서의 매도청구) ① 재건축사업의 사업시행자는 사업시행계획인가의 고시가 있은 날부터 30일 이내에 다음 각 호의 자에게 조합설립 또는 사업시행자의 지정에 관한 동의 여부를 회답할 것을 서면으로 촉구하여야 한다.
1. 제35조제3항부터 제5항까지에 따른 조합설립에 동의하지 아니한 자
2. 제26조제1항 및 제27조제1항에 따라 시장·군수등, 토지주택공사등 또는 신탁업</td>
</tr>
</table>

권리로 본다.

1. 제16조제2항 및 제3항에 따른 조합 설립의 동의를 하지 아니한 자
2. 건축물 또는 토지만 소유한 자(주택재건축사업의 경우만 해당한다)
3. 제8조제4항에 따라 시장·군수, 주택공사등 또는 신탁업자의 사업시행자 지정에 동의를 하지 아니한 자

자의 사업시행자 지정에 동의하지 아니한 자

② 제1항의 촉구를 받은 토지등소유자는 촉구를 받은 날부터 2개월 이내에 회답하여야 한다.

③ 제2항의 기간 내에 회답하지 아니한 경우 그 토지등소유자는 조합설립 또는 사업시행자의 지정에 동의하지 아니하겠다는 뜻을 회답한 것으로 본다.

④ 제2항의 기간이 지나면 사업시행자는 그 기간이 만료된 때부터 2개월 이내에 조합설립 또는 사업시행자 지정에 동의하지 아니하겠다는 뜻을 회답한 토지등소유자와 건축물 또는 토지만 소유한 자에게 건축물 또는 토지의 소유권과 그 밖의 권리를 매도할 것을 청구할 수 있다.

더. 토지등소유자에게 분양신청 공고 전에 종전자산평가 결과와 분양대상자별 분담금 추산액을 알려주도록 하고, 분양공고 시기를 사업시행인가 후 120일로 연장하며, 사업시행계획인가의 변경인가로 세대수·주택규모가 달라진 경우에는 예외적으로 재분양신청을 허용함(제72조).

제46조(분양공고 및 분양신청) ① 사업시행자는 제28조제4항의 규정에 의한 사업시행인가의 고시가 있은 날(사업시행인가 이후 시공자를 선정한 경우에는 시공자와 계약을 체결한 날)부터 60일 이내에 개략적인 부담금내역 및 분양신청기간 그 밖에 대통령령이 정하는 사항을 토지등소유자에게 통지하고 분양의 대상이 되는 대지 또는 건축물의 내역 등 대통령령이 정하는 사항을 해당 지역에서 발간되는 일간신문에 공고하여야 한다. 이 경우 분양신청기간은 그 통지한 날부터 30일 이상 60일 이내로 하여야 한다. 다만, 사업시행자는 제48조제1항의 규정에 의한 관리처분계획의 수립에 지장이

제72조(분양공고 및 분양신청) ① 사업시행자는 제50조제7항에 따른 사업시행계획인가의 고시가 있은 날(사업시행계획인가 이후 시공자를 선정한 경우에는 시공자와 계약을 체결한 날)부터 120일 이내에 다음 각 호의 사항을 토지등소유자에게 통지하고, 분양의 대상이 되는 대지 또는 건축물의 내역 등 대통령령으로 정하는 사항을 해당 지역에서 발간되는 일간신문에 공고하여야 한다. 다만, 토지등소유자 1인이 시행하는 재개발사업의 경우에는 그러하지 아니하다.

1. 분양대상자별 종전의 토지 또는 건축물의 명세 및 사업시행계획인가의 고시가

없다고 판단하는 경우에는 분양신청기간을 20일의 범위 이내에서 연장할 수 있다.	있은 날을 기준으로 한 가격(사업시행계획인가 전에 제81조제3항에 따라 철거된 건축물은 시장·군수등에게 허가를 받은 날을 기준으로 한 가격) 2. 분양대상자별 분담금의 추산액 3. 분양신청기간 4. 그 밖에 대통령령으로 정하는 사항 ② 제1항제3호에 따른 분양신청기간은 통지한 날부터 30일 이상 60일 이내로 하여야 한다. 다만, 사업시행자는 제74조제1항에 따른 관리처분계획의 수립에 지장이 없다고 판단하는 경우에는 분양신청기간을 20일의 범위에서 한 차례만 연장할 수 있다. ④ 사업시행자는 제2항에 따른 분양신청기간 종료 후 제50조제1항에 따른 사업시행계획인가의 변경(경미한 사항의 변경은 제외한다)으로 세대수 또는 주택규모가 달라지는 경우 제1항부터 제3항까지의 규정에 따라 분양공고 등의 절차를 다시 거칠 수 있다. ⑤ 사업시행자는 정관등으로 정하고 있거나 총회의 의결을 거친 경우 제4항에 따라 제73조제1항제1호 및 제2호에 해당하는 토지등소유자에게 분양신청을 다시 하게 할 수 있다

러. 관리처분계획 인가·고시된 날부터 90일 이내에 손실보상을 협의하되, 손실보상 협의 개시시점을 분양신청기간 종료일부터로 확대하고, 협의기간 종료 후 60일 이내에 수용재결을 신청하거나 매도청구소송을 제기하도록 명문화하며, 지연이자의 발생 시기 및 사유를 명확히 규정함(제73조).

제47조(분양신청을 하지 아니한 자 등에 대한 조치) ① 사업시행자는 분양신청을 하지 아니한 자, 분양신청기간 종료 이전에 분양	**제73조(분양신청을 하지 아니한 자 등에 대한 조치)** ① 사업시행자는 관리처분계획이 인가·고시된 다음 날부터 90일 이내에 다음

신청을 철회한 자, 제46조제3항 본문에 따라 분양신청을 할 수 없는 자 또는 제48조에 따라 인가된 관리처분계획에 따라 분양대상에서 제외된 자에 대해서는 관리처분계획 인가를 받은 날의 다음 날로부터 90일 이내에 대통령령으로 정하는 절차에 따라 토지·건축물 또는 그 밖의 권리에 대하여 현금으로 청산하여야 한다. ② 사업시행자는 제1항에 따른 기간 내에 현금으로 청산하지 아니한 경우에는 정관등으로 정하는 바에 따라 해당 토지등소유자에게 이자를 지급하여야 한다.	각 호에서 정하는 자와 토지, 건축물 또는 그 밖의 권리의 손실보상에 관한 협의를 하여야 한다. 다만, 사업시행자는 분양신청기간 종료일의 다음 날부터 협의를 시작할 수 있다. 1. 분양신청을 하지 아니한 자 2. 분양신청기간 종료 이전에 분양신청을 철회한 자 3. 제72조제6항 본문에 따라 분양신청을 할 수 없는 자 4. 제74조에 따라 인가된 관리처분계획에 따라 분양대상에서 제외된 자 ② 사업시행자는 제1항에 따른 협의가 성립되지 아니하면 그 기간의 만료일 다음 날부터 60일 이내에 수용재결을 신청하거나 매도청구소송을 제기하여야 한다. ③ 사업시행자는 제2항에 따른 기간을 넘겨서 수용재결을 신청하거나 매도청구소송을 제기한 경우에는 해당 토지등소유자에게 지연일수(遲延日數)에 따른 이자를 지급하여야 한다. 이 경우 이자는 100분의 15 이하의 범위에서 대통령령으로 정하는 이율을 적용하여 산정한다.
머. 재건축사업의 경우 소유한 주택수의 범위 내에서 3주택 이하로 공급할 수 있도록 함(제76조).	
제48조(관리처분계획의 인가 등) ② 제1항에 따른 관리처분계획의 내용은 다음 각 호의 기준에 따른다. 7. 제6호에도 불구하고 다음 각 목의 경우에는 각 목의 방법에 따라 주택을 공급할 수 있다. 나. 다음 어느 하나에 해당하는 토지등소	**제76조(관리처분계획의 수립기준)** ① 제74조제1항에 따른 관리처분계획의 내용은 다음 각 호의 기준에 따른다. 7. 제6호에도 불구하고 다음 각 목의 경우에는 각 목의 방법에 따라 주택을 공급할 수 있다. 나. 다음 어느 하나에 해당하는 토지등소

<table>
<tr><td>유자에게는 소유한 주택 수만큼 공급 할 수 있다.
1) 「수도권정비계획법」 제6조제1항제1호에 따른 과밀억제권역에 위치하지 아니한 주택재건축사업의 토지소유자.</td><td>유자에게는 소유한 주택 수만큼 공급 할 수 있다.
1) 과밀억제권역에 위치하지 아니한 재건축사업의 토지등소유자.
라. 과밀억제권역에 위치한 재건축사업의 경우에는 토지등소유자가 소유한 주택수의 범위에서 3주택까지 공급할 수 있다.</td></tr>
<tr><td colspan="2">버. 정비사업이 준공된 경우에는 정비구역을 해제하고, 지구단위계획으로 관리하도록 함(제84조).</td></tr>
<tr><td>(없음)</td><td>제84조(준공인가 등에 따른 정비구역의 해제) ① 정비구역의 지정은 제83조에 따른 준공인가의 고시가 있은 날(관리처분계획을 수립하는 경우에는 이전고시가 있은 때를 말한다)의 다음 날에 해제된 것으로 본다. 이 경우 지방자치단체는 해당 지역을 「국토의 계획 및 이용에 관한 법률」에 따른 지구단위계획으로 관리하여야 한다.
② 제1항에 따른 정비구역의 해제는 조합의 존속에 영향을 주지 아니한다.</td></tr>
<tr><td colspan="2">서. 정비구역 안에 정비기반시설 설치로 토지·건축물이 수용된 자에 대한 우선매수청구권을 삭제함(제96조).</td></tr>
<tr><td>제64조(정비기반시설의 설치 등) ① 사업시행자는 관할지방자치단체장과의 협의를 거쳐 정비구역안에 정비기반시설(주거환경관리사업의 경우에는 공동이용시설을 포함한다. 이하 이 조에서 같다)을 설치하여야 한다.
③ 제1항에 따른 정비기반시설의 설치를 위하여 토지 또는 건축물이 수용된 자는 해당 정비구역안에 소재하는 대지 또는 건축물로서 매각대상이 되는 대지 또는 건축물에 대하여 제50조제5항에 불구하고 다른 사람에 우선하여 매수청구할 수 있다. 이 경우 당해</td><td>제96조(정비기반시설의 설치) 사업시행자는 관할 지방자치단체의 장과의 협의를 거쳐 정비구역에 정비기반시설(주거환경개선사업의 경우에는 공동이용시설을 포함한다)을 설치하여야 한다.</td></tr>
</table>

<table>
<tr><td>대지 또는 건축물이 국가 또는 지방자치단체의 소유인 때에는 「국유재산법」 제9조 또는 「공유재산 및 물품 관리법」 제10조에 따른 국유재산관리계획 또는 공유재산관리계획과 「국유재산법」 제43조 또는 「공유재산 및 물품 관리법」 제29조에 따른 계약의 방법에도 불구하고 수의계약으로 매각할 수 있다.</td><td></td></tr>
<tr><td colspan="2">어. 사업시행자가 공공뿐만 아니라 민간인 경우에도 무상양도 되는 정비기반시설에 현황도로를 포함하도록 하고, 정비사업으로 용도가 폐지되는 행정재산에 대한 대부료를 면제함(제97조).</td></tr>
<tr><td>제65조(정비기반시설 및 토지 등의 귀속) ① 시장·군수 또는 주택공사등이 정비사업의 시행으로 새로이 정비기반시설을 설치하거나 기존의 정비기반시설에 대체되는 정비기반시설을 설치한 경우에는 「국유재산법」 및 「공유재산 및 물품 관리법」에도 불구하고 종래의 정비기반시설은 사업시행자에게 무상으로 귀속되고, 새로이 설치된 정비기반시설은 그 시설을 관리할 국가 또는 지방자치단체에 무상으로 귀속된다. <u>이 경우 정비기반시설에 해당하는 도로는 다음 각 호의 어느 하나에 해당하는 도로를 말한다.</u>
1. 「도로법」 제23조에 따라 도로관리청이 관리하는 도로
2. 「국토의 계획 및 이용에 관한 법률」 제30조에 따라 도시·군관리계획으로 결정되어 설치된 도로
3. 「도시개발법」 등 다른 법률에 따라 설치된 국가 또는 지방자치단체 소유의 도로
4. 그 밖에 「공유재산 및 물품 관리법」에 따른 공유재산 중 일반인의 교통을 위하여 제공되고 있는 부지. 이 경우 부지의 사용 형태, 규모, 기능 등 구체적인 기준을</td><td>제97조(정비기반시설 및 토지 등의 귀속) ① 시장·군수등 또는 토지주택공사등이 정비사업의 시행으로 새로 정비기반시설을 설치하거나 기존의 정비기반시설을 대체하는 정비기반시설을 설치한 경우에는 「국유재산법」 및 「공유재산 및 물품 관리법」에도 불구하고 종래의 정비기반시설은 사업시행자에게 무상으로 귀속되고, 새로 설치된 정비기반시설은 그 시설을 관리할 국가 또는 지방자치단체에 무상으로 귀속된다.
② 시장·군수등 또는 토지주택공사등이 아닌 사업시행자가 정비사업의 시행으로 새로 설치한 정비기반시설은 그 시설을 관리할 국가 또는 지방자치단체에 무상으로 귀속되고, 정비사업의 시행으로 용도가 폐지되는 국가 또는 지방자치단체 소유의 정비기반시설은 사업시행자가 새로 설치한 정비기반시설의 설치비용에 상당하는 범위에서 그에게 무상으로 양도된다.
③ <u>제1항 및 제2항의 정비기반시설에 해당하는 도로는 다음 각 호의 어느 하나에 해당하는 도로를 말한다.</u>
1. 「국토의 계획 및 이용에 관한 법률」 제</td></tr>
</table>

시·도조례로 정할 수 있다. ② 시장·군수 또는 주택공사등이 아닌 사업시행자가 정비사업의 시행으로 새로이 설치한 정비기반시설은 그 시설을 관리할 국가 또는 지방자치단체에 무상으로 귀속되고, 정비사업의 시행으로 인하여 용도가 폐지되는 국가 또는 지방자치단체 소유의 정비기반시설은 그가 새로이 설치한 정비기반시설의 설치비용에 상당하는 범위안에서 사업시행자에게 무상으로 양도된다.	30조에 따라 도시·군관리계획으로 결정되어 설치된 도로 2. 「도로법」 제23조에 따라 도로관리청이 관리하는 도로 3. 「도시개발법」 등 다른 법률에 따라 설치된 국가 또는 지방자치단체 소유의 도로 4. 그 밖에 「공유재산 및 물품 관리법」에 따른 공유재산 중 일반인의 교통을 위하여 제공되고 있는 부지. 이 경우 부지의 사용 형태, 규모, 기능 등 구체적인 기준은 시·도조례로 정할 수 있다. ⑦ 제1항 및 제2항에 따라 정비사업의 시행으로 용도가 폐지되는 국가 또는 지방자치단체 소유의 정비기반시설의 경우 정비사업의 시행 기간 동안 해당 시설의 대부료는 면제된다.
저. 정비사업에 전문성이 있는 공공기관으로 하여금 정비사업의 원활한 진행을 위해 지원할 수 있도록 정비사업 지원기구를 신설함(제114조).	
(없음)	**제114조(정비사업 지원기구)** 국토교통부장관은 다음 각 호의 업무를 수행하기 위하여 정비사업 지원기구를 설치할 수 있다. 이 경우 국토교통부장관은 「한국감정원법」에 따라 설립된 한국감정원 또는 「한국토지주택공사법」에 따라 설립된 한국토지주택공사에게 정비사업 지원기구의 업무를 대행하게 할 수 있다. 1. 정비사업 상담지원업무 2. 정비사업전문관리제도의 지원 3. 전문조합관리인의 교육 및 운영지원 4. 소규모 영세사업장 등의 사업시행계획 및 관리처분계획 수립지원 5. 정비사업을 통한 기업형임대주택 공급

	업무 지원 6. 그 밖에 국토교통부장관이 정하는 업무
처. 분쟁조정위원회의 분쟁조정의 대상을 대통령령으로 구체화하도록 하고, 조정이 성립된 경우 집행력을 부여함(제117조).	
제77조의3(조정위원회의 조정 등) ① 정비사업과 관련한 분쟁당사자는 조정위원회에 조정을 신청할 수 있으며, 조정위원회는 조정의 신청을 받은 날부터 60일 이내에 조정절차를 마쳐야 한다. 다만, 기간 내에 조정절차를 마칠 수 없다고 판단되는 경우에는 조정위원회의 의결로 그 기간을 1회에 한하여 연장할 수 있으며 그 기간은 30일 이내로 한다. ④ 당사자가 조정안을 수락한 경우 조정위원회는 즉시 조정서를 작성하고, 위원장 및 각 당사자는 이에 서명·날인하여야 한다. 이 경우 당사자 간 조정서와 동일한 내용의 합의가 성립된 것으로 본다.	**제117조(조정위원회의 조정 등)** ① 조정위원회는 정비사업의 시행과 관련하여 다음 각 호의 어느 하나에 해당하는 분쟁 사항을 심사·조정한다. 다만, 「주택법」, 「공익사업을 위한 토지 등의 취득 및 보상에 관한 법률」, 그 밖의 관계 법률에 따라 설치된 위원회의 심사대상에 포함되는 사항은 제외할 수 있다. 1. 매도청구권 행사 시 감정가액에 대한 분쟁 2. 공동주택 평형 배정방법에 대한 분쟁 3. 그 밖에 대통령령으로 정하는 분쟁 ② 시장·군수등은 다음 각 호의 어느 하나에 해당하는 경우 조정위원회를 개최할 수 있으며, 조정위원회는 조정신청을 받은 날(제2호의 경우 조정위원회를 처음 개최한 날을 말한다)부터 60일 이내에 조정절차를 마쳐야 한다. 다만, 조정기간 내에 조정절차를 마칠 수 없는 정당한 사유가 있다고 판단되는 경우에는 조정위원회의 의결로 그 기간을 한 차례만 연장할 수 있으며 그 기간은 30일 이내로 한다. 1. 분쟁당사자가 정비사업의 시행으로 인하여 발생한 분쟁의 조정을 신청하는 경우 2. 시장·군수등이 조정위원회의 조정이 필요하다고 인정하는 경우 ⑤ 당사자가 조정안을 수락한 경우 조정위원회는 즉시 조정서를 작성한 후, 위원장 및 각 당사자는 조정서에 서명·날인하여야 한다.

	⑥ 제5항에 따라 당사자가 강제집행을 승낙하는 취지의 내용이 기재된 조정서에 서명·날인한 경우 조정서의 정본은 「민사집행법」 제56조에도 불구하고 집행력 있는 집행권원과 같은 효력을 가진다. 다만, 청구에 관한 이의의 주장에 대하여는 「민사집행법」 제44조제2항을 적용하지 아니한다.
커. 정비사업의 효율적이고 투명한 관리를 위해 시·도지사가 정비사업관리시스템을 구축·운영할 수 있도록 함(제119조).	
(없음)	**제119조(정비사업관리시스템의 구축)** ① 시·도지사는 정비사업의 효율적이고 투명한 관리를 위하여 정비사업관리시스템을 구축하여 운영할 수 있다. ② 제1항에 따른 정비사업관리시스템의 운영방법 등에 필요한 사항은 시·도조례로 정한다.
터. 정비기금의 사용 목적에 증축형리모델링의 안전진단 지원을 추가함(제126조).	
제82조(도시·주거환경정비기금의 설치 등) ③ 정비기금은 다음 각 호의 어느 하나의 용도 이외의 목적으로 사용하여서는 아니 된다. 1. 이 법에 의한 정비사업으로서 다음 각 목의 어느 하나에 해당하는 사항 가. 기본계획의 수립 나. 안전진단 및 정비계획의 수립 다. 추진위원회의 운영자금 대여 라. 그 밖에 이 법과 시·도조례로 정하는 사항 2. 임대주택의 건설·관리 3. 임차인 주거안정 지원 4. 「재건축초과이익 환수에 관한 법률」에 의한 재건축부담금의 부과·징수	**제126조(도시·주거환경정비기금의 설치 등)** ③ 정비기금은 다음 각 호의 어느 하나의 용도 이외의 목적으로 사용하여서는 아니 된다. 1. 이 법에 따른 정비사업으로서 다음 각 목의 어느 하나에 해당하는 사항 가. 기본계획의 수립 나. 안전진단 및 정비계획의 수립 다. 추진위원회의 운영자금 대여 라. 그 밖에 이 법과 시·도조례로 정하는 사항 2. 임대주택의 건설·관리 3. 임차인의 주거안정 지원 4. 「재건축초과이익 환수에 관한 법률」에 따른 재건축부담금의 부과·징수

5. 주택개량 지원	5. 주택개량의 지원 6. 정비구역등이 해제된 지역에서의 정비기반시설의 설치 지원 7. 「빈집 및 소규모주택 정비에 관한 특례법」 제44조에 따른 빈집정비사업 및 소규모주택정비사업에 대한 지원 8. 「주택법」 제68조에 따른 증축형 리모델링의 안전진단 지원 9. 제142조에 따른 신고포상금의 지급

② 신·구조문 비교표

종전 조문	개정 조문
제1조 목적	제1조 목적
제2조 정의	제2조 정의
제2조의2 적용의 제외	삭제
제2조의3 도시및주거환경정비 기본방침 수립	제3조 도시·주거환경정비 기본방침
제3조 도시·주거환경정비기본계획의 수립	제4조 도시·주거환경정비기본계획의 수립
	제5조 기본계획의 내용
	제6조 기본계획 수립을 위한 주민의견청취 등
	제7조 기본계획의 확정·고시 등
제4조 정비계획의 수립 및 정비구역의 지정	제8조 정비구역의 지정
	제9조 정비계획의 내용
	제14조 정비계획의 입안 제안
	제15조 정비계획 입안을 위한 주민의견청취 등
	제16조 정비계획의 결정 및 정비구역의 지정·고시
	제17조 정비구역 지정·고시의 효력 등
제4조의2 주택의 규모 및 건설비율	제10조 임대주택 및 주택규모별 건설비율
제4조의3 정비구역등 해제	제20조 정비구역등의 해제
	제21조 정비구역등의 직권해제
	제22조 정비구역등 해제의 효력
제4조의4 기본계획 및 정비계획 수립시 용적률 완화	제11조 기본계획 및 정비계획 수립시 용적률 완화
제5조 행위제한 등	제19조 행위제한 등
제6조 정비사업의 시행방법	제23조 정비사업의 시행방법
제7조 주거환경개선사업의 시행자	제24조 주거환경개선사업의 시행자

<table>
<tr><td rowspan="3">제8조 주택재개발사업 등의 시행자</td><td>제25조 재개발사업·재건축사업의 시행자</td></tr>
<tr><td>제26조 재개발사업·재건축사업의 공공시행자</td></tr>
<tr><td>제27조 재개발사업·재건축사업의 지정개발자</td></tr>
<tr><td>제9조 사업대행자의 지정 등</td><td>제28조 재개발사업·재건축사업의 사업대행자</td></tr>
<tr><td>제10조 사업시행자 등의 권리·의무의 승계</td><td>제129조 사업시행자 등의 권리·의무의 승계</td></tr>
<tr><td>제11조 시공자의 선정 등</td><td>제29조 시공자의 선정 등</td></tr>
<tr><td rowspan="3">제12조 주택재건축사업의 안전진단 및 시행여부 결정등</td><td>제12조 재건축사업 정비계획입안을 위한 안전진단</td></tr>
<tr><td>제13조 안전진단 결과의 적정성 검토</td></tr>
<tr><td>제131조 재건축사업의 안전진단 재실시</td></tr>
<tr><td>제13조 조합의 설립 및 추진위원회의 구성</td><td>제31조 조합설립추진위원회의 구성·승인</td></tr>
<tr><td>제14조 추진위원회의 기능</td><td>제32조 추진위원회의 기능</td></tr>
<tr><td rowspan="2">제15조 추진위원회의 조직 및 운영</td><td>제33조 추진위원회의 조직</td></tr>
<tr><td>제34조 추진위원회의 운영</td></tr>
<tr><td>제16조 조합의 설립인가 등</td><td>제35조 조합설립인가 등</td></tr>
<tr><td>제16조의2 조합 설립인가등의 취소</td><td>제133조 조합설립인가등의 취소에 따른 채권의 손해액 산입</td></tr>
<tr><td>제17조 토지등소유자의 동의방법 등</td><td>제36조 토지등소유자의 동의방법 등</td></tr>
<tr><td>제17조의2 토지등소유자의 동의서 재사용의 특례</td><td>제37조 토지등소유자의 동의서 재사용의 특례</td></tr>
<tr><td>제18조 조합의 법인격 등</td><td>제38조 조합의 법인격 등</td></tr>
<tr><td>제19조 조합원의 자격 등</td><td>제39조 조합원의 자격 등</td></tr>
<tr><td>제20조 정관의 작성 및 변경</td><td>제40조 정관의 기재사항 등</td></tr>
<tr><td rowspan="2">제21조 조합의 임원</td><td>제41조 조합의 임원</td></tr>
<tr><td>제132조 조합임원 등의 선임·선정 시 행위제한</td></tr>
<tr><td>제22조 조합임원의 직무 등</td><td>제42조 조합임원의 직무 등</td></tr>
<tr><td>제23조 조합임원의 결격사유 및 해임</td><td>제43조 조합임원의 결격사유 및 해임</td></tr>
<tr><td rowspan="2">제24조 총회개최 및 의결사항</td><td>제44조 총회의 소집</td></tr>
<tr><td>제45조 총회의 의결</td></tr>
<tr><td>제25조 대의원회</td><td>제46조 대의원회</td></tr>
<tr><td>제26조 주민대표회의</td><td>제47조 주민대표회의</td></tr>
<tr><td>제26조의2 토지등소유자 전체회의</td><td>제48조 토지등소유자 전체회의</td></tr>
<tr><td>제27조 민법의 준용</td><td>제49조 민법의 준용</td></tr>
<tr><td>제28조 사업시행인가</td><td>제50조 사업시행계획인가</td></tr>
<tr><td>제28조의2 정비구역의 범죄예방</td><td>제130조 정비구역의 범죄예방</td></tr>
<tr><td>제29조 지정개발자의 정비사업비의 예치 등</td><td>제60조 지정개발자의정비사업비의 예치 등</td></tr>
<tr><td>제30조 사업시행계획서의 작성</td><td>제52조 사업시행계획서의 작성</td></tr>
</table>

제30조의2 시행규정의 작성 등	제53조 시행규정의 작성
제30조의3 주택재건축사업등의 용적률완화 및 소형주택 건설등	제54조 재건축사업등의 용적률완화 및 소형주택 건설비율
	제55조 소형주택의 공급 및 인수
제31조 관계서류의 공람과 의견청취	제56조 관계 서류의 공람과 의견청취
제32조 다른 법률의 인·허가등의 의제	제57조 인·허가등의 의제 등
제33조 사업시행인가의 특례	제58조 사업시행계획의 특례
신설	제51조 기반시설의 기부채납 기준
제34조 정비구역의 분할 및 결합	제18조 정비구역의 분할, 통합 및 결합
제35조 순환정비방식의 정비사업	제59조 순환정비방식의 정비사업 등
제36조 임시수용시설의 설치 등	제61조 임시거주시설·임시상가의 설치 등
제36조의2 임시상가의 설치 등	
제37조 손실보상	제62조 임시거주시설·임시상가의 설치 등에 따른 손실보상
제38조 토지 등의 수용 또는 사용	제63조 토지 등의 수용 또는 사용
제39조 매도청구	제64조 재건축사업에서의 매도청구
제40조 공익사업을위한토지등의취득및보상에관한법률의 준용	제65조 공익사업을위한토지등의취득및보상에관한법률의 준용
제40조의2 용적률에 관한 특례	제66조 용적률에 관한 특례
제41조 주택재건축사업의 범위에 관한 특례	제67조 재건축사업의 범위에 관한 특례
제42조 건축규제의 완화 등에 관한 특례	제68조 건축규제의 완화 등에 관한 특례
제43조 다른 법령의 적용 및 배제	제69조 다른 법령의 적용 및 배제
제44조 지상권 등 계약의 해지	제70조 지상권 등 계약의 해지
제45조 소유자의 확인이 곤란한 건축물 등에 대한 처분	제71조 소유자의 확인이 곤란한 건축물등에 대한 처분
제46조 분양공고 및 분양신청	제72조 분양공고 및 분양신청
제47조 분양신청을 하지 아니한 자 등에 대한 조치	제73조 분양신청을 하지 아니한 자 등에 대한 조치
제48조 관리처분계획의 인가 등	제74조 관리처분계획의 인가 등
	제76조 관리처분계획의 수립기준
제48조의2 건축물의 철거 등	제81조 건축물 등의 사용·수익의 중지 및 철거 등
제49조 관리처분계획의 공람 및 인가절차 등	제78조 관리처분계획의 공람 및 인가절차 등
제50조 주택의 공급 등	제79조 관리처분계획에 따른 처분 등
제50조의2 주택등 건축물의 분양받을 권리산정기준일	제77조 주택 등 건축물을 분양받을 권리의 산정기준일
제50조의3 지분형주택의 공급 등	제80조 지분형주택 등의 공급
제51조 시공보증	제82조 시공보증

제52조 정비사업의 준공인가	제83조 정비사업의 준공인가
제53조 공사완료에 따른 관련 인·허가등의 의제	제85조 공사완료에 따른 관련 인·허가등의 의제
제54조 이전고시등	제86조 이전고시 등
제55조 대지 및 건축물에 대한 권리의 확정	제87조 대지 및 건축물에 대한 권리의 확정
제56조 등기절차 및 권리변동의 제한	제88조 등기절차 및 권리변동의 제한
제57조 청산금 등	제89조 청산금 등
제58조 청산금의 징수방법 등	제90조 청산금의 징수방법 등
제59조 저당권의 물상대위	제91조 저당권의 물상대위
제60조 비용부담의 원칙	제92조 비용부담의 원칙
제61조 비용의 조달	제93조 비용의 조달
제62조 정비기반시설 관리자의 비용부담	제94조 정비기반시설 관리자의 비용부담
제63조 보조 및 융자	제95조 보조 및 융자
제64조 정비기반시설의 설치 등	제96조 정비기반시설의 설치
제65조 정비기반시설 및 토지 등의 귀속	제97조 정비기반시설 및 토지 등의 귀속
제66조 국유·공유 재산의 처분 등	제98조 국유·공유재산의 처분 등
제67조 국유·공유 재산의 임대	제99조 국유·공유재산의 임대
제67조의2 공동이용시설 사용료의 면제	제100조 공동이용시설 사용료의 면제
제68조 국유지·공유지의 무상양여 등	제101조 국·공유지의 무상양여 등
제69조 정비사업전문관리업의 등록	제102조 정비사업전문관리업의 등록
제70조 정비사업전문관리업자의 업무제한 등	제103조 정비사업전문관리업자의 업무제한 등
제71조 정비사업전문관리업자와 위탁자와의 관계	제104조 정비사업전문관리업자와 위탁자와의 관계
제72조 정비사업전문관리업자의 결격사유	제105조 정비사업전문관리업자의 결격사유
제73조 정비사업전문관리업의 등록취소 등	제106조 정비사업전문관리업의 등록취소 등
제74조 정비사업전문관리업자에 대한 조사 등	제107조 정비사업전문관리업자에 대한 조사 등
제74조의2 교육 등	제115조 교육의 실시
제74조의3 정비사업전문관리업 정보의 종합관리	제108조 정비사업전문관리업 정보의 종합관리
제74조의4 협회의 설립 등	제109조 협회의 설립 등
제74조의5 협회의 업무 및 감독	제110조 협회의 업무 및 감독
제75조 자료의 제출 등	제111조 자류의 제출 등
제76조 회계감사	제112조 회계감사
제77조 감독	제113조 감독
신설	제114조 정비사업 지원기구
제77조의2 도시분쟁조정위원회의 구성 등	제116조 도시분쟁조정위원회 구성 등
제77조의3 조정위원회의 조정 등	제117조 조정위원회 조정 등
제77조의4 정비사업의 공공지원과 정보공개	제118조 정비사업의 공공지원

	제120조 정비사업의 정보공개
신설	제119조 정비사업관리시스템의 구축
제77조의5 사업시행인가 및 관리처분계획의 인가 시기 조정	제75조 사업시행계획인가 및 관리처분계획인가의 시기 조정
제78조 청문	제121조 청문
제79조 정비구역안에서의 건축물의 유지·관리	제84조 준공인가등에 따른 정비구역의 해제
	제122조 토지등소유자의 설명의무
제80조 주택재개발사업의 시행방식의 전환	제123조 재개발사업 등의 시행방식의 전환
제81조 관련자료의 공개와 보존 등	제124조 관련자료의 공개 등
	제125조 관련자료의 보관 및 인계
제82조 도시·주거환경정비기금의 설치 등	제126조 도시·주거환경정비기금의 설치 등
제82조의2 노후·불량주거지 개선계획의 수립	제127조 노후·불량주거지 개선계획의 수립
제83조 권한의 위임 등	제128조 권한의 위임 등
제84조 벌칙적용에 있어서의 공무원 의제	제134조 벌칙 적용에서 공무원 의제
제84조의2 벌칙	제135조 벌칙
제84조의3 벌칙	제136조 벌칙
제85조 벌칙	제137조 벌칙
제86조 벌칙	제138조 벌칙
제87조 양벌규정	제139조 양벌규정
제88조 과태료	제140조 과태료

(3) 법률 제14567호와 일부 개정된 법률 제14857호 비교

법률 제14567호	법률 제14857호
가. 건축물의 구조적 결합여부와 관계없이 도시미관을 저해하거나 노후화된 건축물로서 시·도조례로 정하는 건축물을 노후·불량건축물에 포함함(제2조).	
제2조(정의) 이 법에서 사용하는 용어의 뜻은 다음과 같다. 3. "노후·불량건축물"이란 다음 각 목의 어느 하나에 해당하는 건축물을 말한다. 라. 도시미관을 저해하거나 노후화로 구조적 결합 등이 있는 건축물로서 대통령령으로 정하는 바에 따라 시·도	**제2조(정의)** 이 법에서 사용하는 용어의 뜻은 다음과 같다. 3. "노후·불량건축물"이란 다음 각 목의 어느 하나에 해당하는 건축물을 말한다. 라. 도시미관을 저해하거나 노후화된 건축물로서 대통령령으로 정하는 바에 따라 시·도조례로 정하는 건축물

<table>
<tr><td>조례로 정하는 건축물</td><td></td></tr>
<tr><td colspan="2">나. 추진위원회 또는 사업시행자는 계약체결 시, 일반경쟁을 원칙으로 하고, 대통령령으로 정하는 규모 이상의 계약은 전자조달시스템 이용을 의무화하며, 이를 위반할 경우 벌칙, 과태료를 부과할 수 있도록 함(제29조, 제32조, 제136조, 제140조).</td></tr>
<tr><td>제29조(시공자의 선정 등)
(없음)</td><td>제29조(계약의 방법 및 시공자 선정 등) ① 추진위원장 또는 사업시행자(청산인을 포함한다)는 이 법 또는 다른 법령에 특별한 규정이 있는 경우를 제외하고는 계약(공사, 용역, 물품구매 및 제조 등을 포함한다. 이하 같다)을 체결하려면 일반경쟁에 부쳐야 한다. 다만, 계약규모, 재난의 발생 등 대통령령으로 정하는 경우에는 입찰 참가자를 지명(指名)하여 경쟁에 부치거나 수의계약(隨意契約)으로 할 수 있다.
② 제1항 본문에 따라 일반경쟁의 방법으로 계약을 체결하는 경우로서 대통령령으로 정하는 규모를 초과하는 계약은 「전자조달의 이용 및 촉진에 관한 법률」 제2조제4호의 국가종합전자조달시스템(이하 "전자조달시스템"이라 한다)을 이용하여야 한다
③ 제1항 및 제2항에 따라 계약을 체결하는 경우 계약의 방법 및 절차 등에 필요한 사항은 국토교통부장관이 정하여 고시한다.</td></tr>
<tr><td>제32조(추진위원회의 기능) ② 추진위원회가 정비사업전문관리업자를 선정하려는 경우에는 제31조에 따라 추진위원회 승인을 받은 후 국토교통부장관이 정하는 경쟁입찰 또는 수의계약(2회 이상 경쟁입찰이 유찰된 경우로 한정한다)의 방법으로 선정하여야 한다.</td><td>제32조(추진위원회의 기능) ② 추진위원회가 정비사업전문관리업자를 선정하려는 경우에는 제31조에 따라 추진위원회 승인을 받은 후 제29조제1항에 따른 경쟁입찰 또는 수의계약(2회 이상 경쟁입찰이 유찰된 경우로 한정한다)의 방법으로 선정하여야 한다.</td></tr>
<tr><td colspan="2">다. 여러 명이 토지·건축물을 공유한 경우, 신탁방식의 정비사업에서도 조합방식과 동일하게 1명에게만 조합원 자격을 부여함(제39조제1항 및 제2항).</td></tr>
</table>

<table>
<tr>
<td>제39조(조합원의 자격 등) ① 제25조에 따른 정비사업의 조합원은 토지등소유자(재건축사업의 경우에는 재건축사업에 동의한 자만 해당한다)로 하되, 다음 각 호의 어느 하나에 해당하는 때에는 그 여러 명을 대표하는 1명을 조합원으로 본다. 다만, 「국가균형발전 특별법」 제18조에 따른 공공기관지방이전시책 등에 따라 이전하는 공공기관이 소유한 토지 또는 건축물을 양수한 경우 양수한 자(공유의 경우 대표자 1명을 말한다)를 조합원으로 본다.
3. 조합설립인가 후 1명의 토지등소유자로부터 토지 또는 건축물의 소유권이나 지상권을 양수하여 여러 명이 소유하게 된 때</td>
<td>제39조(조합원의 자격 등) ① 제25조에 따른 정비사업의 조합원(사업시행자가 신탁업자인 경우에는 위탁자를 말한다. 이하 이 조에서 같다)은 토지등소유자(재건축사업의 경우에는 재건축사업에 동의한 자만 해당한다)로 하되, 다음 각 호의 어느 하나에 해당하는 때에는 그 여러 명을 대표하는 1명을 조합원으로 본다. 다만, 「국가균형발전 특별법」 제18조에 따른 공공기관지방이전시책 등에 따라 이전하는 공공기관이 소유한 토지 또는 건축물을 양수한 경우 양수한 자(공유의 경우 대표자 1명을 말한다)를 조합원으로 본다.
3. 조합설립인가(조합설립인가 전에 제27조제1항제3호에 따라 신탁업자를 사업시행자로 지정한 경우에는 사업시행자의 지정을 말한다. 이하 이 조에서 같다) 후 1명의 토지등소유자로부터 토지 또는 건축물의 소유권이나 지상권을 양수하여 여러 명이 소유하게 된 때</td>
</tr>
<tr>
<td colspan="2">라. 사업시행계획 대비 관리처분계획상 정비사업비가 일정비율 이상 증가하거나, 일정 비율 이상의 조합원이 요구하는 경우에는 시장·군수등은 해당 관리처분계획에 대하여 공공기관의 타당성 검증을 반드시 받도록 함(제78조제2항 및 제3항).</td>
</tr>
<tr>
<td>제78조(관리처분계획의 공람 및 인가절차 등) ② 시장·군수등은 사업시행자의 관리처분계획인가의 신청이 있은 날부터 30일 이내에 인가 여부를 결정하여 사업시행자에게 통보하여야 한다. 다만, 시장·군수등은 대통령령으로 정하는 공공기관에 인가 신청된 관리처분계획의 타당성 검증을 요청하는 경우에는 관리처분계획인가의 신청을 받은 날부터 60일 이내에 인가 여부를 결정하여 사업시행자에게 통지하여야 한다.</td>
<td>제78조(관리처분계획의 공람 및 인가절차 등) ② 시장·군수등은 사업시행자의 관리처분계획인가의 신청이 있은 날부터 30일 이내에 인가 여부를 결정하여 사업시행자에게 통보하여야 한다. 다만, 시장·군수등은 제3항에 따라 관리처분계획의 타당성 검증을 요청하는 경우에는 관리처분계획인가의 신청을 받은 날부터 60일 이내에 인가 여부를 결정하여 사업시행자에게 통지하여야 한다.</td>
</tr>
</table>

	③ 시장·군수등은 다음 각 호의 어느 하나에 해당하는 경우에는 대통령령으로 정하는 공공기관에 관리처분계획의 타당성 검증을 요청하여야 한다. 이 경우 시장·군수등은 타당성 검증 비용을 사업시행자에게 부담하게 할 수 있다. 1. 제74조제1항제6호에 따른 정비사업비가 제52조제1항제12호에 따른 정비사업비 기준으로 100분의 10 이상으로서 대통령령으로 정하는 비율 이상 늘어나는 경우 2. 제74조제1항제6호에 따른 조합원 분담규모가 제72조제1항제2호에 따른 분양대상자별 분담금의 추산액 총액 기준으로 100분의 20 이상으로서 대통령령으로 정하는 비율 이상 늘어나는 경우 3. 조합원 5분의 1 이상이 관리처분계획인가 신청이 있은 날부터 15일 이내에 시장·군수등에게 타당성 검증을 요청한 경우 4. 그 밖에 시장·군수등이 필요하다고 인정하는 경우

마. 도시분쟁조정위원회가 조정은 정당한 사유가 있는 경우에만 연장 할 수 있도록 함 (제117조제2항 및 제7항).

제117조(조정위원회의 조정 등) ② 시장·군수등은 다음 각 호의 어느 하나에 해당하는 경우 조정위원회를 개최할 수 있으며, 조정위원회는 조정신청을 받은 날(제2호의 경우 조정위원회를 처음 개최한 날을 말한다)부터 60일 이내에 조정절차를 마쳐야 한다. 다만, 조정기간 내에 조정절차를 마칠 수 없다고 판단되는 경우에는 조정위원회의 의결	**제117조(조정위원회의 조정 등)** ② 시장·군수등은 다음 각 호의 어느 하나에 해당하는 경우 조정위원회를 개최할 수 있으며, 조정위원회는 조정신청을 받은 날(제2호의 경우 조정위원회를 처음 개최한 날을 말한다)부터 60일 이내에 조정절차를 마쳐야 한다. 다만, 조정기간 내에 조정절차를 마칠 수 없는 정당한 사유가 있다고 판단되는 경우에

로 그 기간을 한 차례만 연장할 수 있으며 그 기간은 30일 이내로 한다. ⑦ 그 밖에 조정위원회의 구성·운영 및 비용의 부담 등에 필요한 사항은 시·도조례로 정한다.	는 조정위원회의 의결로 그 기간을 한 차례만 연장할 수 있으며 그 기간은 30일 이내로 한다. ⑦ 그 밖에 조정위원회의 구성·운영 및 비용의 부담, 조정기간 연장 등에 필요한 사항은 시·도조례로 정한다.
바. 시장·군수등은 관리처분계획상 사업시행자가 체결한 모든 계약금액을 매년 1회 이상 공개하도록 함(제120조).	
제120조(정비사업의 정보공개) 시장·군수등은 정비사업의 투명성 강화를 위하여 조합이 시행하는 정비사업에 관한 다음 각 호의 사항을 매년 1회 이상 인터넷과 그 밖의 방법을 병행하여 공개하여야 한다. 이 경우 공개의 방법 및 시기 등 필요한 사항은 시·도조례로 정한다. 1. 제74조제1항에 따라 관리처분계획의 인가(변경인가를 포함한다. 이하 이 조에서 같다)를 받은 사항 중 시공자의 공사비	**제120조(정비사업의 정보공개)** 시장·군수등은 정비사업의 투명성 강화를 위하여 조합이 시행하는 정비사업에 관한 다음 각 호의 사항을 매년 1회 이상 인터넷과 그 밖의 방법을 병행하여 공개하여야 한다. 이 경우 공개의 방법 및 시기 등 필요한 사항은 시·도조례로 정한다. 1. 제74조제1항에 따라 관리처분계획의 인가(변경인가를 포함한다. 이하 이 조에서 같다)를 받은 사항 중 제29조에 따른 계약금액
사. 정비사업의 계약체결 시 금품 또는 향응을 제공하거나 수수한 자가 수사기관에 자진 신고한 경우에는 형벌을 감면함(제141조).	
(없음)	**제141조(자수자에 대한 특례)** 제132조 각 호의 어느 하나를 위반하여 금품, 향응 또는 그 밖의 재산상 이익을 제공하거나 제공의사를 표시하거나 제공을 약속하는 행위를 하거나 제공을 받거나 제공의사 표시를 승낙한 자가 자수하였을 때에는 그 형벌을 감경 또는 면제한다.
아. 정비사업과 관련한 계약체결 시 금품 또는 향응을 주고받는 행위를 신고한 자에게 시·도지사가 포상금을 지급할 수 있도록 함(제142조).	
(없음)	**제142조(금품·향응 수수행위 등에 대한 신고포상금)** 시·도지사 또는 대도시의 시장

	은 제132조 각 호의 행위사실을 신고한 자에게 시·도조례로 정하는 바에 따라 포상금을 지급할 수 있다.

(4) 법률 제14857호와 일부 개정된 법률 제14943호 비교

법률 제14857호	법률 제14943호
가. 투기과열지구로 지정된 지역에서의 주택재개발사업 및 도시환경정비사업의 경우 관리처분계획의 인가 후에는 조합원 지위의 양도를 금지함(제39조제2항).	
제39조(조합원의 자격 등) ②「주택법」 제63조제1항에 따른 투기과열지구(이하 "투기과열지구"라 한다)로 지정된 지역에서 재건축사업을 시행하는 경우 조합설립인가 후 해당 정비사업의 건축물 또는 토지를 양수(매매·증여, 그 밖의 권리의 변동을 수반하는 일체의 행위를 포함하되, 상속·이혼으로 인한 양도·양수의 경우는 제외한다. 이하 이 조에서 같다)한 자는 제1항에도 불구하고 조합원이 될 수 없다. 다만, 양도인이 다음 각 호의 어느 하나에 해당하는 경우 그 양도인으로부터 그 건축물 또는 토지를 양수한 자는 그러하지 아니하다. 1. 세대원(세대주가 포함된 세대의 구성원을 말한다. 이하 이 조에서 같다)의 근무상 또는 생업상의 사정이나 질병치료·취학·결혼으로 세대원이 모두 해당 사업구역에 위치하지 아니한 특별시·광역시·특별자치시·특별자치도·시 또는 군으로 이전하는 경우 2. 상속으로 취득한 주택으로 세대원 모두 이전하는 경우 3. 세대원 모두 해외로 이주하거나 세대원 모두 2년 이상 해외에 체류하려는 경우	**제39조(조합원의 자격 등)** ②「주택법」 제63조제1항에 따른 투기과열지구(이하 "투기과열지구"라 한다)로 지정된 지역에서 재건축사업을 시행하는 경우에는 조합설립인가 후, 재개발사업을 시행하는 경우에는 제74조에 따른 관리처분계획의 인가 후 해당 정비사업의 건축물 또는 토지를 양수(매매·증여, 그 밖의 권리의 변동을 수반하는 일체의 행위를 포함하되, 상속·이혼으로 인한 양도·양수의 경우는 제외한다. 이하 이 조에서 같다)한 자는 제1항에도 불구하고 조합원이 될 수 없다. 다만, 양도인이 다음 각 호의 어느 하나에 해당하는 경우 그 양도인으로부터 그 건축물 또는 토지를 양수한 자는 그러하지 아니하다. 1. 세대원(세대주가 포함된 세대의 구성원을 말한다. 이하 이 조에서 같다)의 근무상 또는 생업상의 사정이나 질병치료(「의료법」 제3조에 따른 의료기관의 장이 1년 이상의 치료나 요양이 필요하다고 인정하는 경우로 한정한다)·취학·결혼으로 세대원이 모두 해당 사업구역에 위치하지 아니한 특별시·광역시·특별자치시·특별자치도·시 또는 군으로 이전

<table>
<tr><td>4. 그 밖에 불가피한 사정으로 양도하는 경우로서 대통령령으로 정하는 경우</td><td>하는 경우
2. 상속으로 취득한 주택으로 세대원 모두 이전하는 경우
3. 세대원 모두 해외로 이주하거나 세대원 모두 2년 이상 해외에 체류하려는 경우
4. 1세대(제1항제2호에 따라 1세대에 속하는 때를 말한다) 1주택자로서 양도하는 주택에 대한 소유기간 및 거주기간이 대통령령으로 정하는 기간 이상인 경우
5. 그 밖에 불가피한 사정으로 양도하는 경우로서 대통령령으로 정하는 경우</td></tr>
<tr><td colspan="2">나. 투기과열지구 내 정비사업에서 일반분양 또는 조합원분양에 당첨된 자는 5년 이내에 투기과열지구 내 정비사업의 조합원분양 신청을 할 수 없도록 함(제72조제6항 신설 및 제73조제1항).</td></tr>
<tr><td>제72조(분양공고 및 분양신청)</td><td>제72조(분양공고 및 분양신청) ⑥ 제3항부터 제5항까지의 규정에도 불구하고 투기과열지구의 정비사업에서 제74조에 따른 관리처분계획에 따라 같은 조 제1항제2호 또는 제1항제4호가목의 분양대상자 및 그 세대에 속한 자는 분양대상자 선정일(조합원 분양분의 분양대상자는 최초 관리처분계획 인가일을 말한다)부터 5년 이내에는 투기과열지구에서 제3항부터 제5항까지의 규정에 따른 분양신청을 할 수 없다. 다만, 상속, 결혼, 이혼으로 조합원 자격을 취득한 경우에는 분양신청을 할 수 있다.</td></tr>
<tr><td>제73조(분양신청을 하지 아니한 자 등에 대한 조치) ① 사업시행자는 관리처분계획이 인가·고시된 다음 날부터 90일 이내에 다음 각 호에서 정하는 자와 토지, 건축물 또는 그 밖의 권리의 손실보상에 관한 협의를 하여야 한다. 다만, 사업시행자는 분양신청기간 종료일의 다음 날부터 협의를 시작할 수 있다.</td><td>제73조(분양신청을 하지 아니한 자 등에 대한 조치) ① 사업시행자는 관리처분계획이 인가·고시된 다음 날부터 90일 이내에 다음 각 호에서 정하는 자와 토지, 건축물 또는 그 밖의 권리의 손실보상에 관한 협의를 하여야 한다. 다만, 사업시행자는 분양신청기간 종료일의 다음 날부터 협의를 시작할 수 있다.</td></tr>
</table>

1. 분양신청을 하지 아니한 자 2. 분양신청기간 종료 이전에 분양신청을 철회한 자 3. 제74조에 따라 인가된 관리처분계획에 따라 분양대상에서 제외된 자	1. 분양신청을 하지 아니한 자 2. 분양신청기간 종료 이전에 분양신청을 철회한 자 3. 제72조제6항 본문에 따라 분양신청을 할 수 없는 자 4. 제74조에 따라 인가된 관리처분계획에 따라 분양대상에서 제외된 자
다. 재건축조합원의 주택공급 수에 대한 현행법상의 특례를 조정대상지역 및 투기과열지구에서는 적용하지 아니함(제76조제1항제7호).	
제76조(관리처분계획의 수립기준) ① 제74조제1항에 따른 관리처분계획의 내용은 다음 각 호의 기준에 따른다. 7. 제6호에도 불구하고 다음 각 목의 경우에는 각 목의 방법에 따라 주택을 공급할 수 있다. 나. 다음 어느 하나에 해당하는 토지등소유자에게는 소유한 주택 수만큼 공급할 수 있다. 1) 과밀억제권역에 위치하지 아니한 재건축사업의 토지등소유자. 라. 과밀억제권역에 위치한 재건축사업의 경우에는 토지등소유자가 소유한 주택수의 범위에서 3주택까지 공급할 수 있다.	**제76조(관리처분계획의 수립기준)** ① 제74조제1항에 따른 관리처분계획의 내용은 다음 각 호의 기준에 따른다. 7. 제6호에도 불구하고 다음 각 목의 경우에는 각 목의 방법에 따라 주택을 공급할 수 있다. 나. 다음 어느 하나에 해당하는 토지등소유자에게는 소유한 주택 수만큼 공급할 수 있다. 1) 과밀억제권역에 위치하지 아니한 재건축사업의 토지등소유자. 다만, 투기과열지구 또는 「주택법」 제63조의2제1항제1호에 따라 지정된 조정대상지역에서 사업시행계획인가(최초 사업시행계획인가를 말한다)를 신청하는 재건축사업의 토지등소유자는 제외한다. 라. 과밀억제권역에 위치한 재건축사업의 경우에는 토지등소유자가 소유한 주택수의 범위에서 3주택까지 공급할 수 있다. 다만, 투기과열지구 또는 「주택법」 제63조의2제1항제1호에 따라 지정된 조정대상지역

	에서 사업시행계획인가(최초 사업시행계획인가를 말한다)를 신청하는 재건축사업의 경우에는 그러하지 아니하다.

(5) 법률 제14943호와 일부 개정된 법률 제15676호 비교

법률 제14943호	법률 제15676호
가. 정비구역지정을 고시하는 경우 지형도면 고시 등에 있어서는 「토지이용규제 기본법」을 따르도록 하는 등 정비구역 지정 절차를 개선함(제16조제1항 및 제2항).	
제16조(정비계획의 결정 및 정비구역의 지정·고시) ② 정비구역의 지정권자는 정비구역을 지정(변경지정을 포함한다. 이하 같다)하거나 정비계획을 결정(변경결정을 포함한다. 이하 같다)한 때에는 정비계획을 포함한 정비구역 지정의 내용을 해당 지방자치단체의 공보에 고시하여야 한다.	**제16조(정비계획의 결정 및 정비구역의 지정·고시)** ② 정비구역의 지정권자는 정비구역을 지정(변경지정을 포함한다. 이하 같다)하거나 정비계획을 결정(변경결정을 포함한다. 이하 같다)한 때에는 정비계획을 포함한 정비구역 지정의 내용을 해당 지방자치단체의 공보에 고시하여야 한다. 이 경우 지형도면 고시 등에 있어서는 「토지이용규제 기본법」 제8조에 따른다.
나. 정비구역 등에서 주택법령에 따른 지역주택조합원 모집을 금지하며 이를 위반 시 1년 이하의 징역 또는 1천만원 이하의 벌금에 처함(제19조제8항 및 제138조제1항제1호 신설).	
(없음)	**제19조(행위제한 등)** ⑧ 정비예정구역 또는 정비구역(이하 "정비구역등"이라 한다)에서는 「주택법」 제2조제11호가목에 따른 지역주택조합의 조합원을 모집해서는 아니 된다.
(없음)	**제138조(벌칙)** ① 다음 각 호의 어느 하나에 해당하는 자는 1년 이하의 징역 또는 1천만원 이하의 벌금에 처한다. 1. 제19조제8항을 위반하여 「주택법」 제2조제11호가목에 따른 지역주택조합의

	조합원을 모집한 자
다. 건설업자와 공동시행 방식으로 시행하는 재건축사업의 경우에도 재개발사업과 같이 공동사업 시행자의 시공보증을 의무화함(제82조제1항).	
제82조(시공보증) ① 조합이 정비사업의 시행을 위하여 시장·군수등 또는 토지주택공사등이 아닌 자를 시공자로 선정(제25조제1항에 따른 공동사업시행자가 시공하는 경우를 포함한다)한 경우 그 시공자는 공사의 시공보증(시공자가 공사의 계약상 의무를 이행하지 못하거나 의무이행을 하지 아니할 경우 보증기관에서 시공자를 대신하여 계약이행의무를 부담하거나 총 공사금액의 100분의 50 이하 대통령령으로 정하는 비율 이상의 범위에서 사업시행자가 정하는 금액을 납부할 것을 보증하는 것을 말한다)을 위하여 국토교통부령으로 정하는 기관의 시공보증서를 조합에 제출하여야 한다.	**제82조(시공보증)** ① 조합이 정비사업의 시행을 위하여 시장·군수등 또는 토지주택공사등이 아닌 자를 시공자로 선정(제25조에 따른 공동사업시행자가 시공하는 경우를 포함한다)한 경우 그 시공자는 공사의 시공보증(시공자가 공사의 계약상 의무를 이행하지 못하거나 의무이행을 하지 아니할 경우 보증기관에서 시공자를 대신하여 계약이행의무를 부담하거나 총 공사금액의 100분의 50 이하 대통령령으로 정하는 비율 이상의 범위에서 사업시행자가 정하는 금액을 납부할 것을 보증하는 것을 말한다)을 위하여 국토교통부령으로 정하는 기관의 시공보증서를 조합에 제출하여야 한다.
라. 국가 또는 지방자치단체는 순환용주택의 단열보완 및 창호교체 등 에너지 성능 향상과 효율개선을 위한 리모델링 비용의 일부를 보조 또는 융자할 수 있도록 함(제95조제4항).	
제95조(보조 및 융자) ④ 국가 또는 지방자치단체는 제1항 및 제2항에 따라 정비사업에 필요한 비용을 보조 또는 융자하는 경우 제59조제1항에 따른 순환정비방식의 정비사업에 우선적으로 지원할 수 있다. 이 경우 순환정비방식의 정비사업의 원활한 시행을 위하여 국가 또는 지방자치단체는 순환용주택의 건설비, 공가(空家)관리비의 일부를 보조 또는 융자할 수 있다.	**제95조(보조 및 융자)** ④ 국가 또는 지방자치단체는 제1항 및 제2항에 따라 정비사업에 필요한 비용을 보조 또는 융자하는 경우 제59조제1항에 따른 순환정비방식의 정비사업에 우선적으로 지원할 수 있다. 이 경우 순환정비방식의 정비사업의 원활한 시행을 위하여 국가 또는 지방자치단체는 다음 각 호의 비용 일부를 보조 또는 융자할 수 있다. 1. 순환용주택의 건설비 2. 순환용주택의 단열보완 및 창호교체 등 에너지 성능 향상과 효율개선을 위한 리모델링 비용

	3. 공가(空家)관리비

마. 시·도지사는 건설업자가 시공자 선정 등과 관련하여 금품·향응 제공 등 행위제한 의무를 위반한 경우 사업시행자에게 시공자 선정을 취소할 것을 명하거나 건설업자에게 과징금을 부과할 수 있도록 하고, 해당 건설업자에 대해서는 2년 이내의 범위에서 정비사업의 입찰참가를 제한할 수 있도록 함(제113조의2 및 제113조의3 신설).

(없음)	**제113조의2(시공자 선정 취소 명령 또는 과징금)** ① 시·도지사(해당 정비사업을 관할하는 시·도지사를 말한다. 이하 이 조 및 제113조의3에서 같다)는 건설업자가 다음 각 호의 어느 하나에 해당하는 경우 사업시행자에게 건설업자의 해당 정비사업에 대한 시공자 선정을 취소할 것을 명하거나 그 건설업자에게 사업시행자와 시공자 사이의 계약서상 공사비의 100분의 20 이하에 해당하는 금액의 범위에서 과징금을 부과할 수 있다. 이 경우 시공자 선정 취소의 명을 받은 사업시행자는 시공자 선정을 취소하여야 한다. 1. 건설업자가 제132조를 위반한 경우 2. 건설업자가 제132조의2를 위반하여 관리·감독 등 필요한 조치를 하지 아니한 경우로서 용역업체의 임직원(건설업자가 고용한 개인을 포함한다. 이하 같다)이 제132조를 위반한 경우 ② 제1항에 따라 과징금을 부과하는 위반행위의 종류와 위반 정도 등에 따른 과징금의 금액 등에 필요한 사항은 대통령령으로 정한다. ③ 시·도지사는 제1항에 따라 과징금의 부과처분을 받은 자가 납부기한까지 과징금을 내지 아니하면 「지방세외수입금의 징수 등에 관한 법률」에 따라 징수한다. **제113조의3(건설업자의 입찰참가 제한)** ① 시·도지사는 제113조의2제1항 각 호의 어

	느 하나에 해당하는 건설업자에 대해서는 2년 이내의 범위에서 대통령령으로 정하는 기간 동안 정비사업의 입찰참가를 제한할 수 있다. ② 시·도지사는 제1항에 따라 건설업자에 대한 정비사업의 입찰참가를 제한하려는 경우에는 대통령령으로 정하는 바에 따라 대상, 기간, 사유, 그 밖의 입찰참가 제한과 관련된 내용을 공개하고, 관할 구역의 시장, 군수 또는 구청장 및 사업시행자에게 통보하여야 한다. 이 경우 통보를 받은 사업시행자는 해당 건설업자의 입찰 참가자격을 제한하여야 한다. ③ 사업시행자는 제2항에 따라 입찰참가를 제한받은 건설업자와 계약(수의계약을 포함한다)을 체결해서는 아니 된다.
바. 건설업자에게 시공자 선정과 관련하여 계약한 용역업체 및 피고용인에 대한 관리·감독 의무를 부여하고, 이를 위반한 경우 5천만원 이하의 벌금에 처함(제132조의2 및 제138조제2항 신설).	
(없음)	**제132조의2(건설업자의 관리·감독 의무)** 건설업자는 시공자 선정과 관련하여 홍보 등을 위하여 계약한 용역업체의 임직원이 제132조를 위반하지 아니하도록 교육, 용역비 집행 점검, 용역업체 관리·감독 등 필요한 조치를 하여야 한다. **제138조(벌칙)** ② 건설업자가 제132조의2에 따른 조치를 소홀히 하여 용역업체의 임직원이 제132조 각 호의 어느 하나를 위반한 경우 그 건설업자는 5천만원 이하의 벌금에 처한다.

(6) 법률 제15676호와 일부 개정된 법률 제16383호 비교

<table>
<tr><th>법률 제15676호</th><th>법률 제16383호</th></tr>
<tr><td colspan="2">가. 정비구역에서 기존 건축물의 붕괴 등 안전사고의 우려가 있는 경우 해당 건축물에 대한 안전조치를 위한 행위는 시장·군수 등의 허가를 받지 아니하고 할 수 있도록 함(제19조제2항제2호 신설).</td></tr>
<tr><td>제19조(행위제한 등) ② 다음 각 호의 어느 하나에 해당하는 행위는 제1항에도 불구하고 허가를 받지 아니하고 할 수 있다.
1. 재해복구 또는 재난수습에 필요한 응급조치를 위한 행위
2. 그 밖에 대통령령으로 정하는 행위</td><td>제19조(행위제한 등) ② 다음 각 호의 어느 하나에 해당하는 행위는 제1항에도 불구하고 허가를 받지 아니하고 할 수 있다.
1. 재해복구 또는 재난수습에 필요한 응급조치를 위한 행위
2. 기존 건축물의 붕괴 등 안전사고의 우려가 있는 경우 해당 건축물에 대한 안전조치를 위한 행위
3. 그 밖에 대통령령으로 정하는 행위</td></tr>
<tr><td colspan="2">나. 정비구역이 지정·고시된 날부터 10년 이상 경과하고, 추진 상황으로 보아 지정 목적을 달성할 수 없다고 인정되는 경우에 정비구역 해제를 위하여 필요한 토지 등 소유자의 동의 요건을 3분의 2 이상에서 과반수로 낮추고, 추진위원회 구성 또는 조합 설립에 동의한 토지 등 소유자가 일정 비율 이상 동의로 정비구역 해제를 요청하는 경우 해제할 수 있도록 하는 등 정비구역의 지정권자가 정비구역 등을 직권으로 해제할 수 있는 요건을 완화함(제21조).</td></tr>
<tr><td>제21조(정비구역등의 직권해제) ① 정비구역의 지정권자는 다음 각 호의 어느 하나에 해당하는 경우 지방도시계획위원회의 심의를 거쳐 정비구역등을 해제할 수 있다. 이 경우 제1호 및 제2호에 따른 구체적인 기준 등에 필요한 사항은 시·도조례로 정한다.
4. 제23조제1항제1호에 따른 방법으로 시행 중인 주거환경개선사업의 정비구역이 지정·고시된 날부터 10년 이상 경과하고, 추진 상황으로 보아 지정 목적을 달성할 수 없다고 인정되는 경우로서 토지등소유자의 3분의 2 이상이 정비구역의 해제에 동의하는 경우
(없음)</td><td>4. 제23조제1항제1호에 따른 방법으로 시행 중인 주거환경개선사업의 정비구역이 지정·고시된 날부터 10년 이상 경과하고, 추진 상황으로 보아 지정 목적을 달성할 수 없다고 인정되는 경우로서 토지등소유자의 과반수가 정비구역의 해제에 동의하는 경우
5. 추진위원회 구성 또는 조합 설립에 동의</td></tr>
</table>

	한 토지등소유자의 2분의 1 이상 3분의 2 이하의 범위에서 시·도조례로 정하는 비율 이상의 동의로 정비구역의 해제를 요청하는 경우(사업시행계획인가를 신청하지 아니한 경우로 한정한다) 6. 추진위원회가 구성되거나 조합이 설립된 정비구역에서 토지등소유자 과반수의 동의로 정비구역의 해제를 요청하는 경우(사업시행계획인가를 신청하지 아니한 경우로 한정한다)
다. 정비구역 등이 해제된 경우 정비구역의 지정권자는 해제된 정비구역 등을 도시재생선도지역으로 지정하도록 국토교통부장관에게 요청할 수 있도록 함(제21조의2 신설).	
(없음)	**제21조의2(도시재생선도지역 지정 요청)** 제20조 또는 제21조에 따라 정비구역등이 해제된 경우 정비구역의 지정권자는 해제된 정비구역등을 「도시재생 활성화 및 지원에 관한 특별법」에 따른 도시재생선도지역으로 지정하도록 국토교통부장관에게 요청할 수 있다.
라. 일정 수 이상의 토지 등 소유자나 조합원이 요청하거나 공사비의 증액비율이 일정 비율 이상인 경우 한국감정원 등 정비사업 지원기구에 공사비 검증을 요청하도록 함(제29조의2 신설).	
(없음)	**제29조의2(공사비 검증 요청 등)** ① 재개발사업·재건축사업의 사업시행자(시장·군수등 또는 토지주택공사등이 단독 또는 공동으로 정비사업을 시행하는 경우는 제외한다)는 시공자와 계약 체결 후 다음 각 호의 어느 하나에 해당하는 때에는 제114조에 따른 정비사업 지원기구에 공사비 검증을 요청하여야 한다. 1. 토지등소유자 또는 조합원 5분의 1 이상이 사업시행자에게 검증 의뢰를 요청하는 경우

<table>
<tr><td></td><td>2. 공사비의 증액 비율(당초 계약금액 대비 누적 증액 규모의 비율로서 생산자물가상승률은 제외한다)이 다음 각 목의 어느 하나에 해당하는 경우
가. 사업시행계획인가 이전에 시공자를 선정한 경우: 100분의 10 이상
나. 사업시행계획인가 이후에 시공자를 선정한 경우: 100분의 5 이상
3. 제1호 또는 제2호에 따른 공사비 검증이 완료된 이후 공사비의 증액 비율(검증 당시 계약금액 대비 누적 증액 규모의 비율로서 생산자물가상승률은 제외한다)이 100분의 3 이상인 경우
② 제1항에 따른 공사비 검증의 방법 및 절차, 검증 수수료, 그 밖에 필요한 사항은 국토교통부장관이 정하여 고시한다.</td></tr>
<tr><td colspan="2">마. 주택단지가 아닌 지역이 정비구역에 포함되어 조합설립인가를 받은 경우 인가받은 사항을 변경하려는 때에는 종전에는 주택단지가 아닌 지역의 토지 또는 건축물 소유자의 4분의 3 이상 및 토지면적의 3분의 2 이상의 토지소유자의 동의를 받도록 하였으나, 앞으로는 조합원 3분의 2 이상의 찬성으로 의결하도록 하여 조합설립인가 변경요건을 완화함(현행 제35조제4항 후단 삭제).</td></tr>
<tr><td>제35조(조합설립인가 등) ④ 제3항에도 불구하고 주택단지가 아닌 지역이 정비구역에 포함된 때에는 주택단지가 아닌 지역의 토지 또는 건축물 소유자의 4분의 3 이상 및 토지면적의 3분의 2 이상의 토지소유자의 동의를 받아야 한다. 이 경우 인가받은 사항을 변경하려는 때에도 또한 같다.</td><td>제35조(조합설립인가 등) ④ 제3항에도 불구하고 주택단지가 아닌 지역이 정비구역에 포함된 때에는 주택단지가 아닌 지역의 토지 또는 건축물 소유자의 4분의 3 이상 및 토지면적의 3분의 2 이상의 토지소유자의 동의를 받아야 한다.</td></tr>
<tr><td colspan="2">바. 정비구역에서 거주하고 있는 자로서 선임일 직전 3년 동안 정비구역 내 거주 기간이 1년 이상이거나 정비구역에 위치한 건축물 또는 토지를 5년 이상 소유하고 있는 사람 중에서 조합의 임원을 선임하도록 자격요건을 규정함(제41조).</td></tr>
<tr><td>제41조(조합의 임원) ① 조합은 다음 각 호의 임원을 둔다.</td><td>제41조(조합의 임원) ① 조합은 다음 각 호의 어느 하나의 요건을 갖춘 조합장 1명과 이</td></tr>
</table>

1. 조합장 1명 2. 이사 3. 감사	사, 감사를 임원으로 둔다. 이 경우 조합장은 선임일부터 제74조제1항에 따른 관리처분계획인가를 받을 때까지는 해당 정비구역에서 거주(영업을 하는 자의 경우 영업을 말한다. 이하 이 조 및 제43조에서 같다)하여야 한다. 1. 정비구역에서 거주하고 있는 자로서 선임일 직전 3년 동안 정비구역 내 거주 기간이 1년 이상일 것 2. 정비구역에 위치한 건축물 또는 토지(재건축사업의 경우에는 건축물과 그 부속토지를 말한다)를 5년 이상 소유하고 있을 것

사. 총회에서 조합원 과반수 출석과 출석 조합원 과반수의 동의로 전문조합관리인의 선정을 요청하는 경우 시장·군수 등은 변호사·회계사·기술사 등의 요건을 갖춘 자를 전문조합관리인으로 선정하여 조합임원의 업무를 대행하게 할 수 있도록 함(제41조제5항).

제41조(조합의 임원) ⑤ 조합임원의 선출방법 등은 정관으로 정한다. 다만, 시장·군수 등은 조합임원이 사임, 해임, 임기만료, 그 밖에 불가피한 사유 등으로 직무를 수행할 수 없는 때부터 6개월 이상 선임되지 아니한 경우 시·도조례로 정하는 바에 따라 변호사·회계사·기술사 등으로서 대통령령으로 정하는 요건을 갖춘 자를 전문조합관리인으로 선정하여 조합임원의 업무를 대행하게 할 수 있다.	**제41조(조합의 임원)** ⑤ 조합임원의 선출방법 등은 정관으로 정한다. 다만, 시장·군수 등은 다음 각 호의 어느 하나에 해당하는 경우 시·도조례로 정하는 바에 따라 변호사·회계사·기술사 등으로서 대통령령으로 정하는 요건을 갖춘 자를 전문조합관리인으로 선정하여 조합임원의 업무를 대행하게 할 수 있다. 1. 조합임원이 사임, 해임, 임기만료, 그 밖에 불가피한 사유 등으로 직무를 수행할 수 없는 때부터 6개월 이상 선임되지 아니한 경우 2. 총회에서 조합원 과반수의 출석과 출석 조합원 과반수의 동의로 전문조합관리인의 선정을 요청하는 경우

아. 종전에는 이 법을 위반하여 100만원 이상의 형을 선고받고 5년이 지나지 않으면 조합임원이 될 수 없도록 하였으나, 앞으로는 10년이 지나지 않으면 조합임원이 될 수 없도록 하여 조합임

<table>
<tr><td colspan="2">원의 결격사유를 강화함(제43조제1항제5호).</td></tr>
<tr><td>제43조(조합임원의 결격사유 및 해임) ① 다음 각 호의 어느 하나에 해당하는 자는 조합임원이 될 수 없다.
5. 이 법을 위반하여 벌금 100만원 이상의 형을 선고받고 5년이 지나지 아니한 자
② 조합임원이 제1항 각 호의 어느 하나에 해당하게 되거나 선임 당시 그에 해당하는 자이었음이 판명된 때에는 당연 퇴임한다.
(없음)</td><td>제43조(조합임원 등의 결격사유 및 해임) ① 다음 각 호의 어느 하나에 해당하는 자는 조합임원 또는 전문조합관리인이 될 수 없다.
5. 이 법을 위반하여 벌금 100만원 이상의 형을 선고받고 10년이 지나지 아니한 자
② 조합임원이 다음 각 호의 어느 하나에 해당하는 경우에는 당연 퇴임한다.
1. 제1항 각 호의 어느 하나에 해당하게 되거나 선임 당시 그에 해당하는 자이었음이 판명된 경우
2. 조합임원이 제41조제1항에 따른 자격요건을 갖추지 못한 경우
⑤ 제41조제5항제2호에 따라 시장·군수등이 전문조합관리인을 선정한 경우 전문조합관리인이 업무를 대행할 임원은 당연 퇴임한다.</td></tr>
<tr><td colspan="2">자. 정관의 기재사항 중 조합임원의 권리·의무·보수·선임방법·변경 및 해임에 관한 사항을 변경하기 위한 총회는 조합원 10분의 1 이상의 요구로 소집할 수 있도록 소집요건을 완화함(제44조제2항).</td></tr>
<tr><td>제44조(총회의 소집) ② 총회는 조합장이 직권으로 소집하거나 조합원 5분의 1 이상 또는 대의원 3분의 2 이상의 요구로 조합장이 소집한다.</td><td>제44조(총회의 소집) ② 총회는 조합장이 직권으로 소집하거나 조합원 5분의 1 이상(정관의 기재사항 중 제40조제1항제6호에 따른 조합임원의 권리·의무·보수·선임방법·변경 및 해임에 관한 사항을 변경하기 위한 총회의 경우는 10분의 1 이상으로 한다) 또는 대의원 3분의 2 이상의 요구로 조합장이 소집한다.</td></tr>
</table>

(7) 법률 제16383호와 일부 개정된 법률 제16493호 비교

법률 제16383호	법률 제16493호
가. 정비사업전문관리업 등록취소시 시·도시자에게도 통지의무를 부여함(제106조제3항).	
제106조(정비사업전문관리업의 등록취소 등) ③ 정비사업전문관리업자는 제1항에 따라 등록취소처분 등을 받은 경우에는 해당 내용을 지체 없이 사업시행자에게 통지하여야 한다.	**제106조(정비사업전문관리업의 등록취소 등)** ③ 제1항에 따라 등록취소처분 등을 받은 정비사업전문관리업자와 등록취소처분 등을 명한 시·도지사는 추진위원회 또는 사업시행자에게 해당 내용을 지체 없이 통지하여야 한다.
나. 행정조사 권한의 남용을 방지하고 행정조사 업무의 통일성과 실효성을 확보하기 위하여 행정조사의 실시 요건, 사전통지 절차, 업무에 관한 보고 또는 자료 제출 기한, 조사 결과의 통지 기한 등을 구체적으로 규정함(제107조 제3,4,5항 신설).	
제107조(정비사업전문관리업자에 대한 조사 등) ① 국토교통부장관 또는 시·도지사는 정비사업전문관리업자에 대하여 업무의 감독상 필요한 때에는 그 업무에 관한 사항을 보고하게 하거나 자료의 제출, 그 밖의 필요한 명령을 할 수 있으며, 소속 공무원에게 영업소 등에 출입하여 장부·서류 등을 조사 또는 검사하게 할 수 있다. (없음)	**제107조(정비사업전문관리업자에 대한 조사 등)** ① 국토교통부장관 또는 시·도지사는 다음 각 호의 어느 하나에 해당하는 경우 정비사업전문관리업자에 대하여 그 업무에 관한 사항을 보고하게 하거나 자료의 제출, 그 밖의 필요한 명령을 할 수 있으며, 소속 공무원에게 영업소 등에 출입하여 장부·서류 등을 조사 또는 검사하게 할 수 있다. 1. 등록요건 또는 결격사유 등 이 법에서 정한 사항의 위반 여부를 확인할 필요가 있는 경우 2. 정비사업전문관리업자와 토지등소유자, 조합원, 그 밖에 정비사업과 관련한 이해관계인 사이에 분쟁이 발생한 경우 3. 그 밖에 시·도조례로 정하는 경우 ③ 국토교통부장관 또는 시·도지사가 정비사업전문관리업자에게 제1항에 따른 업무에 관한 사항의 보고, 자료의 제출을 하게 하거나, 소속 공무원에게 조사 또는 검사하게 하려는 경우에는 「행정조사기본법」 제

	17조에 따라 사전통지를 하여야 한다. ④ 제1항에 따라 업무에 관한 사항의 보고 또는 자료의 제출 명령을 받은 정비사업전문관리업자는 그 명령을 받은 날부터 15일 이내에 이를 보고 또는 제출(전자문서를 이용한 보고 또는 제출을 포함한다)하여야 한다. ⑤ 국토교통부장관 또는 시·도지사는 제1항에 따른 업무에 관한 사항의 보고, 자료의 제출, 조사 또는 검사 등이 완료된 날부터 30일 이내에 그 결과를 통지하여야 한다.
제111조(자료의 제출 등) ② 국토교통부장관, 시·도지사, 시장, 군수 또는 구청장은 정비사업의 원활한 시행을 위하여 감독상 필요한 때에는 추진위원회·사업시행자·정비사업전문관리업자·철거업자·설계자 및 시공자 등 이 법에 따른 업무를 하는 자에게 국토교통부령으로 정하는 내용에 따라 보고 또는 자료의 제출을 명할 수 있으며 소속 공무원에게 그 업무에 관한 사항을 조사하게 할 수 있다. ③ 제2항에 따라 업무를 조사하는 공무원은 국토교통부령으로 정하는 방법 및 절차에 따라 조사 일시·목적 등을 미리 알려주어야 한다.	**제111조(자료의 제출 등)** ② 국토교통부장관, 시·도지사, 시장, 군수 또는 구청장은 정비사업의 원활한 시행을 위하여 감독상 필요한 경우로서 다음 각 호의 어느 하나에 해당하는 때에는 추진위원회·사업시행자·정비사업전문관리업자·설계자 및 시공자 등 이 법에 따른 업무를 하는 자에게 그 업무에 관한 사항을 보고하게 하거나 자료의 제출, 그 밖의 필요한 명령을 할 수 있으며, 소속 공무원에게 영업소 등에 출입하여 장부·서류 등을 조사 또는 검사하게 할 수 있다. 1. 이 법의 위반 여부를 확인할 필요가 있는 경우 2. 토지등소유자, 조합원, 그 밖에 정비사업과 관련한 이해관계인 사이에 분쟁이 발생된 경우 3. 그 밖에 시·도조례로 정하는 경우 ③ 제2항에 따른 업무에 관한 사항의 보고, 자료의 제출, 조사 또는 검사에 관하여는 제107조제2항부터 제5항까지의 규정을 준용한다.

3. 정비사업의 의의 및 종류

(1) 의 의

정비사업을 계획적으로 시행하기 위하여 정비구역 지정권자가 지방도시계획위원회 심의를 거쳐 지정·고시한 구역을 정비구역이라고 하고, 도시정비법에서 정한 절차에 따라 도시기능을 회복하기 위하여 정비구역에서 정비기반시설을 정비하거나 주택 등 건축물을 개량 또는 건설하는 사업을 정비사업이라고 하는데, 도시정비법에는 정비사업을 주거환경개선사업, 재개발사업, 재건축사업으로 구분하고 있다.

(2) 주거환경개선사업

① 도시저소득 주민이 집단거주하는 지역으로서 정비기반시설이 극히 열악하고 노후·불량건축물이 과도하게 밀집한 지역의 주거환경을 개선하기 위한 사업

② 단독주택 및 다세대주택이 밀집한 지역에서 정비기반시설과 공동이용시설 확충을 통하여 주거환경을 보전·정비·개량하기 위한 사업

'정비기반시설'이란 다음을 말한다.

- 도로, 상하수도, 구거(도랑), 공원, 공용주차장, 공동구
- 녹지, 하천, 공공용지, 광장, 소방용수시설, 비상대피시설, 가스공급시설, 지역난방시설
- 주거환경개선사업을 위하여 지정·고시된 정비구역에 설치하는 공동이용시설로서 사업시행계획서에 해당 시장·군수등이 관리하는 것으로 포함된 것

'공동이용시설'이란 다음을 말한다.

- 공동으로 사용하는 놀이터·마을회관·공동작업장
- 공동으로 사용하는 구판장·세탁장·화장실 및 수도
- 탁아소·어린이집·경로당 등 노유자시설
- 그 밖에 이와 유사한 용도의 시설로서 시·도 조례로 정하는 시설(서울시 조례 제5조)
  - 관리사무소, 경비실, 보안·방범시설 등 마을의 안전 및 공동이용관리를 위해 필요한 시설
  - 주민운동시설, 도서관 등 주민공동체 활동을 위한 복리시설

- 쓰레기수거 및 처리시설 등 마을의 환경개선을 위해 필요한 시설
- 재가노인복지시설 및 장애인복지시설

(3) 재개발사업

① 주택정비형 재개발사업 : 정비기반시설이 열악하고 노후·불량건축물이 밀집한 지역에서 주거환경을 개선하기 위한 사업

② 도시정비형 재개발사업 : 상업지역·공업지역 등에서 도시기능의 회복 및 상권활성화 등을 위하여 도시환경을 개선하기 위한 사업

③ 공공재개발사업 : 다음 요건을 모두 갖추어 시행하는 재개발사업을 "공공재개발사업"이라 한다.

- 녹지, 하천, 공공용지, 광장, 소방용수시설, 비상대피시설, 가스공급시설, 지역난방시설시장·군수등 또는 토지주택공사등(조합과 공동으로 시행하는 경우를 포함한다)이 제24조에 따른 주거환경개선사업의 시행자, 제25조제1항 또는 제26조제1항에 따른 재개발사업의 시행자나 제28조에 따른 재개발사업의 대행자(이하 "공공재개발사업 시행자"라 한다)일 것
- 녹지, 하천, 공공용지, 광장, 소방용수시설, 비상대피시설, 가스공급시설, 지역난방시설건설·공급되는 주택의 전체 세대수 또는 전체 연면적 중 토지등소유자 대상 분양분을 제외한 나머지 주택의 세대수 또는 연면적의 100분의 50 이상을 제80조에 따른 지분형주택, 공공임대주택 또는 공공지원민간임대주택으로 건설·공급할 것. 이 경우 주택 수 산정방법 및 주택 유형별 건설비율은 대통령령으로 정한다.

(4) 재건축사업

정비기반시설은 양호하나 노후·불량건축물에 해당하는 공동주택이 밀집한 지역에서 주거환경을 개선하기 위한 사업. 이 경우 다음 요건을 모두 갖추어 시행하는 재건축사업을 "공공재건축사업"이라 한다.

- 시장·군수등 또는 토지주택공사등이 제25조제2항 또는 제26조제1항에 따른 재건축사업의 시행자나 제28조제1항에 따른 재건축사업의 대행자(이하 "공공재건축사업 시행자"라 한다)일 것

- 종전의 용적률, 토지면적, 기반시설 현황 등을 고려하여 대통령령으로 정하는 세대수 이상을 건설·공급할 것. 다만, 제8조제1항에 따른 정비구역의 지정권자가 「국토의 계획 및 이용에 관한 법률」 제18조에 따른 도시·군기본계획, 토지이용 현황 등 대통령령으로 정하는 불가피한 사유로 해당하는 세대수를 충족할 수 없다고 인정하는 경우에는 그러하지 아니하다.

(5) 전면개정되기 전 정비사업법에 따른 정비사업

① 종 류

- 주거환경개선사업 : 도시저소득주민이 집단으로 거주하는 지역으로서 정비기반시설이 극히 열악하고 노후·불량건축물이 과도하게 밀집한 지역에서 주거환경을 개선하기 위하여 시행하는 사업
- 주택재개발사업 : 정비기반시설이 열악하고 노후·불량건축물이 밀집한 지역에서 주거환경을 개선하기 위하여 시행하는 사업
- 주택재건축사업 : 정비기반시설은 양호하나 노후·불량건축물이 밀집한 지역에서 주거환경을 개선하기 위하여 시행하는 사업(정비구역이 아닌 구역에서 시행하는 주택재건축사업을 포함한다)
- 도시환경정비사업 : 상업지역·공업지역 등으로서 토지의 효율적 이용과 도심 또는 부도심 등 도시기능의 회복이나 상권활성화 등이 필요한 지역에서 도시환경을 개선하기 위하여 시행하는 사업
- 주거환경관리사업 : 단독주택 및 다세대주택 등이 밀집한 지역에서 정비기반시설과 공동이용시설의 확충을 통하여 주거환경을 보전·정비·개량하기 위하여 시행하는 사업
- 가로주택정비사업 : 노후·불량건축물이 밀집한 가로구역에서 종전의 가로를 유지하면서 소규모로 주거환경을 개선하기 위하여 시행하는 사업

② 통합 및 이관

전부개정되기 전의 도시정비법은 정비사업의 유형으로 주거환경개선사업, 주택재개발사업, 주택재건축사업, 도시환경정비사업, 주거환경관리사업, 가로주택정비사업을 규정하고 있었으나, 주거환경개선사업과 주거환경관리사업을 통합하여 주거환경개선사업으로 하고, 주택재개발사업과 도시환경정비사업을 통합하여 재개발사업으로 하였다.

개정법 부칙은 정비사업 유형 개정으로 인한 경과조치로 '개정법 시행당시 종전법에 따라 주거환경관리사업을 시행하기 위하여 지정·고시된 정비구역은 개정법에 따라 지정·고시된 주거환경개선구역으로 보고, 주택재개발사업 및 도시환경정비사업을 시행하기 위하여 지정·고시된 정비구역은 개정법에 따라 지정·고시된 재개발구역으로 보고, 주택재건축사업을 시행하기 위하여 지정·고시된 정비구역은 개정법에 따라 지정·고시된 재건축구역으로 보고, 종전법에 따라 사업시행인가를 받아 시행 중인 주거환경관리사업, 주택재개발사업·도시환경정비사업 및 주택재건축사업은 각각 개정법에 따른 주거환경개선사업, 재개발사업 및 재건축사업으로 본다.'는 규정을 두었다.

한편 가로주택정비사업과 정비구역 아닌 구역에서 시행하는 주택재건축사업은 2017.2.8. 제정되어 2018.2.9. 시행된 「빈집 및 소규모주택 정비에 관한 특례법」(이하 소규모주택정비법이라고 약칭한다)에서 정한 빈집정비사업 중 가로주택정비사업과 소규모재건축사업으로 이관되었다. 소규모주택정비법 부칙은 '종전 도시정비법에 따라 시행중인 가로주택정비사업 및 정비구역 아닌 구역에서 시행하는 주택재건축사업은 소규모주택정비법에 따른 가로주택정비사업과 소규모재건축사업으로 본다.'는 규정을 두었다.

<table>
<tr><th colspan="2">대상지역</th><th>종전법</th><th>개정법</th></tr>
<tr><td colspan="2">도시저소득 주민이 집단거주하는 지역으로서 정비기반시설이 극히 열악하고 노후·불량건축물이 과도하게 밀집한 지역</td><td>주거환경개선사업</td><td rowspan="2">주거환경개선사업</td></tr>
<tr><td colspan="2">단독주택 및 다세대주택이 밀집한 지역</td><td>주거환경관리사업</td></tr>
<tr><td colspan="2">정비기반시설이 열악하고 노후·불량건축물이 밀집한 지역</td><td>주택재개발사업</td><td rowspan="2">재개발사업</td></tr>
<tr><td colspan="2">상업지역·공업지역 등에서 도시기능의 회복 및 상권활성화 등이 필요한 지역</td><td>도시환경정비사업</td></tr>
<tr><td rowspan="2">정비기반시설은 양호한 지역</td><td>노후·불량건축물에 해당하는 공동주택이 밀집한 지역</td><td rowspan="2">주택재건축사업</td><td>재건축사업</td></tr>
<tr><td>정비기반시설이 소규모로 공동주택을 개건축할 필요가 있는 지역</td><td>소규모재건축사업
(소규모주택정비법)</td></tr>
<tr><td colspan="2">노후·불량건축물이 밀집한 가로구역</td><td>가로주택정비사업</td><td>가로주택정비사업
(소규모주택정비법)</td></tr>
</table>

4. 정비사업과 구분되는 사업

(1) 서 론

시·도지사는 특별시·광역시·특별자치시·특별자치도·시 또는 군의 개발·정비 및 보전을 위하여 토지 이용, 교통, 환경, 경관, 안전, 산업, 정보통신, 보건, 복지, 안보, 문화 등에 관한 계획(이를 도시·군관리계획이라고 한다)을 수립하여 결정고시하고, 5년마다 그 타당성여부를 재검토하여 정비한다. 도시·군관리계획을 시행하기 위한 사업을 도시·군계획사업이라고 하는데, 도시·군계획사업에는 도시계획법에 따른 도시·군계획시설사업, 도시개발법에 따른 도시개발사업, 도시정비법에 따른 정비사업이 있다(도시계획법 제2조제11호).

특별시장·광역시장 또는 도지사는 도시의 낙후된 지역에 대한 주거환경의 개선, 기반시설의 확충 및 도시기능의 회복을 광역적으로 계획하고 체계적·효율적으로 추진하기 위하여 재정비촉진지구를 지정하는데, 재정비촉진지구에서 시행되는 재정비촉진사업에는 도시정비법에 따른 정비사업, 도시개발법에 따른 도시개발사업, 전통시장 및 상점가 육성을 위한 특별법(이하 전통시장법이라고 약칭한다)에 따른 시장정비사업, 국토계획법에 따른 도시·군계획시설사업이 있다(도시재정비촉진에관한법률 제2조제2호).

이하 도시·군계획시설사업, 도시개발사업, 시장정비사업과 주택법에 따른 주택건설사업·대지조성사업, 택지개발촉진법에 따른 택지개발사업에 관하여 개략적으로 살펴본다.

(2) 도시·군계획시설사업

① 국토계획법상 계획 개관

㉮ 국가계획

국토계획법상 국가계획은 중앙행정기관이 법률에 따라 수립하거나 국가의 정책적인 목적을 이루기 위하여 수립하는 계획으로 다음의 사항이 포함된 계획을 말한다.

- 지역적 특성 및 계획의 방향·목표에 관한 사항
- 공간구조, 생활권의 설정 및 인구의 배분에 관한 사항
- 토지의 이용 및 개발에 관한 사항

- 토지의 용도별 수요 및 공급에 관한 사항
- 환경의 보전 및 관리에 관한 사항
- 기반시설에 관한 사항
- 공원·녹지에 관한 사항
- 경관에 관한 사항
- 기후변화 대응 및 에너지절약에 관한 사항
- 방재 및 안전에 관한 사항
- 도시·군관리계획으로 결정하여야 할 사항

㉯ 광역도시계획

국토교통부장관 또는 도지사는 인접한 둘 이상의 특별시·광역시·특별자치시·특별자치도·시 또는 군의 관할 구역 전부 또는 일부를 광역계획권으로 지정하고, 국토교통부장관, 시·도지사, 시장 또는 군수는 국가계획에 부합하도록 광역도시계획을 수립하고, 국토교통부장관은 광역도시계획을 승인한다.

㉰ 도시·군기본계획

특별시장·광역시장·특별자치시장·특별자치도지사는 관할 구역에 대하여 도시·군기본계획을 수립하고, 시장 또는 군수는 관할 구역에 대하여 도시사의 승인을 받아 도시·군기본계획을 수립하고, 5년마다 관할 구역의 도시·군기본계획에 대하여 그 타당성을 전반적으로 재검토하여 정비하고, 도시·군기본계획의 내용에 우선하는 광역도시계획·국가계획의 내용을 도시·군기본계획에 반영하여야 한다. 도시·군계획은 특별시·광역시·특별자치시·특별자치도·시 또는 군의 관할 구역에서 수립되는 다른 법률에 따른 토지의 이용·개발 및 보전에 관한 계획의 기본이 된다.

㉱ 도시·군관리계획

특별시장·광역시장·특별자치시장·특별자치도지사·시장 또는 군수는 관할 구역에 대하여 광역도시계획과 도시·군기본계획에 부합되도록 도시·군관리계획을 입안하고, 시·도지사가 직접 또는 시장·군수의 신청에 따라 도시·군관리계획을 결정·고시하고, 도시·군관리계획결정이 고시되면 지적이 표시된 지형도에 도시·군관리계획에 관한 사항을 자세히 밝힌 도면을 작성·고시한다. 도시·군관리계획 결정은 지형도면을 고시한 날부터 효력이 발생하고, 5년마다 관할 구역의 도시·군관리계획에 대하여 그 타당성을 전반적으로 재검토하여 정비한다.

국토교통부장관, 시·도지사 또는 대도시 시장은 도시·군관리계획으로 용도지역 및 용도지구의 지정 또는 변경 결정을 하고, 도시·군관리계획결정으로 용도지역 및 용도지구를 다시 세분하여 지정하거나 변경한다. 용도지역은 도시지역(주거지역·상업지역·공업지역·녹지지역), 관리지역(보전관리 지역·생산관리지역·계획관리지역), 농림지역, 자연환경보전지역으로 구분되고, 용도지구는 경관지구, 미관지구, 고도지구, 방화재구, 방재지구, 보존지구, 시설보호지구, 취락지구, 개발진행지구, 특정용도제한지구 등으로 구분된다.

㉤ 지구단위계획

지구단위계획이란 도시·군계획 수립 대상지역의 일부에 대하여 토지 이용을 합리화하고 그 기능을 증진시키며 미관을 개선하고 양호한 환경을 확보하며, 그 지역을 체계적·계획적으로 관리하기 위하여 수립하는 도시·군관리계획을 말하는데, 국토교통부장관, 시·도지사, 시장 또는 군수는 용도지구, 도시개발구역, 정비구역, 택지개발구역, 대지조성사업지구 등의 전부 또는 일부에 대하여 지구단위계획구역을 지정하고, 지구단위계획구역의 지정목적을 이루기 위하여 지구단위계획을 수립하여 결정·고시한다. 지구단위계획구역 및 지구단위계획은 도시·군관리계획으로 결정하며, 지구단위계획구역에서 건축물을 건축 또는 용도변경하거나 공작물을 설치하려면 그 지구단위계획에 맞게 하여야 한다.

지구단위계획에 포함되는 내용은 다음과 같다.

- 용도지역이나 용도지구를 세분하거나 변경하는 사항
- 기존의 용도지구를 폐지하고 그 용도지구에서의 건축물이나 그 밖의 시설의 용도·종류 및 규모 등의 제한을 대체하는 사항
- 기반시설의 배치와 규모
- 도로로 둘러싸인 일단의 지역 또는 계획적인 개발·정비를 위하여 구획된 일단의 토지의 규모와 조성계획
- 건축물의 용도제한, 건축물의 건폐율 또는 용적률, 건축물 높이의 최고한도 또는 최저한도
- 건축물의 배치·형태·색채 또는 건축선에 관한 계획

- 환경관리계획 또는 경관계획
- 교통처리계획
- 그 밖에 토지 이용의 합리화, 도시나 농·산·어촌의 기능 증진 등에 필요한 사항으로서 대통령령으로 정하는 사항

② 도시·군계획시설의 의미

도로·철도·항만·공항·주차장 등 교통시설, 광장·공원·녹지 등 공간시설, 유통업무설비·수도·전기·가스공급설비·방송·통신시설·공동구 등 유통공급시설, 학교·운동장·공공청사·문화시설 및 공공필요성이 인정되는 체육시설 등 공공·문화체육시설, 하천·유수지·방화설비 등 방재시설, 화장시설·공동묘지·봉안시설 등 보건위생시설, 하수도·폐기물처리시설 등 환경기초시설을 '기반시설'이라고 하는데, 기반시설을 설치하려면 그 시설의 종류·명칭·위치·규모 등을 미리 도시·군관리계획으로 결정하여야 한다. 기반시설 중 도시·군관리계획으로 결정된 시설을 도시·군계획시설이라고 한다.

도시·군계획시설에 대한 도시·군관리계획의 결정 고시일부터 10년 이내에 그 도시·군계획시설의 설치에 관한 도시·군계획시설사업이 시행되지 아니하는 경우 그 도시·군계획시설의 부지로 되어 있는 토지 중 지목이 대(垈)인 토지의 소유자는 특별시장·광역시장·특별자치시장·특별자치도지사·시장 또는 군수에게 그 토지의 매수를 청구할 수 있고, 그 고시일부터 20년이 지날 때까지 그 시설의 설치에 관한 도시·군계획시설사업이 시행되지 아니하는 경우 그 도시·군계획시설결정은 그 고시일부터 20년이 되는 날의 다음날에 그 효력을 잃는다.

③ 도시·군계획시설의 시행자

특별시장·광역시장·특별자치시장·특별자치도지사·시장 또는 군수는 도시·군계획시설에 대하여 도시·군계획시설결정의 고시일부터 2년 이내에 재원조달계획, 보상계획 등을 포함하는 단계별 집행계획을 수립하여야 한다.

특별시장·광역시장·특별자치시장·특별자치도지사·시장 또는 군수는 관할 구역의 도시·군계획시설사업을 시행하고, 국토교통부장관은 국가계획과 관련되거나 그 밖에 특히 필요하다고 인정되는 경우에는 관계 특별시장·광역시장·특별자치시장·특별자치도지사·시장 또는 군수의 의견을 들어 직접 도시·군계획시설사업을 시행할 수 있으며,

도지사는 광역도시계획과 관련되거나 특히 필요하다고 인정되는 경우에는 관계 시장 또는 군수의 의견을 들어 직접 도시·군계획시설사업을 시행할 수 있고, 국토교통부장관, 시·도지사, 시장 또는 군수는 시행자를 지정하여 도시·군계획시설사업을 시행하게 할 수 있다.

④ 도시·군계획시설의 시행

도시·군계획시설사업의 시행자는 도시·군계획시설사업에 필요한 토지·건축물 또는 그 토지에 정착된 물건, 토지·건축물 또는 그 토지에 정착된 물건에 관한 소유권 외의 권리를 수용하거나 사용할 수 있고, 수용 및 사용에 관하여는 토지보상법을 준용한다.

국토교통부장관, 시·도지사와 대도시 시장을 제외한 도시·군계획시설사업의 시행자는 도시·군계획시설사업의 공사를 마친 때에는 공사완료보고서를 작성하여 시·도지사나 대도시 시장의 준공검사를 받아야 하고, 시·도지사나 대도시 시장은 준공검사를 한 결과 실시계획대로 완료되었다고 인정되는 경우에는 도시·군계획시설사업의 시행자에게 준공검사증명서를 발급하고 공사완료 공고를 하고, 국토교통부장관, 시·도지사 또는 대도시 시장인 도시·군계획시설사업의 시행자는 도시·군계획시설사업의 공사를 마친 때에는 공사완료 공고를 한다.

(3) 도시개발사업

① 의 의

도시개발사업이란 도시개발구역에서 주거, 상업, 산업, 유통, 정보통신, 생태, 문화, 보건 및 복지 등의 기능이 있는 단지 또는 시가지를 조성하기 위하여 시행하는 사업을 말하고, 도시개발사업을 시행하기 위하여 지정·고시된 구역이 도시개발구역이다.

② 개발계획의 수립

지정권자는 도시개발구역을 지정하려면 해당 도시개발구역에 대한 도시개발사업의 계획을 수립하여야 한다. 지정권자는 창의적이고 효율적인 도시개발사업을 추진하기 위하여 필요한 경우에는 개발계획안을 공모하여 선정된 안을 개발계획에 반영할 수 있는데, 이 경우에는 도시개발구역을 지정한 후에 개발계획을 수립할 수 있다.

지정권자는 환지 방식의 도시개발사업에 대한 개발계획을 수립하려면 환지 방식이 적용되는 지역의 토지면적의 3분의 2 이상에 해당하는 토지 소유자와 그 지역의 토지 소유자 총수의 2분의 1 이상의 동의를 받아야 한다. 환지 방식으로 시행하기 위하여 개발계획을 변경하려는 경우에도 마찬가지이다.

③ 도시개발구역의 지정·고시

시·도지사, 대도시(서울특별시·광역시 및 특별자치구를 제외한 인구 50만 이상의 도시를 '대도시'라고 한다) 시장은 계획적인 도시개발이 필요하다고 인정되는 때에는 도시개발구역을 지정할 수 있다. 도시개발사업이 필요하다고 인정되는 지역이 둘 이상의 시·도, 대도시에 걸치는 경우에는 관계 시·도지사 또는 대도시 시장이 협의하여 도시개발구역을 지정할 자를 정한다.

국가가 도시개발사업을 실시할 필요가 있는 경우, 관계 중앙행정기관의 장이 요청하는 경우, 공공기관·정부출연기관의 장이 일정 규모 이상으로서 국가계획과 밀접한 관련이 있는 도시개발구역의 지정을 제안하는 경우, 둘 이상의 시·도, 대도시에 걸친 사업에서 관계 시·도지사 또는 대도시 시장 사이에 협의가 성립되지 아니하는 경우에는 국토교통부장관이 도시개발구역을 지정할 수 있다.

지정권자는 도시개발구역을 지정한 경우(개발계획을 공모할 경우에는 개발계획을 수립한 경우)에는 이를 관보나 공보에 고시하고, 일반에게 공람시켜야 한다.

④ 도시개발사업의 시행자

지정권자는 도시개발사업의 시행자를 지정한다. 공공(국가·지자체·공공기관·정부출연기관·지방공사 등)을 지정할 수도 있고, 민간(토지소유자·도시개발조합·등록사업자·부동산개발업자 등)을 지정할 수도 있다.

도시개발구역 전부를 환지 방식으로 시행하는 경우에는 도시개발구역의 토지소유자나 토지소유자로 구성된 도시개발조합을 시행자로 지정한다. 도시개발조합을 설립하려면 도시개발구역의 토지소유자 7인 이상이 도시개발구역 토지면적의 2/3 이상에 해당하는 토지소유자와 그 구역 토지소유자 총수의 1/2 이상의 동의를 받아 지정권자에게 설립인가를 받아야 한다.

⑤ 실시계획 작성·인가·고시

시행자는 도시개발사업에 관한 실시계획을 작성하여, 지정권자의 인가를 받아야 하고, 지정권자가 실시계획을 작성하거나 인가한 경우에는 이를 관보나 공보에 고시하고 일반에게 관계 서류를 공람시켜야 한다.

⑥ 시행 및 완료

도시개발사업은 시행자가 도시개발구역의 토지등을 수용 또는 사용하는 방식이나 환지 방식 또는 이를 혼용하는 방식으로 시행할 수 있다. 지정권자는 도시개발구역지정 이후 일정한 경우 도시개발사업의 시행방식을 수용 또는 사용방식에서 혼용 방식 또는 전부 환지 방식으로, 혼용방식에서 전부 환지 방식으로 변경할 수 있다.

시행자는 도시개발사업의 공사를 끝낸 때에는 지정권자의 준공검사를 받아야 한다. 지정권자는 준공검사를 한 결과 도시개발사업이 실시계획대로 끝났다고 인정되면 시행자에게 준공검사 증명서를 내어주고 공사완료공고를 하여야 한다.

(4) 택지개발사업

① 의 의

택지개발사업이란 일단의 토지를 활용하여 주택건설 및 주거생활이 가능한 택지를 조성하는 사업을 말하며, 택지개발사업을 시행하기 위하여 도시지역과 그 주변지역중 국토교통부장관, 시·도지사 등 지정권자가 지정·고시하는 지구를 택지개발지구라고 한다.

② 택지개발계획의 수립 및 택지개발지구의 지정

시·도지사(일정한 경우는 국토교통부장관)는 주거종합계획 중 주택·택지의 수요·공급 및 관리에 관한 사항(택지수급계획)에서 정하는 바에 따라 택지를 집단적으로 개발하기 위하여 필요한 지역을 택지개발지구로 지정할 수 있다. 지정권자는 택지개발지구를 지정하려면 택지개발계획을 수립하여야 한다.

③ 시 행 자

지정권자는 다음을 택지개발사업의 시행자로 지정한다.

- 국가·지자체·LH·지방공사(공공시행자)
- 주택법에 따른 주택건설등 사업자로서 공공시행자와 공동으로 개발사업을 시행

하는 자, 이 경우 주택법에 따른 공동사업자는 택지개발지구의 토지면적 중 일정 비율(공공시행자가 공공주택건설 등 시급한 필요에 따라 주택건설등 사업자에게 공동으로 개발사업의 시행을 요청하는 경우 100분의 20 이상 100분의 50 미만의 범위, 주택건설등 사업자가 토지 취득 또는 사업계획 승인 등의 어려움을 해소하기 위하여 공공시행자에게 공동으로 개발사업의 시행을 요청하는 경우 100분의 50 이상 100분의 70 미만의 범위) 이상의 토지를 소유하거나 소유권 이전계약을 체결하여야 한다.

- 주택건설등 사업자로서 공공시행자와 협약을 체결하여 공동으로 개발사업을 시행하는 자 또는 주택건설등 사업자와 공공시행자가 공동출자하여 설립한 법인, 이 경우 주택건설등 사업자의 투자지분은 100분의 50 미만이어야 한다.

④ 실시계획 작성·승인·고시

시행자는 택지개발사업 실시계획을 작성하고, 지정권자가 아닌 시행자는 실시계획에 대하여 지정권자의 승인을 받아야 한다. 지정권자가 실시계획을 작성하거나 승인하였을 때에는 이를 고시하여야 한다.

⑤ 사업시행 및 완료

시행자는 택지개발지구에서 택지개발사업을 시행하기 위하여 필요할 때에는 토지보상법에서 정하는 토지·물건 또는 권리를 수용하거나 사용할 수 있다. 시행자는 택지개발사업을 완료하였을 때에는 지정권자로부터 준공검사를 받아야 한다. 택지를 공급하려는 자는 실시계획에서 정한 바에 따라 택지를 공급하여야 한다. 택지를 공급받은 자 또는 그로부터 그 택지를 취득한 자는 실시계획에서 정한 용도에 따라 주택 등을 건설하여야 한다.

(5) 주택건설사업·대지조성사업

① 사업계획승인

㉮ 주택건설사업

단독주택을 건설하는 경우에는 30호(공공사업에 따라 조성된 용지를 개별 필지로 구분하지 아니하고 일단의 토지로 공급받아 해당 토지에 건설하는 단독주택을 건설하는 경우 및 한옥을 건설하는 경우에는 50호), 공동주택을 건설하는 경우에는 30세대(다만 주거전용면적이 30제곱미터 이상이고 진입도로 폭이 6미터 이상인 단지형 연립주택 또는 단지형 다세대주택을 건설하는 경우 및 주거환경개선사업을 시행하기 위하여 건설하는 공동주택을 건설하는 경우에는 50세대) 이상의 주택건설사업을 시행하려는 자는 사업계획승인권자에게 사업계획승인을 받아야 한다.

다만 준주거지역 또는 상업지역(유통상업지역 제외)에서 300세대 미만의 주택과 주택 외 시설을 동일 건축물로 건축하고, 해당 건축물의 연면적에서 주택의 연면적이 차지하는 비율이 90% 미만인 경우, 농어촌정비법에 따른 생활환경정비사업 중 농업협동조합법에 따른 농업협동조합중앙회가 조달하는 자금으로 시행하는 사업인 경우에는 사업계획승인을 받지 아니하고 건축법상 건축허가만 받으면 된다.

㉯ **대지조성사업**

1만 제곱미터 이상의 대지조성사업을 시행하려는 자는 사업계획승인권자에게 사업계획승인을 받아야 한다.

② **사업주체**

공공(국가·지자체·LH·지방공사) 또는 민간(등록사업자·주택조합·기타시행자)은 주택건설사업계획 또는 대지조성사업계획의 승인을 받아 사업을 시행할 수 있다.

민간이 연간 단독주택 20호, 공동주택 20세대(다만 도시형생활주택은 30세대) 이상의 주택건설사업을 시행하거나, 연간 1만 제곱미터 이상의 대지조성사업을 시행하려면 국토교통부장관에게 등록하여야 한다. 이렇게 주택법에 따라 등록한 사업자를 등록사업자라고 한다.

토지소유자가 주택을 건설하는 경우, 주택조합이 그 구성원의 주택을 건설하는 경우, 고용자가 그 근로자의 주택을 건설하는 경우 등록을 하지 않고 등록사업자와 공동으로 사업을 시행할 수 있다.

③ **주택조합**

㉮ **종 류**

주택조합은 많은 수의 구성원이 사업계획의 승인을 받아 주택을 마련하거나 주택을 리모델링하기 위하여 결성하는 조합으로, 같은 지역에 거주하는 주민이 주택을 마련하기 위하여 설립한 지역주택조합, 같은 직장의 근로자가 주택을 마련하기 위하여 설립한 직장주택조합, 공동주택의 소유자가 그 주택을 리모델링하기 위하여 설립한 리모델링주택조합이 있다.

㉯ **설립인가**

주택조합을 설립하려는 경우 주택건설대지의 80퍼센트 이상에 해당하는 토지의 사용권원을 확보한 뒤 시장·군수·구청장의 인가를 받아야 하고(국민주택을 공급하기 위하여 직장주택조합을 설립하려는 경우에는 신고하여야 한다), 건설한 주택을 조합원에게 우선 공급할 수 있다.

㉰ **업무대행**

주택조합(리모델링주택조합 제외) 및 그 조합의 구성원은 조합원 가입 알선 등 주택조합의 업무를 대행하도록 할 경우 공동사업주체인 등록사업자 또는 등록사업자·중개업자·정비사업전문관리업자·신탁업자 등에게만 대행하도록 하여야 한다.

업무대행자가 대행하는 업무범위는 다음과 같다.

- 조합원 모집, 토지 확보, 조합설립인가 신청 등 조합설립을 위한 업무의 대행
- 사업성 검토 및 사업계획서 작성업무의 대행
- 설계자 및 시공자 선정에 관한 업무의 지원
- 사업계획승인 신청 등 사업계획승인을 위한 업무의 대행
- 그 밖에 총회의 운영업무 지원 등 국토교통부령으로 정하는 사항

㉱ **공동책임 및 시공보증**

주택조합과 등록사업자가 공동으로 사업을 시행하면서 시공할 경우 등록사업자는 시공자로서의 책임뿐만 아니라 자신의 귀책사유로 사업 추진이 불가능하게 되거나 지연됨으로 인하여 조합원에게 입힌 손해를 배상할 책임이 있다.

주택조합이 공동사업주체인 시공자를 선정한 경우 그 시공자는 공사의 시공보증을 위하여 시공보증서를 조합에 제출하여야 한다. 시공보증이란 시공자가 공사의 계약상 의무를 이행하지 못하거나 의무이행을 하지 아니할 경우 보증기관에서 시공자를 대신하여 계약이행의무를 부담하거나 총 공사금액의 30퍼센트 이상 50퍼센트 이하의 범위에서 주택조합이 정하는 금액을 납부할 것을 보증하는 것을 말한다.

㉲ **조합원모집**

주택조합이 설립인가를 받기 위하여 조합원을 모집하려면 시장·군수·구청장에게 신고하고, 공개모집의 방법으로 조합원을 모집하여야 한다. 다만 공개모집 이후 조합원의 사망·자격상실·탈퇴 등으로 인한 결원을 충원하거나 미달된 조합원을 재모집하

는 경우에는 신고하지 아니하고 선착순의 방법으로 조합원을 모집할 수 있다.

시장·군수·구청장은 다음의 어느 하나에 해당하는 경우에는 조합원 모집 신고를 수리할 수 없다.

- 이미 신고된 사업대지와 전부 또는 일부가 중복되는 경우
- 이미 수립되었거나 수립 예정인 도시·군계획, 이미 수립된 토지이용계획 또는 주택법이나 관계 법령에 따른 건축기준 및 건축제한 등에 따라 해당 주택건설대지에 조합주택을 건설할 수 없는 경우
- 조합업무를 대행할 수 있는 자가 아닌 자와 업무대행계약을 체결한 경우 등 신고내용이 법령에 위반되는 경우
- 신고한 내용이 사실과 다른 경우

주택조합의 조합원이 되려면, 조합설립인가 신청일(투기과열지구 안에 있는 경우에는 조합설립인가 신청일 1년 전의 날)부터 해당 조합주택의 입주 가능일까지 무주택자 또는 주거전용면적 85㎡ 이하 1주택 소유자이어야 한다. 그리고 지역주택조합은 소정 구분에 따른 지역(서울, 인천, 경기는 하나로 구분됨)에 6개월 이상 계속 거주하여온 자이어야 하고, 직장주택조합은 동일한 특별시·광역시·특별자치시·특별자치도·시 또는 군 안에 소재하는 동일한 국가기관·지방자치단체·법인에 근무하는 사람이어야 한다. 일반분양은 제한이 없으나 조합원에게는 85㎡ 이하 주택만 공급된다.

㉥ 탈 퇴

조합원은 조합규약으로 정하는 바에 따라 조합에 탈퇴 의사를 알리고 탈퇴할 수 있고, 탈퇴하거나 제명된 조합원은 조합규약으로 정하는 바에 따라 부담한 비용의 환급을 청구할 수 있다.

㉦ 표준규약

국토교통부는 조합원들의 비전문성으로 인한 피해를 방지하고 조합사업의 원활한 추진을 위하여 포함되어야 할 기본적 사항들을 규정함으로써 조합규약과 공사계약서 작성시 기본 지침서로 활용될 수 있도록 표준조합규약 및 표준공사계약서를 제정하여 보급하고 있다.

요즘 주택조합 특히 지역주택조합의 경우 무주택자의 내집 마련을 위해 무주택자

가 협력하여 주택을 건설한다는 당초의 취지에 맞지 않게 건설회사 주도로 운영됨에 따라 조합원의 결속력과 책임의식이 결여되어 자주적으로 토지를 구매하거나 주택을 건설·공급하지 못하고 일부 건설업체의 편법적인 분양 수단으로 이용되는 등 사업추진과정에서 선의의 조합원들의 피해가 빈번하게 발생하였고 있다. 주택조합에 가입할 경우 규약의 내용을 꼼꼼히 살펴볼 필요가 있다.

④ 대지 소유권 확보

㉮ 사업계획승인을 받기 위한 요건

1) 사업주체가 주택건설사업을 시행하기 위하여 주택건설사업계획 승인신청을 할 경우 : 해당 주택건설대지의 100% 소유권 또는 사용권을 확보하여야 한다.

2) 주택조합이 그 구성원의 주택을 건설하기 위하여 등록사업자와 공동으로 지구단위계획의 결정이 필요한 주택건설사업을 시행하기 위하여 주택건설사업계획 승인신청을 경우 : 주택조합이 별도로 등록사업자로 등록할 필요는 없으나 주택조합 단독으로 대지 면적의 95% 이상의 소유권을 확보하고(국공유지는 관리청이 매각하거나 양여할 것을 확인한 서류를 제출하는 경우에는 확보한 것으로 본다), 나머지 대지가 매도청구의 대상에 해당하여야 한다.

만일 주택조합과 등록사업자가 공유지분에 따라 주택건설대지의 소유권을 확보하여 주택건설사업을 시행할 수 있다고 하면, 영세한 주택조합으로서 전체 주택건설대지 중 주택조합이 소유하는 지분비율이 작은 경우, 명목상 주택조합과 등록사업자의 공동사업이라고 하더라도 그 실질은 등록사업자에 의한 일반주택건설사업과 다를 바 없다고 할 것이므로, 이는 주택조합에 의한 주택건설사업제도의 본래의 취지에 어긋난다고 할 것이다.

3) 사업주체가 지구단위계획의 결정이 필요한 주택건설사업을 시행하기 위하여 사업계획 승인신청을 할 경우 : 해당 대지 면적의 80% 이상 사용권을 확보하고(국공유지는 관리청이 매각하거나 양여할 것을 확인한 서류를 제출하는 경우에는 확보한 것으로 본다), 나머지 대지가 매도청구의 대상에 해당하여야 한다. 따라서 주택조합이 단독으로 지구단위계획의 결정이 필요한 주택건설사업을 시행하려면 인적·물적 시설을 갖추어 등록사업자로 등록하고, 80% 이상 사용권을 확보하여야 한다.

㉯ 착공 요건

사업주체가 착공신고 후 공사를 시작하려는 경우 매도청구 대상이 되는 대지가 포함되어 있으면 해당 매도청구 대상 대지에 대하여는 그 대지의 소유자가 매도에 대하여 합의를 하거나 매도청구에 관한 법원의 승소판결을 받은 경우에만 공사를 시작할 수 있다. 매도청구 승소판결이 확정될 것을 요하지는 아니한다.

㉰ 매도청구 요건

주택건설사업계획승인을 받은 사업주체는 다음에 따라 해당 주택건설대지 중 사용할 수 있는 권원을 확보하지 못한 대지(건축물을 포함)의 소유자에게 그 대지를 시가로 매도할 것을 청구할 수 있다. 이 경우 매도청구 대상이 되는 대지의 소유자와 매도청구를 하기 전에 3개월 이상 협의를 하여야 한다.

- 주택건설대지면적의 95퍼센트 이상의 사용권원을 확보한 경우 : 사용권원을 확보하지 못한 대지의 모든 소유자에게 매도청구 가능
- 주택건설대지면적의 95퍼센트 이상의 사용권원을 확보하지 못한 경우 : 사용권원을 확보하지 못한 대지의 소유자 중 지구단위계획구역 결정고시일 10년 이전에 해당 대지의 소유권을 취득하여 계속 보유하고 있는 자(대지의 소유기간을 산정할 때 대지소유자가 직계존속·직계비속 및 배우자로부터 상속받아 소유권을 취득한 경우에는 피상속인의 소유기간을 합산한다)를 제외한 소유자에게 매도청구 가능

⑤ 주택의 건설 및 공급

사업주체는 사업계획승인을 받아 시행하는 주택건설사업 또는 대지조성사업을 완료한 경우에는 주택 또는 대지에 대하여 시장·군수·구청장의 사용검사를 받아야 한다.

사업주체가 입주자를 모집하려는 경우 시장·군수·구청장의 승인을 받아야 하고, 건설하는 주택을 공급하려는 경우 국토교통부령으로 정하는 입주자모집의 조건·방법·절차, 입주금의 납부 방법·시기·절차, 주택공급계약의 방법·절차 등에 적합하여야 한다. 다만 국가유공자, 보훈보상대상자, 장애인, 철거주택의 소유자, 그 밖에 국토교통부령으로 정하는 대상자에게는 입주자 모집조건 등을 달리 정하여 별도로 공급할 수 있다.

㉮ 입주자모집 시기 및 방법

민간 사업주체는 ① 저당권등의 방해가 없는 상태의 대지 소유권을 확보하고(대지를

신탁한 경우를 포함한다. 매도청구소송 대상 대지로서 매도청구소송을 제기하여 승소판결을 받은 경우, 소유자확인이 곤란한 대지에 대하여 매도청구소송을 제기하고 감정평가액을 공탁한 경우, 사업계획승인을 받은 날 이후 소유권이 제3자에게 이전된 대지에 대하여 매도청구소송을 제기하고 감정평가액을 공탁한 경우에는 사용검사 전까지 해당 주택건설 대지의 소유권을 확보하여야 한다), ② 주택도시보증공사 또는 보증보험회사로부터 분양보증을 받은 경우에는 착공과 동시에 입주자를 모집할 수 있다. 다만 사업주체가 영업정지처분을 받고 영업정지처분기간이 끝난 날부터 2년이 지나지 아니한 경우에는 분양 대상 아파트 전체 층수의 2분의 1 이상에 해당하는 층수의 골조공사가 완성된 때에 입주자를 모집할 수 있다.

민간 사업주체는 ① 저당권등의 방해가 없는 상태의 대지 소유권을 확보하고, ② 일정한 요건을 갖춘 등록사업자(전년도 또는 해당 연도의 주택건설실적이 100호 또는 100세대 이상인 자일 것 등) 둘 이상의 연대보증을 받아 공증을 받은 경우에는 분양 대상 아파트 전체 층수의 3분의 2 이상에 해당하는 층수의 골조가 완성된 때에 입주자를 모집할 수 있다.

사업주체는 공개모집의 방법으로 입주자를 모집하여야 하고, 투기과열지구 및 청약과열지구에 해당하는 지역에서 공급되는 주택의 입주자를 모집하는 경우로서 제1순위 청약 신청을 접수하는 경우에는 해당 주택건설지역에 거주하는 자의 청약 신청 접수일이 그 밖의 지역에 거주하는 자의 청약 신청 접수일보다 우선하도록 하여야 한다.

㉯ 입주자모집 승인 및 공고

사업주체는 입주자를 모집하려면 입주자모집공고안, 보증서·공증서·건축공정확인서 및 대지사용승낙서(해당하는 자만 제출한다)를 갖추어 시장·군수·구청장의 승인을 받아야 한다.

사업주체는 입주자를 모집하고자 할 때에는 최초 청약 신청 접수일 5일 이전에 법에 정해진 사항이 포함된 입주자모집공고를 해당 주택건설지역 주민이 널리 볼 수 있는 일간신문, 관할 시·군·자치구의 인터넷 홈페이지 또는 해당 주택건설지역 거주자가 쉽게 접할 수 있는 일정한 장소에 게시하여 공고하여야 한다. 다만, 수도권 및 광역시에서 100호 또는 100세대 이상의 주택을 공급하거나 시장·군수·구청장이 투기 및 과열경쟁의 우려가 있다고 인정하는 경우에는 일간신문에 공고하여야 하며, 시장·군수·구청장은 인터넷에도 게시하게 할 수 있다.

㉰ **공급계약 및 입주금 납부**

사업주체는 전산검색 및 세대주, 세대원 등의 확인 결과에 따른 정당한 당첨자와 입주예정일 등 법에 정해진 내용이 포함된 주택공급계약서에 의하여 공급계약을 체결하여야 한다.

사업주체가 주택을 공급하는 경우 입주자로부터 받는 입주금은 청약금, 계약금, 중도금 및 잔금으로 구분하는데, 분양주택의 청약금은 입주자 모집시 주택가격의 10퍼센트, 계약금은 계약 체결시 청약금을 포함하여 주택가격의 20퍼센트, 중도금은 건축공정에 따라 주택가격의 60퍼센트(계약금을 주택가격의 10퍼센트 범위 안에서 받은 경우에는 70퍼센트를 말한다), 잔금은 사용검사일 이후 나머지 범위 안에서 받을 수 있고, 중도금과 잔금에 대한 연체료는 계약시 정한 금융기관에서 적용하는 연체금리의 범위 안에서 정한 연체료율에 따라 산출하는 연체료 이내이어야 한다.

(6) 시장정비사업

① 의 의

시장정비사업이란 시장정비사업시행자가 시장의 현대화를 촉진하기 위하여 상업기반시설 및 도시정비법에 따른 정비기반시설을 정비하고, 대규모점포가 포함된 건축물을 건설하기 위하여 전통시장법과 도시정비법 등에서 정하는 바에 따라 시장을 정비하는 모든 행위를 말한다.

시장정비사업은 종전 도시정비법에서 규정하고 있던 도시환경정비사업의 일종으로 시장정비사업과 관련하여 시장정비법에서 정하지 아니한 사항은 도시정비법중 도시환경정비사업의 규정을 준용하도록 하고 있었다. 개정법에서는 도시환경정비사업이 재개발사업으로 통합되었으므로 재개발사업에 관한 규정이 준용된다.

② 시장정비사업 추진위원회

㉮ **추진위 구성**

시장정비구역에 있는 토지나 건축물의 소유자 및 지상권자(토지등소유자)가 시장정비사업조합을 설립하여 시장정비사업을 시행하려는 경우에는 토지등소유자 과반수의 동의로 시장정비사업 추진위원회를 설립하여 도시정비법에 따라 시장·군수·구청장의 승인을 받아야 한다.

㉯ **추진위 업무**

추진위원회는 다음의 업무를 수행한다.

- 시장정비사업추진계획의 수립 및 제출
- 도시정비법에 따른 정비사업전문관리업의 등록
- 시장정비사업조합의 설립을 위한 준비업무
- 토지등소유자의 동의에 관한 업무
- 그 밖에 추진위원회가 수행하는 것이 필요하다고 대통령령으로 정한 업무

③ 사업시행자

시장정비사업은 다음의 자가 시행한다.

- 시장정비사업조합
- 토지등소유자(개인이나 법인이 단독으로 소유한 경우만 해당한다)
- 토지등소유자가 시장정비사업을 추진하기 위하여 설립한 법인(시장정비사업법인)
- 시장·군수·구청장(시장·군수·구청장이 직접 시행하는 경우만 해당한다)
- 한국토지주택공사 또는 지방공사

사업시행자는 필요하면 조합원이나 토지등소유자 과반수의 동의를 받아 다음의 어느 하나에 해당하는 자와 공동으로 시장정비사업을 시행할 수 있다.

- 한국토지주택공사·지방공사
- 건설산업기본법에 따른 건설업자
- 주택법에 따라 건설업자로 보는 등록사업자
- 그 밖에 대통령령으로 정하는 자

시·도지사는 다음의 어느 하나에 해당하는 사유가 있으면 시장·군수·구청장으로 하여금 시장정비사업을 직접 시행하게 하거나 한국토지주택공사등으로 하여금 시장정비사업을 시행하게 할 수 있다.

- 천재지변이나 그 밖의 사유로 인하여 긴급히 시장정비사업을 시행할 필요가 있다고 인정될 때
- 지방자치단체의 장이 시행하는 도시·군계획이나 공공시설에 관한 사업과 병행하여 시행할 필요가 있다고 인정될 때
- 시설물의 안전진단 결과 건축물의 기둥, 보 또는 내력벽의 내력 상실 등 중대한 결함이 있다고 인정될 때

- 해당 시장정비구역의 국·공유지 면적이 전체 토지면적의 2분의 1 이상일 때
- 해당 시장정비구역의 토지등소유자 과반수 및 전체 토지면적의 2분의 1 이상의 토지소유자가 시·도지사에게 시장정비사업을 직접 시행할 것을 요청할 때

5. 용어의 설명

이 책에 자주 등장하는 축약어, 용어의 뜻을 일괄하여 정리하면 다음과 같다.

(1) 법령 축약어

도시 및 주거환경 정비법 → 도시정비법

공익사업을 위한 토지 등의 취득 및 보상에 관한 법률 → 토지보상법

국토의 계획 및 이용에 관한 법률 → 국토계획법

빈집 및 소규모주택 정비에 관한 특례법 → 소규모주택정비법

집합건물의 소유 및 관리에 관한 법률 → 집합건물법

이 책에서는 도시정비법의 조문을 기재할 경우 조문만 표시하거나 조문 앞에 '법'이라고 기재하여 표시하고, 도시정비법 시행령의 조문을 기재할 경우 조문 앞에 '령'이라고 기재하여 표시하고, 도시정비법 시행규칙의 조문을 기재할 경우 조문 앞에 '시행규칙'이라고 기재하여 표시한다. 한편 2017.2.8. 법률 제14567호로 개정되기 전의 도시정비법은 '종전법'이라고 한다. 다만 개정법이 시행된 지 얼마 되지 않았기 때문에 본서에 등장하는 판례는 개정법 이전에 나온 것이고 따라서 판례에 등장하는 도시정비법이나 그 시행령의 해당조문은 대부분 종전법 조문임을 알려둔다.

(2) 용어의 뜻 또는 축약어

① 토지등소유자 : 다음의 어느 하나에 해당하는 자

㉮ 주거환경개선사업 및 재개발사업의 경우 : 정비구역에 위치한 토지 또는 건축물의 소유자 또는 그 지상권자

㉯ 재건축사업의 경우 : 정비구역에 위치한 건축물 및 그 부속토지의 소유자

따라서 건축물이나 토지 중 어느 하나만을 소유한 자 혹은 지상권자는 주거환경개선사업 및 재개발사업에서는 토지등소유자이지만, 재건축사업에서는 토지등소유자가 아니다.

다만 신탁업자가 사업시행자로 지정된 경우 토지등소유자가 정비사업을 목적으로 신탁업자에게 신탁한 토지 또는 건축물에 대하여는 위탁자를 토지등소유자로 본다(제2조제9호). 수탁자는 신탁의 본지에 따라 선량한 관리자의 주의로써 신탁재산을 관리·처분하도록 하고 있으며 신탁재산을 수탁자의 고유재산 또는 다른 신탁재산과 구별하여 관리하도록 하고 있는 점을 고려하여 볼 때, 신탁의 경우에도 각각의 신탁계약 목적과 위탁자 및 수익자의 의사가 존중되는 방향으로 운영되어야 하므로 도시정비법에 규정된 토지등소유자의 동의자수를 산정함에 있어서 위탁자 및 수익자를 기준으로 하여도 신탁제도에 반하는 것이라고 할 수 없다. 토지소유자 등이 토지를 신탁회사에 처분신탁한 경우에도 토지등소유자의 동의자수 산정에 있어서는 재개발·재건축에 따른 이익과 비용이 최종적으로 귀속되는 위탁자 및 수익자를 기준으로 하여야 할 것이다. 따라서 정비구역에 각각 1필지를 소유하고 있는 10명의 토지소유자가 동일한 신탁회사에 처분신탁을 하여 등기부상 신탁회사의 명의로 되어 있는 경우 토지등소유자는 위탁자를 기준으로 본 10명이 된다.

② 주택공사등

한국토지주택공사법에 따라 설립된 한국토지주택공사(LH) 또는 지방공기업법에 따라 주택사업을 수행하기 위하여 설립된 지방공사, 주택사업을 수행하기 위하여 설립된 지방공사에는 서울주택도시공사(SH), 부산도시공사, 인천도시공사 등이 있다.

③ 정 관 등

- 조합정관 : 조합이 사업시행자인 경우 조합이 정한 정관
- 자치규약 : 토지등소유자가 사업시행자인 경우 토지등소유자가 자치적으로 정한 규약
- 시행규정 : 시장·군수등, 토지주택공사등, 신탁업자가 단독 사업시행자인 경우 그들이 작성한 시행규정

④ 시·도지사, 시장·군수등

- 시·도지사 : 특별시장·광역시장·도지사 및 세종특별자치시장·제주특별자치도지사
- 시장·군수등 : 시장, 군수, 자치구의 구청장 및 세종특별자치시장, 제주특별자치도지사

⑤ 공 동 구

전기·가스·수도 등의 공급설비, 통신시설, 하수도시설 등 지하매설물을 공동 수용함으로써 미관의 개선, 도로구조의 보전 및 교통의 원활한 소통을 위하여 지하에 설치하는 시설물(국토계획법 제2조제9호)

⑥ 신탁업자, 건설업자, 등록사업자

- 신탁업자 : 자본시장과금융투자업에관한법률 제8조제7항에 따른 신탁업자, 즉 금융투자업자 중 신탁업에 대하여 금융위원회의 인가를 받거나 금융위원회에 등록하여 이를 영위하는 자
- 건설업자 : 건설산업기본법 제9조(건설업을 하려는 자는 대통령령으로 정하는 업종별로 국토교통부장관에게 등록을 하여야 한다)에 따른 건설업자
- 등록사업자 : 주택법 제7조제1항(일정 호수 이상의 주택건설사업을 시행하거나 일정 면적 이상의 대지조성사업을 시행하기 위하여 국토교통부장관에게 등록한 자가 사업계획승인을 받아 분양 또는 임대할 목적으로 주택을 건설하는 경우로서 일정한 기준에 해당하는 경우 그 등록사업자를 건설산업기본법 제9조에 따른 건설업자로 보며 주택건설공사를 시공할 수 있다)에 따라 건설업자로 보는 등록사업자

⑦ 임대주택 관련 용어

- 임대주택 : 민간임대주택에관한특별법('민간임대주택법'이라고 약칭함)에 따른 민간임대주택 및 공공주택특별법에 따른 공공임대주택
  - 민간임대주택 : 임대목적으로 제공하는 주택으로서 임대사업자가 등록한 주택, 민간건설임대주택과 민간매입임대주택으로 구분됨
  - 공공임대주택 : 공공주택특별법에 따라 공공주택사업자가 국가·지방자치단체의 재정이나 주택도시기금의 지원을 받아 건설·매입·임차하여 임대 또는 임대한 후 분양전환을 할 목적으로 공급하는 영구임대주택·국민임대주택·행복주택·장기전세주택·분양전환공공임대주택·기존주택매입임대주택·기존주택전세임대주택
- 임대사업자 : 민간임대주택법에 따라 1호 이상의 민간임대주택을 취득하여 임대하는 사업을 할 목적으로 등록한 자

  기존에는 임대사업자를 기업형임대사업자(8년 이상 임대할 목적으로 100호 이상으로써 대통령령이 정하는 호수 이상의 민간임대주택을 취득하였거나 취득하려는 임대사업자) 및 일

반형임대사업자(기업형임대사업자가 아닌 임대사업자로서 1호 이상의 민간임대주택을 취득하였거나 취득하려는 임대사업자)로 구분되었으나, 2018.7.17. 시행된 개정 민간임대주택법(법률 제15356호)은 기업형임대사업자와 일반형임대사업자로 구분하는 것을 폐지하고, 임대사업자가 임대하는 주택을 그 성격에 따라 "공공지원민간임대주택" "장기일반민간임대주택" "단기민간임대주택"으로 구분한다.

"공공지원민간임대주택"이란 임대사업자가 다음 어느 하나에 해당하는 민간임대주택을 8년 이상 임대할 목적으로 취득하여 민간임대주택법에 따른 임대료 및 임차인의 자격 제한 등을 받아 임대하는 민간임대주택을 말한다.

- 주택도시기금법에 따른 주택도시기금의 출자를 받아 건설 또는 매입하는 민간임대주택
- 주택법 제2조제24호에 따른 공공택지 또는 민간임대주택법 제18조제2항에 따라 수의계약 등으로 공급되는 토지 및 혁신도시 조성 및 발전에 관한 특별법 제2조제6호에 따른 종전부동산을 매입 또는 임차하여 건설하는 민간임대주택
- 민간임대주택법 제21조제2호에 따라 용적률을 완화 받거나 국토계획법 제30조에 따라 용도지역 변경을 통하여 용적률을 완화 받아 건설하는 민간임대주택
- 민간임대주택법 제22조에 따라 지정되는 공공지원민간임대주택 공급촉진지구에서 건설하는 민간임대주택
- 그 밖에 국토교통부령으로 정하는 공공지원을 받아 건설 또는 매입하는 민간임대주택

"장기일반민간임대주택"이란 임대사업자가 공공지원민간임대주택이 아닌 주택을 8년 이상 임대할 목적으로 취득하여 임대하는 민간임대주택을 말한다.

"단기민간임대주택"이란 임대사업자가 4년 이상 임대할 목적으로 취득하여 임대하는 민간임대주택을 말한다.

- 주택임대관리업자 : 주택의 소유자로부터 임대관리를 위탁받아 관리하는 업을 하기 위하여 등록한 자

6. 정비사업 추진절차 개요도

기본계획 수립	기본계획(안)작성 (특별시장·광역시장) →	주민공람·지방의회 의견청취 →	관계행정기관 협의 →	지방도시계획 위원회 심의 →	정비계획수립 (승인) 및 고시
안전진단 (재건축)	안전진단요청 (요청자 → 시장·군수) →	현지조사 →	안진진단의뢰 →	안진진단 결과보고서 제출 →	정비계획수립 및 재건축시행여부 결정 (시장·군수)
정비계획	정비계획수립 (시장·군수) →	주민설명회·공람(30일) →	지방의회의견 청취(60일) →	지방도시계획 위원회 심의 →	정비구역고시
추진위원회	추진위원회구성 →	운영규정 및 동의서(안) 작성 →	동의서 검인 (시장·군수) →	추진위설립동의서 징구 →	추진위원회 승인신청
조합설립	조합설립동의서 및 정관작성 →	동의서 검인 (시장·군수) →	동의서 징구 →	창립총회 →	조합설립인가
사업시행 인가	건축심의 및 관련법에 따른 평가 →	사업시행계획 수립 →	총회의결 (조합원 과반수 동의) →	사업시행인가 신청 →	사업시행인가
관리처분 계획인가	종전·종후자산 감정평가 →	분양신청 →	관리처분계획 수립(시행자) →	조합총회 의결 (1개월 전 분담금 통지) →	관리처분계획 인가 신청
착공 및 일반분양	조합원이주완료 →	철거 및 착공 (시공자 계약 포함) →	주택대지권 확보 (청산금액 공탁완료) →	입주자모집승인신청 (조합 → 시장) →	일반분양
준공 및 조합해산	준공인가 및 고시 (시장·군수) →	확정측량 및 토지분할 (시행자) →	이전고시·보고 →	정비구역 해제 →	조합해산 및 청산

❙제2장❙ 도시·주거환경정비기본계획의 수립

1. 정비기본방침

가용택지 고갈, 도시지역에 노후 주택 증가 등으로 정비사업을 통한 주택공급 및 주거지 정비의 필요성이 증대되어, 그간 정비사업은 정부에서 제도의 틀을 마련하고, 지자체에서 여건에 따라 정비기본계획을 수립하여 추진하는 형태로 운영하였다. 그러나 부동산 경기 침체로 인한 정비사업의 사업성 악화, 주민 갈등 등으로 정비사업이 지연되거나 중단되는 실정이라, 증가하는 주택정비 수요를 감안할 때 기존 사업 방식의 보완 또는 보전·개량 등 새로운 정비방식의 도입을 모색할 시점이고, 또한 인구 및 가구구조의 변화와 아파트에서 벗어난 다양한 주택공급 요구 증가 등 주택수요 패러다임 변화에도 대응할 필요성이 대두되었다. 이러한 관점에서, 2012.2.1. 도시정비법 개정(시행 2012.8.2. 법률 제11293호)으로 종전법 제2조의3(도시및주거환경 정비기본방침 수립)이 신설되어 정부에서 도시 및 주거환경정비 기본방침을 수립하여 주거지 정비의 중장기 추진방향을 제시토록 하였다.

국토교통부장관은 도시 및 주거환경을 개선하기 위하여 10년마다 다음 각 사항을 포함한 기본방침을 정하고, 5년마다 타당성을 검토하여 그 결과를 기본방침에 반영하여야 한다(제3조).

- 도시 및 주거환경 정비를 위한 국가 정책 방향
- 도시·주거환경정비기본계획의 수립 방향
- 노후·불량 주거지 조사 및 개선계획의 수립
- 도시 및 주거환경 개선에 필요한 재정지원계획
- 그 밖에 도시 및 주거환경 개선을 위하여 필요한 사항으로서 대통령령으로 정하는 사항

2. 기본계획의 의의

기본계획이란 시장 등이 어느 지역에 대하여 어떤 내용으로 도시정비사업을 할 것

인지를 개략적인 지침을 마련하고 방향을 설정하는 계획이다. 기본계획은 정비사업에 관한 종합계획으로 특별시·광역시·시 단위로 수립한다. 기본계획은 도시기본계획 등 상위계획의 이념과 내용이 도시정비법에 의한 정비사업을 통해 실현될 수 있도록 도시정비의 미래상과 목표를 명확히 설정하고 실천 전략을 구체적으로 제시한다.

기본계획은 도시기능의 보존·회복·정비 차원에서 정비구역별 정비사업의 방향과 지침을 정하여 무질서한 정비사업을 방지하고, 적정한 밀도로 주변지역과 조화되는 개발을 유도하여 합리적인 토지이용과 쾌적한 도시환경의 조성 및 도시기능의 효율화를 도모하고, 도시의 경제·사회·문화활동, 물리적 환경의 현황, 장래 변화에 대한 과학적 분석과 정비사업 수요 예측에 따라 단계별로 사업이 이루어지도록 함으로써 장래의 개발수요에 효과적으로 대처하고 정비사업의 합리성·효율성을 도모한다.

3. 기본계획의 수립

특별시장·광역시장·특별자치시장·특별자치도지사 또는 시장은 기본계획을 10년 단위로 수립하여야 하고, 기본계획에 대하여 5년마다 그 타당성을 검토하여 그 결과를 기본계획에 반영하여야 한다. 따라서 사실상 기본계획은 5년마다 수립되는 것이나 다름없다. 다만, 도지사가 대도시가 아닌 시로서 기본계획을 수립할 필요가 없다고 인정하는 시에 대하여는 기본계획을 수립하지 아니할 수 있다(제4조).

기본계획은 광역도시계획 및 도시기본계획 등 상위계획을 수용하고, 도시관리계획과 서로 연계되도록 수립하고, 여건의 변화에 유연하게 대응할 수 있도록 포괄적이고 개략적으로 수립하며, 정비의 기본방향, 목표, 단계별 추진계획, 부문별 계획 등 기본계획의 전 과정은 합리적 근거에 따라 수립한다. 서울시의 경우 서울특별시 고시 제2015-376호로 2025 서울특별시 도시·주거환경정비기본계획이 수립되어 있다.

4. 기본계획의 내용

(1) 법에 정해진 사항(제5조제1항)

- 정비사업의 기본방향
- 정비사업의 계획기간

- 인구·건축물·토지이용·정비기반시설·지형 및 환경 등의 현황
- 주거지 관리계획
- 토지이용계획·정비기반시설계획·공동이용시설설치계획 및 교통계획
- 녹지·조경·에너지공급·폐기물처리 등에 관한 환경계획
- 사회복지시설 및 주민문화시설 등의 설치계획
- 도시의 광역적 재정비를 위한 기본방향
- 정비예정구역의 개략적 범위
- 단계별 정비사업 추진계획(정비예정구역별 정비계획의 수립시기가 포함되어야 한다)
- 건폐율·용적률 등에 관한 건축물의 밀도계획
- 세입자에 대한 주거안정대책
- 그 밖에 주거환경 등을 개선하기 위하여 필요한 사항으로서 대통령령으로 정하는 사항

(2) 시행령에 정해진 사항(령 제5조)

- 도시관리·주택·교통정책 등 도시·군계획과 연계된 도시·주거환경정비의 기본방향
- 도시·주거환경정비의 목표
- 도심기능의 활성화 및 도심공동화 방지 방안
- 역사적 유물 및 전통건축물의 보존계획
- 정비사업의 유형별 공공 및 민간부문의 역할
- 정비사업의 시행을 위하여 필요한 재원조달에 관한 사항

(3) 일부 사항 생략

기본계획의 수립권자는 다음 각 사항을 포함하는 경우에는 '정비예정구역의 개략적 범위' 및 '단계별 정비사업추진계획'의 사항을 생략할 수 있다(제5조제2항).

- 생활권의 설정, 생활권별 기반시설 설치계획 및 주택수급계획
- 생활권별 주거지의 정비·보전·관리의 방향

국토계획법에 의하면 도시·군기본계획에는 생활권의 설정에 관한 사항과 그 단계별 추진에 관한 사항이 포함되도록 되어 있는데, 예컨대 인천도시기본계획에는 중부생활권, 남부생활권, 서북생활권, 영종생활권, 강화생활권, 옹진생활권 등 총 7개 생활권

을 설정하고 생활권별로 세부계획이 수립되어 있다.

(4) 작성기준

기본계획의 작성기준 및 작성방법은 국토교통부장관이 정하여 고시하는데, 국토교통부훈령(제977호, 2018.2.9. 시행)으로 「도시·주거환경정비기본계획 수립지침」이 정해져 있다.

5. 기본계획 수립절차

(1) 주민의견청취(주민공람)

기본계획 수립은 특별시장·광역시장·시장 및 세종특별자치시장·제주특별자치도지사가 한다. 기본계획수립권자는 기본계획을 수립하거나 변경하려는 경우에는 14일 이상 주민에게 공람하여 의견을 들어야 하며, 제시된 의견이 타당하다고 인정되면 이를 기본계획에 반영하여야 한다(제6조제1항).

기본계획 수립권자는 기본계획을 주민에게 공람하려는 때에는 미리 공람의 요지 및 장소를 해당 지방자치단체의 공보 및 인터넷에 공고하고, 공람장소에 관계 서류를 갖추어 두어야 한다. 주민은 공람기간 이내에 기본계획 수립권자에게 서면으로 의견을 제출할 수 있고, 정비계획 수립권자는 제출된 주민 의견을 심사하여 채택할 필요가 있다고 인정하는 때에는 이를 채택하고, 채택하지 아니한 경우에는 의견을 제출한 주민에게 그 사유를 알려주어야 한다(령 제6조제1항, 제2항, 제3항).

(2) 지방의회의견청취

기본계획의 수립권자는 주민공람과 함께 지방의회의 의견을 들어야 한다. 이 경우 지방의회는 기본계획의 수립권자가 기본계획을 통지한 날부터 60일 이내에 의견을 제시하여야 하며, 의견제시 없이 60일이 도과한 경우 이의가 없는 것으로 본다.

(3) 관계기관협의 및 도시계획위심의, 도지사승인

기본계획의 수립권자는 기본계획을 수립하거나 변경하려면 관계 행정기관의 장과 협의한 후 지방도시계획위원회의 심의를 거쳐야 한다. 대도시의 시장이 아닌 시장은 기본계획을 수립하거나 변경하려면 도지사의 승인을 받아야 하며, 도지사가 이를 승인하려면 관계 행정기관의 장과 협의한 후 지방도시계획위원회의 심의를 거쳐야 한다.

(4) 공보고시 및 일반인 열람

기본계획의 수립권자는 기본계획을 수립하거나 변경한 때에는 지체 없이 기본계획의 요지 및 기본계획서의 열람 장소를 해당 지방자치단체의 공보에 고시하는 방법으로 기본계획을 고시하고 일반인이 열람할 수 있도록 하여야 한다(제7조제3항, 시행규칙 제2조제1항). 개정법은 도시·주거환경정비기본계획이 확정·고시된 경우 일반인이 열람할 수 있도록 하였다.

(5) 국토부장관보고

기본계획의 수립권자는 기본계획을 고시한 때에는 고시내용에 기본계획서를 첨부하여 국토교통부장관에게 보고(전자문서에 의한 보고를 포함)하고, 수립권자가 대도시 시장이 아닌 시장인 경우에는 도지사를 거쳐 보고하여야 한다(제7조제4항, 시행규칙 제2조제2항).

(6) 경미한 사항의 변경시 절차생략

'경미한 사항을 변경하는 경우'에는 주민공람과 지방의회의 의견청취 절차를 거치지 아니할 수 있고(제6조제3항), 관계 행정기관의 장과의 협의 및 지방도시계획위원회의 심의를 거치지 아니하며(제7조제1항단서), 도지사의 승인을 받지 아니할 수 있다(제7조제2항단서).

'경미한 사항을 변경하는 경우'라 함은 다음과 같다(령 제6조제4항).

- 정비기반시설(주거환경개선사업을 위하여 지정·고시된 정비구역에 설치하는 공동이용시설로서 사업계획서에 시장·군수등이 관리하는 것으로 포함된 것은 제외함)의 규모를 확대하거나 그 면적을 10퍼센트 미만의 범위에서 축소하는 경우
- 정비사업의 계획기간을 단축하는 경우
- 공동이용시설에 대한 설치계획을 변경하는 경우
- 사회복지시설 및 주민문화시설 등의 설치계획을 변경하는 경우
- 구체적으로 면적이 명시된 정비예정구역의 면적을 20퍼센트 미만의 범위에서 변경하는 경우

- 단계별 정비사업 추진계획을 변경하는 경우
- 건폐율 및 용적률을 각 20퍼센트 미만의 범위에서 변경하는 경우
- 정비사업의 시행을 위하여 필요한 재원조달에 관한 사항을 변경하는 경우
- 국토계획법에 따른 도시·군기본계획의 변경에 따라 기본계획을 변경하는 경우

6. 기본계획을 소송의 대상으로 삼을 수 있는지

(1) 불 가

기본계획은 그 자체로는 구속력이 없고 정비계획 및 구역지정이 이루어져야 비로소 구속력이 있게 된다. 기본계획은 국민의 권리의무에 아무런 영향을 주지 않으며 기본계획 자체를 소송의 대상으로 삼을 수도 없다.

기본계획에 관한 직접적인 판례는 없으나, 구 도시계획법(2002.2.4. 법률 제6655호 국토계획법 부칙 제2조로 폐지)은 도시기본계획을 수립하고 이를 구체화하여 도시계획을 수립하도록 하였는데, 구 도시계획법상 도시기본계획과 도시계획의 관계가 도시정비법상 기본계획과 정비계획의 관계와 유사하므로, 도시기본계획에 관한 판례를 검토해보면, 대법원은 일관하여 「도시기본계획은 도시계획입안의 지침이 되는 것에 불과하여 일반 국민에 대한 직접적인 구속력은 없는 것」이라고 판단하였다.

(2) 사 례

서울시장이 서울 서초구 원지동 일대에 추모공원을 설치하기로 하는 내용의 도시계획시설결정을 고시한 것에 대하여 일부 주민들이 도시계획시설결정취소청구를 한 사건에서, 대법원은 '구 도시계획법 제19조 제1항 및 도시계획시설결정 당시의 지방자치단체의 도시계획조례에서는, 도시계획이 도시기본계획에 부합되어야 한다고 규정하고 있으나, 도시기본계획은 도시의 장기적 개발방향과 미래상을 제시하는 도시계획 입안의 지침이 되는 장기적·종합적인 개발계획으로서 행정청에 대한 직접적인 구속력은 없는 것이므로, 추모공원 조성계획이 서울시 도시기본계획에 포함되어 있지 아니하다는 이유로 도시계획시설결정을 위법하다 할 수 없다.'고 판시하였다(대법원 2007. 4. 12. 선고 2005두1893 판결).

강원도지사가 속초시 일단의 토지를 위락형 유원지로 개발하는 내용의 도시기본계

획을 수립하고 건설부장관의 승인을 받은 후, 애초 도시기본계획에 포함되어 있지 않던 토지를 포함하여 도시계획시설(유원지)결정을 하자, 새로 유원지에 편입된 토지 소유자가 도시계획시설결정취소청구를 한 사안에서, 대법원은 '구 도시계획법 제11조 제1항에는, 시장 또는 군수는 그 관할 도시계획구역 안에서 시행할 도시계획을 도시기본계획의 내용에 적합하도록 입안하여야 한다고 규정하고 있으나, 도시기본계획이라는 것은 도시의 장기적 개발방향과 미래상을 제시하는 도시계획 입안의 지침이 되는 장기적·종합적인 개발계획으로서 직접적인 구속력은 없는 것이다. 따라서 이 사건 도시계획시설결정 대상면적이 도시기본계획에서 예정했던 것보다 증가하였다 하여 그것이 도시기본계획의 범위를 벗어나 위법하다고 할 수 없다.'고 판시하였다(대법원 1998. 11. 27. 선고 96누13927 판결).

통영시장이 자연수림이 양호한 구릉지인 해당 토지를 주거지역에서 녹지지역으로 환원하기로 하는 내용이 포함된 통영시도시기본계획을 수립하여 건설교통부장관의 승인을 받아 공람 공고하였는데, 주택건설업자가 해당 토지 내에서 주택사업계획승인신청을 하였다가 반려되자 반려처분취소소송을 제기하고 도시기본계획의 효력을 다툰 사안에서, 대법원은 '구 도시계획법의 각 규정을 종합하면, 도시기본계획은 도시의 기본적인 공간구조와 장기발전방향을 제시하는 종합계획으로서 그 계획에는 토지이용계획, 환경계획, 공원녹지계획 등 장래의 도시개발의 일반적인 방향이 제시되지만, 그 계획은 도시계획입안의 지침이 되는 것에 불과하여 일반 국민에 대한 직접적인 구속력은 없는 것이므로, 도시기본계획을 입안함에 있어 토지이용계획에는 세부적인 내용을 기재하지 아니하고 다소 포괄적으로 기재하였다 하더라도 기본구상도상에 분명하게 그 내용을 표시한 이상 도시기본계획으로서 입안된 것이라고 봄이 상당하고, 또 공청회 등 절차에서 다른 자료에 의하여 그 내용이 제시된 다음 관계 법령이 정하는 절차에 따라 건설교통부장관의 승인을 받아 공람공고까지 되었다면 도시기본계획으로서 적법한 효력이 있는 것이다.'고 판시하였다(대법원 2002. 10. 11. 선고 2000두8226 판결).

▌제3장▌ 정비계획 결정 및 정비구역의 지정

1. 정비계획 의의

정비계획은 기본계획 등 상위계획의 범위 안에서 해당 구역과 주변지역이 상호 유기적이며 효율적으로 정비될 수 있는 체계를 확립하고, 정비구역의 토지이용 및 기반시설의 설치, 개발밀도 설정 등에 관한 사항을 구체화하는 법정계획이다. 정비계획이란 기본계획에 적합한 범위 안에서 정비계획 수립 대상구역을 계획적이고 체계적으로 정비하기 위하여 수립하는 것으로 노후·불량한 지역의 주거환경개선과 기반시설 확충 등 도시기능의 회복을 통해 주민의 삶의 질을 높이고자 하는데 그 의의가 있다.

정비계획은 도시기능의 회복과 정비, 보존을 위한 실행계획 지침을 정하는 공공계획으로서 주변지역과 조화되는 개발을 유도하여 합리적인 토지이용과 쾌적한 도시환경의 조성으로 건전한 도시기능의 확충·보완 및 도시관리의 효율성을 제고하기 위한 계획이고, 토지·건축물, 기반시설 등 물리적 현황 및 사회·경제·문화 등 비물리적 현황을 분석하여 장래의 개발수요에 효과적으로 대응하고 정비사업이 합리성과 효율성에 기반을 두어 구체적으로 집행될 수 있도록 물적으로 표현하는 계획이다. 정비계획 및 정비구역은 국토계획법에 따른 지구단위계획 및 지구단위계획구역과 동일한 효력을 갖는다.

2. 정비계획 입안 및 내용

(1) 입 안

정비구역은 특별시장·광역시장·시장·군수(광역시 군수 제외) 및 세종특별자치시장·제주특별자치도지사가 지정한다. 정비구역 지정권자는 정비구역 지정을 위하여 직접 정비계획을 입안할 수 있고, 구청장등(자치구 구청장 및 광역시 군수)은 정비계획을 입안하고 지방의회 의견을 첨부하여 특별시장·광역시장에게 정비구역 지정을 신청하여야 한다. 결국 정비계획의 입안권자는 정비구역의 지정권자 및 자치구의 구청장·광역시의 군수가 된다(제8조제4항,제5항).

(2) 지 정

정비계획 지정권자는 기본계획에 적합한 범위에서 노후·불량건축물이 밀집하는 등 대통령령으로 정하는 요건에 해당하는 구역에 대하여 정비계획을 결정하여 정비구역을 지정(변경지정을 포함한다)할 수 있다. 다만 천재지변, 「재난 및 안전관리기본법」 또는 「시설물의 안전 및 유지관리에 관한 특별법」에 따른 사용제한·사용금지, 그 밖의 불가피한 사유로 긴급하게 정비사업을 시행할 필요가 있다고 인정하는 때에 공공시행자 또는 지정개발로 하여금 정비사업을 긴급하게 시행할 수 있는데, 공공시행자 또는 지정개발자로 하여금 긴급히 시행하는 정비사업에는 기본계획을 수립하거나 변경하지 아니하고 정비구역을 지정할 수 있다. 정비구역의 지정권자는 정비구역의 진입로 설치를 위하여 필요한 경우에는 진입로 지역과 그 인접지역을 포함하여 정비구역을 지정할 수 있다.

(3) 노후·불량건축물의 의의

다음의 어느 하나에 해당하는 건축물을 말한다(제2조제3호).

가. 건축물이 훼손되거나 일부가 멸실되어 붕괴, 그 밖의 안전사고의 우려가 있는 건축물(제2조제3호가목)

나. 내진성능이 확보되지 아니한 건축물 중 중대한 기능적 결함 또는 부실 설계·시공으로 구조적 결함 등이 있는 건축물로서 대통령령으로 정하는 건축물(제2조제3호나목)

'대통령령으로 정하는 건축물'이란 건축물을 건축하거나 대수선할 당시 건축법령에 따른 지진에 대한 안전 여부 확인 대상이 아닌 건축물로서 다음의 어느 하나에 해당하는 건축물(령 제2조제1항)

- 급수·배수·오수 설비 등의 설비 또는 지붕·외벽 등 마감의 노후화나 손상으로 그 기능을 유지하기 곤란할 것으로 우려되는 건축물
- 안전진단기관이 실시한 안전진단결과 건축물의 내구성·내하력 등이 국토교통부장관이 정하는 안전진단기준에 미치지 못할 것으로 예상되어 구조 안전의 확보가 곤란할 것으로 우려되는 건축물

다. 다음의 요건을 모두 충족하는 건축물로서 대통령령으로 정하는 바에 따라 특별시·광역시·특별자치시·도·특별자치도 또는 대도시의 조례로 정하는 건축물(제2조제3호다목)

1) 주변 토지의 이용 상황 등에 비추어 주거환경이 불량한 곳에 위치할 것

2) 건축물을 철거하고 새로운 건축물을 건설하는 경우 건설에 드는 비용과 비교하여 효용의 현저한 증가가 예상될 것

'조례로 정할 수 있는 건축물'은 다음의 어느 하나에 해당하는 건축물을 말한다(령 제2조제2항).

- 분할제한 최소면적에 미치지 못하는 대지에 있는 건축물
  건축물이 있는 대지는 대통령령으로 정하는 범위에서 해당 지방자치단체의 조례로 정하는 면적에 못 미치게 분할할 수 없는데(건축법 제57조제1항), 서울시의 경우 토지면적이 90제곱미터 미만인 토지를 과소필지라고 하고(서울시 조례 제2조제9호), 이 규정에 따른 노후·불량건축물은 건축대지로서 효용을 다할 수 없는 과소필지 안의 건축물로서 2009.8.11. 전에 건축된 건축물을 말한다(서울시 조례 제4조제2항).
- 국토계획법의 규정에 따른 도시·군계획시설 등의 설치로 인하여 효용을 다할 수 없게 된 대지에 있는 건축물
- 공장의 매연·소음 등으로 인하여 위해를 초래할 우려가 있는 지역에 있는 건축물
- 해당 건축물을 준공일 기준으로 40년까지 사용하기 위하여 보수·보강하는데 드는 비용이 철거 후 새로운 건축물을 건설하는 데 드는 비용보다 클 것으로 예상되는 건축물

라. 도시미관을 저해하거나 노후화된 건축물로서 대통령령으로 정하는 바에 따라 시·도조례로 정하는 건축물(제2조제3호라목)

'시·도 조례로 정할 수 있는 건축물'은 다음의 어느 하나에 해당하는 건축물을 말한다(령 제2조제3항).

- 준공된 후 20년 이상 30년 이하의 범위에서 조례로 정하는 기간이 지난 건축물
- 국토계획법의 규정에 따른 도시·군기본계획의 경관에 관한 사항에 어긋나는 건축물

서울시 도시및주거환경정비조례

제4조(노후·불량건축물) ① 령 제2조제3항제1호에 따라 노후·불량건축물로 보는 기준은 다음과 같다.

1. 공동주택

가. 철근콘크리트·철골콘크리트·철골철근콘크리트 및 강구조인 공동주택은 다음 연한

준공연도 \ 구분	5층 이상 건축물	4층 이하 건축물
1981.12.31. 이전	20년	20년
1982	22년	21년
1983	24년	22년
1984	26년	23년
1985	28년	24년
1986	30년	25년
1987		26년
1988		27년
1989		28년
1990		29년
1991.1.1. 이후		30년

나. 가목 이외의 공동주택은 20년

2. 공동주택 이외의 건축물

가. 철근콘크리트·철골콘크리트·철골철근콘크리트 및 강구조 건축물은 30년(건축법 시행령 별표1 제1호에 따른 단독주택을 제외한다)

나. 가목 이외의 건축물은 20년

개정법은 노후·불량건물에 관하여 '철거 불가피성'은 물론 '구조적 결함'은 요건으로 하고 있지 아니하므로, 철거가 불가피한 건축물인지, 구조적 결함이 있는지 여부를 따져보지 아니한 채 건축물의 '준공후 경과연수'만을 기준으로 노후·불량건축물 해당 여부를 판정함이 타당하다.

> 2012.2.1. 법률 제11293호로 개정되기 전의 도시정비법 제2조제3호㈐목은 노후·불량건축물의 하나로 '도시미관의 저해, 건축물의 기능적 결함, 부실시공 또는 노후화로 인한 구조적 결함 등으로 인하여 철거가 불가피한 건축물로서 대통령령으로 정하는 바에 따라 시·도 조례로 정하는 건축물'로 규정하고, 당시 시행령 제2조제3항제1호는 '제2조제3호다목에 따라 시·도 조례로 정할 수 있는 건축물'중 하나로 '준공후 20년 이상의 범위에서 조례로 정하는 기간이 지난 건축물'을 규정하고 있었고, 이에 대법원은 「도시정비법령이 준공후 20년 이상의 범위에서 조례로 정하는 기간이 지난 건축물'을 '노후화로 인한 구조적 결함 등으로 인하여 철거가 불가피한 건축물'의 하나로 규정하고 있는 취지는 준공된 후 일정한 기간이 경과하면 그에 비례하여 건축물이 노후화하고 그에 따라 구조적 결함 등이 발생할 가능성도 크다는 데 있다고 할 것이고, 따라서 '준공된 후 20년 등'과 같은 일정기간의 경과는 제2조제3호다목이 정한 '철거가 불가피한 노후·불량건축물'에 해당하는지 여부를 판단함에 있어 노후·불량화의 징표가 되는 여러 기준의 하나로서 제시된 것으로 보아야 하고, 준공된 후 20년 등의 기간이 경과하기만 하면 그로써 곧 구 도시정비법과 그 시행령이 정한 '노후화로 인한 구조적 결함 등으로 인하여 철거가 불가피한 건축물'에 해당하게 되는 것은 아니라고 할 것이니, 결국 제2조제3호다목과 령 제2조제3항제1호가 규정한 '건축물의 노후화로 인한 구조적 결함 등으로 인하여 철거가 불가피한 건축물로서 조례로 정할 수 있는 건축물'이란 준공된 후 20년 등이 지난 건축물로서 그로 인하여 건축물이 노후화되고 구조적 결함 등이 발생하여 철거가 불가피한 건축물을 말한다고 할 것이다.」고 판단하였다(**대법원 2012. 6. 18. 선고 2010두16592 전원합의체 판결, 대법원 2012. 11. 29. 선고 2012두16077 판결**).
>
> 그러나 2012.2.1. 개정(2012.8.2. 시행)으로 '노후화로 인하여 구조적결함이 있는 건축물'이라고 규정되어 있다가, 2017.8.9. 개정(2018.2.9. 시행)으로 '노후화된 건축물'로만 규정함으로써, 현재는 '철거 불가피성'은 물론 '구조적 결함'은 요건으로 하고 있지 아니하므로 철거가 불가피한 건축물인지, 구조적결함이 있는지 여부를 따져보지 아니한 채 건축물의 '준공후 경과연수'만을 기준으로 노후·불량건축물 해당 여부를 판정함이 타당하다.

도시재정비촉진법에 따라 재정비촉진지구 안에서 정비사업을 시행하기 위하여 재정비촉진구역을 지정할 때에도 도시정비법에서 정한 노후·불량건축물의 개념이나 범위에 따라 그 지정요건의 충족 여부를 판단하여야 한다.

> 도시재정비 촉진을 위한 특별법은 시장·군수·구청장으로 하여금 재정비촉진지구 안에서 도시정비법에 의한 도시환경정비사업 등 개별법에 의하여 시행 가능한 재정비촉진사업의 종류 등 재정비촉진구역 지정에 관한 사항을 포함한 재정비촉진계획을 수립하여 시·도지사에게 결정을 신청하도록 하고(제9조제1항), 시·도지사가 그에 따라 재정비촉진계획을 결정·고시하면 도시정비법에 따른 정비기본계획의 수립 또는 변경, 정비구역의 지정 또는 변경, 정비계획의 수립 또는 변경이 있는 것으로 정하고 있다(제12조, 제13조). 따라서 도시재정비촉진을 위한 특별법에 따라 재정비촉진지구 안에서 도시정비법에 의한 도시환경정비사업을 시행하기 위하여 재정비촉진구역을 지정할 때에도 도시정비법 제2조제3호에서 정한 노후·불량건축물의 개념이나 범위에 따라

그 지정요건의 충족 여부를 판단하여야 한다(**대법원 2012. 11. 29. 선고 2012두16077 판결**).

(4) 정비계획의 입안대상지역

시장·군수등은 시행령 별표 1의 요건에 해당하는 지역에 대하여 정비계획을 입안할 수 있는데, 정비계획을 입안하는 경우에는 다음의 사항을 조사하거나 사업시행자에게 조사를 하게 하여 정비계획 입안대상지역 요건에 적합한지 여부를 확인하여야 하며, 정비계획의 입안내용을 변경하려는 경우에는 변경내용에 해당하는 사항을 조사·확인하여야 한다(령 제7조).

- 주민 또는 산업의 현황
- 토지 및 건축물의 이용과 소유현황
- 도시·군계획시설 및 정비기반시설의 설치현황
- 정비구역 및 주변지역의 교통상황
- 토지 및 건축물의 가격과 임대차 현황
- 정비사업의 시행계획 및 시행방법 등에 대한 주민의 의견
- 그 밖에 시·도 조례로 정하는 사항(서울시 정비조례 제7조)
  - 거주가구 및 세입자 현황
  - 도시관리계획상 토지이용계획 현황
  - 토지의 용도 소유자·규모별 현황
  - 건축물의 허가유무 및 노후·불량 현황
  - 건축물의 용도 구조 규모 및 건축경과(준공) 연도별 현황
  - 정비구역안의 유·무형의 문화유적, 보호수목 현황 및 지역유래
  - 토지등소유자의 정비구역지정에 관한 동의현황(주민제안의 경우에만 해당한다)
  - 기존 수목의 현황
  - 구역 지정에 대한 주민(토지등소유자 및 세입자)이 이견
  - 토지등소유자의 분양희망 주택규모 및 자금부담 의사
  - 세입자의 임대주택 입주 여부와 입주희망 임대주택 규모
  - 공공지원에 의한 조합설립시 토지등소유자의 과반수가 원하는 경우 추진위원회 구성을 생략할 수 있다는 규정에 따른 토지등소유자의 추진위원회 구성 단계 생략에 대한 의견

시행령 별표 1(령 제7조제1항 관련)

정비계획의 입안대상지역

1. 주거환경개선사업을 위한 정비계획은 다음 각 목의 어느 하나에 해당하는 지역에 대하여 입안한다.
   가. 1985년 6월 30일 이전에 건축된 법률 제3533호 「특정건축물정리에 관한 특별조치법」 제2조에 따른 무허가건축물 또는 위법시공건축물과 노후·불량건축물이 밀집되어 있어 주거지로서의 기능을 다하지 못하거나 도시미관을 현저히 훼손하고 있는 지역
   나. 「개발제한구역의 지정 및 관리에 관한 특별조치법」에 의한 개발제한구역으로서 그 구역 지정 이전에 건축된 노후·불량건축물의 수가 해당 정비구역의 건축물 수의 50퍼센트 이상인 지역
   다. 재개발사업을 위한 정비구역의 토지면적의 50퍼센트 이상의 소유자와 토지 또는 건축물을 소유하고 있는 자의 50퍼센트 이상이 각각 재개발사업의 시행을 원하지 않는 지역
   라. 철거민이 50세대 이상 규모로 정착한 지역이거나 인구가 과도하게 밀집되어 있고 기반시설의 정비가 불량하여 주거환경이 열악하고 그 개선이 시급한 지역
   마. 정비기반시설이 현저히 부족하여 재해발생시 피난 및 구조 활동이 곤란한 지역
   바. 건축대지로서 효용을 다할 수 없는 과소필지 등이 과다하게 분포된 지역으로서 건축행위 제한 등으로 주거환경이 열악하여 그 개선이 시급한 지역
   사. 국토계획법 제37조제1항제5호에 따른 방재지구로서 주거환경개선사업이 필요한 지역
   아. 단독주택 및 다세대주택 등이 밀집한 지역으로서 주거환경의 보전·정비·개량이 필요한 지역
   자. 법 제20조 및 제21조에 따라 해제된 정비구역 및 정비예정구역
   차. 기존 단독주택 재건축사업 또는 재개발사업을 위한 정비구역 및 정비예정구역의 토지등소유자의 50퍼센트 이상이 주거환경개선사업으로의 전환에 동의하는 지역
   카. 「도시재정비 촉진을 위한 특별법」 제2조제6호에 따른 존치지역 및 같은 법 제7조제2항에 따라 재정비촉진지구가 해제된 지역

2. 재개발사업을 위한 정비계획은 노후·불량건축물의 수가 전체 건축물의 수의 3분의 2(시·도조례로 비율의 10퍼센트포인트 범위에서 증감할 수 있다) 이상인 지역으로서 다음 각 목의 어느 하나에 해당하는 지역에 대하여 입안한다. 이 경우 순환용주택을 건설하기 위하여 필요한 지역을 포함할 수 있다.
   가. 정비기반시설의 정비에 따라 토지가 대지로서의 효용을 다할 수 없게 되거나 과소토지로 되어 도시의 환경이 현저히 불량하게 될 우려가 있는 지역

나. 노후·불량건축물의 연면적의 합계가 전체 건축물의 연면적의 합계의 3분의 2(시·도조례로 비율의 10퍼센트포인트 범위에서 증감할 수 있다) 이상이거나 건축물이 과도하게 밀집되어 있어 그 구역안의 토지의 합리적인 이용과 가치의 증진을 도모하기 곤란한 지역

다. 인구·산업 등이 과도하게 집중되어 있어 도시기능의 회복을 위하여 토지의 합리적인 이용이 요청되는 지역

라. 해당 지역의 최저고도지구의 토지(정비기반시설용지를 제외한다)면적이 전체토지면적의 50퍼센트를 초과하고, 그 최저고도에 미달하는 건축물이 해당 지역 건축물의 바닥면적합계의 3분의 2 이상인 지역

마. 공장의 매연·소음 등으로 인접지역에 보건위생상 위해를 초래할 우려가 있는 공업지역 또는 「산업집적활성화 및 공장설립에 관한 법률」에 의한 도시형 업종이나 공해발생정도가 낮은 업종으로 전환하고자 하는 공업지역

바. 역세권 등 양호한 기반시설을 갖추고 있어 대중교통 이용이 용이한 지역으로서 「주택법」 제20조에 따라 토지의 고도이용과 건축물의 복합개발을 통한 주택 건설·공급이 필요한 지역

사. 제1호라목 또는 마목에 해당하는 지역

3. 재건축사업을 위한 정비계획은 제1호 및 제2호에 해당하지 아니하는 지역으로서 다음 각 목의 어느 하나에 해당하는 지역에 대하여 입안한다.

가. 건축물의 일부가 멸실되어 붕괴나 그 밖의 안전사고의 우려가 있는 지역

나. 재해 등이 발생할 경우 위해의 우려가 있어 신속히 정비사업을 추진할 필요가 있는 지역

다. 노후·불량건축물로서 기존 세대수가 200세대 이상이거나 그 부지면적이 1만 제곱미터 이상인 지역

라. 셋 이상의 「건축법 시행령」 별표 1 제2호가목에 따른 아파트 또는 같은 호 나목에 따른 연립주택이 밀집되어 있는 지역으로서 법 제12조에 따른 안전진단 실시 결과 전체 주택의 3분의 2 이상이 재건축이 필요하다는 판정을 받은 지역으로서 시·도조례로 정하는 면적 이상인 지역

4. 무허가건축물의 수, 노후·불량건축물의 수, 호수밀도, 토지의 형상 또는 주민의 소득수준 등 정비계획의 입안대상지역 요건은 필요한 경우 제1호부터 제3호까지에 규정된 범위안에서 시·도조례로 이를 따로 정할 수 있으며, 부지의 정형화, 효율적인 기반시설의 확보 등을 위하여 필요하다고 인정되는 경우에는 지방도시계획위원회의 심의를 거쳐 제1호부터 제3호까지의 규정에 해당하는 정비구역의 입안대상지역 면적의 100분의 110 이하의 범위에서 시·도조례로 정하는 바에 따라 제1호부터 제3호까지의 규정에 해당하지 아니하는 지역을 포함하여 정비계획을 입안할 수 있다.

5. 건축물의 상당수가 붕괴나 그 밖의 안전사고의 우려가 있거나 상습 침수, 홍수, 산사태, 해일, 토사 또는 제방 붕괴 등으로 재해가 생길 우려가 있는 지역에 대해서는 정비계획을 입안할 수 있다.

3. 정비계획의 내용

(1) 법률에 정해진 내용(제9조제1항)

- 정비사업의 명칭
- 정비구역 및 그 면적
- 도시·군계획시설의 설치에 관한 계획
- 공동이용시설 설치계획
- 건축물의 주용도·건폐율·용적률·높이에 관한 계획
- 환경보전 및 재난방지에 관한 계획
- 정비구역 주변의 교육환경 보호에 관한 계획
- 세입자 주거대책
- 정비사업시행 예정시기
- 정비사업을 통하여 공공지원민간임대주택을 공급하거나, 주택임대관리업자에게 임대할 목적으로 주택을 위탁하려는 경우에는 다음 각 사항
  - 공공지원민간임대주택 또는 임대관리위탁주택에 관한 획지별 토지이용 계획
  - 건설하는 주택 전체 세대수에서 공공지원민간임대주택이나 임대관리위탁주택으로서 임대기간이 8년 이상인 주택이 차지하는 비율의 합계가 100분의 20이상에 해당하는 경우에는 주거·상업·업무 등의 기능을 결합하는 등 복합적인 토지이용을 증진시키기 위하여 필요한 건축물의 용도에 관한 계획 및 주거지역을 세분 또는 변경하는 계획과 용적률에 관한 사항(령 제8조제1항)
  - 건설하는 주택 전체 세대수에서 공공지원민간임대주택 또는 임대관리위탁주택이 차지하는 비율, 공공지원민간임대주택 및 임대관리위탁주택의 건축물 배치계획, 주변지역의 여건 등을 고려한 입주예상 가구 특성 및 임대사업 운영방향에 관한 사항(령 제8조제2항)
- 국토계획법 제52조제1항 각 호의 사항에 관한 계획(필요한 경우에 한한다)

- 용도지역이나 용도지구를 세분하거나 변경하는 사항
- 기존의 용도지구를 폐지하고 그 용도지구에서의 건축물이나 그 밖의 시설의 용도·종류 및 규모 등의 제한을 대체하는 사항
- 기반시설의 배치와 규모
- 도로로 둘러싸인 일단의 지역 또는 계획적인 개발·정비를 위하여 구획된 일단의 토지의 규모와 조성계획
- 건축물의 용도제한, 건축물의 건폐율 또는 용적률, 건축물 높이의 최고한도 또는 최저한도
- 건축물의 배치·형태·색채 또는 건축선에 관한 계획
- 환경관리계획 또는 경관계획
- 교통처리계획
- 그 밖에 토지 이용의 합리화, 도시나 농·산·어촌의 기능 증진 등에 필요한 사항으로서 대통령령으로 정하는 사항

(2) 시행령에 정해진 내용(령 제8조제3항)

- 공공시설등의 부지제공 또는 설치제공에 갈음하는 현금납부에 관한 사항
- 정비구역을 둘 이상의 구역으로 분할하거나 서로 떨어진 둘 이상의 구역 또는 정비구역을 하나의 구역으로 결합하여 정비사업을 시행하는 경우 그 분할 또는 결합에 관한 계획
- 사업시행자가 정비구역의 전부 또는 일부를 수용하여 주택을 건설한 후 토지등소유자에게 우선 공급하거나 대지를 토지등소유자 또는 토지등소유자 외의 자에게 공급하는 방법으로 시행하는 주거환경개선사업의 경우 사업시행자로 예정된 자
- 정비사업의 시행방법
- 기존 건축물의 정비·개량에 관한 계획
- 정비기반시설(주거환경개선사업을 위하여 지정·고시된 정비구역에 설치하는 공동이용시설로서 사업계획서에 시장·군수등이 관리하는 것으로 포함된 것은 제외함)의 설치계획
- 건축물의 건축선에 관한 계획
- 홍수 등 재해에 대한 취약요인에 관한 검토결과
- 정비구역 및 주변지역의 주택수급에 관한 사항
- 안전 및 범죄예방에 관한 사항

(3) 조례에 정해진 내용(서울시 조례 제8조제1항)

- 가구 또는 획지에 관한 계획
- 임대주택의 건설에 관한 계획(도시환경정비사업은 일반주거지역과 주택이 있는 준주거지역·상업지역 및 준공업지역에 공동주택을 건설하는 경우만 해당하며, 구청장은 대학 주변지역의 정비구역에 대해서는 대학생에게 공급할 수 있는 임대주택 건설계획을 수립할 수 있다)
- 주민의 소득원 개발에 관한 사항(주거환경개선사업에 한한다)
- 환경성 검토결과
- 기존 수목의 현황 및 활용계획
- 인구 및 주택의 수용계획
- 주거환경관리를 위한 주민공동체 활성화 방안
- 구역 내 옛길, 옛물길 등 역사·문화자원의 보전 및 활용계획
- 그 밖의 세부내용(서울시 조례 제8조제2항)
  - 정비구역에는 원칙적으로 기존 공원이나 녹지를 포함하지 않도록 한다. 다만, 공원 또는 녹지의 기능을 회복하거나 그 안의 건축물을 정비하기 위하여 필요한 경우와 토지이용의 증진을 위하여 필요한 경우에는 예외로 한다.
  - 기존건축물의 정비·개량에 관한 계획은 건축물의 경과연수, 용도, 구조, 규모, 입지, 허가유무 및 노후·불량 정도를 고려하여 존치, 개수, 철거 후 신축, 철거이주 등으로 구분하여 계획하도록 한다.
  - 종교부지, 분양대상 복리시설 부지는 필요한 경우 획지로 분할하고 적정한 진입로를 확보하도록 하여야 한다.
  - 정비사업시행 예정시기는 사업시행자별 사업시행계획인가 신청 준비기간을 고려하여 정비구역 지정고시가 있은 날부터 4년 이내의 범위에서 정하여야 한다.
  - 도시정비형 재개발사업의 경우 정비구역의 특성과 도심부 기능회복을 위하여 복합용도건축계획을 원칙으로 하고 주변의 건축물, 문화재 또는 자연 지형물이 있는 경우에는 주변 경관에 미치는 영향을 최소화할 수 있도록 계획한다.

(4) 기본계획과 달리 입안하거나, 세부계획을 입안할 경우

① 건폐율·용적률을 달리 입안할 경우

용적률이란 대지면적을 기준으로 한 건축물의 연면적의 비율을 말하고(용적률=건축

물의 연면적÷대지면적×100), 건폐율이란 대지의 면적 중에 건물이 차지하는 면적의 비율을 말한다(건폐율=건축물의 평면적÷대지면적×100).

예컨대, 대지면적이 1000㎡인데, 5층까지 500㎡씩 건물을 짓는다면 건축물의 연면적은 2500㎡가 되므로, 용적률은 2500㎡ ÷ 1000㎡ × 100 = 250%가 되고, 대지면적이 1000㎡인데 1,2층이 각 500㎡이고, 3,4,5층이 각 400㎡라면 500㎡가 건물이 차지하는 면적이 되므로, 건폐율은 500㎡ ÷ 1000㎡ × 100 = 50%가 된다.

용적률이 높을수록 같은 면적의 땅에 더 많은 건물을 지을 수 있고, 더 많은 건물을 지어야 사업성도 높아지기 때문에 재건축이나 재개발사업에서 용적률은 매우 중요한 요소가 된다.

정비사업을 통하여 건설하려는 주택 전체 세대수에서 공공지원민간임대주택이나 임대관리위탁주택으로서 임대기간이 8년 이상인 주택이 차지하는 비율의 합이 100분의 20 이상인 경우에는 주거지역을 세분 또는 변경하는 계획과 용적률에 관한 사항을 포함하는 정비계획을 입안할 때 기본계획에서 정하는 건폐율·용적률 등에 관한 건축물의 밀도계획에도 불구하고 달리 입안할 수 있다.

② 생활권에 대한 세부계획을 입안할 경우

정비계획의 입안권자가 '생활권의 설정, 생활권별 기반시설 설치계획 및 주택수급계획, 생활권별 주거지의 정비·보전·관리의 방향'을 포함하여 기본계획을 수립한 지역에서 정비계획을 입안하는 경우에는 그 정비구역을 포함한 해당 생활권에 대하여 위 사항에 대한 세부 계획을 입안할 수 있다.

(5) 작성기준 및 방법

정비계획의 작성기준 및 작성방법은 국토교통부장관이 정하여 고시한다(제9조제4항). 이에 국토교통부훈령(제977호, 2018.2.9. 시행)으로 「도시·주거환경 정비계획 수립 지침」이 정해져 있다.

도시·주거환경 정비계획 수립 지침

제1장 총 칙

제1절 지침의 목적

1-1-1. 이 지침은 「도시 및 주거환경정비법」 제9조제4항에 따라 도시·주거환경 정비계획의 수립에 관한 세부 작성기준 등을 정하는 데 그 목적이 있다.

제2절 정비계획의 의의

1-2-1. 도시·주거환경 정비계획(이하 "정비계획"이라 한다)은 「도시 및 주거환경정비법」(이하 "법"이라 한다) 제8조 및 제9조에 따라 기본계획에 적합한 범위 안에서 노후·불량건축물이 밀집하는 등 법 시행령(이하 "영"이라 한다) 별표 1의 요건에 해당하는 구역(이하 "정비구역"이라 한다)을 계획적이고 체계적으로 정비하기 위하여 수립하는 것으로 노후·불량한 지역의 주거환경개선과 기반시설 확충 등 도시기능의 회복을 통해 주민의 삶의 질을 높이고자 하는데 그 의의가 있다.

1-2-2. 정비계획은 도시기능의 회복과 정비, 보존을 위한 실행계획 지침을 정하는 공공계획으로서 주변지역과 조화되는 개발을 유도하여 합리적인 토지이용과 쾌적한 도시환경의 조성으로 건전한 도시기능의 확충·보완 및 도시관리의 효율성을 제고하기 위한 계획이다.

1-2-3. 정비계획은 토지·건축물, 기반시설 등 물리적 현황 및 사회·경제·문화 등 비물리적 현황을 분석하여 장래의 개발수요에 효과적으로 대응하고 정비사업이 합리성과 효율성에 기반하여 구체적으로 집행될 수 있도록 물적으로 표현하는 계획이다.

제3절 정비계획의 지위와 성격

1-3-1. 정비계획은 「국토의 계획 및 이용에 관한 법률」 제2조제3호에 따른 도시·군기본계획(이하 "도시·군기본계획"이라 한다) 및 도시·주거환경정비 기본계획(이하 "기본계획"이라 한다) 등 상위계획의 범위 안에서 해당 구역과 주변지역이 상호 유기적이며 효율적으로 정비될 수 있는 체계를 확립하고, 정비구역의 토지이용 및 기반시설의 설치, 개발밀도 설정 등에 관한 사항을 구체화하는 법정계획이다.

1-3-2. 정비계획은 미래지향적이고 친환경적으로 수립하여 도시의 지속가능한 발전에 기여할 수 있도록 하기 위한 실천계획이다.

1-3-3. 정비계획 및 정비구역은 법 제17조제1항에 따라 「국토의 계획 및 이용에 관한 법률」(이하 "국토계획법"이라 한다)에 따른 지구단위계획 및 지구단위계획구역과 동일한 효력을 갖는다.

제2장 정비계획수립 일반원칙

제1절 기본원칙

2-1-1. 정비계획은 도시·군기본계획과 기본계획의 범위 안에서 수립되어야 하고, 국토계획법 제2조제4호에 따른 도시·군관리계획(이하 "도시·군관리계획"이라 한다)과 서로 연계되도록 수립되어야 한다.

2-1-2. 정비계획은 정비사업을 시행하기 위한 법정계획으로 정비사업 유형별 목적을 분명히 하여야 하며 종합적으로 수립되어야 한다.

2-1-3. 정비계획은 장래 토지이용에 관한 계획 위주로 수립되어야 하며 법 제9조제1항제11호에 따라 국토계획법 제52조제1항 각 호의 사항에 관한 계획(지구단위계획)을 포함할 경우에는 제5호 중 건축물의 배치·형태·색채에 관한 계획, 제6호 중 경관계획과 제8호에 관한 사항은 포함되지 않아야 한다.

2-1-4. 정비계획은 쾌적하고 편리한 환경이 조성되도록 지역 현황을 조사하고 도시의 용량을 고려하여 적절한 개발밀도가 유지되도록 하는 등 환경친화적으로 수립되어야 한다.

2-1-5. 정비계획은 특별자치시장, 특별자치도지사, 시장, 군수 또는 구청장(이하 "시장·군수등"이라 한다)이 수립하며 계획수립 시 주민설명회·주민공람을 통해 다양한 형태의 주민참여 및 관계기관 협의를 실시하여야 한다.

2-1-6. 시장·군수등은 정비기반시설 및 국·공유지의 귀속 및 처분에 관한 사항이 포함된 정비계획을 수립하고자 하는 때에는 미리 해당 관리청과 사전 협의하고 그 결과에 따라 해당 정비기반시설 및 국·공유지를 정비구역에 포함하여야 할 지 여부를 결정하여야 하며, 사업시행계획인가 시점에서 관리청과 협의하여 사업의 지연 등 사업추진에 지장을 초래하지 않도록 하여야 한다.

제2절 정비계획 수립내용

2-2-1. 정비계획은 정비계획서, 관련도면 및 부속서류 등으로 구성한다.

2-2-2. 정비계획서는 법 제9조제1항 각 호의 사항을 바탕으로 다음과 같이 작성한다. 다만, 규정된 내용에 대하여 해당사항이 없을 경우에는 해당 없다는 내용을 표기하여야 한다.

(1) 계획의 개요

계획의 배경 및 목적, 계획의 범위, 계획의 수립절차(과정) 및 추진현황

(2) 현황 분석

주변지역현황, 정비사업 구역 현황, 상위 및 관련계획 검토, 관련법규 검토, 잠재력 및 개발전망 분석, 주민 또는 산업의 현황, 토지 및 건축물의 이용과 소유현황, 정비기반시설 설치현황, 정비구역 및 주변지역의 교통상황, 토지 및 건축물의 가격과 임대차 현황, 정비

사업의 시행계획 및 시행방법 등에 대한 주민의 의견

(3) 계획의 기본구상

기본방향, 주요 계획지표(인구지표 등) 설정, 개발 기본구상

(4) 부문별 정비계획

가. 계획의 수립방향

나. 정비사업의 시행에 관한 계획

- 정비사업의 명칭, 정비구역 위치 및 면적, 정비사업의 사업시행 예정자(주거환경개선사업에 한한다) 및 시행방법, 정비사업시행 예정시기

다. 토지이용에 관한 계획

라. 국토계획법 제2조제7호에 따른 도시·군계획시설(이하 "도시·군계획시설"이라 한다) 및 정비기반시설의 설치에 관한 계획

마. 공동이용시설 설치계획

바. 기존 건축물의 정비·개량에 관한 계획

사. 지구단위계획의 내용에 관한 계획(필요한 경우에 한한다)

아. 건축물에 관한 계획

- 주택의 규모 및 건설비율
- 건축물의 주용도·건폐율·용적률·높이에 관한 계획
- 건축선에 관한 계획

자. 교통 및 동선처리계획

차. 환경보전 및 재난방지에 관한 계획

- 홍수 등 재해에 대한 취약 요인에 관한 검토결과 포함

카. 정비구역 주변의 교육환경 보호에 관한 계획

타. 정비구역을 분할하거나 결합하여 시행하는 경우 분할 또는 결합에 관한 계획

파. 정비구역 및 주변지역의 주택수급에 관한 사항

하. 세입자 주거대책

거. 안전 및 범죄예방에 관한 사항

너. 영 제8조제3항제11호에 따른 시·도 조례로 정하는 사항

(5) 소요 사업비 추정(공공이 시행하는 경우에 한한다)

가. 소요 사업비 추정

나. 재원조달계획

다. 단계별 집행계획

2-2-3. 정비계획의 관련도면에는 다음 도면을 첨부하여야 한다.

(1) 정비구역 위치도(주변지역을 파악할 수 있는 축척)

(2) 정비구역내 토지이용현황도(축척 임의)

(3) 토지 현황도(축척 임의) : 지목별, 소유별, 규모별

(4) 건축물 현황도(축척 임의)

- 용도별, 층수별, 구조별, 연도별, 허가유무별, 노후불량, 접도유무

(5) 현황종합분석도(축척 임의)

(6) 도시·군관리계획 현황도(축척 임의)

(7) 정비계획 기본구상도(축척 임의) : 교통 및 동선처리계획 포함

(8) 정비계획 결정(변경)도(축척 1/5,000 이상의 지형도)

가. 정비구역의 범위

나. 용도지역·용도지구의 세분 및 세분된 용도지역·용도지구간의 변경에 관한 결정·변경 사항

다. 정비기반시설 및 도시·군계획시설의 설치에 관한 계획

라. 가구 및 획지의 규모와 조성에 관한 계획

마. 건축물의 주용도·건폐율·용적률·높이에 관한 계획

바. 건축물의 건축선에 관한 계획

2-2-4. 정비계획 부속서류는 2-2-2 및 2-2-3에 따른 정비계획서 및 관련도면에 수록되지 아니한 기타 도면과 정비계획의 내용에 대한 근거나 이를 설명하는 자료 및 기초조사 결과를 포함한다.

제3장 기초조사의 내용과 방법

제1절 기본원칙

3-1-1. 기초조사는 정비계획 수립에 기본이 되는 자료로써 조사내용의 충실도에 따라 정비계획 수립에 많은 영향을 줄 수 있으므로 상세하고 정확하게 조사하여야 한다.

3-1-2. 기초조사는 조사를 시작하는 시점을 기준년도로 하여 조사하되 기준년도의 자료를 취득하는 것이 불가능한 항목은 가장 최근의 공식적인 자료를 활용한다.

3-1-3. 모든 기초조사 자료는 자료의 출처 및 연도를 명기한다.

제2절 조사내용

3-2-1. 기초조사는 법, 영 또는 조례에서 규정하고 있는 정비사업 유형별 구역지정 요건에 해당하는 항목을 조사하여야 한다.

3-2-2. 기초조사는 「도시·군기본계획수립지침」 별표를 참고하여 영 제7조제2항에 따라 다음의 내용을 조사하여야 하며 정비계획의 수립 요건에 적합한지 여부를 확인하여야 한다.

(1) 주민(세입자를 포함한다) 또는 산업(행정구역내 업종 일체를 말한다)의 현황

(2) 토지 및 건축물의 이용과 소유현황
(3) 도시·군계획시설 및 정비기반시설의 설치현황
(4) 정비구역 및 주변지역의 교통상황
(5) 토지 및 건축물의 가격과 임대차 현황
(6) 정비사업의 시행계획 및 시행방법 등에 대한 주민의 의견
(7) 그 밖에 시·도지사가 정하는 사항

제3절 방법 및 관리

3-3-1. 기초조사는 각종 문헌이나 통계자료의 수집, 현장답사 등의 방법을 활용하되 문헌이나 각종 통계자료를 조사한 후 현장답사 등을 통하여 현지 확인 및 검증함으로써 신뢰도를 높이도록 한다.

3-3-2. 기본계획이 수립되어 정비예정구역이 지정되어 있는 지역에 대하여 정비계획을 수립하고자 하는 경우에는 기본계획의 기초조사를 정비계획의 기초조사 자료로 활용할 수 있다.

3-3-3. 기초조사 결과는 과거부터 추이·현황·향후전망 등을 쉽게 파악할 수 있도록 종합적으로 분석하여 책자 또는 전자문서(CD 등)의 형태로 보관·관리하도록 한다.

3-3-4. 기초조사 결과를 이용하고자 하는 자에게는 정보공개와 관련된 법령에 저촉되지 않는 범위 내에서 이를 제공할 수 있다.

제4장 부문별 수립기준

제1절 기본원칙

4-1-1. 기초조사에 따른 현황을 분석하고 장래를 예측한 후 정비계획을 수립하되 정비사업 시행기간에 유념하여 작성한다.

4-1-2. 각 부문별 계획은 정비사업의 목표, 기본방향, 부문별 계획간 위계 및 연관성을 가지면서, 상호 환류속에서 유기적으로 연관되게 작성되어야 한다.

4-1-3. 정비사업의 명칭, 정비구역 위치·면적, 사업시행 예정자(주거환경개선사업에 한한다), 시행방법 및 정비사업시행 예정시기 및 사업기간을 제시하여 주민들의 이해를 돕고 경제활동에 지장이 없도록 한다.

제2절 계획의 수립방향

4-2-1. 도시공간구조 개편 및 토지이용의 효율성 제고 등 부문별 정비계획 수립을 위한 기본방향을 제시한다.

제3절 정비사업의 시행에 관한 계획

4-3-1. 정비사업의 명칭 등

(1) 정비사업의 명칭은 해당 정비구역이 위치한 시·군·구 단위 이하의 행정구역명을 중심으로 해당 정비구역의 특성, 현재의 단지명 등을 고려하여 다른 정비구역과 구별이 될 수 있도록 정하여야 한다.

(2) 정비사업의 명칭에는 사업유형을 알 수 있도록 주거환경개선사업, 재개발사업 및 재건축사업을 함께 표기하여야 한다.

(3) 정비구역의 위치는 구역을 대표할 수 있는 소재지를 기재하되 시·도, 시·군·구, 읍·면·동, 리 및 대표번지를 기재한다.

(4) 정비구역의 면적은 제곱미터로 표시한다.

4-3-2. 사업시행 예정자

(1) 주거환경개선사업의 경우 시장·군수·구청장 또는 한국토지주택공사, 지방공사를 구분해서 명기한다.

4-3-3. 사업시행방법

(1) 주거환경개선사업은 법 제23조제1항 각 호의 방법으로 구분하여 표기한다.

(2) 재개발사업 및 재건축사업은 각각 법 제23조제2항 및 제3항에서 정하는 방법으로 표기한다.

4-3-4. 정비사업시행 예정시기

(1) 정비사업시행 예정시기는 사업시행계획인가 고시일 시점을 의미하며 다음과 같이 표기한다. (예 : 구역지정 고시가 있는 날로부터 5년 이내)

제4절 토지이용에 관한 계획

4-4-1. 정비계획은 장래 토지이용계획을 고려한 용도지역·용도지구 계획을 포함하여 수립한다.

4-4-2. 토지이용계획은 토지이용의 효율성을 증대하고 도시별·지역별 특성 그리고 현재의 토지이용 상황, 기반시설의 용량과 주변 환경과의 연속성 등을 종합적으로 고려하여 계획하여야 하며 주변 및 연접한 지역의 개발계획이 있을 경우에는 반드시 연계할 수 있도록 계획한다.

4-4-3. 정비구역 내 문화재 등 역사적 유물 또는 주요 시설물로 보존가치가 큰 지역이 있을 경우 우선적으로 보존되도록 하고, 문화적·전통적 가치가 높은 한옥 등과 생태적 가치가 높은 지역에 대하여는 보존 또는 활용될 수 있도록 계획한다.

제5절 도시·군계획시설, 정비기반시설 및 공동이용시설 설치계획

4-5-1. 정비기반시설이란 법 제2조4호 및 영 제3조에 따른 시설을 말하며, 공동이용시설이란

법 제2조제5호 및 영 제4조에 따른 시설을 말한다.

4-5-2. 각 시설의 설치계획 작성기준은 다음과 같다.

(1) 도시·군계획시설의 설치에 관한 계획은 도시·군관리계획으로 결정하기 위한 도시·군계획시설 결정(변경)조서 및 시설별 설치계획을 작성한다.

(2) 정비기반시설의 설치계획은 전체적인 정비기반시설 종류에 대한 현황을 총괄로 작성하고 상·하수도, 전력·통신·가스 등의 공급처리시설계획 위주로 작성한다.

(3) 공동이용시설 설치계획은 「주택법」 및 「건축법」에서 정한 시설별 건축물의 설치면적 기준(상·하한치)을 제시한다.

제6절 기존 건축물의 정비·개량에 관한 계획

4-6-1. 정비구역 내 해당 건축물의 철거·개량·보존 또는 존치 여부를 정비계획에 명시하고 향후 사업시행계획서 작성 시 정비 또는 개량하여야 할 범위와 방향을 제시한다.

4-6-2. 정비구역 및 인근의 한옥 등 역사적 유물과 전통적 건축물에 대해서는 보존 및 정비사업과 관련한 문화재보호법 등 관련법에 적합하게 계획하여야 한다.

제7절 지구단위계획의 내용에 관한 계획

4-7-1. 법 제9조제1항제11호에 따라 국토계획법 제52조제1항 각 호의 사항에 관한 계획(지구단위계획)을 포함하여 정비계획을 수립할 경우 작성방법은 2-1-3에 따른다.

제8절 건축물에 관한 계획

4-8-1. 주택의 규모 및 건설비율

(1) 정비사업의 임대주택 및 주택규모별 건설비율은 영 제9조에서 정하는 정비사업 유형별 범위와 법 제10조에 따라 국토교통부장관이 고시한 기준에 따라 계획한다.

4-8-2. 건축물의 주용도·건폐율·용적률·높이에 관한 계획

(1) 건축물의 주용도

가. 시장·군수등은 해당 정비구역 내 건축물의 허용용도를 구체적으로 제시하여 사업시행자가 건축물의 주용도를 선택할 수 있도록 한다.

나. 정비구역의 용도지역·지구 등의 특성을 고려하여 적절한 용도를 지정할 수 있으며, 법상 허용되는 용도라 하더라도 입지특성상 계획 목표에 맞지 않는 경우에는 용도를 제한할 수 있다.

(2) 건축물의 건폐율, 용적률 및 높이

가. 시장·군수등은 용도지역, 용도지구 등과 해당 정비사업의 유형에 따라 허용할 수 있는 최대치의 건폐율과 용적률의 상한을 제시하여 사업시행자가 허용범위 내에서 건축계획

을 수립할 수 있도록 한다. 이 때 정비기반시설의 설치 등으로 국토계획법 제52조제1항 및 제3항에 따른 건폐율 및 용적률의 완화가 가능한 경우 이를 고려하여야 한다.

나. 법 제54조에 따라 소형주택 건설비율을 확정하기 위하여 법적상한용적률을 정하여야 한다.

다. 시장·군수등은 법 제18조제1항에 따라 정비구역을 2 이상의 구역으로 분할하는 경우 각각의 구역단위로 계획을 수립할 수 있으며 그 계획에 따라 허용 건폐율 및 용적률을 따로 정할 수 있다.

라. 시장·군수등은 관계법령에 따른 높이의 제한을 제시하여 사업시행자가 허용범위 내에서 건축계획을 수립할 수 있도록 한다.

4-8-3. 건축선에 관한 계획

(1) 시장·군수등은 관계법령에 따라 허용되는 건축선 등을 제시하여 사업시행자가 허용범위 안에서 건축계획을 수립할 수 있도록 한다.

제9절 교통 및 동선처리계획

4-9-1. 정비구역의 교통처리계획은 도시·군기본계획 및 기본계획 등의 상위계획, 도시·군관리계획, 광역교통계획 등의 교통체계 개선과 관련한 계획을 종합적으로 고려하여야 한다.

4-9-2. 정비구역의 도로망계획은 정비사업 시행에 따라 증가되는 교통량과 향후 토지이용변화를 수용하고, 주변지역의 교통량과 도로용량 등 주변 간선교통체계와 연계될 수 있도록 수립하여야 한다.

4-9-3. 정비구역을 포함한 인접지역에 대하여는 교통현황을 분석하고 교통상황이 취약한 경우에는 향후 개선방안을 제시한다.

4-9-4. 이동과 휴식, 놀이 등의 보행환경을 체계화하고 보행자안전과 쾌적한 이용을 도모할 수 있는 동선체계가 구축되도록 계획한다.

4-9-5. 공동주차장 설치의 활성화가 필요한 경우 인근 주차장 부지나 공원의 지하주차장 부지 등을 검토하여 사업화방안을 제안할 수 있다.

제10절 환경보전 및 재난방지에 관한 계획

4-10-1. 환경보전계획

(1) 정비구역에 대한 환경보전계획을 수립함으로써 자원 절약적인 에너지 및 폐기물 처리계획 등이 구축될 수 있도록 한다.

(2) 정비구역의 사업시행으로 인해 환경에 미치는 영향을 예측하여 자연환경과 생활환경으로 구분하여 검토하고 이에 대한 대책을 수립한다.

4-10-2. 재난방지계획

(1) 수해·지진 등 기존에 발생한 재해의 재난유형 등을 조사하여 방재대책을 수립하기 위한 기초자료로 활용하고, 이를 토대로 수해·지진 등 위기상황에 대처하기 위한 재난방지계획을 수립한다.

(2) 저지대는 가급적 자연배수가 되도록 계획하고, 불가피한 경우에는 공원·녹지 지하에 유수지를 확보하고 유수지의 기능이 최대한 발휘되도록 계획하여야 한다.

제11절 정비구역 주변의 교육환경 보호에 관한 계획

4-11-1. 관할 교육청과 협의하여 건전한 교육목적을 달성할 수 있도록 학교시설 설치 및 교육환경 보호 등과 관련한 계획을 수립한다.

4-11-2. 정비구역 주변에 교육시설이 인접하여 설치되어 있는 경우(정비구역으로부터 200미터 이내에 교육시설이 설치되어 있는 경우에 한한다) 정비사업 시행으로 인한 일조장애, 통학로 단절 등에 대한 대책을 수립하여 교육환경이 보호되도록 하여야 한다.

제12절 정비구역의 분할 또는 결합 시행계획

4-12-1. 시장·군수등은 법 제18조에 따라 다음 각 호의 경우에는 정비구역을 2개 이상의 구역으로 분할하거나 서로 떨어진 2 이상의 구역 또는 정비구역을 법 제8조제1항에 따라 하나의 정비구역으로 통합하여 지정할 수 있으며, 정비구역이 통합 또는 분할되는 변경인 경우에는 법 제8조제1항에 따라 정비구역을 변경지정하여야 한다.

(1) 정비구역의 면적이 대규모 이거나 효율적인 추진을 위해 단계적으로 개발하는 것이 바람직한 경우

(2) 정비사업을 순차적으로 시행할 필요가 있는 경우

(3) 도시의 경관보호를 위하여 하나의 정비구역으로 결합하여 시행하는 것이 효율적인 경우

4-12-2. 서로 떨어진 2 이상의 구역 또는 정비구역을 하나의 정비구역으로 지정 신청하고자 할 경우에는 각각의 구역은 법 제8조제1항 및 영 제7조에 따라 별표 1의 정비계획 수립대상구역 요건에 해당되어야 한다.

4-12-3. 정비구역을 분할 또는 결합하여 시행하는 경우에는 정비계획에 다음 내용이 포함되어야 한다.

(1) 정비구역 분할 또는 결합의 사유

(2) 면적

(3) 위치 및 구역 경계의 설정 사유(분할시행의 경우)

(4) 사업시행방법

(5) 정비사업시행 예정시기

(6) 법 제18조제2항에 따라 시·도 조례로 정하는 사항

第13절 정비구역 및 주변지역의 주택수급에 관한 사항

4-13-1. 시장·군수등은 정비구역 주변의 각종 개발현황 및 주택공급계획을 조사하고 해당 정비사업 시행으로 인한 주택수요 등을 검토하여 주택수급에 관한 종합적인 계획을 수립한다.

4-13-2. 주택수급에 관한 검토결과 해당 정비사업 시행으로 인해 주변지역의 전·월세난이 발생할 우려가 있는 경우에는 정비사업시행 예정시기를 조정하여야 한다.

第14절 세입자 주거대책

4-14-1. 시장·군수등은 정비구역 내 세입자에 대한 주거실태조사를 실시하여야 하며 세입자의 재정착 유도를 위해 주택수요 조사를 실시하여 정비계획에 반영하여야 한다. 조사항목은 「재정비촉진계획 수립지침」 3-2-3.을 참조한다.

4-14-2. 주거환경개선사업 또는 재개발사업 시행 시 이주하게 되는 세입자를 고려하고, 정비사업 구역 내 세입자를 위한 임대주택건설이 가능한지를 판단한다.

4-14-3. 주거환경개선사업 또는 재개발사업 대상구역에 세입자용 임대주택을 건설하기가 곤란한 경우 인근의 임대주택 활용여부 등을 검토하여 해당 주거환경개선사업이나 재개발사업과 연계하여 추진하는 방안을 고려한다.

4-14-4. 세입자용 임대주택을 건설할 경우에는 세입자의 소득수준을 감안하고, 세입자의 주거안정을 위하여 순환정비방식의 시행을 고려한다.

4-14-5. 대규모 정비사업이 시행될 경우에는 해당 지역 거주 세입자는 물론 인근지역 임대시장에 미치는 영향이 크므로 주변지역 임대시장 동향 등을 파악하여 정비계획에 반영한다.

第15절 안전 및 범죄예방에 관한 사항

4-15-1. 정비계획수립에 있어 각종 범죄 유발가능성이 있는 환경요소를 제거하고 주민의 공동체 의식을 고양하여 인간성을 유지·회복시킴으로써 범죄를 예방할 수 있도록 계획하여야 한다.

4-15-2. 청소년들이 자연과 더불어 생활할 수 있는 학습·놀이·운동 및 여가공간을 충분히 확보한다.

4-15-3. 건물이나 시설물 등을 배치할 때에는 자연적 감시가 잘 이루어지도록 하고, 건물이나 공원 등의 시설물(식재, 울타리, 표지 등)은 자연적 접근통제가 잘 되도록 하되, 불가피한 경우 CCTV 등의 설치를 고려한다.

4-15-4. 이웃과의 공동체 의식을 고취할 수 있도록 각종 공공시설을 공개하여 주민들이 쉽고 편리하게 이용할 수 있도록 계획한다.

4-15-5. 주민통행로는 각종 시설의 입지, 버스나 전철이용의 편의성 등을 면밀히 검토하여 계획을 수립하여 인적이 드문 노선이 생기지 않도록 하고, 불가피한 경우에는 방범초소 등을 설치

할 수 있는 공지를 마련하고 충분한 조도가 확보되도록 하여야 한다.

제5장 정비구역의 지정

제1절 정비구역의 지정 신청

5-1-1. 자치구의 구청장 또는 광역시의 군수가 특별시장·광역시장에게 정비구역지정 신청 시에는 다음 각 호의 서류와 도면을 첨부한다.

(1) 정비계획 수립 및 정비구역지정 신청서 (공문)

(2) 정비구역 지정도서(2-2-1에 따른 정비계획서, 관련도면 및 부속서류)

(3) 주민설명회 및 주민공람 의견청취 서류

(4) 지방의회 의견서

(5) 관련부서(기관) 협의내용

제6장 행정사항

6-1. (재검토기한) 국토교통부장관은 「훈령·예규 등의 발령 및 관리에 관한 규정」에 따라 이 훈령에 대하여 2018년 7월 1일 기준으로 매3년이 되는 시점(매 3년째의 6월 30일까지를 말한다)마다 그 타당성을 검토하여 개선 등의 조치를 하여야 한다.

부 칙

이 훈령은 2018년 2월 9일부터 시행한다.

4. 정비계획에 임대주택 및 주택규모별 건설비율 반영

(1) 정비계획에 반영

정비계획의 입안권자는 주택수급의 안정과 저소득 주민의 입주기회 확대를 위하여 정비사업으로 건설하는 주택에 대하여 다음 각 구분에 따른 범위에서 국토교통부장관이 정하여 고시하는 임대주택 및 주택규모별 건설비율 등을 정비계획에 반영하여야 한다(제10조제1항).

- 국민주택규모의 주택이 전체 세대수의 100분의 90 이하에서 대통령령으로 정하는 범위, 국민주택규모의 주택이란 주거전용면적이 1호 또는 1세대당 85제곱미터 이하인 주택, 다만 수도권을 제외한 도시지역이 아닌 읍 또는 면 지역은 1호 또는 1세대당 주거전용면적이 100제곱미터 이하인 주택을 말한다.

- 임대주택이 전체 세대수 또는 전체 연면적의 100분의 30 이하에서 대통령령으로 정하는 범위

"대통령령으로 정하는 범위"란 다음 각 범위를 말한다(령 제9조).

1. 주거환경개선사업의 경우
   가. 국민주택규모의 주택 : 건설하는 주택 전체 세대수의 100분의 90 이하
   나. 공공임대주택 : 건설하는 주택 전체 세대수의 100분의 30 이하로 하되, 주거전용면적이 40제곱미터 이하인 공공임대주택이 전체 공공임대주택 세대수의 100분의 50 이하

2. 재개발사업의 경우
   가. 국민주택규모의 주택 : 주택 전체 세대수의 100분의 80 이하
   나. 임대주택(민간임대주택 또는 공공임대주택) : 건설하는 주택 전체 세대수(제54조제1항에 따라 정비계획으로 정한 용적률을 초과하여 건축함으로써 증가된 세대수는 제외)의 100분의 15 이하[법 제55조제1항에 따라 공급되는 임대주택은 제외하며, 해당 임대주택 중 주거전용면적이 40제곱미터 이하인 임대주택이 전체 임대주택 세대수(법 제55조제1항에 따라 공급되는 임대주택은 제외)의 100분의 40 이하이어야 한다]

   다만 시장·군수등이 정비계획을 입안할 때 관할 구역에서 시행된 재개발사업에서 건설하는 주택 전체 세대수(제54조제1항에 따라 정비계획으로 정한 용적률을 초과하여 건축함으로써 증가된 세대수는 제외)에서 별표 3 제2호가목(1)에 해당하는 세입자(기준일 3월전부터 해당 재개발사업을 위한 정비구역 또는 다른 재개발사업을 위한 정비구역안에 거주하는 세입자)가 입주하는 임대주택 세대수가 차지하는 비율이 시·도지사가 정하여 고시한 임대주택 비율보다 높은 경우에는 다음 산식에 따라 산정한 임대주택 비율 이하의 범위에서 임대주택 비율을 높일 수 있다.

해당 시·도지사가 고시한 임대주택비율 + (건설하는 주택 전체 세대수 × 5 / 100)

3. 재건축사업의 경우
   국민주택규모의 주택이 주택 전체 세대수의 100분의 60 이하, 다만 과밀억제권역에서 재건축사업의 조합원에게 분양하는 주택은 기존 주택(재건축하기 전의 주택)의 주거전용면적을 축소하거나 30% 범위에서 그 규모를 확대하고, 조합원 이외의 자에게 분양하는 주택은 모두 85㎡ 이하 규모로 건설할 경우 국민주택규모의 주택건설 비율을 적용하지 아니한다.

국토교통부장관이 고시한 「정비사업의 임대주택 및 주택규모별 건설비율」은 다음

과 같다.

정비사업의 임대주택 및 주택규모별 건설비율

국토교통부 고시 제2018-102호, 2018.2.9. 전부개정

제1조(목적) 이 기준은 「도시 및 주거환경정비법」 제10조에 따라 국토교통부장관이 고시하도록 한 정비사업의 임대주택 및 주택규모별 건설비율 등을 정함을 목적으로 한다.

제2조(용어의 정의) 이 기준에서 사용하는 용어의 정의는 다음과 같다.

1. 이 기준에서 사용하는 주택의 면적은 주거전용면적을 말하며, 그 면적은 「건축물대장의 기재 및 관리 등에 관한 규칙」 제4조에 따른 일반건축물대장 또는 집합건축물대장을 기준으로 산정하되, 주거전용면적을 정확히 산정하기 곤란한 경우에는 실측하여 산정한다.
2. "시·도"란 특별시·광역시·특별자치시·도·특별자치도 또는 「지방자치법」 제198조에 따른 서울특별시·광역시 및 특별자치시를 제외한 인구 50만 이상 대도시(이하 "대도시"라 한다)를 말한다.
3. "시·도지사"란 특별시장·광역시장·특별자치시장·도지사·특별자치도지사 또는 대도시 시장을 말한다.

제3조(주거환경개선사업의 임대주택 및 주택규모별 건설비율) ① 주거환경개선사업의 경우 건설하는 주택 전체 세대수(임대주택을 포함한다)의 90퍼센트 이상을 85제곱미터 이하 규모의 주택으로 건설하여야 한다.

② 주거환경개선사업의 경우 임대주택은 시·도지사가 전체 세대수의 30퍼센트 이하에서 정하여 고시하는 기준에 따라 건설하여야 한다.

③ 제2항에도 불구하고 특별시장·광역시장·특별자치시장·특별자치도지사·시장 또는 군수(광역시의 군수는 제외한다)는 정비계획을 수립할 때 해당 정비구역 내 주민(세입자 포함한다)을 대상으로 임대주택 수요를 조사하고 그 결과에 따라 임대주택 건설비율을 별도로 정할 수 있다.

④ 주거환경개선사업의 경우 시·도지사가 전체 임대주택 세대수의 50퍼센트 이하에서 정하여 공보에 고시하는 기준에 따라 40제곱미터 이하 규모의 임대주택을 건설하여야 한다.

⑤ 시·도지사는 제2항 및 제4항의 기준을 고시함에 있어 다른 주거환경개선구역(주거환경개선사업을 시행하는 정비구역을 말한다. 이하 같다)과 연계하여 전체 구역에 대한 공급비율을 기준으로 사업구역 별 차등 적용할 수 있으며, 주택건설을 위한 대지면적이 10,000제곱미터 이하인 경우 임대주택을 건설하지 않도록 할 수 있다.

제4조(재개발사업의 임대주택 및 주택규모별 건설비율) ① 재개발사업의 사업시행자는 건설

하는 주택 전체 세대수의 80퍼센트 이상을 85제곱미터 이하 규모의 주택으로 건설하여야 한다. 다만, 주택단지 전체를 평균 5층 이하로 건설하는 경우에는 그러하지 아니하다.

② 제1항에도 불구하고 시·도지사는 필요한 경우 제1항에 따른 주택규모별 건설비율 이하의 건설비율을 별도로 정하여 공보에 고시할 수 있다.

③ 재개발사업의 사업시행자는 건설하는 주택 전체 세대수[「도시 및 주거환경정비법」(이하 "법"이라 한다) 제54조제1항에 따라 정비계획으로 정한 용적률을 초과하여 건축함으로써 증가된 세대수는 제외한다]의 15퍼센트(법 제54조제4항에 따라 공급되는 임대주택은 제외한다)를 임대주택으로 건설하여야 하며, 전체 임대주택 세대수(법 제54조제4항에 따라 공급되는 임대주택은 제외한다)의 30퍼센트 이상 또는 건설하는 주택 전체 세대수의 5퍼센트 이상을 주거전용면적 40제곱미터 이하 규모의 임대주택(법 제54조제4항에 따라 공급되는 임대주택은 제외한다)으로 건설하여야 한다.

④ 제3항에도 불구하고 다음 각 호의 어느 하나에 해당하는 경우 재개발사업의 사업시행자는 임대주택을 건설하지 아니할 수 있다.

1. 건설하는 주택 전체 세대수가 200세대 미만인 경우
2. 도시·군관리계획 상 자연경관지구 및 최고고도지구 내에서 7층 이하의 층수제한을 받게 되는 경우
3. 일반주거지역 안에서 자연경관·역사문화경관 보호 및 한옥 보존 등을 위하여 7층 이하로 개발계획을 수립한 경우
4. 「항공법」 및 「군사기지 및 군사시설 보호법」의 고도제한에 따라 7층 이하의 층수제한을 받게 되는 경우
5. 제1종 일반주거지역에서 용도지역을 변경하지 않고 개발계획을 수립하는 경우

⑤ 제3항에도 불구하고 정비구역에서 학교용지를 확보하여야 하는 경우에는 시·도지사가 정하는 바에 따라 임대주택 세대수를 50퍼센트 범위 내에서 차감하여 조정할 수 있다.

⑥ 제3항에도 불구하고 시·도지사가 임대주택 건설비율을 다음 각 호의 범위에서 공보에 고시한 경우에는 고시된 기준에 따른다. 다만, 시장·군수가 정비계획을 수립할 때 관할 구역에서 시행된 재개발사업에서 건설하는 주택 전체 세대수에서 「도시 및 주거환경정비법 시행령」 별표 3 제2호가목(1)에 해당하는 세입자가 입주하는 임대주택 세대수가 차지하는 비율이 시·도지사가 정하여 고시한 임대주택 비율보다 높은 경우에는 다음 산식에 따라 산정한 임대주택 비율 이하의 범위에서 임대주택 비율을 높일 수 있다.

해당 시·도지사가 고시한 임대주택비율 + (건설하는 주택 전체 세대수 × 5 / 100)

1. 「수도권정비계획법」 제2조제1호에 따른 수도권 중 서울특별시: 건설하는 주택 전체 세대수

의 10퍼센트 이상 15퍼센트 이하
2. 「수도권정비계획법」 제2조제1호에 따른 수도권 중 인천광역시 및 경기도: 건설하는 주택 전체 세대수의 5퍼센트 이상 15퍼센트 이하
3. 제1호 및 제2호 외의 지역: 건설하는 주택 전체 세대수의 5퍼센트 이상 12퍼센트 이하

제5조(재건축사업의 임대주택 및 주택규모별 건설비율) ① 「수도권정비계획법」 제6조제1항 제1호에 따른 과밀억제권역에서 시행하는 재건축사업의 사업시행자는 건설하는 주택 전체 세대수의 60퍼센트 이상을 85제곱미터 이하 규모의 주택으로 건설하여야 한다.
② 제1항에도 불구하고 다음 각 호를 충족하는 경우에는 제1항을 적용하지 아니한다.
1. 조합원에게 분양하는 주택의 주거전용면적의 합이 종전 주택(재건축하기 전의 주택을 말한다)의 주거전용면적의 합보다 작거나 30퍼센트의 범위에서 클 것
2. 조합원 이외의 자에게 분양하는 주택을 모두 85제곱미터 이하 규모로 건설할 것

제6조(재검토기한) 국토교통부장관은 「훈령·예규 등의 발령 및 관리에 관한 규정」(대통령 훈령 제334호)에 따라 이 고시에 대하여 2018년 7월 1일 기준으로 매 3년이 되는 시점(매 3년째의 6월 30일까지를 말한다)마다 그 타당성을 검토하여 개선 등의 조치를 하여야 한다.

부 칙

이 고시는 발령한 날(2018.2.9.)부터 시행한다.

(2) 건설의무

사업시행자는 고시된 임대주택 및 주택규모별 건설비율의 내용에 따라 주택을 건설하여야 한다(제10조제2항).

5. 정비계획 수립시 용적률 완화

(1) 법적상한용적률 및 조례로 정한 용적률

도시지역 중 주거지역 용적률의 최대한도는 다음의 범위에서 조례가 정하는 비율을 초과하여서는 아니된다(국토계획법 제78조제1항, 국토계획법 시행령 제85조제1항).

- 제1종전용주거지역(단독주택 중심의 양호한 주거환경을 보호하기 위하여 필요한 지역) : 50퍼센트 이상 100퍼센트 이하
- 제2종전용주거지역(공동주택 중심의 양호한 주거환경을 보호하기 위하여 필요한 지역) : 100퍼센트 이상 150퍼센트 이하

- 제1종일반주거지역(저층주택을 중심으로 편리한 주거환경을 조성하기 위하여 필요한 지역) : 100퍼센트 이상 200퍼센트 이하
- 제2종일반주거지역(중층주택을 중심으로 편리한 주거환경을 조성하기 위하여 필요한 지역) : 150퍼센트 이상 250퍼센트 이하
- 제3종일반주거지역(중고층주택을 중심으로 편리한 주거환경을 조성하기 위하여 필요한 지역) : 200퍼센트 이상 300퍼센트 이하
- 준주거지역(주거기능을 위주로 이를 지원하는 일부 상업기능 및 업무기능을 보완하기 위하여 필요한 지역) : 200퍼센트 이상 500퍼센트 이하

서울시 조례의 경우 용도지역별 용적률은 다음의 비율 이하로 하도록 규정되어 있다.

- 제1종전용주거지역 : 100퍼센트
- 제2종전용주거지역 : 120퍼센트
- 제1종일반주거지역 : 150퍼센트
- 제2종일반주거지역 : 200퍼센트
- 제3종일반주거지역 : 250퍼센트
- 준주거지역 : 400퍼센트

(2) 주거지역 법적상한용적률 적용

2014.1.14. 도시정비법 개정으로 지방자치단체는 기본계획 또는 정비계획을 수립하거나 변경할 경우 정비사업의 원활한 수행을 위하여 조례로 정한 용적률에도 불구하고 국토계획법 및 관계 법률에 따른 용적률의 상한까지 용적률을 정할 수 있도록 하였다. 기본계획 및 정비계획의 수립시 용적률 완화에 관한 개정규정은 2014.1.14. 이후 최초로 사업시행인가를 신청하는 경우부터 적용한다(부칙 제3조).

기본계획의 수립권자 또는 정비계획의 입안권자는 정비사업의 원활한 시행을 위하여 기본계획을 수립하거나 정비계획을 입안하려는 경우 또는 기본계획이나 정비계획을 변경하려는 경우에 주거지역에 대하여는 국토계획법 제78조에 따라 조례로 정한 용적률에도 불구하고 같은 조 및 관계 법률에 따른 용적률의 상한까지 용적률을 정할 수 있다(제11조제1항). 즉 용적률은 국토계획법 및 관계 법률에서 용적률의 상한을 정해 놓고 시·도조례에 위임을 많이 해 두고 있는데 지자체에 따라 용적률을 엄격하게 규정하여 정비사업의 원활한 수행이 어려워지는 경우가 발생하였으나, 2014.1.14.이후에 사

업시행계획인가를 신청하는 경우에는 조례에서 정한 용적률에도 불구하고 국토계획법 및 관계 법률이 정한 용적률의 상한까지 용적률을 정할 수 있게 되었다. 기본계획의 수립권자 또는 정비계획의 입안권자는 천재지변, 그 밖의 불가피한 사유로 건축물이 붕괴할 우려가 있어 긴급히 정비사업을 시행할 필요가 있다고 인정하는 경우에는 용도지역의 변경을 통해 용적률을 완화하여 기본계획을 수립하거나 정비계획을 입안할 수 있다. 이 경우 기본계획의 수립권자, 정비계획의 입안권자 및 정비구역의 지정권자는 용도지역의 변경을 이유로 기부채납을 요구하여서는 아니 된다(제11조제2항).

따라서 서울시의 경우 조례로 3종일반주거지역 용적률은 250%이나, 국토계획법령으로 정한 용적률의 상한인 300%까지 지을 수 있는 여지가 생겼다. 실제 기본계획 수립권자 또는 정비계획 입안권자의 의지에 따라 각종 인센티브제도를 통하여 용적율을 높여주고 있다.

(3) 상부기관 승인요칭

구청장등 또는 대도시의 시장이 아닌 시장은 법적상한용적률까지 용적률을 정하는 내용의 정비계획을 입안하거나 변경입안하려는 경우 기본계획의 변경 또는 변경승인을 특별시장·광역시장·도지사에게 요청할 수 있다.

6. 정비계획입안을 위한 안전진단

(1) 안전진단을 실시하는 경우

① 정비계획 수립시기가 도래한 경우

정비계획 입안권자는 재건축사업의 정비계획의 입안을 위하여 기본계획의 내용인 '단계별 정비사업추진계획'에 따른 정비계획의 수립시기가 도래한 때에 안전진단을 실시하여야 한다(제12조제1항). 이 경우 안전진단은 주택단지의 건축물을 대상으로 한다.

주택단지란 주택 및 부대시설·복리시설을 건설하거나 대지로 조성되는 일단의 토지로서 다음의 어느 하나에 해당하는 일단의 토지를 말한다(제2조제7호).

- 주택법에 따른 사업계획승인을 받아 주택 및 부대시설·복리시설을 건설한 일단의 토지
- 위 일단의 토지 중 도시·군계획시설인 도로나 그 밖에 이와 유사한 시설로 분리

되어 따로 관리되고 있는 각각의 토지
- 위 일단의 토지 둘 이상이 공동으로 관리되고 있는 경우 그 전체 토지
- 재건축사업의 토지분할규정에 따라 분할된 토지 또는 분할되어 나가는 토지
- 건축법에 따라 건축허가를 받아 아파트 또는 연립주택을 건설한 일단의 토지

주택단지의 건축물 중 다음의 경우에는 안전진단 대상에서 제외할 수 있다(령 제10조제3항).

- 정비계획의 입안권자가 천재·지변 등으로 주택이 붕괴되어 신속히 재건축을 추진할 필요가 있다고 인정하는 것
- 주택의 구조안전상 사용금지가 필요하다고 정비계획의 입안권자가 인정하는 것
- 노후·불량건축물 수에 관한 기준을 충족한 경우 잔여 건축물
- 정비계획의 입안권자가 진입도로 등 기반시설 설치를 위하여 불가피하게 정비구역에 포함된 것으로 인정하는 건축물
- 「시설물의 안전 및 유지관리에 관한 특별법」 제2조제1호의 시설물로서 같은 법 제16조에 따라 지정받은 안전등급이 D(미흡) 또는 E(불량)인 건축물

② 토지등소유자의 1/10 이상 요청이 있을 경우

정비계획의 입안권자는 정비계획 수립시기 도래여부에도 불구하고 다음의 어느 하나에 해당하는 경우에는 안전진단을 실시하여야 한다. 이 경우 정비계획의 입안권자는 안전진단에 드는 비용을 해당 안전진단의 실시를 요청하는 자에게 부담하게 할 수 있다(제12조제2항).

㉮ **정비예정구역 1/10 이상의 동의에 의한 요청**

정비계획의 입안을 제안하려는 자가 입안을 제안하기 전에 해당 정비예정구역에 위치한 건축물 및 그 부속토지의 소유자 10분의 1 이상의 동의를 받아 안전진단의 실시를 요청하는 경우(제12조제2항제1호)

정비계획의 입안권자는 정비계획 입안을 제안하려는 자의 안전진단의 요청이 있는 때에는 요청일부터 30일 이내에 안전진단의 실시여부를 결정하여 요청인에게 통보하여야 한다. 이 경우 정비계획의 입안권자는 안전진단 실시 여부를 결정하기 전에 단계별 정비사업 추진계획 등의 사유로 재건축사업의 시기를 조정할 필요가 있다고 인정하는 경우에는 안전진단의 실시 시기를 조정할 수 있다(령 제10조제1항).

정비계획의 입안권자는 현지조사 등을 통하여 안전진단의 요청이 있는 공동주택이 노후·불량건축물에 해당하지 아니함이 명백하다고 인정하는 경우에는 안전진단의 실시가 필요하지 아니하다고 결정할 수 있다(령 제10조제2항).

㉯ 사업예정구역 1/10 이상의 동의에 의한 요청

기본계획의 수립권자는 기본계획에 '생활권의 설정, 생활권별 기반시설 설치계획 및 주택수급계획, 생활권별 주거지의 정비·보전·관리의 방향'을 포함하는 경우에는 '정비예정구역의 개략적 범위'와 '단계별 정비사업추진계획'의 사항을 생략할 수 있는데, 이에 따라 정비예정구역을 지정하지 아니한 지역에서 재건축사업을 하려는 자가 사업예정구역에 있는 건축물 및 그 부속토지의 소유자 10분의 1 이상의 동의를 받아 안전진단의 실시를 요청하는 경우(제12조제2항제2호)

내진성능이 확보되지 아니한 건축물 중 중대한 기능적 결함 또는 부실 설계·시공으로 구조적 결함 등이 있는 노후·불량건축물(건축물을 건축하거나 대수선할 당시 건축법령에 따른 지진에 대한 안전 여부 확인 대상이 아닌 건축물로서 급수·배수·오수 설비 등의 설비 또는 지붕·외벽 등 마감의 노후화나 손상으로 그 기능을 유지하기 곤란할 것으로 우려되는 건축물 및 안전진단기관이 실시한 안전진단결과 건축물의 내구성·내하력 등이 국토교통부장관이 정하는 안전진단기준에 미치지 못할 것으로 예상되어 구조 안전의 확보가 곤란할 것으로 우려되는 건축물)의 소유자로서 재건축사업을 시행하려는 자가 해당 사업예정구역에 위치한 건축물 및 그 부속토지의 소유자 10분의 1 이상의 동의를 받아 안전진단의 실시를 요청하는 경우(제12조제2항제3호)

(2) 안전진단의 절차

① 안전진단 요청

안전진단을 요청하려는 자는 시행규칙 별지 제1호서식의 안전진단 요청서(전자문서로 된 요청서를 포함한다)에 '사업지역 및 주변지역의 여건 등에 관한 현황도'와 '결함부위의 현황사진'(전자문서를 포함한다)을 첨부하여 시·군수등에게 제출하여야 한다(시행규칙 제3조제1항). 안전진단의 실시를 요청하는 자는 안전진단에 드는 비용의 전부를 부담하여야 하는데, 구청장이 안전진단의 실시여부를 결정하여 통보한 경우 안전진단에 필요한 비용을 예치하여야 한다(서울시 조례 제9조제2항,제3항).

② 현지조사 및 안전진단의뢰

정비계획의 입안권자는 현지조사 등을 통하여 해당 건축물의 구조안전성, 건축마감, 설비노후도 및 주거환경 적합성 등을 심사하여 안전진단의 실시 여부를 결정하여야 하며, 안전진단의 실시가 필요하다고 결정한 경우에는 안전진단기관에 안전진단을 의뢰하여야 한다(제12조제4항).

안전진단기관이란 다음의 기관을 말한다(령 제10조제4항).

- 과학기술분야정부출연연구기관등의설립·운영및육성에관한법률 제8조에 따른 한국건설기술연구원
- 시설물의안전관리에관한특별법 제28조에 따른 안전진단전문기관
- 국토안전관리원에 따른 국토안전관리원

정비계획의 입안권자는 현지조사의 전문성 확보를 위하여 안전진단기관에 현지조사를 현지조사를 의뢰할 수 있다. 이 경우 현지조사를 의뢰받은 기관은 의뢰를 받은 날부터 20일 이내에 조사결과를 정비계획의 입안권자에게 제출하여야 한다(령 제10조제5항).

③ 안전진단실시 및 보고서제출

안전진단을 의뢰받은 안전진단기관은 국토교통부장관이 정하여 고시하는 기준(건축물의 내진성능 확보를 위한 비용을 포함한다)에 따라 안전진단을 실시하여야 하며, 안전진단 결과보고서를 작성하여 정비계획의 입안권자 및 안전진단의 실시를 요청한 자에게 제출하여야 한다(제12조제5항).

재건축사업의 안전진단은 구조안전성 평가(령 제2조제1항 각 호에 따른 노후·불량건축물을 대상으로 구조적 또는 기능적 결함 등을 평가하는 안전진단)와 구조안전성 및 주거환경중심평가(그 밖의 노후·불량건축물을 대상으로 구조적·기능적 결함 등 구조안전성과 주거생활의 편리성과 거주의 쾌적성 등을 중심으로 평가하는 안전진단)의 구분에 따른다(령 제10조제6항).

"국토교통부장관이 정하여 관보에 고시하는 기준"은 국토교통부고시 「주택재건축 판정을 위한 안전진단기준(2018.2.8. 시행, 국토교통부고시 제2018-102호)」으로 정하여져 있으며, 안전진단기관이 작성하는 안전진단결과보고서에는 다음의 구분에 따른 사항이 포함되어야 한다(시행규칙 제3조제2항).

1. **구조안전성 평가 결과보고서**
   가. 구조안전성에 관한 사항
      1) 기울기·침하·변형에 관련된 사항
      2) 콘크리트 강도·처짐 등 내하력에 관한 사항
      3) 균열·부식 등 내구성에 관한 사항
   나. 종합평가의견

2. **구조안전성 및 주거환경 중심 평가 결과보고서**
   가. 주거환경에 관한 사항
      1) 도시미관·재해위험도
      2) 일조환경·에너지효율성
      3) 층간 소음 등 사생활침해
      4) 노약자와 어린이의 생활환경
      5) 주차장 등 주거생활의 편리성
   나. 건축마감 및 설비노후도에 관한 사항
      1) 지붕·외벽·계단실·창호의 마감상태
      2) 난방·급수급탕·오배수·소화설비 등 기계설비에 관한 사항
      3) 수변전, 옥외전기 등 전기설비에 관한 사항
   다. 비용분석에 관한 사항
      1) 유지관리비용
      2) 보수·보강비용
      3) 철거비·이주비 및 신축비용
   라. 구조안전성에 관한 사항
      1) 기울기·침하·변형에 관련된 사항
      2) 콘크리트 강도·처짐 등 내하력에 관한 사항
      3) 균열·부식 등 내구성에 관한 사항
   마. 종합평가의견

(3) 안전진단결과 검토

① 입안권자 검토 및 보고서제출

정비계획의 입안권자는 안전진단의 결과와 도시계획 및 지역여건 등을 종합적으로 검토하여 정비계획의 입안 여부를 결정하여야 한다. 정비계획의 입안권자(특별자치시

장 및 특별자치도지사는 제외한다)는 정비계획의 입안 여부를 결정한 경우에는 지체 없이 특별시장·광역시장·도지사에게 결정내용과 해당 안전진단 결과보고서를 제출하여야 한다.

재건축안전진단을 실시한 결과 A, B, C 등급의 경우에는 유지보수, D 등급의 경우에는 조건부 재건축, E 등급의 경우에는 재건축 판정을 받아 재건축사업의 진행 여부를 결정하게 된다. 재건축을 추진하기 위하여 10분이 1의 동의를 얻어 안전진단 실시 요청을 한 결과 예컨대 D등급 정도가 나오면 아파트 입구에 「재건축 정밀안전진단 D등급 확정」 「경축 재건축 안전진단 통과」 등의 플래카드를 걸어서 분위기를 띄우는 경우도 발생한다.

② 적정성 검토

시·도지사는 필요한 경우 시설물의안전관리에관한특별법 제28조에 따른 안전진단 전문기관이 제출한 안전진단결과보고서를 받은 경우에는 과학기술분야정부출연연구기관등의설립·운영및육성에관한법률 제8조에 따른 한국건설기술연구원 또는 국토안전관리원법에 따른 국토안전관리원에 안전진단 결과보고서의 적정성 에 대한 검토를 의뢰할 수 있다(제13조제2항, 령 제11조제1항).

국토교통부장관은 시·도지사에게 안전진단 결과보고서의 제출을 요청할 수 있으며, 필요한 경우 시·도지사에게 안전진단 결과의 적정성에 대한 검토를 요청할 수 있다(제13조제3항).

안전진단 결과의 적정성에 대한 검토 비용은 적정성에 대한 검토를 의뢰 또는 요청한 국토교통부장관 또는 시·도지사가 부담하며(령 제11조제2항), 안전진단 결과의 적정성에 따른 검토를 의뢰받은 기관은 적정성에 따른 검토를 의뢰받은 날부터 60일 이내에 안전진단 결과를 시·도지사에게 제출하여야 한다. 다만, 부득이한 경우에는 30일의 범위에서 한 차례만 연장할 수 있다(령 제11조제3항).

③ 검토 후 조치

시·도지사는 검토결과에 따라 정비계획의 입안권자에게 정비계획 입안결정의 취소 등 필요한 조치를 요청할 수 있으며, 정비계획의 입안권자는 특별한 사유가 없으면 그 요청에 따라야 한다. 다만, 특별자치시장 및 특별자치도지사는 직접 정비계획의 입안

결정의 취소 등 필요한 조치를 할 수 있다.

(4) 안전진단 기준 강화

개정법이 시행됨에 따라 2018.2.9. 안전진단기준도 개정되어 시행되었으나, 최근 정부는 공동주택의 투자수요를 억제하고 실수요자 위주의 정책을 펴겠다는 의지하에, 재건축 판정을 위한 안전진단기준을 강화하는 정책을 발표하였다. 이에 이 부분에 대하여 상세히 살펴본다.

① 2018.2.9. 개정에 따른 안전진단기준

주택 재건축 판정을 위한 안전진단 기준

국토교통부고시 제2018-102호(개정 2018. 2. 9.)

제1장 총 칙

1-1. 목적

1-1-1. 이 기준은 「도시 및 주거환경정비법」 제12조제5항에 따른 재건축사업의 안전진단의 실시방법 및 절차 등을 정함을 목적으로 한다.

1-2. 적용 범위 및 방법

1-2-1. 현지조사 및 재건축사업의 안전진단(이하 "재건축 안전진단"이라 한다)은 이 기준에 따라 실시하되, 구체적인 실시요령은 「국토안전관리원법」에 따른 국토안전관리원이 정하는 「재건축사업의 안전진단 매뉴얼」(이하 "매뉴얼"이라 한다)이 정하는 바에 따른다.

1-2-2. 이 기준은 철근콘크리트 구조, 프리캐스트 콘크리트 조립식 구조(이하 "PC조"라 한다) 및 조적식 구조(이하 "조적조"라 한다)의 공동주택에 적용한다. 동 기준에서 규정하지 않은 구조의 공동주택에 대한 재건축 안전진단의 실시방법은 특별자치시장, 특별자치도지사, 시장, 군수 또는 자치구의 구청장(이하 "정비계획의 입안권자"라 한다)이 국토안전관리원 또는 「과학기술분야 정부출연연구기관 등의 설립·운영 및 육성에 관한 법률」 제8조에 따른 한국건설기술연구원(이하 "국토안전관리원등"이라 한다)에 자문하여 정한다.

1-3. 재건축 안전진단의 성격 및 종류

1-3-1. 재건축 안전진단은 '현지조사'와 '안전진단'으로 구분하며, '안전진단'은 '구조안전성 평가 안전진단'과 '주거환경중심 평가 안전진단'으로 구분한다.

1-3-2. '현지조사'는 정비계획의 입안권자가 「도시 및 주거환경정비법」(이하 "법"이라 한다) 제12

조제4항 및 같은 법 시행규칙 제3조에 따라 해당 건축물의 구조안전성, 건축마감·설비노후도, 주거환경 적합성을 심사하여 안전진단 실시여부 등을 결정하기 위하여 실시한다.

1-3-3. '안전진단'은 정비계획의 입안권자가 현지조사를 거쳐 '안전진단 실시'로 결정한 경우에 안전진단기관에 의뢰하여 실시하는 것으로 '구조안전성 평가 안전진단'의 경우 '구조안전성'을 평가하여 '유지보수', '조건부 재건축', '재건축'으로 판정하고, '주거환경중심 평가 안전진단의 경우 '주거환경', '건축 마감 및 설비노후도', '구조안전성', 및 '비용분석'으로 구분하여 평가하여, '유지보수', '조건부 재건축', '재건축'으로 판정한다.

1-3-4. 정비계획의 입안권자는 법 제12조제5항에 따라 같은 법 시행령 제10조제4항제2호에 따른 안전진단전문기관이 제출한 안전진단 결과보고서를 받은 경우에는 같은 항 제1호 또는 제3호에 따른 안전진단기관에 안전진단결과보고서의 적정 여부에 대한 검토를 의뢰할 수 있다.

1-3-5. 정비계획의 입안권자로부터 안전진단 결과보고서를 제출받은 시·도지사는 필요한 경우 국토안전관리원등에 안전진단결과의 적정성에 대한 검토를 의뢰할 수 있다.

1-3-6. 정비계획의 입안권자는 안전진단결과 재건축 판정에서 제외되어 「주택법」 제68조에 따른 증축형 리모델링을 위한 안전진단을 실시하는 경우에는 해당 안전진단결과를 「주택법」에 따른 증축형 리모델링을 위한 안전진단에 활용할 수 있다.

1-4. 용어의 정의

1-4-1. 구조안전성 평가 안전진단: 재건축연한 도래와 관계없이 내진성능이 확보되지 않은 구조적 결함 또는 기능적 결함이 있는 노후·불량건축물을 대상으로 구조안전성을 평가하여 재건축여부를 판정하는 안전진단을 말한다.

1-4-2. 주거환경 중심 평가 안전진단: 1-4-1. 외의 노후·불량건축물을 대상으로 주거생활의 편리성과 거주의 쾌적성 등의 주거환경을 중심으로 평가하여 재건축여부를 판정하는 안전진단을 말한다.

1-4-3. 비용분석: 건축물 구조체의 보수·보강비용 및 성능회복비용과 재건축 비용을 LCC(Life Cycle Cost) 관점에서 비교·분석하는 것을 말한다. 이 경우 편익과 재건축사업시행으로 인한 재산증식효과는 고려하지 않는다.

1-4-4. 조건부 재건축: 노후·불량건축물에 해당하여 재건축이 가능하나, 붕괴·도괴의 우려 등 치명적인 구조적 결함은 없는 것으로서, 정비계획의 입안권자가 주택시장·지역여건 등을 고려하여 재건축시기를 조정할 수 있는 것을 말한다. 안전진단 결과, 종합 성능점수가 31~55점을 받는 경우가 이에 해당한다.

1-5. 비용의 부담

1-5-1. 삭제 〈2018.2.9.〉

1-5-2. 삭제 〈2018.2.9.〉

제2장 현지조사

2-1. 안전진단 실시여부의 결정 절차

2-1-1. 정비계획의 입안권자는 법 제12조제4항에 따라 현지조사 등을 통하여 해당 건축물의 구조안전성, 건축마감, 설비노후도 및 주거환경 적합성 등을 심사하여 안전진단 실시여부를 결정하여야 한다. 다만, 구조안전성 평가 안전진단의 경우 '구조안전성'만 심사하여 안전진단 실시여부를 결정할 수도 있다.

2-1-2. 안전진단의 실시가 필요하다고 결정한 경우에는 「도시 및 주거환경정비법 시행령」(이하 "영"이라 한다) 제10조제4항에서 정하고 있는 안전진단기관에 안전진단을 의뢰하여야 한다. 다만, 단계별 정비사업추진계획 등의 사유로 재건축사업의 시기를 조정할 필요가 있다고 인정되어 안전진단의 실시 시기를 조정하는 경우는 그러하지 아니하다.

2-2. 현지조사 표본의 선정

2-2-1. 현지조사의 표본은 단지배치, 동별 준공일자·규모·형태 및 세대 유형 등을 고려하여 골고루 분포되게 선정하되, 최소한으로 조사해야 할 표본 동 수의 선정 기준은 다음 표와 같다.

규모(동수)	산 식	최소 조사동수	비 고
10동 이하	전체 동수의 20%	1 ~ 2동	
11 ~ 30	2 + (전체 동수 - 10) × 10%	3 ~ 4동	
31 ~ 70	4 + (전체 동수 - 30) × 5%	5 ~ 6동	
71동 이상	-	7동	

* 동 수 선정시 소수점 이하는 올림으로 계산함

2-2-2. 현지조사에서 최소한으로 조사해야 할 세대수는 조사 동당 1세대를 기본으로 하되, 단지당 최소 3세대 이상으로 한다.

2-2-3. 현지조사 결과 '안전진단 실시'로 판정하는 경우, 안전진단시 반드시 포함되어야 할 동, 세대 및 조사부위 등을 지정하여야 하며, 이 경우 표본 선정의 기본 목적인 대표성 및 객관성을 확보하기 위해 지나치게 문제가 있는 표본 또는 전혀 문제가 없는 표본은 선정하지 않도록 유의한다.

2-3. 현지조사 항목

2-3-1. 현지조사의 조사항목은 다음과 같다.

평가분야	평가항목	중점 평가사항
구조 안전성	지 반 상 태	지반침하상태 및 유형
	변 형 상 태	건물 기울기

		바닥판 변형 (경사변형, 휨변형)
	균 열 상 태	균열유형(구조균열, 비구조균열, 지반침하로 인한 균열) 균열상태(형상, 폭, 진행성, 누수)
	하 중 상 태	하중상태(고정하중, 활하중, 과하중 여부)
	구조체 노후화상태	철근노출 및 부식상태 박리/박락상태, 백화, 누수
	구조부재의 변경 상태	구조부재의 철거, 변경 및 신설
	접합부 상태[1]	접합부 긴결철물 부식 상태, 사춤상태
	부착 모르타르상태[2]	부착 모르타르 탈락 및 사춤상태
건축 마감 및 설비 노후도	지붕 마감상태	옥상 마감 및 방수상태/보수의 용이성
	외벽 마감상태	외벽 마감 및 방수상태/보수의 용이성
	계단실 마감상태	계단실 마감상태/보수의 용이성
	공용창호 상태	공용창호 상태/보수의 용이성
	기계설비 시스템의 적정성	난방 방식의 적정성 급수·급탕 방식의 적정성 및 오염방지 성능 기타 오·배수, 도시가스, 환기설비의 적정성 기계 소방설비의 적정성
	기계설비 장비 및 배관의 노후도	장비 및 배관의 노후도 및 교체의 용이성
	전기·통신설비 시스템의 적정성	수변전 방식 및 용량의 적정성 등 전기·통신 시스템의 효율성과 안전성 전기 소방 설비의 적정성
	전기설비 장비 및 배선의 노후도	장비 및 배선의 노후도 및 교체의 용이성
주거 환경	주거환경	주변토지의 이용상황 등에 비교한 주거환경, 주차환경, 일조·소음 등의 주거환경
	재난대비	화재시 피해 및 소화용이성(소방차 접근 등) 홍수대비·침수피해 가능성 등 재난환경
	도시미관	도시미관 저해정도

1) PC조의 경우에 해당 2) 조적조의 경우에 해당

2-4. 현지조사 결과의 판정

2-4-1. 현지조사는 정밀한 계측을 하지 않고, 매뉴얼에 따라 설계도서 검토와 육안조사를 실시한 후 조사자의 의견을 서식 1 부터 서식 4까지의 현지조사표에 기술한다.

2-4-2. 현지조사는 조사항목별 조사결과를 토대로 구조안전성 분야, 건축 마감 및 설비노후도 분야, 주거환경 분야의 3개 분야별로 실시한 후 안전진단의 실시여부를 판단한다.

제3장 안전진단

3-1. 평가절차

3-1-1. 안전진단의 실시는 구조안전성 평가 안전진단과 주거환경중심 평가 안전진단으로 구분하여 시행한다.

3-1-2. 구조안전성 평가 안전진단은 구조안전성 분야만을 평가하고, 주거환경중심 평가 안전진단은 '주거환경', '건축 마감 및 설비노후도', '구조안전성', '비용분석' 분야를 평가한다.

3-1-3. 주거환경중심 평가 안전진단의 경우 주거환경 또는 구조안전성 분야의 성능점수가 20점 이하의 경우에는 그 밖의 분야에 대한 평가를 하지 않고 '재건축 실시'로 판정한다.

3-1-4. 구조안전성, 주거환경, 건축마감 및 설비 노후도 분야의 평가등급 및 성능점수의 산정은 다음 표에 따른다.

평가등급	A	B	C	D	E
대표성능점수	100	90	70	40	0
성능점수 (PS) 범위	100 ≧ PS > 95	95 ≧ PS > 80	80 ≧ PS > 55	55 ≧ PS > 20	20 ≧ PS ≧ 0

3-2. 구조안전성 평가

3-2-1. 구조안전성 평가는 표본을 선정하여 조사하고, 조사결과에 요소별(항목별·부재별·층별) 중요도를 고려하여 성능점수를 산정한 후, A~E등급의 5단계로 구분하여 평가한다.

3-2-2. 구조안전성 평가는 기울기 및 침하, 내하력, 내구성의 세 부문으로 나누어 표본 동에 대하여 표본동 전체 또는 부재 단위로 조사한다. 각 부문별 평가항목은 다음과 같다.

평가부문	평가항목	
기울기 및 침하	건물 기울기	
	기초침하	
내하력	내력비	콘크리트 강도
		철근배근상태
		부재단면치수
		하중상태
		접합부 용접상태[1)]
		접합 철물 치수[1)]
		보강·긴결철물 상태[2)]
		조적개체 강도[2)]
		조적벽체 두께, 길이[2)]
	처짐	

내구성	콘크리트 중성화
	염분 함유량
	철근부식
	균열
	표면 노후화
	접합부 긴결철물의 부식[1]
	사춤콘크리트 및 모르타르 탈락[1]
	부착 모르타르 상태[2]

1) PC조의 경우에 해당 2) 조적조의 경우에 해당

3-2-3. 표본의 선정

(1) 구조안전성 평가의 표본은 단지규모, 동(棟) 배치 및 세대분포 등을 고려하여 선정한다.

(2) 조사 동수의 기준은 다음 표의 기준 이상으로 하며, 현지조사 결과에서 제시한 동을 반드시 포함하여야 하며, 부득이하게 포함하지 못할 경우에는 타당한 사유를 명시하여야 한다. 다만, 50세대 이하인 연립주택 또는 다세대 주택인 경우에는 최소 조사 동수의 1/2로 할 수 있다.

전체동수(동)	최소 조사동수(동)	선정방법
3동 이하	1동	• 구조형식이 다른 동 선정 • 층수가 다른 동 선정 • 세대규모(평형)가 다른 동 선정 • 단지를 대표할 수 있는 동 선정 • 외관조사에서 구조적으로 취약하다고 판단되는 동 선정
4 ~ 13	2 ~ 3동	
14 ~ 26	4 ~ 5동	
27 ~ 46	6 ~ 7동	
47동 이상	8동	

3-2-4. 성능점수 산정

(1) 동별 평가 결과로부터 단지 전체에 대한 구조안전성을 평가한다.

$$\text{구조안전성 성능점수} = \frac{\Sigma(\text{동별 점수})}{\text{조사 동수}}$$

(2) 구조안전성 평가결과는 [서식 5]『구조안전성 평가표』를 활용하여 작성한다.

3-3. 수거환경 평가

3-3-1. 주거환경 분야는 표본을 선정하여 조사하고, 조사결과에 항목별 중요도를 고려하여 성능점수를 산정한 후, A~E등급의 5단계로 구분하여 평가한다. 이 경우 도시미관, 소방활동의 용이성, 침수피해 가능성, 세대당 주차대수, 일조환경, 노약자와 어린이 생활환경은 단지전체에 대해 조사하고, 소방활동의 용이성, 일조환경은 단지전체 뿐 아니라 표본 동을 선정하여 평가한다. 또한, 사생활침해, 에너지효율성, 실내생활공간의 적정성은 단지, 동뿐만 아니라 표본 세대를

선정하여 평가한다.

3-3-2. 주거환경 평가는 도시미관, 소방활동의 용이성, 침수피해 가능성, 세대당 주차대수, 일조환경 사생활침해, 에너지효율성, 노약자와 어린이 생활환경, 실내생활공간의 적정성 등 9개의 항목에 대하여 조사·평가한다.

3-3-3. 주거환경 분야의 표본은 단지 및 동(棟) 배치를 고려하여 선정하며, 최소 조사동수는 3-2-3을 따르고, 최소 조사 세대수는 3-4-4를 따른다.

3-3-4. 성능점수 산정

(1) 주거환경 평가 성능점수는 도시미관, 소방활동의 용이성, 침수피해 가능성, 세대당 주차대수, 일조환경, 사생활침해, 에너지효율성, 노약자와 어린이 생활환경, 실내생활공간의 적정성에 대한 성능평가 점수와 해당 항목의 가중치를 고려하여 산정한다.

주거환경 평가 성능점수 = Σ(평가항목별 성능점수 × 평가항목별 가중치)

(2) 주거환경 분야의 평가결과는 [서식 6]『주거환경 평가표』를 활용하여 작성한다.

3.4. 건축 마감 및 설비노후도 평가

3-4-1. 건축 마감 및 설비노후도 평가는 표본을 선정하여 조사하고, 조사결과에 요소별(부문별·항목별) 중요도를 고려하여 성능점수를 산정한 후, A~E등급의 5단계로 구분하여 평가한다.

3-4-2. 건축마감 및 설비 노후도 분야의 평가는 건축마감, 기계설비 및 전기·통신설비 노후도의 3가지 부문으로 나누어 평가한다.

3-4-3. 건축마감 및 설비 노후도 분야의 각 부문별 평가항목은 다음과 같다.

평가부문	평가항목
건축 마감	지붕 마감상태
	외벽 마감상태
	계단실 마감상태
	공용창호 상태
기계설비 노후도	시스템성능
	난방설비
	급수·급탕설비
	오·배수설비
	기계소방설비
	도시가스설비
전기·통신 설비 노후도	시스템 성능
	수변전 설비
	전력간선설비

	정보통신설비
	옥외전기설비
	전기소방설비

3-4-4. 건축마감 및 설비노후도 분야의 표본 선정중 최소 조사동수는 3-2-3을 따르고, 최소 조사세대수는 다음과 같다.

규 모(세대)	산 식
100 이하	100 × 10%
101 이상 ~ 300 이하	10 + (전체 세대수-100) × 5%
301 이상 ~ 500 이하	20 + (전체 세대수-300) × 4%
501 이상 ~ 1,000 이하	28 + (전체 세대수-500) × 3%
1,001 이상 ~ 3,850 이하	43 + (전체 세대수-1000) × 2%
3,851 이상	100세대

* 세대수 산정시 소수점 이하는 올림으로 계산함

3-4-5. 성능점수 산정

(1) 건축 마감, 기계설비노후도, 전기·통신설비노후도의 평가항목별 성능점수와 해당항목의 가중치를 고려하여 산정한다.

건축 마감 및 설비노후도 성능점수
= Σ(평가항목별 성능점수 i × 평가항목별 가중치 i)

(2) 건축 마감 및 설비노후도 분야의 평가결과는 [서식 7]『건축 마감 및 설비노후도 평가표』를 활용하여 작성한다.

3-5. 비용분석

3-5-1. 비용분석 분야의 평가 절차와 방법은 다음과 같다.

(1) 비용분석 분야는 개·보수를 하는 경우의 총비용과 재건축을 하는 경우의 총비용을 LCC(생애주기 비용)적인 관점에서 비교·분석하여 평가값(α)을 산출한 후, A~E등급의 5단계로 구분하여 평가한다.

(2) 평가값(α)은 개·보수하는 경우의 주택 LCC의 년가(Equivalent Uniform Annual Cost)에 대한 재건축하는 경우의 주택 LCC의 년가의 비율로 산정한다.

(3) 비용분석은 내용연수, 실질이자율(할인율), 비용산정 근거 등 기본적인 사항과 개·보수 비용, 재건축 비용 등을 고려하여 시행한다.

(4) 비용분석 분야의 평가 결과는 [서식 8] 비용분석표를 활용하여 작성한다.

3-5-2. 주택의 내용연수와 실질이자율(할인율) 등을 확정한다.

(1) 구조형식별 공동주택의 내용연수는 법인세법 시행규칙 제15조 제3항(건축물 등의 기준내용연수 및 내용연수 범위표)을 따른다. 개·보수 후의 주택의 내용연수는 성능회복 수준에 비례하고, 성능회복수준은 그에 소요된 비용에 의하여 결정되는 것으로 가정하여 결정한다.

(2) 실질이자율은 다음과 같은 식으로 구하고 과거 5년 정도의 수치를 산술평균한 값을 적용한다. 물가상승률은 한국은행의 경제통계연보와 통계청의 주요경제지표에서 제시한 자료를 사용하고, 기업대출금리를 명목이자율로 사용한다.

$$i = \frac{(1+i_n)}{(1+f)} - 1$$

i : 실질이자율 i_n : 명목이자율 f : 물가상승률

(3) 내용연수와 실질이자율 결정에 관한 상세한 내용은 매뉴얼에 따른다.

3-5-3. 개·보수비용과 재건축 비용을 산정한다.

(1) 개·보수 비용은 철거공사비, 구조체 보수·보강비용(내진보강 비용 포함), 건축 마감 및 설비 성능회복비용, 유지관리비, 개·보수 기간의 이주비 등을 고려하여 산정한다.

(2) 재건축 비용은 기존 건축물을 철거하고 새로운 건축물을 건설하는데 소요되는 제반비용으로 철거공사비와 건축물 신축공사비, 재건축 공사기간 중의 이주비용 등을 포함한다.

3-5-4. 비용분석의 평가값(α)에 따른 대표점수는 다음과 같다.

평가값(α[1])	대표점수
0.69 이하	100
0.70 ~ 0.79	90
0.80 ~ 0.89	70
0.90 ~ 0.99	40
1.00 이상	0

1) 평가값(α) = 개·보수하는 경우 주택 LCC의 년가 / 재건축하는 경우 주택 LCC의 년가

3-6. 종합판정

3-6-1. 주거환경중심 평가 안전진단의 경우 주거환경, 건축마감 및 설비노후도, 구조안전성, 비용분석 점수에 다음 표의 가중치를 곱하여 최종 성능점수를 구하고, 구조안전성 평가 안전진단의 경우는 [서식 5]에 따른 구조안전성 평가결과 성능점수를 최종 성능점수로 한다.

구 분	가중치
주거환경	0.40
건축마감 및 설비노후도	0.30
구조안전성	0.20
비용분석	0.10

3-6-2. 최종 성능점수에 따라 다음 표와 같이 '유지보수', '조건부 재건축', '재건축'으로 구분하여 판정한다.

최종 성능점수	판 정
55 초과	유지보수
30 초과~55 이하	조건부 재건축
30 이하	재건축

제4장 행정사항

4-1. 국토교통부장관은 「훈령·예규 등의 발령 및 관리에 관한 규정」에 따라 2018년 7월 1일 기준으로 매 3년이 되는 시점(매 3년째의 6월 30일까지를 말한다)마다 그 타당성을 검토하여 개선 등의 조치를 하여야 한다.

부 칙

이 고시는 발령한 날부터 시행한다.

② 안전진단기준 강화

[국토교통부 2018.2.20.자 보도자료]

국토교통부는 2018.2.20. 재건축 사업이 구조안전성 확보, 주거환경 개선 등 본래의 제도 취지에 맞게 진행될 수 있도록 안전진단 기준을 개선키로 하였다고 밝혔다.

그간 재건축 사업추진을 결정하는 첫 단추인 안전진단의 절차와 기준이 지속 완화되어 왔으며, 이로 인해 현재 안전진단은 사업 추진 필요성을 결정하는 본래의 기능이 훼손되고, 형식적인 절차로서만 운영되고 있는 상황으로서, 최근 시장 과열과 맞물려 재건축 사업이 본래 취지와 다르게 추진되어, 많은 사회적 자원 낭비와 사업에 동의하지 않은 주민들의 재산권 침해 등 부작용이 나타난다는 지적이 제기되어 왔다.
이에 따라 지속된 규제완화로 인한 부작용을 방지하고 안전진단 제도가 본래 취지대로 운영될 수 있도록 하기 위해, 그간 과도하게 완화된 규정을 정상화하기로 하였다.

안전진단 정상화를 위한 주요 개선 내용은 다음과 같다.

① 시장·군수가 안전진단 실시여부를 결정하는 첫 단계인 현지조사 단계부터 전문성 있는 공공기관(국토안전관리원 및 한국건설기술연구원, 도시정비법 제20조)이 참여할 수 있도록 하였다.

(현황) 시장·군수가 현지조사를 통해 안전진단 실시여부를 결정하고 있으나, 구조체 노후화·균

열상태 등 전문성이 요구되는 구조안전성 분야에 대한 조사에 한계가 있는 실정이다.

* 주민요청(10% 이상 동의) → 현지조사(시장·군수) → 안전진단 의뢰 → 안전진단(민간 기관) → 판정(유지보수, 조건부 재건축, 재건축 결정)

(개정) 시장·군수가 현지조사를 공공기관에 의뢰할 수 있는 근거를 마련하여, 현지조사의 전문성·객관성이 담보되도록 하였다.

안전진단 前단계에서 불필요한 안전진단을 걸러 냄으로써, 안전진단 필요성을 사전에 검증하는 한편 불필요한 안전진단에 드는 매몰비용을 줄여나갈 수 있을 것으로 기대된다.

② 안전진단 종합판정을 위한 평가항목별 가중치가 조정된다.

(현황) 현재 구조적 안전보다는 주거의 편리성과 쾌적성에 중점을 둔 주거환경중심평가(구조안전성 20%, 주거환경 40%, 시설노후도 30%, 비용분석 10%)를 통해 재건축 여부를 결정하고 있어, 구조적으로 안전함에도 불구하고 재건축사업이 추진되는 사회적 낭비 사례가 발생하고 있다.

(개정) 구조안전성 확보라는 재건축사업의 본래 취지대로 제도가 운영될 수 있도록 구조안전성 비중을 50%까지 상향조정(주거환경 15%, 시설노후도 25%, 비용분석 10%)

다만, 주거환경이 극히 열악한 경우* 구조안전성 등 다른 평가 없이 사업을 추진할 수 있는 현 규정을 유지함으로써, 열악한 주거환경에 대한 고려도 충분히 이루어지도록 하였다(주거환경 평가결과 E 등급 시 다른 평가 없이 바로 재건축으로 판정)

③ 안전진단 종합판정 결과, '조건부 재건축' 판정을 받은 경우 안전진단 결과보고서에 대한 공공기관의 적정성 검토를 거쳐 재건축사업 추진여부를 결정토록 하였다.

(현황) 안전진단 실시 결과 구조 안전성에 큰 결함이 없는 경우 재건축 시기를 조정하여 사업을 추진할 수 있도록 "조건부 재건축"이라는 판정 유형을 두고 있으나, 실무적으로 대부분의 단지가 시기조정 없이 바로 재건축사업이 추진되는 등 '재건축' 판정과 동일하게 운영되고 있는 실정이다.

안전진단 결과 유지보수 (총 100점 중 55점 초과) 조건부 재건축 (55~30점) 재건축 (30점 이하) 3가지 유형의 판정을 하며, 조건부 재건축은 치명적인 구조적 결함은 없는 것으로서, 시장·군수가 주택시장·지역여건 등을 고려하여 재건축 시기를 조정할 수 있는 판정 유형이다.

(개정) 안전진단 결과 '조건부 재건축' 판정을 받은 경우에는 공공기관의 적정성 검토를 의무적으로 거친 후 재건축을 추진하도록 하여 민간의 진단결과에 대한 검증이 강화되도록 하였다.

다만, 공공기관이 안전진단을 실시하여 이미 공적 판단을 받은 경우에는 추가적인 적정성 검토 없이 재건축 사업이 가능하도록 하였다.

④ 최근 포항 지진 발생 등을 감안하여 이미 안전상의 문제가 확인된 건축물의 경우 안전진단 없이 재건축 추진이 가능하도록 예외 규정도 마련하였다.

(현황) 법률 별로 안전진단 절차를 별도로 운영함에 따라, 「시설물의 안전 및 유지관리에 관한 특별법」에 따른 안전진단 결과 D등급 이하로 분류되어 안전상 문제가 지적된 경우에도 재건축 사업을 추진하기 위해서는 도시정비법상 안전진단 절차를 다시 거쳐야 하는 문제점이 지적되었다.

(개정) 시설물의 안전 및 유지관리에 관한 특별법에 따른 안전진단 결과 D등급 이하로 분류될 경우에는 도시정비법상 안전진단 없이 재건축사업의 추진이 가능하도록 개선하였다.

이에 따라 지진 등 재난에 취약한 건축물을 재건축하는 경우 개별 법률의 요구에 따른 중복절차를 거치지 않고 신속하게 재건축이 추진될 수 있게 된다.

⑤ 개정 안전진단 기준은 개정안 시행일 이후 최초로 안전진단 기관에 안전진단을 의뢰하는 분부터 적용하게 된다.

따라서, 현지조사를 통해 안전진단 실시가 결정된 경우라 하더라도, 새로운 기준 시행일에 실제로 안전진단 기관에 안전진단 의뢰가 이루어지지 않았다면 개정 기준이 적용된다.

* 안전진단 신청(주민동의 10%) → 안전진단 실시 결정(시장·군수) → 안전진단 의뢰(시장·군수 → 안전진단 기관) → 안전진단 실시(안전진단 기관)

[국토교통부장관 2018.3.5.자 개정·고시]

주택 재건축 판정을 위한 안전진단 기준 일부개정

주택 재건축 판정을 위한 안전진단 기준 일부를 다음과 같이 개정한다.

1-4-4를 다음과 같이 한다.

1-4-4. 조건부 재건축 : 붕괴 우려 등 구조적 결함은 없어 재건축 필요성이 명확하지 않은 경우로서, 1-3-4. 규정에 따라 안전진단 결과보고서의 적정성 검토를 통해 재건축 여부를 판정하는 것을 말한다(국토안전관리원등이 안전진단을 실시한 경우에는 적정성 검토 없이 재건축을 실시할 수 있다). 이 경우 정비계획의 입안권자는 주택시장·지역여건 등을 고려하여 재건축 시기를 조정할 수 있다.

3-6-1 중 표를 다음과 같이 한다.

구 분	가 중 치
주거환경	0.15
건축마감 및 설비노후도	0.25
구조안전성	0.50
비용분석	0.10

서식 6 주거환경 평가표를 다음과 같이 한다.

부 칙

1. 이 고시는 발령한 날(2018.3.5.)부터 시행한다.
2. 1-4-4 및 3-6-1의 개정규정은 이 기준 시행 이후 최초로 법 제12조제4항에 따라 정비계획의 입안권자가 안전진단기관에 안전진단을 의뢰하는 경우부터 적용한다.

7. 정비계획 입안제안

(1) 입안제안을 하는 경우

토지등소유자(천재지변 등 불가피한 사유로 긴급하게 정비사업을 시행하려는 경우에는 사업시행자가 되려는 자를 말한다)는 다음의 어느 하나에 해당하는 경우에는 정비계획의 입안권자에게 정비계획의 입안을 제안할 수 있다(제14조제1항).

- 기본계획에 포함된 단계별 정비사업 추진계획상 정비예정구역별 정비계획의 입안시기가 지났음에도 불구하고 정비계획이 입안되지 아니하거나, 정비예정구역별 정비계획의 수립시기를 정하고 있지 아니한 경우
- 해당 정비구역의 공공소유토지(국·공유지, 토지주택공사등 소유토지)의 면적이 전체 토지면적의 1/2 이상으로서 토지등소유자의 과반수가 토지주택공사등을 사업시행자로 지정 요청하려는 경우
- 해당 정비구역 토지면적의 1/2 이상 토지등소유자 및 토지등소유자 2/3 이상에 해당하는 자가 토지주택공사등을 사업시행자로 지정 요청하려는 경우
- 대도시가 아닌 시 또는 군으로서 시·도조례로 정하는 경우
- 정비사업을 통하여 공공지원민간임대주택을 공급하거나 임대할 목적으로 주택을

주택임대관리업자에게 위탁하려는 경우로서 공공지원민간임대주택 또는 임대관리위탁주택에 관한 계획을 포함하는 정비계획의 입안을 요청하려는 경우

- 천재지변 등 불가피한 사유로 긴급하게 정비사업을 시행하려는 경우
- 토지등소유자(조합이 설립된 경우에는 조합원을 말한다)가 3분의 2 이상의 동의로 정비계획의 변경을 요청하는 경우(다만 경미한 사항을 변경하는 경우에는 토지등소유자의 동의절차를 거치지 아니한다), 이 경우 직접 동의서를 받는 방법 외에 총회(주민총회를 포함한다)에서 토지등소유자(조합이 설립된 경우에는 조합원을 말한다)의 3분의 2 이상 찬성으로 의결될 경우에도 토지등소유자 3분의 2 이상의 동의를 받은 것으로 본다(서울시조례 제10조제4항).

종전법에는 '단계별 정비사업추진계획상 정비계획의 수립시기가 1년(시·도조례로 그 이상의 연수로 정하는 경우에는 그 연수로 한다) 이상 경과하였음에도 불구하고 정비계획이 수립되지 아니한 경우'로 규정되어 있었으나, 1년경과 요건을 폐지하였다.

한편 종전법에는 없던 '토지등소유자(조합설립시 조합원)의 2/3 이상의 동의로 정비계획의 변경을 요청하는 경우' 입안제안을 허용하였다. 한마디로 기존에는 정비계획이 진행될 기미가 없거나, 공공사업자에게 사업을 맡기거나, 임대주택을 공급하거나, 천재지변이 일어나지 않는 한 토지등소유자가 정비계획을 입안하거나 변경할 방법이 없었으나, 법 개정으로 토지소유자나 조합원의 2/3 이상의 동의로 변경요청을 할 수 있게 되었다.

(2) 절 차

토지등소유자가 정비계획의 입안권자에게 정비계획의 입안을 제안하려는 경우 토지등소유자의 3분의 2 이하 및 토지면적 3분의 2 이하의 범위에서 시·도 조례로 정하는 비율 이상의 동의(서울시의 경우 '토지등소유자의 60퍼센트 이상 및 토지면적의 2분의 1 이상의 동의', 서울시 조례 제10조제1항)를 받은 후 시·도 조례로 정하는 제안서 서식에 정비계획도서, 계획설명서, 그 밖의 필요한 서류를 첨부하여 입안권자에게 제출하여야 하고, 정비계획의 입안권자는 입안제안이 있는 경우 제안일부터 60일 이내에 정비계획에의 반영여부를 제안자에게 통보하여야 한다. 다만 부득이한 사정이 있는 경우에는 한 차례만 30일을 연장할 수 있다.

정비계획의 입안권자는 정비계획의 입안제안을 정비계획에 반영하는 경우에는 제안서에 첨부된 정비계획도서와 계획설명서를 정비계획의 입안에 활용할 수 있고, 기타 정비계획 입안의 제안을 위하여 필요한 사항은 시·도 조례로 정할 수 있다(령 제12조).

8. 정비계획입안을 위한 의견청취

(1) 주민의견청취

정비계획의 입안권자는 정비계획을 입안하거나 변경하려면 주민에게 서면으로 통보한 후 주민설명회 및 30일 이상 주민에게 공람하여 의견을 들어야 하며, 제시된 의견이 타당하다고 인정되면 이를 정비계획에 반영하여야 한다(제15조제1항). 정비계획의 입안권자는 정비계획을 주민에게 공람하려는 때에는 미리 공람의 요지 및 장소를 해당 지방자치단체의 공보등에 공고하고, 공람장소에 관계 서류를 갖추어 두어야 하고, 주민은 공람기간 이내에 정비계획의 입안권자에게 서면으로 의견을 제출할 수 있으며, 정비계획의 입안권자는 제출된 의견을 심사하여 채택할 필요가 있다고 인정하는 때에는 이를 채택하고, 채택하지 아니하는 경우에는 의견을 제출한 주민에게 그 사유를 알려주어야 한다(령 제13조제1항제2항제3항).

(2) 지방의회의견청취

정비계획의 입안권자는 주민공람과 함께 지방의회의 의견을 들어야 한다. 이 경우 지방의회는 정비계획의 입안권자가 정비계획을 통지한 날부터 60일 이내에 의견을 제시하여야 하며, 의견제시 없이 60일이 지난 경우 이의가 없는 것으로 본다.

(3) 관리청의견청취

정비계획의 입안권자는 정비기반시설 및 국유·공유재산의 귀속 및 처분에 관한 사항이 포함된 정비계획을 입안하려면 미리 해당 정비기반시설 및 국유·공유재산의 관리청의 의견을 들어야 한다.

9. 정비계획결정 및 정비구역 지정·고시

(1) 지방도시계획위원회 심의

정비구역의 지정권자는 정비구역을 지정하거나 변경지정하려면 지방도시계획위원회의 심의를 거쳐야 한다.

(2) 결정 및 지정·고시

정비구역의 지정권자는 정비구역을 지정 또는 변경지정하거나 정비계획을 결정 또는 변경결정한 때에는 정비계획을 포함한 정비구역 지정 또는 변경지정의 내용을 해당 지방자치단체의 공보에 고시하여야 한다. 이 경우 지형도면고시 등에 대하여는 토지이용규제기본법 제8조에 따른다(제16조제2항).

(3) 보고 및 열람

정비구역의 지정권자는 정비계획을 포함한 정비구역을 지정·고시한 때에는 국토교통부장관에게 그 지정의 내용을 보고하여야 하며, 관계 서류를 일반인이 열람할 수 있도록 하여야 한다.

정비구역지정권자가 정비구역의 지정 또는 변경지정사실을 국토교통부장관에게 보고(전자문서에 의한 보고를 포함한다)하는 경우에는 다음의 사항을 포함하여야 한다(시행규칙 제4조).

- 해당 정비구역과 관련된 도시·군계획(도시·군기본계획 및 도시·군관리계획) 및 기본계획의 주요 내용
- 정비계획의 요약
- 도시·군관리계획결정 조서

10. 경미한 사항의 경우 절차 생략

정비계획 내용의 경미한 사항을 변경요청하면서 입안제안을 하는 경우 토지등소유자(조합설립시 조합원)의 동의절차를 거치지 아니하고(제14조제6호단서), 입안된 정비계획의 경미한 사항을 변경하는 경우에는 주민에 대한 서면통보, 주민설명회, 주민공람 및 지방의회 의견청취절차를 거치지 아니할 수 있고(제15조제3항), 지정된 정비구역의 경미한 사항을 변경하는 경우 지방도시계획위원회의 심의를 거치지 아니할 수 있다(제16조제1항단서).

"대통령령으로 정하는 경미한 사항을 변경하는 경우"란 다음의 어느 하나에 해당하는 경우를 말한다(령 제13조제4항).

- 정비구역의 면적을 10퍼센트 미만의 범위에서 변경하는 경우, 다만 정비구역을 분할, 통합 또는 결합하는 경우는 제외(정비구역의 분할·통합·결합은 정비사업의 사업성과 직접적으로 연관되는 등 토지등소유자의 권리에 상당한 영향을 미치기 때문에 정비계획의 경미한 변경 대상에서 제외하였다. 이 부분 규정은 2018.2.9. 이후 정비계획의 입안권자가 정비구역의 분할, 통합 또는 결합에 따라 정비계약을 변경하는 경우부터 적용한다)
- 정비기반시설(주거환경개선사업을 위하여 지정·고시된 정비구역에 설치하는 공동이용시설로서 사업계획서에 시장·군수등이 관리하는 것으로 포함된 것은 제외함)의 위치를 변경하는 경우와 정비기반시설 규모를 10퍼센트 미만의 범위에서 변경인 경우
- 공동이용시설 설치계획을 변경하는 경우
- 재난방지에 관한 계획을 변경하는 경우
- 정비사업시행 예정시기를 3년의 범위에서 조정하는 경우(정비사업 시행예정시기를 기존 1년의 범위에서 조정시 경미한 변경으로 규정하였던 것을 3년의 범위에서 조정시 경미한 변경으로 규정하였다.)
- 건축법 시행령 별표 1 각 호의 용도범위에서 건축물의 주용도(해당 건축물중 가장 넓은 바닥면적을 차지하는 용도를 말한다)를 변경하는 경우
- 건축물의 건폐율 또는 용적률을 축소하거나 10퍼센트 미만의 범위에서 확대하는 경우
- 건축물의 최고 높이를 변경하는 경우
- 제66조 용적률에 관한 특례에 따라 용적률을 완화하여 변경하는 경우
- 국토계획법의 규정에 의한 도시·군기본계획, 도시·군관리계획 또는 기본계획의 변경에 따라 정비계획을 변경하는 경우
- 도시교통정비촉진법에 따른 교통영향평가 등 관계법령에 의한 심의결과에 따른 변경인 경우
- 그 밖에 위 경우와 유사한 사항으로서 시·도 조례로 정하는 사항을 변경하는 경우

"시·도조례가 정하는 사항의 변경"이란 다음의 경우를 말한다(서울시 조례 제11조제1항).

- 정비구역 명칭의 변경
- 도시·군계획시설의 결정·구조 및 설치기준에 관한 규칙에 따라 도로모퉁이를 잘

라내기 위한 정비 구역 결정사항의 변경
- 기존건축물의 정비·개량에 관한 계획의 변경
- 정비구역(동일 정비구역 안에서 시행지구를 분할하여 시행하는 경우의 지구를 포함한다)이 접하여 있는 경우 상호경계조정을 위한 정비구역 또는 지구 범위의 변경
- 정비구역 또는 지구범위의 변경이 없는 단순한 착오에 따른 면적 등의 정정을 위한 변경
- 건축물의 주용도·건폐율·용적률 및 높이에 관한 계획의 변경을 수반하지 아니하는 사업시행지구 분할계획 또는 획지의 변경
- 국토교통부장관이 고시하는 범위 안에서의 임대주택 및 주택규모별 건설비율의 변경
- 정비계획에서 정한 건축계획의 범위 안에서 주택건립 세대수를 30퍼센트 이내로 증가하는 변경 또는 10퍼센트 이내로 축소하는 변경
- 건축법등 관계법령의 개정으로 인하여 정비계획 변경이 불가피한 경우와 건축위원회 심의결과에 따른 건축계획의 변경인 경우

11. 정비구역 지정·고시의 효력

(1) 정비구역 지정·고시시 지구단위계획구역의 결정·고시 의제

국토계획법상 지구단위계획구역 및 지구단위계획은 도시·군관리계획으로 결정하는 것이지만, 정비구역의 지정·고시가 있는 경우 해당 정비구역 및 정비계획 중 국토계획법 제52조제1항 각 호의 어느 하나에 해당하는 사항 즉 용도지역이나 용도지구를 세분하거나 변경하는 사항, 기반시설의 배치와 규모, 도로로 둘러싸인 일단의 토지의 규모와 조성계획, 건축물의 용도제한·건축물의 건폐율 또는 용적률·건축물 높이의 최고한도 또는 최저한도, 건축물의 배치·형태·색채 또는 건축선에 관한 계획, 환경관리계획 또는 경관계획, 교통처리계획 등은 도시계획법상 지구단위계획구역 및 지구단위계획으로 결정·고시된 것으로 본다(제17조제1항).

국토계획법 지구단위계획(지구단위계획구역)과 도시정비법에 따른 정비계획(정비구역)이 서로 그 내용 및 목적이 상당 부분 동일하거나 유사하고 관련 절차가 대부분 같다는 점을 고려하여, 같은 내용의 계획을 같은 절차를 반복하여 두 번 수립 또는 변경할 필

요가 없다는 점을 명확히 하기 위하여 정비구역의 지정 또는 변경지정에 대한 고시가 있는 경우 당해 정비구역 및 정비계획 중 국토계획법 제52조제1항 각 호의 1에 해당하는 사항은 국토계획법에 따른 지구단위계획 및 지구단위계획구역으로 결정·고시된 것으로 보도록 하는 의제 규정을 두고 있는데, 국토계획법에서 지구단위계획을 도시·군관리계획에 해당하는 것으로 규정하고 있으므로, 지구단위계획 및 지구단위계획구역으로 결정·고시된 것으로 본다는 것은 도시·군관리계획으로 결정·고시된 것으로 본다는 것과 같은 의미이다.

(2) 지구단위계획 결정·고시시 정비구역 지정·고시 의제

국토계획법에 따른 지구단위계획구역에 대하여 도시정비법상 정비계획에 포함되어야 하는 사항을 모두 포함한 지구단위계획을 결정·고시(변경 결정·고시하는 경우를 포함한다)하는 경우 해당 지구단위계획구역은 정비구역으로 지정·고시된 것으로 본다(제17조제2항).

(3) 지구단위계획의 건폐율·용적률·높이제한 완화규정 준용

① 공공시설등 부지제공 또는 설치제공

국토계획법 제52조제3항에 의하면, 지구단위계획구역에서는 국토계획법 제76조(용도지역 및 용도지구에서의 건축물의 건축제한), 제77조(용도지역의 건폐율), 제78조(용도지역에서의 용적률), 건축법 제42조(대지의 조경), 제43조(공개 공터 또는 공개 공간의 확보), 제44조(대지와 도로와 관계), 제60조(건축물의 높이 제한), 제61조(일조 등의 확보를 위한 건축물의 높이 제한), 주차장법 제19조(부설주차장의 설치), 제19조의2(부설주차장 설치계획서)를 대통령령으로 정하는 범위에서 지구단위계획으로 정하는 바에 따라 완화하여 적용할 수 있도록 규정되어 있다.

정비구역에서 건축물을 건축하려는 자가 그 대지의 일부를 공공시설, 기반시설 중 학교 부지 또는 해당 시·도 또는 대도시의 도시·군계획조례로 정하는 기반시설의 부지로 제공하거나, 공공시설 또는 위 기반시설을 설치하여 제공하는 경우 정비계획을 통한 토지의 효율적 활용을 위하여 국토계획법 제52조제3항에 따른 건폐율·용적률 등의 완화규정은 도시정비법상 정비계획에 준용한다.

공공시설이란 다음의 시설을 말한다(국토계획법 제2조제13호, 시행령 제4조).

- 도로·공원·철도·수도
- 항만·공항·운하·광장·녹지·공공공지·공동구·하천·유수지·방화설비·방풍설비·방수설비·사방설비·방조설비·하수도·구거
- 행정청이 설치하는 주차장·운동장·저수지·화장장·공동묘지·봉안시설
- 스마트도시의조성및산업진흥등에관한법률 제2조제3호다목에 따른 시설
  - 스마트도시서비스를 제공하기 위한 개별 정보시스템을 운영하는 센터
  - 스마트도시서비스를 제공하기 위한 복수의 정보시스템을 연계·통합하여 운영하는 스마트도시 통합운영센터
  - 위 시설과 유사한 시설로서 국토교통부장관이 관계 중앙행정기관의 장과 협의하여 고시하는 시설

기반시설이란 다음의 시설을 말한다(국토계획법 제2조제6호, 시행령 제2조제1항).

- 교통시설(도로·철도·항만·공항·주차장 등)
- 공간시설(광장·공원·녹지 등)
- 유통·공급시설(유통업무설비, 수도·전기·가스공급설비, 방송·통신시설, 공동구 등)
- 공공·문화체육시설(학교·운동장·공공청사·문화시설 및 공공필요성이 인정되는 체육시설 등)
- 방재시설(하천·유수지·방화설비 등)
- 보건위생시설(화장시설·공동묘지·봉안시설 등)
- 환경기초시설(하수도·폐기물처리시설 등)

② 현금 기부채납

재개발, 재건축 사업시행자는 불필요한 도로, 공원 등의 기반시설 제공을 지양하고 현금납부로 기부채납을 대체할 수 있다. 사업시행자 입장에서 공공기여 방식의 다양화로 선택의 폭이 넓어지고 사업부지의 효율적 사용으로 사업성이 개선되는 효과가 있고, 공공에서는 불필요한 기반시설 대신 현금을 활용해 다양한 공공기여 재원으로 사용할 수 있는 장점이 있다.

사업시행자가 정비구역에 있는 대지의 가액 일부에 해당하는 금액을 현금으로 납부한 경우에는 공공시설 또는 기반시설의 부지를 제공하거나 공공시설 또는 기반시설

을 설치하여 제공한 것으로 본다(제17조제4항). 공공시설·기반시설의 설치·제공을 대체하는 현금납부에 관한 규정은 2016.1.27. 정비사업법 일부 개정(법률 제13912호)으로 신설되었는바, 위 개정법률 시행일인 2016.7.28. 이전에 관리처분계획인가(변경인가 포함)를 받았거나 신청한 정비사업의 경우에는 종전의 규정에 따른다(부칙 제28조).

사업시행자는 현금납부를 하려는 경우에는 토지등소유자 과반수의 동의를 받아야 하는데, 현금으로 납부하는 토지의 기부면적은 전체 기부면적의 2분의 1을 넘을 수 없다(령 제14조제2항).

현금납부액은 시장·군수등이 지정한 둘 이상의 감정평가업자가 해당 기부토지에 대하여 평가한 금액을 산술평균하여 산정하며(령 제14조제3항), 현금납부액 산정기준일은 사업시행계획인가(현금납부에 관한 정비계획이 반영된 최초의 사업시행계획인가를 말한다) 고시일로 하되, 산정기준일로부터 3년이 되는 날까지 관리처분계획인가를 신청하지 아니한 경우에는 산정기준일부터 3년이 되는 날의 다음 날을 기준으로 감정평가를 거쳐 다시 산정하여야 한다(령 제14조제4항). 용적률완화를 위한 현금납부액 산정기준일에 관한 령 제14조제4항의 개정규정은 2018.2.9. 이후 사업시행계획인가(변경인가 포함)을 신청하는 경우부터 적용한다(령 부칙 제3조).

사업시행자는 착공일부터 준공검사일까지 산정된 현금납부액을 특별시장, 광역시장, 특별자치시장, 특별자치도지사, 시장 또는 군수에게 납부하여야 하고, 특별시장 또는 광역시장은 납부 받은 금액을 사용하는 경우에는 해당 정비사업을 관할하는 자치구의 구청장 또는 광역시의 군수의 의견을 들어야 한다(령 제14조제5항, 제6항).

12. 행위제한

(1) 정비구역지정 후 행위제한

정비구역에서 다음의 어느 하나에 해당하는 행위를 하려는 자는 시장·군수등의 허가를 받아야 한다. 허가받은 사항을 변경하려는 때에도 또한 같다(제19조제1항).

- 건축물의 건축
- 공작물의 설치
- 토지의 형질변경

- 토석의 채취
- 토지분할
- 물건을 쌓아 놓는 행위
- 그 밖에 대통령령으로 정하는 행위

"시장·군수의 허가를 받아야 하는 행위"는 다음과 같다(령 제15조제1항).

- 건축물의 건축 등 : 건축물(가설건축물을 포함한다)의 건축, 용도변경
- 공작물의 설치 : 인공을 가하여 제작한 시설물의 설치
- 토지의 형질변경 : 절토·성토·정지·포장 등의 방법으로 토지의 형상을 변경하는 행위, 토지의 굴착 또는 공유수면의 매립
- 토석의 채취 : 흙·모래·자갈·바위 등의 토석을 채취하는 행위. 다만, 토지의 형질변경을 목적으로 하는 것은 위 '토지의 형질변경'에 따른다.
- 토지분할
- 물건을 쌓아놓는 행위 : 이동이 용이하지 아니한 물건을 1월 이상 쌓아놓는 행위
- 죽목의 벌채 및 식재

확정판결에 의하여 공유물을 분할하는 경우에도 시장·군수의 허가가 필요한지에 관하여 보면, '도시계획구역 안에서 건축법령 및 건축조례와 도시계획법령이 정하는 대지면적 최소한도, 건폐율, 대지 안의 공지, 분할토지의 너비 등에 관한 제 기준에 미달되게 토지를 분할하고자 할 경우에는 원칙적으로 미리 시장·군수의 허가를 받도록 하되, 다만 법원의 확정판결에 의한 토지분할의 경우에는 대상 토지가 위와 같은 관계 법령상의 기준에 미달된다 할지라도 시장·군수의 별도의 허가를 받을 필요 없이 그 분할이 가능하다(대법원 1996. 11. 12. 선고 96누7519 판결)'는 판례를 참작하여 볼 때 정비구역으로 지정된 구역 내의 토지에 대하여 공유물분할 판결이 있는 경우 시장·군수의 허가 없이도 해당 토지를 분할할 수 있고, 이는 확정판결과 동일한 효력이 있는 조정조서의 경우에도 마찬가지이다. 지적법령에서도 분할허가 대상인 토지의 경우에는 그 허가서 사본을, 법원의 확정판결에 의하여 분할하는 경우에는 확정판결서 정본 또는 사본을 각각 제출함으로써 토지분할이 가능하도록 규정하고 있는데, 이는 개별법령에서 분할허가 대상인 토지에 대하여 권리의 변동을 목적으로 토지분할을 하는 경우에는 개별법령에서 규정하고 있는 허가를 받아야 하고, 판결에 따라 실체적 권리가 확정되었

다면 그 판결의 실효성 및 권리를 보호하기 위해 그 판결 자체만으로 토지분할이 가능하게 한 취지로 해석된다.

(2) 허가가 필요 없는 행위

다음의 행위는 허가를 받지 아니하고 이를 할 수 있다(제19조제2항).

- 재해복구 또는 재난수습에 필요한 응급조치를 위한 행위
- 기존 건축물의 붕괴 등 안전사고의 우려 있는 경우 해당 건축물에 대한 안전조치를 위한 행위
- 그 밖에 대통령령이 정하는 행위

"그 밖에 대통령령이 정하는 행위"라 함은 다음의 어느 하나에 해당하는 행위로서 국토계획법 제56조에 따른 개발행위허가의 대상이 아닌 것을 말한다(령 제15조제3항).

- 농림수산물의 생산에 직접 이용되는 것으로서 다음과 같은 간이공작물의 설치(시행규칙 제5조)
  - 비닐하우스
  - 양잠장
  - 고추, 잎담배, 김 등 농림수신물의 건조장
  - 버섯재배사
  - 종묘배양장
  - 퇴비장
  - 탈곡장
  - 그 밖에 위 공작물과 유사한 것으로서 국토교통부장관이 정하여 관보에 고시하는 공작물
- 경작을 위한 토지의 형질변경 : 조성이 끝난 농지에서 농작물 재배, 농지의 지력증진 및 생산성 향상을 위한 객토나 정지작업, 양수·배수시설 설치를 위한 토지의 형질변경, 다만 개발행위허가를 받아야 하는 다음의 경우는 제외한다.
  - 인접토지의 관개·배수 및 농작업에 영향을 미치는 경우
  - 재활용 골재, 사업장 폐토양, 무기성 오니 등 수질오염 또는 토질오염의 우려가 있는 토사 등을 사용하여 성토하는 경우

• 지목의 변경을 수반하는 경우(전·답 사이의 변경은 제외한다)

- 정비구역의 개발에 지장을 주지 아니하고 자연경관을 손상하지 아니하는 범위 안에서의 토석의 채취
- 정비구역 안에 존치하기로 결정된 대지 안에서 물건을 쌓아놓는 행위
- 관상용 죽목의 임시식재(경작지에서의 임시식재를 제외한다)

(3) 정비구역 지정 전 착수한 공사 또는 사업

허가를 받아야 하는 행위로서 정비구역의 지정 및 고시 당시 이미 관계 법령에 따라 행위허가를 받았거나 허가를 받을 필요가 없는 행위에 관하여 그 공사 또는 사업에 착수한 자는 시장·군수등에게 신고한 후 이를 계속 시행할 수 있다. 공사 또는 사업 착수에 관하여 신고하여야 하는 자는 정비구역이 지정·고시된 날부터 30일 이내에 그 공사 또는 사업의 진행상황과 시행계획을 첨부하여 관할 시장·군수에게 신고하여야 한다.

(4) 위반자에 대한 조치

시장·군수등은 행위제한규정을 위반한 자에게 원상회복을 명할 수 있다. 이 경우 명령을 받은 자가 그 의무를 이행하지 아니하는 때에는 시장·군수등은 행정대집행법에 따라 대집행할 수 있다.

(5) 허가 절차

시장·군수는 각 행위에 대한 허가를 하고자 하는 경우로서 시행자가 있는 경우에는 미리 그 시행자의 의견을 들어야 한다.

허가를 받은 경우에는 국토계획법에 따른 개발행위허가를 받은 것으로 본다. 국토계획법 제57조부터 제60조에 의하면, 개발행위를 하려는 자는 신청서를 개발행위허가권자에게 제출하여야 하고, 허가권자는 정해진 기간 안에 허가 또는 불허가 처분을 하여야 하되, 기준에 맞는 경우 개발행위에 대한 도시계획위원회이 심의를 거쳐 허가를 하여야 하고, 개발행위허가를 받은 자는 개발행위허가를 마치면 허가권자의 준공검사를 받아야 하는데, 이 규정은 도시정비법의 행위허가에 준용된다.

(6) 정비구역 지정 전 행위제한

국토교통부장관, 시·도지사, 시장, 군수 또는 구청장은 비경제적인 건축행위 및 투기 수요의 유입을 막기 위하여 기본계획을 공람 중인 정비예정구역 또는 정비계획을 수립 중인 지역에 대하여 3년 이내의 기간(1년의 범위에서 한 차례만 연장할 수 있다)을 정하여 건축물의 건축 및 토지의 분할을 제한할 수 있다(제19조제7항). 행위가 제한된 지역에서 건축물의 건축이나 토지의 분할행위를 하려는 자는 시장·군수의 허가를 받아야 한다(령 제16조제5항).

기본계획을 공람중인 정비예정구역 또는 정비계획을 수립중인 지역에 대한 행위제한은 부동산 투기세력의 유입을 근본적으로 차단하고 부동산 가격을 안정시켜 도시정비사업의 시행을 원활하게 하려는 공익적 목적에서 도입된 제도지만, 그로 인하여 해당 구역에서의 건축행위 및 토지분할과 같은 소유권 행사가 심각하게 제한받게 되는 결과가 초래되므로, 행위제한의 요건, 절차, 횟수 등 관련규정에 대해서는 엄격하고 제한적으로 해석하여야 한다. 3년 이내의 일정한 기간을 확정적, 일률적으로 정하도록 제한함과 동시에 행위제한의 연장을 위한 횟수와 기간을 명문으로 규정하고 있는 법문언에 비추어 정비예정구역 또는 정비계획을 수립중인 지역에 대한 행위제한은 3년 이내의 범위에서 1회만 할 수 있고, 이를 연장하는 경우에도 1회에 한하여 1년 이내의 범위에서 할 수 있다고 보는 것이 타당하다. 예컨대, 1년의 기간을 정하여 행위제한을 한 경우, 1년의 기간이 만료된 후에는 1년 이내의 범위에서 행위제한의 연장만 할 수 있다.

국토교통부장관, 시·도지사, 시장, 군수 또는 구청장이 행위를 제한하려는 때에는 중앙도시계획위원회(국토교통부장관의 경우) 내지 지방도시계획위원회의(시·도지사, 시장, 군수 또는 구청장의 경우) 심의를 거치고, 시장·군수의 의견을 들은 후(국토교통부장관과, 시·도지사의 경우), 제한지역·제한사유·제한대상행위 및 제한기간을 미리 관보(교통부장관의 경우)나 공보(시·도지사, 시장, 군수 또는 구청장의 경우)에 게재하는 방법으로 고시하여야 한다.

(7) 지역주택조합 조합원모집금지

지역주택조합은 무주택 또는 전용면적 85㎡ 이하 1가구 소유 세대주들이 조합을 결성해 돈을 모아 토지를 매입하고 직접 아파트를 짓는 제도다. 조합원이 직접 주택건설을 추진하는 만큼 상대적으로 저렴한 분양가와 조합 자격 요건 등도 까다롭지 않다는 장점이 있다. 그러나 조합원 본인이 사업 주체라는 인식 부재와 업무대행사의 무분별한 조합원 모집으로 여러 피해가 들끓었다. 지역주택조합 사업 성패는 '토지 확보'인데 땅도 제대로 확보하지 않은 상태에서 일단 조합원 모집부터 하다 보니 사업지연 및 무산 등으로 인한 금전적 피해도 컸다. 특히 정비구역에서는 재건축이든 재개발이든 원래 정해진 정비사업 외에는 개발 행위를 할 수 없지만, 부동산 개발업자들이 사업이 지지부진한 정비구역에서 재개발 대신 지역주택조합사업을 하자며 조합원을 모집하면서 사업 분란과 혼란을 일으켜왔다.

국토교통부는 주택법을 개정해 2017.6.부터 지역주택사업 조합원을 모집할 때 구청장에게 사전 신고하고 공개모집 방식으로 하도록 규정을 대폭 강화한 바 있다. 다만 공개모집은 모든 기존 지역주택조합에 해당하지 않고, 시행일 이후부터 조합 설립을 추진하는 사업에 해당한다. 이에 기존 사업장의 경우 이 같은 공개모집이 제외돼 조합원 가입 전 토지확보 여부, 사업계획 등의 세부내용을 알기 어렵다는 지적은 여전하다. 국토교통부는 유권해석을 통해 지방자치단체에 정비구역에서 지역주택조합 사업을 동시에 추진하지 못한다고 밝혀 왔지만, 이를 단속하기에는 법적 처벌 규정은 마련되어 있지 아니하다. 이에 주택시장의 질서를 잡고, 소비자들을 현혹하는 행위도 사라지도록 하기 위하여 정비구역 지정 후 행위제한의 일한으로 정비예정구역 또는 정비구역 내에서 주택법상 지역주택조합 조합원 모집을 금지시키고, 이를 위반하는 경우 처벌을 하도록 하여야 한다는 의견이 대두되었고, 2018.6.12. 도시및주거환경정비법 일부 개정으로 '정비예정구역 또는 정비구역에서는 주택법 제2조제11호가목에 따른 지역주택조합의 조합원을 모집해서는 아니된다.'는 규정을 신설하였다(제19조제8항).

13. 정비구역의 해제

(1) 필요적 해제

도시정비사업은 일몰제로 인하여 정비구역을 해제해야 하는 사유를 규정하고, 그 요건이 발생하면 시장·군수는 시·도지사에게 정비구역의 해제를 요청하여야 하며, 해제를 요청받은 시·도지사는 지방도시계획위원회의 심의를 거쳐 정비구역등을 해제하도록 하고 있다(제20조).

① 해제요건

㉮ 정비예정구역에 대하여 기본계획에서 정한 정비구역 지정 예정일부터 3년이 되는 날까지 특별자치시장, 특별자치도지사, 시장 또는 군수가 정비구역을 지정하지 아니하거나 구청장등이 정비구역의 지정을 신청하지 아니하는 경우

㉯ 재개발사업·재건축사업(조합이 시행하는 경우로 한정한다)이 다음의 어느 하나에 해당하는 경우

1) 토지등소유자가 정비구역으로 지정·고시된 날부터 2년이 되는 날까지 추진위원회의 승인을 신청하지 아니하는 경우
2) 토지등소유자가 정비구역으로 지정·고시된 날부터 3년이 되는 날까지 조합을 신청하지 아니하는 경우(추진위원회를 구성하지 아니하고 공공지원에 의하여 정비사업을 하는 경우로 한정한다)
3) 추진위원회가 추진위원회 승인일부터 2년이 되는 날까지 조합설립인가를 신청하지 아니하는 경우

이 규정은 2012.2.1. 이후 최초로 정비계획을 수립(변경수립은 제외)하는 경우부터 적용된다(부칙 제5조제2항). 다만 2012.1.31. 이전에 정비계획이 수립된 정비구역에서 승인된 추진위원회에도 적용되는데 이 경우 2년은 2016.3.2.부터 4년으로 본다. 2012.1.31. 이전에 승인된 추진위원회의 경우에도 일몰제를 확대적용하여 정비사업의 출구전략을 마련해 주었다(부칙 제5조제3항).

4) 조합이 조합설립인가를 받은 날부터 3년이 되는 날까지 사업시행계획인가를 신청하지 아니하는 경우

이 규정은 2012.2.1. 이후 최초로 정비계획을 수립(변경수립 제외)하는 경우부터 적용된다(부칙 제5조제2항).

도시환경정비사업은 재개발사업으로 통합되었는데 개정법 시행전의 도시환경정비사업을 조합이 시행하는 경우 추진위원회 승인일부터 2년 이내에 조합설립인가 신청이 없거나, 조합설립인가일로부터 3년 이내에 사업시행인가이 없는 경우 정비예정구역·정비구역 지정을 해제하여야 하여야 한다는 규정은 2016.3.2. 이후 최초로 도시환경정비사업 정비계획을 수립한 경우부터 적용한다(부칙 제4조).

㉰ 토지등소유자가 시행하는 재개발사업으로서 토지등소유자가 정비구역으로 지정·고시된 날부터 5년이 되는 날까지 사업시행계획인가를 신청하지 아니하는 경우

2012.8.2. 당시 정비구역이 지정된 경우 위 날을 2012.2.1.로 보므로(부칙 제5조제1항), 2012.8.2. 당시 정비구역이 지정된 구역에서 토지등소유자가 재개발사업을 할 경우 2017.1.31.까지 사업시행계획인가 신청을 하지 않으면 정비구역이 해제된다.

② 해제절차

㉮ 해제 내지 해제요청

위와 같은 정비구역지정·지정신청 지연, 추진위원회승인신청 지연, 조합설립인가신청 지연, 사업시행계획인가신청 지연 등의 사유가 있는 경우 정비구역의 지정권자는 정비예정구역 또는 정비구역을 해제하여야 하고, 구청장등은 특별시장·광역시장에게 정비예정구역 또는 정비구역의 해제를 요청하여야 한다.

㉯ 주민공람

특별자치시장, 특별자치도지사, 시장, 군수 또는 구청장등이 정비예정구역 또는 정비구역을 해제하거나, 정비구역등의 해제를 요청하는 경우에는 30일 이상 주민에게 공람하여 의견을 들어야 한다.

㉰ 지방의회의견청취

특별자치시장, 특별자치도지사, 시장, 군수 또는 구청장등은 주민공람을 하는 경우에는 지방의회의 의견을 들어야 한다. 이 경우 지방의회는 특별자치시장, 특별자치도지사, 시장, 군수 또는 구청장등이 정비예정구역 또는 정비구역의 해제에 관한 계획을 통지한 날부터 60일 이내에 의견을 제시하여야 하며, 의견제시 없이 60일이 지난 경우 이의가 없는 것으로 본다.

㉱ 도시계획위원회심의

정비구역의 지정권자는 정비예정구역 또는 정비구역의 해제를 요청받거나 해제하려면 지방도시계획위원회의 심의를 거쳐야 한다. 다만, 「도시재정비촉진을 위한 특별법」 제5조에 따른 재정비촉진지구에서는 도시재정비위원회의 심의를 거쳐 정비구역등을 해제하여야 한다.

㉮ **고시·통보·열람**

정비구역의 지정권자는 정비예정구역 또는 정비구역을 해제하는 경우에는 그 사실을 해당 지방자치단체의 공보에 고시하고 국토교통부장관에게 통보하여야 하며, 관계 서류를 일반인이 열람할 수 있도록 하여야 한다.

③ **해제유예**

정비구역의 지정권자는 다음의 어느 하나에 해당하는 경우에는 각 해당 기간을 2년의 범위에서 연장하여 정비예정구역 또는 정비구역을 해제하지 아니할 수 있다(제20조제6항).

- 정비예정구역 또는 정비구역의 토지등소유자(조합을 설립한 경우에는 조합원을 말한다)가 100분의 30 이상의 동의로 해당 기간이 도래하기 전까지 연장을 요청하는 경우
- 정비사업의 추진 상황으로 보아 주거환경의 계획적 정비 등을 위하여 정비예정구역 또는 정비구역의 존치가 필요하다고 인정하는 경우

정비구역의 지정권자는 정비예정구역 또는 정비구역 해제를 하지 아니하는 경우에도 그 사실을 해당 지방자치단체의 공보에 고시하고 국토교통부장관에게 통보하여야 하며, 관계 서류를 일반인이 열람할 수 있도록 하여야 한다.

(2) 재량 해제

① 요 건

정비구역의 지정권자는 다음의 어느 하나에 해당하는 경우 지방도시계획위원회의 심의를 거쳐 정비예정구역 또는 정비구역을 해제할 수 있다. 이 경우 구체적인 기준 등에 필요한 사항은 시·도조례로 정한다(제21조제1항). 정비구역 또는 정비예정구역의 지정을 해제하려는 경우에는 사업추진에 대한 주민 의사, 사업성, 추진상황, 주민갈등 및 정체 정도, 지역의 역사·문화적 가치의 보전 필요성 등을 종합적으로 고려하여야 한다(서울시 조례 제14조제1항).

㉮ **정비사업의 시행으로 토지등소유자에게 과도한 부담이 발생할 것으로 예상되는 경우(제21조제1항제1호)**

"정비사업의 시행에 따른 토지등소유자의 과도한 부담이 예상되는 경우"란 추진위원회위원장이나 조합임원 또는 신탁업자가 입력한 정비계획 등으로 산정된 추정비례

율(표준값을 말한다)이 80% 미만인 경우로서 주민의견을 조사하여 사업찬성자가 100분의 50 미만인 경우를 말한다(서울시 조례 제14조제2항).

비례율이란 정비사업으로 분양하는 아파트와 상가의 총 분양가액에서 총 사업 비용을 뺀 금액을 조합원들이 보유한 종전자산의 총 평가액으로 나눈 금액을 말한다. 각각 조합원의 토지나 건물의 지분 평가액에 비례율을 곱하면 조합원 권리가액이 된다. 일반적으로 사업성을 나타내는 지표로 100%보다 높으면 사업성이 좋다고 분류할 수 있다. 비례율은 순이익을 종전자산가액으로 나눈 값으로 종전 자산이 정비사업으로 어느 정도의 가치로 바뀌는지 나타내는 지표가 된다. 비례율이 100%라는 것은 조합원들이 현재의 가치와 똑같은 아파트를 받는다는 것이다. 비례율은 여러 가지 변수와 수많은 비용항목이 있기 때문에 조합원 분양가, 조합원 분양신청, 일반분양가가 결정되는 관리처분계획 인가시점에 정확히 산정되기 것이어서 사전에 이를 추정하기는 쉽지 않다.

비례율 = (종후자산총액 - 총비용) / 종전자산총액 × 100

- 종후자산총액 : 조합원분양 아파트 분양매출액(통상 일반분양가의 70~80% 선), 일반분양 아파트 분양매출액, 상가분양 매출액, 기타 수입을 더한 금액
- 총비용 : 재개발·재건축사업을 추진하는데 소요되는 비용 즉 건축비, 용역비(설계비, 경비업체용역비, 감정평가비 등), 사업관리비(인건비, 총회비용, 홍보비 등), 금융비용(사업추진비·이주비 등을 위한 대출과 관련하여 발생되는 비용), 기타 비용
- 종전자산총액 : 재개발·재건축구역의 조합원이 보유하는 종전자산 감정평가총액

㉯ **추진 상황으로 보아 지정 목적을 달성할 수 없다고 인정되는 경우**(제21조제1항제2호)

"정비구역등의 추진상황으로 보아 지정목적을 달성할 수 없다고 인정하는 경우"란 다음의 어느 하나에 해당하는 경우를 말한다(서울시 조례 제14조제3항).

1. 정비예정구역으로서 다음 각 목의 어느 하나에 해당하는 경우
   가. 정비구역 지정요건이 충족되지 않는 경우
   나. 관계법령에 따른 행위제한이 해제되거나 기한이 만료되어 사실상 정비구역 지정이 어려운 경우
2. 추진위원회위원장 또는 조합장이 장기간 부득이한 사유로 직무를 수행할 수 없거나 주민갈등 또는 정비사업비 부족으로 추진위원회 또는 조합 운영이 사실상 중단되는 등 정비사업 추진

> 이 어렵다고 인정하는 경우
> 3. 자연경관지구, 최고고도지구, 문화재 보호구역, 역사문화환경 보존지역 등이 포함된 구역으로서 다음 각 목의 어느 하나에 해당되는 경우
>   가. 추진위원회가 추진위원회 승인일(최초 승인일을 말한다)부터 3년이 되는 날까지 조합 설립인가를 신청(첨부 서류를 모두 갖춘 신청으로 한정한다)하지 않는 경우
>   나. 사업시행자가 조합 설립인가(최초 설립인가를 말한다)를 받은 날로부터 4년이 되는 날까지 사업시행인가를 신청(첨부 서류를 모두 갖춘 신청으로 한정한다)하지 않는 경우
>   다. 사업시행자가 사업시행인가(최초 인가를 말한다)를 받은 날부터 4년이 되는 날까지 관리처분계획 인가를 신청(첨부 서류를 모두 갖춘 신청으로 한정한다)하지 않는 경우
>   라. 추진위원회 또는 조합이 총회를 2년 이상 개최(법 또는 정비사업조합설립추진위원회 운영규정에 따른 의사정족수를 모두 갖춘 경우로 한정한다)하지 않는 경우
> 4. 법 제20조제2항에 해당함에도 구청장이 정비구역등의 해제를 요청하지 않는 경우
> 5. 도시계획위원회에서 구역지정 이후 여건변화에 따라 해당구역 및 주변지역의 역사·문화적 가치보전이 필요하다고 인정하는 경우

㉰ 추진위원회가 구성되지 아니한 구역에서 토지등소유자의 100분의 30 이상이 해제를 요청하는 경우(제21조제1항제3호)

정비사업을 조합이 아닌 토지등소유자가 직접 시행하려는 경우, 추진위원회를 구성하고 조합을 설립하여 시행하는 것을 전제로 하는 정비사업에서 추진위원회가 구성되지 않은 경우에 사업성 저하, 주민 갈등 등으로 정비사업이 제대로 진행되지 않고 방치되는 문제점을 해소하기 위하여 토지등소유자의 100분의 30의 요청으로 정비구역을 해제할 수 있는 근거를 둔 규정이다.

조합을 설립하여 재개발·재건축사업을 시행하던 중 정비구역이 확대지정되었음에도 조합설립변경인가를 받지 못하고 있는 경우에는 확대지정된 정비구역 안에 기존 조합이 존재한다고 하더라도 정비구역의 범위를 달리하는 기존 조합과 확대지정된 정비구역의 추진위원회 및 조합은 명백히 구분되는 것이어서 확대지정된 정비구역의 조합이 설립된 것으로 볼 수 없을 뿐만 아니라, 기존 정비구역에서의 정비사업을 위해 설립된 기존 조합을 확대지정된 정비구역의 추진위원회로 취급할 수도 없으므로, 이러한 경우에는 확대지정된 정비구역의 추진위원회 및 조합이 존재하지 않는 것으로 보아, 확대지정된 정비구역의 토지등소유자의 100분의 30 이상의 동의를 받아 그 정비구역의 지정을 해제할 수 있다.

위 규정은 추진위원회가 구성되지 아니하는 주거환경개선사업에 대해서는 적용되지 아니한다. 주거환경개선사업은 스스로 정비사업을 진행하기 어려운 도시저소득주민을 위한 사업이며, 재개발사업 및 건축사업과 달리 국가 또는 지방자치단체의 예산이 투입되는 등 공익적인 성격이 두드러지는 점을 고려할 때, 추진위원회 구성을 애초부터 요구하지 않고 조합 설립 없이 사업시행자가 지정되어 시행하는 주거환경개선사업의 경우 정비사시행자 지정 후에 정비구역 지정 해제를 요청할 수 없다.

㉣ **사업시행자가 정비구역에서 정비기반시설 및 공동이용시설을 새로 설치하거나 확대하고 토지등소유자가 스스로 주택을 보전·정비하거나 개량하는 방법**(현지개량방법)**으로 시행 중인 주거환경개선사업의 정비구역이 지정·고시된 날부터 10년 이상 경과하고, 추진 상황으로 보아 지정 목적을 달성할 수 없다고 인정되는 경우로서 토지등소유자의 과반수가 정비구역의 해제에 동의하는 경우**(제21조제1항제4호)

정비구역이 지정·고시된 날부터 10년 이상 경과하고, 추진 상황으로 보아 지정 목적을 달성할 수 없다고 인정되는 경우에 정비구역 해제를 위하여 필요한 토지 등 소유자의 동의 요건을 3분의 2 이상에서 과반수로 낮추었다.

㉤ **추진위원회 구성 또는 조합 설립에 동의한 토지등소유자의 2분의 1 이상 3분의 2 이하의 범위에서 시·도조례로 정하는 비율 이상의 동의로 정비구역의 해제를 요청하는 경우**(사업시행계획인가를 신청하지 아니한 경우로 한정한다)(제21조제1항제5호)

추진위원회 구성 또는 조합 설립에 동의한 토지 등 소유자가 일정 비율 이상 동의로 정비구역 해제를 요청하는 경우 해제할 수 있도록 하는 등 정비구역의 지정권자가 정비구역 등을 직권으로 해제할 수 있는 요건을 완화하였다.

㉥ **추진위원회가 구성되거나 조합이 설립된 정비구역에서 토지등소유자 과반수의 동의로 정비구역의 해제를 요청하는 경우**(사업시행계획인가를 신청하지 아니한 경우로 한정한다)(제21조제1항제호)

② 절 차

정비예정구역 또는 정비구역의 재량해제의 경우 필요적 해제와 마찬가지로 주민공람, 지방의회의견청취, 도시계획위원회심의, 고시·통보·열람 절차를 준용한다.

서울시의 경우 구청장은 정비사업의 시행으로 토지등소유자에게 과도한 부담이 발생할 것으로 예상되는 경우 및 추진 상황으로 보아 지정 목적을 달성할 수 없다고 인정되는 경우 시장에게 정비구역 등의 해제를 요청할 수 있도록 규정하고 있고(서울시 조례

제14조제4항), 시장을 정비구역을 해제하려는 경우 대상 구역의 명칭, 위치, 해제 이유 및 근거 등을 구청장에게 통보하여야 하며, 이 경우 구청장은 30일 이상 주민에게 공람하여 의견을 듣고 구의회의 의견을 들은 후 이를 첨부하여 시장에 제출하여야 한다(서울시 조례 제14조제5항).

③ 비용보조

정비사업이 해제된 경우 정비사업과정에서 소요된 비용을 매몰비용이라고 한다. 매몰비용은 추진위원회에서 조합단계까지 수십억원에 이른다. 매몰비용은 추진위원회나 조합이 정비업체나 시공사로부터 차입하며 이때 추진위원회나 조합의 임원이 연대보증을 서는 것이 일반적이기 때문에 정비사업이 중단된 경우 비용책임을 두고 심각한 문제가 발생한다.

정비예정구역 또는 정비구역의 임의적 해제로 추진위원회 구성승인 또는 조합설립인가가 취소되는 경우 정비구역의 지정권자는 해당 추진위원회 또는 조합이 사용한 비용의 일부를 대통령령으로 정하는 범위에서 시·도조례로 정하는 바에 따라 보조할 수 있다.

"대통령령으로 정하는 범위"란 다음의 비용을 말한다(령 제17조).

- 정비사업전문관리 용역비
- 설계 용역비
- 감정평가비용
- 그 밖에 해당 추진위원회 및 조합이 업무를 수행하기 위하여 사용한 비용으로서 시·도조례로 정하는 비용

서울시의 경우 추진위원회의 보조금은 승인취소된 추진위원회의 대표자가 추진위원회 승인취소 고시가 있는 날부터 6개월 이내에 추진위원회 사용비용 보조금신청서에 필요 서류를 첨부하여 구청장에게 신청하여야 하고, 조합의 보조금은 설립인가취소된 조합의 대표자가 조합설립인가 취소 고시가 있는 날부터 6개월 이내에 조합 사용비용 보조금신청서에 필요 서류를 첨부하여 구청장에게 신청하면(서울시 조례 제15조제4항, 제5항), 추진위원회 및 조합의 사용비용에 대한 보조금은 부구청장을 위원장으로 하는 검증위원회 및 사용비용재검증위원회의 검증을 거쳐서 결정하고, 시장은 검증위원회

의 사용비용검증에 필요한 기준을 정할 수 있도록 규정하고 있다(서울시 조례 제15조제2항, 제16,17,18조).

(3) 해제의 효력

① 도시재생선도지역 지정요청

정비구역등이 해제된 경우 정비구역의 지정권자는 해제된 정비구역등을 「도시재생활성화 및 지원에 관한 특별법」에 따른 도시재생선도지역으로 지정하도록 국토교통부장관에게 요청할 수 있다(제21조의2).

② 용도지역 등의 환원

정비예정구역 또는 정비구역이 해제된 경우에는 정비계획으로 변경된 용도지역, 정비기반시설 등은 정비구역 지정 이전의 상태로 환원된 것으로 본다.

다만, 사업시행자가 정비구역에서 정비기반시설 및 공동이용시설을 새로 설치하거나 확대하고 토지등소유자가 스스로 주택을 보전·정비하거나 개량하는 방법으로 시행중인 주거환경개선사업의 정비구역이 지정·고시된 날부터 10년 이상 경과하고, 추진상황으로 보아 지정 목적을 달성할 수 없다고 인정되는 경우로서 토지등소유자의 3분의 2 이상이 정비구역의 해제에 동의하는 경우에 해당하여 정비예정을 해제하는 때에는 정비구역의 지정권자는 정비기반시설의 설치 등 해당 정비사업의 추진 상황에 따라 환원되는 범위를 제한할 수 있다(제22조제1항).

③ 주거환경개선구역으로 변경지정

재개발사업 및 재건축사업을 시행하려는 정비구역등이 해제된 경우 정비구역의 지정권자는 해제된 정비예정구역 또는 정비구역을 사업시행자가 정비구역에서 정비기반시설 및 공동이용시설을 새로 설치하거나 확대하고 토지등소유자가 스스로 주택을 보전·정비하거나 개량하는 방법으로 시행하는 주거환경개선구역으로 지정할 수 있다. 이 경우 주거환경개선구역으로 지정된 구역은 기본계획에 반영된 것으로 본다(제22조제2항).

④ 추진위원회구성승인 및 조합설립인가 취소의제

정비예정구역 또는 정비구역이 해제·고시된 경우 추진위원회 구성승인 또는 조합설립인가는 취소된 것으로 보고, 시장·군수등은 해당 지방자치단체의 공보에 그 내용을 고시하여야 한다(제22조제3항).

14. 정비구역 지정에 관련한 소송

(1) 정비구역지정을 취소해 달라는 소송

대법원 2013. 12. 12. 선고 2011두22051 판결에 나타난 사례를 검토해 본다.

서울특별시장이 성동구청장의 정비구역지정신청에 따라 '호수밀도가 60호 이상인 62.56호이고, 주택접도율이 30% 이하인 19.7%이므로 도시및주거환경정비조례에서 정한 주택재개발정비구역 지정요건에 해당한다.'는 이유로 행당제7주택재개발정비구역으로 지정고시하였고, 아울러 기존 어린이공원을 폐지하고 새로 근린공원과 어린이공원을 신설하는 내용의 도시계획시설(공원) 결정을 하였다.

구 서울특별시 도시 및 주거환경정비조례는 '호수밀도란 정비구역 면적 1헥타르 당 건축되어 있는 건축물의 동수로서 다음 각 목의 기준에 의하여 산정한 밀도를 말한다.' 고 규정하고, '주택접도율은 정비구역 안의 너비 4미터 이상의 도로에 접한 건축물의 총수를 정비구역 안의 건축물 총수로 나눈 비율을 말한다. 다만 연장 35미터 이상의 막다른 도로의 경우에는 너비 6미터로 한다.'고 규정하고, 정비조례 제4조는 정비계획 수립대상 지정요건은 해당 각 호와 같다고 규정하면서, 제2호에서 "주택재개발구역은 면적이 1만 제곱미터 이상으로서 다음 각 목에서 정하고 있는 기준 중 2 이상에 해당하는 지역"이라고 규정하고 있고, 그 나, 다목에서는 주택접도율이 30퍼센트 이하인 지역, 호수밀도가 60 이상인 지역을 각 규정하고 있다.

정비구역 내 토지소유자인 원고들이 '정비구역 안에 기존 어린이공원이 폐지되므로 호수밀도를 산정할 때 정비구역안의 총 건축물 동수를 기존 어린이공원 면적을 포함한 정비구역 전체 면적으로 나누어 산정하여야 하며, 이와 같이 산정한 호수밀도는 54.36에 불과하여 조례에서 정한 호수밀도 요건을 충족하지 못하고, 정비구역 내 주택중 너비 4미터 이상의 도로에 접해 있는 주택이 40.1%에 이르러 조례에서 정한 주택접도율 요건도 충족하지 못하였다'고 주장하면서 서울특별시장을 상대로 '행당제7주택재개발정비구역지정처분을 취소하라'는 소송을 제기하였고, 행당제7구역주택재개발사업 조합설립추진위원회가 피고보조참가인이 되었다.

대법원은 호수밀도 요건과 주택접도율 요건이 충족되었다고 본 원심 판단을 유지하면서 다음과 같이 설시하였다.

「호수밀도는 주택재개발사업을 위한 정비계획 수립 대상구역 지정요건인 '건축물이 과도하게 밀집되어 있어 그 구역 안의 토지의 합리적인 이용과 가치의 증진을 도모하기 곤란한 지역' 또는 '인구가 과도하게 밀집되어 있고 기반시설의 정비가 불량하여 주거환경이 열악하고 그 개선이 시급한 지역'에 대한 판단 기준으로 볼 수 있는 점, 정비구역을 지정할 때에는 원칙적으로 기존 공원이나 녹지를 정비구역에 포함하지 않도록 하고, 예외적으로 공원 또는 녹지의 기능을 회복하거나 그 안의 건축물을 정비하기 위하여 필요한 경우와 토지이용의 증진을 위하여 필요한 경우에만 이를 정비구역에 포함되도록 하고 있는데, 이와 같이 예외적으로 공원 등이 정비구역에 포함되는 경우에 호수밀도를 산정할 때 기존 공원 등의 면적이 제외되지 않으면 기존 공원 등을 제외한 구역에 주택이 밀집되어 있더라도 그 호수밀도가 낮게 산정되어서 해당 구역이 노후·불량주택이 밀집한 지역인지를 제대로 판단할 수 없게 될 우려가 있는 점, 서울특별시 도시 및 주거환경정비조례는 정비구역 안의 총 건축물 동수를 '정비구역 안의 존치 또는 사업이 완료된 공원과 존치되는 학교를 제외한 면적'으로 나누어 산정하도록 하여 호수밀도가 왜곡되지 않도록 하고자 하는 위 규정의 취지를 분명히 하고 있는 점 등을 종합해 보면, 서울특별시 도시 및 주거환경정비조례에서 정한 '기존 공원의 일부 또는 전부를 존치하여야 하는 경우'란 기존 공원이 원형 그대로 존치되는 경우뿐만 아니라 그 정비구역 안의 공원 또는 녹지의 기능을 회복하거나 개선하기 위하여 기존 공원을 대신하여 그와 유사한 기능을 가진 다른 공원을 그 구역 안에 설치하는 경우도 포함한다고 보는 것이 타당하다.」

「서울특별시 도시 및 주거환경정비조례의 문언 내용이나 본문과 단서의 관계(정비구역 안의 너비 4미터 이상의 도로에 접한 건축물이라도 그 도로가 연장 35미터 이상의 막다른 도로인 경우에는 그 너비가 6미터 이상이어야 도로에 접한 건축물에 해당하는 점에 비추어 주택접도율 조항 본문에 규정된 '너비 4미터 이상의 도로'에서 도로의 개념은 어느 한 필지인 토지의 용도가 아니라 일정한 구간을 전제로 한 개념으로 보아야 하는 점), 조례가 주택접도율이라는 지표를 도입한 입법 취지(주택접도율은 '기반시설이 정비가 불량하여 주거환경이 열악하고 그 개선이 시급한 지역'또는 '정비기반시설이 현저히 부족하여 재해발생시 피난 및 구조활동이 곤란한 지역'에 대한 판단기준으로 볼 수 있는데, 어느 건축물의 대지가 접한 도로부분에서 정비구역 밖의 너비 4미터 이상인 도로에 이르기까지 연결되는 도로의 너비가 4미터 이상 유지되어야 소방차나 구급차 등 긴급자동차의 진입이 가능할 수 있는 점), 관련 법령인 건축법의 도로에 관한 규정 내용(건축법은 도로를 보행과 자동차 통행이 가능한 너비 4미터 이상의 도로라고 정의하면서, 관계법령에 따라 신설 또는 변경에 관한 고시가 된 도로, 건축허가 또는 신고시 관할청이 위치를 지정하여 공고한 도로를 들고 있는 점) 등을 종합적으로 고려할 때, 원칙적으로 정비구역 안의 어느 건축물의 대지가 접하고 있는 도로 부분의 너비가 4m 이상이면 그 건축물은 주택접도율 산정의 기준이 되는 건축물에 해당하지만, 예외적으로 그 건축물의 대지가 접하는 도로 부분을 통하여 '정비구역 밖의 너비 4m 이상인 도로'에 이르기까지 '너비가 4m 이상 유지되는 연결 도로'가 전혀 없는 경우에는 주택접도율 산정의 기준이 되는 건축물에 해당하지 않는다고 해석하는 것이 타당하다.」

(2) 정비구역지정을 해 달라는 소송

정비기본계획이 수립되어 있으나 아무리 기다려도 정비계획이 수립되지 않을 경우 정비계획을 수립해 달라는 소송은 제기할 수 없다. 왜냐하면 행정소송법은 일반적으로 의무이행소송을 인정하고 있지 않기 때문이다. 따라서 이러한 경우 행정청에 정비계획 수립 및 정비구역지정신청을 하고, 행정청이 이를 거부할 경우 거부처분에 대한 취소소송을 하여야 한다.

다만 이 경우 청구인에게 정비계획수립에 대한 신청권이 인정되어야 거부처분에 대한 소송이 적법하며, 만약 이러한 신청권이 인정되지 않는다면 거부처분은 적법하지 아니하여 각하된다. 원칙적으로 토지등소유자에게 정비계획 입안제안권이 인정되는 경우에는 법규상, 조리상 신청권이 인정된다고 볼 것이다.

정비계획도 도시계획의 일종인데, 구 도시계획법상 도시계획구역 내 토지소유자의 도시계획입안 신청에 대한 도시계획 입안권자의 거부행위가 항고소송의 대상이 되는 행정처분에 해당한다는 판례가 있다.

> 구 도시계획법(2002. 2. 4. 법률 제6655호 국토계획법 부칙 제2조로 폐지)은 도시계획의 수립 및 집행에 관하여 필요한 사항을 규정함으로써 공공의 안녕질서를 보장하고 공공복리를 증진하며 주민의 삶의 질을 향상하게 함을 목적으로 하면서도 도시계획시설결정으로 인한 개인의 재산권행사의 제한을 줄이기 위하여, 도시계획시설부지의 매수청구권, 도시계획시설결정의 실효에 관한 규정과 아울러 도시계획 입안권자인 특별시장·광역시장·시장 또는 군수로 하여금 5년마다

관할 도시계획구역 안의 도시계획에 대하여 그 타당성 여부를 전반적으로 재검토하여 정비하여야 할 의무를 지우고, 도시계획입안제안과 관련하여서는 주민이 입안권자에게 '1. 도시계획시설의 설치·정비 또는 개량에 관한 사항 2. 지구단위계획구역의 지정 및 변경과 지구단위계획의 수립 및 변경에 관한 사항'에 관하여 '도시계획도서와 계획설명서를 첨부'하여 도시계획의 입안을 제안할 수 있고, 위 입안제안을 받은 입안권자는 그 처리결과를 제안자에게 통보하도록 규정하고 있는 점 등과 헌법상 개인의 재산권 보장의 취지에 비추어 보면, 도시계획구역 내 토지 등을 소유하고 있는 주민으로서는 입안권자에게 도시계획입안을 요구할 수 있는 법규상 또는 조리상의 신청권이 있다고 할 것이고, 이러한 신청에 대한 거부행위는 항고소송의 대상이 되는 행정처분에 해당한다(**대법원 2004. 4. 28. 선고 2003두1806 판결**).

▌제4장▐ 정비사업의 시행방법, 시행자 및 시공자

1. 정비사업의 시행방법

(1) 주거환경개선사업

다음의 어느 하나에 해당하는 방법 또는 이를 혼용하는 방법으로 한다(제23조제1항).

- 현지개량방법 : 사업시행자가 정비구역에서 정비기반시설 및 공동이용시설을 새로 설치하거나 확대하고 토지등소유자가 스스로 주택을 보전·정비하거나 개량하는 방법(현지개량 방식은 주택의 노후도와 밀집도가 상대적으로 낮은 지역에서 도로 등 공공시설은 지방자치단체에서 정비하고, 주택은 주민이 개량자금을 융자받아 스스로 낡은 주택을 증축, 개축 또는 신축하여 개량하는 방식임), 이 방법에 따른 주거환경개선사업을 '관리형 주거환경개선사업'이라고 한다(서울시 조례 제6조제1항제1호).
- 수용후건설방법 : 사업시행자가 정비구역의 전부 또는 일부를 수용하여 주택을 건설한 후 토지등소유자에게 우선 공급하거나 대지를 토지등소유자 또는 토지등소유자 외의 자에게 공급하는 방법(수용후건설방법은 주택의 노후도와 밀집도가 높고 저지대의 침수, 화재 등 집단 재해가 우려되는 지역에서 지자체나 한국토지주택공사가 기존의 낡은 주택을 철거하고 아파트와 도로, 공원 등 정비기반시설을 건설하여 주민에게 재분양하는 방식임)
- 환지방법 : 사업시행자가 환지로 공급하는 방법
- 관리처분방법 : 사업시행자가 정비구역에서 인가받은 관리처분계획에 따라 주택 및 부대시설·복리시설을 건설하여 공급하는 방법

주거환경개선사업 시행방법 비교

구 분	현지개량방법	수용후건설방법	환지방법	관리처분방법
대상지역	물리적 환경이 비교적 양호하여 자력갱신이 가능한 정비구역	구역전체 또는 일부의 물리적 현황이 극히 열악한 정비구역	양호한 부분과 불량한 부분이 혼재되어 있는 정비구역	구역전체 또는 일부의 물리적현황이 극히 열악한 정비구역
사업시행 방식	시장·구청장 또는 주택공사 등이 정비기반시설을 설치·개선	사업시행자가 주택을 건설한 후 토지등소유자에게 우선공급	토지소유자에게 환지로 공급(재개발사업 환지방법과 동일)	관리처분계획에 의해 주택 및 부대시설공급

	하고 주민 스스로 주택개량			
정비유형 및 형태	• 수복 • 단독·저층공동 주택	• 전면, 수복(전면), 전면(수복) • 공동주택	• 수복, 수복(전면), 전면(수복)	• 전면, 수복(전면), 전면(수복) • 공동주택(아파트)
장·단점	• 정비후 지역컴뮤니티 등의 변화 최소화 • 사업의 장기화 우려	• 다양한 주택공급 가능 • 나홀로 아파트 등이 형성될 우려가 높음	• 토지에 대한 소유권자의 권리를 빼앗지 않고 개발 • 사업과정에서 개발 지연 가능	• 사업실적이 많아 충분한 경험이 축적되어 있음 • 고밀개발의 우려가 있음

(2) 재개발사업

- 관리처분방법 : 정비구역에서 인가받은 관리처분계획에 따라 '건축물'을 건설하여 공급하는 방법
- 환지방법 : 환지로 공급하는 방법(제23조제2항)

종전법에서는 재개발로 공급할 수 있는 건축물이 '주택, 부대·복리시설 및 오피스텔'로 한정되었으나(종전법 제6조제2항), 개정법은 '건축물'이라고 규정함으로써 그 이외에 '일반건축물'로 확대되었다. 이 개정규정은 개정법 시행 후 최초로 관리처분계획인가를 신청하는 경우부터 적용한다(부칙 제6조).

기존의 주택재개발사업장은 주택, 부대·복리시설 및 오피스텔에 한하여 건축이 가능했지만, 도시환경정비사업과 사업유형이 통합되면서 종류 제한이 없는 건축물을 공급할 수 있게 되었다. 즉 기존 도시환경정비사업은 상업지역에서 상업, 업무시설을 고층으로 건축하는 것이고, 주택재개발사업은 주로 아파트와 아파트 상가 등을 공급하던 것이라면, 두 사업이 통합된 재개발사업은 주택외 백화점, 쇼핑몰, 아파트형공장 등 상업, 업무시설 공급이 가능해졌다. 향후 재개발사업의 사업성은 좋아질 것으로 보이나 주택 공급이 줄어들 수 있는 것이 단점으로 지적되고 있다. 반면 재개발사업으로 통합된 도시환경정비사업은 예전에는 없던 임대주택건설이 의무화되어 부담이 될 수 있다. 결과적으로 사업유형이 통합되면서 재개발구역은 사업성에서 좀 더 유리해졌다고 볼 수 있다. 다만 도시계획위원회, 도시건축공동위원회, 지방의회, 지역주민 등의 견제로 기존 주택재개발과 같은 구역에서 사실상 기존 도시환경정비사업에서 볼 법한 건축물

이 지어지기는 힘들 것이라고 전망하는 견해도 있다.

(3) 재건축사업

- 관리처분방법 : 정비구역에서 인가받은 관리처분계획에 따라 주택, 부대시설·복리시설 및 오피스텔을 건설하여 공급하는 방법(제23조제3항)

다만 주택단지에 있지 아니하는 건축물의 경우에는 지형여건·주변의 환경으로 보아 사업 시행상 불가피한 경우로서 정비구역으로 보는 사업에 한정한다. 오피스텔을 건설하여 공급하는 경우에는 국토계획법에 따른 준주거지역 및 상업지역에서만 건설할 수 있다. 이 경우 오피스텔의 연면적은 전체 건축물 연면적의 100분의 30 이하이어야 한다.

2. 정비사업의 시행자

주거환경개선사업은 시장·군수등이 시행하고, 재개발·재건축사업은 조합이 시행하는 것이 원칙이다.

(1) 주거환경개선사업

① 현지개량방법으로 시행하는 주거환경개선사업

시장·군수등이 직접 시행하거나, 토지주택공사등을 사업시행자로 지정하여 시행하게 할 수 있다(제24조제1항).

토지주택공사등을 사업시행자로 지정하게 하려는 경우에는 정비계획입안을 위한 주민공람공고일 현재 토지등소유자의 과반수의 동의를 받아야 한다.

시장·군수등은 천재지변, 그 밖의 불가피한 사유로 건축물이 붕괴할 우려가 있어 긴급히 정비사업을 시행할 필요가 있다고 인정하는 경우에는 토지등소유자의 동의 없이 자신이 직접 시행하거나 토지주택공사등을 사업시행자로 지정하여 시행하게 할 수 있다. 이 경우 시장·군수등은 지체 없이 토지등소유자에게 긴급한 정비사업의 시행 사유·방법 및 시기 등을 통보하여야 한다.

② 수용후건설방법, 환지방법, 관리처분방법으로 시행하는 주거환경개선사업

시장·군수등이 직접 시행하거나, 다음의 어느 하나에 해당하는 자를 단독시행자로 지정하여 시행하게 하거나, 다음의 어느 하나에 해당하는 자를 건설업자·등록사업자와 공동시행자로 지정하여 시행하게 할 수 있다(제24조제2항).

- 토지주택공사등
- 공공법인(주거환경개선사업을 시행하기 위하여 국가, 지방자치단체, 토지주택공사등 또는 공공기관이 총지분의 100분의 50을 초과하는 출자로 설립한 법인)

위와 같은 규정에 따라 사업시행자로 지정하여 시행하려는 경우에는 정비계획입안을 위한 주민공람공고일 현재 해당 정비예정구역의 토지 또는 건축물의 소유자 또는 지상권자의 3분의 2 이상의 동의와 세입자(주민공람공고일 3개월 전부터 해당 정비예정구역에 3개월 이상 거주하고 있는 자를 말한다) 세대수의 과반수의 동의를 각각 받아야 한다.

다음의 경우에는 세입자의 동의절차를 거치지 아니할 수 있다(령 제18조).

- 세입자의 세대수가 토지등소유자의 2분의 1 이하인 경우
- 정비구역 지정고시일 현재 해당 지역이 속한 시·군·구에 공공임대주택 등 세입자가 입주가능한 임대주택이 충분하여 임대주택을 건설할 필요가 없다고 시·도지사가 인정하는 경우
- 환지방법 이외 방법으로 주거환경정비사업을 시행하는 경우

시장·군수등은 천재지변, 그 밖의 불가피한 사유로 건축물이 붕괴할 우려가 있어 긴급히 정비사업을 시행할 필요가 있다고 인정하는 경우에는 토지등소유자 및 세입자의 동의 없이 자신이 직접 시행하거나 토지주택공사등을 사업시행자로 지정하여 시행하게 할 수 있다. 이 경우 시장·군수등은 지체 없이 토지등소유자에게 긴급한 정비사업의 시행 사유·방법 및 시기 등을 통보하여야 한다.

(2) 재개발사업

① 조합시행

조합이 단독으로 시행하거나, 공동시행자와 공동으로 시행한다. 공동시행자는 시장·군수등, 토지주택공사등, 건설업자, 등록사업자, 신탁업자, 한국감정원이 된다(제25조제1항, 령 제19조).

공동시행은 조합원 과반수의 동의를 받아야 한다.

② 토지등소유자 시행

토지등소유자가 20인 미만인 경우 토지등소유자가 시행하거나, 공동시행자와 공동으로 시행한다. 공동시행자는 시장·군수등, 토지주택공사등, 건설업자, 등록사업자, 신탁업자, 한국감정원이 된다.

개정법은 토지등소유자가 시행하는 재개발사업의 경우 토지등소유자가 20명 미만인 경우로 명시하였다. 토지등소유자가 시행하는 재개발사업에 관한 개정규정은 개정법 시행일인 2018. 2. 9. 이후 최초로 정비계획의 입안을 위한 공람을 실시하는 경우부터 적용한다(부칙 제7조).

(3) 재건축사업

조합이 단독으로 시행하거나, 공동시행자와 공동으로 시행한다. 공동시행자는 시장·군수등, 토지주택공사등, 건설업자, 등록사업자, 신탁업자, 한국감정원이 된다(제25조제2항).

공동시행은 조합원 과반수의 동의를 받아야 한다.

3. 재개발·재건축사업의 공공시행자

(1) 시장·군수등이 직접 혹은 토지주택공사등을 사업시행자로 지정하여 시행

시장·군수등은 재개발사업 및 재건축사업이 다음의 어느 하나에 해당하는 때에는 직접 정비사업을 시행하거나 토지주택공사등(토지주택공사등이 건설업자 또는 등록사업자와 공동으로 시행하는 경우를 포함한다)을 사업시행자로 지정하여 정비사업을 시행하게 할 수 있다(제26조제1항).

- 천재지변, 재난및안전관리기본법 또는 시설물의안전및유지관리에관한특별법에 따른 사용제한·사용금지, 그 밖의 불가피한 사유로 긴급하게 정비사업을 시행할 필요가 있다고 인정하는 때
- 고시된 정비계획에서 정한 정비사업시행 예정일부터 2년 이내에 사업시행계획인가를 신청하지 아니하거나 사업시행계획인가를 신청한 내용이 위법 또는 부당하다고 인정하는 때(재건축사업의 경우는 제외한다)
- 추진위원회가 시장·군수등의 구성승인을 받은 날부터 3년 이내에 조합설립인가

를 신청하지 아니하거나 조합이 조합설립인가를 받은 날부터 3년 이내에 사업시행계획인가를 신청하지 아니한 때
- 지방자치단체의 장이 시행하는 국토계획법에 따른 도시·군계획사업과 병행하여 정비사업을 시행할 필요가 있다고 인정하는 때
- 순환정비방식으로 정비사업을 시행할 필요가 있다고 인정하는 때
- 관할행정청의 감독행위 일환으로 사업시행계획인가가 취소된 때
- 해당 정비구역의 국·공유지 면적 또는 국·공유지와 토지주택공사등이 소유한 토지를 합한 면적이 전체 토지면적의 2분의 1 이상으로서 토지등소유자의 과반수가 시장·군수등 또는 토지주택공사등을 사업시행자로 지정하는 것에 동의하는 때
- 해당 정비구역의 토지면적 2분의 1 이상의 토지소유자와 토지등소유자의 3분의 2 이상에 해당하는 자가 시장·군수등 또는 토지주택공사등을 사업시행자로 지정할 것을 요청하는 때

주택공사·지방공사를 공공시행자로 지정요청하려는 토지등소유자는 정비계획 입안권자에게 정비계획 입안제안을 할 수 있는데, 이러한 입안제안에 동의한 토지등소유자는 사업시행자의 지정 요청 전에 시장·군수등 및 주민대표회의에 사업시행자의 지정에 대한 반대의 의사표시를 하지 않는 한 토지주택공사등의 사업시행자 지정에 동의한 것으로 본다.

소유자가 공공시행자를 사업시행자로 지정해 줄 것을 요청하는 것에 대하여 동의를 한 뒤 사업시행자 지정요청 전에 소유권을 양도한 경우 새로운 소유자가 사업시행자 지정 전에 새로이 부동의를 한다거나 종전 소유자의 동의를 철회하는 등 특별한 사정이 없는 한 종전 소유자의 동의를 묵시적으로 승인하여 동의한 것으로 추정함이 상당하다.

(2) 고시·통보

시장·군수등은 직접 정비사업을 시행하거나 토지주택공사등을 사업시행자로 지정하는 때에는 정비사업 시행구역 등 토지등소유자에게 알릴 필요가 있는 사항으로서 대통령령으로 정하는 사항을 해당 지방자치단체의 공보에 고시하고, 토지등소유자에게 각 고시내용을 통지하여야 한다. 다만, 긴급한 정비사업에는 공보고시를 거치지 않고 토지등소유자에게 지체 없이 정비사업의 시행 사유·시기 및 방법 등을 통보하여야 한다.

"대통령령이 정하는 사항"이란 다음 각 사항을 말한다(령 제20조제1항).

- 정비사업의 종류 및 명칭
- 사업시행자의 성명 및 주소(법인인 경우에는 법인의 명칭 및 주된 사무소의 소재지와 대표자의 성명 및 주소를 말한다)
- 정비구역(정비구역을 둘 이상의 구역으로 분할하는 경우에는 분할된 각각의 구역을 말한다)의 위치 및 면적
- 정비사업의 착수예정일 및 준공예정일

(3) 추진위원회구성승인·조합설립인가 취소의제

시장·군수등이 직접 정비사업을 시행하거나 토지주택공사등을 사업시행자로 지정·고시한 때에는 그 고시일 다음 날에 추진위원회의 구성승인 또는 조합설립인가가 취소된 것으로 본다. 이 경우 시장·군수등은 해당 지방자치단체의 공보에 해당 내용을 고시하여야 한다.

4. 재개발·재건축사업의 지정개발자

(1) 시장·군수등이 지정개발자를 사업시행자로 지정하여 시행

시장·군수등은 재개발사업 및 재건축사업이 다음의 어느 하나에 해당하는 때에는 지정개발자를 사업시행자로 지정하여 정비사업을 시행하게 할 수 있다(제27조제1항).

- 천재지변, 재난및안전관리기본법 제27조 또는 시설물의안전및유지관리에관한특별법 제23조에 따른 사용제한·사용금지, 그 밖의 불가피한 사유로 긴급하게 정비사업을 시행할 필요가 있다고 인정하는 때
- 고시된 정비계획에서 정한 정비사업시행 예정일부터 2년 이내에 사업시행계획인가를 신청하지 아니하거나 사업시행계획인가를 신청한 내용이 위법 또는 부당하다고 인정하는 때(재건축사업의 경우는 제외한다)
- 재개발사업 및 재건축사업의 조합설립을 위한 동의요건 이상에 해당하는 자가 신탁업자를 사업시행자로 지정하는 것에 동의하는 때

지정개발자는 다음의 토지등소유자, 민관합동법인, 신탁업자에 해당하는 자를 말한다(령 제21조).

- 정비구역의 토지 중 정비구역 전체면적 대비 50퍼센트 이상의 토지를 소유한 자

로서 토지등소유자의 50퍼센트 이상의 추천을 받은 자

- 사회기반시설에 대한 민간투자법 제2조제12호의 규정에 의한 민관합동법인(민간투자사업의 부대사업으로 시행하는 경우에만 해당한다)으로서 토지등소유자의 50퍼센트 이상의 추천을 받은 자
- 신탁업자로서 정비구역의 토지 중 정비구역 전체면적 대비 3분의 1 이상의 토지를 신탁받은 자

(2) 신탁업자가 지정개발자로 지정받기 위한 토지등소유자 동의요건

재개발사업 및 재건축사업의 조합설립을 위한 동의요건 이상에 해당하는 자가 신탁업자를 사업시행자로 지정하는 것에 동의하는 때에는 신탁업자가 지정개발자로 지정을 받을 수 있는데, 신탁업자는 사업시행자 지정에 필요한 동의를 받기 전에 다음 각 사항을 토지등소유자에게 제공하여야 한다(제27조제3항).

- 토지등소유자별 분담금 추산액 및 산출근거
- 그 밖에 추정분담금의 산출 등과 관련하여 시·도조례로 정하는 사항

서울시의 경우 서울시장이 추진위원회나 조합에 개략적인 사업비 등을 산출할 수 있는 프로그램을 제공하는데, 그와 같이 서울특별시장이 제공하는 개략적인 사업비등을 산출할 수 있는 프로그램을 이용하여 산출된 정보를 토지등소유자에게 제공하도록 하고 있다(서울시 조례 제80조).

서울시 도시및주거환경정비조례

제80조(조합설립 등의 업무지원) ① 추진위원장 또는 조합임원은 조합설립 동의 시부터 최초로 관리처분계획을 수립하는 때까지 사업비에 관한 주민 동의를 받고자 하는 경우에는 분담금 추정 프로그램에 정비계획 등 필요한 사항을 입력하고, 토지등소유자가 개략적인 분담금 등을 확인할 수 있도록 하여야 하며, 토지등소유자에게 개별 통보하여야 한다.

② 추진위원장 또는 조합임원은 토지등소유자에게 동의를 받고자 하는 사업비의 내용과 부합하게 자료를 입력하여야 한다.

③ 법 제27조제3항제2호에서 "그 밖에 추정분담금의 산출 등과 관련하여 시·도조례로 정하는 사항"과 영 제32조제2호에서 "그 밖에 추정 분담금의 산출 등과 관련하여 시·도조례로 정하는 정보"란 제2항에 따라 산출된 정보를 말한다.

토지등소유자의 동의서에는 다음의 사항이 모두 포함되어야 하는데, 구체적으로는 시행규칙 별지 제2호서식의 신탁업자 지정 동의서에 동의를 받는 방법으로 한다(제27조 제4항, 시행규칙 제6조).

- 건설되는 건축물의 설계의 개요
- 건축물의 철거 및 새 건축물의 건설에 드는 공사비 등 정비사업에 드는 비용(정비사업비)
- 정비사업비의 분담기준(신탁업자에게 지급하는 신탁보수 등의 부담에 관한 사항을 포함한다)
- 사업 완료 후 소유권의 귀속
- 정비사업의 시행방법 등에 필요한 시행규정
- 신탁계약의 내용

(3) 고시·통보

시장·군수등은 지정개발자를 사업시행자로 지정하는 때에는 정비사업 시행구역 등 토지등소유자에게 알릴 필요가 있는 사항으로서 다음의 사항을 해당 지방자치단체의 공보에 고시하고, 토지등소유자에게 각 고시내용을 통지하여야 한다. 다만, 천재지변 등으로 긴급히 시행하는 정비사업의 경우에는 공보 고시를 거치지 아니하고 토지등소유자에게 지체 없이 정비사업의 시행 사유·시기 및 방법 등을 통보하여야 한다.

- 정비사업의 종류 및 명칭
- 사업시행자의 성명 및 주소(법인인 경우에는 법인의 명칭 및 주된 사무소의 소재지와 대표자의 성명 및 주소를 말한다)
- 정비구역(정비구역을 둘 이상의 구역으로 분할하는 경우에는 분할된 각각의 구역을 말한다)의 위치 및 면적
- 정비사업의 착수예정일 및 준공예정일

(4) 추진위원회구성승인·조합설립인가 취소의제

시장·군수등이 지정개발자를 사업시행자로 지정·고시한 때에는 그 고시일 다음 날에 추진위원회의 구성승인 또는 조합설립인가가 취소된 것으로 본다. 이 경우 시장·군수등은 해당 지방자치단체의 공보에 해당 내용을 고시하여야 한다.

5. 재개발·재건축사업의 사업대행자

(1) 시장·군수등이 조합 또는 토지등소유자를 대신하여 시행하거나 시행하게 함

시장·군수등은 다음의 어느 하나에 해당하는 경우에는 해당 조합 또는 토지등소유자를 대신하여 직접 정비사업을 시행하거나 토지주택공사등 또는 지정개발자에게 해당 조합 또는 토지등소유자를 대신하여 정비사업을 시행하게 할 수 있다(제28조제1항). 이렇게 조합 또는 토지등소유자를 대신하여 정비사업을 시행하는 시장·군수등, 토지주택공사등, 지정개발자를 '사업대행자'라고 한다.

- 장기간 정비사업이 지연되거나 권리관계에 관한 분쟁 등으로 해당 조합 또는 토지등소유자가 시행하는 정비사업을 계속 추진하기 어렵다고 인정하는 경우
- 토지등소유자(조합을 설립한 경우에는 조합원을 말한다)의 과반수 동의로 요청하는 경우

(2) 보수·비용 상환청구권

사업대행자는 사업시행자에게 청구할 수 있는 보수 또는 비용의 상환에 대한 권리로써 사업시행자에게 귀속될 대지 또는 건축물을 압류할 수 있다(제28조제2항). 사업대행자가 사업시행자에게 보수 또는 비용의 상환을 청구함에 있어서는 그 보수 또는 비용을 지출한 날 이후의 이자를 청구할 수 있다(령 제23조제5항).

(3) 절 차

① 사업대행개시결정의 고시

시장·군수등은 정비사업을 직접 시행하거나, 지정개발자 또는 토지주택공사등에게 정비사업을 대행하도록 하는 사업대행개시결정을 한 경우에는 다음의 사항을 해당 지방자치단체의 공보등(공보 및 인터넷)에 고시하여야 하고, 토지등소유자 및 사업시행자에게 각 고시내용을 통지하여야 한다(령 제22조제1항,제2항).

- 정비사업의 종류 및 명칭
- 사업시행자의 성명 및 주소(법인인 경우에는 법인의 명칭 및 주된 사무소의 소재지와 대표자의 성명 및 주소)
- 정비구역(정비구역을 2 이상의 구역으로 분할하는 경우에는 분할된 각각의 구역)의 위치 및 면적

- 정비사업의 착수예정일 및 준공예정일
- 사업대행개시결정을 한 날
- 사업대행자(정비사업을 대행하는 시장·군수등, 토지주택공사등 또는 지정개발자)
- 대행사항

② 사업대행자의 업무집행

사업대행자는 정비사업을 대행하는 경우 사업대행개시결정 고시를 한 날의 다음날부터 사업대행완료를 고시한 날까지 자기의 이름 및 사업시행자의 계산으로 사업시행자의 업무를 집행하고 재산을 관리한다. 이 경우 도시정비법 및 시행령이나 정관에 정하여진 바에 따라 사업시행자가 행하거나 사업시행자에 대하여 행하여진 처분·절차 그 밖의 행위는 사업대행자가 행하거나 사업대행자에 대하여 행하여진 것으로 본다(령 제22조제3항).

시장·군수등이 아닌 사업대행자는 재산의 처분, 자금의 차입 그 밖에 사업시행자에게 재산상 부담을 가하는 행위를 하려는 때에는 미리 시장·군수등의 승인을 얻어야 한다(령 제22조제4항).

사업대행자는 업무를 행함에 있어서는 선량한 관리자로서의 주의의무를 나하여야 하며, 필요한 때에는 사업시행자에게 협조를 요청할 수 있고, 사업시행자는 특별한 사유가 없는 한 이에 응하여야 한다(령 제22조제5항).

③ 사업대행완료와 그 고시

사업대행자는 사업대행의 원인이 된 사유가 없어지거나 사업완료에 따른 이전고시에 따라 대지 및 건축물에 관한 등기를 완료한 때에는 사업대행을 완료하여야 한다. 이 경우 시장·군수등이 아닌 사업대행자는 미리 시장·군수등에게 사업대행을 완료할 뜻을 보고하여야 한다(령 제23조제1항).

시장·군수등은 사업대행을 완료한 때에는 사업대행개시결정시 고시한 사항과 사업대행완료일을 해당 지방자치단체의 공보등에 고시하고, 토지등소유자 및 사업시행자에게 각각 통지하여야 한다(령 제23조제2항).

④ 업무인계 및 권리·의무의 승계

사업대행자는 사업대행완료의 고시가 있은 때에는 지체없이 사업시행자에게 업무를 인계하여야 하며, 사업시행자는 정당한 사유가 없는 한 이를 인수하여야 하고, 사업대행완료에 의한 인계·인수가 완료된 때에는 사업대행자가 정비사업을 대행함에 있어서 취득하거나 부담한 권리와 의무는 사업시행자에게 승계된다(령 제23조제3항,제4항).

6. 계약의 방법 및 시공자·임대사업자 선정

(1) 계약의 방법

정비사업의 상당수 용역을 제한경쟁이나 수의계약의 방법으로 업체를 선정하고 있어 업체간 공정한 경쟁이 어려운 상황이라 이를 해소하기 위하여 공사나 용역 등 계약시 일반경쟁 입찰을 확대하기로 하여, 개정법은 시공자, 임대사업자, 정비사업전문관리업자 선정 시 경쟁입찰 방식을 원칙으로 하되, 2회 이상 유찰되는 예외적인 경우에는 수의계약도 허용하였다(제29조,제30조,제32조). 그리고 대통령령으로 정하는 규모 이상의 계약은 전자조달시스템 이용을 의무화하였고, 이를 위반하는 경우 벌칙, 과태료를 부과할 수 있도록 하였다(제29조,제32조,제136조,제140조).

시공자 등 계약의 방법에 관한 개정규정은 개정법 시행 후 최초로 계약을 체결하는 경우부터 적용한다. 다만, 시공자나 정비사업전문관리업자의 경우에는 개정법 시행 후 최초로 시공자나 정비사업전문관리업자를 선정하는 경우부터 적용한다(부칙 제2조).

① 경쟁입찰 원칙

추진위원장 또는 사업시행자(청산인을 포함한다)는 도시정비법 또는 다른 법령에 특별한 규정이 있는 경우를 제외하고는 계약(공사, 용역, 물품구매 및 제조 등을 포함한다)을 체결하려면 일반경쟁에 부쳐야 한다(제29조제1항 본문).

② 지명경쟁 및 수의계약이 가능한 경우

계약규모, 재난의 발생 등 다음의 경우에는 입찰 참가자를 지명하여 경쟁에 부치거나 수의계약으로 할 수 있다.

㉮ 지명경쟁이 가능한 경우(령 제24조제1항제1호)

- 계약의 성질 또는 목적에 비추어 특수한 설비·기술·자재·물품 또는 실적이 있는 자가 아니면 계약의 목적을 달성하기 곤란한 경우로서 입찰대상자가 10인 이내인 경우

- 건설산업기본법에 따른 건설공사(전문공사를 제외)로서 추정가격이 3억원 이하인 공사
- 건설산업기본법에 따른 전문공사로서 추정가격이 1억원 이하인 공사
- 그 밖의 공사관련 법령에 따른 공사로서 추정가격이 1억원 이하인 공사
- 추정가격 1억원 이하의 물품 제조·구매, 용역, 그 밖의 계약인 경우

㉯ **수의계약이 가능한 경우(령 제24조제1항제2호)**

- 건설산업기본법에 따른 건설공사(전문공사를 제외)로서 추정가격이 2억원 이하인 공사
- 건설산업기본법에 따른 전문공사로서 추정가격이 1억원 이하인 공사
- 그 밖의 공사관련 법령에 따른 공사로서 추정가격이 8천만원 이하인 공사
- 추정가격 5천만원 이하인 물품의 제조·구매, 용역, 그 밖의 계약인 경우
- 소송, 재난복구 등 예측하지 못한 긴급한 상황에 대응하기 위하여 경쟁에 부칠 여유가 없는 경우
- 일반경쟁입찰이 입찰자가 없거나 단독 응찰의 사유로 2회 이상 유찰된 경우

③ 전자조달시스템이용 의무화 대상

일반경쟁의 방법으로 계약을 체결하는 경우로서 다음의 계약은 국가종합전자조달시스템을 이용하여야 한다(제29조제2항, 령 제24조제2항). 국가종합전자조달시스템은 조달청장이 전자조달의이용및촉진에관한법률조달업무를 전자적으로 처리하기 위하여 구축·운용하는 정보시스템이다.

- 건설산업기본법에 따른 건설공사로서 추정가격이 6억원을 초과하는 공사의 계약
- 건설산업기본법에 따른 전문공사로서 추정가격이 2억원을 초과하는 공사의 계약
- 그 밖의 공사관련 법령에 따른 공사로서 추정가격이 2억원을 초과하는 공사의 계약
- 추정가격 2억원을 초과하는 물품 제조·구매, 용역 그 밖의 계약

(2) 시공자 선정

① 조합 시행의 경우

조합은 조합설립인가를 받은 후 조합총회에서 경쟁입찰 또는 수의계약(2회 이상 경쟁입찰이 유찰된 경우로 한정한다)의 방법으로 건설업자 또는 등록사업자를 시공자로 선정

하여야 한다. 다만 조합원이 100명 이하인 정비사업은 조합총회에서 정관으로 정하는 바에 따라 선정할 수 있다(제29조제4항, 령 제24조제3항).

서울시는 조례에 '조합은 시공자를 선정할 때에는 인가된 사업시행계획서를 반영한 설계도서를 작성하여 입찰에 부쳐야 한다.'고 규정함으로써(서울시 조례 제48조제2항), 사업시행계획인가를 받은 후에 시공자를 선정하도록 되어 있다. 건축계획이 나와야 평당 사업비가 얼마인지 산출할 수 있기 때문에 사업시행계획 인가 후에 시공자를 선정하도록 하는 것이 불확실성을 줄 일 수 있다는 것이다. 다만 시공자가 선정되기 전에는 조합에 자금이 없기 때문에 자금을 잘 대줄 수 있는 정비사업전문관리업체가 선정되는 경우가 많다.

종전법에 '경쟁입찰의 방법으로 선정하여야 한다'고 규정함으로서 수의계약은 허용하지 않고 있었으나, 실제로 3회 이상 유찰된 경우 총회 의결을 거쳐 수의계약할 할 수 있다는 국토교통부 고시(정비사업 시공자선정기준 제5조제2항)에 따라 경쟁입찰이 통상 3회 이상 유찰되면 법에서 허용하지 않던 수의계약을 진행하였다. 개정법은 수의계약을 2회 이상 경쟁입찰에서 유찰되면 진행할 수 있도록 명문화함으로써 시공자선정이 한결 수월해질 전망이다.

계약을 체결하는 경우 계약의 방법 및 절차에 등에 필요한 사항은 국토교통부장관이 정하여 고시하는데, 국토교통부고시로 「정비사업 계약업무 처리기준」이 제정되어 있다. 기존 국토교통부고시 제2016-187호 「정비사업의 시공자 선정기준」, 국토교통부고시 제2016-187호 「정비사업전문관리업자 선정 기준」은 폐지되었다.

정비사업 계약업무의 처리기준

국토교통부고시 제2018-101호, 2018.2.9. 제정

제1장 총 칙

제1조(목적) 이 기준은 「도시 및 주거환경정비법」 제29조에 따라 추진위원회 또는 사업시행자 등이 계약을 체결하는 경우 계약의 방법 및 절차 등에 필요한 사항을 정함으로써 정비사업의 투명성을 개선하고자 하는데 목적이 있다.

제2조(용어의 정의) 이 기준에서 정하는 용어의 정의는 다음과 같다.

1. "사업시행자등"이란 추진위원장 또는 사업시행자(청산인을 포함한다)를 말한다.
2. "건설업자등"이란 「건설산업기본법」 제9조에 따른 건설업자 또는 「주택법」 제7조제1항에 따라 건설업자로 보는 등록사업자를 말한다.
3. "전자조달시스템"이란 「전자조달의 이용 및 촉진에 관한 법률」 제2조제4호에 따른 국가종합전자조달시스템 중 "누리장터"를 말한다.

제3조(다른 법률과의 관계) ① 사업시행자등이 계약을 체결하는 경우 관계 법령, 「도시 및 주거환경정비법」(이하 "법"이라 한다) 제118조제6항에 따른 시·도조례로 정한 기준 등에 별도 정하여진 경우를 제외하고는 이 기준이 정하는 바에 따른다.

② 관계 법령 등과 이 기준에서 정하지 않은 사항은 정관등(추진위원회의 운영규정을 포함한다. 이하 같다)이 정하는 바에 따르며, 정관등으로 정하지 않은 구체적인 방법 및 절차는 대의원회(법 제46조에 따른 대의원회, 법 제48조에 따른 토지등소유자 전체회의, 「정비사업 조합설립추진위원회 운영규정」 제2조제2항에 따른 추진위원회 및 사업시행자인 토지등소유자가 자치적으로 정한 규약에 따른 대의원회 등의 조직을 말한다. 이하 같다)가 정하는 바에 따른다.

제4조(공정성 유지 의무 등) ① 사업시행자등 및 입찰에 관계된 자는 입찰에 관한 업무가 자신의 재산상 이해와 관련되어 공정성을 잃지 않도록 이해 충돌의 방지에 노력하여야 한다.

② 임원 및 대의원 등 입찰에 관한 업무를 수행하는 자는 직무의 적정성을 확보하여 조합원 또는 토지등소유자의 이익을 우선으로 성실히 직무를 수행하여야 한다.

③ 누구든지 계약 체결과 관련하여 다음 각 호의 행위를 하여서는 아니 된다.

1. 금품, 향응 또는 그 밖의 재산상 이익을 제공하거나 제공의사를 표시하거나 제공을 약속하는 행위
2. 금품, 향응 또는 그 밖의 재산상 이익을 제공받거나 제공의사 표시를 승낙하는 행위
3. 제3자를 통하여 제1호 또는 제2호에 해당하는 행위를 하는 행위

④ 사업시행자등은 업무추진의 효율성을 제고하기 위해 분리발주를 최소화하여야 한다.

제2장 일반 계약 처리기준

제5조(적용범위) 이 장은 사업시행자등이 정비사업을 추진하기 위하여 체결하는 공사, 용역, 물품구매 및 제조 등 계약(이하 "계약"이라 한다)에 대하여 적용한다.

제6조(입찰의 방법) ① 사업시행자등이 정비사업 과정에서 계약을 체결하는 경우 일반경쟁입찰에 부쳐야 한다. 다만, 「도시 및 주거환경정비법 시행령」(이하 "영"이라 한다) 제24조제1항에 해당하는 경우에는 지명경쟁이나 수의계약으로 할 수 있다.

② 제1항에 따라 일반경쟁입찰 또는 지명경쟁입찰(이하 "경쟁입찰"이라 한다)을 하는 경우 2인 이상의 유효한 입찰참가 신청이 있어야 한다.

제7조(지명경쟁에 의한 입찰) ① 사업시행자등이 제6조제1항에 따라 지명경쟁에 의한 입찰을

하고자 할 때에는 같은 조 제2항에도 불구하고 4인 이상의 입찰대상자를 지명하여야 하고, 3인 이상의 입찰참가 신청이 있어야 한다.

② 사업시행자등은 제1항에 따라 입찰대상자를 지명하고자 하는 경우에는 대의원회의 의결을 거쳐야 한다.

제8조(수의계약에 의한 입찰) 제6조제1항에 따라 수의계약을 하는 경우 보증금과 기한을 제외하고는 최초 입찰에 부칠 때에 정한 가격 및 기타 조건을 변경할 수 없다.

제9조(입찰 공고 등) ① 사업시행자등이 계약을 위하여 입찰을 하고자 하는 경우에는 입찰서 제출마감일 7일 전까지 전자조달시스템 또는 1회 이상 일간신문(전국 또는 해당 지방을 주된 보급지역으로 하는 일간신문을 말한다. 이하 같다)에 입찰을 공고하여야 한다. 다만, 지명경쟁에 의한 입찰의 경우에는 입찰서 제출마감일 7일 전까지 내용증명우편으로 입찰대상자에게 통지(도달을 말한다. 이하 같다)하여야 한다.

② 제1항에도 불구하고 입찰서 제출 전에 현장설명회를 개최하는 경우에는 현장설명회 개최일 7일 전까지 전자조달시스템 또는 1회 이상 일간신문에 입찰을 공고하여야 한다. 다만, 지명경쟁에 의한 입찰의 경우에는 현장설명회 개최일 7일 전까지 내용증명우편으로 입찰대상자에게 통지하여야 한다.

③ 제1항 및 제2항에도 불구하고 「건설산업기본법」에 따른 건설공사 및 전문공사 입찰의 경우로서 현장설명회를 실시하지 아니하는 경우에는 입찰서 제출마감일로부터 다음 각 호에서 정한 기간 전까지 공고하여야 한다.

1. 추정가격이 10억원 이상 50억원 미만인 경우 : 15일
2. 추정가격이 50억원 이상인 경우 : 40일

④ 제1항부터 제3항까지의 규정에도 불구하고 재입찰을 하거나 긴급한 재해예방·복구 등을 위하여 필요한 경우에는 입찰서 제출마감일 5일 전까지 공고할 수 있다.

제10조(입찰 공고 등의 내용) 제9조에 따른 공고 등에는 다음 각 호의 사항을 포함하여야 한다.

1. 사업계획의 개요(공사규모, 면적 등)
2. 입찰의 일시 및 장소
3. 입찰의 방법(경쟁입찰 방법, 공동참여 여부 등)
4. 현장설명회 일시 및 장소(현장설명회를 개최하는 경우에 한한다)
5. 부정당업자의 입찰 참가자격 제한에 관한 사항
6. 입찰참가에 따른 준수사항 및 위반시 자격 박탈에 관한 사항
7. 그 밖에 사업시행자등이 정하는 사항

제11조(현장설명회) 사업시행자등이 현장설명회를 개최할 경우 현장설명에는 다음 각 호의 사항이 포함되어야 한다.

1. 정비구역 현황
2. 입찰서 작성방법·제출서류·접수방법 및 입찰유의사항
3. 계약대상자 선정 방법
4. 계약에 관한 사항
5. 그 밖에 입찰에 관하여 필요한 사항

제12조(부정당업자의 입찰 참가자격 제한) 사업시행자등은 입찰시 대의원회의 의결을 거쳐 다음 각 호의 어느 하나에 해당하는 자에 대하여 입찰참가자격을 제한할 수 있다.

1. 금품, 향응 또는 그 밖의 재산상 이익을 제공하거나 제공의사를 표시하거나 제공을 약속하여 처벌을 받았거나, 입찰 또는 선정이 무효 또는 취소된 자(소속 임직원을 포함한다)
2. 입찰신청서류가 거짓 또는 부정한 방법으로 작성되어 선정 또는 계약이 취소된 자

제13조(입찰서의 접수 및 개봉) ① 사업시행자등은 밀봉된 상태로 입찰서(사업 참여제안서를 포함한다)를 접수하여야 한다.

② 사업시행자등이 제1항에 따라 접수한 입찰서를 개봉하고자 할 때에는 입찰서를 제출한 입찰참여자의 대표(대리인을 시정한 경우에는 그 대리인을 말한다)와 사업시행자등의 임원 등 관련자, 그 밖에 이해관계자 각 1인이 참여한 공개된 장소에서 개봉하여야 한다.

③ 사업시행자등은 제2항에 따른 입찰서 개봉 시에는 일시와 장소를 입찰참여자에게 통지하여야 한다.

제14조(입찰참여자의 홍보 등) ① 사업시행자등은 입찰에 참여한 설계업자, 정비사업전문관리업자 등을 선정하고자 할 때에는 이를 토지등소유자(조합이 설립된 경우에는 조합원을 말한다. 이하 같다)가 쉽게 접할 수 있는 일정한 장소의 게시판에 7일 이상 공고하고 인터넷 등에 병행하여 공개하여야 한다.

② 사업시행자등은 필요한 경우 설계업자, 정비사업전문관리업자 등의 합동홍보설명회를 개최할 수 있다.

③ 사업시행자등은 제2항에 따라 합동홍보설명회를 개최하는 경우에는 개최 7일 전까지 일시 및 장소를 정하여 토지등소유자에게 이를 통지하여야 한다.

④ 입찰에 참여한 자는 토지등소유자 등을 상대로 개별적인 홍보(홍보관·쉼터 설치, 홍보책자 배부, 세대별 방문, 인터넷 홍보 등을 포함한다. 이하 이 항 및 제34조제3항에서 같다)를 할 수 없으며, 홍보를 목적으로 토지등소유자 등에게 사은품 등 물품·금품·재산상의 이익을 제공하거나 제공을 약속하여서는 아니 된다.

제15조(계약 체결 대상의 선정) ① 사업시행자등은 법 제45조제1항제4호부터 제6호까지의 규정에 해당하는 계약은 총회(법 제45조에 따른 총회, 법 제48조에 따른 토지등소유자 전체회의, 「정비사업 조합설립추진위원회 운영규정」에 따른 주민총회 및 사업시행자인 토지등소유자가 자치적으로 정한 규약에 따른 총회 조직을 말한다. 이하 같다)의 의결을 거쳐야 하며, 그 외의

계약은 대의원회의 의결을 거쳐야 한다.

② 사업시행자등은 제1항에 따라 총회의 의결을 거쳐야 하는 경우 대의원회에서 총회에 상정할 4인 이상의 건설업자등을 선정하여야 한다. 다만, 입찰에 참가한 건설업자등이 4인 5때에는 모두 총회에 상정하여야 한다.

제16조(입찰 무효 등) ① 제14조제4항에 따라 토지등소유자 등을 상대로 하는 개별적인 홍보를 하는 행위가 적발된 건수의 합이 3회 이상인 경우 해당 입찰은 무효로 본다.

② 제1항에 따라 해당 입찰이 무효로 됨에 따라 단독 응찰이 된 경우에는 제6조제2항에도 불구하고 유효한 경쟁입찰로 본다.

제17조(계약의 체결) 사업시행자등은 제15조에 따라 선정된 자가 정당한 이유 없이 3개월 이내에 계약을 체결하지 아니하는 경우에는 총회 또는 대의원회의 의결을 거쳐 해당 선정을 무효로 할 수 있다.

제3장 전자입찰 계약 처리기준

제18조(적용범위) 이 장은 영 제24제2항에 따라 전자조달시스템을 이용하여 입찰(이하 "전자입찰"이라고 한다)하는 계약에 대하여 적용한다.

제19조(전자입찰의 방법) ① 전자입찰은 일반경쟁의 방법으로 입찰을 부쳐야 한다. 다만, 영 제24조제1항제1호가목에 해당하는 경우 지명경쟁의 방법으로 입찰을 부칠 수 있다.

② 전자입찰을 통한 계약대상자의 선정 방법은 다음 각 호와 같다.

1. 투찰 및 개찰 후 최저가로 입찰한 자를 선정하는 최저가방식
2. 입찰가격과 실적·재무상태·신인도 등 비가격요소 등을 종합적으로 심사하여 선정하는 적격심사방식
3. 입찰가격과 사업참여제안서 등을 평가하여 선정하는 제안서평가방식

③ 제1항 및 제2항에서 규정한 사항 외에 전자입찰의 방법에 관하여는 제6조를 준용한다.

제20조(전자입찰 공고 등) ① 사업시행자등이 전자입찰을 하는 경우에는 입찰서 제출마감일 7일 전까지 전자조달시스템에 입찰을 공고하여야 한다. 다만, 입찰서 제출 전에 현장설명회를 개최하는 경우에는 현장설명회 개최일 7일 전까지 공고하여야 한다.

② 영 제24제1항제1호가목에 따른 지명경쟁입찰의 경우에는 제9조제2항을 준용한다.

제21조(전자입찰 공고 등의 내용) ① 사업시행자등이 전자입찰을 하는 경우에는 전자조달시스템에 다음 각 호의 사항을 공고하여야 한다.

1. 사업계획의 개요(공사규모, 면적 등)
2. 입찰의 일시 및 장소
3. 입찰의 방법(경쟁입찰 방법, 공동참여 여부 등)

4. 현장설명회 일시 및 장소(현장설명회를 개최하는 경우에 한한다)
5. 부정당업자의 입찰 참가자격 제한에 관한 사항
6. 입찰참가에 따른 준수사항 및 위반시 자격 박탈에 관한 사항
7. 그 밖에 사업시행자등이 정하는 사항

② 제19조제2항제2호 및 제3호의 방식에 따라 계약대상자를 선정하는 경우 평가항목별 배점표를 작성하여 입찰 공고 시 이를 공개하여야 한다.

제22조(입찰서의 접수 및 개봉) ① 사업시행자등은 전자조달시스템을 통해 입찰서를 접수하여야 한다.

② 전자조달시스템에 접수한 입찰서 이외의 입찰 부속서류는 밀봉된 상태로 접수하여야 한다.

③ 입찰 부속서류를 개봉하고자 하는 경우에는 부속서류를 제출한 입찰참여자의 대표(대리인을 지정한 경우에는 그 대리인을 말한다)와 사업시행자등의 임원 등 관련자, 그 밖에 이해관계자 각 1인이 참여한 공개된 장소에서 개봉하여야 한다.

④ 사업시행자등은 제3항에 따른 입찰 부속서류 개봉 시에는 일시와 장소를 입찰참여자에게 통지하여야 한다.

제23조(전자입찰 계약의 체결) ① 사업시행자등은 전자입찰을 통해 계약대상자가 선정될 경우 전자조달시스템에 따라 계약을 체결할 수 있다.

② 전자입찰을 통해 계약된 사항에 대해서는 전자조달시스템에서 그 결과를 공개하여야 한다.

제24조(일반 계약 처리기준의 준용) 전자입찰을 하는 경우에는 제11조 및 제12조, 제14조부터 제17조까지의 규정을 준용한다.

제4장 시공자 선정 기준

제25조(적용범위) 이 장은 재개발사업·재건축사업의 사업시행자등이 법 제29조제4항 및 제7항에 따라 건설업자등을 시공자로 선정하거나 추천하는 경우(법 제25조에 따른 공동시행을 위해 건설업자등을 선정하는 경우를 포함한다)에 대하여 적용한다.

제26조(입찰의 방법) ① 사업시행자등은 일반경쟁 또는 지명경쟁의 방법으로 건설업자등을 시공자로 선정하여야 한다.

② 제1항에도 불구하고 일반경쟁입찰이 미 응찰 또는 단독 응찰의 사유로 2회 이상 유찰된 경우에는 총회의 의결을 거쳐 수의계약의 방법으로 건설업자등을 시공자로 선정할 수 있다.

제27조(지명경쟁에 의한 입찰) ① 사업시행자등은 제26조제1항에 따라 지명경쟁에 의한 입찰에 부치고자 할 때에는 5인 이상의 입찰대상자를 지명하여 3인 이상의 입찰참가 신청이 있어야 한다.

② 제1항에 따라 지명경쟁에 의한 입찰을 하고자 하는 경우에는 대의원회의 의결을 거쳐야 한다.

제28조(입찰 공고 등) 사업시행자등은 시공자 선정을 위하여 입찰에 부치고자 할 때에는 현장설명회 개최일로부터 7일 전까지 전자조달시스템 또는 1회 이상 일간신문에 공고하여야 한다. 다만, 지명경쟁에 의한 입찰의 경우에는 전자조달시스템과 일간신문에 공고하는 것 외에 현장설명회 개최일로부터 7일 전까지 내용증명우편으로 통지하여야 한다.

제29조(입찰 공고 등의 내용 및 준수사항) ① 제28조에 따른 공고 등에는 다음 각 호의 사항을 포함하여야 한다.

1. 사업계획의 개요(공사규모, 면적 등)
2. 입찰의 일시 및 방법
3. 현장설명회의 일시 및 장소(현장설명회를 개최하는 경우에 한한다)
4. 부정당업자의 입찰 참가자격 제한에 관한 사항
5. 입찰참가에 따른 준수사항 및 위반(제34조를 위반하는 경우를 포함한다)시 자격 박탈에 관한 사항
6. 그 밖에 사업시행자등이 정하는 사항

② 사업시행자등은 건설업자등에게 이사비, 이주비, 이주촉진비, 「재건축초과이익 환수에 관한 법률」 제2조제3호에 따른 재건축부담금, 그 밖에 시공과 관련이 없는 사항에 대한 금전이나 재산상 이익을 요청하여서는 아니 된다.

③ 사업시행자등은 건설업자등이 설계를 제안하는 경우 제출하는 입찰서에 포함된 설계도서, 공사비 명세서, 물량산출 근거, 시공방법, 자재사용서 등 시공 내역의 적정성을 검토해야 한다.

제30조(건설업자등의 금품 등 제공 금지 등) ① 건설업자등은 입찰서 작성시 이사비, 이주비, 이주촉진비, 「재건축초과이익 환수에 관한 법률」 제2조제3호에 따른 재건축부담금, 그 밖에 시공과 관련이 없는 사항에 대한 금전이나 재산상 이익을 제공하는 제안을 하여서는 아니 된다.

② 제1항에도 불구하고 건설업자등은 금융기관의 이주비 대출에 대한 이자를 사업시행자등에 대여하는 것을 제안할 수 있다.

③ 제1항에도 불구하고 건설업자등은 금융기관으로부터 조달하는 금리 수준으로 추가 이주비(종전 토지 또는 건축물을 담보로 한 금융기관의 이주비 대출 이외의 이주비를 말한다)를 사업시행자등에 대여하는 것을 제안할 수 있다(재건축사업은 제외한다).

제31조(현장설명회) ① 사업시행자등은 입찰서 제출마감일 20일 전까지 현장설명회를 개최하여야 한다. 다만, 비용산출내역서 및 물량산출내역서 등을 제출해야 하는 내역입찰의 경우에는 입찰서 제출마감일 45일 전까지 현장설명회를 개최하여야 한다.

② 제1항에 따른 현장설명회에는 다음 각 호의 사항이 포함되어야 한다.

1. 설계도서(사업시행계획인가를 받은 경우 사업시행계획인가서를 포함하여야 한다).

2. 입찰서 작성방법·제출서류·접수방법 및 입찰유의사항 등
3. 건설업자등의 공동홍보방법
4. 시공자 결정방법
5. 계약에 관한 사항
6. 기타 입찰에 관하여 필요한 사항

제32조(입찰서의 접수 및 개봉) 시공자 선정을 위한 입찰서의 접수 및 개봉에 관하여는 제22조를 준용한다.

제33조(대의원회의 의결) ① 사업시행자등은 제출된 입찰서를 모두 대의원회에 상정하여야 한다.

② 대의원회는 총회에 상정할 6인 이상의 건설업자등을 선정하여야 한다. 다만, 입찰에 참가한 건설업자등이 6인 미만인 때에는 모두 총회에 상정하여야 한다.

③ 제2항에 따른 건설업자등의 선정은 대의원회 재적의원 과반수가 직접 참여한 회의에서 비밀투표의 방법으로 의결하여야 한다. 이 경우 서면결의서 또는 대리인을 통한 투표는 인정하지 아니한다.

제34조(건설업자등의 홍보) ① 사업시행자등은 제33조에 따라 총회에 상정될 건설업자등이 결정된 때에는 토지등소유자에게 이를 통지하여야 하며, 건설업자등의 합동홍보설명회를 2회 이상 개최하여야 한다. 이 경우 사업시행자등은 총회에 상정하는 건설업자등이 제출한 입찰제안서에 대하여 시공능력, 공사비 등이 포함되는 객관적인 비교표를 작성하여 토지등소유자에게 제공하여야 한다.

② 사업시행자등은 제1항에 따라 합동홍보설명회를 개최할 때에는 개최일 7일 전까지 일시 및 장소를 정하여 토지등소유자에게 이를 통지하여야 한다.

③ 건설업자등의 임직원, 시공자 선정과 관련하여 홍보 등을 위해 계약한 용역업체의 임직원 등은 토지등소유자 등을 상대로 개별적인 홍보를 할 수 없으며, 홍보를 목적으로 토지등소유자 또는 정비사업전문관리업자 등에게 사은품 등 물품·금품·재산상의 이익을 제공하거나 제공을 약속하여서는 아니 된다.

④ 사업시행자등은 제1항에 따른 합동홍보설명회(최초 합동홍보설명회를 말한다) 개최 이후 건설업자등의 신청을 받아 정비구역 내 또는 인근에 개방된 형태의 홍보공간을 1개소 제공할 수 있다. 이 경우 건설업자등은 제3항에도 불구하고 사업시행자등이 제공하는 홍보공간에서는 토지등소유자 등에게 홍보할 수 있다.

⑤ 건설업자등은 제4항에 따라 홍보를 하려는 경우에는 미리 홍보를 수행할 직원(건설업자등의 직원을 포함한다. 이하 "홍보직원"이라 한다)의 명단을 사업시행자등에 등록하여야 하며, 홍보직원의 명단을 등록하기 이전에 홍보를 하거나, 등록하지 않은 홍보직원이 홍보를 하여서는 아니 된다. 이 경우 사업시행자등은 등록된 홍보직원의 명단을 토지등소유자에게 알릴

수 있다.

제35조(건설업자등의 선정을 위한 총회의 의결 등) ① 총회는 토지등소유자 과반수가 직접 출석하여 의결하여야 한다. 이 경우 법 제45조제5항에 따른 대리인이 참석한 때에는 직접 출석한 것으로 본다.

② 조합원은 제1항에 따른 총회 직접 참석이 어려운 경우 서면으로 의결권을 행사할 수 있으나, 서면결의서를 철회하고 시공자선정 총회에 직접 출석하여 의결하지 않는 한 제1항의 직접 참석자에는 포함되지 않는다.

③ 제2항에 따른 서면의결권 행사는 조합에서 지정한 기간·시간 및 장소에서 서면결의서를 배부받아 제출하여야 한다.

④ 조합은 제3항에 따른 조합원의 서면의결권 행사를 위해 조합원 수 등을 고려하여 서면결의서 제출기간·시간 및 장소를 정하여 운영하여야 하고, 시공자 선정을 위한 총회 개최 안내시 서면결의서 제출요령을 충분히 고지하여야 한다.

⑤ 조합은 총회에서 시공자 선정을 위한 투표 전에 각 건설업자등별로 조합원들에게 설명할 수 있는 기회를 부여하여야 한다.

제36조(계약의 체결 및 계약사항의 관리) ① 사업시행자등은 제35조에 따라 선정된 시공자와 계약을 체결하는 경우 계약의 목적, 이행기간, 지체상금, 실비정산방법, 기타 필요한 사유 등을 기재한 계약서를 작성하여 기명날인하여야 한다.

② 사업시행자등은 제35조에 따라 선정된 시공자가 정당한 이유 없이 3개월 이내에 계약을 체결하지 아니하는 경우에는 총회의 의결을 거쳐 해당 선정을 무효로 할 수 있다.

③ 사업시행자등은 제1항의 계약 체결 후 다음 각 호에 해당하게 될 경우 검증기관(공사비 검증을 수행할 기관으로서 「한국감정원법」에 의한 한국감정원을 말한다. 이하 같다)으로부터 공사비 검증을 요청할 수 있다.

1. 사업시행계획인가 전에 시공자를 선정한 경우에는 공사비의 10% 이상, 사업시행계획인가 이후에 시공자를 선정한 경우에는 공사비의 5% 이상이 증액되는 경우
2. 제1호에 따라 공사비 검증이 완료된 이후 공사비가 추가로 증액되는 경우
3. 토지등소유자 10분의 1 이상이 사업시행자등에 공사비 증액 검증을 요청하는 경우
4. 그 밖에 사유로 사업시행자등이 공사비 검증을 요청하는 경우

④ 공사비 검증을 받고자 하는 사업시행자등은 검증비용을 예치하고, 설계도서, 공사비 명세서, 물량산출근거, 시공방법, 자재사용서 등 공사비 변동내역 등을 검증기관에 제출하여야 한다.

⑤ 검증기관은 접수일로부터 60일 이내에 그 결과를 신청자에게 통보하여야 한다. 다만, 부득이한 경우 10일의 범위 내에서 1회 연장할 수 있으며, 서류의 보완기간은 검증기간에서 제외한다.

⑥ 검증기관은 공사비 검증의 절차, 수수료 등을 정하기 위한 규정을 마련하여 운영할 수 있다.

⑦ 사업시행자등은 공사비 검증이 완료된 경우 검증보고서를 총회에서 공개하고 공사비 증액을 의결받아야 한다.

제5장 보 칙

제37조(입찰참여자에 대한 협조 의무) 사업시행자등은 입찰에 참여한 자가 입찰에 관한 사항을 문의할 경우 필요한 서류를 제공하고 입찰에 적극 참여할 수 있도록 협조하여야 한다.

제38조(자료의 공개 등) 사업시행자등은 이 기준에 의한 계약서 및 검증보고서 등 관련서류 및 자료가 작성되거나 변경된 후 15일 이내에 이를 토지등소유자가 알 수 있도록 인터넷과 그 밖의 방법을 병행하여 공개하여야 한다.

제39조(재검토기한) 국토교통부장관은 「훈령·예규 등의 발령 및 관리에 관한 규정」에 따라 이 고시에 대하여 2018년 7월 1일 기준으로 매 3년이 되는 시점(매 3년째의 6월 30일까지를 말한다)마다 그 타당성을 검토하여 개선 등의 조치를 하여야 한다.

부 칙

제1조(시행일) 이 기준은 발령한 날(2018.2.9.)부터 시행한다.

제2조(계약의 방법 등에 관한 적용례) 이 기준은 시행 후 최초로 계약을 체결하는 경우부터 적용한다. 다만, 시공자나 정비사업전문관리업자의 경우에는 이 법 시행 후 최초로 시공자나 정비사업전문관리업자를 선정하는 경우부터 적용한다.

제3조(다른 법률의 폐지) ① 국토교통부고시 제2016-187호 「정비사업의 시공자 선정기준」을 폐지한다.

② 국토교통부고시 제2016-187호 「정비사업전문관리업자 선정 기준」을 폐지한다.

② 소규모재개발사업의 토지등소유자 시행의 경우

토지등소유자가 20인 미만인 경우에는 재개발사업은 조합을 구성하지 아니하고 토지등소유자가 시행하거나 토지등소유자가 토지등소유자의 과반수의 동의를 받아 시장·군수등, 토지주택공사등, 건설업자, 등록사업자 또는 대통령령으로 정하는 요건을 갖춘 자와 공동으로 시행하는 방법으로 시행할 수 있는데, 이러한 경우 토지등소유자는 사업시행계획인가를 받은 후 토지등소유자가 자치적으로 정한 규약에 따라 건설업자 또는 등록사업자를 시공자로 선정하여야 한다(제29조제5항).

③ 공공시행자·지정개발자 시행의 경우

시장·군수등이 제26조제1항 및 제27조제1항에 따라 직접 정비사업을 시행하거나(공공시행자 시행), 토지주택공사등 또는 지정개발자를 사업시행자로 지정한 경우(지정개발자 시행) 사업시행자는 사업시행자 지정·고시 후 경쟁입찰 또는 수의계약의 방법으로 건설업자 또는 등록사업자를 시공자로 선정하여야 한다(제29조제6항).

공공시행자 시행이나 지정개발자 시행에 있어서 사업시행자 지정·고시후 경쟁입찰 또는 수의계약의 방법으로 시공자를 선정하거나, 관리처분방법으로 시행하는 주거환경개선사업의 사업시행자가 시공자를 선정하는 경우 주민대표회의 또는 토지등소유자 전체회의는 대통령령으로 정하는 경쟁입찰 또는 수의계약(2회 이상 경쟁입찰이 유찰된 경우로 한정한다)의 방법으로 시공자를 추천할 수 있다.

"대통령령으로 정하는 경쟁입찰의 방법"이란 다음의 절차를 거친 방법을 말한다(령 제24조제4항).

- 일반경쟁입찰·제한경쟁입찰 또는 지명경쟁입찰로 할 것
- 해당 지역에서 발간되는 일간신문에 1회 이상 입찰을 위한 공고를 하고, 입찰참가자를 대상으로 현장설명회를 개최할 것
- 해당 지역 주민을 대상으로 합동홍보설명회를 개최할 것
- 토지등소유자를 대상으로 제출된 입찰서에 대한 투표를 실시하고 그 결과를 반영할 것

주민대표회의 또는 토지등소유자 전체회의가 시공자를 추천한 경우 사업시행자는 추천받은 자를 시공자로 선정하여야 한다(제29조제8항).

④ 철거공사

사업시행자(사업대행자를 포함한다)는 선정된 시공자와 공사에 관한 계약을 체결할 때에는 기존 건축물의 철거공사(석면안전관리법에 따른 석면 조사·해체·제거를 포함한다)에 관한 사항을 포함시켜야 한다(제29조제9항).

도시정비법의 2010.4.15.자 개정으로 사업시행자가 시공자와 공사에 관한 계약을 체결할 때에는 기존건축물의 철거 공사에 관한 사항을 포함하도록 의무화하였다.

⑤ 공사비 검증 요청

재개발사업·재건축사업의 사업시행자(시장·군수등 또는 토지주택공사등이 단독 또는 공동으로 정비사업을 시행하는 경우는 제외한다)는 시공자와 계약 체결 후 다음 각 호의 어느 하나에 해당하는 때에는 국토교통부장관이 설치한 정비사업 지원기구 또는 정비사업 지원기구의 업무를 대행하는 한국감정원이나 한국토지주택공사 에 공사비 검증을 요청하여야 한다(제29조의2 제1항).

- 토지등소유자 또는 조합원 5분의 1 이상이 사업시행자에게 검증 의뢰를 요청하는 경우(제29조의2 제1항 제1호)
- 공사비의 증액 비율(당초 계약금액 대비 누적 증액 규모의 비율로서 생산자물가상승률은 제외한다)이 사업시행계획인가 이전에 시공자를 선정한 경우 100분의 10 이상, 사업시행계획인가 이후에 시공자를 선정한 경우 100분의 5 이상에 해당하는 경우(제29조의2 제1항 제2호)
- 제1호 또는 제2호에 따른 공사비 검증이 완료된 이후 공사비의 증액 비율(검증 당시 계약금액 대비 누적 증액 규모의 비율로서 생산자물가상승률은 제외한다)이 100분의 3 이상인 경우(제29조의2 제1항 제3호)

(3) 임대사업자 선정

사업시행자는 공공지원민간임대주택을 원활히 공급하기 위하여 국토교통부장관이 정하는 경쟁입찰의 방법 또는 수의계약(2회 이상 경쟁입찰이 유찰된 경우로 한정한다)의 방법으로 임대사업자를 선정할 수 있다(제30조제1항).

임대사업자의 선정절차 등에 필요한 사항은 국토교통부장관이 정하여 고시할 수 있다(제30조제2항). 이에 따라 국토교통부고시로 「정비사업 연계 임대사업자 선정기준」이 정해져 있다(민간임대주택법 개정에 따른 용어의 정리가 아직 이루어지지 않은 상태이다).

정비사업 연계 기업형임대사업자 선정기준

국토교통부고시 제2018-77호, 2018.2.9., 일부개정

제1장 총 칙

제1조(목적) 이 기준은 「도시 및 주거환경정비법」 제30조에 따라 사업시행자의 기업형임대사업

자 선정에 관하여 필요한 사항을 정함을 목적으로 한다.

제2조(용어의 정의) 이 고시에서 사용하는 용어의 뜻은 다음과 같다.

1. "사업시행자"란 「도시 및 주거환경정비법」(이하 "법"이라 한다)에 따라 정비사업을 시행하는 자를 말한다.
2. "기업형임대사업자"란 「민간임대주택에 관한 특별법」 제2조제8호에 따라 8년 이상 임대할 목적으로 민간임대주택을 취득하였거나 취득하려는 기업형임대사업자(부동산투자회사, 집합투자기구 또는 투자회사의 설립을 통해 기업형임대사업을 하려는 경우에는 해당 부동산투자회사, 집합투자기구 또는 투자회사)를 말한다.
3. "우선협상대상자"란 사업시행자가 기업형임대주택을 공급하기 위해 정비구역 내 토지, 공동주택, 지분 등의 매매에 대한 배타적 협상권을 부여한 자(부동산투자회사, 집합투자기구 또는 투자회사의 설립을 통해 기업형임대사업을 하려는 경우에는 부동산투자회사, 집합투자기구 또는 투자회사를 설립하려는 자를 포함한다)를 말한다.
4. "금융전문지원기관"이란 부동산 금융에 대한 전문성을 갖추고, 사업시행자의 기업형임대사업자 선정을 지원하는 기관을 말한다.
5. "용적률 인센티브"란 기업형임대주택의 원활한 공급을 위해 관할 지방자치단체가 기업형임대주택을 공급하는 정비구역의 용적률을 상향하는 것을 말한다.
6. "적정 비례율"이란 사업시행자가 기업형임대주택을 공급하면서 정비사업을 추진할 의사가 있는 비례율의 최소 수준을 말한다.
7. "추정 분담금"이란 기업형임대주택을 공급하면서 정비사업을 추진하는 경우, 적정 비례율에 따라 산정한 분담금 추정액을 말한다.

제3조(고시의 적용) 이 고시로 정하지 않은 사항은 정관, 규약 또는 시행규정(이하 "정관 등"이라 한다)이 정하는 바에 따르고, 정관 등으로 정하지 않은 구체적인 방법 및 절차는 대의원회 또는 주민대표회의(이하 "대의원회 등"이라 한다)의 의결에 따른다. 다만, 대의원회 등을 두지 않은 경우에는 조합 총회 또는 토지등소유자 전체회의(이하 "총회 등"이라 한다)의 의결에 따른다.

제4조(공정성 유지 의무) ① 기업형임대사업자 선정절차에 관계된 자는 공정성을 잃지 않도록 이해 충돌의 방지에 노력하여야 한다.

② 누구든지 기업형임대사업자 선정과 관련하여 다음 각 호의 행위를 하여서는 아니 된다.

1. 금품, 향응 또는 그 밖의 재산상 이익을 제공하거나 제공의사를 표시하거나 제공을 약속하는 행위
2. 금품, 향응 또는 그 밖의 재산상 이익을 제공받거나 제공의사 표시를 승낙하는 행위
3. 제3자를 통하여 또는 제3자의 이익을 위하여 제1호 또는 제2호에 해당하는 행위를 하는 행위

제5조(공고 등의 방법) 이 고시에 따른 공고 및 평가결과 공개는 해당 정비구역 주민이 널리 볼 수 있는 일간신문, 인터넷 또는 쉽게 접할 수 있는 일정한 장소에 게시하는 방법 등으로 하여야 한다.

제2장 우선협상대상자의 선정

제6조(입찰공고) ① 사업시행자는 제안서 제출마감일의 전일부터 기산하여 30일 전에 입찰공고를 하여야 한다. 이 경우 입찰 공고 이후에 현장설명회를 실시할 수 있다.

② 입찰공고에는 다음 각 호의 사항을 명시하여야 한다.

1. 정비사업의 명칭
2. 정비사업의 개요(현재 용적률, 건폐율 등 정비계획의 주요내용 포함)
3. 용적률 인센티브의 범위(용적률 인센티브가 있는 경우)
4. 입찰을 위한 현장설명회 참석의무 여부
5. 제안서의 제출기간
6. 제안서에 포함되어야 할 내용
7. 제안서의 평가요소 및 평가방법
8. 기타 사업시행자가 필요하다고 인정하는 사항

③ 제1항에 따른 현장설명회 자료에는 제2항 각 호의 사항 외에 다음 각 호의 사항을 포함하여야 한다.

1. 기업형임대주택으로 공급할 세대수
2. 제15조제1항에 따른 공모 참여 시 계획한 재정착임대주택 공급 세대 수
3. 건축계획
4. 기업형임대주택의 공급을 위해 매도 예정인 공동주택, 토지, 지분 등의 매도의향 가격 범위
5. 기타 사업시행자가 필요하다고 인정하는 사항

④ 제2항제5호의 제안서의 내용에는 다음 각 호의 사항을 포함하여야 한다.

1. 사업계획
   가. 기업형임대주택 공급 물량
   나. 사업계획에 반영된 용적률 인센티브 수준
   다. 의무임대기간 동안 연평균 임대료 상승률 및 임대료 수준
   라. 기업형임대주택 공급 시 임대계획(임대유지 기간 및 주거서비스 계획 포함)
2. 재무계획
   가. 재무상태, 신용도, 사업수행실적(부동산투자회사, 집합투자기구 또는 투자회사의 설립을 통해 기업형임대사업을 하려는 자의 경우에는 설립하려는 자의 재무상태, 신용도,

사업수행실적을 말한다)

나. 사업성분석, 사업구조 및 위험관리 계획

다. 재원조달·운용계획

3. 제안가격

가. 제안 매입가격 범위(중간값 기준 상하 10%이내)

나. 예상 운영수익률(예상 내부수익률)

4. 기타 기업형임대사업자 선정을 위해 필요한 사항

⑤ 제2항제6호에 따른 제안서의 평가요소에는 제8조제1항의 평가기준이 포함되어야 한다.

제6조의2(입찰보증금) ① 사업시행자는 입찰에 참가하려는 자에게 입찰보증금을 내도록 할 수 있다.

② 제2항에 따른 입찰보증금의 금액은 제안 매입총액의 2000분의 1 이내의 범위에서 사업시행자가 정할 수 있다.

③ 입찰보증금의 납부방법, 입찰보증금의 귀속·반환 등 그 밖에 필요한 사항은 사업시행자가 정한다.

제7조(재공고입찰) ① 입찰공고에 2 이상의 유효한 입찰자가 없는 경우 재공고입찰에 부쳐야 한다. 이 경우 재공고 입찰에 따른 제안서 제출 마감일의 전일부터 기산하여 15일 전에 공고할 수 있다.

② 재공고입찰 결과 1 이상의 유효한 입찰자가 있는 경우 입찰이 성립된 것으로 본다.

③ 사업시행자가 제6조제1항에 따른 입찰공고에 입찰참가조건으로 현장설명회 참석 의무를 적시한 경우, 현장설명회에 참석한 업체가 1 이하이면 즉시 제1항에 따른 재공고입찰을 실시할 수 있다.

제8조(제안서의 평가) ① 사업시행자는 제출받은 제안서에 대해 다음 각 호의 사항을 종합적으로 평가하여야 한다. 이 경우 사업시행자는 다음 각 호의 사항을 포함하여 평가기준을 마련하여야 한다.

1. 가격적정성 : 시세 대비 제안가격의 비율, 제안가격의 정합성

2. 재무여건 : 출자비율, 신용도

3. 사업계획 : 의무임대기간 종료 후 임대유지기간, 주거서비스 계획

② 사업시행자는 제출받은 제안서에 부동산투자회사, 집합투자기구 또는 투자회사의 설립을 통해 기업형임대주택을 공급하려는 계획이 포함되어 있는 경우 제1항 각 호와 함께 다음 각 호의 사항을 포함하여 평가기준을 마련하여야 한다.

1. 주택도시기금의 출·융자를 받는 계획이 포함되어 있는 경우

가. 주택기금 내부수익률 : 주택도시기금이 투자를 통해 얻게 되는 기대수익률로서 주택도

시기금 출자금의 현재가치 총액과 미래수익의 현재가치 총액을 동일하게 하는 할인율

나. 사업완충률 : 자본이득확보율[(1 - 부동산매입가 / 인근사업장 시세 또는 감정가격) × 100]과 후순위출자율[(사업제안자의 기금후순위 참여금액 / 인근사업장 시세 또는 감정가격) × 100]의 합

다. 운용실적 : 부동산투자회사, 집합투자기구 또는 투자회사를 설립하려는 자의 운용자산 규모 등

라. 임대조건율 : 인근사업장 전세환산가 대비 해당 사업장 전세환산가 비율

2. 주택도시보증공사의 보증을 이용하는 계획이 포함되어 있는 경우
(주택도시기금의 출·융자 없이 주택도시보증공사의 보증만을 이용하는 경우에 한한다)

가. 출자비율 : 출자자의 매입금액 대비 출자비율

나. 운용실적 : 부동산투자회사, 집합투자기구 또는 투자회사를 설립하려는 자의 운용자산 규모 등

다. 임대조건율 : 인근사업장 전세환산가 대비 해당 사업장 전세환산가 비율

③ 사업시행자는 제1항 및 제2항에 따른 제안서의 평가를 제13조에 따른 금융전문지원기관에게 대행하게 할 수 있으며, 금융전문지원기관의 운영기준에 반영된 평가기준을 사업시행자의 평가기준으로 할 수 있다.

제9조(우선협상대상자의 선정) ① 사업시행자는 우선협상대상자를 선정하기 위해 총회 등에서 조합원 또는 토지등소유자(이하 "조합원 등"이라 한다)를 대상으로 투표를 실시하여야 하며, 이 경우 조합원 등에게 제8조에 따른 평가결과와 제인가격의 범위를 총회 등 개최 7일 전에 공개하여야 한다.

② 제1항에 따른 총회 등은 조합원 등 총수의 10% 이상이 직접 출석하여야 한다. 이 경우 정관 등이 정한 대리인이 출석한 때에는 직접 출석한 것으로 본다.

③ 사업시행자는 제1항에 따른 투표에서 최다 득표자가 선정총회에 출석한 조합원 등(서면으로 의결권을 행사하는 경우 포함)의 과반수의 표를 얻지 못한 경우에는 최다 득표자에 대한 찬반투표를 통해 선정총회에 출석한 조합원 등(서면으로 의결권을 행사하는 경우 포함)의 과반수의 찬성을 얻어야 한다.

④ 사업시행자는 총회 등의 의결을 거쳐 제1항에 따른 득표수에 따른 차순위 협상대상자를 정하고, 우선협상대상자와 가격협상이 성립되지 않는 경우 차순위 협상대상자와 순차적으로 가격협상을 실시하여야 한다.

⑤ 사업시행자는 제7조에 따른 재공고 입찰결과 유일한 입찰자가 있는 경우 제1항부터 제4항까지의 절차를 거쳐 해당 입찰자를 우선협상대상자로 선정할 수 있다.

⑥ 사업시행자가 시장·군수, 주택공사 등인 경우에는 사업시행자가 직접 입찰을 실시하거나 주민대표회의가 입찰을 실시하여 선정한 자를 사업시행자에게 추천하는 방법으로 우선협상대

상자를 선정할 수 있다. 이 경우 주민대표회의에서의 투표 방법은 제1항에 따라 토지등소유자 전체를 대상으로 실시한다.

제3장 기업형임대사업자의 선정

제10조(가격협상의 진행) ① 사업시행자와 우선협상대상자는 기업형임대주택의 공급을 목적으로 매각할 토지, 공동주택, 지분 등의 가격에 대해 성실하게 협상하여야 한다.

② 사업시행자는 제1항에 따른 가격협상을 실시하고자 하는 경우에는 협의일로부터 30일 전에 다음 각 호의 사항이 포함된 서류를 별지 제1호 서식에 따라 작성하여 우선협상대상자에게 통보하여야 한다.

1. 협상 일시·기간·장소·방법
2. 예상 총 주택공급량 및 규모별 세대수
3. 예상 기업형임대주택 공급량 및 규모별 세대수
4. 예상 총사업비 내역(일반분양분 매각 예정가격, 예정공사비 등 포함)
5. 사업의 추진이 가능한 비례율의 범위 및 추정 분담금의 수준
6. 기타 가격 협상에 필요한 사항

③ 우선협상대상자는 제2항에 따른 통보를 받으면 협의일로부터 15일 전에 다음 각 호의 사항이 포함된 서류를 별지 제2호서식에 따라 작성하여 사업시행자에게 송부하여야 한다.

1. 제2항제3호에 따른 규모별 매수의향 가격
2. 제1호에 따른 예상 운영수익률(예상 내부수익률)
3. 기타 가격 협의에 필요한 사항

④ 사업시행자는 우선협상대상자와의 가격협상이 성립되면 다음 각 호의 사항에 대한 업무협약을 체결하여야 한다.

1. 기업형임대주택 예상 공급량
2. 규모별 매매가격
3. 규모별 예상 세대수
4. 건축계획 수립, 시공사 선정, 시공과정 등에 대한 협의절차
5. 기타 기업형임대주택 공급을 위해 필요한 사항

제11조(가격협상의 조정) ① 사업시행자 및 우선협상대상자는 제10조에 따른 협상이 성립되지 아니하거나 협상을 할 수 없을 때에는 「한국감정원법」에 따라 설립된 한국감정원(이하 "한국감정원"이라 한다) 에 가격협상의 조정을 요청할 수 있다. 이 경우 사업시행자 및 우선협상대상자는 제10조제2항 및 제3항에 따른 자료를 한국감정원에 제출하여야 한다.

② 사업시행자와 우선협상대상자는 제1항에 따른 감정원의 조정결과를 참고하여 가격협상을 재개하여야 한다.

③ 한국감정원은 가격협상의 조정을 위한 절차, 수수료 등을 정하기 위한 내부규정을 마련하고, 국토교통부장관의 승인을 얻어 운영하여야 한다.

제12조(기업형임대사업자의 선정) ① 사업시행자는 제10조제4항에 따른 업무협약을 체결한 후 대의원회 등 또는 총회 등의 의결을 통해 업무협약의 상대방인 우선협상대상자를 기업형임대사업자로 지정하여야 한다. 다만, 우선협상대상자가 부동산투자회사, 집합투자기구 또는 투자회사의 설립을 통해 기업형임대사업을 하려는 경우에는 부동산투자회사, 집합투자기구 또는 투자회사를 설립한 이후에 그 부동산투자회사, 집합투자기구 또는 투자회사를 기업형임대사업자로 지정하여야 한다.

② 제1항에 따라 우선협상대상자를 기업형임대사업자로 지정하는 경우에는 사업시행자와 우선협상대상자 사이에 맺은 기업형임대사업에 대한 업무협약 등은 기업형임대사업자에게 승계된다.

③ 제2항에도 불구하고 사업시행자와 기업형임대사업자 사이에 합의가 있는 경우에는 제10조에 따른 가격협상을 다시 진행할 수 있다.

④ 사업시행자와 기업형임대사업자(또는 우선협상대상자)는 법 제50조에 따른 사업시행계획인가 이후 제10조에 따른 가격협상의 결과에 따라 기업형임대주택 공급을 위한 토지, 공동주택, 지분 등에 대한 매매예약을 체결하여야 하며, 사업시행자와 기업형임대사업자는 법 제78조에 따른 관리처분계획의 인가 고시 후 2개월 이내에 매매계약을 체결하여야 한다.

제4장 기업형임대사업자 선정 업무의 지원

제13조(금융전문지원기관) ① 국토교통부장관은 제8조에 따른 제안서의 평가 업무를 대행하게 하기 위해 금융전문지원기관을 지정할 수 있다.

② 국토교통부장관은 금융전문지원기관을 지정하려면 금융전문지원기관의 지정계획 및 지정요건을 공고하여야 한다.

③ 금융전문지원기관으로 지정을 받고자 하는 자는 별지 제3호서식의 금융전문지원기관 지정신청서와 함께 다음 각 호의 서류를 제출하여야 한다.

1. 제2항의 지정요건에 부합함을 확인할 수 있는 서류
2. 제4항에 따른 평가기준 및 절차에 대한 운영기준
3. 그 밖에 국토교통부장관이 업무 수행을 위하여 필요하다고 인정하는 서류

④ 금융전문지원기관은 제1항에 따른 업무를 대행하기 위한 운영기준을 마련하여 국토교통부장관의 승인을 받아 운영하여야 한다. 이 경우 금융전문지원기관은 제8조에 따른 평가기준을 수립하여 운영기준에 반영하여야 하며, 필요한 경우 국토교통부장관의 승인을 받아 제8조에 규정된 항목 이외의 사항을 추가하거나 변경하여 평가기준을 수립할 수 있다.

⑤ 금융전문지원기관은 사업시행자로부터 업무대행에 대한 수수료를 받을 수 있다. 이 경우

수수료 징수의 방법, 수수료 산정 기준 등에 대하여는 제4항에 따른 금융전문지원기관 운영기준이 정하는 바에 따른다.

⑥ 사업시행자는 제8조에 따른 제안서의 평가 업무를 금융전문지원기관에 대행하게 하려고 할 때에는 금융전문지원기관에게 다음 각 호의 사항에 대한 자료를 별지 제4호서식에 따라 작성·제공하여야 한다.

1. 정비구역 내 기업형임대주택 도입을 위한 사업계획
2. 사업계획에 반영된 용적률 인센티브의 종류 및 범위
3. 기업형임대주택 도입 시 적정 비례율 및 추정분담금의 범위
4. 일반분양분 매도의향서 및 매도가격 범위
5. 기타 금융전문지원기관이 요청하는 자료

제14조(각종 심사의 지원) ① 사업시행자, 우선협상대상자(우선협상대상자가 되려는 자를 포함한다) 및 기업형임대사업자는 필요한 경우 한국감정원에 다음 각 호의 사항에 대한 심사를 의뢰할 수 있다. 이 경우 제13조에 따른 금융전문지원기관은 필요한 경우 사업시행자의 비용으로 다음 각 호의 사항에 대한 심사를 의뢰할 수 있다.

1. 제6조제3항제3호에 따른 매도의향 가격 범위의 적정성
2. 제6조제4항제1호제나목 중 용적률 수준 등의 적정성
3. 제6조제4항제3호제가목의 제안 매입가격 범위의 적정성
4. 제10조제2항제5호의 비례율 범위 및 추정분담금 수준의 적정성
5. 제10조제3항제1호의 매수의향 가격의 적정성
6. 기타 기업형임대주택 공급과 관련된 사항

② 한국감정원은 제1항에 따른 가격 심사의 절차, 수수료 등을 정하기 위한 내부규정을 마련하고, 국토교통부장관의 승인을 얻어 운영하여야 한다.

제15조(부동산투자회사 등에 대한 기금·보증지원) ① 국토교통부장관은 우선협상대상자가 설립하는 부동산투자회사, 집합투자기구 또는 투자회사에 대한 원활한 기금·보증지원을 위해 관할 지방자치단체를 대상으로 정비구역 공모를 실시할 수 있다.

② 국토교통부장관은 원활한 기금·보증지원을 위해 자료제출 요청, 현장방문 등의 방법으로 제1항에 따라 선정한 정비구역의 사업진행 현황을 점검할 수 있으며, 필요한 경우 사업시행자, 우선협상대상자, 기금·보증지원 업무를 수행하는 공공기관으로 구성된 협의체를 운영할 수 있다.

③ 국토교통부장관은 제1항에 따라 선정한 정비구역이 기금·보증을 지원하기에 적절하지 아니하다고 판단하는 경우에는 관할 지방자치단체에 공모선정 취소를 통보할 수 있다.

④ 제1항에 따른 공모에 선정된 정비구역의 사업시행자는 법 제52조에 따른 사업시행계획서를 작성한 후 우선협상대상자가 설립하는 부동산투자회사, 집합투자기구 또는 투자회사에 대

한 기금·보증지원 여부에 대한 사전심사를 주택도시보증공사에 요청할 수 있다. 다만, 사전심사 결과에도 불구하고 기금·보증지원 여부에 대한 최종 결정은 주택도시보증공사의 기금출자, 보증심사 기준 등에 따른 본 심사결과에 따른다.

⑤ 주택도시보증공사는 제4항에 따른 사전심사 절차 등을 정하기 위한 내부규정을 마련하고, 국토교통부장관의 승인을 얻어 운영하여야 한다.

⑥ 제1항부터 제3항까지에 따른 공모의 실시, 선정구역의 점검, 취소, 협의체 운영 등에 대한 구체적인 사항은 국토교통부장관이 정한다.

⑦ 국토교통부장관은 제1항부터 제3항까지의 업무를 다음 각 호의 기관 중 어느 하나에 대행하게 할 수 있다.

1. 한국감정원
2. 삭제
3. 「한국토지주택공사법」에 따라 설립된 한국토지주택공사

제5장 기 타

제16조(비용부담의 원칙) 기업형임대사업자 선정을 위한 비용은 사업시행자가 부담한다. 다만, 기업형임대사업자 또는 우선협상대상자가 되려는 자와 사업시행자 사이에 비용부담에 대한 협의가 있는 경우에는 그 협의된 내용에 따른다.

제17조(재검토기한) 국토교통부장관은 「훈령·예규 등의 발령 및 관리에 관한 규정」(대통령 훈령 제334호)에 따라 이 고시에 대하여 2018년 7월 1일 기준으로 매 3년이 되는 시점(매 3년째의 6월 30일까지를 말한다)마다 그 타당성을 검토하여 개선 등의 조치를 하여야 한다.

부 칙 〈제2016-263호, 2016.5.16.〉

제1조(시행일) 이 고시는 발령한 날부터 시행한다.

제2조(이 고시 시행일 이전에 선정된 기업형임대사업자에 대한 적용례) 이 고시 시행 전 총회 등에 따라 선정된 기업형임대사업자(사업시행자가 시장·군수, 주택공사 등인 경우에는 주민대표회의의 추천을 통한 방법이나 사업시행자가 직접 기업형임대사업자를 선정한 경우를 포함한다)는 이 고시에 따른 기업형임대사업자로 본다.

제3조(이 고시 시행일 이전에 선정된 우선협상대상자에 대한 적용례) 이 고시 시행 전 총회 등에 따라 선정된 우선협상대상자는 이 고시 제8조에 따른 평가를 실시하고, 그 결과를 제9조 제1항의 방법에 따라 조합원 등에 공개하여야만 이 고시에 따른 우선협상대상자로 본다.

부 칙 〈제2018-77호, 2018.2.9.〉

제1조(시행일) 이 고시는 발령한 날부터 시행한다.

(4) 시공자 선정과 관련된 판례

① 창립총회에서 시공사선정을 한 사안

조합설립인가처분을 받아 설립등기를 마치기 전에 개최된 조합창립총회에서 이루어진 결의는 재개발사업조합의 결의가 아니라 주민총회 또는 토지등소유자 총회의 결의에 불과하다.

> 조합설립인가처분을 받아 설립등기를 마치기 전에 개최된 창립총회에서 이루어진 결의는 주택재개발사업조합의 결의가 아니라 주민총회 또는 토지등소유자 총회의 결의에 불과하다고 봄이 타당하다. 조합설립인가처분을 받아 법인으로 설립된 조합이 조합총회를 열어 추진위원회가 개최한 주민총회 또는 토지등소유자 총회에서 한 시공자 선정결의를 그대로 인준 또는 추인하는 내용의 결의를 한 경우에는, 설령 추진위원회가 개최한 주민총회 또는 토지등소유자 총회에서 한 시공자 선정결의가 무효라고 할지라도 조합총회의 그 새로운 결의가 하자로 인하여 부존재 또는 무효임이 인정되거나 그 결의가 취소되는 등의 특별한 사정이 없는 한 종전에 추진위원회가 개최한 주민총회 또는 토지 등 소유자 총회에서 한 시공자 선정결의의 무효확인을 구하는 것은 과거의 법률관계 내지 권리관계의 확인을 구하는 것에 불과하여 권리보호의 요건을 결여하였다고 봄이 상당하다.
>
> 이 사안은 Y주택재개발정비조합 설립취진위원회가 주민총회를 열어 H사를 시공자로 선정하는 결의를 하고, 이후 조합설립을 위한 창립총회에서 주민총회 시공자선정결의를 추인하는 결의를 하고, 조합설립인가처분을 받아 설립등기후 정기총회에서 주민총회결의 및 창립총회결의를 인준하자, 일부 조합원이 시공자선정에 관한 주민총회결의, 창립총회결의, 정기총회결의에 대한 각 무효확인청구를 한 사안에서, 원심은 창립총회결의가 조합의 결의임을 전제로 조합의 새로운 시공자 선정결의로서 유효하므로 창립총회결의와 동일한 내용의 정기총회결의에 대하여 무효확인 판결을 받는다고 하더라도 조합의 시공자 선정에 관하여 아무런 영향을 미칠 수 없어 분쟁해결의 유효적절한 수단이 되지 아니한다는 이유로 정기총회결의를 각하하고, 창립총회결의에 대한 본안판단을 하였으나, 대법원은 위 판시와 같은 이유로 주민총회결의, 창립총회결의 무효확인청구는 각하하고, 정기총회결의에 대하여는 당부를 판단함이 타당하다는 취지로 판시하였다(**대법원 2012. 4. 12. 선고 2010다10986 판결**).

② 부정행위에 의하여 시공자선정을 한 사안

경쟁입찰의 방법으로 시공자를 선정하도록 한 규정은 강행규정으로서 이를 위반하여 경쟁입찰의 방법이 아닌 방법으로 이루어진 입찰과 시공자 선정결의는 당연히 무효라고 보아야 하고, 나아가 형식적으로는 경쟁입찰의 방법에 따라 조합총회에서 시공자 선정결의를 하였다고 하더라도 실질적으로 경쟁입찰에 의하여 시공사를 정하도록 한 취지를 잠탈하는 경우에도 위 규정을 위반한 것으로 볼 것이고, 강행규정을 위반하여 무효인 행위는 그 무효사유가 제거되지 않는 한 추인을 하더라도 유효하게 되지 않으므로 새로운 입찰절차를 밟아 다시 시공사를 선정하는 절차를 거치지 않은 채 단순히 무효인 시공자선정결의를 추인하는 결의를 하는 것으로 하자가 치유된다고 볼 수 없다.

> 제11조제1항본문의 내용과 입법 취지, 이 규정을 위반한 행위를 유효로 한다면 정비사업의 핵심적 절차인 시공자 선정에 관한 조합원 간의 분쟁을 유발하고 그 선정 과정의 투명성이 침해됨으로써 조합원들의 이익을 심각하게 침해할 것으로 보이는 점, 제84조의3제1호에서 위 규정을 위반하여 시공자를 선정한 자 및 시공자로 선정된 자에 대하여 형사처벌을 하고 있는 점 등을 종합하면, 제11조제1항본문은 강행규정으로서 이를 위반하여 경쟁입찰의 방법이 아닌 방법으로 이루어진 입찰과 시공자 선정결의는 당연히 무효라고 보아야 한다. 나아가 형식적으로는 경쟁입찰의 방법에 따라 조합총회에서 시공자 선정결의를 하였다고 하더라도 실질적으로 제11조제1항본문에서 경쟁입찰에 의하여 시공사를 정하도록 한 취지를 잠탈하는 경우에도 위 규정을 위반한 것으로 볼 수 있다. 가령 조합이나 입찰 참가업체가 시공자 선정과정에서 조합원들에게 금품을 제공하여 시공자 선정동의서를 매수하는 등 시공자 선정 기준, 조합의 정관, 입찰참여지침서나 홍보지침서 등에서 정한 절차나 금지사항을 위반하는 부정한 행위를 하였고, 이러한 부정행위가 시공자 선정에 관한 총회결의 결과에 영향을 미쳤다고 볼 수 있는 경우를 들 수 있다(**대법원 2017. 5. 30. 선고 2014다61340 판결**).
>
> 이 사안은 'J재개발정비조합은 조합원이 827명인데, 조합총회에서 G건설 서면투표 200표, 현장투표 202표, H건설 서면투표 67표, 현장투표 264표로 G건설을 시공자로 선정하고, 이후 정기총회에서 찬성 431표, 반대 23표로 조합과 G건설의 도급계약서(안)를 의결하였고, 의결에 논란이 일어 이후 정기총회에서 시공자선정결의를 총 539표중 찬성 393표로 추인하는 결의를 하지, 일부 조합원이 조합을 상대로 시공자 선정에 관한 총회결의무효확인을 청구한 경우'인데, 원심은 '시공자선정결의 즈음에 G건설 직원들이 조합원들에게 시공자로 선정될 수 있도록 금품이나 향응을 제공하고 이러한 행위에 대하여 입찰방해죄로 기소되어 유죄판결이 확정된 점 등을 이유로 시공자선정 입찰의 공정을 침해하고 조합원들의 시공자에 관한 자유로운 결정권이나 선택권을 침해하였으므로 시공자선정결의는 강행규정인 제11조제1항에 위반되어 무효이고, 시공자 선정이 유효적법함을 전제로 한 도급계약결의 역시 무효이고, 시공자 선정을 위한 조합총회의 의사정족수를 충족하지 못한 추인결의도 무효이고, 강행규정을 위반하여 무효인 행위는 그 무효사유가 제거되지 않는 한 추인을 하더라도 유효하게 되지 않으므로 새로운 입찰절차를 밟아 다시 시공사를 선정하는 절차를 거치지 않은 채 단순히 무효인 시공자선정결의를 추인하는 결의를 하는 것으로 하자가 치유된다고 볼 수 없다'고 판단하였고, 대법원은 위와 판시와 같은 사유로 '원심 판단은 정당하다'고 판결하였다.

❙제5장❙ 조합설립추진위원회구성 및 조합설립

1. 추진위원회 구성·승인

(1) 구성시기

도시정비법이 2009.2.6. 법률 제9444호로 개정되기 전에는 추진위원회의 구성에 관한 토지등소유자의 동의시기를 정비구역의 지정·고시 이후로 제한하는 규정을 두고 있지 않았고, 이에 대법원은 '추진위원회 구성 승인처분이 정비구역이 지정·고시되기 전에 지정된 정비예정구역을 기준으로 한 토지등소유자의 과반수 동의를 얻어 구성된 추진위원회에 대하여 이루어진 것이라고 하더라도 그 하자가 중대하거나 명백하다고 할 수는 없다.'고 판단하였으나(대법원 2013. 10. 24. 선고 2011두28455 판결), 2009.2.6. 도시정비법 개정으로 정비구역지정·고시후에 추진위원회를 구성하도록 명확히 하였다.

정비구역의 지정 및 고시 없이 행하여지는 추진위원회 설립승인은 무효이다. 이는 판례로 확인된 바이다.

> 서울시장에 의하여 정비예정구역을 지정하는 내용의 기본계획이 수립고시되자, 일부 주민이 정비예정구역 일대를 사업시행구역으로 하는 재개발사업을 추진하여 임의로 획정한 구역을 기준으로 토지등소유자 과반수 동의를 얻어 구청장으로부터 재개발조합설립추진위원회의 설립승인을 받았고, 사업추진을 반대하는 주민 일부가 구청장을 상대로 추진위원회설립승인 무효확인을 구하는 소송을 제기하였다.
>
> 이에 대하여 대법원은 「주택재개발사업 등 각종 정비사업에 관하여 그 조합설립추진위원회가 구성되려면 그 전제로 '토지등소유자'의 범위가 확정될 필요가 있고, 또 '토지등소유자'의 범위를 확정하기 위하여는 특별시장·광역시장 또는 도지사에 의한 정비구역의 지정 및 고시가 선행되어야 한다. 따라서 이와 달리 정비구역이 지정되지 아니한 상태에서 일부 주민이 임의로 획정한 구역을 기준으로 구성된 추진위원회가 시장·군수의 승인을 얻어 설립될 수 있다고 한다면, 정비사업에 관한 제반 법률관계가 불명확·불안정하게 되어 정비사업의 추진이 전반적으로 혼란에 빠지고 그 구역 안에 토지 등을 소유하는 사람의 법적 지위가 부당한 영향을 받을 현저한 우려가 있으므로, 그와 같이 정비구역의 지정 및 고시 없이 행하여지는 시장·군수의 재개발조합설립추진위원회 설립승인은 앞서 본 법규정 및 추진위원회제도의 취지에 반하여 허용될 수 없고, 그와

같은 하자는 중대할 뿐만 아니라 객관적으로 명백하다고 할 것이다.」고 판시하였다(**대법원 2009. 10. 29. 선고 2009두12297 판결, 대법원 2014. 6. 12. 선고 2012두12051 판결**).

(2) 구성절차

① 동의대상

조합을 설립하려는 경우에는 정비구역 지정·고시 후 다음의 사항에 대하여 토지등소유자 과반수의 동의를 받아 조합설립을 위한 추진위원회를 구성하여 시장·군수등의 승인을 받아야 한다(제31조제1항).

- 추진위원장을 포함한 5명 이상의 추진위원
- 추진위원회 운영규정

다만 국토교통부고시 추진위원회 운영규정에서는 '위원의 수는 토지등소유자의 10분의 1 이상으로 하되, 5인 이하인 경우에는 5인으로 하며, 100인을 초과하는 경우에는 토지등소유자의 10분의 1범위 안에서 100인 이상으로 할 수 있다.'고 규정하고 있다(운영규정 제2조제2항제3호).

조합설립추진위원회의 설립승인을 받으려는 자가 조합설립추진위원회의 구성 등에 대하여 알리고 동의 여부를 물어보아야 할 대상이 반드시 모든 토지등소유자인 것은 아니라고 할 것이다. 즉 조합을 설립하려는 경우에는 토지등소유자 과반수의 동의를 얻어 조합설립추진위원회를 구성하여 시장·군수의 승인을 얻어야 하는데, 이때 반드시 모든 토지등소유자에게 알리고 동의 여부를 물어야 하는 것은 아니다.

② 토지등소유자 과반수 동의

재개발사업의 경우 토지등소유자는 토지 또는 건축물의 소유자 또는 그 지상권자이고(제2조제9호가목), 재건축사업의 경우 토지등소유자는 건축물 및 그 부속토지의 소유자이므로(제2조제9호나목), 재개발의 경우 건물(무허가건물 제외)만 소유하고 있거나 토지만 소유하고 있어도 동의권자이지만, 재건축의 경우 건물만 소유하고 있거나 토지만 소유하고 있는 경우에는 동의권자가 아니다.

공동주택재건축은 대부분 구분소유권으로 건물과 그 부속토지가 일체화되어 있기 때문에 토지만 소유하거나 건물만 소유하는 경우라든가 건물과 토지를 모두 소유하고 있으나 소유토지가 부속토지인 건물의 대지가 아닌 경우는 생기기 어렵다.

③ 시장·군수등 구성승인

정비사업을 시행하려는 자로서 추진위원회를 구성하여 승인을 받으려는 자는 시행규칙 별지 제3호 서식의 조합설립추진위원회 승인신청서(전자문서로 된 신청서를 포함한다)에 토지등소유자의 명부, 토지등소유자의 동의서, 추진위원회 위원장 및 위원의 주소 및 성명, 추진위원회 위원선정을 증명하는 서류를 첨부하여 시장·군수에게 제출하여야 한다(시행규칙 제7조).

조합설립인가처분이 법령상 요건을 갖출 경우 정비사업을 시행할 수 있는 권한을 가지는 행정주체(공법인)로서의 지위를 부여하는 설권적 처분인 반면, 추진위원회의 구성을 승인하는 처분은 조합의 설립을 위한 주체에 해당하는 비법인사단인 추진위원회를 구성하는 행위를 보충하여 그 효력을 부여하는 보충적 처분이다. 토지등소유자 과반수의 동의와 시장·군수의 승인을 얻어 설립되는 추진위원회는 추진위원들로 구성되는 단체로서 비법인사단으로서의 실체를 가지고 있으나 구성원이 아닌 토지등소유자의 의사에 기하여 설립되고 구성원인 추진위원들의 결의에 의해서는 해산할 수 없는 등 다른 비법인사단과는 본질적으로 차이가 있다.

④ 변경승인

추진위원회 승인을 받을 때보다 정비구역이 확대되어 지정된 경우에, 추진위원회는 해산하고 새로운 추진위원회를 설립하여 그에 대한 구성승인을 받거나 그에 준하는 절차를 거쳐야 하는지, 아니면 기존 추진위원회가 정비구역의 확대를 이유로 토지등소유자의 동의 등 일정한 요건을 갖추어 추진위원회 구성 변경승인을 신청하면 되는지에 대하여 논란이 있다.

이러한 논란은 도시정비법에서는 조합설립을 하고자 하는 경우 추진위원회를 구성하여 승인을 얻어야 한다고만 규정하고 있을 뿐 추진위원회 구성에 관한 변경승인절차에 관하여 규정하고 있지 않기 때문에 생긴 것인데, 추진위원회 구성에 관한 승인권한을 가진 시장·군수는 변경승인의 권한이 있다는 것이 판례의 태도이다.

도시정비법 제13조는 조합을 설립하고자 하는 경우 조합설립추진위원회를 구성하여 시장·군수의 승인을 얻어야 한다고만 규정하고 있을 뿐 추진위원회 구성에 관한 변경승인절차에 관하여 규정하고 있지 않다. 도시정비법 시행령 제23조제1항은 정비사업을 시행할 범위가 확대 또는 축소되는 경우 토지등소유자의 과반수 또는 추진위원회의 구성에 동의한 토지등소유자의 3분의 2 이상의 동의를 받도록 규정함으로써 추진위원회 단계에서 정비사업 시행구역의 변경을 예정하고 있는 점, 당초 추진위원회의 신청서에 기재된 사업시행예정구역의 위치 및 면적 등을 토대로 추진위원회 구성승인을 한 시장·군수로서는 정비사업 시행구역이 변경된 경우 요건 등을 심사하여 이를 규제할 수 있다고 보는 것이 자연스러운 점 등에 비추어 보면, 추진위원회가 구성승인을 받을 당시의 정비예정구역보다 정비구역이 확대되어 지정된 경우 당초의 추진위원회 구성승인이 당연 실효되었다고 볼 수 있는 등의 특별한 사정이 없는 한 추진위원회는 토지등소유자의 동의 등 일정한 요건을 갖추어 시장·군수에 추진위원회 구성 변경승인을 신청할 수 있고, 추진위원회 구성에 관한 승인권한을 가지는 시장·군수는 변경승인의 권한이 있다고 보는 것이 타당하다(**대법원 2014. 2. 27. 선고 2011두2248 판결**).

(3) 조합설립동의 간주 및 반대의사표시

추진위원회의 구성에 동의한 토지등소유자는 조합의 설립에 동의한 것으로 본다. 다만, 조합설립인가를 신청하기 전에 시장·군수등 및 추진위원회에 조합설립에 대한 반대의 의사표시를 한 추진위원회 동의자의 경우에는 그러하지 아니하다(제31조제2항).

(4) 동의방법 및 절차

토지등소유자의 동의를 받으려는 자는 시행규칙 별지 제4호서식의 조합설립추진위원회 구성 동의서에 추진위원장, 추진위원회 위원, 추진위원회의 업무 및 운영규정을 미리 쓴 후 토지등소유자로부터 동의를 받아야 한다(령 제25조제1항, 시행규칙 제7조제2항).

토지등소유자의 동의를 받으려는 자는 미리 ①동의를 받으려는 사항 및 목적, ②동의로 인하여 의제되는 사항(추진위원회 구성에 동의하면 조합설립에 동의한 것으로 본다는 점), ③ 동의의 철회 또는 반대의사 표시의 절차 및 방법(조합설립인가 신청 전에 시장·군수등 및 추진위원회에 조합설립에 대한 동의의 철회 또는 반대의 의사표시를 하면 그러하지 아니하다는 점)을 설명·고지하여야 한다(령 제25조제2항). 고지의무를 이행하였는지 여부는 상대방에게 충분히 설명하였는지 여부로 판단되므로 고지는 반드시 서면으로만 해야 하는 것은 아니고, 구두로도 할 수 있다.

단체의 설립행위에 대한 동의시 정관에 대한 동의와 단체 대표에 대한 동의를 구별하는 것이 보통이듯이, 추진위원회의 경우에도 추진위원회 운영규정에 대한 동의와 추진위원장·추진위원에 대한 동의를 모두 받아야 한다. 추진위원회 설립에는 동의하지만 추진위원장이나 추진위원에 대하여 반대할 경우에 일부는 동의하고 일부는 반대하는 방법을 택할 수는 없다. 그러한 경우에는 아예 전부에 대하여 동의를 하지 않던가, 싫은 사람이 있더라도 참고 동의를 하는 수밖에 없다.

(5) 공공지원과 추진위원회 구성생략

정비사업에 대하여 공공지원을 하려는 경우에는 추진위원회를 구성하지 아니할 수 있다(제31조제4항). 추진위원회를 구성하지 아니하는 경우 조합설립을 추진하는 토지등소유자의 대표자가 조합설립을 위한 창립총회를 소집하여, 창립총회에 토지등소유자 과반수 출석과 출석한 토지등소유자 과반수 찬성으로 조합정관 확정, 조합임원 및 대의원 선임 등 업무를 처리한다.

> **서울시 도시및주거환경정비조례**
>
> **제82조(공공지원에 의한 조합설립 방법 및 절차 등)** ① 시장은 법 제31조제4항 및 영 제27조제6항에 따라 추진위원회를 구성하지 아니하는 경우에 조합설립 방법 및 절차 등에 필요한 사항을 다음 각 호의 내용을 포함하여 고시하여야 한다.
>
> 1. 토지등소유자의 대표자 등 주민협의체 구성을 위한 선출방법
> 2. 참여주체별 역할
> 3. 조합설립 단계별 업무처리 기준
> 4. 그 밖에 조합설립 업무지원을 위하여 필요한 사항
>
> ② 구청장은 제7조제12호에 따라 토지등소유자의 과반수가 추진위원회 구성 단계 생략을 원하는 경우 제1항에 따른 방법과 절차 등에 따라 조합을 설립하여야 한다.

(6) 추진위원회구성승인처분의 하자

① 추진위구성승인처분의 하자를 들어 조합설립인가처분을 위법하다고 볼 수 없음

조합설립인가처분은 추진위원회구성승인처분이 적법·유효할 것을 전제로 한다고 볼 것은 아니므로, 도시정비법령이 정한 동의요건을 갖추고 창립총회를 거쳐 조합이 성립한 이상, 이미 소멸한 추진위원회구성승인처분의 하자를 들어 조합설립인가처분이 위법하다고 볼 수 없다. 다만 추진위원회구성승인처분의 위법으로 그 추진위원회의 조합설립인가 신청행위가 무효라고 평가될 수 있는 특별한 사정이 있는 경우라면, 그 신청행위에 기초한 조합설립인가처분이 위법하다고 볼 수 있다.

조합설립추진위원회의 구성을 승인하는 처분은 조합의 설립을 위한 주체에 해당하는 비법인사단인 추진위원회를 구성하는 행위를 보충하여 그 효력을 부여하는 처분인 데 반하여, 조합설립인가처분은 법령상 요건을 갖출 경우 주택재건축사업을 시행할 수 있는 권한을 가지는 행정주체(공법인)로서의 지위를 부여하는 일종의 설권적 처분이므로, 양자는 그 목적과 성격을 달리한다. 추진위원회의 권한은 조합설립을 추진하기 위한 업무를 수행하는 데 그치므로 일단 조합설립인가처분을 받아 추진위원회의 업무와 관련된 권리와 의무가 조합에 포괄적으로 승계되면, 추진위원회는 그 목적을 달성하여 소멸한다. 조합설립인가처분은 추진위원회 구성의 동의요건보다 더 엄격한 동의요건을 갖추어야 할 뿐만 아니라 창립총회의 결의를 통하여 정관을 확정하고 임원을 선출하는 등의 단체결성행위를 거쳐 성립하는 조합에 관하여 하는 것이므로, 추진위원회 구성의 동의요건 흠결 등 추진위원회 구성승인처분상의 위법만을 들어 조합설립인가처분의 위법을 인정하는 것은 조합설립의 요건이나 절차, 그 인가처분의 성격, 추진위원회 구성의 요건이나 절차, 그 구성승인처분의 성격 등에 비추어 타당하다고 할 수 없다. 따라서 조합설립인가처분은 추진위원회구성승인처분이 적법·유효할 것을 전제로 한다고 볼 것은 아니므로, 도시정비법령이 정한 동의요건을 갖추고 창립총회를 거쳐 주택재개발조합이 성립한 이상, 이미 소멸한 추진위원회구성승인처분의 하자를 들어 조합설립인가처분이 위법하다고 볼 수 없다.

다만 추진위원회구성승인처분의 위법으로 그 추진위원회의 조합설립인가 신청행위가 무효라고 평가될 수 있는 특별한 사정이 있는 경우라면, 그 신청행위에 기초한 조합설립인가처분이 위법하다고 볼 수 있다. 그런데 조합설립인가 신청행위는 앞서 보았듯이 법령이 정한 동의 요건을 갖추고 창립총회를 거쳐 조합의 실체가 형성된 이후에 이를 바탕으로 이루어지는 것이므로, 추진위원회 구성이나 그 인가처분의 위법사유를 이유로 그 추진위원회가 하는 조합설립인가 신청행위가 위법·무효로 된다고 볼 것은 아니고, 그 위법사유가 도시정비법상 하나의 정비구역 내에 하나의 추진위원회로 하여금 조합설립의 추진을 위한 업무를 수행하도록 한 추진위원회 제도의 입법취지를 형해화할 정도에 이르는 경우에 한하여 그 추진위원회의 조합설립인가 신청행위가 위법·무효이고, 나아가 이에 기초한 조합설립인가처분의 효력을 다툴 수 있게 된다(**대법원 2013. 12. 26. 선고 2011두8291 판결, 2014. 4. 14. 선고 2012두1419 전원합의체 판결**).

당초 추진위원회구성승인처분과 변경승인처분에 관하여 정비예정구역 지정 또는 그 변경고시 이전에 추진위원회구성승인처분이 있었다거나 또는 정비예정구역 변경고시 이전에 징구된 토지 등 소유자의 동의를 기초로 추진위원회구성승인처분이 이루어졌다는 위법이 존재한다고 하더라도 이러한 하자가 도시정비법상 추진위원회 제도의 입법취지를 형해화할 정도에 이른다고 볼 수 없다. 따라서 이 사건 추진위원회의 조합설립인가 신청행위가 위법·무효라고 볼 수 없으므로, 조합설립 인가처분도 위법하다고 할 수 없다(**대법원 2013. 12. 26. 선고 2011두8291 판결**).

② 조합성립 후에는 추진위구성승인처분을 다툴 소의 이익이 없음

추진위원회 구성승인처분을 다투는 소송 계속 중에 조합설립인가처분이 이루어진 경우에는, 추진위원회 구성승인처분에 위법이 존재하여 조합설립인가 신청행위가 무

효라는 점 등을 들어 직접 조합설립인가처분을 다툼으로써 정비사업의 진행을 저지하여야 하고, 이와는 별도로 추진위원회 구성승인처분에 대하여 취소 또는 무효확인을 구할 법률상의 이익은 없다고 보아야 한다.

> 도시정비법령의 내용, 형식, 체제 등에 비추어 보면, 조합설립추진위원회 구성승인처분은 조합의 설립을 위한 주체인 추진위원회의 구성행위를 보충하여 그 효력을 부여하는 처분으로서 조합설립이라는 종국적 목적을 달성하기 위한 중간단계의 처분에 해당하지만, 그 법률요건이나 효과가 조합설립인가처분의 그것과는 다른 독립적인 처분이기 때문에, 추진위원회 구성승인처분에 대한 취소 또는 무효확인 판결의 확정만으로는 이미 조합설립인가를 받은 조합에 의한 정비사업의 진행을 저지할 수 없다.
>
> 따라서 추진위원회 구성승인처분을 다투는 소송 계속 중에 조합설립인가처분이 이루어진 경우에는, 추진위원회 구성승인처분에 위법이 존재하여 조합설립인가 신청행위가 무효라는 점 등을 들어 직접 조합설립인가처분을 다툼으로써 정비사업의 진행을 저지하여야 하고, 이와는 별도로 추진위원회 구성승인처분에 대하여 취소 또는 무효확인을 구할 법률상의 이익은 없다고 보아야 한다(**대법원 2013. 1. 31. 선고 2011두11112 판결, 대법원 2013. 6. 13. 선고 2010두10488,10495 판결**).

2. 추진위원회의 기능

(1) 업 무

추진위원회는 다음의 업무를 수행할 수 있다(제32조제1항).

- 정비사업전문관리업자의 선정 및 변경
- 설계자의 선정 및 변경
- 개략적인 정비사업 시행계획서의 작성
- 조합설립인가를 받기 위한 준비업무
- 그 밖에 조합설립을 추진하기 위하여 대통령령으로 정하는 업무

"대통령령으로 정하는 업무"라 함은 다음 각 사항을 말한다(령 제26조).

- 추진위원회 운영규정의 작성
- 토지등소유자의 동의서의 접수
- 조합의 설립을 위한 창립총회의 개최
- 조합정관의 초안 작성
- 그 밖에 추진위원회 운영규정으로 정하는 업무

(2) 정비사업전문관리업자 선정방법

추진위원회가 정비사업전문관리업자를 선정하려는 경우에는 추진위원회 승인을 받은 후 경쟁입찰 또는 수의계약(2회 이상 경쟁입찰이 유찰된 경우로 한정한다)의 방법으로 선정하여야 한다(제32조제2항). 정비사업전문관리업자 선정에 대하여 기존에는 국토교통부장관이 정하는 「정비사업전문관리업자 선정기준」에 의하였으나, 현재에는 2018.2.9. 제정된 「정비사업 계약업무 처리기준」에 의한다.

추진위원회가 경쟁입찰의 방법으로 정비사업전문관리업자를 선정하도록 규정한 것은 강행규정이므로, 경쟁입찰에 의하지 아니하고 수의계약으로 정비사업전문관리업자나 설계자를 선정하는 것은 원칙적으로 효력이 없다.

> 수의계약으로 정비사업전문관리업자로 선정된 자가 조합을 상대로 용역비 청구를 한 사안에서, 대법원은 「도시정비법 제14조제2항에서 추진위원회가 경쟁입찰의 방법으로 정비사업전문관리업자를 선정하도록 규정한 것은 강행규정이고, 위 조항에 따라 관보에 고시된 선정기준을 위반하여 정비사업전문관리업자를 선정하는 것은 허용되지 않는다. 강행법규를 위반한 자가 스스로 그 약정의 무효를 주장하는 것이 신의칙에 위반되는 권리의 행사라는 이유로 그 주장을 배척한다면, 강행법규에 의하여 배제하려는 결과를 실현시키는 결과가 되므로 특별한 사정이 없는 한 위와 같은 주장은 신의칙에 반하는 것이라고 할 수 없고, 신의성실의 원칙에 위배된다는 이유로 권리의 행사를 부정하기 위해서는 상대방에게 신의를 공여하였다거나 객관적으로 보아 상대방이 신의를 가짐이 정당한 상태에 있어야 하며, 이러한 상대방의 신의에 반하여 권리를 행사하는 것이 정의관념에 비추어 용인될 수 없는 정도에 이르러야 한다.」고 판시하였다(**대법원 2016. 6. 23. 선고 2013다58613 판결**).

(3) 창립총회 개최

추진위원회는 조합설립을 위한 토지등소유자의 동의를 받은 후 조합설립인가를 신청하기 전에 조합설립을 위한 창립총회를 개최하여야 한다(제32조제3항, 령 제27조제1항).

조합설립을 위한 창립총회는 추진위원장(공공지원에 의한 정비사업으로 추진위원회를 구성하지 아니하는 경우에는 토지등소유자의 대표자)의 직권 또는 토지등소유자 5분의 1 이상의 요구로 추진위원장이 소집한다. 다만, 토지등소유자 5분의 1 이상의 소집요구에도 불구하고 추진위원장이 2주 이상 소집요구에 응하지 아니하는 경우 소집요구한 자의 대표가 소집할 수 있다(령 제27조제3항).

추진위원회는 창립총회 14일전까지 회의목적·안건·일시·장소·참석자격 및 구비사항 등을 인터넷 홈페이지를 통해 공개하고, 토지등소유자에게 등기우편으로 발송·통지하여야 한다.

창립총회에서는 다음의 업무를 처리한다(령 제27조제4항).

- 조합정관의 확정
- 조합임원의 선임
- 대의원의 선임
- 그 밖에 필요한 사항으로서 사전에 통지한 사항

창립총회의 의사결정은 토지등소유자(재건축사업의 경우 조합설립에 동의한 토지등소유자로 한정함)의 과반수 출석과 출석한 토지등소유자 과반수의 찬성으로 결의한다(령 제27조제5항본문).

다만 조합임원과 대의원의 선임은 확정된 조합정관에서 정하는 바에 따라 선출한다(령 제27조제5항단서). 재건축·재개발조합의 임원 선출에 관한 선거관리 절차상에 일부 잘못이 있는 경우에, 그 잘못으로 인하여 자유로운 판단에 의한 투표를 방해하여 자유와 공정을 현저히 침해하고 그로 인하여 선출결의의 결과에 영향을 미쳤다고 인정되는지 여부 등을 참작하여 선출결의의 무효 여부를 판단하여야 하고, 한편 조합임원이나 대의원은 반드시 창립총회에서 선임할 필요는 없으므로, 창립총회에서 조합임원 선임 결의가 부결되었다고 하더라도 창립총회가 무효라고 볼 수는 없다.

> 도시정비법 시행규칙 제7조제1항에서는 조합의 설립인가신청서에 첨부할 서류로서 조합정관, 조합원 명부, 조합설립동의서, 창립총회 회의록 등을 규정하는 한편, 제7호에서 '창립총회에서 임원·대의원을 선임한 때에는' 임원·대의원으로 선임된 자의 자격을 증명하는 서류를 첨부하도록 정하고 있다. 이에 비추어 보면 조합의 임원이나 대의원을 반드시 창립총회에서 선임할 필요는 없다고 할 것이므로, 창립총회에서 조합장 등 조합 임원 선임의 결의가 부결되었다고 하더라도 이 때문에 창립총회가 무효라고 볼 수는 없다(**대법원 2014. 10. 30. 선고 2012두25125 판결**).

(4) 비용부담수반 및 권리의무변동발생시 동의

추진위원회가 수행하는 업무의 내용이 토지등소유자의 비용부담을 수반하거나 권리·의무에 변동을 발생시키는 경우로서 대통령령으로 정하는 사항에 대하여는 그 업무를 수행하기 전에 대통령령으로 정하는 비율 이상의 토지등소유자의 동의를 받아야 한다(제32조제4항).

3. 추진위원회의 조직

(1) 추진위원장 및 감사

추진위원회는 추진위원회를 대표하는 추진위원장 1명과 감사를 두어야 한다(제33조 제1항).

(2) 추진위원 선출

「공공단체등 위탁선거에 관한 법률」에 의하면 도시정비법에 따른 조합설립추진위원회와 정비사업조합은 '공공단체등'에 속하고, 공공단체등은 관할 선거관리위원회에 임원 등의 선출을 위한 선거의 관리를 위탁할 수 있으며, 선거관리위원회법에서는 선거관리위원회의 직무로서 공공단체등 위탁선거에 관한 법률에 따른 위탁선거에 관한 사무를 규정하고 있다. 도시정비법은 추진위원회는 의결을 거쳐 추진위원의 선출에 관한 선거관리를 선거관리위원회에 위탁할 수 있도록 규정하고 있다(제33조제2항, 제41조제3항).

(3) 추진위원 교체·해임

토지등소유자는 추진위원회의 운영규정에 따라 추진위원회에 추진위원의 교체 및 해임을 요구할 수 있고, 추진위원의 교체·해임 절차 등에 필요한 사항은 운영규정에 따른다.

(4) 추진위원장 직무대행

추진위원장이 사임, 해임, 임기만료, 그 밖에 불가피한 사유 등으로 직무를 수행할 수 없는 때부터 6개월 이상 선임되지 아니한 경우 시장·군수등은 시·도조례로 정하는 바에 따라 변호사·회계사·기술사 등으로서 다음 요건을 갖춘 자를 전문조합관리인으로 선정하여 추진위원장의 업무를 대행하게 할 수 있다(제33조제3항, 제41조제5항단서, 령 제41조제1항).

> 1. 다음 각 목의 어느 하나에 해당하는 자격을 취득한 후 정비사업 관련 업무에 5년 이상 종사한 경력이 있는 사람
>   가. 변호사
>   나. 공인회계사

다. 법무사
라. 세무사
마. 건축사
바. 도시계획·건축분야의 기술사
사. 감정평가사
아. 행정사(일반행정사를 말한다)
2. 조합임원으로 5년 이상 종사한 사람
3. 공무원 또는 공공기관의 임직원으로 정비사업 관련 업무에 5년 이상 종사한 사람
4. 정비사업전문관리업자에 소속되어 정비사업 관련 업무에 10년 이상 종사한 사람
5. 건설산업기본법에 따른 건설사업자에 소속되어 정비사업 관련 업무에 10년 이상 종사한 사람
6. 제1호부터 제5호까지의 경력을 합산한 경력이 5년 이상인 사람. 이 경우 같은 시기의 경력은 중복하여 계산하지 아니하며, 제4호 및 제5호의 경력은 2분의 1만 포함하여 계산한다.

(5) 결격사유

다음의 어느 하나에 해당하는 자는 추진위원이 될 수 없다(제43조제1항).

- 미성년자·피성년후견인 또는 피한정후견인
- 파산선고를 받고 복권되지 아니한 자
- 금고 이상의 실형을 선고받고 그 집행이 종료(종료된 것으로 보는 경우를 포함한다)되거나 집행이 면제된 날부터 2년이 지나지 아니한 자

4. 추진위원회의 운영

(1) 운영규정

국토교통부장관은 추진위원회의 한 운영을 위하여 다음의 사항을 포함한 추진위원회의 운영규정을 정하여 고시하여야 한다(제34조제1항). 이에 따라 「정비사업 조합설립 추진위원회 운영규정」(국토교통부고시 제2018-102호, 2018.2.9. 시행)이 고시되어 있다.

- 추진위원의 선임방법 및 변경
- 추진위원의 권리·의무
- 추진위원회의 업무범위
- 추진위원회의 운영방법
- 토지등소유자의 운영경비 납부

- 추진위원회 운영자금의 차입
- 그 밖에 추진위원회의 운영에 필요한 사항으로서 대통령령으로 정하는 사항

"대통령령이 정하는 사항"이라 함은 다음의 사항을 말한다(령 제28조).

- 추진위원회 운영경비의 회계에 관한 사항
- 정비사업전문관리업자의 선정에 관한 사항
- 그 밖에 국토교통부장관이 정비사업의 원활한 추진을 위하여 필요하다고 인정하는 사항

정비사업 조합설립추진위원회 운영규정

제1조(목적) 이 운영규정은 「도시 및 주거환경정비법」 제31조제1항 및 제34조제1항에 따라 정비사업조합설립추진위원회(이하 "추진위원회"라 한다)의 구성·기능·조직 및 운영에 관한 사항을 정하여 공정하고 투명한 추진위원회의 운영을 도모하고 원활한 정비사업추진에 이바지함을 목적으로 한다.

제2조(추진위원회의 설립) ① 정비사업조합을 설립하고자 하는 경우 위원장 및 감사를 포함한 5인 이상의 위원 및 「도시 및 주거환경정비법」(이하 "법"이라 한다) 제34조제1항에 따른 운영규정에 대한 토지등소유자(이하 "토지등소유자"라 한다) 과반수의 동의를 얻어 조합설립을 위한 추진위원회를 구성하여 「도시 및 주거환경정비법 시행규칙」이 정하는 방법 및 절차에 따라 시장·군수 또는 자치구의 구청장(이하 "시장·군수등"이라 한다)의 승인을 얻어야 한다.

② 제1항에 따른 추진위원회 구성은 다음 각 호의 기준에 따른다.

1. 위원장 1인과 감사를 둘 것
2. 부위원장을 둘 수 있다.
3. 추진위원의 수는 토지등소유자의 10분의 1 이상으로 하되, 토지등소유자가 50인 이하인 경우에는 추진위원을 5인으로 하며 추진위원이 100인을 초과하는 경우에는 토지등소유자의 10분의 1 범위 안에서 100인 이상으로 할 수 있다.

③ 다음 각 호의 어느 하나에 해당하는 자는 추진위원회 위원이 될 수 없다.

1. 미성년자·피성년후견인 또는 피한정후견인
2. 파산선고를 받고 복권되지 아니한 자
3. 금고 이상의 실형을 선고받고 그 집행이 종료(종료된 것으로 보는 경우를 포함한다)되거나 집행이 면제된 날부터 2년이 지나지 아니한 자
4. 금고 이상의 형의 집행유예를 받고 그 유예기간 중에 있는 자
5. 법을 위반하여 벌금 100만원 이상의 형을 선고받고 5년이 지나지 아니한 자

④ 제1항의 토지등소유자의 동의는 별표의 ○○정비사업조합설립추진위원회운영규정안(이하 "운영규정안"이라 한다)이 첨부된 「도시 및 주거환경정비법 시행규칙」 별지 제4호서식의 정비사업 조합설립추진위원회 구성동의서에 동의를 받는 방법에 의한다.

⑤ 추진위원회의 구성에 동의한 토지등소유자(이하 "추진위원회 동의자"라 한다)는 법 제35조 제1항부터 제5항까지에 따른 조합의 설립에 동의한 것으로 본다. 다만, 법 제35조에 따른 조합설립인가 신청 전에 시장·군수등 및 추진위원회에 조합설립에 대한 반대의 의사표시를 한 추진위원회 동의자의 경우에는 그러하지 아니하다.

제3조(운영규정의 작성) ① 정비사업조합을 설립하고자 하는 경우 추진위원회를 시장·군수등에게 승인 신청하기 전에 운영규정을 작성하여 토지등소유자의 과반수의 동의를 얻어야 한다.

② 제1항의 운영규정은 별표의 운영규정안을 기본으로 하여 다음 각 호의 방법에 따라 작성한다.

1. 제1조·제3조·제4조·제15조제1항을 확정할 것
2. 제17조제7항·제19조제2항·제29조·제33조·제35조제2항 및 제3항의 규정은 사업특성·지역상황을 고려하여 법에 위배되지 아니하는 범위 안에서 수정 및 보완할 수 있음
3. 사업추진상 필요한 경우 운영규정안에 조·항·호·목 등을 추가할 수 있음

③ 제2항 각 호에 따라 확정·수정·보완 또는 추가하는 사항이 법·관계법령, 이 운영규정 및 관련행정기관의 처분에 위배되는 경우에는 효력을 갖지 아니한다.

④ 운영규정안은 재건축사업을 기본으로 한 것이므로 재개발사업 등을 추진하는 경우에는 일부 표현을 수정할 수 있다.

제4조(추진위원회의 운영) ① 추진위원회는 법·관계법령, 제3조의 운영규정 및 관련 행정기관의 처분을 준수하여 운영되어야 하며, 그 업무를 추진함에 있어 사업시행구역안의 토지등소유자의 의견을 충분히 수렴하여야 한다.

② 추진위원회는 법 제31조제1항에 따른 추진위원회 설립승인 후에 위원장 및 감사를 변경하고자 하는 경우 시장·군수등의 승인을 받아야 하며, 그 밖의 경우 시장·군수등에게 신고하여야 한다.

제5조(해산) ① 추진위원회는 조합설립인가일까지 업무를 수행할 수 있으며, 조합이 설립되면 모든 업무와 자산을 조합에 인계하고 추진위원회는 해산한다.

② 추진위원회는 자신이 행한 업무를 법 제44조에 따른 총회에 보고하여야 하며, 추진위원회가 행한 업무와 관련된 권리와 의무는 조합이 포괄승계한다.

③ 추진위원회는 조합설립인가 전 추진위원회를 해산하고자 하는 경우 추진위원회 동의자 3분의 2 이상 또는 토지등소유자의 과반수 동의를 받아 시장·군수등에게 신고하여 해산할 수 있다.

제6조(승계 제한) 이 운영규정이 정하는 추진위원회 업무범위를 초과하는 업무나 계약, 용역업

체의 선정 등은 조합에 승계되지 아니한다.

제7조(재검토기한) 국토교통부장관은 「훈령·예규 등의 발령 및 관리에 관한 규정」에 따라 이 고시에 대하여 2018년 7월 1일 기준으로 매3년이 되는 시점(매 3년째의 6월 30일까지를 말한다)마다 그 타당성을 검토하여 개선 등의 조치를 하여야 한다.

부 칙

이 고시는 2018년 2월 9일부터 시행한다.

[별표]

○○정비사업조합설립추진위원회 운영규정

제1장 총 칙

제1조(명칭) ① 이 재건축/재개발사업조합설립추진위원회의 명칭은 ○○○ 재건축/재개발사업조합설립추진위원회(이하 "추진위원회"라 한다)라 한다.

② 추진위원회가 시행하는 재건축/재개발사업의 명칭은 ○○○ 재건축/재개발사업(이하 "사업"이라 한다)이라 한다.

제2조(목적) 추진위원회는 「도시 및 주거환경정비법」(이하 "법"이라 한다)과 이 운영규정이 정하는 바에 따라 재건축/재개발사업조합(이하 "조합"이라 한다)의 설립인가준비 등 관련 업무를 충실히 수행하여 원활한 사업추진에 이바지함을 목적으로 한다.

제3조(사업시행구역) 추진위원회의 사업시행구역은 ○○ (시·도) ○○ (시·군·구) ○○ (읍·면) ○○ (리·동) ○○번지 외 ○○필지(상의 ○○아파트 단지)로서 대지의 총면적은 ○○㎡으로 한다.

제4조(사무소) ① 추진위원회의 주된 사무소는 ○○ (시·도) ○○ (시·군·구) ○○ (읍·면) ○○ (리·동) ○○ 번지 ○○호에 둔다.

② 추진위원회의 사무소를 이전하는 경우 사업시행구역 내 법 제2조제9호 가목 및 나목에 따른 토지등소유자(이하 "토지등소유자"라 한다)에게 통지하여야 한다.

제5조(추진업무 등) ① 추진위원회는 다음 각 호의 업무를 수행한다.

1. 설계자의 선정 및 변경
2. 법 제102조에 따른 정비사업전문관리업자(이하 "정비사업전문관리업자"라 한다)의 선정
3. 개략적인 사업시행계획서의 작성
4. 조합의 설립인가를 받기 위한 준비업무

5. 추진위원회 운영규정 작성(다만, 추진위원회 설립승인시 토지등소유자의 과반수의 동의를 얻은 운영규정을 작성하여 시장·군수 또는 자치구의 구청장에게 신고한 경우는 제외한다) 및 변경
6. 조합정관 초안 작성
7. 토지등소유자의 동의서 징구
8. 조합의 설립을 위한 창립총회의 준비 및 개최
9. 그 밖에 법령의 범위 내에서 추진위원회 운영규정이 정하는 사항

② 삭제〈2010.9.16〉

③ 추진위원회는 주민총회에서 법 제29조에 따른 방법으로 정비사업전문관리업자를 선정하여 제1항제2호를 제외한 제1항 각 호의 업무를 수행하도록 할 수 있다.

④ 시공자·감정평가업자의 선정 등 조합의 업무에 속하는 부분은 추진위원회의 업무범위에 포함되지 아니한다. 다만, 추진위원회가 조합설립 동의를 위하여 법 제35조제8항에 따른 추정분담금을 산정하기 위해 필요한 경우 감정평가업자를 선정할 수 있다.

제6조(운영원칙) ① 추진위원회는 법, 관계 법령, 이 운영규정 및 관련 행정기관의 처분을 준수하여 운영되어야 하며, 그 업무를 추진함에 있어 사업시행구역 내 토지등소유자의 의견을 충분히 수렴하여야 한다.

② 추진위원회는 법 제31조제1항에 따른 추진위원회 구성승인 후에 위원장 및 감사를 변경하고자 하는 경우 시장·군수 또는 자치구의 구청장(이하 "시장·군수등"이라 한다)의 승인을 얻어야 하며, 그 밖의 경우 시장·군수등에게 신고하여야 한다.

제7조(추진위원회 운영기간) 추진위원회의 운영기간은 추진위원회 승인일부터 법 제34조제4항에 따라 조합설립인가 후 조합에 회계장부 및 관련서류를 인계하는 날까지로 한다.

제8조(토지등소유자의 동의) ① 추진위원회의 업무에 대한 토지등소유자의 동의는 「도시 및 주거환경정비법 시행령」(이하 "영"이라 한다) 제33조에 따른다.

② 법 제36조의 규정은 제1항의 규정에 의한 동의에 관하여 이를 준용한다.

③ 삭제〈2018.2.9.〉

제9조(권리·의무에 관한 사항의 공개·통지방법) ① 추진위원회는 토지등소유자의 권리·의무에 관한 다음 각 호의 사항(변동사항을 포함한다. 이하 같다)을 토지등소유자가 쉽게 접할 수 있는 장소에 게시하거나 인터넷 등을 통하여 공개하고, 필요한 경우에는 토지등소유자에게 서면통지를 하는 등 토지등소유자가 그 내용을 충분히 알 수 있도록 하여야 한다.

1. 안전진단 결과(재건축사업에 한함)
2. 정비사업전문관리업자의 선정에 관한 사항
3. 토지등소유자의 부담액 범위를 포함한 개략적인 사업시행계획서
4. 추진위원회 임원의 선정에 관한 사항

5. 토지등소유자의 비용부담을 수반하거나 권리·의무에 변동을 일으킬 수 있는 사항
6. 영 제26조에 따른 추진위원회의 업무에 관한 사항
7. 창립총회 개최의 방법 및 절차
8. 조합설립에 대한 동의철회(법 제31조제2항 단서에 따른 반대의 의사표시를 포함한다) 및 방법
9. 영 제30조제2항에 따른 조합 설립 동의서에 포함되는 사항
10. 삭제〈2018.2.9.〉

② 제1항의 공개·통지방법은 이 운영규정에서 따로 정하는 경우를 제외하고는 다음 각 호의 방법에 따른다.

1. 토지등소유자에게 등기우편으로 개별 통지하여야 하며, 등기우편이 주소불명, 수취거절 등의 사유로 반송되는 경우에는 1회에 한하여 일반우편으로 추가 발송한다.
2. 토지등소유자가 쉽게 접할 수 있는 일정한 장소의 게시판(이하 "게시판"이라 한다)에 14일 이상 공고하고 게시판에 게시한 날부터 3월 이상 추진위원회 사무소에 관련서류와 도면 등을 비치하여 토지등소유자가 열람할 수 있도록 한다.
3. 인터넷 홈페이지가 있는 경우 홈페이지에도 공개하여야 한다. 다만, 특정인의 권리에 관계되거나 외부에 공개하는 것이 곤란한 경우에는 그 요지만을 공개할 수 있다.
4. 제1호의 등기우편이 발송되고 제2호의 게시판에 공고가 있는 날부터 공개·통지된 것으로 본다.

제10조(운영규정의 변경) ① 운영규정의 변경은 토지등소유자의 4분의 1 이상 또는 추진위원회의 의결로 발의한다.

② 운영규정이 변경된 경우에는 추진위원회는 시장·군수등에게 이를 신고하여야 한다.

제2장 토지등소유자

제11조(권리·의무의 승계) 양도·상속·증여 및 판결 등으로 토지등소유자가 된 자는 종전의 토지등소유자가 행하였거나 추진위원회가 종전의 권리자에게 행한 처분 및 권리·의무 등을 포괄 승계한다.

제12조(토지등소유자의 명부 등) ① 추진위원회는 토지등소유자의 명부와 추진위원회 구성에 동의한 토지등소유자의 명부(이하 "동의자 명부"라 한다)를 작성하여 관리하여야 한다.

② 추진위원회 구성에 동의하지 아니한 자를 동의자 명부에 기재하기 위하여는 「도시 및 주거환경정비법 시행규칙」 별지 제4호서식의 추진위원회동의서를 징구하여야 하며, 해당 토지등소유자는 추진위원회 구성에 동의한 토지등소유자가 납부한 운영경비의 동일한 금액과 그 금액의 지연납부에 따른 이자를 납부하여야 한다.

제13조(토지등소유자의 권리·의무) ① 토지등소유자는 다음 각 호의 권리와 의무를 갖는다. 다만, 제3호부터 제5호까지의 규정은 추진위원회 구성에 동의한 자에 한한다.

1. 주민총회의 출석권·발언권 및 의결권
2. 추진위원회 위원(제15조제1항에 따른 위원을 말한다)의 선임·선출권
3. 추진위원회 위원(제15조제1항에 따른 위원을 말한다)의 피선임·피선출권
4. 추진위원회 운영경비 및 그 연체료의 납부의무
5. 그 밖에 관계법령 및 이 운영규정, 주민총회 등의 의결사항 준수의무

② 토지등소유자의 권한은 평등하며, 권한의 대리행사는 원칙적으로 인정하지 아니하되, 다음 각 호에 해당하는 경우에는 권한을 대리할 수 있다. 이 경우 토지등소유자의 자격은 변동되지 아니한다.

1. 토지등소유자가 권한을 행사할 수 없어 배우자·직계존비속·형제자매 중에서 성년자를 대리인으로 정하여 위임장을 제출하는 경우
2. 해외거주자가 대리인을 지정한 경우
3. 법인인 토지등소유자가 대리인을 지정한 경우(이 경우 법인의 대리인은 추진위원회의 위원으로 선임될 수 있다.)

③ 토지등소유자가 그 권리를 양도하거나 주소 또는 인감을 변경하였을 경우에는 그 양수자 또는 변경 당사자는 그 행위의 종료일부터 14일 이내에 추진위원회에 그 변경내용을 신고하여야 한다. 이 경우 신고하지 아니하여 발생되는 불이익 등에 대하여 해당 토지등소유자는 추진위원회에 이의를 제기할 수 없다.

④ 토지등소유자로서 추진위원회 구성에 동의한 자는 추진위원회가 사업시행에 필요한 서류를 요구하는 경우 이를 제출할 의무가 있으며 추진위원회의 승낙이 없는 한 이를 회수할 수 없다. 이 경우 추진위원회는 요구서류에 대한 용도와 수량을 명확히 하여야 하며, 추진위원회의 승낙이 없는 한 회수할 수 없다는 것을 미리 고지하여야 한다.

⑤ 소유권을 수인이 공동 소유하는 경우에는 그 수인은 대표자 1인을 대표소유자로 지정하고 별지 서식의 대표소유자선임동의서를 작성하여 추진위원회에 신고하여야 한다. 이 경우 소유자로서의 법률행위는 그 대표소유자가 행한다.

제14조(토지등소유자 자격의 상실) 토지등소유자가 주택 또는 토지의 소유권을 이전하였을 때에는 그 자격을 즉시 상실한다.

제3장 위 원

제15조(위원의 선임 및 변경) ① 추진위원회의 위원은 다음 각 호의 범위 이내로 둘 수 있으며, 상근하는 위원을 두는 경우 추진위원회의 의결을 거쳐야 한다.

1. 위원장
2. 부위원장
3. 감사 _인
4. 추진위원 _인

② 위원은 추진위원회 설립에 동의한 자 중에서 선출하되, 위원장·부위원장 및 감사는 다음 각 호의 어느 하나에 해당하는 자이어야 한다.

1. 피선출일 현재 사업시행구역 안에서 3년 이내에 1년 이상 거주하고 있는 자(다만, 거주의 목적이 아닌 상가 등의 건축물에서 영업 등을 하고 있는 경우 영업 등은 거주로 본다)
2. 피선출일 현재 사업시행구역 안에서 5년 이상 토지 또는 건축물(재건축사업의 경우 토지 및 건축물을 말한다)을 소유한 자

③ 위원의 임기는 선임된 날부터 2년까지로 하되, 추진위원회에서 재적위원(추진위원회의 위원이 임기 중 궐위되어 위원 수가 이 운영규정 본문 제2조제2항에서 정한 최소 위원의 수에 미달되게 된 경우 재적위원의 수는 이 운영규정 본문 제2조제2항에서 정한 최소 위원의 수로 본다. 이하 같다) 과반수의 출석과 출석위원 3분의 2 이상의 찬성으로 연임할 수 있으나, 위원장·감사의 연임은 주민총회의 의결에 의한다.

④ 임기가 만료된 위원은 그 후임자가 선임될 때까지 그 직무를 수행하고, 추진위원회에서는 임기가 만료된 위원의 후임자를 임기만료 전 2개월 이내에 선임하여야 하며 위 기한 내 추진위원회에서 후임자를 선임하지 않을 경우 토지등소유자 5분의 1이상이 시장·군수등의 승인을 얻어 주민총회를 소집하여 위원을 선임할 수 있으며, 이 경우 제20조제5항 및 제6항, 제24조제2항을 준용한다.

⑤ 위원이 임기 중 궐위된 경우에는 추진위원회에서 재적위원 과반수 출석과 출석위원 3분의 2이상의 찬성으로 이를 보궐선임할 수 있으나, 위원장·감사의 보궐선임은 주민총회의 의결에 의한다. 이 경우 보궐선임된 위원의 임기는 전임자의 잔임기간으로 한다.

⑥ 추진위원의 선임방법은 추진위원회에서 정하되, 동별·가구별 세대수 및 시설의 종류를 고려하여야 한다.

제16조(위원의 결격사유 및 자격상실 등) ① 다음 각 호의 어느 하나에 해당하는 자는 위원이 될 수 없다.

1. 미성년자·피성년후견인 또는 피한정후견인
2. 파산선고를 받고 복권되지 아니한 자
3. 금고 이상의 실형의 선고를 받고 그 집행이 종료(종료된 것으로 보는 경우를 포함한다)되거나 집행이 면제된 날부터 2년이 지나지 아니한 자
4. 금고 이상의 형의 집행유예를 받고 그 유예기간 중에 있는 자
5. 법 또는 관련 법률에 의한 징계에 의하여 면직의 처분을 받은 날부터 2년이 지나지 아니

한 자

6. 법을 위반하여 벌금 100만원 이상의 형을 확정판결 받은 날로부터 5년이 지나지 아니한 자

② 위원이 제1항 각 호의 어느 하나에 해당하게 되거나 선임 당시 그에 해당하는 자이었음이 판명되거나, 위원장·부위원장 및 감사가 선임 당시에 제15조제2항 각 호의 어느 하나에 해당하지 않은 것으로 판명된 경우 당연 퇴임한다.

③ 제2항에 따라 퇴직된 위원이 퇴직 전에 관여한 행위는 그 효력을 잃지 아니한다.

④ 위원으로 선임된 후 그 직무와 관련한 형사사건으로 기소된 경우에는 기소내용에 따라 확정판결이 있을 때까지 제18조의 절차에 따라 그 자격을 정지할 수 있고, 위원이 그 사건으로 받은 확정판결내용이 법 제135조부터 제138조까지의 벌칙규정에 따른 벌금형에 해당하는 경우에는 추진위원회에서 신임여부를 의결하여 자격상실여부를 결정한다.

제17조(위원의 직무 등) ① 위원장은 추진위원회를 대표하고 추진위원회의 사무를 총괄하며 주민총회 및 추진위원회의 의장이 된다.

② 감사는 추진위원회의 사무 및 재산상태와 회계에 관하여 감사하며, 주민총회 및 추진위원회에 감사결과보고서를 제출하여야 하고 토지등소유자 5분의 1 이상의 요청이 있을 때에는 공인회계사에게 회계감사를 의뢰하여야 한다.

③ 감사는 추진위원회의 재산관리 또는 업무집행이 공정하지 못하거나 부정이 있음을 발견하였을 때에는 추진위원회에 보고하기 위하여 위원장에게 추진위원회 소집을 요구하여야 한다. 이 경우 감사의 요구에도 불구하고 위원장이 회의를 소집하지 아니하는 경우에는 감사가 직접 추진위원회를 소집할 수 있다.

④ 감사는 제3항 직무위배행위로 인해 감사가 필요한 경우 추진위원 또는 외부전문가로 구성된 감사위원회를 구성할 수 있다. 이 경우 감사는 감사위원회의 의장이 된다.

⑤ 부위원장·추진위원은 위원장을 보좌하고, 추진위원회에 부의된 사항을 심의·의결한다.

⑥ 다음 각 호의 경우 해당 안건에 관하여는 부위원장, 추진위원 중 연장자 순으로 추진위원회를 대표한다.

1. 위원장이 자기를 위한 추진위원회와의 계약이나 소송에 관련되었을 경우
2. 위원장의 유고로 인하여 그 직무를 수행할 수 없을 경우
3. 위원장의 해임에 관한 사항

⑦ 추진위원회는 그 사무를 집행하기 위하여 필요하다고 인정되는 때에는 추진위원회 사무국을 둘 수 있으며, 사무국에 상근하는 유급직원을 둘 수 있다. 이 경우 사무국의 운영규정을 따로 정하여 주민총회의 인준을 받아야 한다.

⑧ 위원은 동일한 목적의 사업을 시행하는 다른 조합·추진위원회 또는 정비사업전문관리업자 등 관련단체의 임원·위원 또는 직원을 겸할 수 없다.

제18조(위원의 해임 등) ① 위원이 직무유기 및 태만 또는 관계법령 및 이 운영규정에 위반하여 토지등소유자에게 부당한 손실을 초래한 경우에는 해임할 수 있다.

② 제16조제2항에 따라 당연 퇴임한 위원은 해임 절차 없이 선고받은 날부터 그 자격을 상실한다.

③ 위원이 자의로 사임하거나 제1항에 따라 해임되는 경우에는 지체없이 새로운 위원을 선출하여야 한다. 이 경우 새로 선임된 위원의 자격은 위원장 및 감사의 경우 시장·군수등의 승인이 있은 후에, 그 밖의 위원의 경우 시장·군수등에게 변경신고를 한 후에 대외적으로 효력이 발생한다.

④ 위원의 해임·교체는 토지등소유자의 해임요구가 있는 경우에 재적위원 3분의 1 이상의 동의로 소집된 추진위원회에서 위원정수(운영규정 제15조에 따라 확정된 위원의 수를 말한다. 이하 같다)의 과반수 출석과 출석위원 3분의 2 이상의 찬성으로 해임하거나, 토지등소유자 10분의 1 이상의 발의로 소집된 주민총회에서 토지등소유자의 과반수 출석과 출석 토지등소유자의 과반수 찬성으로 해임할 수 있다. 다만, 위원 전원을 해임할 경우 토지등소유자의 과반수의 찬성으로 해임할 수 있다.

⑤ 제4항에 따라 해임대상이 된 위원은 해당 추진위원회 또는 주민총회에 참석하여 소명할 수 있으나 위원정수에서 제외하며, 발의자 대표의 임시사회로 선출된 자는 해임총회의 소집 및 진행에 있어 추진위원장의 권한을 대행한다.

⑥ 사임 또는 해임절차가 진행 중인 위원이 새로운 위원이 선출되어 취임할 때까지 직무를 수행하는 것이 적합하지 아니하다고 인정될 때에는 추진위원회 의결에 따라 그의 직무수행을 정지하고 위원장이 위원의 직무를 수행할 자를 임시로 선임할 수 있다. 다만, 위원장이 사임하거나 해임되는 경우에는 제17조제6항에 따른다.

제19조(보수 등) ① 추진위원회는 상근하지 아니하는 위원 등에 대하여는 보수를 지급하지 아니한다. 다만, 위원의 직무수행으로 발생되는 경비는 지급할 수 있다.

② 추진위원회는 상근위원 및 유급직원에 대하여 별도의 보수규정을 따로 정하여 보수를 지급하여야 한다. 이 경우 보수규정은 주민총회의 인준을 받아야 한다.

제4장 기 관

제20조(주민총회) ① 토지등소유자 전원으로 주민총회를 구성한다.

② 주민총회는 위원장이 필요하다고 인정하는 경우에 개최한다. 다만, 다음 각 호의 어느 하나에 해당하는 때에는 위원장은 해당 일부터 2월 이내에 주민총회를 개최하여야 한다.

1. 토지등소유자 5분의 1 이상이 주민총회의 목적사항을 제시하여 청구하는 때
2. 추진위원 3분의 2 이상으로부터 개최요구가 있는 때

③ 제2항 각 호에 따른 청구 또는 요구가 있는 경우로서 위원장이 2개월 이내에 정당한 이유 없이 주민총회를 소집하지 아니하는 때에는 감사가 지체 없이 주민총회를 소집하여야 하며, 감사가 소집하지 아니하는 때에는 제2항 각 호에 따라 소집을 청구한 자의 대표가 시장·군수 등의 승인을 얻어 이를 소집한다.

④ 주민총회를 개최하거나 일시를 변경하는 경우에는 주민총회의 목적·안건·일시·장소·변경 사유 등에 관하여 미리 추진위원회의 의결을 거쳐야 한다. 다만, 제2항 각 호에 따라 주민총회를 소집하는 경우에는 그러하지 아니하다.

⑤ 제2항 및 제3항의 규정에 의하여 주민총회를 소집하는 경우에는 회의개최 14일 전부터 회의목적·안건·일시 및 장소 등을 게시판에 게시하여야 하며, 토지등소유자에게는 회의개최 10일 전까지 등기우편으로 이를 발송·통지하여야 한다. 이 경우 등기우편이 반송된 경우에는 지체없이 1회에 한하여 추가 발송한다.

⑥ 주민총회는 제5항에 따라 통지한 안건에 대하여만 의결할 수 있다.

제21조(주민총회의 의결사항) 다음 각 호의 사항은 주민총회의 의결을 거쳐 결정한다.

1. 추진위원회 승인 이후 위원장·감사의 선임·변경·보궐선임·연임
2. 운영규정의 변경
3. 정비사업전문관리업자 및 설계자의 선정 및 변경
4. 삭제〈2010.9.16〉
5. 제30조에 따른 개략적인 사업시행계획서의 변경
6. 제31조5항에 따른 감사인의 선정
7. 조합설립추진과 관련하여 추진위원회에서 주민총회의 의결이 필요하다고 결정하는 사항

제22조(주민총회의 의결방법) ① 주민총회는 법 및 이 운영규정이 특별히 정한 경우를 제외하고 추진위원회 구성에 동의한 토지등소유자 과반수 출석으로 개의하고 출석한 토지등소유자(동의하지 않은 토지등소유자를 포함한다)의 과반수 찬성으로 의결한다.

② 토지등소유자는 서면 또는 제13조제2항 각 호에 해당하는 대리인을 통하여 의결권을 행사할 수 있다. 이 경우 서면에 의한 의결권 행사는 제1항에 따른 출석으로 본다.

③ 토지등소유자는 규정에 의하여 출석을 서면으로 하는 때에는 안건내용에 대한 의사를 표시하여 주민총회 전일까지 추진위원회에 도착되도록 하여야 한다.

④ 토지등소유자는 제2항에 따라 출석을 대리인으로 하고자 하는 경우에는 위임장 및 대리인 관계를 증명하는 서류를 추진위원회에 제출하여야 한다.

⑤ 주민총회 소집결과 정족수에 미달되는 때에는 재소집하여야 하며, 재소집의 경우에도 정족수에 미달되는 때에는 추진위원회 회의로 주민총회를 갈음할 수 있다.

제23조(주민총회운영 등) ① 주민총회의 운영은 이 운영규정 및 의사진행의 일반적인 규칙에 따른다.

② 의장은 주민총회의 안건내용 등을 고려하여 다음 각 호에 해당하는 자 중 토지등소유자가 아닌 자를 주민총회에 참석하여 발언하도록 할 수 있다.

1. 추진위원회 사무국 직원
2. 정비사업전문관리업자, 건축사 사무소 등 용역업체 관계자
3. 그 밖에 위원장이 주민총회운영을 위하여 필요하다고 인정하는 자

③ 의장은 주민총회의 질서를 유지하고 의사를 정리하며, 고의로 의사진행을 방해하는 발언·행동 등으로 주민총회질서를 문란하게 하는 자에 대하여 그 발언의 정지·제한 또는 퇴장을 명할 수 있다.

④ 추진위원회는 주민총회의 의사규칙을 정하여 운영할 수 있다

제24조(추진위원회의 개최) ① 추진위원회는 위원장이 필요하다고 인정하는 때에 소집한다. 다만, 다음 각 호의 어느 하나에 해당하는 때에는 위원장은 해당 일부터 14일 이내에 추진위원회를 소집하여야 한다.

1. 토지등소유자의 10분의 1 이상이 추진위원회의 목적사항을 제시하여 소집을 청구하는 때
2. 재적 추진위원 3분의 1 이상이 회의의 목적사항을 제시하여 청구하는 때

② 제1항 각 호의 어느 하나에 따른 소집청구가 있는 경우로서 위원장이 14일 이내에 정당한 이유 없이 추진위원회를 소집하지 아니한 때에는 감사가 지체 없이 이를 소집하여야 하며 이 경우 의장은 제17조제6항에 따른다. 감사가 소집하지 아니하는 때에는 소집을 청구한 자의 공동명의로 소집하며 이 경우 의장은 발의자 대표의 임시사회로 선출된 자가 그 의장이 된다.

③ 추진위원회의 소집은 회의개최 7일 전까지 회의목적·안건·일시 및 장소를 기재한 통지서를 추진위원회의 위원에게 송부하고, 게시판에 게시하여야 한다. 다만, 사업추진상 시급히 추진위원회의 의결을 요하는 사안이 발생하는 경우에는 회의 개최 3일 전에 이를 통지하고 추진위원회 회의에서 안건상정여부를 묻고 의결할 수 있다. 이 경우 출석위원 3분의 2 이상의 찬성으로 의결할 수 있다.

제25조(추진위원회의 의결사항) ① 추진위원회는 이 운영규정에서 따로 정하는 사항과 다음 각 호의 사항을 의결한다.

1. 위원(위원장·감사를 제외한다)의 보궐선임
2. 예산 및 결산의 승인에 관한 방법
3. 주민총회 부의안건의 사전심의 및 주민총회로부터 위임받은 사항
4. 주민총회 의결로 정한 예산의 범위 내에서의 용역계약 등
5. 그 밖에 추진위원회 운영을 위하여 필요한 사항

② 추진위원회는 제24조제3항에 따라 통지한 사항에 관하여만 의결할 수 있다.

③ 위원은 자신과 관련된 해임·계약 및 소송 등에 대하여 의결권을 행사할 수 없다.

제26조(추진위원회의 의결방법) ① 추진위원회는 이 운영규정에서 특별히 정한 경우를 제외하

고는 재적위원 과반수 출석으로 개의하고 출석위원 과반수의 찬성으로 의결한다. 다만, 제22조제5항에 따라 주민총회의 의결을 대신하는 의결사항은 재적위원 3분의 2 이상의 출석과 출석위원 3분의 2 이상의 찬성으로 의결한다.

② 위원은 대리인을 통한 출석을 할 수 없다. 다만, 위원은 서면으로 추진위원회 회의에 출석하거나 의결권을 행사할 수 있으며, 이 경우 제1항에 따른 출석으로 본다.

③ 감사는 재적위원에는 포함하되 의결권을 행사할 수 없다.

④ 제23조의 규정은 추진위원회 회의에 준용할 수 있다.

제27조(의사록의 작성 및 관리) ① 주민총회 및 추진위원회의 의사록에는 위원장·부위원장 및 감사가 기명날인하여야 한다.

② 위원의 선임과 관련된 의사록을 관할 시장·군수등에게 송부하고자 할 때에는 위원의 명부와 그 피선자격을 증명하는 서류를 첨부하여야 한다.

제5장 사업시행 등

제28조 삭제〈2010.9.16〉

제29조(용역업체의 선정 및 계약) 용역업체의 선정은 법 제29조에 따른다.

제30조(개략적인 사업시행계획서의 작성) 추진위원회는 다음 각 호의 사항을 포함하여 개략적인 사업시행계획서를 작성하여야 한다.

1. 용적률·건폐율 등 건축계획
2. 건설예정 세대수 등 주택건설계획
3. 철거 및 신축비 등 공사비와 부대경비
4. 사업비의 분담에 관한 사항
5. 사업완료 후 소유권의 귀속에 관한 사항

제6장 회 계

제31조(추진위원회의 회계) ① 추진위원회의 회계는 매년 1월 1일(설립승인을 받은 당해연도의 경우에는 승인일부터 12월 31일까지로 한다.

② 추진위원회의 예산·회계는 기업회계원칙에 따르되, 추진위원회는 필요하다고 인정하는 때에는 다음 각 호의 사항에 관하여 별도의 회계규정을 정하여 운영할 수 있다.

1. 예산의 편성과 집행기준에 관한 사항
2. 세입·세출예산서 및 결산보고서의 작성에 관한 사항
3. 수입의 관리·징수방법 및 수납기관 등에 관한 사항
4. 지출의 관리 및 지급 등에 관한 사항
5. 계약 및 채무관리에 관한 사항

6. 그 밖에 회계문서와 장부에 관한 사항

③ 추진위원회는 추진위원회의 지출내역서를 매분기별로 게시판에 게시하거나 인터넷 등을 통하여 공개하고, 토지등소유자가 열람할 수 있도록 하여야 한다.

④ 추진위원회는 매 회계연도 종료일부터 30일 내 결산보고서를 작성한 후 감사의 의견서를 첨부하여 추진위원회에 제출하여 의결을 거쳐야 하며, 추진위원회 의결을 거친 결산보고서를 주민총회 또는 토지등소유자에게 서면으로 보고하고 추진위원회 사무소에 3월 이상 비치하여 토지등소유자들이 열람할 수 있도록 하여야 한다.

⑤ 추진위원회는 납부 또는 지출된 금액의 총액이 3억 5천만원 이상인 경우에는 「주식회사 등의 외부감사에 관한 법률」 제2조제7호에 따른 감사인의 회계감사를 받는다. 제36조에 따라 중도 해산하는 경우에도 또한 같다.

⑥ 추진위원회는 제5항 따라 실시한 회계감사 결과를 회계감사 종료일부터 15일 이내 시장·군수등에게 보고하고, 추진위원회 사무소에 이를 비치하여 토지등소유자가 열람할 수 있도록 하여야 한다.

⑦ 추진위원회는 사업시행상 조력을 얻기 위하여 용역업자와 계약을 체결하고자 하는 경우에는 「국가를 당사자로 하는 계약에 관한 법률」을 적용할 수 있다.

제32조(재원) 추진위원회의 운영 및 사업시행을 위한 자금은 다음 각 호에 따라 조달한다.

1. 토지등소유자가 납부하는 경비
2. 금융기관 및 정비사업전문관리업자 등으로부터의 차입금
3. 지방자치단체의 장이 융자하는 융자금

제33조(운영경비의 부과 및 징수) ① 추진위원회는 조합설립을 추진하기 위한 비용을 충당하기 위하여 토지등소유자에게 운영경비를 부과·징수 할 수 있다.

② 제1항에 따른 운영경비는 추진위원회의 의결을 거쳐 부과할 수 있으며, 토지등소유자의 토지 및 건축물 등의 위치·면적·이용상황·환경 등 제반여건을 종합적으로 고려하여 공평하게 부과하여야 한다.

③ 추진위원회는 납부기한 내 운영경비를 납부하지 아니한 토지등소유자(추진위원회 구성에 찬성한 자에 한한다)에 대하여는 금융기관에서 적용하는 연체금리의 범위에서 연체료를 부과할 수 있다.

제7장 보 칙

제34조(조합설립 동의서) ① 추진위원회가 법 제35조제2항부터 제4항까지의 규정에 따라 조합설립을 위한 토지등소유자의 동의를 받는 경우 「도시 및 주거환경정비법 시행규칙」 별지 제6호서식의 조합설립동의서에 동의를 받아야 한다. 이 경우 다음 각 호의 사항에 동의한 것으로 본다.

1. 건설되는 건축물의 설계의 개요
2. 공사비 등 정비사업에 드는 비용
3. 제2호의 비용의 분담에 관한 기준(제1호의 설계개요가 변경되는 경우 비용의 분담기준을 포함한다)
4. 사업완료 후 소유권의 귀속에 관한 사항
5. 조합정관

② 추진위원회는 조합설립에 필요한 동의를 받기 전에 다음 각 호의 정보를 토지등소유자에게 제공하여야 한다.

1. 토지등소유자별 분담금 추산액 및 산출근거
2. 그 밖에 추정분담금의 산출등과 관련하여 시·도조례로 정하는 정보

제35조(관련자료의 공개와 보존) ① 추진위원장은 정비사업 시행에 관하여 다음 각 호(제1호부터 제9호까지를 말한다)의 서류 및 관련 자료가 작성되거나 변경된 후 15일 이내에 토지등소유자가 알 수 있도록 인터넷(인터넷에 공개하기 어려운 사항은 그 개략적인 내용만 공개할 수 있다)과 그 밖의 방법을 병행하여 토지등소유자의 주민등록번호를 제외하고 공개하여야 하며, 토지등소유자의 열람·복사 요청이 있는 경우 15일 이내에 그 요청에 따라야 한다. 이 경우 복사에 필요한 비용은 실비의 범위 안에서 청구인의 부담으로 한다.

1. 추진위원회 운영규정 등
2. 정비사업전문관리업자 및 설계자 등 용역업체의 선정계약서
3. 추진위원회·주민총회 의사록
4. 사업시행계획서
5. 해당 정비사업의 시행에 관한 공문서
6. 회계감사보고서
7. 월별 자금 입금·출금 세부내역
8. 연간 자금운용 계획에 관한 사항
9. 정비사업전문관리업자·설계자 등 용역업체와의 세부 계약 변경에 관한 사항
10. 토지등소유자 명부

② 추진위원회 또는 정비사업전문관리업자는 주민총회 또는 추진위원회가 있은 때에는 제1항에 따른 서류 및 관련 자료와 속기록녹음 또는 영상자료를 만들어 이를 조합설립 인가일부터 30일 이내에 조합에 인계하여야 하고, 중도해산의 경우 청산업무가 종료할 때까지 이를 보관하여야 한다.

③ 토지등소유자가 제1항 각 호의 사항을 열람·복사하고자 하는 때에는 서면으로 요청하여야 하며, 청구인은 제공받은 서류와 자료를 사용목적 외의 용도로 이용·활용하여서는 아니된다.

④ 추진위원회는 제1항에 따라 공개의 대상이 되는 서류 및 관련 자료의 경우 매 분기가 끝나

는 달의 다음 달 15일까지 다음 각 호의 사항을 토지등소유자에게 서면으로 통지하여야 한다.
1. 공개 대상의 목록
2. 공개 자료의 개략적인 내용
3. 공개 장소
4. 대상자별 정보공개의 범위
5. 열람·복사 방법
6. 등사에 필요한 비용

제36조(승계) ① 추진위원회는 조합설립인가일까지 업무를 수행할 수 있으며, 조합이 설립되면 모든 업무와 자산을 조합에 인계하고 해산한다.

② 추진위원회는 자신이 행한 업무를 조합의 총회에 보고하여야 하며, 추진위원회가 그 업무범위 내에서 행한 업무와 관련된 권리와 의무는 조합이 포괄승계한다.

제37조(민법의 준용 등) ① 추진위원회에 관하여는 법에 규정된 것을 제외하고는 민법의 규정 중 사단법인에 관한 규정을 준용한다.

② 법·민법 기타 다른 법률과 이 운영규정에서 정하는 사항 외에 추진위원회 운영과 사업시행 등에 관하여 필요한 사항은 관계법령 및 관련 행정기관의 지침·지시 또는 유권해석 등에 따른다.

③ 이 운영규정이 법령의 개정으로 변경되어야 할 경우 운영규정의 개정절차에 관계없이 변경되는 것으로 본다. 다만, 관계법령의 내용이 임의규정인 경우에는 그러하지 아니하다.

부 칙

이 운영규정은 ○○시장·군수·구청장으로부터 ○○주택재건축/주택재개발/도시환경정비사업조합설립추진위원회로 승인을 받은 날부터 시행한다.

(2) 운영 및 경비납부

추진위원회는 운영규정에 따라 운영하여야 하며, 다음의 사항을 토지등소유자가 쉽게 접할 수 있는 일정한 장소에 게시하거나 인터넷 등을 통하여 공개하고, 필요한 경우에는 토지등소유자에게 서면통지를 하는 등 토지등소유자가 그 내용을 충분히 알 수 있도록 하여야 한다. 다만, 조합설립에 대한 동의철회·방법 및 조합설립 동의서에 포함되는 사항은 조합설립인가 신청일 60일 전까지 추진위원회 구성에 동의한 토지등소유자에게 등기우편으로 통지하여야 한다(령 제29조제1항).

• 안전진단 결과

- 정비사업전문관리업자의 선정에 관한 사항
- 토지등소유자의 부담액 범위를 포함한 개략적인 사업시행계획서
- 추진위원회 위원의 선정에 관한 사항
- 토지등소유자의 비용부담을 수반하거나 권리·의무에 변동을 일으킬 수 있는 사항
- 추진위원회의 업무에 관한 사항
- 창립총회 개최의 방법 및 절차
- 조합설립에 대한 동의철회(조합설립에 대한 반대의 의사표시를 포함함) 및 방법
- 조합 설립 동의서에 포함되는 사항
  - 건설되는 건축물의 설계의 개요
  - 정비사업비
  - 정비사업비 분담기준
  - 사업완료후 소유권의 귀속에 관한 사항
  - 조합정관

토지등소유자는 추진위원회 운영에 필요한 경비를 운영규정에 따라 납부하여야 하며, 추진위원회는 추진위원회의 지출내역서를 매분기별로 토지등소유자가 쉽게 접할 수 있는 일정한 장소에 게시하거나 인터넷 등을 통하여 공개하고, 토지등소유자가 열람할 수 있도록 하여야 한다(령 제29조제2항).

(3) 조합의 권리의무 포괄승계 및 추진위원회 소멸

① 권리의무 포괄승계

추진위원회는 수행한 업무를 조합 총회에 보고하여야 하며, 그 업무와 관련된 권리·의무는 조합이 포괄승계한다(제34조제3항).

소송에서의 법률상 지위도 승계하므로, 추진위원회가 당사자인 소송이 계속중 조합이 설립되었다면 조합은 추진위원회의 소송을 수계한다.

재개발정비사업조합추진위원회가 주민총회에서 시공자를 선정한 뒤 일부 주민이 추진위원회를 상대로 시공자 선정에 관한 주민총회 결의에 대한 무효확인 소송을 제기하였고, 소계속중에 추진위원회가 조합설립을 위한 창립총회를 개최하여 재개발정비사업조합을 설립하고 관할관청으로부터 설립인가를 받자, 소송을 제기한 주민들이 조합으로 하여금 소송절차를 수계토록 할 것을 신청한 사안에서, 원심은 「시공자의 선정은 추진위원회 또는 추진위원회가 개최한 주민총회

의 권한이 아니라 앞으로 설립될 조합 총회의 고유한 권한이라고 봄이 상당하므로, 결국 조합 총회가 아닌 추진위원회 주민총회에서 시공자를 선정한 이 사건 결의는 무효라 할 것이고, 소송 계속 중에 조합이 설립되어 추진위원회의 권리의무를 승계하게 되었다면 조합은 추진위원회가 가지고 있던 소송에서의 법률상 지위도 그대로 승계한다고 볼 것이므로, 조합은 추진위원회의 시공자 선정에 관한 주민총회결의가 무효」라고 판단하였다.

이에 대하여 대법원은 「비법인사단인 조합설립추진위원회가 행한 업무와 관련된 권리와 의무는, 비록 추진위원회가 행한 업무가 사후에 관계 법령의 해석상 추진위원회의 업무범위에 속하지 아니하여 효력이 없다고 하더라도 조합설립인가처분을 받아 법인으로 설립된 조합에 모두 포괄 승계된다고 봄이 타당하다. 따라서 추진위원회를 상대로 추진위원회가 개최한 주민총회에서 한 시공자 선정결의의 무효확인을 구하는 소의 계속 중 조합이 설립되었다면, 조합은 특별한 사유가 없는 한 계속 중인 소송에서 추진위원회의 법률상 지위도 승계한다고 보아야 한다(**대법원 2012. 4. 12. 선고 2009다22419 판결**).」고 판시하면서 원심 판단을 수긍하였다.

② 추진위원회 소멸

조합설립인가처분을 받아 추진위원회의 업무와 관련된 권리와 의무가 조합에 포괄적으로 승계되면, 추진위원회는 그 목적을 달성하여 소멸한다.

조합설립추진위원회의 구성을 승인하는 처분은 조합의 설립을 위한 주체에 해당하는 비법인 사단인 추진위원회를 구성하는 행위를 보충하여 그 효력을 부여하는 처분인 데 반하여, 조합설립 인가처분은 법령상 요건을 갖출 경우 도시정비법상 주택재개발사업을 시행할 수 있는 권한을 가지는 행정주체(공법인)로서의 지위를 부여하는 일종의 설권적 처분이므로, 양자는 그 목적과 성격을 달리한다. 시장·군수로부터 추진위원회 구성승인을 받은 추진위원회는 유효하게 설립된 비법인사단으로서 조합설립에 필요한 법률행위 등을 할 수 있다. 다만 추진위원회의 권한은 조합 설립을 추진하기 위한 업무를 수행하는 데 그치므로 일단 조합설립인가처분을 받아 추진위원회의 업무와 관련된 권리와 의무가 조합에 포괄적으로 승계되면, 추진위원회는 그 목적을 달성하여 소멸한다(**대법원 2013. 12. 26. 선고 2011두8291 판결, 대법원 2014. 4. 14. 선고 2012두1419 전원합의체 판결**).

(4) 조합의 서류인계

추진위원회는 사용경비를 기재한 회계장부 및 관계 서류를 조합설립인가일부터 30일 이내에 조합에 인계하여야 한다(제34조제4항).

5. 조합의 설립

(1) 조합설립원칙

시장·군수등, 토지주택공사등 또는 지정개발자가 아닌 자가 정비사업을 시행하려는 경우에는 토지등소유자로 구성된 조합을 설립하여야 한다(제35조제1항본문).

다만 토지등소유자가 20인 미만인 경우에는 토지등소유자가 시행하거나 토지등소유자가 토지등소유자의 과반수의 동의를 받아 시장·군수등, 토지주택공사등, 건설업자, 등록사업자 또는 대통령령으로 정하는 요건을 갖춘 자와 공동으로 시행하는 방법으로 재개발사업을 시행할 수 있는데, 이러한 방법에 따라 토지등소유자가 재개발사업을 시행하려는 경우에는 조합을 설립하지 아니한다(제35조제1항단서).

(2) 소유자동의

① 사전정보제공

추진위원회는 조합설립에 필요한 동의를 받기 전에 다음 사항을 토지등소유자에게 제공하여야 한다(제35조제10항, 령 제32조).

- 토지등소유자별 분담금 추산액 및 산출근거
- 그 밖에 추정 분담금의 산출 등과 관련하여 시·도 조례로 정하는 정보

서울시 조례에 의하면 서울시장은 추진위원회 또는 조합이 '개략적인 사업비등'을 산출할 수 있는 프로그램을 제공하는데, 추진위원장은 제공받은 프로그램을 이용하여 산출된 정보를 토지등소유자에게 제공하여야 한다(서울시 조례 제80조).

추진위원회의 구성에 동의한 토지등소유자는 특별히 조합설립에 대한 반대의 의사표시를 하지 않는 한 조합의 설립에 동의한 것으로 보는데, 추진위원회 동의자의 경우에는 추정분담금정보등을 제공받지 못한 상태에서 조합 설립에 필요한 동의를 할 수밖에 없으므로, 추진위원회가 추정분담금정보등을 제공하기 전에 토지등소유자로부터 받은 동의도 조합설립에 필요한 동의로서 유효하다고 보아야 할 것인지가 문제된다. 그러나 추진위원회가 조합설립에 필요한 동의를 받기 전에 추정분담금정보등을 토지등소유자에게 제공하도록 규정한 취지는 토지등소유자가 조합설립에 동의할 때 표준동의서에 기재된 내용만으로는 정비사업 참여에 따른 개략적인 비용분담액을 예측하

는 데에 어려움이 있고, 사업시행인가 또는 관리처분계획인가를 할 때 조합원 비용분담액이 원래보다 크게 증가하는 등의 문제가 발생하므로, 토지등소유자가 정비사업으로 부담하게 될 비용을 보다 정확하게 예측할 수 있도록 하려는 것이다. 따라서 추진위원회가 추정분담금정보등을 제공하지 않고 토지등소유자로부터 조합설립에 필요한 동의를 받았다면 그 동의는 토지등소유자가 정비사업으로 부담하게 될 비용이라는 중요한 정보가 없는 상태에서 이루어진 동의라고 할 것이어서, 추진위원회가 토지등소유자에게 추정분담금정보등을 제공하기 전에 조합설립에 필요한 동의를 받은 경우, 추진위원회는 토지등소유자에게 추정분담금정보등을 제공한 후 다시 조합설립에 필요한 동의를 받아야 할 것이다.

② **재개발사업 :** 소유자의 3/4 이상 및 면적의 1/2 이상 동의

재개발사업의 추진위원회(추진위원회를 구성하지 아니하고 공공지원에 의하여 정비사업을 하려는 경우에는 토지등소유자를 말한다)가 조합을 설립하려면 토지등소유자의 4분의 3 이상 및 토지면적의 2분의 1 이상의 토지소유자의 동의를 받아야 한다.

③ **재건축사업 :** 동별 소유자 1/2 이상 및 전체 소유자 3/4 이상 및 면적의 3/4 이상 동의

재건축사업의 추진위원회(추진위원회를 구성하지 아니하고 공공지원에 의하여 정비사업을 하려는 경우에는 토지등소유자를 말한다)가 조합을 설립하려는 때에는 주택단지의 공동주택의 각 동별 구분소유자의 과반수 동의와 주택단지의 전체 구분소유자의 4분의 3 이상 및 토지면적의 4분의 3 이상의 토지소유자의 동의를 받아야 한다. 다만 복리시설의 경우에는 주택단지 복리시설 전체를 하나의 동으로 보며, 각 동별 구분소유자가 5인 이하인 경우에는 해당 동의 동별의 구분소유자의 동의요건은 필요하지 아니하다.

다만 주택단지가 아닌 지역이 재건축정비구역에 포함된 때에는 주택단지가 아닌 지역의 토지 또는 건축물 소유자의 4분의 3 이상 및 토지면적의 3분의 2 이상의 토지소유자의 동의를 받아야 한다.

주택재건축사업의 추진위원회가 조합을 설립함에 있어 ① 정비구역이 주택단지로만 구성된 경우에는 도시정비법 제16조제2항(현 제35조제3항)에 의한 동의만 얻으면 되고, ② 정비구역에 주택단지가 아닌 지역이 포함되어 있을 경우에는 주택단지에 대하여는 도시정비법 제16조제2항에 의한 동의를 얻어야 하지만, 주택단지가 아닌 지역에 대하여는 이와 별도로 제16조제3항(현

제35조제4항)에 의한 동의를 얻어야 하며, ③ 정비구역에 주택단지가 전혀 포함되지 아니한 경우에는 제16조제3항에 의한 동의를 얻어야 한다고 보는 것이 합당하다. 그리고 도시정비법 제16조 제3항 소정의 '토지 또는 건축물 소유자'는 정비구역 안의 토지 및 건축물의 소유자뿐만 아니라 토지만을 소유한 자, 건축물만을 소유한 자 모두를 포함하는 의미라고 해석함이 타당하다(**대법원 2013. 7. 11. 선고 2011두27544 판결, 대법원 2014. 5. 16. 선고 2011두27094 판결**).

④ 동의방법

㉮ 법정사항이 기재된 동의서에 의한 동의

토지등소유자의 동의는 시행규칙 별지 제6호서식의 조합설립동의서에 동의를 받는 방법에 따르는데, 동의서에는 다음의 사항이 포함되어야 한다(령 제30조제1항,제2항, 시행규칙 제8조제3항).

- 건설되는 건축물의 설계의 개요
- 정비사업비
- 정비사업비의 분담기준
- 사업 완료 후 소유권의 귀속에 관한 사항
- 조합정관

㉯ 법정사항 미기재 동의서의 효력

원칙적으로 법정사항이 기재되지 않은 동의서에 의한 동의는 조합설립동의서로서의 효력이 없다.

다만 동의서의 법정사항은 대체로 정비사업에 참여하여 그 비용을 분담하고 그 사업의 성과를 분배받는 조합원이 될 자격이 있는 '토지등소유자'의 이해관계에 관한 것들이므로, 추진위원회가 재건축정비구역 내에 토지 또는 건축물 중 어느 하나만을 소유하고 있어 조합원이 될 수 없는 자로부터 법정사항이 기재되어 있는 동의서가 아닌 조합설립에 동의한다는 취지의 서류를 받은 경우 법정사항이 기재되어 있지 않고 서류제목이 동의서가 아니더라도 조합설립을 위한 동의서로서 효력이 있다.

토지나 건축물만을 소유한 자는, 비록 도시정비법 제16조제3항에 의하여 주택재건축사업의 조합설립에서 동의를 얻어야 할 자에 포함되더라도 도시정비법에 의한 조합원이 될 수는 없다고 봄이 타당하다. 그리고 도시정비법 시행령 제26조제1항은 조합원이 되는 '토지등소유자'에 대하여 동의서에 의한 동의 방법을 규정하고 있고, 도시정비법 제2조제9호(나)목은 주택재건축사업에

> 관한 '토지등소유자'를 '정비구역 안에 소재한 건축물 및 그 부속토지의 소유자'로 하여, 토지나 건축물만을 소유한 자를 제외하고 있는데, 도시정비법 시행령 제26조제1항에서 정하고 있는 동의서의 법정사항은 대체로 정비사업에 참여하여 그 비용을 분담하고 그 사업의 성과를 분배받는 조합원이 될 자격이 있는 '토지등소유자'의 이해관계에 관한 것들이다. 따라서 이러한 사정들에 비추어 보면, 도시정비법 시행령 제26조제1항에서 정한 '토지등소유자'로부터 받아야 하는 동의서에 관한 법정사항은 주택재건축사업에서 토지나 건축물만을 소유하여 조합원이 될 수 없는 자로부터 받는 동의서에 적용될 것이 아니다(**대법원 2013. 11. 14. 선고 2011두5759 판결**).

㉰ 정관 미첨부 동의서의 효력

조합설립추진위원회가 조합의 정관 또는 정관 초안을 첨부하지 아니한 채 법정동의서와 같은 서식에 따른 동의서에 의하여 조합설립에 관한 동의를 받는 것은 적법하고, 그 동의서에 비용분담의 기준이나 소유권의 귀속에 관한 사항이 더 구체적이지 아니하다는 이유로 이를 무효라고 할 수 없다.

> ① 도시정비법 시행규칙이 정한 법정동의서는 상위 법령의 위임에 따른 것으로서 법적 구속력이 있고, 도시정비법령이 이처럼 법정동의서를 규정한 취지는 종래 건설교통부 고시로 제공하던 표준동의서를 대신할 동의서 양식을 법령에서 정하여 그 사용을 강제함으로써 동의서의 양식이나 내용을 둘러싼 분쟁을 미연에 방지하려는 취지라고 할 것인 점, ② 법정동의서의 정관에 관한 사항 부분은 정관에 포함될 구체적 내용에 대한 동의를 얻기 위한 취지라기보다는 조합의 운영과 활동에 관한 자치규범으로서 정관을 마련하고 그 규율에 따르겠다는 데에 대한 동의를 얻기 위한 취지로 해석되는 점, ③ 법정동의서 중 비용의 분담기준 및 소유권의 귀속에 관한 각 사항 부분에서 그 구체적인 사항은 조합정관에 의한다는 취지의 기재 역시 해당 사항의 구체적인 내용이 기재된 정관이나 정관 초안에 대한 동의를 얻기 위한 것이라기보다는 해당 사항의 구체적인 내용은 장차 창립총회의 결의 등을 거쳐 마련된 정관에 따르겠다는 데에 대한 동의를 얻기 위한 취지로 해석되는 점, ④ 아울러 조합정관에 관한 의견의 수렴은 창립총회에서 충분히 이루어질 수 있으므로 굳이 조합설립에 관한 동의를 받을 때 동의서에 정관 초안을 첨부하여 그 내용에 관한 동의까지 받도록 요구할 필요가 없을 뿐만 아니라 이를 요구하는 것은 절차상 무리인 측면도 있는 점 등을 종합적으로 고려하면, 조합설립추진위원회가 조합의 정관 또는 정관 초안을 첨부하지 아니한 채 법정동의서와 같은 서식에 따른 동의서에 의하여 조합설립에 관한 동의를 받는 것은 적법하고, 그 동의서에 비용분담의 기준이나 소유권의 귀속에 관한 사항이 더 구체적이지 아니하다는 이유로 이를 무효라고 할 수 없다(**대법원 2013. 12. 26. 선고 2011두8291 판결, 대법원 2014. 5. 29. 선고 2012두18677 판결**).

㉱ 동의후 정관 변경시 동의서의 효력

조합설립인가 신청시 제출된 동의서에 포함된 '조합정관'의 사항에 변경이 있다고 하더라도 조합설립의 인가에 동의하였던 토지등소유자가 동의 철회의 시기와 방법 등 절차에 따라 동의를 철회하지 아니하는 한 그 동의서의 효력은 그대로 유지된다고 할 것이고, 행정청으로서는 추진위원회가 작성한 정관 초안의 내용이 창립총회에서 변경되었다고 하더라도 조합설립인가 신청시 제출된 토지 등 소유자의 동의서만으로 조합설립인가 여부를 심사하는 것으로 충분하다.

> 도시정비법령중 주택재건축사업의 조합설립 동의와 동의철회에 관한 규정의 체계, 형식 및 내용에 더하여, ① 행정청으로 하여금 조합설립인가신청 전에 제출된 동의철회서에 의하여서만 동의철회 여부를 심사하도록 함으로써 동의 여부의 확인에 불필요하게 행정력이 소모되는 것을 막기 위한 데 그 입법 취지가 있다고 볼 수 있는 점, ② 토지 등 소유자들은 창립총회 결의사항이 그의 의사에 반하는 경우 주택재건축정비사업 조합설립추진위원회를 상대로 위와 같은 개별 동의를 철회한다는 의사표시를 하여 동의서의 효력 발생을 저지할 수 있는 점, ③ 그런데도 위와 같은 철회의 의사표시를 하지 아니한 상태에서 창립총회에서 변경 된 정관안이 조합정관으로 확정되었다면 당초 동의서를 제출하였던 토지 등 소유자들은 조합설립인가 신청시 그것이 관할 행정청에 제출되는 것을 예견하였다고 할 것이어서 그들은 변경 된 정관안의 효력을 인정한다는 의사를 표시한 것으로 볼 수 있는 점, ④ 나아가 법정동의서의 정관에 관한 사항 부분은 정관에 포함될 구체적 내용에 대한 동의를 얻기 위한 취지라기보다는 조합의 운영과 활동에 관한 자치규범으로서 정관을 마련하고 그 규율에 따르겠다는 데에 대한 동의를 얻기 위한 취지로 해석되므로 추진위원회가 조합의 정관 또는 정관 초안을 첨부하지 아니한 채 법정동의서와 같은 서식에 따른 동의서에 의하여 조합설립에 관한 동의를 받았다고 하더라도 적법하다고 할 것인 점 등을 종합적으로 고려하여 보면, 조합설립인가 신청시 제출된 동의서에 포함된 '조합징관'의 사힝에 변경이 있다고 하더라도 조합설립의 인가에 동의하였던 토지 등 소유자가 구 도시정비법 시행령 제28조 제4항 및 제5항에서 정한 동의 철회의 시기와 방법 등 절차에 따라 동의를 철회하지 아니하는 한 그 동의서의 효력은 그대로 유지된다고 할 것이고, 행정청으로서는 추진위원회가 작성한 정관 초안의 내용이 창립총회에서 변경되었다고 하더라도 조합설립인가 신청시 제출된 토지 등 소유자의 동의서만으로 조합설립인가 여부를 심사하는 것으로 충분하다(**대법원 2014. 1. 16. 선고 2011두12801 판결**).

㉮ 동의의 흠이 취소사유인지 무효사유인지

정비사업조합은 관할 행정청의 조합설립인가와 등기에 의해 설립되고, 조합 설립에 대한 토지등소유자의 동의는 조합설립인가처분이라는 행정처분을 하는 데 필요한 절차적 요건 중 하나에 불과하므로, 조합설립 동의에 흠이 있다 하더라도 그 흠이 중대·명백하지 않다면 조합설립인가처분이 당연무효라고 할 수 없다.

(3) 인가·변경인가

① 인가신청

추진위원회 또는 토지등소유자(공공지원에 의한 정비사업 시행으로 추진위원회를 구성하지 아니하는 경우)는 토지등소유자로부터 조합설립동의를 받은 후 다음 서류를 첨부하여 시장·군수등의 인가를 받아야 한다(제35조제2항, 제3항). 조합설립인가신청의 주체는 추진위원회 또는 토지등소유자이다.

- 정관
- 정비사업비와 관련된 자료 등 국토교통부령으로 정하는 서류
- 그 밖에 시·도조례로 정하는 서류

추진위원회(추진위원회를 구성하지 아니하는 경우에는 토지등소유자를 말한다)가 조합의 설립인가(변경인가를 포함한다)를 신청하려는 경우 신청서(전자문서로 된 신청서를 포함한다)는 시행규칙 별지 제5호서식의 조합설립(변경) 인가신청서에 따르며(시행규칙 제8조제1항), 설립인가의 경우에는 다음 각 서류(전자문서를 포함한다)를 첨부하여야 한다(제35조제2항, 제3항, 시행규칙 제8조제2항제1호).

- 정관
- 조합원 명부 및 해당 조합원의 자격을 증명하는 서류
- 공사비 등 정비사업에 드는 비용을 기재한 토지등소유자의 조합설립동의서 및 동의사항을 증명하는 서류
- 창립총회 회의록 및 창립총회참석자 연명부
- 토지·건축물 또는 지상권을 여럿이서 공유하는 경우에는 그 대표자의 선임 동의서
- 창립총회에서 임원·대의원을 선임한 때에는 선임된 자의 자격을 증명하는 서류
- 건축계획(주택을 건축하는 경우 주택건설예정세대수를 포함한다), 건축예정지의 지번·지목 및 등기명의자, 도시·군관리계획상의 용도지역, 대지 및 주변현황을 기재한 사업계획서
- 그 밖에 시·도조례로 정하는 서류(서울시 조례 제19조)
  - 정비구역의 위치도 및 현황사진
  - 정비구역의 토지 및 건축물의 지형이 표시된 지적현황도
  - 매도청구대상자명부 및 매도청구계획서(재건축사업의 경우)

② 변경인가신청

㉮ **총회의결 : 조합원 2/3 이상**

인가를 받아 설립된 조합이 인가받은 사항을 변경하고자 하는 때에는 총회에서 조합원의 3분의 2 이상의 찬성으로 의결하고, 정관, 변경내용을 증명하는 서류, 그 밖에 시·도조례로 정하는 서류를 첨부하여 시장·군수등의 인가를 받아야 한다(제35조제5항본문, 제35조제2항, 시행규칙 제8조제2항제2호).

주택단지가 아닌 지역이 정비구역에 포함되어 조합설립인가를 받은 경우 인가받은 사항을 변경하려는 때에는 종전에는 주택단지가 아닌 지역의 토지 또는 건축물 소유자의 4분의 3 이상 및 토지면적의 3분의 2 이상의 토지소유자의 동의를 받도록 하였으나, 2019.10.24. 시행된 개정법으로 제35조제4항 후단을 삭제하여, 앞으로는 조합원 3분의 2 이상의 찬성으로 의결하도록 하여 조합설립인가 변경요건을 완화하였다.

설립인가를 받은 조합이 변경인가를 받고자 하는 때에는 시행규칙 별지 제5호서식의 조합설립(변경)인가신청서(전자문서로 된 신청서를 포함한다)에 변경내용을 증명하는 서류를 첨부하여 시장·군수에게 제출하여야 한다.

㉯ **경미한 사안**

다만, 대통령령으로 정하는 경미한 사항을 변경하려는 때에는 총회의 의결 없이 시장·군수등에게 신고하고 변경할 수 있다. "대통령령으로 정하는 경미한 사항"이란 다음의 사항을 말한다(제35조제5항단서, 령 제31조). 시장·군수등은 위 신고를 받은 날부터 20일 이내에 신고수리 여부를 신고인에게 통지하여야 한다(제35조제5항). 시장·군수등이 위 정한 기간 내에 신고수리 여부 또는 민원 처리 관련 법령에 따른 처리기간의 연장을 신고인에게 통지하지 아니하면 그 기간이 끝난 날의 다음 날에 신고를 수리한 것으로 본다(제35조제5항).

- 착오·오기 또는 누락임이 명백한 사항
- 조합의 명칭 및 주된 사무소의 소재지와 조합장의 주소 및 성명(조합장의 변경이 없는 경우로 한정)
- 토지 또는 건축물의 매매 등으로 인하여 조합원의 권리가 이전된 경우의 조합원의 교체 또는 신규가입
- 조합임원 또는 대의원의 변경(총회의 의결 또는 대의원회의 의결을 거친 경우로 한정함)

- 건설되는 건축물의 설계 개요의 변경
- 정비사업비의 변경
- 현금청산으로 인하여 정관에서 정하는 바에 따라 조합원이 변경되는 경우
- 정비구역 또는 정비계획의 변경에 따라 변경되어야 하는 사항(정비구역 면적이 10퍼센트 이상 변경되는 경우는 제외함)
- 그 밖에 시·도 조례로 정하는 사항(서울시 조례 제21조)
  - 법령 또는 조례 등의 개정에 따라 단순한 정리를 요하는 사항
  - 사업시행계획인가 또는 관리처분계획인가의 변경에 따라 변경되어야 하는 사항
  - 매도청구대상자가 추가로 조합에 가입함에 다라 변경되어야 하는 사항
  - 그 밖에 규칙으로 정하는 사항

정비계획 및 정비구역이 변경될 경우 조합의 사업내용 등 조합의 설립인가 사항도 변경하여야 할 필요가 있는데, 정비구역 또는 정비계획의 변경에 따라 변경되어야 하는 사항은 경미한 사항에 포함되지만, 정비구역면적을 10퍼센트 이상 증가시킨 정비계획 및 정비구역의 변경지정에 따라 새로운 토지등소유자를 조합원으로 추가하는 조합원명부의 변경은 '정비구역 또는 정비계획의 변경에 따라 변경되어야 하는 사항'에 해당되지 아니하도록 규정하고 있다. 조합은 토지등소유자가 조합원으로 참여하는 것을 전제로 하는데, 정비계획 및 정비구역의 변경으로 인하여 조합원이 될 수 있는 토지등소유자의 수, 토지등에 대한 지분이 상당한 부분까지 변경되어 조합원명부가 변경될 수 있고, 기존의 정비계획 및 정비구역에 기초하여 정비사업을 시행하는 조합 자체의 동일성과 계속성에 상당한 변경을 발생시키는 정비계획 및 정비구역의 변경에 따라 조합원명부가 변경되는 경우까지 정비계획 및 정비구역의 변경에 따라 토지등소유자의 4분의 3 이상 및 토지면적의 2분의 1 이상의 토지소유자의 동의 없이 변경할 수 있는 경미한 조합인가사항의 변경으로 볼 수는 없다. 경우에 따라서는 기존의 토지등소유자 또는 기존의 토지보다 더 많은 토지등소유자 또는 토지가 추가되는 조합원명부의 변경도 생각해볼 수 있는데, 그러한 경우에는 기존의 토지등소유자 등이 조합설립 시 동의 여부에 대한 의사표시를 할 수 있었던 것처럼 추가로 정비구역으로 편입된 지역의 토지등소유자 등에게도 조합과 관련된 의사를 표시할 수 있는 기회가 주어져야 조합의 설립과 운영에 정당성과 합리성이 갖추어진다고 보아야 할 것이다.

경미한 사항으로 신고절차를 거치면 되는 사안이라도 그것이 법령이나 정관에서 총회결의대상으로 규정되어 있는 경우 총회의결을 거쳐야 한다.

> 도시정비법과 도시정비법 시행령이 조합설립인가의 변경, 사업시행인가의 변경에 있어서 '변경인가사항'과 '신고사항'을 구분하는 이유는 '중요한 사항 변경은 인가절차'를, '경미한 사항 변경은 신고절차'를 거치도록 하는 등 변경 대상의 중요도에 따라 처분의 형식을 달리하고자 하는 데 있을 뿐이므로, 경미한 사항의 변경이어서 신고절차를 거치면 족한 경우에도 법령이나 정관에서 조합 총회의 결의대상으로 규정한 때에는 신고에 앞서 그러한 조합 총회의 결의를 거쳐야 한다고 해석함이 타당하다. 그리고 조합 총회결의의 효력 여부는 특별한 사정이 없는 이상 결의 내용이 강행법규에 위반되는지 여부 등 실체적 요건과 법령 또는 정관의 해석상 해당 안건의 결의에 필요한 의결정족수를 갖추었는지 등 절차적 요건을 모두 충족하였는지에 따라 판단해야 한다(**대법원 2014. 5. 29. 선고 2011두3305 판결**).

③ 조합설립인가처분이 있는 경우 조합설립결의 취소 및 무효확인 소송을 할 수 있는지

조합설립인가처분이 있기 전에는 조합을 상대로 조합설립결의 취소 또는 무효확인을 구하는 민사소송의 방법에 의하고, 설립인가처분이 있은 후에는 행정청을 상대로 조합설립인가처분의 취소 또는 무효확인을 구하는 항고소송의 방법에 의하여야 할 것이다.

> 정비사입조합 설립인가신청에 대한 행정청의 조합설립 인가처분은 단순히 사인들의 조합설립 행위에 대한 보충행위로서의 성질을 가지는 것이 아니라 법령상 일정한 요건을 갖추는 경우 행정주체(공법인)의 지위를 부여하는 일종의 설권적 처분의 성질을 가진다고 봄이 상당하다. 그리고 그와 같이 보는 이상, 일단 조합설립 인가처분이 있은 경우 조합설립결의는 위 인가처분이라는 행정처분을 하는 데 필요한 요건 중 하나에 불과한 것이어서, 조합설립 인가처분이 있은 이후에는 조합설립결의의 하자를 이유로 조합설립의 무효를 주장하는 것은 행정청을 상대로 조합설립 인가처분의 취소 또는 무효확인을 구하는 항고소송의 방법에 의하여야 할 것이고, 이와는 별도로 조합을 상대로 조합설립결의만을 대상으로 그 효력 유무를 다투는 확인의 소를 제기하는 것은 확인의 이익이 없어 허용되지 아니한다 할 것이다(**대법원 2010. 1. 28. 선고 2009두4845 판결, 대법원 2010. 4. 8.자 2009마1026 결정, 대법원 2010. 4. 8. 선고 2009다27636 판결**).
>
> 재건축정비사업조합 설립인가처분이 있은 후에 민사법원에 조합을 상대로 조합설립결의 무효확인을 구하는 소송이 제기된 경우 확인의 이익이 없어 부적법하다. 그러나 재건축정비사업조합 설립 무효확인청구 부분은 그 실질이 조합설립 인가처분의 효력을 다투는 취지라고 못 볼 바 아니고, 여기에 조합 설립 무효확인청구 부분의 상대방이 행정주체로서 지위를 갖는 조합이라는 점까지 아울러 고려하여 보면, 정비사업조합 설립 무효확인청구 부분은 공법상 법률관계에 관한 것으로서 행정소송의 일종인 당사자소송에 해당하는 것으로 봄이 상당하다. 그렇다면 재건축정

비사업조합 설립 무효확인청구 부분은 제1심 전속 관할법원인 행정법원에 제기되었어야 할 것인데 민사법원에 제기되어 소의 이익 유무에 앞서 전속관할을 위반하였고, 향후 조합설립 인가처분에 대한 항고소송으로 변경될 수 있음을 고려해 보면 이송하더라도 부적법하게 되어 각하될 것이 명백한 경우에 해당한다고 보기는 어려우므로, 재건축정비사업조합 설립 무효확인청구 부분은 관할 행정법원으로 이송함이 마땅하다(**대법원 2009. 10. 15. 선고 2009다10638,10645 판결**).

조합설립인가처분이 있은 이후 조합을 상대로 조합설립결의의 무효확인 내지 취소를 구하는 청구는 소송을 민사법원에 제기할 경우 확인의 이익이 인정되지 아니하여 부적법하지만, 피고를 조합에서 인가청으로 경정하여 인가청을 상대로 조합설립인가처분 무효확인 내지 취소청구로 청구취지를 변경할 여지가 있으므로 소송을 각하할 것이 아니라 행정법원으로 이송함이 마땅하다. 취소청구는 인가일로부터 제소기간인 90일이 경과하여 제기할 경우 부적법하지만, 피고경정결정이 있은 때에는 새로운 피고에 대한 소송은 처음에 소를 제기한 때에 제기된 것으로 보므로(행정소송법 제14조제4항), 행정법원으로 이송하여 피고경정 및 청구취지정정을 하는 것이 조합을 상대로 제기한 소송을 취하하고 인가청을 상대로 새로운 소송을 제기하는 것과 비교하여 제소기간 준수 여부가 문제될 때 의미가 있다.

④ 변경인가처분이 있는 경우 당초 설립인가처분을 다툴 소의 이익이 있는지 여부

㉮ 변경된 부분에만 효력이 있는 경우

원칙적으로 당초 설립인가처분을 다툴 소의 이익이 있다.

재건축정비사업조합 인가신청에 대한 행정청의 조합설립인가처분은 법령상 일정한 요건을 갖출 경우 주택재건축사업을 시행할 수 있는 권한을 갖는 행정주체로서의 지위를 부여하는 일종의 설권적 처분의 성격을 가지고 있고, 조합, 조합설립인가처분에서 인가받은 사항을 변경하는 조합설립변경인가처분은 당초 조합설립인가처분이 유효하게 존재함을 전제로 그중 인가받은 사항을 일부 변경하는 처분으로서 원칙적으로 그 변경된 부분에 대해서만 효력이 있는 것이므로, 특별한 사정이 없는 한 그러한 변경인가처분이 있다고 하더라도 당초 조합설립인가처분을 다툴 소의 이익이 소멸된다고 볼 수는 없다(**대법원 2010. 12. 9. 선고 2009두4555 판결, 대법원 2014. 5. 16. 선고 2011두13736 판결**).

당초 설립인가처분 취소·무효확정시 변경인가처분은 효력을 상실한다.

정비사업조합에 관한 조합설립변경인가처분은 당초 조합설립인가처분에서 이미 인가받은 사항의 일부를 수정 또는 취소·철회하거나 새로운 사항을 추가하는 것으로서 유효한 당초 조합설

> 립인가처분에 근거하여 설권적 효력의 내용이나 범위를 변경하는 성질을 가지므로, 당초 조합설립인가처분이 쟁송에 의하여 취소되거나 무효로 확정된 경우에는 이에 기초하여 이루어진 조합설립변경인가처분도 원칙적으로 그 효력을 상실하거나 무효라고 해석함이 타당하다. 마찬가지로 당초 조합설립인가처분 이후 여러 차례 조합설립변경인가처분이 있었다가 중간에 행하여진 선행 조합설립변경인가처분이 쟁송에 의하여 취소되거나 무효로 확정된 경우에 후행 조합설립변경인가처분도 그 효력을 상실하거나 무효라고 새겨야 한다(**대법원 2014. 5. 29. 선고 2011다46128, 2013다69057 판결**).

㉯ 새로운 인가처분의 요건을 갖춘 경우

새로운 인가처분을 갖추었다고 보기 위한 요건 : 조합설립변경인가의 신청 전에 총회를 새로 개최하여 조합정관의 확정·조합임원의 선임 등에 관한 결의를 하는 등의 절차적 요건을 구비하여야 한다. 다만 이 경우 새로 개최된 총회의 의사결정은 종전의 조합설립인가의 신청 전에 이루어진 창립총회의 결의를 추인하는 결의를 하거나 총회의 진행 경과 등에 비추어 그러한 추인의 취지가 포함된 것으로 볼 수 있는 사정이 있으면 충분하다.

> 도시정비법 관련 규정들의 내용과 취지에 비추어 보면, 종전의 조합설립인가처분의 위법 여부 또는 효력 유무 등에 관한 디툼이 있어 조합이 토지 등 소유자로부터 새로 법정사항이 포함된 동의서에 의한 동의를 받는 등 처음부터 다시 조합설립인가에 관한 절차를 밟아 조합설립변경인가처분을 받은 경우에 그 조합설립변경인가처분이 새로운 조합설립인가처분의 요건을 갖추었다고 보기 위하여는, 다른 특별한 사정이 없는 한 조합설립변경인가의 신청 전에 총회를 새로 개최하여 조합정관의 확정·조합임원의 선임 등에 관한 결의를 하는 등의 절차적 요건을 구비하여야 한다. 다만 이 경우 새로 개최된 총회의 의사결정은 종전의 조합설립인가의 신청 전에 이루어진 창립총회의 결의를 추인하는 결의를 하거나 총회의 진행 경과 등에 비추어 그러한 추인의 취지가 포함된 것으로 볼 수 있는 사정이 있으면 충분할 것이다. 주택재개발정비사업조합이 종전의 조합설립인가처분에 대한 무효확인소송 또는 취소소송이 진행되고 있는 등으로 그 위법 여부 또는 효력 유무 등이 확정되지 아니한 상태에서 새로운 조합설립변경인가처분을 받기 위하여 토지등소유자로부터 동의를 받음에 있어서는, 비록 종전의 조합설립인가처분이 후에 무효 또는 취소로 확정되더라도 후속행위로 이루어진 협의취득에 의하여 소유권을 상실하였던 토지등소유자가 다시 새로운 조합설립변경인가처분을 위한 동의의 대상인 토지등소유자에 포함된다고 볼 것은 아니다(**대법원 2014. 5. 29. 선고 2013두18773 판결**).

원칙적으로 당초 설립인가처분은 과거의 법률관계가 되므로 다툴 소의 이익이 없다.

주택재개발사업조합이 당초 조합설립변경인가 이후 적법한 절차를 거쳐 당초 변경인가를 받은 내용을 모두 포함하여 이를 변경하는 취지의 조합설립변경인가를 받은 경우, 당초 조합설립변경인가는 취소·철회되고 변경된 조합설립변경인가가 새로운 조합설립변경인가가 된다. 이 경우 당초 조합설립변경인가는 더 이상 존재하지 않는 처분이거나 과거의 법률관계가 되므로 특별한 사정이 없는 한 그 취소를 구할 소의 이익이 없다(**대법원 2013. 10. 24. 선고 2012두12853 판결**).

당초 설립인가처분 취소·무효확정시라도 변경인가처분은 유효하다.

다만 조합설립변경인가처분도 조합에 정비사업 시행에 관한 권한을 설정하여 주는 처분인 점에서는 당초 조합설립인가처분과 다를 바 없으므로, 선행 조합설립변경인가처분이 쟁송에 의하여 취소되거나 무효로 확정된 경우라도 후행 조합설립변경인가처분이 선행 조합설립변경인가처분에 의해 변경된 사항을 포함하여 새로운 조합설립변경인가처분의 요건을 갖춘 경우에는 그에 따른 효력이 인정될 수 있다. 이러한 경우 조합은 당초 조합설립인가처분과 새로운 조합설립변경인가처분의 요건을 갖춘 후행 조합설립변경인가처분의 효력에 의하여 정비사업을 계속 진행할 수 있으므로, 그 후행 조합설립변경인가처분을 무효라고 할 수는 없다(**대법원 2014. 5. 19. 선고 2011두25876 판결, 대법원 2014. 5. 29. 선고 2011다46128,2013다69057 판결, 대법원 2014. 7. 24. 선고 2012두13764 판결, 대법원 2014. 8. 20. 선고 2012두5572 판결**).

다만 후속행위가 있다면 당초 설립인가처분을 다툴 소의 이익이 있다.

주택재건축사업조합이 새로이 조합설립인가 처분을 받는 것과 동일한 요건과 절차를 거쳐 조합설립변경인가 처분을 받는 경우 당초 조합설립인가 처분의 유효를 전제로 해당 주택재건축사업조합이 매도청구권 행사, 시공자 선정에 관한 총회 결의, 사업시행계획의 수립, 관리처분계획의 수립 등과 같은 후속행위를 하였다면, 당초 조합설립인가 처분이 무효로 확인되거나 취소될 경우 그것이 유효하게 존재하는 것을 전제로 이루어진 위와 같은 후속행위 역시 소급하여 효력을 상실하게 되므로, 특별한 사정이 없는 한 위와 같은 형태의 조합설립변경인가가 있다고 하여 당초 조합설립인가 처분의 무효확인을 구할 소의 이익이 소멸된다고 볼 수는 없다(**대법원 2012. 12. 13. 선고 2011두21010 판결, 대법원 2013. 10. 24. 선고 2012두12853 판결, 대법원 2014. 5. 16. 선고 2011두27094 판결**).

⑤ 경미한 사항의 변경을 변경인가형식으로 처분한 경우

㉮ 변경인가처분은 변경신고를 수리하는 의미에 불과하다.

도시정비법 제16조제1항은 조합설립인가의 내용을 변경할 때 시행령 제27조 각 호에서 정하는 사항의 변경은 신고절차, 그 외 사항의 변경은 변경인가절차를 거치도록 함으로써 '조합설립인가의 변경에 있어서 신고사항'과 '변경인가사항'을 구분하고 있다. 행정청이 위 신고사항을 변경하

> 면서 신고절차가 아닌 변경인가 형식으로 처분을 한 경우, 그 성질은 위 신고사항을 변경하는 내용의 신고를 수리하는 의미에 불과한 것으로 보아야 하므로, 그 적법 여부 역시 변경인가의 절차 및 요건의 구비 여부가 아니라 신고 수리에 필요한 절차 및 요건을 구비하였는지 여부에 따라 판단해야 한다(**대법원 2013. 10. 24. 선고 2012두12853 판결**).

㉯ 경미한 사항의 변경에 대한 신고를 수리하는 의미에 불과한 변경인가처분에 설권적 처분인 조합설립인가처분이 흡수된다고 볼 것은 아니다.

> 재개발조합설립 인가신청에 대한 행정청의 조합설립인가처분은 법령상 일정한 요건을 갖출 경우 주택재개발사업의 추진위원회에게 행정주체로서의 지위를 부여하는 일종의 설권적 처분의 성격을 가지고 있는데, 도시정비법 제16조 제1항은 조합설립인가처분의 내용을 변경하는 변경인가처분을 할 때에는 조합설립인가처분과 동일한 요건과 절차를 거칠 것을 요구하고 있다. 그런데 조합설립인가처분과 동일한 요건과 절차가 요구되지 않는 도시정비법 시행령 제27조 각 호에서 정하는 경미한 사항의 변경에 대하여 행정청이 조합설립의 변경인가라는 형식으로 처분을 하였다고 하더라도 그 성질은 당초의 조합설립인가처분과는 별개로 위 조항에서 정한 경미한 사항의 변경에 대한 신고를 수리하는 의미에 불과한 것으로 보아야 한다. 따라서 경미한 사항의 변경에 대한 신고를 수리하는 의미에 불과한 변경인가처분에 설권적 처분인 조합설립인가처분이 흡수된다고 볼 것은 아니다(**대법원 2010. 12. 9. 선고 2009두4555 판결**).
>
> 즉 재개발조합이 조합설립인가처분을 받은 후 토지등의 매매로 소유자 수가 변경되자 추가동의서를 받아 조합설립동의자수가 변경되었음을 이유로 변경인가처분을 받았는데, 일부 조합원이 조합설립인가처분, 조합설립변경처분에 대한 무효확인을 구한 사안에서, 원심은 조합설립인가처분을 흡수한 변경인가처분이 존재하는 이상 조합설립인가처분의 효력을 다투는 부분은 소의 이익이 없어 부적법하다는 이유로 이를 각하하고 변경인가처분의 효력을 다투는 부분에 대하여만 그 당부를 판단하였다. 이에 대하여 대법원은 변경인가처분은 토지등 매매로 인하여 조합원의 권리가 이전되거나 추가 동의서가 제출되어 동의자 수가 변경되었음을 이유로 하는 것으로서 도시정비법 시행령 제27조 제2호가 정하는 경미한 사항의 변경에 대한 신고를 수리하는 의미에 불과하므로 조합설립인가처분이 변경인가처분에 흡수되는 것은 아니라고 판단하였다.

⑥ 인가내용통지 및 열람제공

조합은 조합설립의 인가를 받은 때에는 정관이 정하는 바에 따라 토지등소유자에게 그 내용을 통지하고, 이해관계인이 열람할 수 있도록 하여야 한다(령 제30조제3항).

(4) 조합설립인가의 주택건설사업등록 의제

주택법에 의하면 연간 단독주택 20호, 공동주택 20세대 이상의 주택건설사업을 시행하려는 자는 국토교통부장관에게 주택건설사업등록을 하여야 하고, 연간 단독주택

30호, 공동주택 30세대 이상의 주택건설사업을 시행하려는 자는 주택건설사업계획승인을 받아야 하고, 주택건설사업계획의 승인을 받아 주택건설사업을 시행하는 자를 사업주체라고 하고, 사업주체는 입주자모집승인을 받아 입주자를 모집하고 주택을 건설·공급한다.

조합이 정비사업을 시행하는 경우 조합을 주택법에 따른 사업주체로 보며, 조합설립인가일부터 주택건설사업등록을 한 것으로 본다(제35조제8항).

(5) 추진위원회구성승인처분을 다투는 중에 조합설립인가처분이 있는 경우

① 추진위원회구성승인처분을 다투는 소송중 조합설립인가처분이 이루어진 경우 조합설립인가처분을 다투어야지 추진위원회구성승인처분에 대하여 취소 또는 무효확인을 구할 법률상 이익은 없다.

> 도시정비법령의 내용, 형식, 체제 등에 비추어 보면, 조합설립추진위원회 구성승인처분은 조합의 설립을 위한 주체인 추진위원회의 구성행위를 보충하여 그 효력을 부여하는 처분으로서 조합설립이라는 종국적 목적을 달성하기 위한 중간단계의 처분에 해당하지만, 그 법률요건이나 효과가 조합설립인가처분의 그것과는 다른 독립적인 처분이기 때문에, 추진위원회 구성승인처분에 대한 취소 또는 무효확인 판결의 확정만으로는 이미 조합설립인가를 받은 조합에 의한 정비사업의 진행을 저지할 수 없다. 따라서 추진위원회 구성승인처분을 다투는 소송 계속 중에 조합설립인가처분이 이루어진 경우에는, 추진위원회 구성승인처분에 위법이 존재하여 조합설립인가 신청행위가 무효라는 점 등을 들어 직접 조합설립인가처분을 다툼으로써 정비사업의 진행을 저지하여야 하고, 이와는 별도로 추진위원회 구성승인처분에 대하여 취소 또는 무효확인을 구할 법률상의 이익은 없다고 보아야 한다(**대법원 2013. 1. 31. 선고 2011두11112 판결, 대법원 2013. 6. 13. 선고 2010두10488,10495 판결**).

② 추진위원회구성승인처분의 하자만을 들어 조합설립인가처분이 위법하다고 볼 수 없으나, 추진위원회구성승인처분의 위법으로 그 추진위원회의 조합설립인가 신청행위가 무효라고 평가될 수 있는 특별한 사정이 있는 경우에는 조합설립인가처분이 위법하다고 볼 수 있다.

> 조합설립인가처분은 추진위원회 구성의 동의요건보다 더 엄격한 동의요건을 갖추어야 할 뿐만 아니라 창립총회의 결의를 통하여 정관을 확정하고 임원을 선출하는 등의 단체결성행위를 거쳐 성립하는 조합에 관하여 하는 것이므로, 추진위원회 구성의 동의요건 흠결 등 추진위원회구성승인처분상의 위법만을 들어 조합설립인가처분의 위법을 인정하는 것은 조합설립의 요건이나 절

차, 그 인가처분의 성격, 추진위원회 구성의 요건이나 절차, 그 구성승인처분의 성격 등에 비추어 타당하다고 할 수 없다. 따라서 조합설립인가처분은 추진위원회구성승인처분이 적법·유효할 것을 전제로 한다고 볼 것은 아니므로, 도시정비법령이 정한 동의요건을 갖추고 창립총회를 거쳐 주택재개발조합이 성립한 이상, 이미 소멸한 추진위원회구성승인처분의 하자를 들어 조합설립인가처분이 위법하다고 볼 수 없다. 다만 추진위원회구성승인처분의 위법으로 그 추진위원회의 조합설립인가 신청행위가 무효라고 평가될 수 있는 특별한 사정이 있는 경우라면, 그 신청행위에 기초한 조합설립인가처분이 위법하다고 볼 수 있다. 그런데 조합설립인가 신청행위는 앞서 보았듯이 법령이 정한 동의 요건을 갖추고 창립총회를 거쳐 조합의 실체가 형성된 이후에 이를 바탕으로 이루어지는 것이므로, 추진위원회 구성이나 그 인가처분의 위법사유를 이유로 그 추진위원회가 하는 조합설립인가 신청행위가 위법·무효로 된다고 볼 것은 아니고, 그 위법사유가 도시정비법상 하나의 정비구역 내에 하나의 추진위원회로 하여금 조합설립의 추진을 위한 업무를 수행하도록 한 추진위원회 제도의 입법취지를 형해화할 정도에 이르는 경우에 한하여 그 추진위원회의 조합설립인가 신청행위가 위법·무효이고, 나아가 이에 기초한 조합설립인가처분의 효력을 다툴 수 있게 된다(**대법원 2013. 12. 26. 선고 2011두8291 판결, 대법원 2014. 4. 14. 선고 2012두1419 전원합의체 판결**).

당초 추진위원회구성승인처분과 변경승인처분에 관하여 정비예정구역 지정 또는 그 변경고시 이전에 추진위원회구성승인처분이 있었다거나 또는 정비예정구역 변경고시 이전에 징구된 토지 등 소유자의 동의를 기초로 추진위원회구성승인처분이 이루어졌다는 위법이 존재한다고 하더라도 이러한 하자가 도시정비법상 추진위원회 제도의 입법취지를 형해화할 정도에 이른다고 볼 수 없다. 따라서 이 사건 추진위원회의 조합설립인가 신청행위가 위법·무효라고 볼 수 없으므로, 조합설립 인가처분도 위법하다고 할 수 없다(**대법원 2013. 12. 26. 선고 2011두8291 판결**).

(6) 조합설립인가처분 취소의 효력

① 조합의 지위 상실

도시정비법상 주택재건축사업조합 설립인가처분이 판결에 의하여 취소되거나 무효로 확인된 경우에는 조합설립인가처분은 처분 당시로 소급하여 효력을 상실하고, 이에 따라 당해 주택재건축사업조합 역시 조합설립인가처분 당시로 소급하여 도시정비법상 주택재건축사업을 시행할 수 있는 행정주체인 공법인으로서의 지위를 상실한다.

다만 그 효력 상실로 인한 잔존사무의 처리와 같은 업무는 여전히 수행되어야 하므로 주택재건축사업조합은 청산사무가 종료될 때까지 청산의 목적범위 내에서 권리·의무의 주체가 되고(따라서 종전에 결의 등 처분의 법률효과를 다투는 소송에서의 당사자지위까지 함께 소멸한다고 할 수는 없다), 조합원 역시 청산의 목적범위 내에서 종전 지위를 유지하며, 정관 등도 그 범위 내에서 효력을 가진다(대법원 2012. 3. 29. 선고 2008다95885 판결, 대법원 2012. 11. 29. 선고 2011두518 판결).

② 추진위원회 지위 회복

주택재개발정비사업을 위한 추진위원회는 조합의 설립을 목적으로 하는 비법인사단으로서 추진위원회가 행한 업무와 관련된 권리와 의무는 조합설립인가처분을 받아 법인으로 설립된 조합에 모두 포괄승계되므로, 원칙적으로 조합설립인가처분을 받은 조합이 설립등기를 마쳐 법인으로 성립하게 되면 추진위원회는 그 목적을 달성하여 소멸한다. 그러나 그 후 조합설립인가처분이 법원의 판결에 의하여 취소된 경우에는 다음과 같은 이유로, 추진위원회가 그 지위를 회복하여 다시 조합설립인가신청을 하는 등 조합설립추진 업무를 계속 수행할 수 있다고 봄이 타당하다(대법원 2016. 12. 15. 선고 2013두17473 판결).

1) 조합설립인가처분이 법원의 판결에 의하여 취소된 경우에는 조합설립인가처분이 소급하여 효력을 상실하고, 그 조합은 청산사무가 종료될 때까지 청산의 목적 범위 내에서 권리·의무의 주체로서 잔존할 뿐이므로, 이러한 경우까지 추진위원회가 그 존립목적을 달성했다고 보기 어렵다.
2) 일단 조합이 설립된 이상 추진위원회는 그 목적을 달성하여 확정적으로 소멸하고 그 후에 조합설립인가처분이 취소되더라도 그 지위를 회복할 수 없다고 본다면, 조합은 이미 청산 목적의 범위 내에서만 존속할 뿐이어서 정비사업을 추진할 수 없으므로, 당해 정비구역 내에서 정비사업을 계속 추진할 아무런 주체가 없게 되어, 법원의 판결에서 들었던 조합설립인가처분의 하자가 아무리 경미한 것이라 하더라도, 당해 정비구역 내에서 정비사업을 추진하기 위하여는 추진위원회 구성 및 동의서 징구 등 최초부터 모든 절차를 새롭게 진행해야 하는 사회·경제적 낭비가 따를 수밖에 없다.
3) 조합설립인가처분이 취소된 경우 추진위원회가 그 지위를 회복한다고 보더라도, 정비사업의 계속 추진에 반대하는 토지 등 소유자로서는 추진위원회가 다시 조합설립인가신청을 하기 이전까지 법령이 정한 바에 따라 동의를 철회할 수 있다고 할 것이므로, 토지 등 소유자의 권익 보호에 중대한 지장을 초래한다고 보기 어렵다.

4) 도시정비법은 법원의 판결로 조합설립인가의 무효 또는 취소가 확정된 경우 '추진위원회'가 일정한 요건하에 동의서의 유효성에 다툼이 없는 동의서를 다시 사용할 수 있도록 규정하고 있다. 이는 앞서 본 사정들을 고려하여 조합설립인가처분이 취소된 경우 추진위원회가 그 지위를 회복함을 전제로, 토지 등 소유자의 권익 보호에 지장이 없는 범위에서 조합설립인가신청을 하는 등 정비사업을 계속 추진할 수 있게 한 것으로 보인다.

③ 조합설립인가취소처분에 대한 쟁송과 집행정지

최근 조합설립인가취소처분에 대한 취소소송을 제기하면서 판결선고시까지 집행정지를 신청한 사안에서 처분의 효력을 정지할 긴급할 필요성이 있다고 인정한 사례가 있어 이를 소개한다.

> [1] 행정소송법 제23조 제2항은 '취소소송이 제기된 경우에 처분 등이나 그 집행 또는 절차의 속행으로 인하여 생길 회복하기 어려운 손해를 예방하기 위하여 긴급한 필요가 있다고 인정할 때에는 처분 등의 효력 등을 정지할 수 있다.'고 정하고 있다. 여기에서 '회복하기 어려운 손해'는 특별한 사정이 없는 한 금전으로 보상할 수 없는 손해로서 금전보상이 불가능한 경우 또는 금전보상으로는 사회관념상 행정처분을 받은 당사자가 참고 견딜 수 없거나 참고 견디기가 현저히 곤란한 경우의 유형, 무형의 손해를 일컫는다. 그리고 '처분 등이나 그 집행 또는 절차의 속행으로 인하여 생길 회복하기 어려운 손해를 예방하기 위하여 긴급한 필요'가 있는지는 처분의 성질, 양태와 내용, 처분상대방이 입는 손해의 성질·내용과 정도, 원상회복·금전배상의 방법과 난이도 등은 물론 본안청구의 승소가능성 정도 등을 종합적으로 고려하여 구체적·개별적으로 판단하여야 한다.
>
> [2] 시장이 도시환경정비구역을 지정하였다가 해당구역 및 주변지역의 역사·문화적 가치 보전이 필요하다는 이유로 정비구역을 해제하고 개발행위를 제한하는 내용을 고시함에 따라 사업시행예정구역에서 설립 및 사업시행인가를 받았던 갑 도시환경정비사업조합에 대하여 구청장이 조합설립인가를 취소하자, 갑 조합이 해제 고시의 무효확인과 인가취소처분의 취소를 구하는 소를 제기하고 판결 선고 시까지 각 처분의 효력 정지를 신청한 사안에서, 정비구역 지정이 취소되고 이에 대하여 불가쟁력이 발생하는 경우 정비사업 시행을 전제로 하는 후속 처분들은 모두 그 의미를 상실하게 되고 갑 조합에 대한 조합설립인가 취소처분은 갑 조합이 적법하게 취득한 공법인의 지위를 갑 조합의 귀책사유 없이 사후적 사정변경을 이유로 박탈하는 것이어서 신중하게 판단해야 하므로 위 각 처분의 위법성에 관하여 갑 조합이 본안소송에서 주장·증명할 기회가 충분히 보장되어야 하는 점, 각 처분의 효력을 정지하지 않을 경우 갑 조합이 정비사업과 관련한 후속 조치를 실행하는 데 사실상, 법률상 장애가 있게 될 뿐 아니라 시장 및 구청장이나 관계 행정청이 정비사업의 진행을 차단하기 위한 각종 불이익 조치를 할 염려가 있는 점 등을 종합하면, 각 처분의 효력을 정지하지 않을 경우 갑 조합에 특별한 귀책사유가 없는데도 정비사업의

진행이 법적으로 불가능해져 갑 조합에 회복하기 어려운 손해가 발생할 우려가 있으므로 이러한 손해를 예방하기 위하여 각 처분의 효력을 정지할 긴급한 필요가 있다고 한 사례(**대법원 2018. 7. 12.자 2018무600 결정**).

6. 토지등소유자동의

(1) 서면동의서에 의한 동의를 요하는 행위

다음의 동의는 서면동의서에 의하여야 한다. 동의한 사항의 철회 또는 반대의 의사표시도 마찬가지이다(제36조제1항전단).

- 제20조제6항제1호에 따라 정비구역등 해제의 연장을 요청하는 경우
- 제21조제1항제4호에 따라 정비구역의 해제에 동의하는 경우
- 제24조제1항에 따라 주거환경개선사업의 시행자를 토지주택공사등으로 지정하는 경우
- 제25조제1항제2호에 따라 토지등소유자가 재개발사업을 시행하려는 경우
- 제26조 또는 제27조에 따라 재개발사업·재건축사업의 공공시행자 또는 지정개발자를 지정하는 경우
- 제31조제1항에 따라 조합설립을 위한 추진위원회를 구성하는 경우
- 제32조제4항에 따라 추진위원회의 업무가 토지등소유자의 비용부담을 수반하거나 권리·의무에 변동을 가져오는 경우
- 제35조제2항부터 제5항까지의 규정에 따라 조합을 설립하는 경우
- 제47조제3항에 따라 주민대표회의를 구성하는 경우
- 제50조제6항에 따라 사업시행계획인가를 신청하는 경우
- 제58조제3항에 따라 사업시행자가 사업시행계획서를 작성하려는 경우

도시정비법상의 재건축조합 설립에 토지등소유자의 서면에 의한 동의를 요구하고 그 동의서를 재건축조합설립인가신청 시에 행정청에 제출하도록 하는 취지는 서면에 의하여 토지등소유자의 동의 여부를 명확하게 함으로써 동의 여부에 관하여 발생할 수 있는 관련자들 사이의 분쟁을 미연에 방지하고, 나아가 행정청으로 하여금 재건축조합설립인가신청 시에 제출된 동의서에 의하여서만 동의요건의 충족 여부를 심사하도록 함으로써 동의 여부의 확인에 불필요하게 행정력이 소모되는 것을 막기 위한 데 있다(**대법원 2013. 11. 14. 선고 2011두5759 판결, 대법원 2013. 1. 10. 선고 2010두16394 판결**).

(2) 원칙적 지장날인·예외적 인감날인

서면동의서에는 토지등소유자가 성명을 적고 지장(指章)을 날인하는 방법으로 하며, 주민등록증, 여권 등 신원을 확인할 수 있는 신분증명서의 사본을 첨부하여야 한다. 토지등소유자가 해외에 장기체류하거나 법인인 경우 등 불가피한 사유가 있다고 시장·군수등이 인정하는 경우에는 토지등소유자의 인감도장을 찍은 서면동의서에 해당 인감증명서를 첨부하는 방법으로 할 수 있다(제36조제1항,제2항). 토지등소유자의 동의방법에 관하여 인감도장을 사용한 서면동의서 방법에 의하여 인감증명서를 첨부하도록 규정하고 있다가 2012.2.1. 법률 제11293호로 개정되면서 인감증명서 대신 신분증 사본을 첨부하고, 서면동의서에 지장을 날인하고 자필로 서명하도록 변경되었는데, 부칙 제4조는 위 개정규정이 이와 같이 개정된 도시정비법 시행일인 2012.8.2. 후 최초로 토지등소유자의 동의를 받는 분부터 적용한다고 규정하고 있다.

(3) 검인서면동의서를 해야 하는 경우

「추진위원회 구성을 위하여 토지등소유자의 동의를 받는 경우」 및 「추진위원회(추진위원회를 구성하지 아니하는 경우에는 토지등소유자)가 조합설립을 위하여 토지등소유자의 동의를 받은 경우」에는 시장·군수등이 검인(檢印)한 서면동의서를 사용하여야 하며, 검인을 받지 아니한 서면동의서는 그 효력이 발생하지 아니한다(제36조제3항). 검인동의서는 동의서 위변조나 백지동의서 사용 등 불법행위를 사전에 막아 분쟁 발생 가능성을 차단한다는 취지에서 도입되어, 2016.7.28. 후 최초로 정비계획을 수립하는 경우부터 적용되었다(부칙 제8조).

동의서에 검인을 받으려는 자는 추진위원회 구성을 위한 동의서 또는 조합 설립을 위한 동의서에 기재할 사항을 기재한 후 관련 서류를 첨부하여 시장·군수등에게 검인을 신청하여야 한다. 검인신청을 받은 시장·군수등은 동의서 기재사항의 기재 여부 등 형식적인 사항을 확인하고 해당 동의서에 연번(連番)을 부여한 후 검인을 하여야 한다. 시장·군수등은 검인신청일부터 20일 이내에 신청인에게 검인한 동의서를 내주어야 한다(령 제34조).

(4) 국가·지방자치단체의 동의방법

토지등소유자인 국가 또는 지방자치단체의 정비사업조합 설립을 비롯한 정비사업의 추진에 관한 동의의 의사는 반드시 서면 등에 의하여 명시적으로 표시될 필요는 없고, 명시적 반대의사나 반대행위를 하지 아니하였다면 조합설립인가처분을 통하여 조합설립에 동의한 것으로 볼 수 있다.

> 도시정비법은 제17조제1항에서 토지등소유자의 동의방법에 관하여 지장날인·자필서명 혹은 인감도장날인·인감증명서첨부에 의한 서면동의에 의하도록 규정하면서도, 이를 갖출 수 없는 국가 또는 지방자치단체의 동의방법에 관하여는 아무런 규정을 두고 있지 않다. 이와 같이 국가 또는 지방자치단체도 조합설립에 대한 동의를 얻어야 하는 토지등소유자에 해당함에도, 도시정비법이 국가 또는 지방자치단체의 구체적인 동의방법에 관한 규정을 두지 아니한 것은 국가 또는 지방자치단체가 도시정비법 관련규정 등에 의하여 정비사업과 관련한 여러 권한과 역할을 부여받고 있는 특수한 공적 지위에 있음을 고려한 것으로 보인다. 따라서 토지등소유자인 국가 또는 지방자치단체의 정비사업조합 설립을 비롯한 정비사업의 추진에 관한 동의의 의사는 반드시 서면 등에 의하여 명시적으로 표시될 필요는 없다고 해석함이 타당하다.
>
> 이와 같이 도시정비법의 여러 규정이 국가와 지방자치단체로 하여금 정비사업의 시행과 관련하여 여러 공적 권한과 역할을 부여함과 아울러 공공복리 실현을 위하여 정비사업을 지원하고 사업의 추진에 협조할 의무를 부담시키고 있는 점에 비추어 보면, 해당 정비사업조합에 대한 설립을 인가하는 관할관청이 대표하는 지방자치단체가 정비구역 내에 토지를 소유하는 경우에 그 지방자치단체는 조합설립인가처분을 통하여 해당 정비사업조합의 설립에 동의한 것으로 볼 수 있고, 또한 국가 또는 정비구역 지정권자가 대표자로 있는 지방자치단체가 해당 정비구역 내에 국·공유지를 소유하는 경우에 정비기본계획의 수립 및 정비구역의 지정으로부터 관할관청의 구체적인 조합설립인가처분에 이르기까지의 과정에서 협의 절차 등을 통하여 정비사업 자체나 해당 정비사업조합에 의한 사업추진에 대하여 명시적으로 반대의 의사를 표시하거나 반대하였다고 볼 수 있는 행위를 하지 아니하였다면, 국가 또는 그 지방자치단체는 관할관청의 인가에 의하여 이루어지는 해당 정비사업조합의 설립에 동의한 것으로 볼 수 있다(**대법원 2014. 4. 14. 선고 2012두1419 전원합의체 판결, 대법원 2014. 4. 24. 선고 2012두29004 판결, 대법원 2014. 10. 30. 선고 2012두5060 판결**).

(5) 동의자수 산정기준

① 기준시기

정비사업을 시행함에 있어서 추진위원회 승인신청, 조합설립인가 신청 및 사업시행인가 신청 등의 경우 얻어야 하는 토지등소유자의 동의자 수를 산정할 때 정비구역의 지정·고시일이 아니라 각각의 승인 또는 인가신청일을 기준으로 하여야 한다. 정비구역이 지정·고시된 후에도 시장·군수의 허가를 받아서 건축물의 건축 및 토지분할 등을 할 수 있고 토지나 건축물의 매각을 제한하는 등의 규제는 하지 않고 있는바, 그렇다면 시장·군수의 허가를 받아서 건축한 건축물에 대한 새로운 소유자가 발생할 수도 있고, 토지분할 후 매각을 통하여 새로운 토지등소유자의 자격을 취득하거나 특정 토지등소유자가 다른 토지등소유자에게 토지 또는 건축물을 매각하여 기존 토지등소유자의 자격을 상실하는 등 정비구역지정·고시 후에도 토지등소유자 수의 변경 가능성이 있다고 할 것인데, 정비구역 지정·고시 이후 토지등소유자의 수가 증감이 있는 경우에도 종전의 토지등소유자를 기준으로 한다면 당해 정비사업 추진에 토지등소유자의 의사가 정확하게 반영되기 어려울 것이다.

② 산정기준

재건축사업 정비계획 입안을 위한 안전진단실시를 요청하기 위하여 동의를 받는 경우(제12조제2항), 재개발·재건축사업의 사업대행자 지정요청을 위하여 동의를 받는 경우(제28조제1항), 각종 서면동의를 받아야 하는 경우(제36조제1항), 정비계획 입안제안을 위하여 동의를 받는 경우(령 제12조), 용적률완화를 위한 현금납부에 관하여 동의를 받는 경우(령 제14조제2항), 창립총회 소집요구 및 의결을 위하여 동의를 받는 경우(령 제27조) 토지등소유자(토지면적에 관한 동의자 수를 산정하는 경우에는 토지소유자)의 동의는 다음의 기준에 따라 산정한다(령 제33조제1항).

1. 주거환경개선사업, 재개발사업의 경우에는 다음 각 목의 기준에 의할 것
   가. 1필지의 토지 또는 하나의 건축물을 여럿이서 공유할 때에는 그 여럿을 대표하는 1인을 토지등소유자로 산정할 것. 다만, 재개발구역의 「전통시장 및 상점가육성을 위한 특별법」 제2조에 따른 전통시장 및 상점가로서 1필지의 토지 또는 하나의 건축물을 여럿이서 공유하는 경우에는 해당 토지 또는 건축물의 토지등소유자의 4분의 3 이상의 동의를 받아 이를 대표하는 1인을 토지등소유자로 산정할 수 있다.
   나. 토지에 지상권이 설정되어 있는 경우 토지의 소유자와 해당 토지의 지상권자를 대표하는 1인을 토지등소유자로 산정할 것
   다. 1인이 다수 필지의 토지 또는 다수의 건축물을 소유하고 있는 경우에는 필지나 건축물의 수에 관계없이 토지등소유자를 1인으로 산정할 것. 다만, 재개발사업의 경우 법 제25조1항제2호(토지등소유자가 20인 미만인 경우에는 토지등소유자가 시행하거나 토지등소유자가 토지등소유자의 과반수의 동의를 받아 시장·군수등, 토지주택공사등, 건설업자, 등록사업자 또는 대통령령으로 정하는 요건을 갖춘 자와 공동으로 시행하는 방법)에 따라 토지등소유자가 재개발사업을 시행하는 경우 토지등소유자가 정비구역 지정 후에 정비사업을 목적으로 취득한 토지 또는 건축물에 대해서는 정비구역 지정 당시의 토지 또는

건축물의 소유자를 토지등소유자의 수에 포함하여 산정하되, 이 경우 동의 여부는 이를 취득한 토지등소유자에 의한다.

라. 둘 이상의 토지 또는 건축물을 소유한 공유자가 동일한 경우에는 그 공유자 여럿을 대표하는 1인을 토지등소유자로 산정할 것.

2. 재건축사업의 경우에는 다음 각 목의 기준에 따를 것

가. 소유권 또는 구분소유권을 여럿이서 공유하는 경우에는 그 여럿을 대표하는 1인을 토지등소유자로 산정할 것.

나. 1인이 둘 이상의 소유권 또는 구분소유권을 소유하고 있는 경우에는 소유권 또는 구분소유권의 수에 관계없이 토지등소유자를 1인으로 산정할 것

다. 둘 이상의 소유권 또는 구분소유권을 소유한 공유자가 동일한 경우에는 그 공유자 여럿을 대표하는 1인을 토지등소유자로 할 것.

3. 추진위원회의 구성 또는 조합의 설립에 동의한 자로부터 토지 또는 건축물을 취득한 자는 추진위원회의 구성 또는 조합의 설립에 동의한 것으로 볼 것

4. 토지등기부등본·건물등기부등본·토지대장 및 건축물관리대장에 소유자로 등재될 당시 주민등록번호의 기록이 없고 기록된 주소가 현재 주소와 다른 경우로서 소재가 확인되지 아니한 자는 토지등소유자의 수 또는 공유자 수에서 제외할 것

5. 국·공유지에 대해서는 그 재산관리청 각각을 토지등소유자로 산정할 것

- 같은 수인이 수개 부동산 공유 : 1인
- 다른 수인이 수개 부동산 공유 : 수인

주택재개발사업에 있어서의 토지등소유자의 동의는 1필지의 토지 또는 하나의 건축물이 수인의 공유에 속하는 때에는 그 수인을 대표하는 1인을 토지등소유자로 산정하고, 토지에 지상권이 설정되어 있는 경우에는 토지의 소유자와 해당 토지의 지상권자를 대표하는 1인을 토지등소유자로 산정하며, 1인이 다수 필지의 토지 또는 다수의 건축물을 소유하고 있는 경우에는 필지나 건축물의 수에 관계없이 토지등소유자를 1인으로 산정하는바, 관계 법령의 내용과 체제 등에 비추어 볼 때 토지의 필지별 또는 토지·건물의 소유자, 공유자가 서로 다를 경우에는 각 부동산별로 1인이 토지등소유자로 산정되어야 하고, 동일한 공유자가 서로 다른 필지의 토지 또는 토지·건물을 공동소유하고 있을 때에는 부동산의 수와 관계없이 그 공유자들 중 1인만이 토지등소유자로 산정된다고 해석된다(**대법원 2010. 1. 14. 선고 2009두15852 판결, 대법원 2014. 5. 29. 선고 2012두18677 판결**).

• 토지공유자중 일부가 건물소유 : 2인

• 1인의 토지건물에 타인이 지상권 : 1인

도시정비법 제2조제9호㈎목, 제17조제1항, 령 제28조제1항제1호㈎㈏㈐의 내용과 체재 등에 비추어 보면, 주택재개발사업에서 정비구역 내 토지의 필지별 또는 토지·건축물의 소유자, 공유자가 서로 다를 경우에는 원칙적으로 각 부동산별로 1인이 토지등소유자로 산정되어야 하므로, 토지의 공유자 중 일부가 지상 건축물을 단독 소유하는 경우(토지가 2인 이상의 공유에 속하고 그 지상의 건축물이 그중 1인의 단독소유인 경우) 토지와 건축물은 각각 1인이 토지등소유자로 산정되어야 하나, 토지와 그 지상의 건축물이 동일인의 소유에 속하고 그 토지에 관하여 지상권이 설정되어 있는 경우에는 토지와 지상 건축물에 관하여 1인의 토지등소유자가 있는 것으로 산정하는 것이 타당하다(**대법원 2015. 3. 20. 선고 2012두23242 판결**).

후자는 ① 도시정비법 시행령 제52조제1항제3호는 주택재개발사업의 관리처분계획상 분양대상에서 지상권자를 제외하고 있고, 공유인 토지의 처분행위 시 공유자의 동의가 필요한 것과는 달리 지상권이 설정된 토지의 소유자는 지상권자의 동의 없이도 당해 토지를 유효하게 처분할 수 있는 등, 지상권자의 법적 지위가 토지 공유자와 동일하다고 할 수 없는 점, ② 이와 같은 지상권자의 지위에 비추어 볼 때 도시정비법 제2조제9호㈎목, 도시정비법 시행령 제28조제1항제1호㈏목이 주택재개발사업에 있어서 '토지등소유자'에 지상권자를 포함시키고 토지에 지상권이 설정되어 있는 경우 토지 소유자와 지상권자를 대표하는 1인을 토지등소유자로 산정하도록 규정한 취지는 지상권이 설정된 토지의 경우 지상권자에게 동의 여부에 관한 대표자 선정에 참여할 권한을 부여함으로써 자신의 이해관계를 보호할 수 있도록 하기 위한 것이므로, 거기에서 더 나아가 토지등소유자 수의 산정에서까지 지상권자를 토지 공유자와 동일하게 볼 필요는 없는 점, ③ 도시정비법 시행령 제28조제1항제1호㈐목은 1인이 다수 필지의 토지 또는 다수의 건축물을 소유하고 있는 경우에는 그 토지 또는 건축물 전부에 대하여 토지등소유자를 1인으로 산정한다고만 규정하고 있고, 토지에 관하여 지상권이 설정된 경우 이와 달리 취급하는 등의 예외규정을 두고 있지 아니하므로, 1인이 토지와 그 지상의 건축물을 소유하고 있는 경우에는 그 토지에 관하여 지상권이 설정되었는지 여부에 관계없이 토지 및 그 지상 건축물에 관하여 토지등소유자를 1인으로 산정하는 것이 위 조항의 취지에 부합하는 점 등을 종합적으로 고려할 때 그러하다(**대법원 2015. 3. 20. 선고 2012두23242 판결**).

• 공유자중 일부가 소재불명자 : 제외

령 제28조제1항제2호㈎목에 의하면, 소유권 또는 구분소유권이 여러 명의 공유에 속하는 경우에는 그 여러 명을 대표하는 1명을 토지 등 소유자로 산정하여야 하므로, 조합설립인가요건인 토지 또는 건축물 소유자의 동의율을 산정함에 있어서 1필지의 토지 또는 하나의 건축물을 여러 명이 공유하고 있는 경우 그 토지 또는 건축물의 소유자가 조합설립에 동의한 것으로 보기 위하여는, 그 공유자 전원의 동의로 선임된 대표자가 조합설립에 동의하거나 대표자의 선임 없이 공유자 전원이 조합설립에 동의할 것을 요하고, 그중 일부만이 조합설립에 관하여 동의한 경우에는 유효한 조합설립 동의가 있다고 볼 수 없다.

한편 령 제28조제1항제4호는, 토지등기부등본·건물등기부등본·토지대장 및 건축물관리대장에 소유자로 등재될 당시 주민등록번호의 기재가 없고 기재된 주소가 현재 주소와 상이한 경우로서 소재가 확인되지 아니한 자는 토지 등 소유자의 수에서 제외하여야 한다고 규정하고 있는데, 이는 의사 확인이 어려운 토지 등 소유자를 조합설립 동의 등의 절차에서 동의 대상자에서 제외함으로써 사업 진행을 원활하게 하려는 것이다. 그런데 여러 명의 공유에 속하는 토지의 공유자 중 일부가 소재불명자이면 앞서 본 바와 같이 유효한 조합설립 동의를 할 수 없다는 점에서 토지의 단독소유자가 소재불명자인 경우와 다르지 아니하므로, 공유자 중 일부가 소재불명자인 경우도 단독소유자가 소재불명인 경우와 마찬가지로 조합설립 동의 대상이 되는 토지 또는 건축물 소유자의 수에서 제외하여야 한다(**대법원 2017. 2. 3. 선고 2015두50283 판결**).

• 수개 국공유지의 재산관리청이 다를 경우 : 관리청 수

2010.7.15. 대통령령 제22277호로 개정되기 전의 구 도시정비법 시행령에는, 여러 필지의 국·공유지에 대하여 소관 관리청이 다른 경우에 관한 특별한 예외규정을 두고 있지 아니하였고, 이에 대하여 대법원은 「정비구역 안에 여러 필지의 국·공유지가 있는 경우에도 그 소유권의 수에 관계없이 토지 또는 건축물 소유자를 소유자별로 각각 1명으로 산정하여야 한다.」(**대법원 2014. 4. 14. 선고 2012두1419 전원합의체 판결**)는 입장에서, '정비구역 안에 있는 2필지의 국유지 재산관리청이 각 기획재정부, 행정자치부로 다르다고 하더라도 토지 또는 건축물 소유자는 국가 1인이라고 보아야 한다.'고 판단하였다(**대법원 2014. 10. 30. 선고 2012두5060 판결**). 그러나 현재는 령 제28조제1항제5호에 따라 위와 같은 경우 토지등소유자가 2인이 된다.

• 실질적으로 구분소유가 성립하였으나 형식적으로 공유등기를 마친 경우 : 구분소유자의 수

구 도시 및 주거환경정비법(2017. 2. 8. 법률 제14567호로 전부 개정되기 전의 것) 제16조 제2항, 제17조 제1항, 제3항의 위임에 따라 구 도시 및 주거환경정비법 시행령(2018. 2. 9. 대통령령 제28628호로 전부 개정되기 전의 것) 제28조 제1항 제2호 (가)목은 '주택재건축사업의 경우 소유권 또는 구분소유권이 여러 명의 공유에 속하는 경우에는 그 여러 명을 대표하는 1명을 토지등소유자로 산정할 것'이라고 규정하고 있다. 위 시행령 조항은 여러 명이 부동산에 관하여 통상의 공유관계를 형성하고 있는 경우에는 그 공유 목적 부동산이 동일하기 때문에 조합설립 절차의 편의를 도모하는 관점에서 공유자들을 대표하는 1명의 동의 의사를 확인하여도 무방하다는 데 취지가 있다. 이를 고려할 때, 공동주택 등에 관하여 구분소유가 성립한 경우에는, 공동주택 등이 구분건물이 아닌 일반건물로 등기되어 있는 관계로 구분소유자들이 구분등기를 마치지 못하고 형식상 공동주택 등에 관하여 공유등기를 마쳤더라도 위 시행령 조항을 적용하여 구분소유자들을 대표하는 1명만을 소유자로 산정하여 동의 요건 충족 여부를 가릴 것은 아니다. 구분소유자들

은 구조상·이용상 독립성을 갖춘 별개의 부동산을 각각 소유하고 있기 때문이다(**대법원 2019. 11. 15. 선고 2019두46763 판결**).

(6) 동의 철회 또는 반대 의사표시

① 철회의 시기

일반적으로 동의의 철회 또는 반대의사의 표시는 해당 동의에 따른 인·허가 등을 신청하기 전까지 할 수 있다(령 제33조제2항제1호).

다만 현지개량방식 주거환경개선사업의 정비구역해제에 관한 동의는 해제신청을 하기 전까지 철회할 수 있으나, 최초로 동의한 날부터 30일까지만 철회할 수 있다(령 제33조제2항제2호가목).

또 조합설립에 대한 동의는 조합설립인가를 신청하기 전까지 철회할 수 있으나, 최초로 동의한 날부터 30일까지만 철회할 수 있고, 30일이 지나지 아니한 경우에도 조합설립을 위한 창립총회 후에는 철회할 수 없다. 다만 동의 후 조합설립동의서에 포함되는 사항(건축물 설계개요, 정비사업비, 정비사업비 분담기준, 사업완료후 소유권귀속, 조합정관)이 변경된 경우에는 동의한 날로부터 30일이 지나거나, 창립총회 후에도 조합설립인가신청전에는 철회할 수 있다(령 제33조제2항제2호나목).

조합설립을 위한 창립총회 후에 한 조합설립 동의의 철회는 효력이 없고, 정관 등에 의하여 조합탈퇴의 요건을 갖추었는지 여부가 문제될 뿐이다. 그런데 주택재건축사업조합 설립인가처분이 판결에 의하여 취소되거나 무효로 확인되더라도 청산의 목적범위 내에서 조합원은 종전의 지위를 유지하고 정관 등도 효력을 가지므로, 주택재건축사업조합 설립인가처분이 판결에 의하여 취소되거나 무효로 확인되었다는 사정만으로는 창립총회 후에 한 조합설립 동의의 철회가 유효하다고 할 수 없다(**대법원 2012. 11. 29. 선고 2011두518 판결 취지 참조**).

② 철회의 방법

동의를 철회하거나 반대의 의사표시를 하려는 토지등소유자는 동의의 상대방 및 시장·군수등에게 철회서에 토지등소유자의 지장을 날인하고 자필로 성명을 적은 후 주민등록증 및 여권 등 신원을 확인할 수 있는 신분증명서 사본을 첨부하여 내용증명의 방법으로 발송하여야 한다. 이 경우 시장·군수등이 철회서를 받은 때에는 지체 없이 동의의 상대방에게 철회서가 접수된 사실을 통지하여야 한다(령 제33조제3항).

동의의 철회나 반대의 의사표시는 철회서가 동의의 상대방에게 도달한 때 또는 시장·군수등이 동의의 상대방에게 철회서가 접수된 사실을 통지한 때 중 빠른 때에 효력이 발생한다(령 제33조제4항).

③ 조합설립인가를 위한 동의정족수 판단기준

조합설립인가를 위한 동의 정족수는 조합설립인가신청 시를 기준으로 판단하여야 한다.

> 구 도시정비법상의 재개발조합설립에 토지등소유자의 서면에 의한 동의를 요구하고 그 동의서를 재개발조합설립인가신청 시 행정청에 제출하도록 하는 취지는 서면에 의하여 토지등소유자의 동의 여부를 명확하게 함으로써 동의 여부에 관하여 발생할 수 있는 관련자들 사이의 분쟁을 사전에 방지하고 나아가 행정청으로 하여금 재개발조합설립인가신청 시에 제출된 동의서에 의하여서만 동의요건의 충족 여부를 심사하도록 함으로써 동의 여부의 확인에 행정력이 소모되는 것을 막기 위한 데 있는 점, 구 도시 및 주거환경정비법 시행령(2012. 7. 31. 대통령령 제24007호로 개정되기 전의 것) 제28조 제4항에서 토지등소유자는 '인가신청 전'에 동의를 철회하거나 반대의 의사표시를 할 수 있도록 규정하는 한편, 조합설립의 인가에 대한 동의 후에는 위 시행령 제26조 제2항 각 호의 사항이 변경되지 않으면 조합설립의 '인가신청 전'이라고 하더라도 동의를 철회할 수 없도록 규정하여 '인가신청 시'를 기준으로 동의 여부를 결정하도록 하고 있는 점, 인가신청 후 처분 사이의 기간에도 토지등소유자는 언제든지 자신의 토지 및 건축물 등을 처분하거나 분할, 합병하는 것이 가능한데, 대규모 지역의 주택재개발사업에 대한 조합설립인가신청의 경우 행정청이 처분일을 기준으로 다시 일일이 소유관계를 확인하여 정족수를 판단하기는 현실적으로 어려울 뿐만 아니라 처분시점이 언제이냐에 따라 동의율이 달라질 수 있는 점, 만일 처분일을 기준으로 동의율을 산정하면 인가신청 후에도 소유권변동을 통하여 의도적으로 동의율을 조작하는 것이 가능하게 되어 재개발사업과 관련한 비리나 분쟁이 양산될 우려가 있는 점 등을 종합적으로 고려하면, 조합설립인가를 위한 동의 정족수는 재개발조합설립인가신청 시를 기준으로 판단하여야 한다.
>
> 원심은 그 판시와 같은 이유로 처분 시(설립인가일)를 기준으로 동의율을 산정하는 것이 타당하다고 본 후, 재개발조합설립인가신청 후 처분 시까지 토지등소유자가 28명 증가하였고, 그중 25명이 조합설립에 동의하였다고 보아 동의율 산정에 그 각 인원을 포함시킴으로써, 최종적으로 이 사건에서 구 도시정비법 제16조 제1항에서 정한 토지등소유자 4분의 3 이상의 동의요건이 충족되었다고 판단하였다.
>
> 그러나 앞서 본 법리에 의하면, 동의율 산정의 기준시점은 재개발조합설립인가신청 시라고 할 것이므로, 인가신청 후에 토지등소유자가 된 사람을 위 동의율 산정을 위한 정족수에 포함시켜서는 아니 되고, 그 경우라면 이 사건에서 구 도시정비법 제16조 제1항에서 정한 토지등소유자 4분의 3 이상의 동의를 얻어야 한다는 요건을 충족하지 못하였다고 볼 여지가 크다.
>
> 그런데도 원심은 위와 같이 재개발조합설립인가신청 후 소유권을 취득한 사람까지 구 도시정

> 비법 제16조 제1항 소정의 토지등소유자에 포함시킴으로써 토지등소유자 4분의 3 이상의 동의를 얻었다고 판단하였으니, 이러한 원심판결에는 재개발조합설립인가의 요건인 토지등소유자의 동의자 수 산정 기준시점에 관한 법리를 오해하여 판결에 영향을 미친 위법이 있다. 이 점을 지적하는 상고이유 주장은 이유 있다**(대법원 2014. 4. 24. 선고 2012두21437 판결)**.

(7) 동의서 재사용의 특례

① 동의서를 재사용할 수 있는 경우

조합설립인가(변경인가를 포함한다)를 받은 후에 동의서 위조, 동의 철회, 동의율 미달 또는 동의자 수 산정방법에 관한 하자 등으로 다툼이 있는 경우로서 다음의 어느 하나에 해당하는 때에는 동의서의 유효성에 다툼이 없는 토지등소유자의 동의서를 다시 사용할 수 있다(제37조제1항).

- 조합설립인가의 무효 또는 취소소송 중에 조합이 일부 동의서를 추가 또는 보완하여 조합설립변경인가를 신청하는 때
- 법원의 판결로 조합설립인가의 무효 또는 취소가 확정되어 추진위원회가 조합설립인가를 다시 신청하는 때

② 동의서 재사용의 요건(제37조제2항,제3항, 령 제35조)

㉮ 조합설립인가의 무효 또는 취소소송 중에 조합이 일부 동의서를 추가 또는 보완하여 조합설립변경인가를 신청하는 경우

- 토지등소유자에게 기존 동의서를 다시 사용할 수 있다는 취지와 반대의사 표시의 절차 및 방법을 서면으로 설명·고지할 것
- 60일 이상의 반대의사 표시기간을 위 서면에 명백히 적어 부여할 것

㉯ 법원의 판결로 조합설립인가의 무효 또는 취소가 확정되어 추진위원회가 조합설립인가를 다시 신청하는 경우

- 토지등소유자에게 기존 동의서를 다시 사용할 수 있다는 취지와 반대의사 표시의 절차 및 방법을 서면으로 설명·고지할 것
- 90일 이상의 반대의사 표시기간을 위 서면에 명백히 적어 부여할 것
- 정비구역, 조합정관, 정비사업비, 개인별 추징분담금, 신축되는 건축물의 연면적 등 정비사업의 변경내용을 위 서면에 포함할 것

- ‘정비구역 면적의 변경 범위’, ‘정비사업비의 증가(생산자물가상승률분 및 현금청산자에 대한 현금청산 금액은 제외한다) 범위’, ‘신축되는 건축물의 연면적 변경 범위’가 모두 100분의 10 미만일 것
- 조합설립인가의 무효 또는 취소가 확정된 조합과 새롭게 설립하려는 조합이 추진하려는 정비사업의 목적과 방식이 동일할 것
- 조합설립의 무효 또는 취소가 확정된 날부터 3년 내에 새로운 조합을 설립하기 위한 창립총회를 개최할 것

7. 조합의 성격 및 조합원의 자격

(1) 조합의 법인격

조합은 법인으로 한다(제38조제1항). 도시정비법에 따른 정비사업조합은 관할 행정청의 감독 아래 도시정비법상의 정비사업을 시행하는 공법인으로서, 그 목적 범위 내에서 법령이 정하는 바에 따라 일정한 행정작용을 행하는 행정주체의 지위를 갖는다.

조합은 조합설립인가를 받은 날부터 30일 이내에 주된 사무소의 소재지에서 다음의 사항을 등기하는 때에 성립한다(제38조제2항, 령 제36조).

- 설립목적
- 조합의 명칭
- 주된 사무소의 소재지
- 설립인가일
- 임원의 성명 및 주소
- 임원의 대표권을 제한하는 경우에는 그 내용
- 법 제41조제5항 단서에 따른 전문조합관리인을 선정한 경우에는 그 성명 및 주소

조합은 명칭에 “정비사업조합”이라는 문자를 사용하여야 한다. 따라서 주거환경개선사업은 조합이나 소유자가 시행할 수는 없으므로, 정비사업조합은 결국 ㅇㅇ재개발정비사업조합, ㅇㅇ재건축정비사업조합으로 표시된다.

(2) 민법의 준용

조합에 관하여는 도시정비법에 규정된 사항을 제외하고는 민법 중 사단법인에 관

한 규정을 준용한다(제49조). 정비사업조합은 토지등소유자를 위한 주택개량등의 정비사업이라는 고유목적사업을 진행하면서 그 과정에서 조합원 분양분 이외에 체비시설이나 보류시설을 일반분양하는 등 일종의 수익사업을 함께 진행하기는 하지만 이는 어디까지나 고유목적사업의 원활한 진행을 위한 부수적인 것일 뿐 그 본질은 일정 구역내의 토지등소유자들을 위한 정비사업을 수행하는데 있으므로 정비사업조합은 기본적으로 비영리사단법인이다. 정비사업조합은 조세특례제한법 규정에 의하여 비영리법인으로 의제하고 있다(조세특례제한법 제104조의7제2항).

(3) 조합원(사업시행자가 신탁업자인 경우에는 위탁자를 말함)의 자격

① 토지등소유자

정비사업의 조합원은 토지등소유자로 한다. 다만 재건축사업의 경우에는 재건축사업에 동의한 토지등소유자만 조합원이 된다(제39조제1항).

건축물이나 토지 중 어느 하나만을 소유한 자 혹은 지상권자는 재개발사업에서는 토지등소유자이지만, 재건축사업에서는 토지등소유자가 아니다. 따라서 재건축사업에서는 토지나 건축물 어느 하나만을 소유한자는 재건축사업에 동의하더라도 조합원이 될 수 없다.

> 주택재건축사업의 추진위원회가 조합을 설립하고자 하는 때에 주택단지가 아닌 지역이 정비구역에 포함된 경우에는 주택단지가 아닌 지역 안의 토지 또는 건축물 소유자의 4분의 3 이상 및 토지면적의 3분의 2 이상의 토지소유자의 동의를 얻어야 하는데, 이와 같이 토지나 건축물 어느 하나만을 소유한 자가 비록 주택재건축사업의 조합설립에서 동의를 얻어야 할 자에 포함되더라도 도시정비법에 의한 조합원이 될 수는 없다고 봄이 타당하다(**대법원 2012. 10. 25. 선고 2010두25107 판결, 대법원 2013. 11. 14. 선고 2011두5759 판결**).

원칙적으로 조합의 설립인가 후 양도·증여·판결등으로 인하여 조합원의 권리가 이전된 때에는 조합원의 권리를 취득한 자를 조합원으로 본다. 토지등소유자가 정비구역안에 소재한 건축물 및 토지를 양도한 경우 그 양도인의 동의 여부는 양도인 본인의 조합원 자격 취득 여부에만 영향을 미치고, 양도인의 동의 여부에 따라 해당 건축물 및 토지의 양수인의 조합원으로서의 지위가 달라지거나 조합원의 수에 관한 법 적용이 달라지는 것은 아니라고 할 것이다. 따라서 조합설립인가 후 재건축사업에 동의하지 않은 토지등소유자로부터 건축물 및 토지의 소유권을 양수한 자가 재건축사업에 동의한 경우에는 조합원 자격이 인정된다.

② 조합원의 수

㉮ 다음의 어느 하나에 해당하는 때에는 그 여러 명을 대표하는 1명을 조합원으로 본다(제39조제1항).

1) 토지 또는 건축물의 소유권과 지상권이 여러 명의 공유에 속하는 때(1호)

2) 여러 명의 토지등소유자가 1세대에 속하는 때. 이 경우 동일한 세대별 주민등록표 상에 등재되어 있지 아니한 배우자 및 미혼인 19세 미만의 직계비속은 1세대로 보며, 1세대로 구성된 여러 명의 토지등소유자가 조합설립인가 후 세대를 분리하여 동일한 세대에 속하지 아니하는 때에도 이혼 및 19세 이상 자녀의 분가(세대별 주민등록을 달리하고, 실거주지를 분가한 경우로 한정한다)를 제외하고는 1세대로 본다(2호).

이 규정은 세대 분할로 인하여 조합원이 증가하는 등 지분쪼개기를 통한 투기세력의 유입에 의한 도시정비사업의 사업성 저하를 방지하고 기존 조합원의 재산권을 보호하기 위하여 1세대별로 하나의 조합원 자격만을 부여하기 위한 취지에서 규정된 것인데, 1세대로 구성된 수인의 토지등소유자가 조합설립인가 후에 세대를 분리하여 동일한 세대에 속하지 아니하게 된 경우에 분리된 소유자에 대해서는 지분쪼개기 등 투기 목적을 인정할 수 있는 여지가 있다고 할 것이나, 19세 이상 자녀의 분가나 이혼의 경우에는 더 이상 종래 1세대에 속하였던 배우자나 직계존속과 주거와 생계를 같이하는 가족이 아니므로 세대를 분리할 수밖에 없는 특별한 사정이 있는 경우로서 세대 분리가 투기 목적을 위한 것이라고 단정할 수 없다고 할 것이어서, 조합설립인가 후 세대 분리라 하더라도, 이혼 및 19세 이상 자녀의 분가의 경우에는 예외적으로 조합원 자격 제한을 받지 않는 것으로 규정하였다.

개정법은 조합원의 자격인정 기준에서 민법상 성년 규정과 동일하게 20세 이상에서 19세 이상 자녀로 변경하고, '세대별 주민등록을 달리하고, 실거주지를 분가한 경우로 한정한다.'라는 문구를 새로 둠으로써, 자녀 분가요건을 실거주지와 주민등록상 모두 분가한 경우로 명확히 하였다.

3) 조합설립인가(조합설립인가 전에 신탁업자를 사업시행자로 지정한 경우에는 사업시행자의 지정을 말한다) 후 1명의 토지등소유자로부터 토지 또는 건축물의 소유권

이나 지상권을 양수하여 여러 명이 소유하게 된 때(3호)

제39조제1항제3호는 조합설립인가 후 분양 신청 등의 절차가 진행되는 과정에서, 조합원 수가 조합설립인가 당시 토지등소유자 수를 기준으로 예상할 수 있었던 범위를 넘어서 법령에서 정한 경우 외의 사유로 계속 늘어나게 되면 조합이 사업을 제대로 추진할 수 없게 된다고 할 것이므로, 건축물 및 토지를 조합설립인가 후에 양수한 양수인의 경우에는 기본적으로 해당 건축물 및 토지의 양도인인 원래의 토지등소유자가 취득할 수 있었던 조합원 자격의 범위 내에서 조합원 자격을 인정받을 수 있도록 규정한 것이다. 재건축사업의 경우 조합설립인가 후 재건축사업에 동의하지 않아 조합원 자격이 없는 1인의 토지등소유자로부터 건축물 및 토지의 소유권을 수인이 양수하고, 양수한 수인이 재건축사업에 동의한 경우에 그 수인을 대표하는 1인에게만 조합원 자격이 인정된다.

개정법은 '사업시행자가 신탁업자인 경우에는 위탁자를 말함'이라는 문구(제39조제1항)와 '조합설립인가 전에 신탁업자를 사업시행자로 지정한 경우에는 사업시행자의 지정을 말한다.'라는 문구(제39조제1항제3호)를 넣음으로써, 여러 명이 토지·건축물을 공유한 경우 신탁방식의 정비사업에서도 조합방식과 동일하게 1명에게만 조합원 자격을 부여하였다.

조합설립인가 후 1명의 토지등소유자로부터 토지 또는 건축물의 소유권이나 지상권을 양수하여 여러 명이 소유하게 된 때 그 여러 명을 대표하는 1명을 조합원으로 보지만, 토지 소유권, 건축물 소유권, 토지 지상권의 합이 2 이상을 가진 토지등소유자로부터 2011.1.1. 전에 토지 또는 건축물을 양수한 경우, 2011.1.1. 전에 토지 소유권, 건축물 소유권, 토지 지상권의 합이 2 이상을 가진 토지등소유자가 2012.12.31.까지 토지 소유권, 건축물 소유권, 토지 지상권의 합이 2 이하를 양도하는 경우에는 법률 제9444호로 개정되기 전의 도시정비법에 따른다(부칙 제31조).

㉯ 토지 또는 건축물의 소유권과 지상권이 여러 명의 공유에 속하는 때, 여러 명의 토지등소유자가 1세대에 속하는 때, 조합설립인가 후 1명의 토지등소유자로부터 토지 또는 건축물의 소유권이나 지상권을 양수하여 여러 명이 소유하게 된 때에는 그 여러 명을 대표하는 1명을 조합원으로 보나, 「국가균형발전 특별법」

제18조에 따른 공공기관지방이전 및 혁신도시활성화를 위한 시책 등에 따라 이전하는 공공기관이 소유한 토지 또는 건축물을 양수한 경우 양수한 자(공유의 경우 대표자 1명을 말한다)를 조합원으로 본다(제39조제1항각호외 부분단서). 다만 이 부분은 2016.1.27.부터 2년까지 효력을 가지므로, 이전하는 공공기관 소유 토지나 건축물을 2018.1.27. 이전에 양수한 자는 독립하여 조합원으로 본다(부칙 제2조). 공공기관지방이전시책에 따라 이전하는 공공기관 소유 부동산을 양수한 경우 양수한 자를 조합원으로 본다는 규정은 2016.1.27. 법률 제13912호로 일부개정되어 같은 날 시행된 도시정비법에 신설된 것으로 시행일인 2016.1.27.부터 2년까지 효력을 가진다. 공공기관 지방이전 시책에 따라 공공기관이 지방으로 이전하면서 직원 기숙사로 활용하던 다수의 주택을 매각할 필요성이 있으나, 공공기관이 소유한 주택단지에 도시정비법에 따른 조합이 설립되어 있는 경우에는 해당 주택을 양수한 자의 조합원 자격 취득이 제한됨에 따라 공공기관이 소유한 주택의 매각이 어려워지는 문제를 해결하기 위하여 예외적으로 공공기관 자산매각의 신속한 처리를 위하여 한시적으로 지방이전 공공기관이 소유하는 건축물의 양수에 대한 특례를 규정한 것이다. 일반적으로 특례규정은 법령을 제정 또는 개정할 때 정책적인 관점 또는 특수한 상황을 전제로 하여 한정된 기간 또는 한정된 대상에 대하여 예외적으로 본칙의 내용과 다른 제도를 도입하여 운용할 필요가 있을 때에 두는 것으로서 그 성격상 제한적으로 해석하여야 한다고 할 것이어서, 이 규정이 신설되어 시행되기 전인 2016.1.27.에 이미 매각이 이루어진 경우는 해당 규정의 적용 대상으로 하고 있지 않다고 할 것이다. 따라서 공공기관이 소유한 건축물을 2016.1.27. 전에 공매로 수인이 낙찰받은 경우에는 적용되지 아니하여 수인의 낙찰자를 대표하는 1인만 조합원으로 인정된다.

(4) 투기과열지구의 조합원지위승계 제한

① 투기과열지구 및 조정대상지역의 의미

• 주택법 제63조제1항 : 국토교통부장관 또는 시·도지사는 주택가격의 안정을 위하여 필요한 경우에는 주거정책심의위원회의 심의를 거쳐 일정한 지역을 투기과열지구로 지정하거나 이를 해제할 수 있다.

투기과열지구의 지정 기준(주택법시행령 제25조)

1. 직전월부터 소급하여 주택공급이 있었던 2개월 동안 해당 지역에서 공급되는 주택의 월평균 청약경쟁률이 모두 5대 1을 초과하였거나 국민주택규모 주택의 월평균 청약경쟁률이 모두 10대 1을 초과한 곳

2. 다음 각 목의 어느 하나에 해당하여 주택공급이 위축될 우려가 있는 곳
   가. 주택의 분양계획이 직전월보다 30퍼센트 이상 감소한 곳
   나. 주택법 제15조에 따른 주택건설사업계획의 승인이나 건축법 제11조에 따른 건축허가 실적이 직전년도보다 급격하게 감소한 곳

3. 신도시 개발이나 주택의 전매행위 성행 등으로 투기 및 주거불안의 우려가 있는 곳으로서 다음 각 목의 어느 하나에 해당하는 곳
   가. 시·도별 주택보급률이 전국 평균 이하인 경우
   나. 시·도별 자가주택비율이 전국 평균 이하인 경우
   다. 해당 지역이 주택공급물량이 주택법 제56조에 따른 입주자저축 가입자 중 주택공급에관한규칙 제27조제1항제1호 및 제28조제1항제1호에 따른 주택청약 제1순위자에 비하여 현저하게 적은 경우

• 주택법 제63조의2제1항 : 국토교통부장관은 다음의 어느 하나에 해당하는 지역으로서 국토교통부령으로 정하는 기준을 충족하는 지역을 주거정책심의위원회의 심의를 거쳐 조정대상지역으로 지정할 수 있다.
  - 주택가격, 청약경쟁률, 분양권 전매량 및 주택보급률 등을 고려하였을 때 주택 분양 등이 과열되어 있거나 과열될 우려가 있는 지역
  - 주택가격, 주택거래량, 미분양주택의 수 및 주택보급률 등을 고려하여 주택의 분양·매매 등 거래가 위축되어 있거나 위축될 우려가 있는 지역

이에 따라 2017.8.2. 현재 서울 전역, 과천시, 세종시는 투기과열지구 및 조정대상지역으로 지정되어 있고, 경기 일부(성남,하남,고양,광명,남양주,동탄2), 부산일부(해운대,연제,동래,부산진,남,수영구,기장군)는 조정대상지역으로 지정되어 있다.

투기과열지구의 경우 청약1순위 자격제한, 민영주택 재당첨제한, 재건축조합원당 재건축 주택공급수 1주택 제한, 소유권이전등기시 전매제한, 조합설립인가후 재건축조합원 지위양도금지, 민간택지 분양가상한제 적용주택의 분양가공시 등의 규제가 따르

고, 조정대상지역의 경우에도 청약1순위 자격제한, 민영주택 재당첨제한, 재건축조합원당 재건축 주택공급수 1주택 제한, 소유권이전등기시 전매제한, 단기 투자수요관리, LTV, DTI 10%p 하향 등이 규제가 따른다.

② 지위승계제한의 기준시기

주택법 제63조제1항에 따른 투기과열지구로 지정된 지역에서 재건축사업을 시행하는 경우에는 조합설립인가 후, 재개발사업을 시행하는 경우에는 관리처분계획의 인가 후 해당 정비사업의 건축물 또는 토지를 양수한 자는 조합원이 될 수 없다(제39조제2항).

개정법은 투기과열지구로 지정된 지역에서 재건축사업뿐만 아니라 재개발사업의 경우에도 관리처분계획 인가 후에는 조합원 지위의 양도를 금지함으로써 분양권 전매를 제한하였다. 이 부분 개정규정은 그 시행일인 2018.2.9. 후 최초로 사업시행인가를 신청하는 경우부터 적용한다(부칙 제2조).

2003.12.31. 전 주택재건축정비사업조합의 설립인가를 받은 정비사업의 토지등소유자(2003.12.31. 전에 건축물 또는 토지를 취득한 자로 한정한다)로부터 건축물 또는 토지를 양수한 자는 조합원의 자격을 취득할 수 있다(부칙 제32조).

③ 지위승계가 제한되는 양수행위 범위

매매·증여, 그 밖의 권리의 변동을 수반하는 일체의 행위를 포함하되, 상속·이혼으로 인한 양도·양수의 경우는 제외한다.

④ 지위승계가 제한되는 양수인에 대한 손실보상

사업시행자는 지위승계제한으로 조합원의 자격을 취득할 수 없는 경우 정비사업의 토지, 건축물 또는 그 밖의 권리를 취득한 자에게 분양신청을 아니한 자 등에 관한 현금청산규정인 제73조를 준용하여 손실보상을 하여야 한다(제39조제3항).

⑤ 예 외

양도인이 다음의 어느 하나에 해당하는 경우 투기과열지구 내 재건축·재개발사업에 있어서 재건축조합 설립 후 또는 재개발사업 관리처분계획인가후에 그 양도인으로부터 건축물 또는 토지를 양수한 자라도 조합원이 될 수 있다(제39조제2항).

㉮ 세대원(세대주가 포함된 세대의 구성원을 말한다)의 근무상 또는 생업상의 사정이나 질병치료(의료법 제3조에 따른 의료기관의 장이 1년 이상의 치료나 요양이 필요하다고 인정하는 경우로 한정한다)·취학·결혼으로 세대원이 모두 해당 사업구역에 위치하지 아니한 특별시·광역시·특별자치시·특별자치도·시 또는 군으로 이전하는 경우

㉯ 상속으로 취득한 주택으로 세대원 모두 이전하는 경우

㉰ 세대원 모두 해외로 이주하거나 세대원 모두 2년 이상 해외에 체류하려는 경우

㉱ 1세대(동일한 세대별 주민등록표 상에 등재되어 있지 아니한 배우자 및 미혼인 19세 미만의 직계비속은 1세대로 보며, 1세대로 구성된 여러 명의 토지등소유자가 조합설립인가 후 세대를 분리하여 동일한 세대에 속하지 아니하는 때에도 이혼 및 19세 이상 자녀의 분가를 제외하고는 1세대로 본다) 1주택자로서 양도하는 주택에 대한 소유기간 및 거주기간이 대통령령으로 정하는 기간 이상인 경우

"대통령령으로 정하는 기간이란 소유기간 10년 및 거주기간(주민등록표를 기준으로 하며 소유자가 거주하지 않고 소유자의 직계 존비속 또는 배우자가 해당 주택에 거주한 경우 그 기간을 합산한다) 5년을 말한다. 다만 소유자가 피상속인으로부터 상속받아 소유권을 취득한 경우에는 피상속인의 주택의 소유기간 및 거주기간을 합산하여 해당 소유자의 소유기간 및 거주기간을 산정한다(령 제37조제1항).

㉲ 그 밖에 불가피한 사정으로 양도하는 경우로서 대통령령으로 정하는 경우

"대통령령이 정하는 경우"란 다음의 어느 하나에 해당하는 경우를 말한다(령 제37조 제2항).

- 조합설립인가일부터 3년 이내에 사업시행계획인가 신청이 없는 재건축사업의 건축물을 3년 이상 계속하여 소유하고 있는 자(피상식인의 소유기간을 합산)가 사업시행인가신청 전에 양도하는 경우
- 사업시행계획인가일부터 3년 이내에 착공하지 못한 재건축사업의 토지 또는 건축물을 3년 이상 계속하여 소유하고 있는 자(피상식인의 소유기간을 합산)가 착공 전에 양도하는 경우
- 착공일부터 3년 이상 준공되지 아니한 재건축사업의 토지를 3년 이상 계속하여 소유하고 있는 경우(피상식인의 소유기간을 합산)
- 법률 제7056호 도시 및 주거환경정비법 일부개정법률 부칙 제2항에 따른 토지등 소유자로부터 상속·이혼으로 인하여 토지 또는 건축물을 소유한 자

- 국가·지방자치단체 및 금융기관에 대한 채무를 이행하지 못하여 재건축사업의 토지 또는 건축물이 경매 또는 공매되는 경우
- 투기과열지구로 지정되기 전에 건축물 또는 토지를 양도하기 위한 계약(계약금 지급내역 등으로 계약일을 확인할 수 있는 경우로 한정한다)을 체결하고, 투기과열지구로 지정된 날부터 60일 이내에 「부동산 거래신고 등에 관한 법률」 제3조에 따라 부동산거래신고를 한 경우(투기과열지구 내 조합원 지위양도 제한에 관한 이 부분 개정규정은 2018.2.8. 전에 투지과열지구로 지정된 지역에 대해서도 적용한다. 령 부칙 제4조)

종전에는 '조합설립인가일부터 2년 이내에 사업시행인가신청이 없는 주택재건축사업의 건축물을 2년 이상 계속하여 소유하고 있는 경우' '사업시행인가일로부터 2년 이내에 착공하지 못한 주택재건축사업의 토지 또는 건축물을 2년 이상 계속하여 소유하고 있는 경우'로 규정하고 있었으나, 2017.8.2. 발표한 정부의 「주택시장 안정화 방안」에 따라 투기과열지구 내 주택재건축사업의 조합원 지위양도 제한을 강화하여 주택시장을 안정적으로 관리하되, 다만 투기과열지구 지정 과정에서 선의의 피해자가 발생하지 않도록 투기과열지구 지정 이전에 주택재건축사업 구역 내 건축물 또는 토지에 대한 양도계약을 체결한 경우에는 조합원 지위를 양도받을 수 있도록 부칙에 '제30조제3항제1호 및 제2호의 개정규정에도 불구하고 시행령 시행당시 조합설립인가일로부터 2년 이상 사업시행인가 신청이 없거나, 사업시행인가일로부터 2년 이상 착공하지 못하고 있는 주택재건축사업의 경우에는 종전의 규정을 적용한다.'는 경과규정을 두었다(부칙 제2조제1항).

이에 시행령에서는 '대통령령 제28351호 도시및주거환경정비법 시행령 일부 개정령 시행당시(2017.9.29.) 조합설립인가일부터 2년 이상 사업시행인가 신청이 없는 주택재건축사업의 건축물을 소유할 것, 양도자가 양도 당시 건축물을 2년 이상 계속하여 소유(피상속인의 소유기간을 합산함)하고 있을 것, 사업시행인가 신청 전에 건축물을 양도할 것'이라는 요건을 모두 충족하는 양도자로부터 건축물을 양수한 자는 조합원이 될 수 있고(령 부칙 제9조제1항), '대통령령 제28351호 도시 및 주거환경정비법 시행령 일부개정령 시행 당시 사업시행인가일부터 2년 이상 착공하지 못한 주택재건축사업의 토지 또는 건축물을 소유할 것, 양도자가 양도 당시 토지 또는 건축물을 2년 이상 계속하여 소유하고 있을 것, 착공 전에 토지 또는 건축물을 양도할 것'이라는 요건을 모두 충족

하는 양도자로부터 토지 또는 건축물을 양수한 자는 조합원이 될 수 있다는 경과규정을 두었다(령 부칙 제9조제2항).

(5) 무허가건물 소유자

원칙적으로 무허가건축물의 소유자는 조합원의 자격이 없지만, 조합 정관 등으로 정하여 조합원 자격을 부여하는 것은 가능하다.

정비사업의 경우 무허가건물은 조합원 자격이 부여되는 건축물에 포함되지 않는 것이 원칙이나, 건축법령의 규제가 덜했던 시절에 무허가 건물을 지어 수십 년간 거주해 왔으며 관할 행정청도 제대로 행정조치를 취하지 않아 사실상 묵인해 온 점과 무허가 건물을 양성화하는 특별법이 종종 시행되기도 하는 취지까지 고려하면 그 소유자에게 도시정비법상 조합원으로서의 지위를 부여해도 큰 무리는 없다고 보고, 이러한 사정을 고려하여 대법원도 '재개발조합이 각자의 사정 내지는 필요에 따라 일정한 범위 내에서 무허가건축물 소유자에게 조합원 자격을 부여하도록 정관으로 정하는 것까지 금지되는 것은 아니다'라고 판시함으로써 조합의 정관으로 조합원 자격을 부여할 수 있도록 하였다.

> 정비구역 안에 위치한 토지 또는 건축물의 소유자 또는 그 지상권자는 재개발조합의 조합원이 된다는 취지로 규정하고 있는바, 무허가건축물은 원칙적으로 관계 법령에 의하여 철거되어야 할 것인데도 그 소유자에게 조합원 자격을 부여하여 결과적으로 재개발사업의 시행으로 인한 이익을 향유하게 하는 것은 위법행위를 한 자가 이익을 받는 결과가 되어 허용될 수 없는 점, 재개발사업의 원활한 시행을 위하여는 정비구역 안의 무분별한 무허가주택의 난립을 규제할 현실적 필요성이 적지 않은 점 등 여러 사정을 고려하여 볼 때, 도시정비법상 소유자에게 조합원의 자격이 부여되는 건축물이라 함은 원칙적으로 적법한 건축물을 의미하고 무허가건축물은 이에 포함되지 않는다고 보아야 할 것이다. 다만, 이와 같은 법리에 의하여 토지등소유자의 적법한 동의 등을 거쳐 설립된 재개발조합이 각자의 사정 내지는 필요에 따라 일정한 범위 내에서 무허가건축물 소유자에게 조합원 자격을 부여하도록 정관으로 정하는 것까지 금지되는 것은 아니다 **(대법원 2009. 9. 24.자 2009마168,169 결정)**.

서울시 도시및주거환경정비조례도 이런 판례의 취지를 반영해 '특정 무허가 건축물 소유자의 조합원 자격에 관한 사항'을 조합정관에 포함하도록 하고 있고, 재개발정비사업조합 표준정관에는 다음과 같이 규정되어 있다.

제9조(조합원의 자격 등) ① 조합원은 사업시행구역안의 토지 또는 건축물의 소유자 또는 그 지상권자(이하 "토지등소유자"라 한다)로 한다.
② 제1항의 규정에 의한 소유권, 지상권등의 권리는 민법에서 규정한 권리를 말한다. 다만, 건축물이 무허가인 경우에는 법에 의하여 제정된 시·도조례(이하 "시·도조례"라 한다)에서 정하는 기존무허가 건축물로서 자기소유임을 입증하는 경우에 한하여 그 무허가건축물 소유자를 조합원으로 인정한다.

서울특별시 산하 각 구의 무허가건물정비사업에 대한 보상금 지급조례에는 대체적으로 다음과 같이 규정되어 있다.

제3조(적용범위) 이 조례의 적용대상이 되는 무허가건물의 범위는 다음 각 호의 어느 하나와 같다.
1. 1981년 12월 31일 현재 무허가건물 대장에 등재된 건물
2. 1981년 제2차 촬영항공사진에 수록되어 있는 무허가건물
3. 재산세 납부 등으로 공부상 1981년 12월 31일 이전에 존립하였다는 확증이 있는 무허가건물
4. 1982년 4월 8일 이전에 사실상 건립된 연면적 85제곱미터 이하의 주거용 건물로서 1982년 제1차 촬영항공사진에 수록되어 있거나 또는 재산세 납부 등 공부상 1982년 4월 8일 이전에 건립하였다는 확증이 있는 무허가 건물

대법원은 정관에 "조합원의 자격은 조합이 시행하는 사업구역 안의 토지 또는 건축물의 소유자와 지상권자로 한다. 다만 건축물이 무허가인 경우에는 서울특별시관악구무허가건물정비사업에대한보상금지급조례 적용대상 무허가건축물로서 자기 소유권을 입증하는 경우에 한하여 그 무허가건축물 소유자를 조합원으로 인정한다."라고 각 규정되어 있는 재개발사업시행구역 내 무허가건물을 소유하고 있는 사람이 재개발조합을 상대로 조합원자격확인 소송을 제기한 사안에서 다음과 같이 판시하였다.

보상조례 제3조의 규정 형식, 규정 취지 등에 비추어 보면, 무허가건물이 보상조례의 적용대상이 되기 위하여는 무허가건물이 1981. 12. 31.(연면적 85㎡ 이하의 주거용 건물인 경우에는 1982. 4. 8.) 이전에 건립되었다는 것만으로는 부족하고, 보상조례 제3조 각 호가 정하는 바와 같이 무허가건물이 1981. 12. 31. 현재 무허가건물대장에 등재되었거나, 1981년 제2차 촬영 항공사진에 수록되어 있거나, 재산세 납부 등으로 공부상 1981. 12. 31. 이전에 존립하였다는 확증이 있거나, 연면적 85㎡ 이하의 주거용 건물의 경우 1982년 제1차 촬영 항공사진에 수록되어 있거나 또는 재산세 납부 등 공부상 1982. 4. 8. 이전에 건립되었다는 확증이 있음을 요한다고 보아야 하며,

위 규정이 1981. 12. 31. 또는 1982. 4. 8. 이전에 건립된 무허가건물이라는 점에 대한 입증방법을 예시적으로 규정한 데 불과한 것으로 볼 것은 아니라고 할 것이므로, 피고 조합의 사업시행구역 내에 무허가건물들을 소유하고 있는 원고들 소유의 이 사건 무허가건물들이 1981. 12. 31. 이전에 건립되었다고 하더라도, 1981. 12. 31. 현재 무허가건물대장에 등재되었다는 등 위 보상조례 제3조 각 호 소정의 무허가건물에 해당하지 않는 한 원고들에게 피고 조합의 조합원 지위를 인정할 수 없다고 할 것이다(**대법원 1999. 11. 9. 선고 98두15214 판결**).

8. 조합정관

(1) 정관의 성격

도시정비법에 의한 정비사업조합의 정관은 조합의 조직, 활동, 조합원의 권리의무관계 등 단체법적 법률관계를 규율하는 것으로서 공법인인 조합과 그 조합원에 대하여 구속력을 가지는 자치법규이다.

도시 및 주거환경정비법에 의한 주택재개발 정비사업조합의 정관은 해당 조합의 조직, 기관, 활동, 조합원의 권리의무관계 등 단체법적 법률관계를 규율하는 것으로서 공법인인 조합과 조합원에 대하여 구속력을 가지는 자치법규이다. 따라서 주택재개발 정비사업조합의 단체 내부를 규율하는 자치법규인 정관에서 정한 사항은 원칙적으로 해당 조합과 조합원을 위한 규정이라고 봄이 타당하고 조합 외부의 제3자를 보호하거나 제3자를 위한 규정이라고 볼 것은 아니다.

갑 주택재개발 정비사업조합의 정관에서 '총회 의결로 정한 예산의 범위 내에서의 용역계약 등'을 대의원회의 의결사항으로 정하고 있는데, 갑 조합의 조합장 및 이사회 의장인 을이 갑 조합 이사회를 개최하여 병을 법무사로 선정하고 그와 등기업무 위임계약을 체결하기로 의결하자, 기존에 갑 조합과 위임계약을 체결하여 등기업무 등을 수행하던 정 법무사법인이 을의 정관 위반행위 때문에 손해를 입었다며 을을 상대로 불법행위에 따른 손해배상을 구한 사안에서, 을이 대의원회의 의결을 거치도록 정한 위 정관 규정을 위반하였다고 하더라도 특별한 사정이 없는 한 그 정관 위반행위만으로 바로 을에게 조합 외부의 제3자인 정 법무사법인에 대한 불법행위책임을 물을 수는 없는데도, 을이 갑 조합의 정관을 위반하였다는 것만으로 다른 합리적인 이유의 설시 없이 을에게 불법행위에 따른 손해배상책임이 있다고 본 원심판단에는 주택재개발 정비사업조합 정관의 법적 성질 등에 관한 법리오해 등의 잘못이 있다(**대법원 2019. 10. 31. 선고 2017다282438 판결**).

법인의 정관이나 그에 따른 세부사업을 위한 규정 등 단체 내부의 규정은 특별한 사정이 없는 한 이를 유효한 것으로 시인하여야 할 것이지만, 그것이 선량한 풍속 기타 사회질서에 위반되는 등 사회통념상 현저히 타당성을 잃은 것이거나 결정절차가 현저히 정의에 어긋난 것으로 인정되는 경우 등에는 그러하지 아니하다.

(2) 정관의 내용

① 법에서 정하는 사항(제40조제1항)

- 조합의 명칭 및 사무소의 소재지
- 조합원의 자격
- 조합원의 제명·탈퇴 및 교체
- 정비구역의 위치 및 면적
- 조합의 임원의 수 및 업무의 범위
- 조합임원의 권리·의무·보수·선임방법·변경 및 해임
- 대의원의 수, 선임방법, 선임절차 및 대의원회의 의결방법
- 조합의 비용부담 및 조합의 회계
- 정비사업의 시행연도 및 시행방법
- 총회의 소집 절차·시기 및 의결방법
- 총회의 개최 및 조합원의 총회소집 요구
- 현금청산대상자에 대한 이자 지급
- 정비사업비의 부담 시기 및 절차
- 정비사업이 종결된 때의 청산절차
- 청산금의 징수·지급의 방법 및 절차
- 시공자·설계자의 선정 및 계약서에 포함될 내용
- 정관의 변경절차
- 그 밖에 정비사업의 추진 및 조합의 운영을 위하여 필요한 사항으로서 대통령령으로 정하는 사항

② 시행령에서 정하는 사항(령 제38조)

- 정비사업의 종류 및 명칭
- 임원의 임기, 업무의 분담 및 대행 등에 관한 사항
- 대의원회의 구성, 개회와 기능, 의결권의 행사방법 그 밖에 회의의 운영에 관한 사항
- 법 제24조 및 제25조에 따른 정비사업의 공동시행에 관한 사항
- 정비사업전문관리업자에 관한 사항

- 정비사업의 시행에 따른 회계 및 계약에 관한 사항
- 정비기반시설(주거환경개선사업을 위하여 지정·고시된 정비구역에 설치하는 공동이용시설로서 사업계획서에 시장·군수등이 관리하는 것으로 포함된 것은 제외함) 및 공동이용시설의 부담에 관한 개략적인 사항
- 공고·공람 및 통지의 방법
- 토지 및 건축물 등에 관한 권리의 평가방법에 관한 사항
- 관리처분계획 및 청산(분할징수 또는 납입에 관한 사항을 포함한다)에 관한 사항
- 사업시행계획서의 변경에 관한 사항
- 조합의 합병 또는 해산에 관한 사항
- 임대주택의 건설 및 처분에 관한 사항
- 총회의 의결을 거쳐야 할 사항의 범위
- 조합원의 권리·의무에 관한 사항
- 조합직원의 채용 및 임원중 상근임원의 지정에 관한 사항과 직원 및 상근임원의 보수에 관한 사항
- 그 밖에 시·도 조례로 정하는 사항

③ 조례로 정하는 사항(서울시 조례 제22조)

- 이사회의 설치 및 소집, 사무, 의결빙법 등 이사회 운영에 관한 사항
- 특정무허가건축물(1989.1.24. 당시의 무허가건축물) 소유자의 조합원 자격에 관한 사항
- 공유지분 소유권자의 대표자 선정에 관한 사항
- 단독 또는 다가구주택을 건축물 준공이후 다세대주택으로 전환된 주택을 취득한 자에 대한 분양권 부여에 관한 사항
- 재정비촉진지구의 도시계획사업으로 철거되는 주택을 소유한 자 중 구청장이 선정한 자에 대한 주택의 특별공급에 관한 사항
- 융자금액 상환에 관한 사항
- 융자 신청 당시 담보 등을 제공한 조합장 등이 변경될 경우 채무 승계에 관한 사항
- 정비구역 내 공가 발생시 안전조치 및 보고사항

(3) 표준정관

시·도지사는 표준정관을 작성하여 보급할 수 있는데(제40조제2항), 현재 재개발정비사업조합표준정관과 재건축정비사업조합표준정관을 마련하고 있다. 다만 표준정관은

하나의 예시로 법적구속력은 없으며 조합의 특성과 여건에 따라 관련 조항을 추가, 삭제, 수정하여 달리 규정할 수 있다. 다만 조합원의 권익과 관계되는 사항에 대한 규정 완화 등은 전체적인 합의절차를 거쳐 신중하게 하여야 하고 관계법령에 위반되게 하여서는 아니된다.

(4) 정관변경

① 총회에서 조합원 과반수 혹은 2/3 찬성(제40조제3항)

㉮ 조합원 1/2 이상 찬성

일반적으로 조합이 정관을 변경하려는 경우에는 총회를 개최하여 조합원 과반수의 찬성으로 한다.

㉯ 조합원 2/3 이상 찬성

다음 사항에 관한 정관변경의 경우에는 총회에서 조합원 3분의 2 이상의 찬성으로 한다.

- 조합원의 자격
- 조합원의 제명·탈퇴 및 교체
- 정비구역의 위치 및 면적
- 조합의 비용부담 및 조합의 회계
- 정비사업비의 부담시기 및 절차
- 시공자·설계자의 선정 및 계약에 포함될 내용

구 도시정비법 제20조(현재 제40조)는 조합 정관의 변경 관련하여 정관 조항의 구체적 내용에 따라 총회에서의 의결 방법을 달리 정하고 있다. 구체적으로 조합원 3분의 2 이상의 동의를 필요로 하는 사항, 조합원 과반수의 동의를 필요로 하는 사항, 통상적인 총회 의결 방법에 따라 변경할 수 있는 사항으로 나누어진다.

조합이 총회에서 위와 같이 가결 요건이 다른 여러 정관 조항을 변경하려 할 때에는 사전에 조합원들에게 각 조항별로 변경에 필요한 의결정족수에 관하여 설명하여야 하고, 의결정족수가 동일한 조항별로 나누어서 표결이 이루어지도록 하는 등의 방법으로 각 조항별 가결 여부를 명확히 알 수 있도록 하여야 한다. 이와 다르게 조항별 가결 요건에 대한 사전설명도 없이 의결정족수가 다른 여러 조항을 구분하지 않고 일괄하여 표결하도록 한 경우, 만약 그 표결 결과 일부 조항에 대해서는 변경에 필요한 의결정족수를 채우지 못하였다면, 특별한 사정이 없는 한 정관 개정안 전체가 부결되었다고 보아야 하고 의결정족수가 충족된 조항만 따로 분리하여 그 부분만 가결되었다고 볼 수는 없다. 단체법적 법률관계를 규율하는 정관의 변경은 객관적이고 명확하게 결정되어야 하기 때문이다(**대법원 2019. 1. 31. 선고 2018다227520 판결**).

② 인 가

총회 의결후 시장·군수등의 인가를 받아야 한다.

조합이 정관을 변경하고자 하는 경우에는 총회를 개최하여 조합원 과반수 또는 3분의 2 이상의 동의를 얻어 시장·군수의 인가를 받도록 규정하고 있다. 여기서 시장 등의 인가는 그 대상이 되는 기본행위를 보충하여 법률상 효력을 완성시키는 행위로서 이러한 인가를 받지 못한 경우 변경된 정관은 효력이 없다고 할 것이고, 시장 등이 변경된 정관을 인가하더라도 정관변경의 효력이 총회의 의결이 있었던 때로 소급하여 발생한다고 할 수 없다(**대법원 2014. 7. 10. 선고 2013도11532 판결**).

(5) 경미한 사항

정관 중 다음의 사항을 변경하려는 때에는 조합원의 동의 없이 도시정비법 또는 정관으로 정하는 방법에 따라 변경하고 시장·군수등에게 신고하여야 한다(제40조제4항, 령 제39조). 시장·군수등은 신고를 받은 날부터 20일 이내에 신고수리 여부를 신고인에게 통지하여야 한다(제40조제5항). 시장·군수등이 위에서 정한 기간 내에 신고수리 여부 또는 민원 처리 관련 법령에 따른 처리기간의 연장을 신고인에게 통지하지 아니하면 그 기간이 끝난 날의 다음 날에 신고를 수리한 것으로 본다(제40조제6항).

- 정비사업의 종류 및 명칭
- 임원의 임기, 업무의 분담 및 대행 등에 관한 사항
- 대의원회의 구성, 개회와 기능, 의결권의 행사방법 및 그 밖에 회의의 운영에 관한 사항
- 법 제24조 및 제25조에 따른 정비사업의 공동시행에 관한 사항
- 정비사업전문관리업자에 관한 사항
- 정비사업의 시행에 따른 회계 및 계약에 관한 사항
- 정비기반시설 및 공동이용시설의 부담에 관한 개략적인 사항
- 공고·공람 및 통지의 방법
- 토지 및 건축물 등에 관한 권리의 평가방법에 관한 사항
- 관리처분계획 및 청산(분할징수 또는 납입에 관한 사항을 포함한다)에 관한 사항

- 사업시행계획서의 변경에 관한 사항
- 조합의 합병 또는 해산에 관한 사항
- 임대주택의 건설 및 처분에 관한 사항
- 총회의 의결을 거쳐야 할 사항의 범위
- 조합원의 권리·의무에 관한 사항
- 조합직원의 채용 및 임원 중 상근임원의 지정에 관한 사항과 직원 및 상근임원의 보수에 관한 사항
- 그 밖에 시·도조례로 정하는 사항
  - 이사회 운영에 관한 사항으로서 예산의 집행 또는 조합원의 부담이 되지 않는 사항(서울시 조례 제23조)

(6) 실질적 정관변경에 해당하는 경우 특별다수결 규정 유추적용

① 실질적 변경이 있는 관리처분계획

조합설립과 재건축결의를 위하여 받은 동의서와 비교하여 사업시행계획과 이를 토대로 한 관리처분계획의 '조합의 비용부담'이나 '시공자·설계자의 선정 및 계약서에 포함될 내용'이 실질적으로 변경된 경우 제40조제3항, 제1항제8호제16호의 규정을 유추적용하여 조합원 2/3 이상의 동의를 요하고, 이와 같은 요건을 갖추지 못한 관리처분계획은 위법하며, 이러한 의결정족수에 못 미치는 동의로 가결될 수 있도록 정한 정관규정은 효력이 없다.

> 재건축조합이 조합설립과 재건축결의를 위하여 받은 동의서상 '신축건물 설계개요'와 비교하여 아파트의 용적률, 세대수, 규모가 통상 예상할 있는 범위를 초과하여 감소되는 내용으로 사업시행계획을 수립하여 조합원 57% 참석 총회에서 의결하여 인가를 받고, 인가받은 사업시행계획을 토대로 관리처분계획이 수립된 후 관리처분계획의 효력을 다투어진 사안에서 대법원은 다음과 같이 판시하였다.
>
> 도시정비법은 '조합의 비용부담'이나 '시공자·설계자의 선정 및 계약서에 포함될 내용'이 특히 조합원의 비용분담 등에 큰 영향을 미치는 점을 고려하여 이를 정관에 포함시켜야 할 사항으로 규정하면서(제20조제1항제8호,제15호), 이를 변경하기 위하여는 조합원의 3분의 2 이상의 동의를 요하도록 하고 있다. 따라서 재건축조합 정관의 필수적 기재사항이자 엄격한 정관변경절차를 거쳐야 하는 '조합의 비용부담'이나 '시공자·설계자의 선정 및 계약서에 포함될 내용'에 관한 사항이 당초 재건축결의 당시와 비교하여 볼 때 조합원들의 이해관계에 중대한 영향을 미칠 정도로 실질적으로 변경된 경우에는, 특별다수의 동의요건을 규정하여 조합원들의 이익을 보호하려는

도시정비법 제20조제3항,제1항제8호,제15호의 규정을 유추적용하여 조합원의 3분의 2 이상의 동의를 요한다고 봄이 타당하다.

이와 달리 재건축조합의 정관 규정이 조합원들의 이해관계에 중대한 영향을 미치는 '조합의 비용부담'이나 '시공자·설계자의 선정 및 계약서에 포함될 내용'에 관하여 그것이 당초의 재건축결의의 내용을 실질적으로 변경하는 것임에도 불구하고 조합원의 3분의 2 이상의 의결정족수에 못 미치는 동의로도 가결될 수 있도록 규정하고 있는 경우에는, 재건축결의의 내용이 용이하게 변경되어 재건축결의의 기초가 흔들릴 수 있을 뿐 아니라 일단 변경된 내용도 이해관계를 달리하는 일부 조합원들의 이합집산에 의하여 다시 변경될 수 있어 권리관계의 안정을 심히 해하고 재건축사업의 원활한 진행에 상당한 장애를 초래할 수 있으므로, 그러한 정관의 가결정족수 규정은 사회통념상 현저히 타당성을 잃은 것으로서 그 효력을 인정하기 어렵다고 할 것이다(**대법원 2012. 8. 23. 선고 2010두13463 판결, 대법원 2014. 3. 27. 선고 2011두3692 판결**).

다만 관리처분계획을 경미한 범위 내에서 수정하는 경우나, 실질적으로 변경하는 경우라도 이미 특별다수결의에 준하는 조합원의 총의가 확인된 경우에는 다시 특별다수결의를 거쳐야 할 필요는 없다.

이미 특별다수에 의한 결의방법에 따라 의결된 '조합의 비용부담' 등을 경미한 범위 내에서 수정하는 경우나 다른 안건에 관한 결의 등을 통하여 위 사항에 관하여 특별다수에 의한 결의에 준하는 조합원의 총의가 확인된 경우 등과 같은 특별한 사정이 있는 때에는 법령 또는 정관의 규정상 해당 안건의 결의에 필요한 의결정족수를 충족하면 된다고 할 것이다.

도시정비법에 따른 정비사업이 조합의 설립, 사업시행계획, 관리처분계획 등의 단계를 거쳐 순차 진행되고, 각 단계에서 조합설립인가, 사업시행인가, 관리처분계획인가 등의 선행 행정처분이 이루어짐에 따라 다음 절차가 진행되는 정비사업의 특성과 사업시행계획의 단계에서 공사비 등 정비사업에 소요되는 비용(정비사업비)에 관하여 동의를 얻도록 한 도시정비법 관련 규정 취지를 종합하여 보면, 조합설립을 할 때에 건축물 철거 및 신축비용 개산액에 관하여 조합원들의 동의를 받았고, 다음 단계인 사업시행계획의 수립 및 이에 대한 인가를 받을 때 조합원들의 동의 절차를 거쳐 정비사업비가 잠정적으로 정해졌으므로, 관리처분계획을 수립할 때에 의결한 정비사업비가 조합원들의 이해관계에 중대한 영향을 미칠 정도로 실질적으로 변경된 경우에 해당하는지를 판단할 경우에는 조합설립에 관한 동의서 기재 건축물 철거 및 신축비용 개산액과 바로 비교할 것이 아니라, 먼저 사업시행계획 시에 조합원들의 동의를 거친 정비사업비가 조합설립에 관한 동의서 기재 건축물 철거 및 신축비용 개산액과 비교하여 조합원들의 이해관계에 중대한 영향을 미칠 정도로 실질적으로 변경된 경우에 해당하는지를 판단하고, 다음으로 관리처분계획안에서 의결한 정비사업비가 사업시행계획 시에 조합원들의 동의를 거친 정비사업비와 비교하여 조합원들의 이해관계에 중대한 영향을 미칠 정도로 실질적으로 변경된 경우에 해당하는지를 판단해야 한다(**대법원 2014. 6. 12. 선고 2012두28520 판결, 대법원 2014. 7. 24. 선고 2012두13764 판결, 대법원 2014. 8. 20. 선고 2012두5572 판결**).

② 실질적 변경이 있는 조합설립변경인가

조합설립변경인가의 변경 내용이 조합설립인가와 비교하여 '건축물의 철거 및 신축에 소요되는 비용의 개략적인 금액'이 조합원들의 이해관계에 중대한 영향을 미칠 정도의 변경인 경우 제40조제3항,제1항제8호의 규정을 유추적용한 조합원 3분의 2 이상의 동의를 거쳐야 적법하다고 할 것이고, 이와 같은 요건을 갖추지 못한 조합설립변경인가는 위법하다.

① 주택재개발사업, 주택재건축사업 추진위원회가 조합설립인가받은 사항을 변경하고자 할 경우 토지등소유자나 구분소유자의 동의를 얻어 시장·군수의 인가를 받아야 하고, 경미한 사항을 변경하고자 할 경우 조합원의 동의 없이 시장·군수에게 신고하고 변경할 수 있는데(제16조제1항, 제2항), 령 제27조제2의3,4호에는 '건설되는 건축물의 설계 개요의 변경'과 '정비사업비의 변경'이 경미한 사항으로 규정되어 있고, ② 조합원에게 경제적 부담을 주는 사항 등 주요한 사항을 결정하기 위하여 필요한 사항으로 대통령령으로 정하는 사항은 총의의결사항인데(제24조제3항제12호), 령 제34조제1항제3,4호에는 '건설되는 건축물의 설계 개요의 변경'과 '정비사업비의 변경'이 대통령령으로 정하는 총회의결사항으로 규정되어 있고, ③ '조합의 비용부담 및 조합의 회계'는 정관에 포함될 사항중 하나인데(제20조제1항제8호), 제20조제3항에 의하면 '조합의 비용부담 및 조합의 회계'에 관한 사항은 총회를 개최하여 조합원 2/3 이상의 동을 얻어 시장·군수의 인가를 받아야 한다. 조합설립변경인가는 '건축물의 철거 및 신축에 소요되는 비용의 개략적인 금액' 등의 변경에 관한 것으로 령 제27조제2의4호 소정의 '조합설립인가의 변경에 있어서 신고사항'을 변경하는 내용의 신고를 수리하는 의미를 가지는 것이고, 위 신고사항의 변경을 위하여는 령 제34조에 따라 총회 의결에 의한 동의를 얻어야 한다. 그런데 그 변경 내용이 조합설립인가와 비교하여 '건축물의 철거 및 신축에 소요되는 비용의 개략적인 금액'을 약 68% 증액하는 것으로서 조합원들의 이해관계에 중대한 영향을 미칠 정도의 변경이므로, 조합의 정관에서 정한 가결정족수가 아닌 제20조제3항, 제1항제8호의 규정을 유추적용한 조합원 3분의 2 이상의 동의를 거쳐야 적법하다고 할 것이므로, 조합설립변경인가는 이와 같은 적법한 총회 의결을 거치지 아니하였으므로 위법하다(**대법원 2013. 10. 24. 선고 2012두12853 판결**).

③ 실질적 변경이 있는 시공자선정총회결의

'시공자와의 계약서에 포함될 내용'에 관한 안건을 총회에 상정하여 의결하는 경우 그 내용이 당초의 재건축결의 시 채택한 조합원의 비용분담 조건을 변경하는 것인 때에는 제40조제3항, 제1항제16호의 규정을 유추적용하여 조합원의 3분의 2 이상의 동의를 요하고, 그러한 요건을 갖추지 못한 시공자선정을 위한 조합총회결의는 효력이 없다.

일반분양금 총액이 예상보다 10% 이상 초과할 경우 초과분을 조합원들에게 수익으로 배분하는 조건의 G건설 사업참여계약서와 그러한 내용의 재건축동의서에 의하여 적법한 재건축결의와 G건설로의 시공사 선정이 있었는데, 그후 초과분을 배분하지 않는 대신 사업비 추가분을 시공사가 부담하는 것을 내용으로 하는 본계약 안건에 대한 조합총회 승인결의를 거쳐 본계약을 체결이 이루어지자, 일부 조합원이 조합을 상대로 본계약안건에 대한 조합총회결의 무효확인청구 소송을 제기한 사안에서, 대법원이 「시공자 계약서에 포함될 내용'이 조합원의 비용분담 등에 큰 영향을 미치는 점을 고려하여 이를 정관에 포함시켜야 할 사항으로 규정하고 있고(제20조제1항제15호), 정관 기재사항의 변경을 위해서는 조합원의 3분의 2 이상의 동의를 받도록 규정하고 있다(제20조제3항). 그러므로 '시공자와의 계약서에 포함될 내용'에 관한 안건을 총회에 상정하여 의결하는 경우 그 내용이 당초의 재건축결의 시 채택한 조합원의 비용분담 조건을 변경하는 것인 때에는 비록 그것이 직접적으로 정관 변경을 하는 결의가 아니라 할지라도 실질적으로는 정관을 변경하는 결의이므로 그 의결 정족수는 정관변경에 관한 규정인 제20조제3항, 제1항제15호의 규정을 유추적용하여 조합원의 3분의 2 이상의 동의를 요한다고 봄이 타당하다**(대법원 2009. 1. 30. 선고 2007다31884 판결, 대법원 2013. 6. 14. 선고 2012두5022 판결, 대법원 2015. 7. 9. 선고 2014다72203 판결 등 참조)**.」는 이유로 본계약안건에 대한 조합총회결의가 무효라는 취지로 판시하였다.

이후 위 조합이 G건설을 상대로 당초 약정한대로 10% 이상 초과분 환급을 구하는 소송을 제기하자, 대법원은 「조합원의 비용분담 조건을 변경하는 안건에 대하여 위와 같이 특별다수의 동의요건을 요구함으로써 조합원의 이익을 보호하고 권리관계의 안정과 재건축사업의 원활한 진행을 도모하고자 하는 도시정비법 관련 규정의 취지에 비추어 보면, 재건축조합이 구 도시정비법의 유추적용에 따라 요구되는 조합원 3분의 2 이상의 동의를 거치지 아니하고 당초의 재건축결의 시 채택한 조합원의 비용분담 조건을 변경하는 취지로 시공자와 계약을 체결한 경우 그 계약은 효력이 없다 할 것이다. 한편 계약체결의 요건을 규정하고 있는 강행법규에 위반한 계약은 무효이므로 그 경우에 계약상대방이 선의·무과실이라 하더라도 민법 제107조의 비진의표시의 법리 또는 표현대리 법리가 적용될 여지는 없다. 따라서 도시정비법에 의한 주택재건축조합의 대표자가 그 법에 정한 강행규정에 위반하여 적법한 총회의 결의 없이 계약을 체결한 경우에는 상대방이 그러한 법적 제한이 있다는 사실을 몰랐다거나 총회결의가 유효하기 위한 정족수 또는 유효한 총회결의가 있었는지에 관하여 잘못 알았다고 하더라도 그 계약이 무효임에는 변함이 없다. 또한 총회결의의 정족수에 관하여 강행규정에서 직접 규정하고 있지 않지만 강행규정이 유추적용되어 과반수보다 가중된 정족수에 의한 결의가 필요하다고 인정되는 경우에도 그 결의 없이 체결된 계약에 대하여 비진의표시 또는 표현대리의 법리가 유추적용될 수 없는 것은 마찬가지이다. 강행규정이 유추적용되는 경우라고 하여 강행법규의 명문 규정이 직접 적용되는 경우와 그 효력을 달리 볼 수는 없기 때문이다.」라는 이유로 본계약안건에 대한 조합총회결의가 무효라고 하더라도, G건설이 본계약 안건에 대하여 특별결의가 필요하다는 것을 알았거나 알 수 있었다고 볼 증거가 없으므로 본계약은 유효하다고 판단한 원심을 파기하였다**(대법원 2016. 5. 12. 선고 2013다49381 판결)**.

9. 조합임원

(1) 임원구성

조합은 다음의 임원을 둔다(제41조제1항).

- 조합장 1명
- 이사
- 감사

조합의 임원은 다음의 어느 하나의 요건을 갖추어야 하며, 조합장은 선임일부터 관리처분계획인가를 받을 때까지는 해당 정비구역에서 거주(영업을 하는 자의 경우 영업을 말한다)하여야 한다.

- 정비구역에서 거주하고 있는 자로서 선임일 직전 3년 동안 정비구역 내 거주 기간이 1년 이상일 것
- 정비구역에 위치한 건축물 또는 토지(재건축사업의 경우에는 건축물과 그 부속토지를 말한다)를 5년 이상 소유하고 있을 것

조합의 이사와 감사의 수는 대통령령으로 정하는 범위에서 정관으로 정하도록 되어 있는데, 시행령에는 조합에 두는 이사의 수는 3명 이상으로 하고, 감사의 수는 1명 이상 3명 이하로 하되, 다만 토지등소유자의 수가 100명을 초과하는 경우에는 이사의 수를 5명 이상으로 한다고 규정되어 있다(령 제40조).

(2) 임원선출

조합임원의 선출방법 등은 정관으로 정한다. 조합은 총회 의결을 거쳐 조합임원의 선출에 관한 선거관리를 선거관리위원회에 위탁할 수 있다.

> 재건축·재개발조합의 임원 선출에 관한 선거관리 절차상에 일부 잘못이 있는 경우에, 그 잘못으로 인하여 자유로운 판단에 의한 투표를 방해하여 자유와 공정을 현저히 침해하고 그로 인하여 선출결의의 결과에 영향을 미쳤다고 인정되는지 여부 등을 참작하여 선출결의의 무효 여부를 판단하여야 한다(**대법원 2012. 10. 25. 선고 2010다102533 판결, 대법원 2014. 12. 11. 선고 2013다204690 판결**).

(3) 임원임기

조합임원의 임기는 3년 이하의 범위에서 정관으로 정하되, 연임할 수 있다. 종전에는 조합임원의 임기를 제한하는 규정이 없다가 법률 제13792호 도시정비법 개정에 따라 신설되었는데 위 개정법 시행일인 2016.1.19. 전에 조합임원을 선출(연임을 포함한다)한 경우에는 종전 규정에 따른다(부칙 제33조).

(4) 전문조합관리인 선정

① 선정요건

시장·군수등은 조합임원이 사임, 해임, 임기만료, 그 밖에 불가피한 사유 등으로 직무를 수행할 수 없는 때부터 6개월 이상 선임되지 아니한 경우 및 총회에서 조합원 과반수의 출석과 출석 조합원 과반수의 동의로 전문조합관리인의 선정을 요청하는 경우 시·도조례로 정하는 바에 따라 변호사·회계사·기술사 등으로서 다음의 요건을 갖춘 자를 전문조합관리인으로 선정하여 조합임원의 업무를 대행하게 할 수 있다(제41조 제5항).

정비사업은 시행과정에서 지자체 등 행정기관과의 업무협의가 매우 중요한 부분을 차지하는 만큼, 원활한 사업 추진을 위해 정비사업전문관리업체의 행정업무 능력을 보강하고, 전문조합관리인의 자격 요건에 일반행정사를 추가하여 행정능력을 갖춘 전문가가 조합임원을 대신할 수 있도록 확대하였다(령 제41조제1항).

1. 다음의 어느 하나에 해당하는 자격을 취득한 후 정비사업 관련 업무에 5년 이상 종사한 경력이 있는 사람
   가. 변호사
   나. 공인회계사
   다. 법무사
   라. 세무사
   마. 건축사
   바. 도시계획·건축분야의 기술사
   사. 감정평가사
   아. 행정사(일반행정사를 말함)
2. 조합임원으로 5년 이상 종사한 사람

> 3. 공무원 또는 공공기관의 임직원으로 정비사업 관련 업무에 5년 이상 종사한 사람
> 4. 정비사업전문관리업자에 소속되어 정비사업 관련 업무에 10년 이상 종사한 사람
> 5. 건설산업기본법에 따른 건설업자에 소속되어 정비사업 관련 업무에 10년 이상 종사한 사람
> 6. 제1호부터 제5호까지의 경력을 합산한 경력이 5년 이상인 사람. 이 경우 같은 시기의 경력은 중복하여 계산하지 아니하며, 제4호 및 제5호의 경력은 2분의 1만 포함하여 계산한다.

② 선정절차

시장·군수는 전문조합관리인의 선정이 필요하다고 인정하거나 조합원(추진위원회의 경우에는 토지등소유자를 말한다) 3분의 1 이상이 전문조합관리인의 선정을 요청하면 공개모집을 통하여 전문조합관리인을 선정할 수 있다. 이 경우 조합 의견을 들어야 한다.

전문조합관리인은 선임 후 6개월 이내에 법 제115조에 따른 교육을 60시간 이상 받아야 한다. 다만, 선임 전 최근 3년 이내에 해당 교육을 받은 경우에는 그러하지 아니하다.

전문조합관리인의 임기는 3년으로 한다(령 제41조제4항).

(5) 임원의 직무

① 조합장의 직무

조합장은 조합을 대표하고, 그 사무를 총괄하며, 총회 또는 대의원회의 의장이 된다(제42조제1항).

조합장이 대의원회의 의장이 되는 경우에는 대의원으로 본다(제42조제2항). 종전법은 대의원회의 의장이 되는 조합장이 당연히 대의원이어야 하는지에 대하여는 명문의 규정을 두지 않아 도시정비법령 규정의 문언상 대의원은 정관에 정한 방법으로 선임하여야 할 것이므로 조합장은 정관에 따라 대의원으로 선임되지 않은 경우에도 당연히 대의원에 해당하는 것은 아니라고 해석하였다. 그러나 개정법은 조합장이 대의원회의 의장이 되는 경우 조합장도 대의원으로 인정하는 규정을 신설하였다. 따라서 조합장은 평소에는 대의원이 아니나 대의원회 의장이 되어 대의원회를 주재할 경우 대의원으로 간주되어 의결권이 있다.

도시정비법에 의하여 설립된 조합은 법인에 해당하고, 위 조합에 관하여는 도시정비법에 규정된 것을 제외하고는 민법 중 사단법인에 관한 규정이 준용되므로, 조합을 대표하고 그 사무를 총괄하는 조합장은 도시정비법이나 민법에서 달리 정하지 않는 한 조합의 사무에 관하여 재판상 또는 재판 외의 모든 행위를 할 수 있다.

> 조합장이 조합을 대표하여 소를 제기하는 행위는 조합총회 결의를 요하는 '예산으로 정한 사항 이외에 조합원의 부담이 될 계약'의 체결행위에 해당하는 것도 아니므로, 조합장은 조합이 대표하여 시공사를 상대로 일반분양 수익금을 돌려달라는 약정금 소송을 제기하는 행위는 총회의 결의를 필요로 한다고 할 수 없다. 조합이 시공사를 상대로 한 약정금청구소송에 관하여 법무법인에게 위임하는 계약을 체결하면서 총회의 의결을 거치지 않은 경우 설령 소송위임계약이 '예산으로 정한 사항 이외에 조합원의 부담이 될 계약'에 해당하여 총회의 결의가 필요한데 총회결의 없어 소송위임계약 및 이에 따른 소송행위가 무효라고 하더라도, 총회 결의 없이 소송을 제기할 권한이 있는 조합장이 법무법인의 소송행위를 추인함에는 총회의 결의를 필요로 하지 않는다. 따라서 조합장이 법무법인의 소송행위를 추인하였다면 총회 결의가 없더라도 소송대리권 없는 자가 제기한 소송이라고 할 수 없다(**대법원 2012. 3. 15. 선고 2011다95779 판결**).

② 이익상반행위

조합장 또는 이사가 자기를 위하여 조합과 계약이나 소송을 할 때에는 감사가 조합을 대표한다(제42조제3항).

> 조합의 이사가 자기를 위하여 조합을 상대로 소송을 제기하였을 때 감사가 조합을 대표하므로, 조합에 감사가 있을 때에는 조합장이 없거나 조합장이 대표권을 행사할 수 없는 사정이 있더라도 그 조합은 특별한 사정이 없는 한 민사소송법 제64조, 제62조에 정한 '법인의 대표자가 없거나 대표자가 대표권을 행사할 수 없는 경우'에 해당하지 아니하여 특별대리인을 선임할 수 없다. 따라서 수소법원은 특별대리인을 선임할 것이 아니라 소장에 표시된 피고의 대표자를 적법한 대표권을 가진 감사로 정정하도록 하는 등의 조치를 하여야 하며, 수소법원이 이를 간과하고 특별대리인을 선임하였더라도 그 특별대리인은 이사가 제기한 소에 관하여 조합을 대표할 권한이 없다(**대법원 2015. 4. 9. 선고 2013다89372 판결**).

③ 겸직금지의무

조합임원은 같은 목적의 정비사업을 하는 다른 조합의 임원 또는 직원을 겸할 수 없다(제42조제4항).

(6) 임원의 결격사유

다음의 어느 하나에 해당하는 자는 조합임원 또는 전문조합관리인이 될 수 없다(제

43조제1항).

- 미성년자·피성년후견인 또는 피한정후견인

 민법은 2011.3.7. 법률 제10429호로 개정되어 금치산 또는 한정치산 제도가 폐지되고 성년후견인 또는 한정후견인 제도가 신설되었다. 개정 민법은 2013.7.1.부터 시행되었는데 부칙 제2조로 개정민법 시행당시 이미 금치산 또는 한정치산의 선고를 받은 사람에 대하여는 종전의 규정을 적용하도록 하되, 시행일부터 5년이 경과한 때에는 그 금치산 또는 한정치산의 선고는 장래를 향하여 그 효력을 잃는 것으로 규정하였다. 이에 도시정비법 부칙 제34조도 '개정규정에 따른 피성년후견인 또는 피한정후견인에는 금치산 또는 한정치산 선고의 효력이 유지되는 사람이 포함되는 것으로 본다'는 규정을 두었다.

- 파산선고를 받고 복권되지 아니한 자
- 금고 이상의 실형을 선고받고 그 집행이 종료(종료된 것으로 보는 경우를 포함한다)되거나 집행이 면제된 날부터 2년이 지나지 아니한 자
- 금고 이상의 형의 집행유예를 받고 그 유예기간 중에 있는 자
- 도시정비법을 위반하여 벌금 100만원 이상의 형을 선고받고 10년이 지나지 아니한 자(도시정비법을 위반하여 벌금 100만원 이상의 형을 선고받았으나 아직 그 형이 확정되지 아니한 경우 조합임원이 될 수 없거나 해임사유가 되는지에 대하여 불분명하나, 국토교통부 질의회신에 의하면 '형의 선고'는 '확정판결'을 의미하는 것으로 해석하고 있는바, '형을 선고받고'를 '형을 선고받고 그 형이 확정된 후'로 명확히 할 필요가 있다)

(7) 임원의 당연퇴임

조합임원이 임원 결격사유의 어느 하나에 해당하게 되거나 선임 당시 그에 해당하는 자이었음이 판명된 경우 및 조합임원이 거주와 소유 요건(1년 이상 거주 혹은 5년 이상 소유)을 갖추지 못한 경우에는 당연 퇴임한다(제43조제2항). 다만 이 경우 퇴임된 임원이 퇴임 전에 관여한 행위는 그 효력을 잃지 아니한다(제43조제3항).

총회에서 조합원 과반수의 출석과 출석 조합원 과반수의 동의로 전문조합관리인의 선정을 요청함에 따라 시장·군수등이 전문조합관리인을 선정한 경우 전문조합관리인이 업무를 대행할 임원은 당연 퇴임한다(제43조제5항).

(8) 임원의 해임

총회는 조합장이 직권으로 소집하거나 조합원 1/5 이상의 요구 또는 대의원 2/3 이상의 요구로 조합장이 소집하는 것이 원칙이지만, 조합임원의 해임을 위한 총회는 조합원 10분의 1 이상의 요구로 소집된 총회에서 조합원 과반수의 출석과 출석 조합원 과반수의 동의를 받아 해임할 수 있다. 이 경우 요구자 대표로 선출된 자가 해임 총회의 소집 및 진행을 할 때에는 조합장의 권한을 대행한다(제43조제4항).

해임사유에 관하여는 아무런 제한을 두고 있지 아니하므로, 조합 정관에 해임사유를 두었더라도 그 해임사유는 주의적 규정에 불과하고, 해임 대상 임원에게 소명의 기회를 부여할 필요도 없다.

> 도시정비법 제43조제4항이 해임사유에 관하여 아무런 제한을 두지 않은 것은, 종전에 정관으로 조합임원의 해임사유를 제한함으로써 조합임원과 조합 사이의 신뢰관계가 파탄되어 조합원 다수가 새로운 임원을 선출하기를 원하고 있음에도 조합임원의 해임이 곤란한 경우가 있었던 폐단을 없애고자 정관으로 조합임원의 해임사유를 제한하지 못하도록 명문화한 것으로 보이고, 조합임원과 조합 사이의 관계는 민법상 위임에 해당하는데 민법 제689조 제1항에서는 당사자로 하여금 자유로이 위임계약을 해지할 수 있도록 규정하고 있고, 다만 제2항에서는 부득이한 사유 없이 상대방의 불리한 시기에 위임계약을 해지한 때에는 그 손해를 배상하도록 규정하고 있으며, 위임관계에 있어서는 서로간의 신뢰관계가 무엇보다 중시되어야 할 것이므로, 만일 그 신뢰관계가 파탄되어 조합원 다수가 현 임원 대신 새로운 임원을 선출하기를 원할 경우에는 조합원 총회에서 다수의 의사에 따라 언제든지 그 임원을 해임하고 다른 조합원을 임원으로 선임할 수 있게 함이 바람직하다. 따라서 조합 정관에서 해임사유를 두었다고 하더라도 그 해임사유는 주의적 규정에 불과하므로, 조합 임원에게 구체적 해임사유가 존재하는지 여부와 관계없이 여러 가지 의혹으로 인하여 조합원들의 신뢰를 상실하여 총회에서 조합원의 과반수의 출석과 출석 조합원 과반수가 찬성한 이상 해임결의에 관한 총회 결의는 유효하다. 제43조제4항의 취지는 위임의 법리에 따라 조합원들의 의사에 따른 조합임원의 해임을 원활하게 하기 위하여 둔 규정이므로, 특별히 다른 법 규정이 없는 한, 징계절차와 같이 해임 조합임원에게 소명의 기회를 부여할 필요는 없다(**대구지방법원 2014. 6. 24. 선고 2013가합7107 판결**).

해임을 위하여 소집된 총회의 경우 조합원 과반수 출석과 출석 조합원 과반수 동의만 있으면 되는 것이지 조합원 100분의 10 이상의 직접 출석이 요구되지 아니한다.

> 도시정비법 제23조제4항은 조합원 10분의 1 이상의 발의로 조합 임원을 해임하는 경우에 관한 특별 규정으로서 위 규정에 따라 조합 임원의 해임을 위하여 소집된 조합 총회의 경우에는 그 해임결의를 위하여 조합원 과반수의 출석과 출석 조합원 과반수의 동의만 있으면 되는 것이지

여기에 도시정비법 제24조제6항단서에 따라 조합원의 100분의 10 이상이 직접 출석하는 것까지 요구되는 것은 아니라고 할 것이다(**대법원 2014. 9. 4. 선고 2012다4145 판결**).

10. 총 회

(1) 소집권자

조합에는 조합원으로 구성되는 총회를 둔다(제44조제1항). 총회는 조합장이 직권으로 소집하거나 조합원 5분의 1 이상(정관의 기재사항 중 조합임원의 권리·의무·보수·선임방법·변경 및 해임에 관한 사항을 변경하기 위한 총회의 경우는 10분의 1 이상으로 한다) 또는 대의원 3분의 2 이상의 요구로 조합장이 소집한다. 개정법은 정관의 기재사항 중 조합임원의 권리·의무·보수·선임방법·변경 및 해임에 관한 사항을 변경하기 위한 총회는 조합원 10분의 1 이상의 요구로 소집할 수 있도록 소집요건을 완화하였다(제44조제2항). 조합임원의 사임, 해임 또는 임기만료 후 6개월 이상 조합임원이 선임되지 아니한 경우에는 시장·군수등이 조합임원 선출을 위한 총회를 소집할 수 있다.

(2) 소집절차

총회를 소집하려는 자는 총회가 개최되기 7일 전까지 회의 목적·안건·일시 및 장소와 서면의결권의 행사기간 및 장소 등 서면의결권 행사에 필요한 사항을 정하여 조합원에게 통지하여야 한다. 총회의 소집 절차·시기 등에 필요한 사항은 정관으로 정한다.

(3) 총회 의결사항 및 상정사항

다음 사항은 총회의 의결을 거쳐야 하고, 이중 도시정비법이나 정관에 따라 조합원의 동의가 필요한 사항은 총회에 상정하여야 한다.

① 법으로 정해진 사항(제45조제1항)

- 정관의 변경, 다만 경미한 사항의 변경은 도시정비법 또는 정관에서 총회의결사항으로 정한 경우로 한정한다.
- 자금의 차입과 그 방법·이자율 및 상환방법
- 정비사업비의 세부 항목별 사용계획이 포함된 예산안 및 예산의 사용내역

- 예산으로 정한 사항 외에 조합원에게 부담이 되는 계약
- 시공자·설계자 및 감정평가법인등의 선정 및 변경

다만 관리처분계획 수립을 위한 분양예정물건추산액평가, 종전자산가격평가, 세입자손실보상액평가는 재개발사업은 2인의 감정평가업자 모두를 시장·군수등이 선정·계약하고, 재건축사업은 1인만 시장·군수등이 선정·계약하고 나머지 1인은 조합총회 의결로 선정·계약하는데, 시장·군수등이 선정·계약하는 감정평가업자의 선정에는 총회의 결의를 요하지 아니한다. 재건축사업의 경우 조합은 총회의 의결을 거쳐 감정평가법인등 선정 및 변경을 시장·군수등에게 위탁할 수 있다.

- 정비사업전문관리업자의 선정 및 변경
- 조합임원의 선임 및 해임
- 정비사업비의 조합원별 분담내역
- 사업시행계획서의 작성 및 변경, 인가받은 사업시행계획서의 정비사업을 중지 또는 폐지하려는 경우에도 총회의 의결을 요하나, 인가받은 사업시행계획서의 경미한 사항을 변경하려는 경우는 총회의 의결을 요하지 아니한다.
- 관리처분계획의 수립 및 변경, 다만 인가받은 관리처분계획의 경미한 사항을 변경하려는 경우는 총회의 의결을 요하지 아니한다.
- 청산금의 징수·지급(분할징수·분할지급을 포함한다)과 조합 해산 시의 회계보고
- 토지등소유자에게 부과할 비용의 금액 및 징수방법
- 그 밖에 조합원에게 경제적 부담을 주는 사항 등 주요한 사항을 결정하기 위하여 대통령령 또는 정관으로 정하는 사항

② 시행령으로 정해진 사항(령 제42조제1항)

- 조합의 합병 또는 해산에 관한 사항
- 대의원의 선임 및 해임에 관한 사항
- 건설되는 건축물의 설계 개요의 변경
- 정비사업비의 변경

(4) 의결정족수

① 조합원 1/2 이상 출석, 출석 조합원 1/2 이상 찬성

총회의 의결은 도시정비법 또는 정관에 다른 규정이 없으면 조합원 과반수의 출석

과 출석 조합원의 과반수 찬성으로 한다(제45조제3항). 개정법은 조합총회에서 일반의결정족수를 신설하였다.

② 조합원 1/2 이상 찬성

- 사업시행계획서의 작성 및 변경(정비사업의 중지 또는 폐지에 관한 사항 포함, 경미한 변경은 제외)
- 관리처분계획의 수립 및 변경(경미한 변경은 제외)

③ 조합원 2/3 이상 찬성

- 사업시행계획서 작성·변경의 경우 정비사업비가 100분의 10 이상 늘어난 경우
- 관리처분계획 수립·변경의 경우 정비사업비가 100분의 10 이상 늘어난 경우

다만 정비사업비가 늘어난 금액을 따질 때 생산자물가상승률분과 현금청산대상자에 대한 손실보상금액은 제외한다.

조합설립인가 신청 시의 정비사업비가 사업시행 과정에서 과다하게 상승하는 경우에 소송 등 주민갈등이 야기되어 사업추진에 혼란이 있으므로, 주민갈등을 예방하고 주민의 권리를 보호하기 위하여 '사업시행계획서 수립·변경 단계'와 '관리처분계획서 수립·변경 단계'에서 당초보다 정비사업비가 100분의 10 이상 증가하는 경우에는 조합원의 3분의 2 이상의 동의를 받도록 조합원 동의 요건을 강화한 것이다(제45조제4항단서). 사업 시행 과정 중 정비사업비가 100분의 10 이상이 증가되는 모든 단계에서 위와 같은 강화된 동의 요건이 적용되는 것이 아니라, 특별히 '사업시행계획서 수립·변경 단계'와 '관리처분계획서 수립·변경 단계'에서 정비사업비 상승 여부를 판단하여 적용되도록 한 규정이므로, 사업시행계획서를 작성하기 전에 시공자를 선정하려는 경우 '사업시행계획서 수립 전 시공자 선정 단계'에서 시공자 선정계약에 따른 정비사업비가 조합설립인가 시의 정비사업비보다 100분의 10 이상 증가하는 경우에는 해당 규정이 적용되지 않는다.

(5) 서면의결·대리인의결

① 서면의결

서면에 의한 의결권 행사는 회의에 출석해 의결권을 행사할 수 있는 자격은 있으나 직접 참석하는 것이 곤란한 자도 의결권을 행사할 수 있도록 하기 위한 방식인데, 의결

권 행사란 안건에 대한 의사표시로서 의사표시의 방법은 원칙적으로 제한이 없어야 하고, 서면에 의한 의결권 행사를 금지하는 것은 불가피한 사유로 회의에 참석할 수 없는 자가 의결권 행사 자체를 못하게 된다는 점 등을 고려할 때 서면에 의한 의결권 행사는 보장되어야 한다. 이에 정비사업법은 조합원은 서면으로 의결권을 행사할 수 있고, 서면으로 의결권을 행사하는 경우에는 정족수를 산정할 때에 출석한 것으로 본다는 규정을 두고 있다(제45조제5항). 조합은 서면의결권을 행사하는 자가 본인인지를 확인하여야 한다(제45조제6항).

② 대리인의결

다음의 어느 하나에 해당하는 경우에는 대리인을 통하여 의결권을 행사할 수 있다(제45조제5항).

- 조합원이 권한을 행사할 수 없어 배우자, 직계존비속 또는 형제자매 중에서 성년자를 대리인으로 정하여 위임장을 제출하는 경우
- 해외에 거주하는 조합원이 대리인을 지정하는 경우
- 법인인 토지등소유자가 대리인을 지정하는 경우

이 경우 법인의 대리인은 조합임원 또는 대의원으로 선임될 수 있다.

③ 전자의결

「재난 및 안전관리 기본법」 제3조제1호에 따른 재난의 발생 등 대통령령으로 정하는 사유가 발생하여 시장·군수등이 조합원의 직접 출석이 어렵다고 인정하는 경우에는 전자적 방법(전자문서 및 전자거래 기본법 제2조제2호에 따른 정보처리시스템을 사용하거나 그 밖의 정보통신기술을 이용하는 방법을 말한다)으로 의결권을 행사할 수 있다. 이 경우 정족수를 산정할 때에는 직접 출석한 것으로 본다(제45조제8항).

(6) 조합원직접출석 요건

① 10/100 이상 출석 원칙(제45조제7항 본문)

총회의 의결은 조합원의 100분의 10 이상이 직접 출석하여야 한다.

② 20/100 이상 출석해야 하는 경우(제45조제6항 단서, 령 제42조제2항)

- 창립총회
- 사업시행계획서의 작성 및 변경을 위하여 개최하는 총회

- 관리처분계획의 수립 및 변경을 위하여 개최하는 총회
- 정비사업비의 사용 및 변경을 위하여 개최하는 총회

③ 1/2 이상이 출석해야 하는 경우

정비사업 계약업무 처리기준에 관한 국토교통부고시에 의하면, 시공자 선정을 위한 총회는 조합원 총수의 과반수 이상이 직접 참석하여 의결하도록 규정하고 있다(정비사업 계약업무 처리기준 제35조).

④ 직접출석으로 볼 경우

서면으로 의결권을 행사하는 경우 물론 직접 출석자에 포함되지 아니한다. 제45조제5항에 규정된 대리인이 출석한 경우에는 직접 출석한 것으로 본다.

그렇다면 서면결의서를 미리 제출하고도 총회에 참석하여 결의를 위한 표결에는 참여하지 않는 조합원(대리인 포함)을 '직접 출석한 조합원'에 해당한다고 볼 것인가. 정비사업법 제45조제6항에 의하면 '조합원의 10/100 또는 20/100 이상이 직접 출석하여야 한다'고만 규정되어 있을 뿐 '조합원의 10/100 또는 20/100 이상이 직접 출석하여 결의에 참여하여야 한다'고 규정되어 있지 않는 점 등을 참작하여 볼 때 서면결의서를 미리 제출하고도 총회에 참석하여 결의를 위한 표결에는 참여하지 않은 조합원(대리인 포함)도 '직접 출석한 조합원'에 해당한다고 봄이 타당하다.

(7) 총회결의 없이 체결한 계약의 효력

조합이 자금을 차입하려는 경우에는 사전에 총회에서 차입의 목적과 차입금의 액수·이율·차입기간 등 차입의 내용을 구체적으로 밝히고 그에 관하여 총회의 의결을 거치거나, 적어도 조합원들이 자금 차입으로 인해 조합이 부담하게 될 부담의 정도를 예측하고 그에 대한 찬성·반대의 의사를 표시할 수 있을 정도로 개략적으로 그 차입에 대해서 밝히고 그에 관하여 총회의 의결을 거쳐야만 한다고 할 것이고, 이와 달리 집행기관에 불과한 이사회에서 주후 자유롭게 그 차입의 내용을 결정한 후 그에 따라 자금을 차입할 수 있도록 함으로써 그 차입의 내용에 대해 총회의 의결을 거치지 않아도 되도록 하는 것은, 비록 총회 스스로 그와 같은 내용을 의결하였다고 하더라도 허용될 수 없다. 따라서 조합이 자금을 차입할 때 그 자금의 차입에 관한 모든 사항을 이사회에서 자유롭게 결정할 수 있다는 내용으로 총회에서 의결을 하였더라도 조합은 이사회

의 의결을 거치는 것만으로는 자금을 차입할 수 없다.

조합원 총회의 결의를 거치지 아니하고 예산으로 정한 사항 외에 조합원의 부담이 될 계약을 체결한 경우에는 계약의 상대방이 계약체결당시 그러한 사정을 알았거나 알 수 있었는지 여부와는 상관없이 그 계약은 무효이다.

도시정비법 제24조제3항제5호에서 '예산으로 정한 사항 외에 조합원의 부담이 될 계약'은 총회의 의결을 거쳐야 한다고 규정하고, 한편 제85조제5호에서 제24조의 규정에 의한 총회의 의결을 거치지 아니하고 제24조제3항 각 호의 사업을 임의로 추진하는 조합의 임원을 형사처벌하도록 규정하고 있다. 위와 같이 도시정비법 제24조제3항에서 총회 의결을 거치도록 한 취지는 조합원들의 권리·의무에 직접적인 영향을 미치는 사항에 대하여 조합원들의 의사가 반영될 수 있도록 절차적 보장을 하기 위한 것이다. 이러한 규정의 취지에 비추어 보면, 도시정비법에 의해 설립된 재건축정비사업조합이 조합원 총회의 결의를 거치지 아니하고 예산으로 정한 사항 외에 조합원의 부담이 될 계약을 체결한 경우에는 그 효력이 없다(**대법원 2011. 4. 28. 선고 2010다105112 판결, 대법원 2013. 5. 23. 선고 2010다64112 판결 등 참조**). 계약의 상대방이 계약체결당시 그러한 사정을 알았거나 알 수 있었는지 여부와는 상관 없이 계약은 무효이다. 한편 도시정비법 제24조 제3항 제5호에서 말하는 '예산으로 정한 사항 이외에 조합원의 부담이 될 계약'이라 함은 조합의 예산으로 정해진 항목과 범위를 벗어나서 금원을 지출하거나 채무를 짐으로써 조합원에게 그 비용에 대한 부담이 되는 계약을 의미한다(**대법원 2013. 5. 23. 선고 2010다64112 판결**). 도시정비법 제24조제3항제5호에서 말하는 '예산으로 정한 사항 이외에 조합원의 부담이 될 계약'이라 함은 조합의 예산으로 정해진 항목과 범위를 벗어나서 금원을 지출하거나 채무를 짐으로써 조합원에게 그 비용에 대한 부담이 되는 계약을 의미하고, 여기서 '예산'이란 '조합의 정관에서 정한 1회계연도(보통 매년 1.1.부터 12.31.까지)의 수입·지출 계획'을 의미하며, 따라서 이러한 예산의 요건을 충족하지 아니하는 이상, 조합이 정비사업을 추진하는 과정에서 공사비 등 정비사업에 드는 비용인 정비사업비의 지출예정액에 관하여 사업비 예산이라는 명목으로 총회의 의결을 거친 적이 있다고 하더라도, 이를 두고 도시정비법 제24조제3항제5호에서 규정하는 '예산'이라고 볼 수는 없다(**대법원 2015. 5. 14. 선고 2014도8096 판결**).

(8) 총회결의가 적법하기 위한 충족기준

재건축정비사업조합의 총회는 조합의 최고의사결정기관이고, 정관 변경이나 관리처분계획의 수립·변경은 총회의 결의사항이므로, 조합의 총회는 새로운 총회결의로써 종전 총회결의의 내용을 철회하거나 변경할 수 있는 자율성과 형성의 재량을 가진다. 그러나 이러한 자율성과 재량이 무제한적인 것일 수는 없다. 조합 내부의 규범을 변경하고자 하는 총회결의가 적법하려면 다음과 같은 기준들을 충족하여야 한다(대법원

2018. 3. 13. 선고 2016두35281 판결).

첫째, 총회결의가 상위법령 및 정관에서 정한 절차와 의결정족수를 갖추어야 한다. 총회의 절차 및 의결정족수 등에 관하여는 상위법령에서 특별히 정한 바가 없으면 정관으로 정한 바를 따라야 한다. 그러나 도시정비법은 '조합의 비용부담'이 정관에서 정하여야 하는 사항이고 이를 변경하기 위해서는 조합원 3분의 2 이상의 동의를 받도록 규정하고 있으므로, '조합의 비용부담'에 관한 사항이 종전 총회결의와 비교하여 볼 때 조합원들의 이해관계에 중대한 영향을 미칠 정도로 실질적으로 변경된 경우에는 비록 그것이 정관변경 절차는 아니더라도 특별다수의 동의요건을 규정하여 조합원들의 이익을 보호하려는 도시정비법 제40조 제3항, 제1항 제8호의 규정을 유추적용하여 조합원 3분의 2 이상 동의를 받아야 한다.

둘째, 총회결의의 내용이 상위법령 및 정관에 위배되지 않아야 한다.

셋째, 일단 내부 규범이 정립되면 조합원들은 특별한 사정이 없는 한 그것이 존속하리라는 신뢰를 가지게 되므로, 내부 규범 변경을 통해 달성하려는 이익이 종전 내부 규범의 존속을 신뢰한 조합원들의 이익보다 우월하여야 한다. 조합 내부 규범을 변경하는 총회결의가 신뢰보호원칙에 위반되는지를 판단하기 위해서는, 한편으로는 침해받은 이익의 보호가치, 침해의 중한 정도, 신뢰가 손상된 정도, 신뢰침해의 방법 등과 다른 한편으로는 조합 내부 규범의 변경을 통해 실현하고자 하는 공익적 목적을 종합적으로 비교·형량하여야 한다.

11. 대의원회·주민대표회의·토지등소유자전체회의

(1) 대의원회

① 구 성

조합원의 수가 100명 이상인 조합은 대의원회를 두어야 한다(제46조제1항). 대의원회는 조합원의 10분의 1 이상으로 구성한다. 다만 조합원의 10분의 1이 100명을 넘는 경우에는 조합원의 10분의 1의 범위에서 100명 이상으로 구성할 수 있다. 구체적인 대의원의 수는 위 범위 안에서 정관이 정하는 바에 의한다(령 제44조제2항).

대의원은 조합원 중에서 선출하는데, 조합장이 아닌 조합임원은 대의원이 될 수 없다. 대의원의 선임 및 해임에 관하여는 정관이 정하는 바에 의한다(령 제44조제1항,

제2항).

조합임원은 통상 조합의 사무 및 회계 등에 관한 업무를 담당하는 반면, 대의원회는 도시정비법 정비사업의 의결기구인 총회의 권한을 대행한다는 점에서 도시정비사업 추진에 있어 대의원의 기능과 역할의 중요성이 크다. '대의원의 수, 선임방법, 선임절차 및 대의원회의 의결방법'은 정관 기재사항인데, 대의원의 '자격요건'은 대의원의 '선임방법'에 포함된다고 보아야 하므로 경미한 사항으로 볼 수 없으며, 대의원의 자격요건의 변경은 정관의 변경절차에 따라 총회를 개최하여 조합원 과반수찬성으로 시장·군수의 인가를 받아야 한다.

② 의결사항

대의원회는 총회의 의결사항에 대하여 총회의 권한을 대행할 수 있다(제46조제4항).

다만 다음의 사항에 대하여는 대의원회가 대행할 수 없다(령 제43조).

- 정관의 변경에 관한 사항(경미한 사항의 변경은 도시정비법 또는 정관에서 총회의결사항으로 정한 경우로 한정한다)
- 자금의 차입과 그 방법·이자율 및 상환방법에 관한 사항
- 예산으로 정한 사항 외에 조합원의 부담이 되는 계약에 관한 사항
- 시공자·설계자·감정평가업자의 선정 및 변경에 관한 사항
- 정비사업전문관리업자의 선정 및 변경에 관한 사항
- 조합임원의 선임 및 및 해임과 대의원의 선임 및 해임에 관한 사항, 다만 정관으로 정하는 바에 따라 임기중 궐위된 자(조합장 제외)를 보궐선임하는 경우는 제외한다.

대의원 선임은 총회에서 하지만 궐위된 대의원을 보궐선임하는 경우에는 대의원회가 대행할 수 있도록 규정되어 있다. 그러나 대의원회가 대의원이 보궐선임을 할 수 있기 위해서는 그 전제로 적법한 의결행위를 할 수 있는 상태에 있어야 할 것이다. 대의원회는 본래의 권한자인 조합원 총회의 권한을 대행하는 기관이므로 대의원의 수가 법정 정원을 충족하지 못하는 상황에 이르게 되면 대의원회는 그 기능을 다하게 되는 것이고, 원권한자인 조합 총회가 본연의 역할을 수행해야 한다. 즉 대의원회가 법령에서 규정하는 대의원 수에 미달하여 권한대행기관으로서의 대표성을 확보하지 못해서 총회의 권한을 대행할 수 없는 경우라면 대의원의 보궐선임 권한 역시 대행할 수 없다.

- 사업시행계획서의 작성 및 변경에 관한 사항(정비사업의 중지 또는 폐지에 관한 사항을 포함하되, 경미한 변경은 제외한다)
- 관리처분계획의 수립 및 변경에 관한 사항(경미한 변경은 제외한다)
- 법 제45조제2항(도시정비법 또는 정관에 따라 조합원의 동의가 필요한 사항은 총회에 상정하여야 한다)에 따라 총회에 상정하여야 하는 사항
- 조합의 합병 또는 해산에 관한 사항(사업완료로 인한 해산의 경우는 제외)
- 건설되는 건축물의 설계 개요의 변경에 관한 사항
- 정비사업비의 변경에 관한 사항

③ 소 집

대의원회는 조합장이 필요하다고 인정하는 때에 소집한다. 다만, 정관이 정하는 바에 따라 소집청구가 있는 때, 대의원의 3분의 1 이상(정관으로 달리 정한 경우에는 그에 의한다)이 회의의 목적사항을 제시하여 청구하는 때에는 조합장은 해당일부터 14일 이내에 대의원회를 소집하여야 한다(령 제44조제4항). '소집'이란 일반적으로 '단체나 조직체의 구성원을 불러서 모음'이란 뜻으로, '대의원회 소집'이란 '대의원회의 구성원인 대의원들이 실제로 일정한 장소에 모이는 것'을 뜻한다. 따라서 조합장은 14일 이내에 대의원회 소집을 위한 절차만 개시하면 되는 것이 아니라 14일 이내에 대의원회를 개최하여야 한다.

소집청구가 있는 경우로서 조합장이 정당한 이유 없이 대의원회를 소집하지 아니한 때에는 감사가 지체 없이 이를 소집하여야 하며, 감사가 소집하지 아니하는 때에는 소집을 청구한 자의 대표가 이를 소집한다. 이 경우 미리 시장·군수의 승인을 얻어야 한다. 이와 같이 소집된 대의원회는 소집주체에 따라 감사 또는 소집을 청구한 자의 대표가 의장의 직무를 대행한다(령 제44조제5항, 제6항).

대의원회의 소집은 집회 7일전까지 그 회의의 목적·안건·일시 및 장소를 기재한 서면을 대의원에게 통지하는 방법에 의한다. 이 경우 정관이 정하는 바에 따라 대의원회의 소집내용을 공고하여야 한다(령 제44조제7항).

④ 의결방법

대의원회는 재적대의원 과반수의 출석과 출석대의원 과반수의 찬성으로 의결한다. 다만, 그 이상의 범위에서 정관이 달리 정하는 경우에는 그에 따른다(령 제44조제8항).

대의원회는 사전에 통지한 안건에 관하여만 의결할 수 있다. 다만, 사전에 통지하지 않은 안건으로서 대의원회의 회의에서 정관이 정하는 바에 따라 채택된 안건의 경우에는 그러하지 아니하다. 특정한 대의원의 이해와 관련된 사항에 대하여는 그 대의원은 의결권을 행사할 수 없다(령 제44조제9항,제10항).

(2) 주민대표회의

① 구성·승인

토지등소유자가 시장·군수등 또는 토지주택공사등의 사업시행을 원하는 경우에는 정비구역 지정·고시 후 주민대표회의를 구성하여야 한다(제47조제1항). 주민대표회의는 위원장을 포함하여 5명 이상 25명 이하로 구성한다. 주민대표회의에는 위원장과 부위원장 각 1명과 1명 이상 3명 이하의 감사를 둔다(령 제45조제1항).

주민대표회의는 토지등소유자의 과반수의 동의를 받아 구성하며, 시장·군수등의 승인을 받아야 한다(제47조제3항). 주민대표회의에 대하여 승인을 받으려는 토지등소유자는 시행규칙 별지 제7호서식의 주민대표회의 승인신청서(전자문서로 된 신청서를 포함한다)에 다음의 서류(전자문서를 포함한다)를 첨부하여 시장·군수등에게 제출하여야 한다(시행규칙 제9조).

- 주민대표회의가 정하는 운영규정
- 토지등소유자의 주민대표회의 구성 동의서
- 주민대표회의 위원장·부위원장 및 감사의 주소 및 성명
- 주민대표회의 위원장·부위원장 및 감사의 선임을 증명하는 서류
- 토지등소유자의 명부

② 사업시행자지정 동의간주

정비구역 토지면적의 1/2 이상의 토지소유자와 토지등소유자의 2/3 이상에 해당하는 자가 시장·군수등 또는 토지주택공사등을 사업시행자로 지정할 것을 요청하는 경우 시장·군수등이 직접 정비사업을 시행하거나 토지주택공사등을 사업시행자로 지정하여 정비사업을 시행할 수 있는데, 주민대표회의 구성에 동의한 자는 사업시행자의 지정 요청 전에 시장·군수등 및 주민대표회의에 사업시행자의 지정에 대한 반대의 의사표시를 하지 않는 한 시장·군수등 또는 토지주택공사등을 사업시행자로 지정하는 것에 동의한 것으로 본다(제47조제4항).

③ 의견제시권한

주민대표회의 또는 세입자(상가세입자를 포함한다)는 사업시행자가 다음의 사항에 관하여 시행규정을 정하는 때에 의견을 제시할 수 있다. 이 경우 사업시행자는 주민대표회의 또는 세입자의 의견을 반영하기 위하여 노력하여야 한다(제47조제5항).

- 건축물의 철거
- 주민의 이주(세입자의 퇴거에 관한 사항을 포함한다)
- 토지 및 건축물의 보상(세입자에 대한 주거이전비 등 보상에 관한 사항을 포함한다)
- 정비사업비의 부담
- 세입자에 대한 임대주택의 공급 및 입주자격
- 그 밖에 정비사업의 시행을 위하여 필요한 사항으로서 대통령령으로 정하는 사항

"대통령령이 정하는 사항"이란 다음의 사항을 말한다(령 제45조제2항).

- 시장·군수가 직접 정비사업을 시행하거나 주택공사등 또는 지정개발자를 사업시행자로 지정한 경우 시공자의 추천
- 건축물의 철거의 변경에 관한 사항
- 주민의 이주(세입자의 퇴거에 관한 사항을 포함한다)의 변경에 관한 사항
- 토지 및 건축물의 보상(세입자에 대한 주거이전비 등 보상에 관한 사항을 포함한다)의 변경에 관한 사항
- 정비사업비의 부담의 변경에 관한 사항
- 관리처분계획 및 청산에 관한 사항(주거환경개선사업의 경우 관리처분방법에 의하여 시행하는 사업만 포함)
- 관리처분계획 및 청산의 변경에 관한 사항

④ 운 영

시장·군수 또는 주택공사등은 주민대표회의의 운영에 필요한 경비의 일부를 해당 정비사업비에서 지원할 수 있다. 주민대표회의의 위원의 선출·교체 및 해임, 운영방법, 운영비용의 조달 그 밖에 주민대표회의의 운영에 관하여 필요한 사항은 주민대표회의가 이를 정한다(령 제45조제3항,제4항).

도시정비법에서 주민대표회의를 구성한 때에는 시장·군수의 승인을 받도록 하면서도, 승인을 받은 후에 위원의 선출·교체·해임, 운영방법 등에 대해서는 주민대표회의

에서 자율적으로 정하도록 하고 있는데, 이는 주민대표회의의 자율성을 존중하여 구성시에만 승인의 방식으로 관여하고 그 이후의 운영은 주민대표회의의 자율에 맡기겠다는 취지로 보아야 한다. 따라서 정비구역지정 고시 후 최초로 구성하는 주민대표회의에 대해 시장·군수의 승인을 받았다면 추후 구성원이 전원 교체된 경우라도 별도의 승인을 받아야 하는 것은 아니다.

주민대표회의 내부 운영방법 등을 정하고 있는 '주민대표회의 운영규정'을 위반하는 경우를 '정비사업의 시행이 도시정비법 또는 도시정비법에 의한 명령·처분이나 사업시행계획서 또는 관리처분계획에 위반되었다고 인정되는 때'에 해당한다고 볼 수는 없고, 도시정비법에서는 주민대표회의의 운영에 대해 주민대표회의의 자율성을 존중하고 있으므로, 비록 주민대표회의에서 '주민대표회의 운영규정'을 위반하여 위원을 선출, 교체, 해임하는 경우에는 시장·군수가 취소, 변경 또는 정지 등과 같은 조치를 취할 수는 없다.

⑤ 주민대표회의결의에 대한 무효확인의 소

사업시행자를 구속하는 시공자추천에 대한 의견 이외에는 주민대표기구의 의견은 사업시행자에 대한 구속력이 인정되지 아니한다. 따라서 주민대표회의의 주민총회결의에 하자가 있더라도 그 무효확인을 구하는 것은 확인의 이익이 없어 부적법하다.

> 한국토지주택공사는 성남시로부터 사업시행자로 지정받아 정비사업을 진행하던 중 성남시, 주민대표와 사업비조달 및 분양책임을 시공사가 부담하기로 하는 것으로 변경하는 사업시행변경약정을 하고, 토지등소유자로 구성된 주민대표기구인 주민총회에서 사업시행약정서 변경인준건에 대한 찬성결의를 하자, 일부 토지소유자가 주민대표회의를 상대로 주민총회결의 무효확인을 청구한 사안에서, 대법원은 「도시정비법이 주택공사등이 사업시행자인 재개발사업 등 정비사업에서 주민대표기구를 두도록 정한 취지는 정비구역 내 주민들의 의견을 수렴하여 사업시행자에게 제시할 수 있도록 하기 위한 것인 점, 도시정비법 제11조제3항에 의하면 주택공사등이 주택재개발사업 등의 사업시행자로 지정된 경우 주민대표기구의 시공자 추천에 관한 의견은 사업시행자에 대하여 구속력이 인정되나, 시공자추천에 대한 의견과는 달리 도시정비법 제26조제4항 각 호가 정한 사항에 관하여 주민대표기구가 사업시행자에게 의견을 제시하더라도 사업시행자는 사업시행계획서에 포함되는 시행규정을 정할 때 이를 반영하도록 노력하는 것으로 족하고 구속력이 인정되지 아니하는 점 따라서 주민총회결의의 내용은 사업시행자와의 사업시행변경 약정을 추인받기 위한 것으로서 만약 주민대표기구가 주민총회결의 내용을 자신의 의견으로 채택하여 한국토지공사에 제시하더라도 구속력이 인정된다고 보기 어려운 점 등을 종합하면, 설령 주민총회결의에 위법사유가 있어 효력이 없더라도 소송을 제기한 토지소유자의 권리 또는 법적 지위에

어떠한 위험이나 불안이 야기되었다고 보기 어려워 그 법률관계를 확인의 대상으로 삼아 확인판결에 의하여 즉시 확정할 필요가 있다고 할 수 없으므로 확인의 이익이 없어 부적법하다.」(**대법원 2016. 5. 12. 선고 2013다1570 판결**)고 판시하였다.

⑥ 사업시행자 지정취소 시 주민대표회의 구성승인도 취소되는지 여부

시장·군수가 토지면적의 1/2 이상의 토지소유자와 토지등소유자의 2/3 이상에 해당하는 자의 요청에 따라 주택공사등을 사업시행자로 지정하고 주민대표회의 구성 승인을 한 후, 사업성 미비 등 사유로 사업시행자 지정을 취소하는 경우, 시장·군수는 토지등소유자의 의견 및 제반 사정을 고려하여 새로운 사업시행자가 누구로 변경되는지에 따라 주민대표회의 구성승인 취소 여부를 결정해야 할 것이지 사업시행자 지정취소 시 주민대표회의의 구성 승인도 반드시 취소하여야 하는 것은 아니다.

도시정비법상 '주민대표회의의 구성'과 '주택공사등에 대한 사업시행자 지정' 간에는 시기적 선후관계가 정해져 있지는 않지만, 일반적으로는 주민대표회의가 먼저 구성된 후 토지등소유자가 주택공사등의 사업시행자 지정을 요청하는 것을 전제하고 있다고 할 것이고, 주민대표회의는 주택공사등을 단독 사업시행자로 지정하는 형식의 사업추진방식을 취하는 경우 주민의 의견을 수렴하여 사업시행자에게 전달하기 위해 법률에 의해 구성되는 기구로서, 사업시행자로 지정된 주택공사등에 종속되는 기구는 아니라고 할 것이며, 사업시행자 지정취소시 주민대표회의는 향후 사업의 추진방향에 관한 주민들의 의견을 수렴하는 기능을 수행할 수 있으므로, 시장·군수는 사업시행자 지정취소시 주민의 의사 및 제반 사업여건을 고려하여 다른 주택공사등을 새로운 사업시행자로 지정하거나 주민대표회의의 구성승인을 취소하게 된다고 할 것이다.

(3) 토지등소유자 전체회의

① 구 성

시장·군수등은 재개발사업 및 재건축사업의 조합설립을 위한 동의요건 이상에 해당하는 자가 신탁업자를 사업시행자로 지정하는 것에 동의하는 때에는 신탁업자를 사업시행자로 지정하여 정비사업을 시행할 수 있는데, 이에 따라 사업시행자로 지정된 신탁업자는 다음의 사항에 관하여 해당 정비사업의 토지등소유자(재건축사업의 경우에는 신탁업자를 사업시행자로 지정하는 것에 동의한 토지등소유자를 말한다) 전원으로 구성되는 회

의, 즉 토지등소유자 전체회의의 의결을 거쳐야 한다(제48조제1항).

- 시행규정의 확정 및 변경
- 정비사업비의 사용 및 변경
- 정비사업전문관리업자와의 계약 등 토지등소유자의 부담이 될 계약
- 시공자의 선정 및 변경
- 정비사업비의 토지등소유자별 분담내역
- 자금의 차입과 그 방법·이자율 및 상환방법
- 사업시행계획서의 작성 및 변경(정비사업의 중지 또는 폐지에 관한 사항을 포함하며, 경미한 변경은 제외한다)
- 관리처분계획의 수립 및 변경(경미한 변경은 제외한다)
- 청산금의 징수·지급(분할징수·분할지급을 포함한다)과 조합 해산 시의 회계보고
- 토지등소유자에게 부과할 비용의 금액 및 징수방법
- 그 밖에 토지등소유자에게 부담이 되는 것으로 시행규정으로 정하는 사항

② 소집권자

토지등소유자 전체회의는 사업시행자가 직권으로 소집하거나 토지등소유자 5분의 1 이상의 요구로 사업시행자가 소집한다.

③ 의결방법

토지등소유자 전체회의의 의결은 도시정비법 또는 정관에 다른 규정이 없으면 조합원 과반수의 출석과 출석 조합원의 과반수 찬성으로 한다. 사업시행계획서의 작성 및 변경, 관리처분계획의 수립 및 변경의 경우에는 토지등소유자 과반수의 찬성으로 의결한다. 정비사업비가 100분의 10(생산자물가상승률분, 현금청산자에 대한 손실보상 금액은 제외한다) 이상 늘어나는 경우에는 토지등소유자 3분의 2 이상의 찬성으로 의결하여야 한다.

토지등소유자 전체회의의 의결은 토지등소유자의 100분의 10 이상이 직접 출석하여야 한다. 다만, 창립총회, 사업시행계획서의 작성 및 변경, 관리처분계획의 수립 및 변경을 의결하는 총회의 경우에는 토지등소유자의 100분의 20 이상이 직접 출석하여야 한다.

12. 조합의 해산

2000년대에 들어, 정비기반시설이 열악하고 노후·불량건축물이 밀집한 지역에서 주거환경을 개선하기 위하여 시행하는 주택재개발사업의 본래 취지와 다르게 개발이익의 획득 목적으로 무리하게 주택재개발사업을 추진·착수하는 경우가 증가하였다. 그런데 2000년대 말 세계적인 금융위기 이후 부동산시장이 침체됨에 따라 사업성 저하로 주민들이 부담해야 할 분담금이 증가하고, 원거주민들이 증가된 분담금으로 인하여 해당 지역을 떠나 이주해야만 하는 문제가 발생하였다. 사업 내부적으로는 사업을 주도하는 주민의 절대적 영향력 행사에 따라 다른 주민들의 참여가 어려워 총의에 의한 합리적 사업방향 도출이 어렵다거나 사업시행자의 지나친 사업성 고려, 관할 행정청의 무리한 개발 추진으로 공공성이 저해된다는 지적들이 계속되었다.

이에 국회는, 2012.2.1. 법률 제11293호로 도시정비법을 개정하여, 공공의 역할 확대, 규제완화 및 조합운영의 투명성 제고 등을 통하여 정비사업의 원활한 추진을 지원하고, 사업 추진이 어려운 지역은 주민의사에 따라 조합 설립인가 등을 취소할 수 있도록 하며, 정비사업이 일정기간 지연되는 경우에는 구역을 해제할 수 있도록 하고, 전면철거형 정비방식에서 벗어나 정비·보전·관리를 병행할 수 있는 새로운 사업방식을 도입하는 등 도시 재정비 기능을 강화하였다.

위와 같이 개정된 도시정비법 중, 특히 제16조의2 제1항 제2호는, 조합 설립에 동의한 조합원의 2분의 1 이상 3분의 2 이하의 범위에서 시·도조례로 정하는 비율(서울시의 경우 과반수, 인천시의 경우 조합설립에 동의한 조합원의 과반수) 이상의 동의 또는 토지 등 소유자 과반수의 동의로 조합의 해산을 신청하는 경우 시장, 군수가 조합설립인가를 취소하도록 하여, 조합원들의 의사에 따라 사업을 중단할 수 있도록 규정하였다.

경기침체나 사업성 저하로 상당기간 정비사업이 답보 상태에 있거나 다수의 토지 등 소유자들이 사업에 반대하는 등의 이유로 정비사업 추진이 지연·중단된 상태에 있는 경우에도, 주택재개발정비사업조합이 조합 정관이나 도시정비법, 민법이 규정하는 총회의 소집 및 의결절차에 따라 스스로 해산을 결의하는 것은 현실적으로 어렵고, 관할 관청은 기존의 설립 인가처분을 취소할 객관적 기준이 없어 불필요한 분쟁이나 비용이 발생하였다. 위 규정은 이러한 사정을 감안하여, 정비사업 추진이 제대로 이루어지지 않고 있는 주택재개발정비사업조합의 조합원들이 2014.1.31.까지 한시적으로 비교적 간이한 방법에 의하여 사업지속 여부를 결정할 수 있도록 하는 기준을 마련한 것이었다.

입법자는 2014.1.14. 법률 제12249호로 도시정비법을 개정하면서, 2014.1.31.까지 지방자치단체의 재개발 등 정비사업 관련 정비사업비 및 추정분담금 실태조사결과가 완료되는 점을 고려하여, 실태조사 결과를 참조하여 주민들이 추진위원회나 조합의 해산 여부를 결정할 수 있도록 위와 같은 한시적 해산신청 규정의 유효기간을 1년 연장하였고, 2014.12.31. 법률 제12957호로 도시정비법을 개정하면서, 지방자치단체의 실태조사 이후 정보 제공에 10개월 정도가 소요되고, 타 지역에 거주하는 토지 등 소유자가 다수인 구역의 경우 전체 주민의 의사를 결정함에 있어 종전의 유효기간은 너무 짧다는 이유로 다시 유효기간을 1년 연장하여 2016.1.31.까지 해산신청을 할 수 있도록 규정하였다.

그러다가 이번 개정법에는 간이한 절차에 의한 조합해산신청 및 설립인가취소에 관한 규정이 삭제되었다. 따라서 조합에 관하여는 도시정비법에 규정된 사항을 제외하고는 민법 중 사단법인에 관한 규정을 준용하는데(제49조), 사단법인은 사원이 없게 되거나 총회의 결의로 해산할 수 있고(민법 제77조제2항), 사단법인은 총사원 4분의 3 이상의 동의가 없으면 해산을 결의하지 못하나, 정관에 다른 규정이 있는 때에는 그 규정에 의하므로(민법 제78조), 정비사업조합은 총회에서 전체 조합원의 4분의 3 이상의 동의로 해산결의를 하여야 해산할 수 있게 되었다.

▌제6장▐ 사업시행계획

1. 사업시행계획인가

(1) 정비사업시행의 요건

사업시행자는 정비사업을 시행하려는 경우에는 사업시행계획인가를 받아야 한다(제50조제1항). 사업시행계획인가는 대규모 건축허가라고 할 수 있다. 새로 지을 아파트를 몇 동을 짓고 몇 층으로 지을 것인지, 모양은 어떻게 하고 높이는 얼마로 하여 지을 것인지, 총 세대수는 얼마로 할 것인지 등에 대하여 허가를 받는 것이다. 물론 가장 핵심은 건축물의 높이 및 용적률 등에 관한 건축계획이 될 것이다.

조합이나 토지등소유자(20인 미만 재개발의 경우)가 단독 시행하는 경우는 물론, 그들이 시장·군수등, 토지주택공사등, 건설업자, 등록사업자와 공동시행하는 경우에도 사업시행계획인가를 받아야 하나, 사업시행자가 시장·군수등인 경우에는 사업시행계획인가를 받지 아니한다.

(2) 총회의결 내지 토지등소유자 동의

① 조합이 정비사업을 시행하려는 경우

조합이 정비사업을 시행하려는 경우 사업시행계획인가를 신청하기 전에 미리 총회의 의결을 거쳐야 한다(제50조제5항본문).

2009.2.6. 법률 제9444호로 개정되기 전의 구 도시정비법 제28조제5항은 '사업시행자는 사업시행인가를 신청 또는 변경인가를 신청하기 전에 미리 정관등이 정하는 바에 따라 토지등소유자의 동의를 얻어야 한다.'고 규정함으로서, 사업시행자인 정비사업조합은 정관이 정하는 절차에 따라 사업시행계획을 수립하고 그 사업시행계획에 대하여 정관 등이 정하는 동의율 등 요건에 맞도록 토지등소유자의 서면동의를 받아 시장·군수에게 사업시행인가를 신청하면 되고, 정관에서 사업시행계획의 수립을 조합 총회의 의결사항으로 정하고 있다는 등의 특별한 사정이 없는 이상, 이와 별도로 조합 총회의

결의에 의한 조합원 동의를 얻어야 할 필요는 없었으나(대법원 2015. 4. 9. 선고 2012두6605 판결 참조), 현 도시정비법에 의하면 조합총회 결의에 의한 조합원 동의를 얻어야 한다.

② 토지등소유자가 재개발사업을 시행하려는 경우

토지등소유자가 20인 미만인 경우로서 조합을 설립하지 아니하고 재개발사업을 시행하려는 경우에는 사업시행계획인가를 신청하기 전에 사업시행계획서에 대하여 토지등소유자의 4분의 3 이상 및 토지면적의 2분의 1 이상의 토지소유자의 동의를 받아야 한다(제50조제6항본문). 개정법은 토지등소유자가 시행하는 재개발사업의 경우 사업시행인가신청시 토지면적 1/2 이상의 동의요건을 추가하였고, 이 개정규정은 개정법 시행 후 최초로 사업시행계획인가를 신청하는 경우부터 적용한다.

③ 지정개발자가 정비사업을 시행하려는 경우

지정개발자가 정비사업을 시행하려는 경우에는 사업시행계획인가를 신청하기 전에 토지등소유자의 과반수의 동의 및 토지면적의 2분의 1 이상의 토지소유자의 동의를 받아야 한다(제50조제7항본문). 다만 천재지변 등 불가피한 사유로 공공시행자나 지정개발자로 하여금 긴급하게 정비사업을 시행하려는 경우 사업시행자는 토지등소유자의 동의를 필요로 하지 아니한다.

(3) 인가신청

사업시행자는 사업시행계획인가(변경·중지 또는 폐지인가를 포함한다)를 신청하려는 경우 신청서(전자문서로 된 신청서를 포함한다)는 시행규칙 별지 제8호서식의 사업시행계획(인가, 변경·중지·폐지인가)신청서에 따른다(시행규칙 제10조제1항).

사업시행계획인가 신청서에는 다음의 서류를 첨부하여야 한다(시행규칙 제10조제1항 제1호).

- 정관등
- 총회의결서 사본. 다만, 토지등소유자가 조합을 설립하지 아니하고 시행하는 20인 미만 소규모로 재개발사업의 경우 또는 지정개발자를 사업시행자로 지정한 경우에는 토지등소유자의 동의서 및 토지등소유자의 명부를 첨부한다.
- 사업시행계획서
- 사업시행인가에 의하여 인·허가등의 의제를 받고자 하는 경우 제출하여야 하는

해당 법률이 정하는 관계서류

- 수용 또는 사용할 토지 또는 건축물의 명세 및 소유권 외의 권리의 명세서(재건축 사업의 경우에는 토지수용법에 따라 수용·사용권이 있는 천재지변 등 긴급하게 시행하는 정비 사업으로 한정한다)

사업시행계획 변경·중지 또는 폐지인가 신청서에는 다음의 서류를 첨부하여야 한다(시행규칙 제10조제1항제2호).

- 사업시행인가에 의하여 인·허가등의 의제를 받고자 하는 경우 제출하여야 하는 해당 법률이 정하는 관계서류
- 변경·중지 또는 폐지의 사유 및 내용을 설명하는 서류

(4) 인 가

① 인가기간

시장·군수등은 특별한 사유가 없으면 사업시행계획서의 제출이 있은 날부터 60일 이내에 인가 여부를 결정하여 사업시행자에게 통보하여야 한다(제50조제4항). 개정법은 인가권자는 사업시행계획인가의 신청이 있는 경우 60일 이내에 인가 여부를 결정하여 통보하도록 의무화하였고, 이는 개정법 시행 후 즉 2018.1.9. 이후 사업시행계획인가(변경인가를 포함한다)를 신청하는 경우부터 적용한다(부칙 제10조제1항).

(5) 변경인가

① 원칙적으로 인가

사업시행계획인가받은 사항을 변경하거나 정비사업을 중지 또는 폐지하려는 경우에 조합이 정비사업을 시행하는 경우에는 미리 총회 의결을 거치고, 토지등소유자가 재개발사업을 시행하는 경우에는 규약으로 정하는 바에 따라 토지등소유자의 과반수의 동의를 받고, 지정개발자가 정비사업을 시행하는 경우에는 토지등소유자의 동의 없이, 각 시장·군수등으로부터 인가를 받아야 한다.

사업시행자는 인가받은 내용을 변경하거나 정비 사업을 중지 또는 폐지하고자 하는 경우에는 시행규칙 별지 제8호서식의 사업시행계획(인가, 변경·중지·폐지인가)신청서에 정관등, 인허가 의제시 해당 법률이 정한 관계서류와 그 변경·중지 또는 폐지의 사유 및 내용을 설명하는 서류를 첨부하여 시장·군수에게 제출(전자문서에 의한 제출을 포함

한다)하여야 한다.

② 경미한 사항 신고

다만, 다음과 같은 '경미한 사항'을 변경하려는 때에는 총회의 의결이나 토지등소유자의 동의를 필요로 하지 아니하고, 시장·군수등에게 신고하여야 한다(령 제46조).

- 정비사업비를 10퍼센트의 범위에서 변경하거나 관리처분계획의 인가에 따라 변경하는 때. 다만, 주택법에 따른 국민주택을 건설하는 사업인 경우에는 주택도시기금의 지원금액이 증가되지 아니하는 경우만 해당한다.
- 건축물이 아닌 부대시설·복리시설의 설치규모를 확대하는 때(위치가 변경되는 경우를 제외한다)
- 대지면적을 10퍼센트의 범위에서 변경하는 때
- 세대수와 세대당 주거전용면적(바닥 면적에 산입되는 면적으로서 사업시행자가 공급하는 주택의 면적을 말한다)을 변경하지 아니하고 세대당 주거전용면적의 10퍼센트의 범위에서 세대 내부구조의 위치 또는 면적을 변경하는 때
- 내장재료 또는 외장재료를 변경하는 때
- 사업시행계획인가의 조건으로 부과된 사항의 이행에 따라 변경하는 때
- 건축물의 설계와 용도별 위치를 변경하지 아니하는 범위에서 건축물의 배치 및 주택단지안의 도로선형을 변경하는 때
- 건축법 시행령 제12조제3항 각 호의 어느 하나에 해당하는 사항을 변경하는 때
- 사업시행자의 명칭 또는 사무소 소재지를 변경하는 때
- 정비구역 또는 정비계획의 변경에 따라 사업시행계획서를 변경하는 때
- 조합설립변경 인가에 따라 사업시행계획서를 변경하는 때
- 그 밖에 시·도조례로 정하는 사항을 변경하는 때(서울시 조례 제25조)
  - 법 제53조에 따른 시행규정 중 착오·오기 또는 누락임이 명백한 사항, 법령 또는 조례 등의 개정에 따라 단순한 정리를 요하는 사항
  - 사업시행자의 대표자
  - 토지 또는 건축물 등에 관한 권리자 및 그 권리의 명세

(6) 고 시

시장·군수등은 사업시행자가 사업시행계획인가를 받거나, 시장·군수등이 사업시행계획서를 작성한 경우, 정비사업을 변경·중지 또는 폐지하는 경우에는 그 내용을 해

당 지방자치단체의 공보에 고시하여야 한다. 다만, 경미한 사항을 변경하려는 경우에는 그러하지 아니하다(제50조제9항).

시장·군수등은 사업시행계획인가(시장·군수등이 사업시행계획서를 작성한 경우를 포함한다)를 하거나 그 정비사업을 변경·중지 또는 폐지하는 경우에는 다음 각 구분에 따른 사항을 해당 지방자치단체의 공보에 고시하고, 고시한 내용을 해당 기관의 인터넷 홈페이지에 실어야 한다(시행규칙 제10조제3항,제4항).

1. 사업시행계획인가의 경우
   가. 정비사업의 종류 및 명칭
   나. 정비구역의 위치 및 면적
   다. 사업시행자의 성명 및 주소(법인인 경우에는 법인의 명칭 및 주된 사무소의 소재지와 대표자의 성명 및 주소를 말한다)
   라. 정비사업의 시행기간
   마. 사업시행계획인가일
   바. 수용 또는 사용할 토지 또는 건축물의 명세 및 소유권 외의 권리의 명세(해당되는 사업의 경우에 한정한다)
   사. 건축물의 대지면적·건폐율·용적률·높이·용도 등 건축계획에 관한 사항
   아. 주택의 규모 등 주택건설계획
   자. 법 제97조에 따른 정비기반시설 및 토지 등의 귀속에 관한 사항

2. 변경·중지 또는 폐지인가의 경우
   가. 제1호 가목부터 마목까지의 사항
   나. 변경·중지 또는 폐지의 사유 및 내용

(7) 인가시 기부채납기준

① 과도한 기부채납 불가

시장·군수등은 사업시행계획을 인가하는 경우 사업시행자가 제출하는 사업시행계획에 해당 정비사업과 직접적으로 관련이 없거나 과도한 정비기반시설의 기부채납을 요구하여서는 아니 된다. 종전법에는 기부채납 제한 관련 규정이 없었으나 개정법에서 신설되었고, 이 부분 개정규정은 개정법이 시행 후 사업시행계획인가(변경인가를 포함한다)를 신청하는 경우부터 적용한다(부칙 제11조).

② 기부채납운영기준

국토교통부장관은 정비기반시설의 기부채납과 관련하여 다음의 사항이 포함된 운영기준을 작성하여 고시할 수 있다(제51조제2항). 개정법은 국토교통부장관이 기부채납운영기준을 고시하도록 하였다.

- 정비기반시설의 기부채납 부담의 원칙 및 수준
- 정비기반시설의 설치기준 등

③ 기부채납기준

시장·군수등은 기부채납 운영기준의 범위에서 지역여건 또는 사업의 특성 등을 고려하여 따로 기준을 정할 수 있으며, 이 경우 사전에 국토교통부장관에게 보고하여야 한다.

2. 사업시행계획서·시행규정 작성

(1) 사업시행계획서

① 사업시행계획서 내용

㉮ **법에 정해진 사항**(제52조제1항)

- 토지이용계획(건축물배치계획을 포함한다)
- 정비기반시설 및 공동이용시설의 설치계획
- 임시거주시설을 포함한 주민이주대책
- 세입자의 주거 및 이주 대책
- 사업시행기간 동안 정비구역 내 가로등 설치, 폐쇄회로 텔레비전 설치 등 범죄예방대책
- 임대주택의 건설계획(재건축사업의 경우는 제외한다)
- 소형주택의 건설계획(주거환경개선사업의 경우는 제외한다)
- 공공지원민간임대주택 또는 임대관리 위탁주택의 건설계획(필요한 경우로 한정한다)
- 건축물의 높이 및 용적률 등에 관한 건축계획
- 정비사업의 시행과정에서 발생하는 폐기물의 처리계획
- 교육시설의 교육환경 보호에 관한 계획(정비구역부터 200미터 이내에 교육시설이 설치되어 있는 경우로 한정한다)

- 정비사업비
- 그 밖에 사업시행을 위한 사항으로서 대통령령으로 정하는 바에 따라 시·도조례로 정하는 사항

㉯ **시행령에 정해진 사항**(령 제47조제2항)

- 정비사업의 종류·명칭 및 시행기간
- 정비구역의 위치 및 면적
- 사업시행자의 성명 및 주소
- 설계도서
- 자금계획
- 철거할 필요는 없으나 개보수할 필요가 있다고 인정되는 건축물의 명세 및 개보수계획
- 정비사업의 시행에 지장이 있다고 인정되는 정비구역안의 건축물 또는 공작물 등의 명세
- 토지 또는 건축물 등에 관한 권리자 및 그 권리의 명세
- 공동구의 설치에 관한 사항
- 정비사업의 시행으로 법 제97조제1항에 따라 용도가 폐지되는 정비기반시설의 조서·도면과 새로 설치할 정비기반시설의 조서·도면(토지주택공사등이 사업시행자인 경우만 해당한다)
- 정비사업의 시행으로 법 제97조제2항에 따라 용도가 폐지되는 정비기반시설의 조서·도면 및 그 정비기반시설에 대한 둘 이상의 감정평가업자의 감정평가서와 새로이 설치할 정비기반시설의 조서·도면 및 그 설치비용 계산서
- 사업시행자에게 무상으로 양여되는 국·공유지의 조서
- 「물의 재이용촉진 및 지원에 관한 법률」에 따른 빗물처리계획
- 기존주택의 철거계획서(석면을 함유한 건축자재가 사용된 경우에는 그 현황과 동 자재의 철거 및 처리계획을 포함한다)
- 정비사업 완료 후 상가세입자에 대한 우선 분양 등에 관한 사항

㉰ **조례에 정해진 사항**(서울시 조례 제27조)

- 사업시행자는 임대주택의 건설계획에 임대주택의 부지확보 및 대지조성계획을

포함하고, 임대주택 입주대상자 명부를 첨부하여 사업시행계획인가를 신청하여야 한다.

- 도시정비형 재개발사업의 시행시 세입자대책이 필요한 경우 세입자 대책은 다음의 기준에 따라 작성한다.
  - 해당 정비사업으로 신축되는 건축물의 상가 또는 공동주택의 분양을 원하는 세입자가 있는 정비구역 또는 지구에 대하여 구청장이 사업시행계획인가를 하는 때에는 보류지를 제3자에 우선하여 적격세입자(해당 정비구역에 거주하는 세입자로서 주민등록표에 등재된 날을 기준으로 정비구역의 지정을 위한 공람공고일 3개월전부터 사업시행계획인가로 인하여 이주하는 날까지 계속하여 거주하고 있는 무주택세대주)에게 분양하도록 한다.
  - 적격세입자가 있는 경우 세입자의 자격요건은 재개발사업의 임대주택 공급대상자를 규정한 조례 제46조를 준용한다.
  - 사업시행자는 사업시행계획인가내용에 보류지를 제3자에 우선하여 적격세입자에게 분양하도록 한 경우에는 분양공고 내용에 이를 포함하여야 한다.

② 사업시행계획서에 공공주택 건설계획을 포함하는 경우

사업시행자가 사업시행계획서에 공공주택 건설계획을 포함하는 경우에는 공공주택의 구조·기능 및 설비에 관한 기준과 부대시설·복리시설의 범위, 설치기준 등에 필요한 사항은 공공주택특별법 제37조에 따른다(제52조제2항). 종전법에는 사업시행계획에 공공주택 포함시 관련 규정이 없었는데, 개정법은 공공주택을 건설하는 경우 공공주택특별법에 따라 사업시행계획을 작성하도록 규정하고, 이는 개정법 시행 후 사업시행계획인가(변경인가를 포함한다)를 신청하는 경우부터 적용한다(부칙 제12조).

공공주택이란 공공주택사업자가 국가 또는 지방자치단체의 재정이나 주택도시기금을 지원받아 건설, 매입 또는 임차하여 공급하는 공공임대주택(임대 또는 임대한 후 분양전환을 할 목적으로 공급하는 주택), 공공분양주택(분양을 목적으로 공급하는 국민주택규모 이하의 주택)을 말하고(공공주택특별법 제2조제1호), 공공주택의 구조·기능 및 설비에 관한 기준과 부대·복리시설의 범위, 설치기준 등에 필요한 사항은 대통령령으로 정하도록 되어 있다(공공주택특별법 제37조).

서울시는 사업시행자가 임대주택을 건설하여 시장에게 처분하거나, 서울주택도시공사를 시행자로 지정하여 건설할 수 있도록 규정하고, 전자의 경우 구청장이 사업시행자가 건설하는 임대주택 건설계획에 관하여 정비구역에 공사와 협의하도록 하고 있고, 후자의 경우 공사가 시장에게 임대주택 건설에 관한 사항을 보고하도록 규정하고 있다(서울시 조례 제28조).

(2) 시행규정

시장·군수등, 토지주택공사등 또는 신탁업자가 단독으로 정비사업을 시행하는 경우 다음의 사항을 포함하는 시행규정을 작성하여야 한다(제53조).

- 정비사업의 종류 및 명칭
- 정비사업의 시행연도 및 시행방법
- 비용부담 및 회계
- 토지등소유자의 권리·의무
- 정비기반시설 및 공동이용시설의 부담
- 공고·공람 및 통지의 방법
- 토지 및 건축물에 관한 권리의 평가방법
- 관리처분계획 및 청산(분할징수 또는 납입에 관한 사항을 포함한다). 다만, 수용의 방법으로 시행하는 경우는 제외한다.
- 시행규정의 변경
- 사업시행계획서의 변경
- 토지등소유자 전체회의(신탁업자가 사업시행자인 경우로 한정한다)
- 그 밖에 시·도조례로 정하는 사항

"그 밖에 시·도조례로 정하는 사항"이란 다음의 사항 중 해당 정비사업에 필요한 사항을 말한다(서울시 조례 제29조).

- 건축물의 철거에 관한 사항
- 주민 이주에 관한 사항
- 토지 및 건축물의 보상에 관한 사항
- 주택의 공급에 관한 사항

3. 용적률완화 및 소형주택건설

(1) 해당 정비사업

사업시행자는 다음에 해당하는 정비사업을 시행하는 경우 정비계획으로 정하여진 용적률에도 불구하고 지방도시계획위원회의 심의를 거쳐 법적상한용적률의 상한까지 건축할 수 있다(제54조제1항).

① 과밀억제권역 중 주거지역에서 시행하는 재개발사업 및 재건축사업

수도권정비계획법은 수도권의 질서 있는 정비와 균형 있는 발전을 기할 목적으로 수도권 안에서의 인구 및 산업의 적정배치를 위해 수도권을 과밀억제권역·성장관리권역·자연보전권역으로 구분하고 있다.

과밀억제권역은 인구 및 산업이 과도하게 집중되었거나 집중될 우려가 있어 그 이전 또는 정비가 필요한 지역을 말하고, 성장관리권역은 과밀억제권역으로부터 이전하는 인구 및 산업을 계획적으로 유치하고 산업의 입지와 도시의 개발을 적정하게 관리할 필요가 있는 지역을 말하고, 자연보전권역은 한강수계의 수질 및 녹지 등 자연환경의 보전이 필요한 지역을 말한다(수도권정비계획법 제6조).

과밀억제권역, 성장관리권역 및 자연보전권역의 범위는 대통령령으로 정하도록 되어 있는데, 수도권정비계획법 시행령 제9조 별표1에서 다음과 같이 규정하고 있다(법 제6조, 시행령 제9조).

과밀억제권역, 성장관리권역 및 자연보전권역의 범위

과밀억제권역	성장관리권역	자연보전권역
1. 서울특별시 2. 인천광역시[강화군, 옹진군, 서구 대곡동·불로동·마전동·금곡동·오류동·왕길동·당하동·원당동, 인천경제자유구역(경제자유구역에서 해제된 지역을 포함한다) 및 남동 국가산업단지는 제외한다] 3. 의정부시 4. 구리시	1. 인천광역시[강화군, 옹진군, 서구 대곡동·불로동·마전동·금곡동·오류동·왕길동·당하동·원당동, 인천경제자유구역(경제자유구역에서 해제된 지역을 포함한다) 및 남동 국가산업단지만 해당한다] 2. 동두천시 3. 안산시 4. 오산시	1. 이천시 2. 남양주시 일부 3. 용인시 일부 4. 가평군 5. 양평군 6. 여주시 7. 광주시 8. 안성시 일부

5. 남양주시(호평동, 평내동, 금곡동, 일패동, 이패동, 삼패동, 가운동, 수석동, 지금동 및 도농동만 해당한다) 6. 하남시 7. 고양시 8. 수원시 9. 성남시 10. 안양시 11. 부천시 12. 광명시 13. 과천시 14. 의왕시 15. 군포시 16. 시흥시[반월특수지역(반월특수지역에서 해제된 지역을 포함한다)은 제외한다]	5. 평택시 6. 파주시 7. 남양주시(별내동, 와부읍, 진전읍, 별내면, 퇴계원면, 진건읍 및 오남읍만 해당한다) 8. 용인시 일부 9. 연천군 10. 포천시 11. 양주시 12. 김포시 13. 화성시 14. 안성시 일부 15. 시흥시 중 반월특수지역(반월특수지역에서 해제된 지역을 포함한다)	

② 시·도조례로 정하는 지역에서 시행하는 재개발사업 및 재건축사업

지자체에 따라 성장관리권역에서 시행하는 재개발사업 및 재건축사업을 규정하고 있다.

③ 재정비촉진지구에서 시행하는 사업 제외

「도시재정비촉진을 위한 특별법」에 따른 재정비촉진지구에서 시행되는 재개발사업 및 재건축사업에 관하여는 「도시재정촉진을 위한 특별법」이 다른 법률보다 우선하여 적용한다.

재정비촉진지구란 도시의 낙후된 지역에 대한 주거환경의 개선, 기반시설의 확충 및 도시기능의 회복을 광역적으로 계획하고 체계적·효율적으로 추진하기 위하여 특별시장·광역시장 또는 도지사가 지정하는 지구(地區)를 말하며, 지구의 특성에 따라 주거지형(노후·불량 주택과 건축물이 밀집한 지역으로서 주로 주거환경의 개선과 기반시설의 정비가 필요한 지구), 중심지형(상업지역, 공업지역 등으로서 토지의 효율적 이용과 도심 또는 부도심 등의 도시기능의 회복이 필요한 지구), 고밀복합형(주요 역세권, 간선도로의 교차지 등 양호한 기반시설을 갖추고 있어 대중교통 이용이 용이한 지역으로서 도심 내 소형주택의 공급 확대, 토지의 고

도이용과 건축물의 복합개발이 필요한 지구)로 구분한다.

재정비촉진지구에서 시행되는 도시정비사업, 도시개발사업, 시장정비사업, 도시·군계획시설사업을 재정비촉진사업이라고 하는데, 재건축촉진사업 시행에 대하여는 용도지역 및 용도지구에서의 건축물 건축제한 등의 예외, 건폐율 최대한도의 예외, 용적률 최대한도의 예외 등 건축규제의 완화에 관한 특례를 부여하고, 건설해야 하는 주택의 규모 및 건설비율에 관하여도 도시정비법, 도시개발법에도 불구하고 특례를 부여한다.

(2) 용적률 및 허용세대수 완화

사업시행자가 정비계획으로 정하여진 용적률을 초과하여 건축하려는 경우에는 국토계획법 제78조에 따라 특별시·광역시·특별자치시·특별자치도·시 또는 군의 조례로 정한 용적률 제한 및 정비계획으로 정한 허용세대수의 제한을 받지 아니한다.

(3) 법적상한용적률

① 국토계획법 제78조에 따른 용적률 상한

용적률의 최대한도는 관할 구역의 면적과 인구 규모, 용도지역의 특성 등을 고려하여 다음의 범위에서 대통령령으로 정하는 기준에 따라 특별시·광역시·특별자치시·특별자치도·시 또는 군의 조례로 정한다(국토계획법 제78조제1항).

1. 도시지역
   가. 주거지역 : 500퍼센트 이하
   나. 상업지역 : 1천500퍼센트 이하
   다. 공업지역 : 400퍼센트 이하
   라. 녹지지역 : 100퍼센트 이하
2. 관리지역
   가. 보전관리지역 : 80퍼센트 이하
   나. 생산관리지역 : 80퍼센트 이하
   다. 계획관리지역 : 100퍼센트 이하
3. 농림지역 : 80퍼센트 이하
4. 자연환경보전지역 : 80퍼센트 이하

② 관계법률에 따른 용적률 상한

관계 법률에 따른 용적률의 상한은 다음의 어느 하나에 해당하여 건축행위가 제한되는 경우 건축이 가능한 용적률을 말한다(제54조제3항).

- 국토계획법 제76조에 따른 건축물의 층수제한
- 건축법 제60조에 따른 높이제한
- 건축법 제61조에 따른 일조 등의 확보를 위한 건축물의 높이제한
- 공항시설법 제34조에 따른 장애물 제한표면구역 내 건축물의 높이제한
- 군사기지 및 군사시설 보호법 제10조에 따른 비행안전구역 내 건축물의 높이제한
- 문화재보호법 제12조에 따른 건설공사 시 문화재 보호를 위한 건축제한
- 그 밖에 시장·군수등이 건축 관계 법률의 건축제한으로 용적률의 완화가 불가능하다고 근거를 제시하고, 지방도시계획위원회 또는 건축법 제4조에 따라 시·도에 두는 건축위원회가 심의를 거쳐 용적률 완화가 불가능하다고 인정한 경우

(4) 소형주택건설의무

사업시행자는 법적상한용적률에서 정비계획으로 정하여진 용적률을 뺀 용적률, 즉 초과용적률의 다음 각 비율에 해당하는 면적에 주거전용면적 60제곱미터 이하의 소형주택을 건설하여야 한다. 다만 천재지변 등 불가피한 사유로 공공시행자 또는 지정개발자에 의하여 긴급하게 정비사업을 시행하는 경우에는 그러하지 아니하다(제54조제4항).

- 과밀억제권역에서 시행하는 재건축사업은 초과용적률의 100분의 30 이상 100분의 50 이하로서 시·도조례로 정하는 비율(서울시는 100분의 50으로 규정하고 있음, 서울시 조례 제30조제1항)
- 과밀억제권역에서 시행하는 재개발사업은 초과용적률의 100분의 50 이상 100분의 75 이하로서 시·도조례로 정하는 비율(서울시는 100분의 50으로 규정하고 있음, 서울시 조례 제30조제1항)
- 과밀억제권역 외의 지역에서 시행하는 재건축사업은 초과용적률의 100분의 50 이하로서 시·도조례로 정하는 비율
- 과밀억제권역 외의 지역에서 시행하는 재개발사업은 초과용적률의 100분의 75 이하로서 시·도조례로 정하는 비율

(5) 소형주택공급의무

① 소형주택공급

사업시행자는 건설한 소형주택을 인수자(국토교통부장관, 시·도지사, 시장, 군수, 구청장 또는 토지주택공사등)에 공급하여야 한다(제55조제1항).

② 공급가격

소형주택의 공급가격은 공공주택특별법 제50조의4에 따라 국토교통부장관이 고시하는 공공건설임대주택의 표준건축비로 하며, 부속 토지는 인수자에게 기부채납한 것으로 본다.

다만 인수자가 인수한 소형주택을 장기공공임대주택이 아닌 임대주택으로 활용할 경우에는 인수자는 임대의무기간에 따라 감정평가액의 100분의 50 이하의 범위에서 다음과 같이 정해진 가격으로 부속 토지를 인수하여야 한다(령 제48조제6항).

- 임대의무기간이 10년 이상인 경우 : 감정평가액(시장·군수등이 지정하는 둘 이상의 감정평가업자가 평가한 금액을 산술평균한 금액)의 100분의 30에 해당하는 가격
- 임대의무기간이 10년 미만인 경우 : 감정평가액(시장·군수등이 지정하는 둘 이상의 감정평가업자가 평가한 금액을 산술평균한 금액)의 100분의 50에 해당하는 가격

③ 사전협의

사업시행자는 정비계획상 용적률을 초과하여 건축하려는 경우에는 사업시행계획인가를 신청하기 전에 미리 소형주택에 관한 사항을 인수자와 협의하여 사업시행계획서에 반영하여야 한다.

④ 절차와 방법

사업시행자는 건설한 소형주택중 인수자에게 공급하여야 하는 소형주택을 공개추첨의 방법으로 선정하여야 하며, 그 선정결과를 지체 없이 인수자에게 통보하여야 하고, 사업시행자가 소형주택을 공급하는 경우에는 시·도지사, 시장·군수·구청장 순으로 우선하여 인수할 수 있으며, 다만 시·도지사 및 시장·군수·구청장이 소형주택을 인수할 수 없는 경우에는 시·도지사는 국토교통부장관에게 인수자 지정을 요청하여야 하고, 국토교통부장관은 시·도지사로부터 인수자 지정 요청이 있는 경우에는 30일 이내에 인수자를 지정하여 시·도지사에게 통보하여야 하며, 시·도지사는 지체 없이 이를

시장·군수·구청장에게 보내어 그 인수자와 소형주택의 공급에 관하여 협의하도록 하여야 한다(령 제48조제1항, 제2항, 제3항).

⑤ 인수된 소형주택의 활용

㉮ 장기공공임대주택

인수된 소형주택은 장기공공임대주택으로 활용하여야 한다. 장기공공임대주택이란 공공임대주택으로서 공공주택특별법에 따른 임대의무기간이 20년 이상인 것을 말한다(령 제48조제4항). 서울시는 인수한 장기공공임대주택의 임차인 자격 및 입주자 선정에 관한 사항을 규정하기 위하여 「서울특별시 공공주택 건설 및 공급 등에 관한 조례 시행규칙」을 마련하고 있다(서울시 조례 제30조제2항).

㉯ 장기공공임대주택이 아닌 임대주택

다만, 토지등소유자의 부담 완화 등 다음의 경우에는 인수된 소형주택을 장기공공임대주택이 아닌 임대주택으로 활용할 수 있다(제55조제4항 단서, 령 제48조제5항).

- ‘정비사업 후 대지 및 건축물의 총 가액에서 총사업비를 제외한 가액’을 ‘정비사업 전 토지 및 건축물의 총 가액’으로 나눈 값이 100분의 80 미만인 경우, 이 경우 가액은 사업시행계획인가 고시일을 기준으로 하여 산정하되 구체적인 산정방법은 국토교통부장관이 정하여 고시한다.

재개발사업 및 재건축사업으로 건설하는 소형주택을 장기공공임대주택이 아닌 임대주택으로 공급할지 여부를 결정하기 위한 기준의 산정방법 등을 정할 목적으로 「소형주택의 활용기준 산정방법」(국토교통부 고시 제2018-102호)이 제정되어 있다. 이에 의하면 “정비사업 후 대지 및 건축물의 총 가액”은 사업시행계획인가 고시일을 기준으로 하여 정비사업이 위치한 지역의 시세에 따라 산정하되 구체적인 산정은 시장·군수등이 한국감정원에 시세 조사를 의뢰하여 받은 자료를 토대로 정하는 방법이나 시장·군수등이 지정한 2 이상의 감정평가업자가 평가한 금액의 산술평균치를 기준으로 하는 방법 중 어느 하나에 따르고, “총사업비”는 정비사업비(사업시행계획이 변경된 경우에는 변경된 사업시행계획서의 정비사업비)를 적용하고, “정비사업 전 토지 및 건축물의 총 가액”은 분양대상자별 종전의 토지 또는 건축물의 사업시행계획인가의 고시가 있은 날을 기준으로 한 가격의 총 합을 적용한다.

- 시·도지사가 정비구역의 입지, 토지등소유자의 조합설립 동의율, 정비사업비의

증가규모, 사업기간 등을 고려하여 토지등소유자의 부담이 지나치게 높다고 인정하는 경우

4. 관계서류 공람과 의견청취

(1) 공 람

시장·군수등은 사업시행계획인가를 하거나 사업시행계획서를 작성하려는 경우에는 관계 서류의 사본을 14일 이상 일반인이 공람할 수 있게 하여야 한다. 다만, 경미한 사항을 변경하려는 경우에는 그러하지 아니하다(제56조제1항). 시장·군수등은 사업시행계획인가 또는 사업시행계획서 작성과 관계된 서류를 일반인에게 공람하게 하려는 때에는 그 요지와 공람장소를 해당 지방자치단체의 공보등에 공고하고, 토지등소유자에게 공고내용을 통지하여야 한다(령 제49조).

(2) 의견청취

토지등소유자 또는 조합원, 그 밖에 정비사업과 관련하여 이해관계를 가지는 자는 공람기간 이내에 시장·군수등에게 서면으로 의견을 제출할 수 있다. 시장·군수등은 제출된 의견을 심사하여 채택할 필요가 있다고 인정하는 때에는 이를 채택하고, 그러하지 아니한 경우에는 의견을 제출한 자에게 그 사유를 알려주어야 한다(제56조제2항, 제3항).

5. 인허가 의제

(1) 인허가등 의제

① 의제되는 인허가등

사업시행자가 사업시행계획인가를 받은 때, 시장·군수등이 직접 정비사업을 시행하는 경우에는 사업시행계획서를 작성한 때에는 다음의 인가·허가·승인·신고·등록·협의·동의·심사·지정 또는 해제가 있은 것으로 보며, 사업시행계획인가의 고시가 있은 때에는 관계 법률에 따른 인·허가등의 고시·공고 등이 있은 것으로 본다(제57조제1항).

- 주택법 제15조에 따른 사업계획의 승인
- 공공주택특별법 제35조에 따른 주택건설사업계획의 승인(개정법은 사업시행계획인가 시 공공주택특별법에 따른 주택건설사업계획승인도 의제처리 사항에 포함하였다. 따라서 기존

에는 주택도시기금의 지원을 받을 수 있는 공공주택특별법에 따른 공공임대주택건설을 추진하려면 주택건설사업계획승인을 별도로 받아야 하였으나 법 개정으로 정비사업 사업시행계획인가만 받으면 이를 받지 않아도 된다. 이 부분 개정규정은 개정법 시행 후 사업시행계획인가를 신청하는 경우부터 적용한다. 부칙 제13조)

- 건축법 제11조에 따른 건축허가, 건축법 제20조에 따른 가설건축물의 건축허가 또는 축조신고, 건축법 제29조에 따른 건축협의
- 도로법 제36조에 따른 도로관리청이 아닌 자에 대한 도로공사 시행의 허가, 도로법 제61조에 따른 도로의 점용 허가
- 사방사업법 제20조에 따른 사방지의 지정해제
- 농지법 제34조에 따른 농지전용의 허가·협의, 농지법 제35조에 따른 농지전용신고
- 산지관리법 제14조·제15조에 따른 산지전용허가 및 산지전용신고, 산지관리법 제15조의2에 따른 산지일시사용허가·신고, 산림자원의조성및관리에관한법률 제36조제1항·제4항에 따른 입목벌채등의 허가·신고, 산림보호법 제9조제1항 및 제2항제1호에 따른 산림보호구역에서의 행위의 허가. 다만 산림자원의조성및관리에관한법률에 따른 채종림·시험림과 산림보호법에 따른 산림유전자원보호구역의 경우는 제외한다.
- 하천법 제30조에 따른 하천공사 시행의 허가 및 하천공사실시계획의 인가, 하천법 제33조에 따른 하천의 점용허가, 하천법 제50조에 따른 하천수의 사용허가
- 수도법 제17조에 따른 일반수도사업의 인가, 수도법 제52조 또는 제54조에 따른 전용상수도 또는 전용공업용수도 설치의 인가
- 하수도법 제16조에 따른 공공하수도 사업의 허가, 하수도법 제34조제2항에 따른 개인하수처리시설의 설치신고
- 공간정보의구축및관리등에관한법률 제15조제4항에 따른 지도등의 간행 심사
- 유통산업발전법 제8조에 따른 대규모점포등의 등록
- 국유재산법 제30조에 따른 사용허가(재개발사업으로 한정한다)
- 공유재산및물품관리법 제20조에 따른 사용·수익허가(재개발사업으로 한정한다)
- 공간정보의구축및관리등에관한법률 제86조제1항에 따른 사업의 착수·변경의 신고
- 국토계획법 제86조에 따른 도시·군계획시설 사업시행자의 지정, 국토계획법 제88조에 따른 실시계획의 인가
- 전기안전관리법 제8조에 따른 자가용전기설비의 공사계획의 인가 및 신고

- 화재예방·소방시설설치·유지및안전관리에관한법률 제7조제1항에 따른 건축허가등의 동의, 위험물안전관리법 제6조제1항에 따른 제조소등의 설치의 허가(제조소등은 공장건축물 또는 그 부속시설에 관계된 것으로 한정한다)

② 공장포함구역에서의 재개발사업의 경우

사업시행자가 공장이 포함된 구역에 대하여 재개발사업의 사업시행계획인가를 받은 때에는 위와 같은 인·허가등 외에 다음의 인·허가등도 있은 것으로 보며, 사업시행계획인가를 고시한 때에는 관계 법률에 따른 인·허가 등의 고시·공고 등이 있은 것으로 본다(제57조제2항).

- 산업집적활성화및공장설립에관한법률 제13조에 따른 공장설립등의 승인 및 같은 법 제15조에 따른 공장설립등의 완료신고
- 폐기물관리법 제29조제2항에 따른 폐기물처리시설의 설치승인 또는 설치신고(변경승인 또는 변경신고를 포함한다)
- 대기환경보전법 제23조, 물환경보전법 제33조 및 소음·진동관리법 제8조에 따른 배출시설설치의 허가 및 신고
- 총포·도검·화약류등의안전관리에관한법률 제25조제1항에 따른 화약류저장소 설치의 허가

(2) 관계서류 사전 제출

사업시행자는 정비사업에 대하여 인·허가등의 의제를 받으려는 경우에는 사업시행계획인가를 신청하는 때에 해당 법률이 정하는 관계 서류를 함께 제출하여야 한다. 다만, 사업시행계획인가를 신청한 때에 시공자가 선정되어 있지 아니하여 관계 서류를 제출할 수 없거나, 천재지변이나 그 밖의 불가피한 사유로 긴급히 정비사업을 시행할 필요가 있다고 인정하여 사업시행계획인가를 하는 경우에는 시장·군수등이 정하는 기한까지 제출할 수 있다.

(3) 관계기관 협의

① 관계 행정기관 협의

시장·군수등은 사업시행계획인가를 하거나 사업시행계획서를 작성하려는 경우 의제되는 인·허가등에 해당하는 사항이 있는 때에는 미리 관계 행정기관의 장과 협의하

여야 하고, 협의를 요청받은 관계 행정기관의 장은 요청받은 날(다만 시공자 미선정 혹은 긴급한 정비사업으로 서류제출 기한을 정하는 경우에는 해당 서류가 관계 행정기관의 장에게 도달된 날을 말한다)부터 30일 이내에 의견을 제출하여야 한다. 이 경우 관계 행정기관의 장이 30일 이내에 의견을 제출하지 아니하면 협의된 것으로 본다. 개정법은 관계 행정기관의 장이 30일 이내 협의의견을 제출하지 아니한 경우 사업절차의 신속을 위해 협의의제 규정을 두었다. 이 경우 협의는 단순히 자문하여 의견을 듣는 것을 의미하는 것이 아니라, 관계 행정기관의 장의 합의 또는 동의를 의미한다.

② 교육감·교육장 협의

시장·군수등은 사업시행계획인가(시장·군수등이 사업시행계획서를 작성한 경우를 포함한다)를 하려는 경우 정비구역부터 200미터 이내에 교육시설이 설치되어 있는 때에는 해당 지방자치단체의 교육감 또는 교육장과 협의하여야 하며, 인가받은 사항을 변경하는 경우에도 또한 같다.

③ 협의생략

시장·군수등은 천재지변이나 그 밖의 불가피한 사유로 긴급히 정비사업을 시행할 필요가 있다고 인정하는 때에는 관계 행정기관의 장 및 교육감 또는 교육장과 협의를 마치기 전에 사업시행계획인가를 할 수 있다. 이 경우 협의를 마칠 때까지는 인·허가등을 받은 것으로 보지 아니한다.

(4) 점·사용료 면제

인·허가등을 받은 것으로 보는 경우에는 관계 법률 또는 시·도조례에 따라 해당 인·허가등의 대가로 부과되는 수수료와 해당 국·공유지의 사용 또는 점용에 따른 사용료 또는 점용료를 면제한다.

6. 일부 건축물 존치 또는 리모델링

(1) 사업시행계획서에 존치·리모델링 포함

사업시행자는 일부 건축물의 존치 또는 리모델링에 관한 내용이 포함된 사업시행계획서를 작성하여 사업시행계획인가를 신청할 수 있다(제58조제1항).

건축법과 주택법에 따르면 리모델링이란 건축물의 노후화를 억제하거나 기능 향상 등을 위하여 대수선하거나 일부 증축하는 행위를 말하며, 건축물의 노후화 억제 또는 기능 향상 등을 위한 다음 어느 하나에 해당하는 행위를 말한다.

- 대수선
- 사용검사일 또는 사용승인일부터 15년(15년 이상 20년 미만의 연수 중 시·도 조례로 정하는 경우에는 그 연수로 한다)이 경과된 공동주택을 각 세대의 주거전용면적(집합건축물대장의 전유부분의 면적을 말한다)의 30퍼센트 이내(세대의 주거전용면적이 85제곱미터 미만인 경우에는 40퍼센트 이내)에서 증축하는 행위. 이 경우 공동주택의 기능 향상 등을 위하여 공용부분에 대하여도 별도로 증축할 수 있다.
- 위 증축행위에 따른 각 세대의 증축 가능 면적을 합산한 면적의 범위에서 기존 세대수의 15퍼센트 이내에서 세대수를 증가하는 증축 행위(세대수 증가형 리모델링).
- 위 증축행위에 따른 수직으로 증축하는 행위(수직증축형 리모델링)는 기존 건축물의 층수가 15층 이상인 경우에는 3개층, 14층 이하인 경우에는 2개층의 범위에서 증축하여야 하고, 리모델링 대상 건축물의 신축 당시 구조도를 보유하고 있는 경우로 한정한다.

(2) 소유자 동의

사업시행자가 사업시행계획서를 작성하려는 경우에는 존치 또는 리모델링하는 건축물 소유자의 동의를 받아야 한다. 집합건물법에 따른 구분소유자가 있는 경우에는 구분소유자의 3분의 2 이상의 동의와 해당 건축물 연면적의 3분의 2 이상의 구분소유자의 동의로 한다(제58조제3항).

재개발·재건축에 의한 공동주택 건설은 각종 법령에 의한 기준을 준수하기 위하여 전면철거방식이 불가피하나, 필요한 경우 일부 건축물의 존치 또는 리모델링을 포함한 사업시행인가를 가능하게 하기 위한 것이고, 이러한 경우 존치 또는 리모델링되는 건축물 소유자의 권리를 보호하기 위하여 이들의 동의를 얻도록 한 것이다.

정비계획에서 철거할 것으로 계획된 건축물을 철거하지 않고 존치 또는 리모델링하는 내용으로 사업계획서를 작성할 경우에는 위와 같이 소유자의 동의가 필요하나, 정비계획에서 이미 존치 또는 리모델링하는 것으로 계획된 경우에는 사업시행자가 일부 건축물의 존치 또는 리모델링하는 내용으로 사업시행계획서를 작성할 경우라도 소유자 동의를 받을 필요가 없다. 개정법은 정비계획에서 건축물이 존치 또는 리모델링으로 계획된 경우라면 사업시행계획서를 작성할 때 존치건축물 소유자등의 동의를 요구하지 아니하도록 하였고, 이는 개정법 시행 후 최초로 사업시행계획인가를 신청하는 경우부터 적용한다(부칙 제14조).

(3) 인가의 특례

시장·군수등은 존치 또는 리모델링하는 건축물 및 건축물이 있는 토지가 주택법 및 건축법에 따른 다음의 건축 관련 기준에 적합하지 아니하더라도 사업시행계획인가를 할 수 있다(제58조제2항, 령 제50조).

① 건축법 제44조에 따른 대지와 도로의 관계

건축법에 의하면 건축물의 대지는 2미터 이상이 도로에 접하여야 하는데, 도시정비법상 존치 또는 리모델링하는 건축물을 포함하여 사업시행인가를 할 경우 건축법 제44조에 따른 대지와 도로의 관계는 존치 또는 리모델링되는 건축물의 출입에 지장이 없다고 인정되는 경우 이를 적용하지 아니할 수 있다.

② 건축법 제46조에 따른 건축선의 지정

건축법에 의하면 도로와 접한 부분에 건축물을 건축할 수 있는 선(건축선)은 대지와 도로의 경계선으로 하되, 소요 너비에 못 미치는 너비의 도로인 경우에는 그 중심선으로부터 그 소요 너비의 2분의 1의 수평거리만큼 물러난 선을 건축선으로 하되, 그 도로의 반대쪽에 경사지, 하천, 철도, 선로부지, 그 밖에 이와 유사한 것이 있는 경우에는 그 경사지 등이 있는 쪽의 도로경계선에서 소요 너비에 해당하는 수평거리의 선을 건축선으로 하며, 도로의 모퉁이에서는 대통령령으로 정하는 선을 건축선으로 하도록 규정되어 있으나, 도시정비법상 존치 또는 리모델링하는 건축물을 포함하여 사업시행인가를 할 경우 건축법 제46조에 따른 건축선의 지정은 존치 또는 리모델링되는 건축물에 대하여는 이를 적용하지 아니할 수 있다.

③ 건축법 제61조에 따른 일조 등의 확보를 위한 건축물의 높이 제한

건축법에 의하면 일조 등의 확보를 위한 건축물의 높이 제한에 관한 규정이 있으나, 도시정비법상 존치 또는 리모델링하는 건축물을 포함하여 사업시행인가를 할 경우 건축법 제61조에 따른 일조 등의 확보를 위한 건축물의 높이제한은 리모델링되는 건축물에 대하여는 이를 적용하지 아니할 수 있다.

④ 주택법 제2조제12호에 따른 주택단지의 범위

주택법상 주택단지란 주택건설사업계획 또는 대지조성사업계획의 승인을 받아 주택과 그 부대시설 및 복리시설을 건설하거나 대지를 조성하는 데 사용되는 일단의 토지를 말하는데, 도시정비법상 존치 또는 리모델링하는 건축물을 포함하여 사업시행인가를 할 경우 주택법 제2조제12호에도 불구하고 존치 또는 리모델링되는 건축물도 하나의 주택단지에 있는 것으로 본다.

⑤ 주택법 제35조제1항제3,4호에 따른 부대시설 및 복리시설의 설치기준

주택법상 사업주체가 건설·공급하는 주택의 건설 등에 관하여는 부대시설 및 복리시설의 설치기준은 대통령령으로 정하는데, 도시정비법상 존치 또는 리모델링하는 건축물을 포함하여 사업시행인가를 할 경우 주택법 제35조에 따른 부대시설·복리시설의 설치기준은 존치 또는 리모델링되는 건축물을 포함하여 적용할 수 있다.

7. 순환정비방식의 정비사업

(1) 이주대책수립

사업시행자는 정비구역의 안과 밖에 새로 건설한 주택 또는 이미 건설되어 있는 주택의 경우 그 정비사업의 시행으로 철거되는 주택의 소유자 또는 세입자(정비구역에서 실제 거주하는 자로 한정한다)를 임시로 거주하게 하는 등 그 정비구역을 순차적으로 정비하여 주택의 소유자 또는 세입자의 이주대책을 수립하여야 한다(제59조제1항). 이 부분 규정은 2014.5.21. 이후 최초로 사업시행계획인가를 신청하는 경우부터 적용한다(부칙 제15조).

(2) 순환용주택의 임시거주시설 사용·임대

사업시행자가 순환정비방식으로 정비사업을 시행하는 경우에는 임시로 거주하는 주택을 순환용주택이라 한다. 사업시행자는 순환용주택을 주거환경개선사업 및 재개발사업의 시행으로 철거되는 주택의 소유자 또는 세입자를 위한 임시거주시설로 사용하거나 임대할 수 있다.

(3) 공공임대주택의 순환용주택으로 공급요청

① 공급요청

사업시행자는 관리처분계획의 인가 신청 후 다음 서류를 첨부하여 토지주택공사등이 보유한 공공임대주택을 순환용주택으로 우선 공급할 것을 요청할 수 있다(제59조제2항, 령 제51조제1항).

- 사업시행인가 고시문 사본
- 관리처분계획의 인가 신청서 사본
- 정비구역 내 이주대상 세대수
- 주거환경개선사업 및 재개발사업의 시행으로 철거되는 주택의 소유자 또는 세입자로서 순환용주택 이주 희망 대상자
- 이주시기 및 사용기간
- 그 밖에 주택공사등이 필요하다고 인정하는 사항

② 통 지

토지주택공사등은 사업시행자로부터 공공임대주택의 공급 요청을 받은 경우에는 그 요청을 받은 날부터 30일 이내에 사업시행자에게 다음의 내용을 통지하여야 한다(령 제51조제2항,제3항).

- 해당 정비구역 인근에서 공급 가능한 공공임대주택의 주택 수(공급가능한 주택 수는 순환용주택 우선 공급요청일 현재 공급 예정인 물량의 2분의 1의 범위 이내로 한다. 다만, 주변지역에 전세가격 급등 등의 우려가 있어 순환용주택의 확대 공급이 필요한 경우 2분의 1의 범위를 초과할 수 있다), 주택 규모 및 공급가능 시기
- 임대보증금 등 공급계약에 관한 사항
- 그 밖에 토지주택공사등이 필요하다고 인정하는 사항

③ 공 급

토지주택공사등은 세대주로서 해당 세대 월평균 소득이 전년도 도시근로자 월평균 소득의 70퍼센트 이하인 거주자(순환용주택의 우선 공급요청일 당시 해당 정비구역에 2년 이상 거주한 자에 한정한다)에게 순환용주택을 공급하되, 다음 순위에 따라 공급하여야 한다. 이 경우 같은 순위에서 경쟁이 있는 경우 월평균 소득이 낮은 자에게 우선 공급한다(령 제51조제4항).

1순위 : 정비사업의 시행으로 철거되는 주택의 세입자(정비구역에서 실제 거주하는 자로

한정한다)로서 주택을 소유하지 아니한 자

2순위 : 정비사업의 시행으로 철거되는 주택의 소유자(정비구역에서 실제 거주하는 자로 한정한다)로서 그 주택 외에는 주택을 소유하지 아니한 자

(4) 순환용주택의 우선분양·임대

사업시행자는 순환용주택에 거주하는 자가 정비사업이 완료된 후에도 순환용주택에 계속 거주하기를 희망하는 때에는 토지주택공사등은 다음의 기준에 따라 분양하거나 계속 임대할 수 있다. 이 경우 사업시행자가 소유하는 순환용주택은 관리처분계획에 따라 토지등소유자에게 처분된 것으로 본다(제59조제3항, 령 제52조).

- 우선분양 : 순환용주택에 거주하는 자가 해당 주택을 분양받으려는 경우 토지주택공사등은 공공주택특별법 제50조의2에서 정한 매각 요건 및 매각 절차 등에 따라 해당 거주자에게 순환용주택을 매각할 수 있다. 이 경우 공공주택특별법 시행령 제54조제1항 각 호에 따른 임대주택의 구분은 순환용주택으로 공급할 당시의 유형에 따른다.
- 우선임대 : 순환용주택에 거주하는 자가 계속 거주하기를 희망하고 공공주택특별법 제48조 및 제49조에 따른 임대주택 입주자격을 만족하는 경우 토지주택공사등은 그 자와 우선적으로 임대차계약을 체결할 수 있다.

8. 지정개발자의 정비사업비 예치

시장·군수등은 재개발사업의 사업시행계획인가를 하는 경우 해당 정비사업의 사업시행자가 지정개발자인 때에는 정비사업비의 100분의 20의 범위에서 시·도조례로 정하는 금액을 예치하게 할 수 있다. 다만 지정개발자가 토지등소유자인 경우로 한정한다(제60조제1항). 서울시는 지정개발자가 예치할 금액을 정비사업비의 100분의 10으로 규정하고 있다(서울시 조례 제31조제1항).

구청장은 예치금의 납부를 지정개발자에게 통지하여야 한다(서울시 조례 제31조제2항).

예치금의 납부통지를 받은 지정개발자는 예치금을 해당 자치구의 금고에 현금으로 예치하거나 다음의 보증서 등으로 제출할 수 있다(서울시 조례 제31조제3항).

- 보험업법에 따른 보험사업자가 발행한 보증보험증권

- 국가 또는 지방자치단체가 발행한 국채 또는 지방채
- 주택도시기금법제16조에 따른 주택도시보증공사가 발행한 보증서
- 건설산업기본법 제54조에 따른 공제조합이 발행한 보증서

사업시행자가 예치한 예치금은 청산금의 지급이 완료된 때에 반환한다.

9. 사업계획시행인가에 대한 쟁송

(1) 조합이 수립한 사업시행계획에 하자가 있으나 인가처분에는 하자가 없는 경우

조합이 사업시행계획을 수립하여 사업시행계획인가를 받은 경우 인가처분은 보충행위에 불과하므로 인가처분 자체에는 하자가 없고 기본행위에 하자가 있는 경우 인가청을 상대로 인가처분의 취소 또는 무효확인을 구할 수는 없고, 조합을 상대로 사업시행계획 취소 또는 무효확인을 구해야 한다. 사업시행계획에 당연무효 하자가 있는 경우 분양미신청, 분양신청철회로 인한 조합원지위상실자도 조합을 상대로 사업시행계획을 다툴 원고적격이 있다.

> 기본행위인 사업시행계획이 무효인 경우 그에 대한 인가처분이 있다고 하더라도 그 기본행위인 사업시행계획이 유효한 것으로 될 수 없으며, 기본행위가 적법·유효하고 보충행위인 인가처분 자체에만 하자가 있다면 그 인가처분의 무효나 취소를 주장할 수 있다고 할 것이지만, 인가처분에 하자가 없다면 기본행위에 하자가 있다고 하더라도 따로 그 기본행위인 사업시행계획의 하자를 다투는 것은 별론으로 하고 기본행위의 무효를 내세워 바로 그에 대한 인가처분의 취소 또는 무효확인을 구할 수 없다(**대법원 2014. 2. 27. 선고 2011두25173 판결**).
>
> 주택재개발사업에 대한 사업시행계획에 당연무효인 하자가 있는 경우에는 재개발사업조합은 사업시행계획을 새로이 수립하여 관할관청에게서 인가를 받은 후 다시 분양신청을 받아 관리처분계획을 수립하여야 한다. 따라서 분양신청기간 내에 분양신청을 하지 않거나 분양신청을 철회함으로 인해 도시정비법 제47조 및 조합 정관 규정에 의하여 조합원의 지위를 상실한 토지 등 소유자도 그때 분양신청을 함으로써 건축물 등을 분양받을 수 있으므로 사업시행계획의 무효확인 또는 취소를 구할 법률상 이익이 있다(**대법원 2011. 12. 8. 선고 2008두18342 판결, 대법원 2014. 2. 27. 선고 2011두25173 판결**).

(2) 당초 사업시행계획을 실질적으로 변경하는 내용으로 새로운 사업시행계획이 수립되어 인가받은 경우

당초 사업시행계획의 흠을 바로 잡기 위하여 당초 사업시행계획과 동일한 요건, 절

차를 거쳐 새로운 사업시행계획을 수립하여 시장·군수로부터 인가받은 경우 또는 당초 사업시행계획의 주요 부분을 실질적으로 변경하는 내용으로 새로운 사업시행계획을 수립하여 시장·군수의 인가를 받음으로써 새로운 사업시행계획이 당초 사업시행계획을 대체하였다고 평가할 수 있는 경우에는 그 효력을 상실한다. 당초 사업시행계획을 실질적으로 변경하는 내용으로 새로운 사업시행계획이 수립되어 시장·군수로부터 인가를 받은 경우 당초 사업시행계획은 과거의 법률관계이므로 그 무효확인을 구할 소의 이익이 소멸된다고 할 것이지만, 당초 사업시행계획이 유효함을 전제로 후속행위가 있었다면 당초 사업시행계획의 취소 또는 무효확인을 구할 수 있다.

> 인가받은 사업시행계획의 내용 중 경미한 사항을 변경하여 이를 신고한 경우는 물론, 그 밖의 사항을 변경하여 그 인가를 받은 경우에도 종전에 인가받은 사업시행계획 중 변경되지 아니한 부분은 여전히 존재하여 그 효력을 유지함이 원칙이지만, 주택재개발정비사업조합이 당초 사업시행계획의 흠을 바로 잡기 위하여 당초 사업시행계획과 동일한 요건, 절차를 거쳐 새로운 사업시행계획을 수립하여 시장·군수로부터 인가받은 경우 또는 당초 사업시행계획의 주요 부분을 실질적으로 변경하는 내용으로 새로운 사업시행계획을 수립하여 시장·군수의 인가를 받음으로써 새로운 사업시행계획이 당초 사업시행계획을 대체하였다고 평가할 수 있는 경우에는 그 효력을 상실한다. 그리고 당초 사업시행계획의 주요 부분을 실질적으로 변경하는 내용의 새로운 사업시행계획을 수립하여 당초 사업시행계획을 대체하였는지 여부는, 사업시행계획 중 변경된 내용, 변경의 원인 및 그 정도, 당초 사업시행계획과 변경 사업시행계획 사이의 기간, 당초 사업시행계획의 유효를 전제로 이루어진 후속행위의 내용 및 그 진행 정도 등을 종합적으로 고려하여 판단하여야 할 것이다(**대법원 2014. 2. 27. 선고 2011두25173 판결**).
>
> 사업시행계획의 경우 그 인가처분의 유효를 전제로 분양공고 및 분양신청 절차, 분양신청을 하지 아니한 조합원에 대한 수용절차, 관리처분계획의 수립 및 그에 대한 인가 등 후속 행위가 있었다면, 당초 사업시행계획이 무효로 확인되거나 취소될 경우 그것이 유효하게 존재하는 것을 전제로 이루어진 위와 같은 일련의 후속 행위 역시 소급하여 효력을 상실하게 되므로, 당초 사업시행계획을 실질적으로 변경하는 내용으로 새로운 사업시행계획이 수립되어 시장·군수로부터 인가를 받았다는 사정만으로 일률적으로 당초 사업시행계획의 무효확인을 구할 소의 이익이 소멸된다고 볼 수는 없고, 위와 같은 후속 행위로 토지 등 소유자의 권리·의무에 영향을 미칠 정도의 공법상의 법률관계를 형성시키는 외관이 만들어졌는지 또는 존속되고 있는지 등을 개별적으로 따져 보아야 할 것이다(**대법원 2013. 11. 28. 선고 2011두30199 판결**).

(3) 토지등소유자가 조합을 설립하지 않고 직접 구법상 도시환경정비사업을 시행하면서 사업시행계획을 수립하고 인가를 받은 경우

토지등소유자가 조합을 설립하지 아니하고 직접 도시환경정비사업을 시행하면서 사업시행계획을 수립하고 인가를 받은 경우 토지등소유자의 사업시행계획은 인가처분의 요건 중 하나의 요소에 불과할 뿐 독립된 행정처분에 해당하지 아니하고, 사업시행인가처분은 토지등소유자에게 행정주체로서의 지위를 부여하는 설권적 처분이므로, 시행자인 토지등소유자를 상대로 사업시행계획에 대한 취소 또는 무효확인을 구할 수는 없고, 인가청을 상대로 사업시행인가처분에 대한 취소 또는 무효확인을 구한다.

> 도시정비법 제8조제3항, 제28조제1항에 의하면, 토지 등 소유자들이 그 사업을 위한 조합을 따로 설립하지 아니하고 직접 도시환경정비사업을 시행하고자 하는 경우에는 사업시행계획서에 정관 등과 그 밖에 국토해양부령이 정하는 서류를 첨부하여 시장·군수에게 제출하고 사업시행인가를 받아야 하고, 이러한 절차를 거쳐 사업시행인가를 받은 토지 등 소유자들은 관할 행정청의 감독 아래 정비구역 안에서 도시정비법상의 도시환경정비사업을 시행하는 목적 범위 내에서 법령이 정하는 바에 따라 일정한 행정작용을 행하는 행정주체로서의 지위를 가진다. 그렇다면 토지 등 소유자들이 직접 시행하는 도시환경정비사업에서 토지 등 소유자에 대한 사업시행인가처분은 단순히 사업시행계획에 대한 보충행위로서의 성질을 가지는 것이 아니라 구 도시정비법상 정비사업을 시행할 수 있는 권한을 가지는 행정주체로서의 지위를 부여하는 일종의 설권적 처분의 성격을 가진다.
>
> 도시환경정비사업을 직접 시행하려는 토지 등 소유자들은 시장·군수로부터 사업시행인가를 받기 전에는 행정주체로서의 지위를 가지지 못한다. 따라서 그가 작성한 사업시행계획은 인가처분의 요건 중 하나에 불과하고 항고소송의 대상이 되는 독립된 행정처분에 해당하지 아니한다고 할 것이나(**대법원 2013. 6. 13. 선고 2011두19994 판결**).
>
> 도시환경정비사업을 시행하고자 하는 G사가 사업시행계획을 수립하여 종로구청장의 사업시행인가를 받자, 일부 소유자가 종로구청장을 상대로 사업시행인가처분 무효확인을 구하고, G사를 상대로 사업시행계획 무효확인을 구한 사건에서, 대법원은 G사의 사업시행계획은 독립된 행정처분이 아니므로 항고소송이 대상이 되지 아니한다는 이유로 본안판단으로 나가지 않고 각하하고, 종로구청장의 사업시행인가처분은 단순한 보충행위가 아니라 설권적 처분이므로 본안판단으로 나아가 기각함이 타당하다고 판시하였다.

(4) 사업시행인가처분의 제소기간 : 고시후 5일이 경과한 날부터 90일

대통령령인 '행정효율과협업촉진에관한규정'에 의하면 문서는 수신자에게 도달됨으로써 효력을 발생하나(제6조제2항), 공고문서는 그 문서에서 효력발생 시기를 구체적으로 밝히고 있지 않으면 그 고시 또는 공고 등이 있은 날부터 5일이 경과한 때에 효력이 발생한다(제6조제3항).

통상 고시 또는 공고에 의하여 행정처분을 하는 경우에는 그 처분의 상대방이 불특정 다수인이고, 그 처분의 효력이 불특정 다수인에게 일률적으로 적용되는 것이므로, 그 행정처분에 이해관계를 갖는 자는 고시 또는 공고가 효력을 발생하는 날에 그 행정처분이 있음을 알았다고 보아야 한다. 사업시행인가처분은 인가 및 고시가 있은 후 5일이 경과한 날부터 효력이 발생한다고 할 것이다.

따라서 이해관계인은 특별한 사정이 없는 한 그 때 처분이 있음을 알았다고 할 것이므로, 사업시행인가처분의 취소를 구하는 소의 제소기간 90일은 그 때부터 기산된다(대법원 2010. 12. 9. 선고 2009두4913 판결). 제소기간이 지나면 사업시행인가처분에 대하여는 사업시행인가처분에 대하여 취소를 구할 수는 없고, 중대 명백한 하자가 있는 경우 무효확인을 구할 수 있게 된다.

❚ 제7장 ❚ 정비사업시행을 위한 조치

1. 임시거주시설·임시상가의 설치

(1) 임시거주시설

주거환경개선사업 및 재개발사업의 시행으로 철거되는 주택의 소유자 또는 세입자로서 정비구역에 실제 거주하는 자에 대하여, 사업시행자는 해당 정비구역 안과 밖에 위치한 임대주택 등의 시설에 임시로 거주하게 하거나, 주택자금의 융자를 알선하는 등 임시거주에 상응하는 조치를 하여야 한다(제61조제1항).

(2) 임시상가

재개발사업의 시행으로 이주하는 상가세입자에 대하여, 사업시행자는 상가세입자가 사용할 수 있도록 정비구역 또는 정비구역 인근에 임시상가를 설치할 수 있다(제61조제5항).

(3) 타인 시설 일시사용

① 일시사용 대상

사업시행자는 임시거주시설의 설치 등을 위하여 필요한 때에는 국가·지방자치단체, 그 밖의 공공단체 또는 개인의 시설이나 토지를 일시 사용할 수 있다(제61조제2항).

② 국가나 지방자치단체 시설 무상사용

국가 또는 지방자치단체는 사업시행자로부터 임시거주시설에 필요한 건축물이나 토지의 사용신청을 받은 때에는 이를 거절하지 못하고, 이 경우 사용료 또는 대부료는 면제된다. 다만 국가 또는 지방자치단체는 다음의 경우에는 거절할 수 있다(제61조제3항, 령 제53조).

- 제3자와 이미 매매계약을 체결한 경우
- 사용신청 이전에 사용계획이 확정된 경우
- 제3자에게 이미 사용허가를 한 경우

③ 지방자치단체 아닌 공공단체 또는 개인 시설 손실보상

사업시행자는 주거환경개선사업 및 재개발사업의 시행으로 철거되는 주택의 소유자 또는 세입자를 위하여 공공단체(지방자치단체는 제외한다) 또는 개인의 시설이나 토지를 일시 사용함으로써 손실을 입은 자가 있는 경우에는 손실을 보상하여야 하며, 손실을 보상하는 경우에는 손실을 입은 자와 협의하여야 한다.

사업시행자 또는 손실을 입은 자는 손실보상에 관한 협의가 성립되지 아니하거나 협의할 수 없는 경우에는 토지보상법에 따라 설치되는 관할 토지수용위원회에 재결을 신청할 수 있다. 손실보상은 도시정비법에 규정된 사항을 제외하고는 토지보상법을 준용한다.

(4) 임시시설 철거

사업시행자는 정비사업의 공사를 완료한 때에는 완료한 날부터 30일 이내에 임시거주시설을 철거하고, 사용한 건축물이나 토지를 원상회복하여야 한다.

2. 수용·사용

(1) 적용사업

주거환경개선사업, 재개발사업, 공공시행자나 지정개발자에 의하여 긴급히 시행하는 재건축사업

재건축사업은 천재·지변, 그 밖의 불가피한 사유로 인하여 긴급히 정비사업을 시행할 필요가 있는 사업의 경우에만 수용할 수 있도록 규정되어 있는데, 재건축사업의 경우 이와 같이 공공사업으로서의 성격이 강한 경우에만 수용권을 부여하고 원칙적으로 수용권을 인정하지 않은 것이 헌법에 반한다고 볼 수 없다.

> 주택재건축사업은 주택재개발사업에 비하여 국가의 개입이 약한 방법으로 진행되고, 대상지역이 불량주거지가 아니며, 사업에 동의한 자로 구성된 조합의 결성을 통해 진행된다는 점에서 주택재개발사업과 비교하여 그 공공성·강제성의 정도에 차이가 있으므로, 주택재건축사업의 시행자에게 토지 등 수용권을 부여하지 않는 대신 주택재건축사업에 동의하지 않는 자에 대하여 매도청구를 할 수 있도록 하고, 다만 예외적으로 공공사업으로서의 성격이 강한 경우에만 수용권을 부여한 것이다. 주택재건축사업의 시행자에게 수용권을 부여하여 임차권자에게 손실보상을 하도록 할 경우 손실보상 부담을 둘러싼 불필요한 분쟁이 초래될 수 있다. 따라서 주택재개발사

업과 달리 주택재건축사업의 경우 그 시행자에게 원칙적으로 수용권을 인정하지 않은 것은 그 사업 성격의 차이를 반영한 합리적 차별이므로 평등원칙에 반한다고 볼 수 없다(**헌재 2014. 1. 28. 선고 2011헌바363 결정 참조**).

(2) 수용 대상 권리

사업시행자는 정비구역에서 위 정비사업을 시행하기 위하여 토지보상법 제3조에 따른 토지·물건 또는 그 밖의 권리를 취득하거나 사용할 수 있다(제63조).

토지보상법에서 수용 대상으로 삼는 권리는 다음과 같다.

- 토지 및 이에 관한 소유권 외의 권리
- 토지와 함께 공익사업을 위하여 필요한 입목, 건물, 그 밖에 토지에 정착된 물건 및 이에 관한 소유권 외의 권리
- 광업권·어업권 또는 물의 사용에 관한 권리
- 토지에 속한 흙·돌·모래 또는 자갈에 관한 권리

(3) 토지보상법 준용

정비구역에서 정비사업의 시행을 위한 토지 또는 건축물의 소유권과 그 밖의 권리에 대한 수용 또는 사용은 도시정비법에 규정된 사항을 제외하고는 토지보상법을 준용한다(제65조제1항).

(4) 사업인정 및 고시 의제

토지보상법은 공익사업을 수행하는 사업시행자가 공익사업에 필요한 토지 등을 협의 또는 수용에 의하여 취득하거나 사용함에 따른 손실의 보상에 관한 사항을 규정함으로써 공익사업의 효율적인 수행을 통하여 공공복리의 증진과 재산권의 적정한 보호를 도모하는 것을 목적으로 하는 법률로서, 사업시행자가 토지·물건 및 권리를 취득하거나 사용하는 경우에 적용되는데 그 경우 사업시행자가 토지 등을 수용하거나 사용하려면 대통령령으로 정하는 바에 따라 국토해양부장관의 사업인정을 받아야 하고(토지보상법 제20조), 국토해양부장관이 사업인정을 하였을 때에는 그 뜻을 사업시행자, 토지소유자 및 관계인 등에게 통지하고 사업지역 및 수용하거나 사용할 토지의 세목 등을 관보에 고시하여야 한다(토지보상법 제22조).

정비사업의 시행의 수행을 위한 수용·사용에 관하여 토지보상법을 준용하는 경우 사업시행계획인가 고시(시장·군수등이 직접 정비사업을 시행하는 경우에는 사업시행계획서의 고시를 말한다)가 있은 때에 토지보상법에서 규정한 사업인정 및 그 고시가 있은 것으로 본다(제65조제2항).

토지보상법에 의한 사업인정은 수용권을 설정해 주는 행정처분으로서, 이에 따라 수용할 목적물의 범위가 확정되고, 수용권자가 목적물에 대한 현재 및 장래의 권리자에게 대항할 수 있는 공법상 권한이 생긴다(대법원 1994. 11. 11. 선고 93누19375 판결 참조). 따라서 도시정비법상 정비사업의 사업시행자인 조합은 사업인정으로 의제된 사업시행인가 및 그 고시를 통하여 수용권을 부여받게 된다.

(5) 재결신청기간의 연장

토지보상법에는 사업인정고시가 된 날로부터 1년 이내에 재결신청을 하지 아니한 경우에는 사업인정고시가 된 날로부터 1년이 되는 날의 다음 날에 사업인정은 그 효력을 상실하기 때문에 사업인정고시가 된 날부터 1년 이내에 토지수용위원회에 재결을 신청하도록 규정되어 있지만, 정비사업의 경우에는 수용 또는 사용에 대한 재결의 신청은 사업시행계획인가(사업시행계획변경인가를 포함한다)를 할 때 정한 사업시행기간 이내에 하여야 한다(제65조제3항).

분양신청을 하지 아니하여 재개발정비사업조합의 조합원 지위를 상실하고 현금청산자대상자가 된 토지등소유자도 사업시행자와 사이에 협의가 이루어지지 않으면 사업시행자에게 재결신청을 청구할 수 있고(토지보상법 제30조제1항). 그 청구를 받은 사업시행자는 청구를 받은 날부터 60일 이내에 관할 토지수용위원회에 재결을 신청하여야 하고(토지보상법 제30조제2항), 만일 사업시행자가 그 기간을 넘겨서 재결을 신청하였을 때에는 그 지연된 기간에 대하여 소송촉진 등에 관한 특례법 제3조에 따른 법정이율을 적용하여 산정한 금액인 지연가산금을 관할 토지수용위원회에서 재결한 재결보상금에 가산하여 지급하여야 한다(토지보상법 제30조제3항).

(6) 사후 현물보상

토지보상법에는 사업시행자가 수용 또는 사용의 개시일까지 토지수용위원회가 재결한 보상금을 지급하거나 공탁하지 아니하였을 때에는 재결은 효력을 상실하는 것으로 규정되어 있으나, 정비사업의 경우 대지 또는 건축물을 현물보상하는 경우에는 준공인가 이후에도 할 수 있다(제65조제4항).

(7) 수용보상금

① 토지보상법의 규정

토지보상법에 의하면, ① 사업시행자는 관할 토지수용위원회가 재결로써 결정한 수용개시일에 토지나 물건의 소유권을 취득하고(제45조제1항) 토지소유자 등은 수용개시일까지 당해 토지나 물건을 사업시행자에게 인도하거나 이전하여야 하나(제43조), ② 한편 재결에 의한 보상액 산정은 수용 또는 사용의 재결당시의 가격을 기준으로 하는데(제67조제1항), 사업시행자는 수용개시일까지 토지수용위원회가 재결한 보상금을 지급하거나 공탁하여야 하며(제40조 제1항,제2항), 만일 사업시행자가 수용개시일까지 보상금을 지급 또는 공탁하지 아니한 때에는 그 재결은 효력을 상실하지만(제42조제1항), ③ 일단 그 재결에 의한 수용의 효력이 생긴 후에는 그 재결에 대한 이의신청이나 행정소송의 제기가 있다 하더라도 그 수용의 효력을 정지시키지 아니한다(제88조).

② 수용보상금 감액청구소송

> 사업시행자가 관할 토지수용위원회의 위 재결에 불복할 때에는 행정소송을 제기할 수 있으나(토지보상법 제85조 제1항), 사업시행자가 제기한 행정소송이 각하·기각 또는 취하된 경우에는 재결서 정본을 받은 날부터 판결일 또는 취하일까지의 기간에 대하여 소송촉진 등에 관한 특례법 제3조에 따른 법정이율을 적용하여 산정한 금액을 '보상금'에 가산하여 지급하여야 한다(토지보상법 제87조 제1항)(**대법원 2019. 1. 17. 선고 2018두54675 판결**).

③ 수용보상금 증액청구소송

㉮ 재결 감정결과와 법원 감정결과가 다를 경우

재개발사업의 현금청산대상자에 대한 수용재결신청이 있는 경우 지방토지수용위원회에서는 감정평가법인 두 곳을 선정하여 감정평가를 하고 감정평가결과의 산술평균치에 근거하여 수용보상금을 산정한다. 조합이 수용개시일까지 수용보상금을 공탁하였으나, 현금청산대상자가 이에 불복하면 중앙토지수용위원회에 보상금이 지나치게 과소하다는 이유로 이의재결신청을 하고, 중앙토지수용위원회의 이의재결에 대하여 불복할 경우 행정법원에 공탁금을 초과하는 손실보상금 청구소송을 하게 된다. 법원에서는 다시 감정인을 선정하여 수용재결 당시 시가에 대하여 감정평가를 하고, 법원감정인의 평가금액이 재결상 수용보상금을 상회하고 법원이 법원감정인 평가금액을 채택한다면 재결상 수용보상금과 법원감정인 평가금액의 차액에 대하여 지급을 명하는 판결을 선고한다. 토지수용보상금의 증감에 관한 소송에 있어서, 수용재결의 기초가 된 각 감정평가와 법원 감정인의 감정평가가 모두 그 평가방법에 있어 위법사유가 없고 품등비교를 제외한 나머지 가격사정요인의 참작에 있어서는 서로 견해가 일치하나 품등비교에만 그 평가를 다소 달리한 관계로 감정결과에 차이가 생기게 된 경우에는, 그 중 어느 감정평가의 품등비교 내용에 오류가 있음을 인정할 자료가 없는 이상, 그 각 감정평가 중 어느 것을 더 신뢰하는가 하는 것은 사실심 법원의 재량에 속한다는 것이 판례의 태도이지만(대법원 2008. 10. 9. 선고 2007두25237 판결 등 참조), 보통 특별한 사정이 없는 한 법원감정결과를 채택한다.

㉯ **수용보상금 가격산정 기준일**

재개발사업에서 현금청산대상자들에 대한 청산금은 재개발정비사업조합과 현금청산대상자가 협의에 의해 그 금액을 정하되, 협의가 성립하지 않을 때에는 조합은 토지보상법에 따라 토지수용위원회의 재결에 의하여 현금청산대상자들의 토지 등의 소유권을 취득할 수 있다. 그런데 도시정비법령은 수용보상금의 가격산정기준일에 관한 규정을 두고 있지 않으므로 현금청산대상자들의 토지 등에 대한 수용보상금은 토지보상법 제67조 제1항에 따라 토지 등의 수용재결일 가격을 기준으로 산정하여야 한다(대법원 2016. 12. 15. 선고 2015두51309 판결).

다만 특정한 토지를 사업시행 대상 부지로 삼은 최초의 사업시행인가 고시로 의제된 사업인정이 그 효력을 유지하고 있다면, 최초의 사업시행인가 고시일을 기준으로 보상금을 산정함이 원칙이다(대법원 2018. 7. 26. 선고 2017두33978 판결).

도시정비법상 사업시행인가는 사업시행계획에 따른 대상 토지에서의 개발과 건축을 승인하여 주고, 덧붙여 의제조항(법 제65조제2항)에 따라 토지에 대한 수용 권한 부여와 관련한 사업인정의 성격을 가진다. 따라서 이는 특정한 토지를 최초로 사업시행 대상 부지로 삼은 사업시행계획이 당연무효이거나 법원의 확정판결로 취소된다면, 그로 인하여 의제된 사업인정도 효력을 상실한다. 그러나 이와 달리 특정한 토지를 최초로 사업시행 대상 부지로 삼은 최초의 사업시행인가가 효력을 유지하고 있고 그에 따라 의제된 사업인정의 효력 역시 유지되고 있는 경우라면, 특별한 사정이 없는 한 최초의 사업시행인가를 통하여 의제된 사업인정은 변경인가에도 불구하고 그

효력이 계속 유지된다. 사업시행 대상부지 자체에 관하여는 아무런 변경 없이 건축물의 구조와 내용 등 사업시행계획의 내용을 대규모로 변경함으로써 최초 사업시행인가의 주요 내용을 실질적으로 변경하는 인가가 있는 경우에도 최초의 사업시행인가가 유효하게 존속하다가 변경인가시부터 장래를 향하여 실효될 뿐이고, 사업시행 대상부지에 대한 수용의 필요성은 특별한 사정이 없는 한 변경인가 전후에 걸쳐 아무런 차이가 없다. 공익사업을 위한 토지 등의 취득 및 보상에 관한 법률(이하 '토지보상법'이라 한다) 제24조에 비추어 보더라도, 사업시행변경인가에 따라 사업대상 토지 일부가 제외되는 등의 방식으로 사업내용이 일부 변경됨으로써 종전의 사업대상 토지 중 일부에 대한 수용의 필요성이 없게 된 경우에, 그 부분에 한하여 최초 사업시행인가로 의제된 사업인정 중 일부만이 효력을 상실하게 될 뿐이고(제24조 제1항, 제5항 참조), 변동 없이 수용의 필요성이 계속 유지되는 토지 부분에 대하여는 최초 사업시행인가로 의제된 사업인정의 효력이 그대로 유지됨을 당연한 전제로 하고 있다.

이러한 도시정비법령과 토지보상법령의 체계와 취지에 비추어 보면, 특정한 토지를 사업시행 대상 부지로 삼은 최초의 사업시행인가 고시로 의제된 사업인정이 효력을 유지하고 있다면, 최초의 사업시행인가 고시일을 기준으로 보상금을 산정함이 원칙이다. 만일 이렇게 보지 않고 사업시행변경인가가 있을 때마다 보상금 산정 기준시점이 변경된다고 보게 되면, 최초의 사업시행인가 고시가 있을 때부터 수용의 필요성이 유지되는 토지도 그와 무관한 사정으로 보상금 산정 기준시점이 매번 바뀌게 되어 부당할 뿐 아니라, 사업시행자가 자의적으로 보상금 산정 기준시점을 바꿀 수도 있게 되어 합리적이라고 볼 수 없다(**대법원 2018. 7. 26. 선고 2017두33978 판결**).

㉰ 증액된 보상금에 대한 지연손해금 기산일

토지보상법 제40조제1항은 손실보상금의 지급시기를 수용개시일로 정하고 있으므로 법원감정인 감정평가금액을 기준으로 차액의 지급을 명하는 경우 지연손해금의 기산일은 수용재결일이 아니라 수용개시일이 된다.

㉱ 수용목적물 사용수익에 대한 부당이득금 기산일

사업시행자가 수용개시일까지 보상금을 지급하거나 공탁하면 수용개시일이 토지나 물건의 소유권을 취득하므로, 토지등소유자는 수용개시일 이후 사용수익에 대한 부당이득금을 반환하여야 하고, 이의재결에 의하여 보상금이 늘어났다고 하더라도 마찬가지이다.

대법원은 서울지방토지수용위원회가 서울 S주택재개발정비사업조합의 조합원인 피고에 대하여 손실보상금 지급을 조건으로 피고 토지등을 수용하는 내용의 수용재결을 하여, 조합이 피고에게 재결에서 정해진 수용개시일 전날 손실보상금을 공탁하였고, 피고의 이의신청에 따라 중앙토지수용위원회가 손실보상금을 다소 증액하는 내용의 이의재결을 한 이후 조합에게 증액된 손실보상금을 지급하고 토지등을 인도받은 뒤, 피고에게 토지등 인도를 받기 전 토지등 사용수익에 대한 부당이득반환을 청구한 사안에서, 「사업시행자인 조합이 수용재결에서 정한 수용 개시일까지 토지수용위원회가 재결한 수용보상금을 지급하거나 공탁하면 수용개시일에 토지나 물건의 소유권을 취득하며, 그 후 이의재결에 의하여 보상액이 늘어났다 하더라도 그 사유만으로 달리 볼 수 없다.」고 하면서, 이의재결에 따라 증액된 수용보상금을 지급함으로써 비로소 토지등 소유권을 취득하였음을 전제로 지급일 이전의 피고의 사용수익에 대하여 구하는 원고의 부당이득반환 청구를 받아들이지 아니한 원심은 위법이 있다고 판시하였다(**대법원 2017. 3. 30. 선고 2014두43387 판결**).

(8) 이주정착금

① 계속거주요건

정비계획 공람공고일부터 계약체결일 또는 수용재결일까지 계속하여 거주하고 있지 아니한 건축물의 소유자는 토지보상법 시행령 제40조제3항제2호에 따라 이주대책 대상자에서 제외한다. 다만, 질병으로 인한 요양, 징집으로 인한 입영, 공무, 취학, 해당 사업지구 내 타인이 소유하고 있는 건축물에의 거주, 그 밖에 위 요양·입영·공무·취학에 준하는 부득이한 사유로 인하여 거주하지 아니한 경우에는 그러하지 아니하다(령 제54조제1항). 따라서 정비계획 공람공고일부터 계약체결일 또는 수용재결일까지 계속 거주하고 있을 경우 이주정착금을 지급받을 수 있고, 다만 질병으로 인한 요양, 징집으로 인한 입영, 공무, 취학, 그 밖에 이에 준하는 부득이한 사유로 인하여 거주하지 아니한 경우에도 이주정착금을 지급받을 수 있다.

제65조제1항은 '정비구역에서 정비사업의 시행을 위한 토지 또는 건축물의 소유권과 그 밖의 권리에 대한 수용 또는 사용은 이 법에 규정된 사항을 제외하고는 공익사업법을 준용한다.'는 취지로, 제2항은 '제1항에 따라 공익사업법을 준용하는 경우 사업시행계획인가 고시(시장·군수등이 직접 정비사업을 시행하는 경우에는 제50조제7항에 따른 사업시행계획서의 고시를 말한다)가 있은 때에는 공익사업법 제20조제1항 및 제22조제1항에 따른 사업인정 및 그 고시가 있은 것으로 본다.'는 취지로 규정하고 있다.

그리고 공익사업법 제78조 제1항의 위임에 따라 이주대책의 수립·실시에 관하여 규정하고 있는 공익사업법 시행령 제40조 제3항은 "다음의 1에 해당하는 자는 이주대책대상자에서 제외한다."고 하면서, 제2호에서 "당해 건축물에 공익사업을 위한 관계법령에 의한 고시 등이 있은 날부터 계약체결일 또는 수용재결일까지 계속하여 거주하고 있지 아니한 건축물의 소유자. 다만, 질병으로 인한 요양, 징집으로 인한 입영, 공무, 취학, 해당 공익사업지구 내 타인이 소유하고 있는 건축물에의 거주, 그 밖에 이에 준하는 부득이한 사유로 인하여 거주하지 아니한 경우에는 그러하지 아니하다."라고 규정하고 있다.

> 한편 도시정비법상 공익사업의 진행절차와 그 사업 시행에 따른 투기적 거래를 방지하여야 할 정책적 필요성 등을 종합하여 보면, 도시정비법상 주택재개발사업에서 '공익사업을 위한 관계 법령에 의한 고시 등이 있는 날'에 해당하는 법정 이주대책기준일은 제15조제1항에 의한 정비계획에 관한 공람공고일이라고 봄이 타당하다(**대법원 2010. 11. 11. 선고 2010두3558 판결, 대법원 2015. 7. 23. 선고 2012두22911 판결 등 참조**).
>
> 위 규정들과 관련 법리를 종합하여 보면, 주택재개발사업에 관한 정비계획 공람공고일부터 계약체결일 또는 수용재결일까지 계속하여 거주하고 있지 아니한 건축물의 소유자는 공익사업법 시행령 제40조 제3항 제2호 본문에 의하여 이주대책대상자에서 제외되어 이주정착금을 지급받지 못하는 것이 원칙이지만, 다만, 질병으로 인한 요양, 징집으로 인한 입영, 공무, 취학, 해당 공익사업지구 내 타인이 소유하고 있는 건축물에의 거주, 그 밖에 이에 준하는 부득이한 사유로 인하여 거주하지 아니한 경우에는 이주정착금을 지급받을 수 있다고 할 것이다.

현금청산에 관한 협의가 성립된 자에 대하여도 계약체결일까지 계속 거주한 경우에 이주정착금을 지급하는 것은 당연하다.

> 도시정비법상 주택재개발사업의 현금청산대상자로서 현금청산에 관한 협의가 성립되어 사업시행자에게 주거용 건축물의 소유권을 이전하는 자에 대하여는, 현금청산에 관한 협의가 성립되지 아니하여 토지보상법에 의하여 주거용 건축물이 수용되는 자와 마찬가지로 토지보상법을 준용하여 사업시행자가 이주정착금, 주거이전비 및 이사비를 지급하여야 한다고 봄이 상당하다(**대법원 2013. 1. 16. 선고 2012두34 판결, 대법원 2013. 1. 16. 선고 2011두19185 판결**).

② 이주정착금 보상기준

공익사업법 시행규칙 제53조 제2항에 따르면 '이주정착금은 보상대상인 주거용 건축물에 대한 평가액의 30퍼센트에 해당하는 금액으로 하되, 그 금액이 6백만 원 미만인 경우에는 6백만 원으로 하고, 1천2백만 원을 초과하는 경우에는 1천2백만 원으로 한다.'고 규정하고 있다.

예컨대 토지등소유자의 수용대상 주택의 평가액이 1억 5000만원이라면, 그 30%는 4,500만원이고, 그 금액이 1,200만원을 초과하므로 이주정착금은 1,200만원이 된다.

③ 조합원이 이주의무를 이행하기 위하여 이주한 경우

재개발정비사업 정비계획 공람공고 당시 그 소유 주거용 건축물에 거주하던 조합원이 분양신청기간 내에 분양신청을 하였고, 조합이 이주기간을 정하여 조합원 및 세입자에 대하여 이주의무의 이행을 요청하자, 조합원으로서의 이주의무를 이행하기 위하여 이주를 하여 건물철거까지 이루어졌는데, 그 후 분양계약체결을 거부함으로써 현금청산대상자가 되어, 그 소유 주거용 건축물에 관하여 수용재결이 이루어진 사안에서, 서울고등법원은 '공익사업법에 의한 이주대책 제도는 공익사업의 시행으로 생활근거를 상실하게 되는 사람을 위하여 종전의 생활상태를 원상으로 회복시키면서 동시에 인간다운 생활을 보장하여 주기 위한 이른바 생활보상의 일환으로 국가의 적극적이고 정책적인 배려에 의하여 마련된 제도로서 건물 및 그 부속물에 대한 손실보상 외에는 별도의 보상이 이루어지지 아니하는 주거용 건축물의 철거에 따른 생활보상적 측면이 있다는 점을 고려해 보면, 조합원으로서 이주의무를 이행하기 위하여 이주를 한 조합원은 공익사업법 시행령 제40조 제3항 제2호 단서 소정의 부득이한 사유로 수용재결일 또는 매매계약체결일까지 이 사건 사업구역 내에 거주하지 아니하고 그 이전에 주거를 이전하였다고 봄이 상당하므로 이주정착금 지급대상자에 해당된다.'고 판단하였다(서울고등법원 2016. 8. 18. 선고 2015누72759 판결).

그러나 대법원은 「조합원으로서 정비사업의 원활한 진행을 위하여 이주하였다가 자신의 선택으로 분양계약체결신청을 철회하고 현금청산대상자가 된 것에 불과하므로, 그 조합원이 수용재결일까지 계속거주요건을 갖추지 못한 것이 '그 밖에 이에 준하는 부득이한 사유'로 인한 것이라고 보기 어렵고, 결국 다른 특별한 사정이 없는 한 이주정착금 지급자로서의 요건을 갖추었다고 볼 수 없다.」고 판시하였다(대법원 2016. 12. 15. 선고 2016두49754 판결).

④ 구 주거환경개선임시조치법상 주거환경개선사업의 경우

토지보상법 제78조제1항에 따른 이주대책은 공익사업의 시행으로 인하여 주거용 건축물을 제공함에 따라 생활 근거를 상실하게 되는 이주대책대상자에 대하여 종전 생활상태를 원상으로 회복시키면서 동시에 인간다운 생활을 보장하기 위하여 마련된 것이다. 그런데 구 도시저소득주민의주거환경개선을위한임시조치법(2002.12.30. 법률 제6852호 도시및주거환경정비법 부칙 제2조로 폐지)상 주거환경개선사업은 당해 사업지구 내 도시의 저소득주민들 전체의 주거환경개선을 위한 것으로서 그로 인하여 사업지구 내 토지 또는 건축물의 소유자, 세입자 등은 생활 근거를 상실하는 것이 아니라 오히려 당해 사업으로 건설되는 주택을 분양 또는 임대받게 되고, 특히 사업지구 내 주거용 건축물 소유자들의 경우 일시적으로는 공익사업에 해당하는 주거환경개선사업의 시행으로 인하여 주거용 건축물을 제공할 수밖에 없다 하더라도 추후 당해 사업에 의하여 건설되는 주택을 그들의 선택에 따라 분양 또는 임대받을 수 있는 우선적 권리를 향유하게 될 뿐만 아니라, 토지 또는 건축물의 소유자가 반드시 사업지구에 거주할 것을 요하지도 않으므로 생활 근거를 상실하였는지와 관계없이 주택을 분양 또는 임대받게 된다.

더욱이 주거환경개선사업으로 인하여 건설되는 주택의 분양가격은 주택건설업자가 국가 및 지방자치단체의 보조 등이 없이 일반적으로 책정하게 되는 분양가보다 낮게 되어, 주거용 건축물의 소유자들은 보다 저렴한 비용으로 주택을 분양받아 주거환경개선사업 이전보다 주거환경이 개선된 기존의 생활근거지에서 계속 거주할 수 있게 된다. 뿐만 아니라 택지개발사업 등 공익사업의 시행은 그로 인하여 주거용 건축물을 제공하는 자들의 의사와 관계없이 이루어지는 것임에 비하여, 주거환경개선지구 내 주민들이 모두 비자발적으로 주거용 건축물을 제공하는 것도 아니다. 이러한 여러 사정을 비롯한 관계 법령의 내용, 형식 및 취지 등을 종합하여 보면, 주거환경개선지구 내 주거용 건축물의 소유자로서 위 사업으로 인하여 건설되는 주택에 관한 분양계약을 체결한 자들은 토지보상법 제78조 제1항에 규정된 이주대책대상자 즉, 공익사업의 시행으로 인하여 주거용 건축물을 제공함에 따라 생활의 근거를 상실하게 되는 자에 해당하지 않는다고 봄이 타당하다(대법원 2011. 11. 24. 선고 2010다80749 판결).

(9) 주거이전비

① 계속거주요건

토지보상법 제78조 제5항은 주거용 건물의 거주자에 대하여는 주거 이전에 필요한 비용과 가재도구 등 동산의 운반에 필요한 비용을 산정하여 보상하여야 한다고 규정하고, 토지보상법 시행규칙 제54조 제1항은 공익사업시행지구에 편입되는 주거용 건축물의 소유자에 대하여는 당해 건축물에 대한 보상을 하는 때에 가구원수에 따라 2월분의 주거이전비를 보상하여야 하되 건축물의 소유자가 당해 건축물에 실제 거주하고 있지 아니하거나 당해 건축물이 무허가건축물 등인 경우에는 그러하지 아니하다고 규정하고 있는데, 주거이전비도 이주정착금과 달리 취급할 이유가 없으므로, 주거이전비의 보상도 정비계획 공람공고일부터 해당 건축물에 대한 보상을 하는 때까지 계속 거주하지 아니한 건축물의 소유자는 주거이전비를 지급받지 못하는 것이 원칙이지만, 질병으로 인한 요양 등에 준하는 부득이한 사유로 거주하지 아니한 경우에는 주거이전비를 지급받을 수 있다고 할 것이다.

도시정비법상 주거용 건축물의 소유자에 대한 주거이전비의 보상은 주거용 건축물에 대하여 정비계획에 관한 공람·공고일부터 해당 건축물에 대한 보상을 하는 때까지 계속하여 소유 및 거주한 주거용 건축물의 소유자를 대상으로 한다(**대법원 2015. 2. 26. 선고 2012두19519 판결**).

재개발정비사업 정비계획 공람공고 당시 그 소유 주거용 건축물에 거주하던 조합원이 분양신청기간내에 분양을 신청하고 이주의무를 이행하기 위하여 정비구역 밖으로 이주하였는데, 그후 분양계약체결을 거부함으로써 현금청산대상자가 되어, 그 소유 주거용 건축물에 관하여 수용재결이 이루어진 사안에서, 「도시정비법상 주거용 건축물의 소유자에 대한 주거이전비의 보상은 주거용 건축물에 대하여 정비계획에 관한 공람공고일부터 해당 건축물에 대한 보상을 하는 때까지 계속하여 소유 및 거주한 주거용 건축물의 소유자를 대상으로 한다고 해석되므로, 건축물에 대한 협의매도나 보상이 이루어지기 전에 이미 해당 건축물에서 이주함으로써 주거이전비의 지급대상자에 해당한다고 볼 수 없다.」고 판시하였다(**대법원 2016. 12. 15. 선고 2016두49754 판결**).

② 소유자에 대한 보상 여부

토지보상법 시행규칙에는 '공익사업시행지구에 편입되는 주거용 건축물의 소유자에 대하여는 해당 건축물에 대한 보상을 하는 때에 가구원수에 따라 2개월분의 주거이전비를 보상하여야 한다. 다만, 건축물의 소유자가 해당 건축물 또는 공익사업시행지구 내 타인의 건축물에 실제 거주하고 있지 아니하거나 해당 건축물이 무허가건축물등인 경우에는 그러하지 아니하다(토지보상법 시행규칙 제54조제1항). 1989.1.24. 당시의 무허가건축물등에 대하여는 적법한 건물로 본다(부칙 제5조).'고 규정되어 있다.

그러나 정비사업에 동의하여 분양신청을 함으로써 정비사업에 참여한 토지등소유자에게는 주거이전비 청구권이 발생하지 아니한다.

도시환경정비사업에서 정비사업에 동의하여 분양신청을 함으로써 정비사업에 참여한 '토지 등 소유자'는 자신의 토지 또는 건축물을 정비사업에 제공하는 대신 정비사업의 시행으로 완공되는 건축물을 분양받고 종전에 소유하고 있던 토지 또는 건축물의 가격과 분양받은 토지 또는 건축물의 가격 사이에 차이가 있는 경우 이를 청산할 의무가 있는 사람으로서 사업시행자에 준하는 지위를 가지고 있다고 할 것이다. 따라서 이러한 토지 등 소유자에게는 토지보상법에 규정된 주거이전비 청구권이 발생하지 아니한다고 봄이 상당하다(**대법원 2011. 11. 24. 선고 2009다28394 판결**).

최근 「재개발지역에 땅과 집을 소유하고 있는 주택재개발조합원은 재개발지역 내 다른 집에 세들어 살고 있더라도 조합을 상대로 주거이전비를 달라고 할 수는 없다. 토지보상법상 주거이전비는 세입자를 위한 사회적 급여이기 때문에 '순수 세입자'만 지급 대상에 해당한다.」는 판례가 나왔다.

서울 마포구 주택재개발지역에 집을 갖고 있으면서 인근 다른 건물에 세입자로 살고 있던 원고가 이 지역에 재건축사업이 시작되어 조합에 주거이전비 등을 청구했으나 거절당하자 소송을 냈다. 1심은 '조합은 1450여만원을 지급하라'며 원고 손을 들어줬지만, 2심은 '원고는 정비사업에 참여한 토지·주택 등 소유자이므로, 자신 소유가 아닌 다른 주거용 건물의 세입자라고 해서 주거이전비를 청구할 수는 없다'며 이를 뒤집었고, 대법원은 최근 원고 패소 판결한 원심을 확정하였다.

토지보상법 규정에 의해 공익사업 시행에 따라 이주하는 주거용 건축물의 세입자에게 지급하는 주거이전비는, 공익사업 시행지구 안에 거주하는 세입자들의 조기 이주를 장려하고 사업추진을 원활하게 하려는 정책적인 목적과 주거이전으로 특별한 어려움을 겪게 될 세입자들을 위한 사회보장직 차원의 금원이다. 주택재개발정비사업의 개발이익을 누리는 조합원은 그 자신이 사업의 이해관계인이므로 관련 법령이 정책적으로 조기 이주를 장려하고 있는 대상자에 해당한다고 보기 어렵고, 조합원이 그 소유 건축물이 아닌 정비사업구역 내 다른 건축물에 세입자로 거주하다 이전하더라도 일반 세입자처럼 주거이전으로 특별한 어려움을 겪는다고 보기 어려우므로, 소유자 겸 세입자에게 주거이전비를 지급하는 것은 사회보장급부로서의 성격에 부합하지 않는다. 주택재개발사업에서 조합원은 사업 성공으로 인한 개발이익을 누릴 수 있고 그가 가지는 이해관계가 실질적으로는 사업시행자와 유사할 뿐 아니라 궁극적으로는 공익사업 시행으로 생활의 근거를 상실하게 되는 자와는 차이가 있고, 이러한 특수성은 '소유자 겸 세입자'인 조합원에 대해 세입자 주거이전비를 인정할 것인지를 고려할 때에도 반영돼야 한다. 조합원인 소유자 겸 세입자를 주택재개발정비사업조합의 세입자 주거이전비 지급대상이 된다고 본다면 그 지급액은 결국 조합과 조합원 모두의 부담으로 귀결되는데, 조합원임에도 우연히 정비구역 안의 주택에 세입자로 거주했다는 이유만으로 다른 조합원들과 비교해 이익을 누리고 그 부담이 조합·조합원들의 부담으로 전가되는 결과는 타당하다고 볼 수 없다(**대법원 2017. 10. 31. 선고 2017두40068 판결**).

③ 세입자에 대한 보상

토지보상법에는 「공익사업의 시행으로 인하여 이주하게 되는 주거용 건축물의 세입자(토지보상법 제78조제1항에 따른 이주대책대상자인 세입자는 제외한다)로서 사업인정고시일등 당시 또는 공익사업을 위한 관계법령에 의한 고시 등이 있은 당시 해당 공익사업 시행지구안에서 3개월 이상 거주한 자에 대하여는 가구원수에 따라 4개월분의 주거이전비를 보상하여야 한다(토지보상법 시행규칙 제54조제2항본문). 다만, 무허가건축물등에 입주한 세입자로서 사업인정고시일등 당시 또는 공익사업을 위한 관계법령에 의한 고시 등이 있은 당시 그 공익사업지구 안에서 1년 이상 거주한 세입자에 대하여는 본문에 따라 주거이전비를 보상하여야 한다(토지보상법 시행규칙 제54조제2항단서). 1989.1.24. 당시의 무허가건축물등에 대하여는 적법한 건물로 본다(부칙 제5조).」고 규정되어있다.

그런데 주거이전비를 보상하는 경우 보상대상자 인정시점은 정비계획 공람공고일로 보므로(령 제54조제4항), 정비구역내 세입자에 대한 주거이전비는 정비계획이 외부에 공표됨으로써 주민 등이 정비사업이 시행될 예정임을 알 수 있게 된 때인 정비계획 공람공고일을 기준으로 하되, 정비계획 공람공고일 현재 정비구역에 거주하고 있는 세입자라면 허가건축물 세입자와 무허가건축물 세입자의 구분 및 각 세입자별 거주기간에 관계없이 도시정비사업에 따른 주거이전비 지급대상이 된다.

세입자에 대한 주거이전비 보상을 규정한 공익사업법 시행시행규칙 제54조제2항은 강행규정이므로, 세입자가 이주단지내 임대아파트에 입주하면서 주거이전비를 포기하는 취지의 포기각서를 제출하였더라도, 이는 강행규정에 위배되어 무효이다.

도시정비법에 의한 세입자에 대한 임시수용시설의 제공(제36조제1항) 등에 주거환경개선사업 및 주택재개발사업의 사업시행자로 하여금 주거환경개선사업 및 주택재개발사업의 시행으로 철거되는 주택에 거주하던 세입자에게 거주할 임시수용시설을 제공하거나 주택자금 융자알선 등 임시수용시설 제공에 상응하는 조치를 취하도록 하여 사업시행기간 동안 세입자의 주거안정을 도모하기 위한 조치로 볼 수 있는 반면, 공익사업 시행에 따라 이주하는 주거용 건축물의 세입자에게 지급하는 주거이전비(토지보상법 제75조제5항, 시행규칙 제54조제1항본문)는 당해 공익사업 시행지구 안에 거주하는 세입자들의 조기이주를 장려하여 사업추진을 원활하게 하려는 정책적인 목적과 주거이전으로 말미암아 특별한 어려움을 겪게 될 세입자들을 대상으로 하는 사회보장적인 차원에서 지급하는 돈의 성격을 갖는 것으로 볼 수 있는 점, 도시정비법 및 토지보상법 시행규칙 등의 관련 법령에서 임시수용시설 등 제공과 주거이전비 지급을 사업시행자의 의무사항으로 규정하면서 임시수용시설 등을 제공받는 자를 주거이전비 지급대상에서 명시적으로 배제하지 않은 점을 비롯한 위 각 규정의 문언, 내용 및 입법 취지 등을 종합해 보면, 도시정비법에 따라 사업시행자에게서 임시수용시설을 제공받는 세입자라 하더라도 도시보상법 및 토지보상법 시행규칙에 따른 주거이전비를 별도로 청구할 수 있다고 보는 것이 타당하다.

공익사업을 위한 토지 등의 취득 및 보상에 관한 법률은 공익사업에 필요한 토지 등을 협의 또는 수용에 의하여 취득하거나 사용함에 따른 손실의 보상에 관한 사항을 규정함으로써 공익사업의 효율적인 수행을 통하여 공공복리의 증진과 재산권의 적정한 보호를 도모함을 목적으로 하고 있고, 위 법에 근거하여 공익사업을 위한 토지 등의 취득 및 보상에 관한 법률 시행규칙에서 정하고 있는 세입자에 대한 주거이전비는 공익사업 시행으로 인하여 생활 근거를 상실하게 되는 세입자를 위하여 사회보장적 차원에서 지급하는 금원으로 보아야 하므로, 사업시행자의 세입자에 대한 주거이전비 지급의무를 정하고 있는 토지보상법 시행규칙 제54조 제2항은 당사자 합의 또는 사업시행자 재량에 의하여 적용을 배제할 수 없는 강행규정이라고 보아야 한다.

주택재개발사업 정비구역 안에 있는 주거용 건축물에 거주하던 세입자 갑이 주거이전비를 받을 수 있는 권리를 포기한다는 취지의 '이주단지 입주에 따른 주거이전비 포기각서'를 제출한 후 사업시행자(한국토지주택공사)가 제공한 임대아파트에 입주한 다음 별도로 주거이전비를 청구한 사안에서, 사업시행자는 주택재개발 사업으로 철거되는 주택에 거주하던 갑에게 임시수용시설 제공 또는 주택자금 융자알선 등 임시수용에 상응하는 조치를 취할 의무를 부담하는 한편, 갑이 공익사업을 위한 토지 등의 취득 및 보상에 관한 법률 시행규칙 제54조 제2항에 규정된 주거이전비 지급요건에 해당하는 세입자인 경우, 임시수용시설인 임대아파트에 거주하게 하는 것과 별도로 주거이전비를 지급할 의무가 있고, 갑이 임대아파트에 입주하면서 주거이전비를 포기하는 취지의 포기각서를 제출하였다 하더라도, 포기각서의 내용은 강행규정인 토지보상법 시행규칙 제54조 제2항에 위배되어 무효라고 한 사례(**대법원 2011. 7. 14. 선고 2011두3685 판결**).

④ 주거이전비 보상기준

주거이전비는 통계작성기관이 조사·발표하는 가계조사통계의 도시근로자가구의 가구원수별 월평균 명목 가계지출비를 기준으로 산정한다. 이 경우 가구원수가 5인인 경우에는 5인 이상 기준의 월평균 가계지출비를 적용하며, 가구원수가 6인 이상인 경우에는 5인 이상 기준의 월평균 가계지출비에 5인을 초과하는 가구원수에 다음의 산식에 의하여 산정한 1인당 평균비용을 곱한 금액을 더한 금액으로 산정한다.

1인당 평균비용 = (5인 이상 기준의 도시근로자가구 월평균 가계지출비 – 2인 기준의 도시근로자가구 월평균 가계지출비) ÷ 3(토지보상법 시행규칙 제54조제3항)

2017년 평균으로 주거이전비 지급액을 산정하면 다음과 같다.

가구원수	가계지출비	세입자(4월분)
1인	1,827,783	7,311,130
2인	2,638,275	10,553,100
3인	3,643,428	14,573,710
4인	4,393,154	17,572,610
5인	4,560,858	18,243,430

주거이전비 및 아래 이사비에 대한 지급의무는 이행기의 정함이 없는 채무로서 채무자는 이행청구를 받은 다음날부터 이행지체 책임이 있다.

> 도시정비법 제40조제1항에 의하여 준용되는 토지보상법 제78조제5항 및 같은 법 시행규칙 제54조제2항, 제55조제2항의 각 규정에 의하여 공익사업의 시행에 따라 이주하는 주거용 건축물의 세입자에게 지급해야 하는 주거이전비 및 이사비의 지급의무는 사업인정고시일 등 당시 또는 공익사업을 위한 관계 법령에 의한 고시 등이 있은 당시에 바로 발생한다. 그러나 그 지급의무의 이행기에 관하여는 관계 법령에 특별한 규정이 없으므로 위 주거이전비 및 이사비의 지급의무는 이행기의 정함이 없는 채무로서 채무자는 이행청구를 받은 다음날부터 이행지체 책임이 있다(**대법원 2012. 4. 26. 선고 2010두7475 판결**).

(10) 이 사 비

① 보상근거

주거용 건물의 거주자에 대하여는 주거 이전에 필요한 비용과 가재도구 등 동산의 운반에 필요한 비용을 산정하여 보상하여야 한다(토지보상법 제78조제5항). 공익사업시행지구에 편입되는 주거용 건축물의 거주자가 해당 공익사업시행지구 밖으로 이사를 하는 경우에는 별표 4의 기준에 의하여 산정한 이사비(가재도구 등 동산의 운반에 필요한 비용을 말한다)를 보상하여야 한다(토지보상법 시행규칙 제55조제2항). 이주정착금이나 주거이전비와는 달리 건축물에 대하나 보상을 받을 때까지 계속 거주요건은 갖출 필요가 없다.

> 재개발정비사업 정비계획 공람공고 당시 그 소유 주거용 건축물에 거주하던 조합원이 분양신청기간내에 분양을 신청하고 이주의무를 이행하기 위하여 정비구역 밖으로 이주하였는데, 그후 분양계약체결을 거부함으로써 현금청산대상자가 되어, 그 소유 주거용 건축물에 관하여 수용재결이 이루어진 사안에서, 「공익사업의 추진을 원활하게 함과 아울러 주거를 이전하게 되는 거주자들을 보호하려는 이사비 제도의 취지에 비추어 보면, 이사비 보상대상자는 공익사업시행지구에 편입되는 주거용 건축물의 거주자로서 공익사업의 시행으로 인하여 이주하게 되는 자로 보는 것이 타당하다. 이러한 취지는 도시정비법에 따른 정비사업의 경우에도 마찬가지라고 할 것이다. 원고는 정비구역 안의 주거용건축물에 거주하다가, 정비사업구역 지정·고시이후에 주택재개발사업의 시행으로 인하여 이주하게 되었으므로 이사비 보상대상자에 해당한다.」고 판시하였다(**대법원 2016. 12. 15. 선고 2016두49754 판결**).

② 이사비의 액수

공익사업법 시행규칙 제55조 제2항은 주거용 건축물의 거주자에 대하여 그 별표 4의 기준에 의하여 산정한 이사비를 보상하도록 규정하고 있고, 별표 4에 의하면 이사비는 노임, 차량운임, 포장비를 합산한 금액으로 하는데, 노임은 통계작성기관이 통계법에 의한 승인을 얻어 작성·공표한 공사부문 보통인부의 노임을 기준으로 하고, 차량운임은 최대적재량이 5톤인 화물자동차의 1일 8시간 운임을 기준으로 하며, 포장비는 노임과 차량운임을 더한 금액에 0.15를 곱하여 산정한다.

[별표 4]

이사비 기준

<table>
<tr><th rowspan="2">주택연면적기준</th><th colspan="3">이사비</th><th rowspan="2">비고</th></tr>
<tr><th>노임</th><th>차량운임</th><th>포장비</th></tr>
<tr><td>1. 33㎡ 미만</td><td>3명분</td><td>1대분</td><td>(노임 + 차량운임) × 0.15</td><td rowspan="5">1. 노임은 「통계법」 제3조제3호에 따른 통계작성기관이 같은 법 제18조에 따른 승인을 받아 작성·공표한 공사부문 보통인부의 노임을 기준으로 한다.
2. 차량운임은 한국교통연구원이 발표하는 최대적재량이 5톤인 화물자동차의 1일 8시간 운임을 기준으로 한다.
3. 한 주택에서 여러 세대가 거주하는 경우 주택연면적기준은 세대별 점유면적에 따라 각 세대별로 계산·적용한다.</td></tr>
<tr><td>2. 33㎡ 이상 49.5㎡ 미만</td><td>4명분</td><td>2대분</td><td>(노임 + 차량운임) × 0.15</td></tr>
<tr><td>3. 49.5㎡ 이상 66㎡ 미만</td><td>5명분</td><td>2.5대분</td><td>(노임 + 차량운임) × 0.15</td></tr>
<tr><td>4. 66㎡ 이상 99㎡ 미만</td><td>6명분</td><td>3대분</td><td>(노임 + 차량운임) × 0.15</td></tr>
<tr><td>5. 99㎡ 이상</td><td>8명분</td><td>4대분</td><td>(노임 + 차량운임) × 0.15</td></tr>
</table>

(11) 영업보상

공익사업의 시행으로 인하여 영업장소를 이전하여야 하는 경우의 영업손실은 휴업기간에 해당하는 영업이익과 영업장소 이전 후 발생하는 영업이익감소액에 다음의 비용을 합한 금액으로 평가한다(토지보상법 시행규칙 제47조제1항).

- 휴업기간중의 영업용 자산에 대한 감가상각비·유지관리비와 휴업기간중에도 정상적으로 근무하여야 하는 최소인원에 대한 인건비 등 고정적 비용
- 영업시설·원재료·제품 및 상품의 이전에 소요되는 비용 및 그 이전에 따른 감손상당액
- 이전광고비 및 개업비 등 영업장소를 이전함으로 인하여 소요되는 부대비용

정비사업으로 인한 영업의 폐지 또는 휴업에 대하여 손실을 평가하는 경우 영업의 휴업기간은 4개월 이내로 한다. 다만 다음의 어느 하나에 해당하는 경우에는 실제 휴

업기간으로 하되, 그 휴업기간은 2년을 초과할 수 없다(령 제54조제2항) 영업손실을 보상하는 경우 보상대상자 인정기준은 정비계획 공람공고일로 본다(령 제54조제3항).

- 해당 정비사업을 위한 영업의 금지 또는 제한으로 인하여 4개월 이상의 기간동안 영업을 할 수 없는 경우
- 영업시설의 규모가 크거나 이전에 고도의 정밀성을 요구하는 등 해당 영업의 고유한 특수성으로 인하여 4개월 이내에 다른 장소로 이전하는 것이 어렵다고 객관적으로 인정되는 경우

3. 매도청구

(1) 적용사업

재건축사업(공공시행자나 지정개발자에 의하여 긴급히 시행하는 재건축사업 제외)

종전법에서는 사업시행자는 재건축사업 또는 가로주택정비사업을 시행할 때 조합설립에 동의하지 아니한 자 등에 대하여 집합건물법 제48조의 규정을 준용하며 매도청구를 할 수 있도록 규정하고 있었으나(종전법 제39조), 개정법에는 집합건물법을 준용하지 아니하고 정비사업의 특성을 반영하여 필요한 절차를 정비사업법에서 직접 규정하였고, 이 부분 개정규정은 개정법 시행 후 최초로 조합설립인가를 신청하거나 사업시행자를 지정하는 경우부터 적용한다(부칙 제16조).

> 도시정비법 제39조에 정한 매도청구권은 재건축사업의 원활한 진행을 위하여 같은 법이 재건축 불참자의 의사에 반하여 그 재산권을 박탈할 수 있도록 특별히 규정한 것으로서, 그 실질이 헌법 제23조 제3항의 공용수용과 같다고 볼 수 있는바, 조합이 도시정비법 제39조의 규정에 의한 매도청구권을 행사한 후 그 매매대금을 재건축 불참자에게 지급하지도 않은 채 사업계획인가 등 후속절차를 진행하여 재건축 아파트에 대한 일반분양을 실시하였다고 하더라도, 재건축 불참자의 기본권을 과도하게 침해한다거나 사유재산권을 침해한다고 할 수는 없다(**대법원 2009. 3. 26. 선고 2008다21549 판결**).

(2) 대 상 자

- 조합이 사업시행자로 정비사업을 시행할 경우 조합설립에 동의하지 아니한 자(제64조제1항제1호)
- 시장·군수등이 공공시행자, 지정개발자를 사업시행자로 지정하여 정비사업을 시

행할 경우 시장·군수등, 토지주택공사등 또는 신탁업자의 사업시행자 지정에 동의하지 아니한 자(제64조제1항제2호)

- 건축물 또는 토지만 소유한 자(제64조제4항)

도시정비법제2조제9호(나)목에 의하면 주택재건축정비사업조합이 시행하는 주택재건축사업의 주택단지 내에 토지만을 소유하고 있는 자는 "토지등소유자"에 해당하지 않아 조합원의 자격이 없을 뿐 아니라, 도시정비법 제16조제2항,제3항에 정한 추진위원회가 얻어야 하는 조합 설립 동의의 상대방이 되지도 아니하나, 한편 도시정비법 제39조는 "사업시행자는 주택재건축사업을 시행함에 있어 '제16조 제2항 및 제3항의 규정에 의한 조합 설립의 동의를 하지 아니한 자', '건축물 또는 토지만 소유한 자'의 토지 또는 건축물에 대하여는 집합건물법 제48조의 규정을 준용하여 매도청구를 할 수 있다"고 규정하고 있으므로, 사업시행자는 주택재건축사업의 주택단지 내에 토지만을 소유하고 있는 자에 대하여 도시정비법 제39조에 정한 매도청구권을 행사할 수 있다(**대법원 2009. 3. 26. 선고 2008다21549 판결**).

(3) 절 차

① 촉구 및 회답

재건축사업의 사업시행자는 '사업시행계획인가의 고시가 있은 날부터 30일 이내'에, 조합설립에 동의하지 아니한 자 혹은 시장·군수등이 시장·군수등, 토지주택공사등 또는 신탁업자를 공공시행자, 지정개발자로 사업시행자 지정하는 것에 동의하지 아니한 자에게 조합설립 또는 사업시행자의 지정에 관한 동의 여부를 회답할 것을 서면으로 촉구하여야 한다(제64조제1항).

이러한 규정이 없었던 종전법에서 대법원은 「도시정비법 제39조제1호, 집합건물법 제48조제1항에 의하면, 주택재건축조합이 조합 설립에 동의하지 않은 사람에 대하여 매도청구권을 행사하기 위하여는 먼저 그에게 재건축에 참가할 것인지 여부를 회답할 것을 지체 없이 서면으로 촉구하여야 하고, 여기에서 '지체 없이'는 재건축결의가 이루어진 직후는 아니더라도 적어도 재건축사업의 진행 정도에 비추어 적절한 시점에는 이루어져야 한다는 의미이다(대법원 2015. 2. 12. 선고 2013다15623 판결).」라고 판시하였다.

촉구를 받은 토지등소유자는 촉구를 받은 날부터 2개월 이내에 회답하여야 한다. 2개월의 기간 내에 회답하지 아니한 경우 그 토지등소유자는 조합설립 또는 사업시행자의 지정에 동의하지 아니하겠다는 뜻을 회답한 것으로 본다.

② 행사기간

촉구를 받은 날로부터 2개월의 기간이 지나면 사업시행자는 그 기간이 만료된 때부터 2개월 이내에 조합설립 또는 사업시행자 지정에 동의하지 아니하겠다는 뜻을 회답한 토지등소유자와 건축물 또는 토지만 소유한 자에게 건축물 또는 토지의 소유권과 그 밖의 권리를 매도할 것을 청구할 수 있다(제64조제4항).

③ 관련 판례

㉮ 매도청구권은 그 행사기간 내에 이를 행사하지 아니하면 그 효력을 상실한다.

> 집합건물법 제48조 제4항에서 매도청구권의 행사기간을 규정한 취지는, 매도청구권이 형성권으로서 재건축참가자 다수의 의사에 의하여 매매계약의 성립을 강제하는 것이므로, 만일 위와 같이 행사기간을 제한하지 아니하면 매도청구의 상대방은 매도청구권자가 언제 매도청구를 할지 모르게 되어 그 법적 지위가 불안전하게 될 뿐만 아니라 매도청구권자가 매수대상인 구분소유권 등의 시가가 가장 낮아지는 시기를 임의로 정하여 매도청구를 할 수 있게 되어 매도청구 상대방의 권익을 부당하게 침해할 우려가 있는 점에 비추어 매도청구 상대방의 정당한 법적 이익을 보호하고 아울러 재건축을 둘러싼 법률관계를 조속히 확정하기 위한 것이라고 봄이 상당하므로 매도청구권은 그 행사기간 내에 이를 행사하지 아니하면 그 효력을 상실한다고 할 것이다(**대법원 2008. 2. 29. 선고 2006다56572 판결**).

㉯ 매도청구권 행사기간이 도과한 후에는 새로운 조합설립인가처분의 요건을 갖춘 조합설립변경인가처분을 받아야 새로이 매도청구권을 행사할 수 있다.

> 매도청구권은 그 행사기간 내에 이를 행사하지 아니하면 그 효력을 상실한다. 그러나 매도청구권의 행사기간이 도과했다 하더라도 조합이 새로이 조합설립인가처분을 받는 것과 동일한 요건과 절차를 거쳐 조합설립변경인가처분을 받음으로써 그 조합설립변경인가처분이 새로운 조합설립인가처분의 요건을 갖춘 경우 조합은 그러한 조합설립변경인가처분에 터 잡아 새로이 매도청구권을 행사할 수 있다(**대법원 2013. 3. 14. 선고 2012다111531 판결, 대법원 2016. 12. 29. 선고 2015다202162 판결**).

㉰ 주택단지 내에 토지 또는 건축물만을 소유한 자에 대하여는 최고절차를 거치지 아니하고 매도청구할 수 있다.

건축물 또는 토지만 소유한 자는 조합원의 자격이 없으므로 재건축에 참가할 수가 없기 때문에 재건축에 참가할 것인지 여부에 대한 회답을 촉구할 필요가 없다. 이에 개정법에서는 촉구와 회답의 대상을 조합이 시행하는 경우 조합설립에 동의하지 아니한 자 및 공공시행자·지정개발자가 시행하는 경우 사업시행자 지정에 동의하지 아니한 자임을 분명히 하고 있다. 종전법하에서 이 부분은 판례에 의하여 마찬가지로 해석되고 있었다.

정비사업조합의 조합원은 '토지등소유자'이고(제19조제1항), 주택재건축사업의 '토지등소유자'는 '건축물 및 부속토지의 소유자'이므로(제2조제9호(나)목), 도시정비법에 의한 주택재건축사업을 시행함에 있어 주택단지 내에 토지만을 소유하고 있어 조합 설립 동의의 상대방이 되지 아니하는 경우에는 집합건물법 제48조 제1항에서 규정한 최고 절차에 대하여 법률상 이해관계를 갖지 아니하므로 이러한 자에 대한 매도청구에 있어서는 매도청구 전에 최고 절차를 거치지 않았더라도 그 매도청구가 위법하다거나 무효로 된다고 할 수 없다. 도시정비법 제39조에 사업시행자가 매도청구를 할 수 있다고 규정하고, 동법 제2조 제8호에 "사업시행자"라 함은 정비사업을 시행하는 자를 말한다고 규정하고 있으며, 동법 제18조 제2항에 조합은 조합 설립의 인가를 받은 날부터 30일 이내에 주된 사무소의 소재지에서 대통령령이 정하는 사항을 등기함으로써 성립한다고 규정하고 있으므로, 원고가 주택재건축정비사업조합으로서 주택재건축사업을 시행하는 이 사건에 있어서 원고는 조합설립등기를 마친 때로부터 매도청구를 할 수 있다고 할 것이고, 집합건물법 제48조 제4항에서 매도청구권의 행사기간을 규정한 취지 및 도시정비법 제39조에서 이러한 집합건물법 제48조 제4항을 준용하도록 한 입법 취지에 비추어 볼 때, 원고는 조합설립등기를 마친 때로부터 집합건물법 제48조 제4항 소정의 2월 이내에 피고에 대하여 매도청구를 할 수 있다고 해석함이 상당하다(**대법원 2008. 2. 29. 선고 2006다56572 판결**).

㉣ 주택단지가 아닌 지역에 토지 또는 건축물만을 소유한 자에 대하여는 매도청구 전에 최고절차(2개월 회답기간을 정한 서면촉구 및 2개월 매도청구권 행사기간내 매도청구)를 거쳐야 한다.

주택단지가 아닌 지역이 정비구역에 포함된 재건축조합이 조합 설립 인가를 받기 위해서는 도시정비법 제16조 제3항(개정법 제35조제4항)에 따라 '주택단지가 아닌 지역' 안에 있는 토지 '또는' 건축물 소유자 등의 동의를 얻어야 하므로, 이러한 자는 '주택단지' 내에 토지만을 소유하고 있는 자와는 달리 집합건물법 제48조 제1항에서 규정한 최고 절차에 대하여도 법률상 이해관계를 갖는다고 봄이 상당하고, 따라서 재건축조합이 도시정비법에 따라 '주택단지가 아닌 지역' 안에 있는 토지 또는 건축물만을 소유한 자에 대하여 매도청구를 함에 있어서는 특별한 사정이 없는 한 그 매도청구 전에 집합건물법 제48조 제1항에서 정한 최고 절차(2개월 회답기간을 정한 서면촉구 및 2개월 매도청구권 행사기간 내 매도청구)를 거쳐야 한다(**대법원 2010. 5. 27. 선고 2009다95578 판결**).

㉤ 매도청구의 상대방이 조합설립결의에서 정한 비용분담에 관한 사항의 하자를 이유로 매도청구권행사의 적법성을 다투기 위해서는 조합설립인가처분이 적법하게 취

소되었거나 그 하자가 중대·명백하여 당연무효임을 입증해야 한다.

> 재건축정비사업조합이 조합설립에 동의하지 않은 자 등에 대해 매도청구권을 행사하여 그에 따른 소유권이전등기절차 이행 등을 구하는 소송을 제기한 경우 그 소송절차에서 조합설립에 동의하지 않은 자 등이 조합설립결의에서 정한 비용분담에 관한 사항 등이 구체성을 결여하여 위법하다는 점을 근거로 매도청구권 행사의 적법성을 다툴 수 있기 위해서는, 그와 같은 사정으로 조합설립결의가 효력이 없다는 것만으로는 부족하고 나아가 그로 인해 조합설립인가처분이 적법하게 취소되었거나 그 하자가 중대·명백하여 당연무효임을 주장·입증하여야 한다(**대법원 2010. 4. 8. 선고 2009다10881 판결, 대법원 2010. 7. 15. 선고 2009다63380 판결**).

㉳ 조합설립인가처분에 당연무효사유가 있더라도 조합설립변경인가처분이 새로운 조합설립인가처분으로서의 요건을 갖추었다면 조합설립변경인가에 터잡아 새로이 매도청구권을 행사하는 것도 적법하다.

> 조합설립인가처분의 위법 여부 또는 효력 유무에 관한 다툼이 있어 조합이 처음부터 다시 조합설립인가에 관한 절차를 밟아 조합설립변경인가를 받았고, 그 조합설립변경인가처분이 새로운 조합설립인가처분으로서의 요건을 갖춘 경우에는 그에 따른 효과가 있다 할 것이다. 여기에서 새로운 조합설립인가처분의 요건을 갖춘 경우에 해당하려면 그와 같은 조합설립인가에 필요한 실체적·절차적 요건을 모두 갖추어야 한다고 해석함이 타당하다. 나아가 새로운 조합설립인가처분의 요건을 갖춘 조합설립변경인가에 터 잡아 새로이 매도청구권을 행사하는 것도 적법하다고 보아야 한다(**대법원 2013. 2. 28. 선고 2012다34146 판결**).

(4) 매도청구권행사의 효과

주택재건축사업의 시행자가 매도청구권을 행사하면 그 매도청구권 행사의 의사표시가 도달함과 동시에 그 토지에 관하여 시가에 의한 매매계약이 성립하는바, 이때의 시가는 매도청구권이 행사된 당시의 객관적 거래가격으로서, 주택재건축사업이 시행되는 것을 전제로 하여 평가한 가격, 즉 재건축으로 인하여 발생할 것으로 예상되는 개발이익이 포함된 가격을 말한다(대법원 2009. 3. 26. 선고 2008다21549 판결).

따라서 매도청구권 행사 대상 토지의 현황이 도로일지라도 주택재건축사업이 추진되면 공동주택 부지의 일부가 되는 이상 그 시가는 재건축사업이 시행될 것을 전제로 할 경우의 인근 대지의 시가와 기본적으로 동일하게 평가하되, 다만 토지의 형태, 주요 간선도로와의 접근성, 획지조건 등 개별요인들을 고려하여 감액평가하는 방법으로 산정하는 것이 타당하다(대법원 2014. 12. 11. 선고 2014다41698 판결).

4. 세입자보호시 용적률완화

(1) 요 건

정비사업의 시행을 위한 토지 등 권리에 대한 수용 또는 사용은 정비사업법에 규정된 사항을 제외하고는 토지보상법을 준용하되, 손실보상의 기준 및 절차는 대통령령으로 정할 수 있도록 규정되어 있고(제65조제1항), 시행령에 의하면 영업의 폐지 또는 휴업으로 인한 손실을 평가할 경우 휴업기간은 4개월 이내로 하되, 해당 정비사업을 위한 영업의 금지 또는 제한으로 인하여 4개월 이상의 기간 동안 영업을 할 수 없는 경우, 영업시설의 규모가 크거나 이전에 고도의 정밀성을 요구하는 등 해당 영업의 고유한 특수성으로 인하여 4개월 이내에 다른 장소로 이전하는 것이 어렵다고 객관적으로 인정되는 경우에는 2년의 범위 내에서 실제 휴업기간으로 하도록 되어 있고(령 제54조제2항), 영업손실을 보상하는 경우 및 주거이전비를 보호하는 경우 보상대상자 인정시점은 정비계획 주민공람공고일로 본다(령 제54조제3항,제4항).

그런데 사업시행자가 다음의 어느 하나에 해당하는 경우 용적률을 완화해주고 있다(제66조).

- 대통령령으로 정하는 손실보상의 기준 이상으로 세입자에게 주거이전비를 지급하거나 영업의 폐지 또는 휴업에 따른 손실을 보상하는 경우
- 대통령령으로 정하는 손실보상에 더하여 임대주택을 추가로 건설하거나 임대상가를 건설하는 등 추가적인 세입자 손실보상 대책을 수립하여 시행하는 경우

(2) 용적률완화

국토계획법 제78조제1항에서는 용도지역에서 용적률의 최대한도는 관할 구역의 면적과 인구 규모, 용도지역의 특성 등을 고려하여 다음의 범위에서 대통령령으로 정하는 기준에 따라 특별시·광역시·특별자치시·특별자치도·시 또는 군의 조례로 정하도록 규정되어 있다.

1. 도시지역
   가. 주거지역 : 500퍼센트 이하
   나. 상업지역 : 1천500퍼센트 이하
   다. 공업지역 : 400퍼센트 이하

라. 녹지지역 : 100퍼센트 이하

2. 관리지역
가. 보전관리지역 : 80퍼센트 이하
나. 생산관리지역 : 80퍼센트 이하
다. 계획관리지역 : 100퍼센트 이하

3. 농림지역 : 80퍼센트 이하

4. 자연환경보전지역 : 80퍼센트 이하

사업시행자가 세입자에게 보상기준 이상의 주거이전비나 영업보상을 하거나, 추가적인 세입자 손실보상대책을 수립하여 시행하는 경우 국토계획법 제78조제1항에도 불구하고 해당 정비구역에 적용되는 용적률의 100분의 125 이하의 범위에서 특별시·광역시·특별자치시·특별자치도·시 또는 군의 조례로 용적률을 완화하여 정할 수 있다.

(3) 사전협의

사업시행자가 완화된 용적률을 적용받으려는 경우에는 사업시행인가 신청 전에 다음 사항을 시장·군수등에게 제출하고 사전협의하여야 한다(령 제55조제1항).

- 정비구역 내 세입자 현황
- 세입자에 대한 손실보상 계획

시장·군수등은 협의 결과를 사업시행자에게 통보하여야 하며, 용적률을 완화받을 수 있다는 통보를 받은 사업시행자는 사업시행계획서 작성 시 세입자에 대한 손실보상 계획을 포함하여야 한다(령 제55조제2항).

5. 재건축사업시 토지분할

(1) 입법취지

재건축사업시 토지분할에 관한 특례를 규정한 도시정비법 제67조는 주택단지 안의 일부 토지 및 그 위의 건축물과 관련된 토지 등 소유자의 반대 등으로 조합설립인가나 사업시행인가를 받지 못하여 그 밖에 다수의 토지 등 소유자들에게 피해가 발생하는 것을 방지하고 재건축사업을 원활하게 시행할 수 있도록 하기 위하여 마련된 특별규정이라고 할 것이다.

> 도시정비법 제67조 규정은 노후·불량건축물을 효율적으로 개량하여 신규주택을 공급함으로써 도시환경을 개선하고 주거환경의 질을 높이기 위한 재건축사업을 추진함에 있어 재건축을 희망하는 다수의 이해관계인의 이익과 재건축에 반대하는 토지소유자의 이익을 모두 고려하여 재건축사업의 추진을 촉진하기 위하여 마련된 것으로서 그 목적이 정당하고, 목적 달성을 위한 방법으로 적절하며, 토지분할에 앞서 협의의무를 규정하고, 토지분할이 이루어지지 않은 경우에도 동의요건을 갖춘 것으로 보는 일정한 요건을 규정함으로써 재건축사업구역 내의 다른 토지 등 소유자의 재산권 등에 대한 침해가 필요 최소한도에 그쳤다고 할 것이고, 토지재산권의 공공성 및 주택재건축사업의 공익적 측면을 감안할 때 법익 균형성 역시 갖추었다고 할 것이다. 따라서 위 규정은 헌법상 행복추구권 내지 재산권을 침해하는 위헌적 규정이라고 볼 수 없다(**서울행정법원 2010. 8. 12. 선고 2010구합13838 판결**).

(2) 요건 및 내용

건축법 제57조제1항, 건축법시행령 제80조에 의하면, 건축물이 있는 대지는 주거지역 60㎡, 상업지역 150㎡, 공업지역 150㎡, 녹지지역 200㎡, 기타지역 60㎡ 이상의 범위에서 조례로 정하는 면적에 못 미치게 분할할 수 없도록 규정되어 있고, 서울시 건축조례나 인천시 건축조례에 의하면, 주거지역 90㎡, 상업지역 150㎡, 공업지역 200㎡, 녹지지역 200㎡, 기타지역 90㎡ 이상으로 하도록 규정되어 있다.

건축법에 의하면 건축물의 대지는 2m 이상 도로에 접하여야 하고(제44조), 건폐율 및 용적률의 최대한도는 국토계획법의 기준에 따라야 하고(제55,56조), 건축물은 건축선 및 인접 대지경계선으로부터 정해진 이격거리를 두어야 하고(제58조), 건축물의 높이제한규정을 따라야 하고(제60조), 일조권확보를 위한 높이제한 규정을 따라야 하는데(제61조), 건축법 제57조제2항에 의하면, 건축물이 있는 대지는 위 기준에 못 미치게 분할할 수 없도록 규정되어 있다.

그런데 정비사업 사업시행자 또는 추진위원회는 다음의 어느 하나에 해당하는 경우에는 그 주택단지 안의 일부 토지에 대하여 건축법령에도 불구하고 분할하려는 토지면적이 건축법 제57조에서 정하고 있는 면적에 미달되더라도 토지분할을 청구할 수 있다(제67조제1항).

- 주택법 제15조제1항(단독주택 30호 또는 공동주택 30세대 이상의 주택건설사업을 시행하려는 자는 사업계획승인권자에게 사업계획승인을 받아야 한다)에 따라 사업계획승인을 받

아 건설한 둘 이상의 건축물이 있는 주택단지에 재건축사업을 하는 경우

- 제35조제3항(재건축사업의 조합을 설립하려는 때에는 주택단지의 공동주택의 각 동별 구분소유자의 과반수 동의와 주택단지의 전체 구분소유자의 4분의 3 이상 및 토지면적의 4분의 3 이상의 토지소유자의 동의를 받아 시장·군수등의 인가를 받아야 한다)에 따른 조합설립의 동의요건을 충족시키기 위하여 필요한 경우

(3) 협의 및 소제기

사업시행자 또는 추진위원회는 토지분할 청구를 하는 때에는 토지분할의 대상이 되는 토지 및 그 위의 건축물과 관련된 토지등소유자와 협의하여야 한다.

사업시행자 또는 추진위원회는 토지분할의 협의가 성립되지 아니한 경우에는 법원에 토지분할을 청구할 수 있다. 토지분할 소송의 계속중에 조합설립인가가 나면 소송절차수계를 통하여 조합이 소송을 수계한다.

(4) 소제기 효과

시장·군수등은 법원에 토지분할이 청구된 경우에 분할되어 나가는 토지 및 그 위의 건축물이 다음의 요건을 충족하는 때에는 토지분할이 완료되지 아니하여 조합설립의 동의요건에 미달되더라도 분할되어 나갈 일부 토지를 제외하고 건축위원회의 심의를 거쳐 조합설립인가와 사업시행계획인가를 할 수 있다(제67조제4항, 령 제56조).

- 해당 토지 및 건축물과 관련된 토지등소유자의 수가 전체의 10분의 1 이하일 것
- 분할되어 나가는 토지 위의 건축물이 분할선 상에 위치하지 아니할 것
- 분할되어 나가는 토지가 건축법 제44조(건축물의 대지는 2미터 이상 도로에 접하여야 한다)에 적합할 것

(5) 새로운 조합설립동의서, 특별결의, 정관변경 불요

추진위원회가 조합설립을 위한 창립총회를 하고 토지등소유자로부터 조합설립동의서를 받은 뒤에, 토지분할 협의를 하고 토지분할소송을 제기한 경우, 추진위원회가 조합설립 인가신청을 하는 데 있어 토지분할을 전제로 한 새로운 창립총회를 개최하거나 토지등소유자로부터 토지분할을 전제로 한 새로운 조합설립동의서를 징구할 필요는 없다.

> D재건축조합설립추진위원회는 2008.11.8. 조합설립을 위한 창립총회를 개최하고, 그로부터 9개월간 토지등소유자의 조합설립동의를 받아, 2009.8.경 관할구청장에게 조합설립에 관한 사전 검토를 요청하였으나, 상가소유자 동의요건을 갖추기 어렵자 상가 부분의 토지분할을 위한 협의를 진행하였다. 추진위원회는 협의가 성립되지 아니하자 상가부분에 대한 토지분할청구소송을 제기한 뒤, 구청장으로부터 조합설립인가를 받았다. 이에 일부 주민이 구청장을 상대로 조합설립인가처분취소를 구하는 소송을 제기하면서 '2008.11.8. 창립총회와 그뒤 8개월간의 토지등소유자 동의는 상가 부분의 토지분할을 전제로 한 것이 아니어서, 적법하게 조합설립을 하려면 상가 부분의 토지분할을 전제로 한 창립총회를 다시 개최하여야 하고 토지등소유자 동의를 다시 얻어야 하므로 그러한 절차를 거치지 아니한 조합설립인가처분은 위법하다.'고 주장하였다. 조합은 피고보조참가하였다.
>
> 이에 대하여 대법원은 「주택단지 안의 일부 토지 및 그 위의 건축물과 관련된 토지 등 소유자의 반대 등으로 조합설립인가나 사업시행인가를 받지 못하여 그 밖에 다수의 토지 등 소유자들에게 피해가 발생하는 것을 방지하고 재건축사업을 원활하게 시행할 수 있도록 하기 위하여 마련된 특별규정이라고 할 것이므로, 이러한 입법 취지나 법원에 토지분할을 청구한 상태에서 바로 조합설립인가가 가능하도록 한 점 등에 비추어 보면, 법 제41조에 따라 조합설립인가를 하는 데 있어서는 그 제3항에 의한 토지분할이 청구되고 분할되어 나갈 토지 및 건축물과 관련된 토지 등 소유자의 수가 전체의 10분의 1 이하일 것 등 제4항이 정한 요건이 갖추어지면 되는 것이고, 특별한 사정이 없는 한 토지분할을 전제로 한 새로운 조합설립동의서나 특별결의, 정관 변경 등이 요구되는 것은 아니라고 할 것이다.」고 판시하였다(**대법원 2013. 12. 12. 선고 2011두12900 판결**).

6. 건축규제완화 등에 관한 특례

(1) 주거환경개선사업

① 국민주택채권 매입면제

공공이 건설하거나 공공자금으로 건설하는 주거전용면적이 1호 또는 1세대당 85㎡(수도권을 제외한 도시지역이 아닌 읍 또는 면 지역은 100㎡) 이하인 주택을 국민주택이라고 하고, 정부는 국민주택사업에 필요한 자금을 조달하기 위하여 기금의 부담으로 국민주택채권을 발행하는데, 다음의 어느 하나에 해당하는 자는 국민주택채권을 매입하도록 되어 있다(주택도시기금법 제8조).

- 국가 또는 지방자치단체로부터 면허·허가·인가를 받는 자
- 국가 또는 지방자치단체에 등기·등록을 신청하는 자
- 국가·지방자치단체 또는 공공기관과 건설공사의 도급계약을 체결하는 자

- 주택법에 따라 건설·공급하는 주택을 공급받는 자

이에 일반적으로 건축허가를 받은 때나 소유권보존등기나 소유권이전등기를 하는 때에는 국민주택채권을 매입하여야 하는데, 주거환경개선사업에 따른 건축허가를 받은 때와 소유권보존등기 또는 소유권이전등기를 하는 때에는 국민주택채권의 매입이 면제된다(제68조제1항). 다만 주거환경개선지구에서 국민주택채권 매입면제 규정은 처음 소유권등기시에만 적용되고 이후에 매매하는 경우에는 동일한 규정이 적용된다.

② 도시·군계획시설 기준완화

주거환경개선사업을 위한 정비구역에서의 도시·군계획시설의 결정·구조 및 설치의 기준 등 「도시·군계획시설의 결정·구조 및 설치기준에 관한 규칙」에 따르되, 시·도지사는 지역여건을 고려할 때 위 기준을 적용하는 것이 곤란하다고 인정하는 경우에는 시·도도시계획위원회의 심의를 거쳐 그 기준을 완화할 수 있다.

③ 건축법 관련 기준완화

사업시행자는 주거환경개선구역에서 다음의 어느 하나에 해당하는 사항은 시·도조례로 정하는 바에 따라 기준을 따로 정할 수 있다.

- 건축법 제44조에 따른 대지와 도로의 관계(소방활동에 지장이 없는 경우로 한정한다)
- 건축법 제60조 및 제61조에 따른 건축물의 높이 제한(사업시행자가 공동주택을 건설·공급하는 경우로 한정한다)

(2) 긴급시행 재건축사업

천재지변, 「재난 및 안전관리 기본법」 제27조 또는 「시설물의 안전 및 유지관리에 관한 특별법」 제23조에 따른 사용제한·사용금지, 그 밖의 불가피한 사유로 긴급하게 정비사업을 시행할 필요가 있다고 인정되어, 시장·군수등이 공공시행자나 지정개발자를 사업시행자로 지정하여 재건축사업을 시행할 때, 사업시행자는 재건축사업을 시행하는 정비구역에서 다음의 어느 하나에 해당하는 사항에 대하여 대통령령으로 정하는 범위에서 건축법 제72조제2항에 따른 지방건축위원회의 심의를 거쳐 그 기준을 완화받을 수 있다(제68조제4항).

- 건축법 제42조에 따른 대지의 조경기준
- 건축법 제55조에 따른 건폐율의 산정기준

- 건축법 제58조에 따른 대지 안의 공지 기준
- 건축법 제60조 및 제61조에 따른 건축물의 높이 제한
- 주택법 제35조제1항제3호 및 제4호에 따른 부대시설 및 복리시설의 설치기준
- 기타 긴급시행 재건축사업의 원활한 시행을 위하여 대통령령으로 정하는 사항

"대통령령으로 정하는 범위"란 다음을 말한다(령 제57조).

- 건축법 제55조에 따른 건폐율 산정 시 주차장 부분의 면적은 건축면적에서 제외할 수 있다.
- 건축법 제58조에 따른 대지 안의 공지 기준은 2분의 1 범위에서 완화할 수 있다.
- 건축법 제60조에 따른 건축물의 높이 제한 기준은 2분의 1 범위에서 완화할 수 있다.
- 건축법 제61조제2항제1호에 따른 건축물(7층 이하의 건축물에 한정한다)의 높이 제한 기준은 2분의 1의 범위에서 완화할 수 있다.
- 주택법 제35조제1항제3호 및 제4호에 따른 부대시설 및 복리시설의 설치기준은 다음 각 목의 범위에서 완화할 수 있다.
  - 주택법 제2조제14호에 따른 어린이놀이터를 설치하는 경우에는 주택건설기준등에관한규정 제55조의2제7항제2호다목을 적용하지 아니할 수 있다.
  - 주택법 제2조제14호에 따른 복리시설을 설치하는 경우에는 주택법 제35조제1항제4호에 따른 복리시설별 설치기준에도 불구하고 설치대상 복리시설(어린이놀이터는 제외한다)의 면적의 합계 범위에서 필요한 복리시설을 설치할 수 있다.

7. 다른 법령의 적용 및 배제

(1) 주거환경개선구역의 경우 주거지역 결정·고시 간주

① 국토계획법에 의하면 주거지역은 다음과 같이 세분되어 있다.

- 제1종전용주거지역 : 단독주택 중심의 양호한 주거환경을 보호하기 위하여 필요한 지역
- 제2종전용주거지역 : 공동주택 중심의 양호한 주거환경을 보호하기 위하여 필요한 지역
- 제1종일반주거지역 : 저층주택을 중심으로 편리한 주거환경을 조성하기 위하여

필요한 지역

- 제2종일반주거지역 : 중층주택을 중심으로 편리한 주거환경을 조성하기 위하여 필요한 지역
- 제3종일반주거지역 : 중고층주택을 중심으로 편리한 주거환경을 조성하기 위하여 필요한 지역
- 준주거지역 : 주거기능을 위주로 이를 지원하는 일부 상업기능 및 업무기능을 보완하기 위하여 필요한 지역

② 주거환경개선구역은 해당 정비구역의 지정·고시가 있은 날부터 주거지역을 세분하여 정하는 지역 중 다음 지역으로 결정·고시된 것으로 본다(제69조제1항본문, 령 제58조).

- 사업시행자가 정비구역에서 정비기반시설 및 공동이용시설을 새로 설치하거나 확대하고 토지등소유자가 스스로 주택을 보전·정비하거나 개량하는 방법 또는 사업시행자가 환지로 공급하는 방법으로 주거환경개선사업이 시행되는 경우 : 제2종일반주거지역(주거환경개선사업의 용도지역에 관한 이 부분 개정규정은 2018.2.8. 이후 주거환경개선사업의 정비구역이 지정되는 경우부터 적용된다. 령 부칙제5조)
- 사업시행자가 정비구역의 전부 또는 일부를 수용하여 주택을 건설한 후 토지등소유자에게 우선 공급하거나 대지를 토지등소유자 또는 토지등소유자 외의 자에게 공급하는 방법 또는 사업시행자가 정비구역에서 인가받은 관리처분계획에 따라 주택 및 부대시설·복리시설을 건설하여 공급하는 방법으로 주거환경개선사업이 시행되는 경우 : 제3종일반주거지역, 다만 공공지원민간임대주택 또는 공공주택특별법 제2조제1호의2에 따른 공공건설임대주택을 200세대 이상 공급하려는 경우로서 해당 임대주택의 건설지역을 포함하여 정비계획에서 따로 정하는 구역은 준주거지역으로 한다.

③ 다만 다음의 어느 하나에 해당하는 경우에는 그러하지 아니하다(제69조제1항단서).

- 해당 정비구역이 개발제한구역의지정및관리에관한특별조치법 제3조제1항에 따라 결정된 개발제한구역인 경우
- 시장·군수등이 주거환경개선사업을 위하여 필요하다고 인정하여 해당 정비구역의 일부분을 종전 용도지역으로 그대로 유지하거나 동일면적의 범위에서 위치를 변경하는 내용으로 정비계획을 수립한 경우

- 시장·군수등이 국토계획법에 따른 주거지역을 세분 또는 변경하는 계획과 용적률에 관한 사항을 포함하는 정비계획을 수립한 경우

(2) 환지방법사업의 경우 도시개발법 환지 규정 준용

도시개발법에 의하면, 시·도지사 및 대도시 시장은 계획적인 도시개발이 필요하다고 인정되는 때에 도시개발계획을 수립하고, 도시개발구역을 지정·고시하고, 공공기관, 지방공사, 토지소유자(국공유지를 제외한 토지면적의 2/3 이상을 소유한 자)나 도시개발조합 등을 시행자로 지정하여 도시개발사업(도시개발구역에서 주거, 상업, 산업, 유통, 정보통신, 생태, 문화, 보건 및 복지 등의 기능이 있는 단지 또는 시가지를 조성하기 위하여 시행하는 사업)을 시행하도록 한다.

도시개발사업은 시행자가 토지등을 수용 또는 사용하는 방식이나 환지방법 또는 이를 혼용하는 방식으로 시행하는데, 환지 방식에 의하여 사업을 시행할 경우 시행자는 환지계획을 작성하고(제28조), 행정청으로부터 환지계획의 인가를 받고(제29조), 토지소유자가 신청하거나 동의하면 해당토지 전부나 일부에 대하여 환지를 정하지 아니할 수 있고(제30조), 과소 토지가 되지 아니하도록 면적을 늘려 환지를 정하거나 환지 대상에서 제외할 수 있고, 과다 토지는 면적을 줄여서 환지할 수 있고(제31조), 필요한 경우 신청을 받아 건축물 일부와 그 건축물이 있는 토지의 공유지분을 부여하는 입체환지를 할 수 있고(제32조), 일정한 경우 투기억제를 위하여 금전청산하거나 환지지정을 제한할 수 있고(제32조의2), 입체환지로 건설된 건축물을 환지계획에 따라 환지신청자에게 공급하여야 하고(제32조의3), 공익사업에 대하여는 환지계획의 기준을 적용하지 아니할 수 있고(제33조), 일정한 토지는 환지를 정하지 아니하고 보류지로 정할 수 있고, 체비지로 정하여 경비에 충당할 수 있고(제34조), 필요할 경우 도시개발구역토지에 대하여 환지예정지를 지정할 수 있고(제35조), 환지예정지가 지정되면 종전의 토지는 사용수익할 수 없고(제36조), 환지를 정하지 아니하기로 결정된 토지소유자나 임차인에게 날짜를 정하여 사용수익을 정지할 수 있고(제37조), 환지예정지를 지정하거나 날짜를 정하여 사용수익을 정지시킬 경우 건축물, 장애물을 이전하거나 제거할 수 있고(제38조), 환지예정지 지정이나 수용수익 정지처분된 토지는 시행자가 관리하고(제39조), 시행자는 도시개발사업에 관한 공사를 끝낸 경우 공고·공람하여 이해관계인 의견청취절차를 거친 뒤 준공검사를 받아 환지처분을 하고(제40조), 과부족을 금전으로 청산하여야 하고(제41

조), 환지는 환지처분이 공고된 다음날부터 종전의 토지로 보며, 환지를 정하지 아니한 종전토지상 권리는 환지처분이 공고된 날 소멸하고(제42조), 환지처분 공고 후 14일 이내에 등기촉탁을 하여야 하고(제43조), 체비지나 보류지는 합리적으로 처분하거나 관리하여야 하고(제44조), 사업시행으로 토지가액이 줄어든 경우 감가보상금을 지급하여야 하고(제45조), 확정된 청산금은 징수·교부하고(제46조), 청산금 징수권리의 소멸시효는 5년이고(제47조), 임차인 등은 도시개발사업으로 임대료 등이 불합리하게 된 경우 그 증감을 청구할 수 있고(제48조), 도시개발사업으로 임차권 등을 설정한 목적을 달성할 수 없게 되면 계약을 해지할 수 있다(제49조).

정비사업과 관련된 환지에 관하여는 도시개발법 제28조부터 제49조까지의 규정을 준용한다(제69조제2항).

(3) 주거환경개선사업의 경우 이주대책비용부담 규정 적용배제

토지보상법에 의하면 공익사업의 시행자는 공익사업으로 주거지를 상실하게 되는 이주대책대상자를 위하여 이주대책을 수립하거나 이주정착금을 지급하여야 하고, 이주대책의 내용에는 이주정착지에 대한 도로, 급수시설, 배수시설, 그 밖의 공공시설 등 통상적 수준의 생활기본시설이 필요하며 이에 필요한 비용은 원칙적으로 사업시행자가 부담하고, 지방자치단체가 비용 일부를 보조하는 것으로 규정되어 있다.

그런데 주거환경개선사업의 경우에는 도시저소득주민이 집단으로 거주하는 지역에서 시장·군수등이 주도하여 공익의 목적으로 시행하는 사업인 점을 감안하여 토지보상법의 위 규정을 적용하지 아니한다(제69조제3항).

8. 지상권 등 계약의 해지

(1) 해지할 수 있는 권리

정비사업의 시행으로 지상권·전세권 또는 임차권의 설정 목적을 달성할 수 없는 때에는 그 권리자는 계약을 해지할 수 있다(제70조제1항).

(2) 금전반환의무

계약을 해지할 수 있는 자가 가지는 전세금·보증금, 그 밖의 계약상의 금전의 반환청구권은 사업시행자에게 행사할 수 있다(제70조제2항). 다만 임차권자가 사업시행자를 상대로 보증금반환청구를 하려면 임차권자가 임대인인 토지등소유자에 대하여 보증금반환채권을 가지는 경우라야 한다.

> 주택재건축정비조합의 관리처분계획이 인가되어 고시되자, 조합이 제49조제6항본문에 의하여 임차인들을 상대로 인도청구소송을 하자, 임차인들이 제44조제1항제2항에 의하여 임대차계약을 해지하고 임대차보증금을 반환받을 때까지 인도청구에 응할 수 없다고 주장한 사안에서, 대법원은 「① 도시정비법 제44조제3항은 임차권자에게 보증금을 반환한 사업시행자의 토지등소유자에 대한 구상권의 법적 근거가 되는 규정이므로, 위 조항에 따라 사업시행자가 토지등소유자에게 구상권을 행사하려면 토지등소유자에게 임차권자에 대한 보증금반환채무가 있음을 전제로 하는 점, ② 도시정비법 제44조제4항 또한 마찬가지로 토지등소유자의 임차권자에 대한 보증금반환채무 등을 전제로 한 규정이라고 볼 수 있는 점, ③ 토지등소유자에게 대항할 수 없는 무단 전차인 등의 경우까지 도시정비법 제44조제2항에 기하여 사업시행자를 상대로 보증금 등 반환을 구할 수 있다고 본다면, 다른 법률관계에서는 임대차계약상 그 임대인을 상대로 한 보증금반환채권을 갖는 데 불과한 무단 전차인 등이 '정비사업의 시행'이라는 우연한 사정에 기하여 임대인의 자력과 무관하게 보증금을 반환받게 되는 점, ④ 이러한 결과는 주택임대차보호법 등에 정한 임차권 보호의 취지와 부합하지 아니할 뿐 아니라, 사업시행자로 하여금 임대인의 무자력 등으로 구상을 하지 못할 위험까지 부담하도록 하는 것이어서 정비사업의 원활한 진행이라는 도시정비법 제44조제1항,제2항의 입법 취지에도 어긋나는 점 등에 비추어 보면, 도시정비법 제44조제1항,제2항에 따라 임차권자가 사업시행지를 상대로 보증금 등의 반환을 구하려면, 임차권자가 토지등소유자에 대하여 보증금반환채권을 가지는 경우라야 한다.」고 판시하였다(**대법원 2014. 7. 24. 선고 2012다62561 판결**).

임차인이 재개발조합으로부터 인도소송을 제기당하자 소송계속 중 임차권등기를 마친 다음 이사하였더라도 임차인은 조합에게 보증금반환청구권을 행사할 수 있다. 이러한 경우 임차인이 정비사업의 시행으로 임차권의 목적을 달성할 수 없게 되어 임대차계약을 해지한 것으로 보아야 하기 때문에, 이미 인도가 이루어졌다고 하더라도 조합에게 보증금반환을 구할 수 있다.

(3) 구상권 및 압류

임차권자 등의 금전 반환청구권의 행사로 해당 금전을 지급한 사업시행자는 해당 토지등소유자에게 구상할 수 있다. 사업시행자는 구상이 되지 아니하는 때에는 해당 토지등소유자에게 귀속될 대지 또는 건축물을 압류할 수 있다. 이 경우 압류한 권리는 저당권과 동일한 효력을 가진다(제70조제3항,제4항).

(4) 기간보호규정 적용배제

지상권의 최소 존속기간은 견고한 건물 30년, 일반 건물 15년, 건물이외 공작물 5년이고(민법 제280조), 존속기간을 정하지 아니한 지상권은 최소 존속기간으로 간주하고(민법 제281조), 건물에 대한 전세권의 최소 존속기간은 1년이고(민법 제312조제2항), 주택임대차의 최소 임대차기간은 2년이고(주택임대차보호법 제4조제1항), 상가건물임대차의 최소 임대차기간은 1년이다(상가건물임대차보호법 제9조제1항).

그러나 정비사업에 관한 관리처분계획의 인가를 받은 경우 지상권·전세권설정계약 또는 임대차계약의 최소 기간을 정한 위 규정은 적용하지 아니한다(제70조제5항).

9. 소유자확인불능물·조합원전체소유물에 대한 처분

(1) 소유자확인곤란물건

① 감정평가액공탁

사업시행자는 다음에서 정하는 날 현재 건축물 또는 토지의 소유자의 소재 확인이 현저히 곤란한 때에는 전국적으로 배포되는 둘 이상의 일간신문에 2회 이상 공고하고, 공고한 날부터 30일 이상이 지난 때에는 그 소유자의 해당 건축물 또는 토지의 감정평가액에 해당하는 금액을 법원에 공탁하고 정비사업을 시행할 수 있다(제71조제1항).

- 조합이 재개발·재건축사업을 시행하는 경우에는 조합설립인가일
- 토지등소유자가 20인 미만으로 조합을 설립하지 아니하고 토지등소유자가 시행하는 재개발사업의 경우에는 사업시행계획인가일
- 시장·군수등이 공공시행자 방식, 즉 시장·군수등이 직접 혹은 토지주택공사등을 사업시행자로 지정하여 재개발·재건축사업을 시행하는 경우에는 대통령령이 정하는 사항(정비사업 종류·명칭, 사업시행자 성명·주소, 정비구역 위치·면적, 정비사업 착수·준공예정일)에 대한 공보 고시일
- 시장·군수등이 지정개발자 방식, 즉 지정개발자를 사업시행자로 지정하여 재개발·재건축사업을 시행하는 경우에는 대통령령이 정하는 사항에 대한 공보 고시일

② 감정평가방법

소유자확인곤란물건에 대한 공탁금을 결정하기 위한 토지 또는 건축물의 감정평가는 다음 감정평가업자가 평가한 금액을 산술평균하여 산정한다.

- 주거환경개선사업 또는 재개발사업 : 시장·군수등이 선정·계약한 2인 이상의 감정평가업자
- 재건축사업 : 시장·군수등이 선정·계약한 1인 이상의 감정평가업자와 조합총회의 의결로 선정·계약한 1인 이상의 감정평가업자

(2) 조합원전체공동소유물

재건축사업을 시행하는 경우 조합설립인가일 현재 조합원 전체의 공동소유인 토지 또는 건축물은 조합 소유의 토지 또는 건축물로 본다(제71조제2항). 조합 소유로 보는 토지 또는 건축물의 처분에 관한 사항은 관리처분계획에 명시하여야 한다.

Ⅰ제8장Ⅰ 관리처분계획

1. 분양공고 및 분양신청

(1) 분양신청통지·공고시기

정비사업의 사업시행자는 사업시행계획인가의 고시가 있은 날(사업시행계획인가 이후 시공자를 선정한 경우에는 시공자와 계약을 체결한 날)부터 120일 이내에 분양에 관한 소정의 사항을 토지등소유자에게 통지하고, 일간신문에 공고하여야 한다. 다만, 토지등소유자 1인이 시행하는 재개발사업의 경우에는 그러하지 아니하다(제72조제1항).

정비사업은 조합설립인가를 받고 총회에서 시공사로 선정하고 시공자와 공사계약을 체결한 다음 사업시행계획인가를 받는 경우도 있고, 시공자를 선정하였으나 공사계약을 체결하지 못한 상태에서 사업시행인가를 받는 경우도 있으며, 사업시행계획인가를 받은 이후에 시공자를 선정하여 시공자와 공사계약을 체결하는 경우도 있다.

분양신청통지 및 공고는 원칙적으로 사업시행인가의 고시가 있은 날부터 120일 이내에 실시하되, 사업시행인가 이후 시공자를 선정한 경우에만 예외적으로 시공자와 공사계약을 체결한 날부터 120일 이내에 실시하도록 규정하고 있어서 사업시행인가 전에 시공자를 선정한 경우에는 비록 선정된 시공자와 공사계약을 체결하지 못한 경우라 할지라도 사업시행자는 사업시행인가의 고시가 있은 날부터 120일 이내에 통지 및 일간신문 공고를 해야 한다.

종전법은 분양공고시 개략적인 부담금내역만을 통지하도록 하고 있어, 종전자산평가 결과와 개인별 분담금을 알지 못한 채 분양신청여부를 결정하도록 되어 있어 다수의 분쟁이 발생하였다. 개략적인 부담금 내역만을 알려주고 분양신청을 사실상 강제하는 규정은 개인의 의사결정의 자유와 재산권행사의 자유를 침해하는 위헌의 의심이 든다는 견해도 있었다. 이에 개정법은 조합원 분양공고 전에 사업시행계획인가 고시일을 기준으로 종전자산에 대한 감정평가를 하여 종전자산가격과 개인별 분담금 추산액을 알려주도록 하였다. 다만 개정법은 감정평가 기간을 감안하여 분양공고 시기를 종전 사업시행인가 후 60일을 120일로 연장하고, 종전자산가격과 분양대상자별 분담금 추산액을 통지하도록 하였다. 이 부분 개정규정은 개정법 시행 후 최초로 사업시행계획인가를 신청하는 경우부터 적용한다(부칙 제17조).

(2) 분양신청통지·공고사항

① 통지사항

다음 각 사항을 토지등소유자에게 통지하여야 한다. 개정법은 토지등소유자에게 분양신청 공고 전에 종전자산평가 결과와 분양대상자별 분담금 추산액을 알려주도록 하였다(제72조제1항).

- 분양대상자별 종전의 토지 또는 건축물의 명세 및 사업시행계획인가의 고시가 있은 날을 기준으로 한 가격(기존 건축물의 붕괴 등 안전사고의 우려가 있거나, 폐공가 밀집으로 범죄발생의 우려가 있어 사업시행계획인가 전에 기존건축물 소유자의 동의 및 시장·군수등의 허가를 받아 철거된 건축물은 시장·군수등에게 허가를 받은 날을 기준으로 한 가격)
- 분양대상자별 분담금의 추산액
- 분양신청기간
- 그 밖에 대통령령으로 정하는 사항

"대통령령으로 정하는 사항"은 다음과 같다(령 제59조제1항).

- 사업시행인가의 내용
- 정비사업의 종류·명칭 및 정비구역의 위치·면적
- 분양신청기간 및 장소
- 분양대상 대지 또는 건축물의 내역
- 분양신청자격
- 분양신청방법
- 토지등소유자외의 권리자의 권리신고방법
- 분양을 신청하지 아니한 자에 대한 조치
- 그 밖에 시·도조례로 정하는 사항

"그 밖에 시·도 조례로 정하는 사항"이란 다음과 같다(서울시 조례 제32조제1항).

- 재분양공고 안내

- 보류지 분양처분 내용

② 공고사항

분양의 대상이 되는 대지 또는 건축물의 내역 등 다음 사항을 해당 지역에 발간되는 일간신문에 공고하여야 한다(제72조제1항, 령 제59조제2항).

- 사업시행인가의 내용
- 정비사업의 종류·명칭 및 정비구역의 위치·면적
- 분양신청기간 및 장소
- 분양대상 대지 또는 건축물의 내역
- 분양신청자격
- 분양신청방법
- 분양을 신청하지 아니한 자에 대한 조치
- 분양신청서
- 그 밖에 시·도조례로 정하는 사항

"그 밖에 시·도 조례로 정하는 사항"이란 다음과 같다(서울시 조례 제32조제2항).

- 분양신청 안내문
- 철거 및 이주 예정일

③ 통지위반의 효력

통지를 받지 않은 자가 분양신청을 하지 않아 현금청산자로 정한 경우, 이를 기초로 수립된 관리처분계획중 현금청산자로 정한 부분은 위법하다.

도시정비법 제46조 제1항에서 정한 분양신청기간의 통지 등 절차는 재개발구역 내의 토지 등 소유자에게 분양신청의 기회를 보장해 주기 위한 것으로서 도시정비법 제48조 제1항에 의한 관리처분계획을 수립하기 위해서는 반드시 거쳐야 할 필요적 절차이고, 사업시행자인 재개발조합이 분양신청 통지를 함에 있어서는 도시정비법 및 그 위임에 의하여 정해진 재개발조합의 정관 규정에 따라 통지 등 절차가 이루어져야 할 것이므로, 이러한 통지 등 절차를 제대로 거치지 않고 이루어진 관리처분계획은 위법하다. 조합이 통지를 하였더라도 주거지가 아닌 곳으로 발송되었거나 수령권한 없는 자가 수령하였다면 통지절차를 제대로 이행하지 않았다 할 것이어서, 통지를 받지 않은 자가 분양신청기간내에 분양신청을 하지 않은 경우 이를 현금청산자로 정하였다면, 관리처분계획중 현금청산자로 정한 부분은 위법하다(**대법원 2011. 1. 27. 선고 2008두14340 판결, 대법원 2016. 2. 18. 선고 2015두2048 판결**).

(3) 분양신청기간

분양신청기간은 토지등소유자에게 분양신청통지한 날부터 30일 이상 60일 이내로 하여야 한다. 다만, 사업시행자는 관리처분계획 수립에 지장이 없다고 판단하는 경우에는 분양신청기간을 20일의 범위에서 한 차례만 연장할 수 있다(제72조제2항).

(4) 분양신청방법절차

대지 또는 건축물에 대한 분양을 받으려는 토지등소유자는 분양신청기간에 사업시행자에게 대지 또는 건축물에 대한 분양신청을 하여야 하는데, 분양신청을 하려는 자는 분양신청서에 소유권의 내역을 명기하고, 그 소유의 토지 및 건축물에 관한 등기부등본 또는 환지예정지증명원을 첨부하여 사업시행자에게 제출하여야 한다. 이 경우 우편의 방법으로 분양신청을 하는 때에는 분양신청기간 내에 발송된 것임을 증명할 수 있는 우편으로 하여야 한다(제72조제3항, 제59조제3항).

분양신청을 하고자 하는 자는 분양신청서에 다음 각 서류를 첨부하여야 한다(서울시 조례 제32조제3항).

- 종전의 토지 또는 건축물에 관한 소유권의 내역
- 분양신청권리를 증명할 수 있는 서류
- 조례에 따른 정관등에서 분양신청자격을 특별히 정한 경우 그 자격을 증명할 수 있는 서류
- 분양예정 대지 또는 건축물 중 관리처분계획기준의 범위 안에서 희망하는 대상·규모에 관한 의견서

재개발사업의 경우 토지등소유자가 정비사업에 제공되는 종전의 토지 또는 건축물에 의하여 분양받을 수 있는 것 외에 공사비 등 사업시행에 필요한 비용의 일부를 부담하고 그 대지 및 건축물(주택을 제외한다)을 분양받으려는 때에는 분양신청을 하는 때에 그 의사를 분명히 하고, 그가 종전에 소유하던 토지 또는 건축물의 개략적인 평가액의 10퍼센트에 상당하는 금액을 사업시행자에게 납입하여야 한다. 이 경우 그 금액은 납입하였으나 토지등소유자가 부담하는 비용부담액을 정하여진 시기에 납입하지 아니한 자는 그 납입한 금액의 비율에 해당하는 만큼의 대지 및 건축물(주택을 제외한다)에 한하여 분양을 받을 수 있다(령 제59조제4항).

분양신청서를 받은 사업시행자는 전자정부법 제36조제1항에 따른 행정정보의 공동이용을 통하여 첨부서류를 확인할 수 있는 경우에는 그 확인으로 첨부서류를 갈음하여야 한다.

(5) 재분양공고

① 세대수 또는 주택규모 변경에 따른 재공고

사업시행자는 분양신청기간 종료 후 사업시행계획인가의 변경(경미한 사항의 변경은 제외한다)으로 세대수 또는 주택규모가 달라지는 경우 분양공고 등의 절차를 다시 거칠 수 있다(제72조제4항). 사업시행변경인가를 통해 아파트가 세대수 또는 주택규모가 달라지는 경우에는 분쟁의 소지가 많았고, 법원에서는 세대수 변경은 경미한 변경으로 보지 않는 경우가 많아서 세대수가 변경되면 대부분 조합원 재분양을 하는 추세였다. 개정법은 사업시행계획인가의 변경인가로 세대수·주택규모가 달리진 경우에는 예외적으로 재분양신청을 허용하는 명문규정을 마련하였다.

경미한 사항의 변경에 해당하지 않는 전체 세대수 및 주택공급면적의 변경은 조합원의 분담금 규모에 영향을 미치게 되고, 조합원의 분담금이 증액되는지 아니면 감액되는지 여부는 조합원들이 종전에 분양을 받은 주택을 취득할 수 있는 권리를 유지할지 여부를 정하는 핵심사항이 되어 조합원들의 권리의무에 본질적인 영향을 미치게 되는데, 이 같은 중요한 사항이 변경된 경우에는 변경된 사업시행계획 하에서 조합원들의 주택을 취득할 수 있는 권리 유지 여부와 같은 재산권 행사에 대한 의사표시 절차가 필요하므로, 사업시행자는 변경된 사업시행계획에 따라 다시 분양공고 및 분양신청절차를 이행하여 관리처분계획을 변경해야 한다.

② 미신청자·철회자에 대한 재공고

사업시행자는 정관등으로 정하고 있거나 총회의 의결을 거친 경우 분양신청기간 종료 후 분양공고 등의 절차를 거쳐 분양신청을 다시 하게 할 수 있는데, 이 경우 분양신청기간에 분양신청을 하지 아니하거나, 분양신청기간에 분양신청을 하였다가 분양신청기간 종료 이전에 분양신청을 철회한 토지등소유자를 대상으로 한다.

(6) 투기과열지구 분양신청제한

투지과열지구 내 정비사업에서 일반분양 또는 조합원분양에 당첨된 자는 분양대상자 선정일(조합원 분양분의 분양대상자는 최초 관리처분계획 인가일을 말한다)로부터 5년 이내에 투기과열지구 내 정비사업의 조합원분양 신청을 할 수 없다. 다만, 상속, 결혼, 이혼으로 조합원 자격을 취득한 경우에는 분양신청을 할 수 있다(제72조제6항).

제72조제6항은 2017.10.24. 법률 제14943호로 개정되면서 신설되었고, 이 부분 개정규정은 2018.2.9.부터 시행되었는데, 시행 전에 투기과열지구의 토지등소유자는 종전의 규정을 적용한다. 다만 '토지등소유자와 그 세대에 속하는 자가 시행 후 투기과열지구의 정비사업구역에 소재한 토지 또는 건축물을 취득하여 해당 정비사업의 관리처분계획에 따라 같은 조합원 분양분(임대관리 위탁주택에 관한 내용 포함)의 분양대상자로 선정된 경우' 및 '토지등소유자와 그 세대에 속하는 자가 시행 후 투기과열지구의 정비사업의 관리처분계획에 따라 임대주택의 분양대상자로 선정된 경우'에는 그러하지 아니하다(부칙 제37조의2).

2. 현금청산대상자에 대한 조치

(1) 현금청산대상자

① 제73조제1항에 규정된 자

- 분양신청을 하지 아니한 자
- 분양신청기간 종료 이전에 분양신청을 철회한 자
- 투기과열지구내 5년내 조합원 분양신청 제한 규정에 따라 분양신청을 할 수 없는 자(이 부분 개정규정은 개정법 시행 후 최초로 관리처분계획인가를 신청하는 경우부터 적용한다. 부칙 제18조)
- 인가된 관리처분계획에 따라 분양대상에서 제외된 자

인가된 관리처분계획에 따라 분양대상에서 제외된 자라 함은 토지등소유자 중에서 분양신청을 하였으나, 관리처분계획 내용의 기준 중 하나인 '너무 좁은 토지 또는 건축물이나 정비구역 지정 후 분할된 토지를 취득한 자에게는 현금으로 청산할 수 있다.'는 규정, 관리처분계획의 수립 기준 중 하나인 '정비구역의 토지등소유자에게 분양하되, 공동주택을 분양하는 경우 시·도 조례로 정하는 금액·규모·취득 시기 또는 유형에 대한 기준에 부합하지 아니하는 토지등소유자는 시·도 조례로 정하는 바에 의하여 분양대상에서 제외할 수 있다.'는 규정에 따라 토지등소유자의 의사에 반하여 관리처분계획 수립시 분양대상자에서 제외된 자를 의미한다.

주택재개발정비사업조합의 사업구역 내에는 토지 및 건축물을 소유한 교회가 존재하고, 정비구역에는 종교부지를 조성하도록 정비계획이 수립되어 있었는데, 조합은 사업시행인가를 받은 뒤 정비구역 내 토지등소유자들로부터 공동주택과 상가에 대한 분양신청을 받았는데, 교회에 대해서는 분양신청기간의 통지 등 분양신청을 할 수 있는 기회를 부여하지 않았고, 토지등소유자들의 분양신청현황을 기초로 하여 교회를 청산대상자로 하는 관리처분계획을 수립한 후 조합원 총회의 결의를 거쳐 구청장으로부터 관리처분계획인가를 받았다.

이에 교회는 정비구역 내 토지 및 건축물의 소유자인 자신들에게 분양신청의 기회조차 부여하지 않은 채 청산대상자로 분류한 관리처분계획은 위법하다며 관리처분계획의 취소를 구하는 소송을 제기하였고, 조합은 조합은 정비기반시설이 열악하고 노후·불량건축물이 밀집한 지역에서 주거환경을 개선하려는 목적으로 시행하는 주택재개발정비사업의 특성상 주택이나 상가가 아닌 건축물의 소유자인 교회에는 분양신청의 기회를 부여하지 않은 것에 절차상 하자가 없고, 청산대상자에 불과한 교회는 관리처분계획의 취소를 구할 법률상 이익이 없다고 다투었다.

이에 대하여 서울행정법원은 "도시정비법 제48조에 따라 인가된 관리처분계획에 따라 분양대상자에게 제외된 자라 함은 토지 등 소유자 중에서 분양신청을 하였으니 같은 법 제48조 제2항 제3호, 제7항, 같은 법 시행령 제52조 제1항 제3호 등의 기준에 따라 그 의사에 반하여 관리처분계획 수립 시 분양대상자에서 제외된 자를 의미한다 할 것이고, 같은 법 제46조 제1항은 대지 또는 건축물에 대한 분양을 받을 수 있는 자를 '토지 등 소유자'로 정하고 있을 뿐 교회와 같이 주택이나 상가 등이 아닌 특수한 건축물을 소유한 토지 등 소유자를 제외하고 있지 않다. 따라서 교회에 대한 분양신청 절차에 주택이나 상가 등 소유자와 다른 특수성이 존재한다는 사정만으로 조합이 교회에게 분양신청의 기회를 부여하지 않은 채 관리처분계획에 따라 교회를 분양대상에서 제외할 수는 없다고 보아야 한다"며 교회가 인가된 관리처분계획의 취소를 구할 법률상 이익이 있다고 판단하였다.

또한 "도시정비법 제46조 제1항에서 정한 분양신청기간의 통지 등 절차는 재개발구역 내의 토지 등 소유자에게 분양신청의 기회를 보장해 주기 위한 것으로서 도시정비법 제48조 제1항에 의한 관리처분계획을 수립하기 위해서는 반드시 거쳐야 할 필요적 절차이고, 사업시행자인 재개발조합이 분양신청 통지를 함에 있어서는 도시정비법 및 그 위임에 의하여 정해진 재개발조합의 정관 규정에 따라 통지 등 절차가 이루어져야 할 것이어서, 이러한 통지 등 절차를 제대로 거치지 않고 이루어진 관리처분계획은 위법하므로 교회에 분양신청기간 등을 통지하는 등의 분양신청 절차를 전혀 거치지 않고 현금청산대상자로 정한 관리처분계획 중 교회에 관한 부분은 위법하므로 취소되어야 한다"고 판시하였다(**서울행정법원 2016. 4. 22. 선고 2015구합59679 판결**).

정비구역 내 정비계획 및 사업시행계획상 종교부지의 조성이 예정되어 있다면, 조합은 사업구역내에 있는 교회에 분양신청의 기회를 제공하고, 분양신청을 하는 경우 종교부지를 공급하는 것으로 관리처분계획을 수립하여야 하며, 교회가 분양신청을 하지 않을 경우에만 현금청산대상자로 분류하여 현금청산절차를 거쳐야 한다.

② 분양계약체결기간내에 분양계약미체결자

재개발·재건축 표준정관에는 다음과 같은 규정이 있다.

> **제44조(분양신청 등)** ④ 조합은 조합원이 다음 각호의 1에 해당하는 경우에는 그 해당하게 된 날부터 150일 이내에 건축물 또는 그 밖의 권리에 대하여 현금으로 청산 한다. 그 금액은 시장·군수가 추천하는 감정평가업자 2 이상이 평가한 금액을 산술평균하여 산정한다.
> 1. 분양신청을 하지 아니한 자
> 2. 분양신청을 철회한 자
> 3. 인가된 관리처분계획에 의하여 분양대상에서 제외된 자
>
> ⑤ 조합원은 관리처분계획인가 후 ○일 이내에 분양계약체결을 하여야 하며 분양계약체결을 하지 않는 경우 제4항의 규정을 준용한다.

이에 따라 분양신청기간 내에 분양신청을 하였다가 분양계약기간에 분양계약을 체결하지 아니한 조합원은 현금청산대상자로 된다. 분양신청기간 내에 분양신청을 하였다가 분양신청기간 종료 후 사업시행자에게 분양신청을 철회하는 등으로 분양계약의 체결의사가 없음을 명백히 표시하고 사업시행자가 이에 동의하는 경우 추가로 현금청산대상자가 될 수 있다.

> 도시정비법에 따라 설립된 정비사업조합의 정관이나 관리처분계획에서 조합이 조합원들에게 '분양신청 기간 종료 후 일정한 기간 내에 분양계약을 체결할 것'을 요구하면서 '그 기간 내에 분양계약을 체결하지 않으면 그 권리를 현금으로 청산한다'고 정한 경우, 이는 사업시행자가 조합원이었던 토지 등 소유자에게 해당 기간에 분양계약의 체결을 거절하는 방법으로 사업에서 이탈할 수 있는 기회를 추가로 부여한 것이다. 위와 같은 내용을 정한 정관이나 관리처분계획은 조합이 조합원들에게 분양계약 체결을 요구하는데도 분양계약 체결 의무를 위반하여 분양계약을 체결하지 않은 조합원을 현금청산대상자로 한다는 의미로 해석하는 것이 타당하다(**대법원 2016. 12. 15. 선고 2015두51309 판결**).
>
> 조합이 사업 진행상 여러 가지 사정으로 조합원들에게 분양계약체결 자체를 요구하지 아니한 경우에도 분양계약체결기간 내에 분양계약체결이 이루어지지 않았다고 하여 조합원들이 현금청산대상자가 된다고 볼 것은 아니다(**대법원 2013. 7. 11. 선고 2013다13023 판결**).

③ 제명 또는 탈퇴로 조합원 지위를 상실한 자

조합원이 분양신청을 하지 아니하거나 철회하는 경우에는 조합원의 지위를 상실함으로써 현금청산 대상자가 되는데, 조합원이 재건축조합에서 제명되거나 탈퇴하는 등

후발적인 사정으로 그 지위를 상실하는 경우에도 처음부터 분양신청을 하지 아니하거나 철회하는 경우와 마찬가지로 현금청산 대상자가 된다(대법원 2013. 11. 28. 선고 2012다110477 판결).

(2) 청산금지급의무발생일

① 제73조제1항에 따라 현금청산대상자가 된 경우

분양신청을 하지 아니하거나, 분양신청기간 종료 이전에 분양신청을 철회하거나, 투기과열지구내 5년내 조합원 분양신청 제한 규정에 따라 분양신청을 할 수 없거나, 인가된 관리처분계획에 따라 분양대상에서 제외되어 현금청산자가 된 경우 그러한 현금청산자에 대한 사업시행자의 청산금 지급의무는 '분양신청기간 종료일 다음날' 발생한다(대법원 2008. 10. 9. 선고 2008다37780 판결).

② 분양계약미체결에 의하여 현금청산대상자가 된 경우

분양신청기간 내 분양신청을 한 토지 등 소유자가 분양계약체결기간에 분양계약을 체결하지 않거나, 분양신청기간 종료 후 사업시행자에게 분양신청을 철회하는 등으로 분양계약의 체결의사가 없음을 명백히 표시하고 사업시행자가 이에 동의함으로써 추가로 현금청산대상자가 된 경우, 그러한 현금청산대상자에 대한 사업시행자의 청산금 지급의무는 '분양계약 체결기간의 종료일 다음 날' 발생한다(대법원 2014. 8. 26. 선고 2013두4293 판결).

(3) 제73조제1항 현금청산대상자에 대한 손실보상절차

① 협의기간

사업시행자는 관리처분계획이 인가·고시된 다음 날부터 90일 이내에 토지, 건축물 또는 그 밖의 권리의 손실보상에 관한 협의를 하여야 한다. 다만, 사업시행자는 분양신청기간 종료일의 다음 날부터 협의를 시작할 수 있다(제73조제1항). 종전법에는 분양신청을 하지 아니한 자 등에 대하여는 관리처분계획 인가를 받은 다음 날부터 90일 이내에 현금청산하도록 되어 있었으나, 개정법은 관리처분계획 인가·고시된 다음 날부터 90일 이내에 손실보상에 관한 협의하되, 손실보상 협의 개시시점을 분양신청기간 종료일로부터 확대하였다. 손실보상 협의는 감정평가를 한 금액으로 하는 경우가 대부분이며 이 경우 시장·군수가 추천하는 감정평가업자 2인 이상이 평가한 금액을 산술평균하여 산정한 금액을 기준으로 협의하는 경우가 많지만 사업시행자가 임의로 선정한 감정평가업자가 산정한 금액을 기준으로 협의하여도 무방하다. 분양신청을 하지 아니한 자 등에 대한 조치에 관한 규정은 개정법 시행 후 최초로 관리처분계획인가를 신청하는 경우부터 적용하고(부칙 제18조), 손실보상 시기에 관한 규정은 2013.12.24. 이후 최초로 조합설립인가를 신청하는 경우부터 적용한다(부칙 제19조).

② 수용재결 또는 매도청구

사업시행자는 관리처분계획 인가·고시일 다음날부터 90일 기간 내에 손실보상 협의가 성립되지 아니하면 그 기간의 만료일 다음 날부터 60일 이내에 수용재결을 신청하거나 매도청구소송을 제기하여야 한다(제73조제2항). 개정법은 협의기간 종료 후 60일 이내에 수용재결을 신청하거나 매도청구소송을 제기하도록 명문화하였다.

③ 지연이자

사업시행자는 기간을 넘겨서 수용재결을 신청하거나 매도청구소송을 제기한 경우에는 해당 토지등소유자에게 지연일수에 따른 이자를 지급하여야 한다. 이 경우 이자는 100분의 15 이하의 범위에서 다음의 이율을 적용하여 산정한다(제73조제3항, 령 제60조제2항).

- 6개월 이내의 지연일수에 따른 이자의 이율 : 100분의 5
- 6개월 초과 12개월 이내의 지연일수에 따른 이자의 이율 : 100분의 10
- 12개월 초과의 지연일수에 따른 이자의 이율 : 100분의 15

개정법은 지연이자의 발생시기 및 사유를 명확히 규정하였다. 분양신청을 하지 아니한 자 등에 대한 현금청산지연에 따른 이자 지급에 관한 위 규정은 2012.8.2. 이후 최초로 조합설립인가(도시환경정비사업을 토지등소유자가 시행하는 경우 시장·군수가 직접 정비사업을 시행하거나 주택공사등을 사업시행자로 지정한 경우에는 사업시행계획인가를 말함)를 신청한 정비사업부터 적용한다(부칙 제9조).

④ 종전법하에서의 재결신청지연가산금에 관한 판례

토지보상법 제30조에 의하면 협의가 성립되지 아니하였을 때 토지소유자는 사업시행자에게 재결을 신청할 것을 청구할 수 있고, 사업시행자는 청구를 받은 날부터 60일 이내에 토지수용위원회에 재결을 신청하여야 하고, 사업시행자가 그 기간을 넘겨 재결을 신청하였을 때에는 지연된 기간에 대하여 소송촉진등에관한특례법 제3조에 따른 법정이율(15%)을 적용하여 산정한 금액을 재결보상금에 가산하여 지급하여야 한다고 규정되어 있다.

재개발사업의 현금청산대상자인 조합원은 현금청산기간(관리처분계획인가를 받은 다음 날로부터 90일)에 현금청산에 관한 협의가 성립되지 않은 경우, 원칙적으로는 현금청산기간이 만료된 후에, 예외적으로는 현금청산 대상 여부나 범위에 관하여 다툼이 심하여 협의가 성립될 가능성이 없다고 볼 수 있는 명백한 사정이 있는 경우에는 현금청산기간 만료 이전이라도, 토지보상법상 손실보상에 관한 협의를 별도로 거칠 필요 없이 사업시행자에게 수용재결신청을 할 수 있고, 조합은 현금청산기간 만료후 재결신청청구의 경우에는 청구일로부터 60일이 지난 다음날부터 수용재결신청일까지, 현금청산기간 만료전 재결신청청구의 경우에는 현금청산기간 만료일로부터 60일이 지난 다음날부터 수용재결신청일까지 수용재결신청지연에 따른 가산금을 지급할 의무가 있다.

서울 W주택재개발정비조합의 일부 조합원은 분양신청기간내에 분양신청을 하지 않은 뒤, 조합과 청산금협의를 하였으나 협의가 성립되지 않자, 현금청산기간만료일(관리처분인가를 받은 다음 날로부터 90일이 되는 날) 이전에 곧바로 조합에게 재결을 신청할 것을 청구하는 내용증명을 보냈고, 조합은 현금청산기간 만료일로부터 60일이 훨씬 지난 다음에 토지수용위원회에 재결신청을 하자, 조합을 상대로 재결신청지연가산금을 청구한 사안에서, 대법원은 '현금청산기간 만료일로부터 60일이 지난 다음날부터 수용재결신청일까지 토지보상법 제30조제3항이 정한 수용재결신청지연에 따른 가산금을 지급할 의무가 있다.'는 취지로 판단하였는데, 자세한 판시 내용은 다음과 같다.

현금청산대상자와 청산금협의가 성립하지 아니한 경우 토지보상법에 의하여 수용할 수 있고(제38조), 수용에 관하여는 도시정비법에 특별한 규정이 있는 경우를 제외하고는 토지보상법을 준용하는데(제40조제1항), 토지보상법 제14조(토지조서 및 물건조서의 작성), 제15조(보상계획의 공고·통지 및 열람), 제68조(감정평가업자를 통한 보상액의 산정), 제16조(사업시행자와의 보상협의) 등은 공익사업을 위한 수용에 선행하는 협의 및 그 사전절차를 정하고 있다.

그러나 도시정비법령의 체계와 내용, 일반적인 공익사업과 구별되는 도시정비법상 정비사업의 절차진행의 특수성과 아울러, ① 도시정비법상 정비사업의 단계별 진행과정을 보면, 현금청산대상자와 사업시행자 사이의 청산금 협의에 앞서 사업시행인가 신청과 그 인가처분·고시 및 분양신청 통지·공고 절차가 선행하게 되는데, 이를 통하여 수용의 대상이 되는 토지 등의 명세가 작성되고 그 개요가 대외적으로 고시되며, 세부사항이 토지등소유자에게 개별적으로 통지되거나 공고되는 점, ② 따라서 토지등소유자에 대하여는 위와 같은 도시정비법 고유의 절차와 별도로 토지보상법상 토지조서 및 물건조서의 작성(제14조)이나 보상계획의 공고·통지 및 열람(제15조)

의 절차를 새로이 거쳐야 할 필요나 이유가 없는 점, ③ 토지보상법상 손실보상의 협의는 사업시행자와 토지등소유자 사이의 사법상 계약의 실질을 갖는다는 점에서 도시정비법상 협의와 그 성격상 구별된다고 보기 어려운 점, ④ 또한 도시정비법은 협의의 기준이 되는 감정평가액의 산정에 관하여 별도의 규정을 두고 있으므로, 토지보상법상 감정평가업자를 통한 보상액의 산정(제68조)이나 이를 기초로 한 사업시행자와의 협의(제16조) 절차를 따로 거칠 필요도 없는 점 등에 비추어 보면, 토지보상법상 협의 및 그 사전절차를 정한 위 각 규정은 도시정비법 제40조제1항 본문에서 말하는 '이 법에 특별한 규정이 있는 경우'에 해당하므로 도시정비법상 현금청산대상자인 토지등소유자에 대하여는 준용될 여지가 없다고 보아야 한다(**대법원 2015. 11. 27. 선고 2015두48877 판결**). 그러므로 도시정비법상 주택재개발사업에 있어서 분양신청을 하지 아니하여 현금청산대상자가 된 토지등소유자는 도시정비법 제47조제1항이 정한 현금청산기간 내에 현금청산에 관한 협의가 성립되지 않은 경우 토지보상법상의 손실보상에 관한 협의를 별도로 거칠 필요 없이 사업시행자에게 수용재결신청을 청구할 수 있다.」고 보아야 한다. 따라서 '도시정비법 제47조 등에 따른 현금청산대상자와 사업시행자 사이의 청산금 협의 절차는 토지보상법이 정한 수용재결의 전치절차로서의 손실보상금 협의 절차와 별개의 절차임을 전제로 하여, 현금청산대상자인 토지등소유자는 도시정비법 제47조에 따른 청산금 협의가 성립되지 않았다고 하여 곧바로 토지보상법에 따른 재결신청을 청구할 수 있는 것이 아니라, 토지보상법상 손실보상금 협의절차를 거쳤음에도 협의가 성립되지 아니하였을 경우에 비로소 사업시행자에게 재결신청을 청구할 수 있다'고 판단한 원심은 받아들이기 어렵다.

한편 토지보상법 제30조는 사업인정고시가 된 후 협의가 성립되지 아니하였을 때에는 토지소유자와 관계인은 대통령령으로 정하는 바에 따라 서면으로 사업시행자에게 재결을 신청할 것을 청구할 수 있고(제1항), 사업시행자는 제1항에 따른 청구를 받았을 때에는 그 청구를 받은 날부터 60일 이내에 대통령령으로 정하는 바에 따라 관할 토지수용위원회에 재결을 신청하여야 하며(제2항 전문), 사업시행자가 제2항에 따른 기간을 넘겨서 재결을 신청하였을 때에는 그 지연된 기간에 대하여 「소송촉진 등에 관한 특례법」 제3조에 따른 법정이율을 적용하여 산정한 금액을 관할 토지수용위원회에서 재결한 보상금에 가산하여 지급하여야 한다(제3항)고 규정하고 있다.

따라서 도시정비법 제47조에 따라 현금청산대상인 토지등소유자는 원칙적으로 현금청산기간 내에 협의가 성립되지 않은 경우 사업시행자에게 수용재결신청을 청구할 수 있고, 사업시행자는 이러한 수용재결신청의 청구를 받은 날로부터 60일 이내에 수용재결을 신청하지 아니하면 토지보상법 제30조 제3항에 따라 그 지연된 기간에 대하여 가산금을 지급하여야 한다. 다만 토지등소유자가 현금청산기간이 만료되기 이전에 재결신청의 청구를 하였더라도 토지등소유자와 사업시행자 사이에 청산금 지급 대상 여부나 청산금의 범위에 관하여 다툼이 심하여 협의가 성립될 가능성이 없다고 볼 수 있는 명백한 사정이 있는 경우에는 그러한 재결신청 청구도 유효하다고 보아야 한다. 이와 같이 현금청산기간 만료 전에 유효한 재결신청 청구가 있은 경우 토지보상법 제30조제2항에서 정한 60일의 기간은 수용재결신청 청구를 받은 날이 아니라 현금청산기간의 만료일로부터 기산하여야 하므로, 사업시행자가 현금청산기간의 만료일로부터 60일 이내에 수용재결신청을 하지 아니하면 그 지연기간에 대하여 토지보상법 제30조제3항에 따른 가산금을 지급하여야 한다고 봄이 타당하다(**대법원 2015. 12. 23. 선고 2015두50535 판결**).

⑤ 분양계약미체결에 의하여 현금청산대상자가 된 경우 재결신청지연가산금 발생여부

분양신청기간 내에 분양신청을 하지 않거나, 분양신청기간 내에 분양신청을 철회하여 현금청산대상자가 된 토지등소유자에 대하여는 정해진 기간 안에 재결신청을 하여야 하고 이를 지연할 경우 재결신청일까지 수용재결신청지연에 따른 가산금을 지급할 의무가 있으나, 분양신청기간 내에 분양신청을 하였다가 분양신청기간 종료 후에 분양계약을 체결하지 아니할 의사가 없음을 명백히 표시하여 조합이 이에 동의하거나, 분양계약을 체결기간 내에 분양계약을 체결하지 아니하여 추가적으로 현금청산대상자가 된 경우에는 재결신청 지연가산금이 발생하지 않는다.

분양신청을 한 토지 등 소유자가 분양계약을 체결하지 않거나, 사업시행자에게 분양신청을 철회하는 등으로 분양계약의 체결의사가 없음을 명백히 표시하고 사업시행자가 이에 동의함으로써 추가로 현금청산대상자가 된 경우, 그러한 현금청산대상자에 대한 사업시행자의 청산금 지급의무는 '분양계약 체결기간의 종료일 다음 날' 발생하므로, 분양계약 체결기간에도 이르기 전에 사업시행자의 재결신청과 그에 따른 수용재결이 이루어진 경우에는 사업시행자의 재결신청 지연을 이유로 한 토지보상법 제30조제3항이 정한 가산금은 발생할 여지가 없다(**대법원 2014. 8. 26. 선고 2013두4293 판결**).

위 판례는 주택재개발정비사업의 일부 조합원이 분양신청기간 내에 분양신청을 하였다가 분양신청기간 종료 후 그 분양 신청을 철회하고 나서 조합에게 수용재결을 신청할 것을 청구하고, 조합이 분양신청기간 종료후 분양신청 철회 조합원에 대하여 지방토지수용위원회에 수용재결을 신청함에 따라, 지방토지수용위원회가 수용재결을 하였으나, 당시까지 분양계약체결기간이 결정되지 않았던 사안에서, 대법원이 '분양계약 체결기간에도 이르기 전에 사업시행자인 조합의 재결신청과 그에 따른 수용재결이 이루어진 경우 조합의 재결신청 지연을 이유로 한 토지보상법 제30조제3항이 정한 가산금은 발생하지 않는다.'고 판시한 것이다.

(4) 재개발사업의 현금청산대상자의 지위

① 조합원 지위 상실

분양신청을 하지 않거나 철회하는 등 도시정비법 제73조의 요건에 해당하여 현금청산대상자가 된 조합원은 금전보상에 관한 협의가 성립되거나 재결이 확정되면 조합원으로서 지위를 상실한다.

> 도시정비법 제47조는 주택재개발사업 등의 사업시행자는 토지 등 소유자 중 '분양신청을 하지 아니한 자', '분양신청을 철회한 자', '인가된 관리처분계획에 의하여 분양대상에서 제외된 자'에 대하여는 토지·건축물 또는 그 밖의 권리에 대하여 현금으로 청산하여야 한다고 규정하고 있다. 이와 같이 도시정비법이 현금청산제도를 둔 것은 분양신청을 하지 않은 조합원 등에 대하여는 현금청산이 가능하도록 함으로써 주택재개발사업을 신속하고도 차질 없이 추진할 수 있도록 하는 데에 그 취지가 있는 점, 조합원이 현금청산대상자가 됨으로써 조합원의 가장 중요한 권리인 분양청구권을 행사할 수 없게 된 마당에 그에게 여전히 조합원으로서의 제반 권리를 가지고 의무를 부담하게 하는 것은 당사자의 의사에 부합하지 아니한 점, 현금청산대상자에게 조합원의 지위를 인정하지 아니하고 현금청산을 통해 조합과 사이의 법률관계를 마무리하더라도, 현금청산대상자는 청산금을 조합과 사이에 협의에 의하여 결정하거나 협의가 성립하지 않을 경우 토지보상법에 따른 수용절차를 통해 지급받을 수 있을 뿐만 아니라, 조합으로부터 청산금을 지급받을 때까지 조합에 대하여 종전 토지 또는 건축물에 대한 인도를 거절할 수 있는 점 등을 종합하면, 분양신청을 하지 않거나 철회하는 등 도시정비법 제47조의 요건에 해당하여 현금청산대상자가 된 조합원은 조합원으로서 지위를 상실한다고 봄이 타당하다(**대법원 2011. 7. 28. 선고 2008다91364 판결**).
>
> 재개발조합이 재결신청을 하고, 토지수용위원회가 이에 기하여 금전보상의 재결을 하여 그 재결이 확정되면, 토지 및 건물을 수용당한 조합원은 토지 및 건물에 대한 소유권을 상실하고, 재개발조합의 조합원 지위도 상실하게 된다(**대법원 2011. 1. 27. 선고 2008두14340 판결**).

재개발정비사업조합 표준정관에는 분양신청기한 내에 분양신청을 하지 아니한 자는 조합원 자격이 상실된다고 규정되어 있고, 대부분 재개발조합이 정관에 위와 같은 규정을 두고 있으므로, 재개발조합의 조합원이 분양신청을 하지 아니하여 현금청산자가 된 경우에는 현금청산이 완료되어 해당 토지 또는 건축물에 대한 소유권이 조합에 이전되기 전이라도 분양신청기간 종료 다음날에 조합원으로서의 지위가 상실된다고 봄이 타당하다. 따라서 분양신청을 하지 않아 현금청산자가 된 자는 이후 진행되는 재개발사업의 핵심 계획인 관리처분계획의 수립에 관한 사항에 대한 총회의 의결에 조합원으로서 참여할 수 없다.

이는 재개발사업 조합 설립 및 사업시행인가 신청 등 분양신청 전까지의 모든 과정에 참여한 조합원이라고 하더라도, 조합원인 토지등소유자가 분양공고를 통지받았음에도 불구하고 분양신청을 하지 않은 경우에는 해당 조합으로 하여금 정비구역 안에 있는 그 조합원의 재산을 현금으로 청산하도록 함으로써 해당 조합과 조합원 간의 관계를 종료시킬 수 있게 하는 제도를 마련하고 있고, 이는 분양신청을 하지 않은 토지등소유자의 경우에는 해당 재개발사업의 결과인 주택 공급을 받지 않겠다는 의사를 분명하게 밝혔다고 볼 수밖에 없어 이에 대해서는 더 이상 해당 조합의 조합원으로서의 지위를 유지하게 할 이유가 상실되었기 때문이다.

도시정비법에서 분양신청을 하지 않은 조합원이 현금청산대상자가 되어 토지 등의 권리에 대하여 현금으로 청산하도록 하는 현금청산제도를 둔 것은, 분양신청을 하지 않은 조합원에 대하여 해당 재개발사업 조합의 조합원으로서의 지위를 상실시킴으로써 이후의 재개발사업을 실제로 분양신청을 한 조합원을 중심으로 신속하고 차질 없이 추진할 수 있도록 하려는 취지인 동시에, 분양신청을 하지 않음으로써 조합원의 가장 중요한 권리인 분양청구권을 행사할 수 없게 된 조합원에 대하여 계속해서 조합원으로서의 권리를 보유하거나 의무를 부담하게 하는 것은 해당 조합원의 의사에도 부합하지 않음을 고려하여 분양신청을 하지 않은 자는 정관의 규정 여하에 관계없이 더 이상 조합원으로 보지 않고 해당 정비구역에서의 그 소유권 및 지상권을 현금청산하게 함으로써 조합과의 법률관계를 종료시키려는 취지이다.

② 수용절차진행

개정법에서는 청산금액에 관한 협의가 성립되지 아니하였을 경우 토지보상법에 의한 수용절차로 이행하도록 규정하고 있다. 이러한 규정이 없던 종전법하에서도 현금청산자와의 협의가 성립되지 아니할 경우 수용절차로 이행을 예정하고 있다고 보아야 한다고 판시하였다.

도시정비법 제47조, 시행령 제48조는, 주택재개발사업의 사업시행자는 토지등소유자 중 분양신청을 하지 아니하거나 분양신청을 철회하는 등으로 현금청산대상자가 된 자에 대하여 관리처분계획 인가를 받은 날의 다음 날로부터 90일 이내에 토지·건축물 또는 그 밖의 권리에 대하여 현금으로 청산하여야 하되 청산금액은 현금청산대상자와 사이에 협의하여 산정한다고 규정하고 있을 뿐, 청산금액에 관한 협의가 성립되지 아니하였을 경우에 관한 규정은 따로 두고 있지 않다. 이러한 규정 도시정비법 제38조, 제40조 제1항의 규정 내용을 종합하면, 도시정비법에서는 현금청산대상자들에 대한 청산금은 사업시행자와 현금청산대상자가 협의에 의하여 그 금액을 정하되, 협의가 성립되지 아니할 때에는 토지보상법에 의한 수용절차로 이행할 것을 예정하고 있다고 보아야 한다(**대법원 2013. 1. 16. 선고 2012두34 판결, 대법원 2013. 1. 16. 선고 2011두19185 판결**).

③ 현금청산대상자의 자료열람·등사권

현금청산자라도 현금청산이 이루어지지 않아 토지등소유권을 상실하지 아니한 경우 정비사업관련자료에 대한 열람·등사를 요청할 권리가 있다.

> 주택재개발정비사업조합의 현금청산대상자가 조합과 협의하여 청산금을 지급받거나, 협의가 성립되지 않을 경우 토지보상법에 의한 수용절차를 거쳐 보상금을 지급받을 때까지는 조합의 운영상황, 자산 등의 현황 등에 관하여 이해관계를 여전히 가지고 있는 점 등에 비추어 보면, 도시정비법 제47조에 의하여 분양신청을 하지 아니하였거나 분양신청기간 종료 이전에 분양신청을 철회한 토지 등 소유자라도 아직 현금청산이 이루어지지 않아 토지 등의 소유권을 상실하지 아니한 경우에는 도시정비법 제81조(관련자료공개의무)와 제86조제6호(공개의무위반자처벌)가 규정한 토지등소유자에 해당한다고 보아야 하므로 도시정비법 제81조에 의하여 정비사업 시행에 관한 서류와 관련 자료에 대한 열람·등사를 요청할 권한이 있다(**대법원 2012. 7. 26. 선고 2011도8267 판결**).

④ 현금청산대상자의 관리처분계획을 다툴 권리

현금청산대상자에 대한 수용재결이 확정되어 소유권을 잃은 현금청산대상자는 조합원의 지위를 상실하게 되어 관리처분계획상의 권리관계에 관하여 어떠한 영향을 미칠 개연성이 없어졌으므로 관리처분계획의 취소를 구할 법률상 이익이 없다.

다만 현금청산대상자에 대한 지방토지수용위원회의 수용재결과 중앙토지수용위원회의 이의재결이 있은 후 행정법원에 수용재결의 취소 등을 구하는 소송이 제기되어 수용재결이 아직 확정되지 아니하였다면, 그 수용재결이 취소되어 현금청산대상자가 해당 부동산에 관한 소유권을 회복할 가능성이 있으므로, 관리처분계획 중 현금청산대상자에 대한 부분의 취소를 구할 법률상 이익이 있다.

한편 사업시행계획에 당연무효인 하자가 있는 경우에는 조합은 그 사업시행계획을 새로이 수립하여 관할관청으로부터 인가를 받은 후 다시 분양신청을 받아 관리처분계획을 수립하여야 할 것인바, 분양신청기간 내에 분양신청을 하지 않거나 분양신청을 철회함으로 인해 조합원의 지위를 상실한 토지등소유자도 그때 분양신청을 함으로써 건축물 등을 분양받을 수 있으므로 관리처분계획의 무효확인 또는 취소를 구할 법률상 이익이 있다.

> 도시환경정비사업의 현금청산대상자인 토지등소유자가 사업시행계획 및 그 변경계획에 중대

하고 명백한 하자가 있어 당연무효이고 이를 전제로 한 관리처분계획도 위법하다고 주장하고 있는 경우, 만약 사업시행계획 및 그 변경계획에 그 주장과 같은 당연무효인 사유가 있다면 토지등소유자에게는 관리처분계획의 취소를 구할 법률상 이익이 있으므로, 사업시행계획 및 그 변경계획에 당연무효사유가 있는지를 심리하여야 한다**(대법원 2011. 12. 8. 선고 2008두18342 판결)**.

(5) 재건축사업 현금대상자의 지위

① 조합원의 지위 상실

재건축조합의 조합원이 분양신청을 하지 않거나 철회하는 등으로 도시정비법과 조합정관이 정한 요건에 해당하여 현금청산대상자가 되면 조합원의 지위를 잃는다. 그리고 이 때 조합원의 지위를 상실하는 시점은 재건축사업에서 현금청산관계가 성립되어 조합의 청산금 지급의무가 발생하는 시기이자 현금청산에 따른 토지 등 권리의 가액을 평가하는 기준시점과 마찬가지로, 분양신청을 하지 않거나 철회한 조합원은 분양신청기간 종료일 다음날 조합원의 지위를 상실한다고 보아야 한나(대법원 2010. 8. 19. 선고 2009다81203 판결, 대법원 2016. 12. 29. 선고 2013다217412 판결).

분양신청을 하지 아니한 기존의 조합원들은 분양신청기간이 종료한 후 개최되는 조합원 총회의 의사정족수 산정을 위한 총 조합원 수에서 제외되어야 할 것이다(대법원 2012. 3. 29. 선고 2010두7765 판결).

다만 분양신청을 하지 아니하여 분양신청기간 만료일 다음 날에 조합원 지위를 상실한 사람들에게 조합 총회에서 다시 조합원 지위를 부여하기로 결의하면서 그들의 권리 내용을 제한하였다고 하여 그 총회 결의가 무효라고 볼 것은 아니다.

법령에 의하여 조합원 지위가 인정되는 조합원들 사이에 권리의 차등을 두는 내용의 총회 결의는 특별한 사정이 없는 이상 무효라고 보아야 하나, 정관의 규정에 의하여 비로소 조합원 지위가 인정되는 조합원의 권리 내용에 대해서는 정관에서 이를 제한할 수 있다고 할 것이므로, 분양신청을 하지 아니하여 분양신청기간 만료일 다음 날에 조합원 지위를 상실한 사람들에게 조합 총회에서 다시 조합원 지위를 부여하기로 결의하면서 그들의 권리 내용을 제한하였다고 하여 그 총회 결의가 무효라고 볼 것은 아니다. 따라서 조합이 분양신청기간에 분양신청을 하지 않아 조합원 지위를 상실한 현금청산대상자들에게 잔여분에 대하여 추가분양 신청기회를 부여한 후 그 추가분양 신청내역을 반영하여 수립한 관리처분계획이 보류지 등을 제외한 나머지 부분에 적용되는 일반분양의 절차에 관한 규정인 도시정비법 제48조 제3항(분양신청을 받은 후 잔여분은 보류지로 정하거나 조합원 외의 자에게 분양할 수 있다) 및 주택법 제54조(주택의 공급) 등을 위반하였

> 다고 볼 수 없다(**대법원 2014. 8. 20. 선고 2012두5572 판결**).

② 매도청구대상

㉮ **매도청구권**

종전법은 조합원이 아닌 자(조합설립미동의자, 건물 또는 주택만을 소유한자, 공공시행자·지정개발자 지정에 동의하지 아니한 자)를 상대로 하는 매도청구에 관한 규정은 두었으나, 조합설립에 동의한 조합원이었던 자가 분양신청을 하지 않는 등 사유로 현금청산대상자가 된 자를 상대로 하는 매도청구에 관한 규정은 두지 않았다.

이에 대법원은 분양신청을 하지 않는 등의 사유로 현금청산대상자가 되어 분양대상자의 지위를 상실한 자는 조합원 지위도 상실하게 되어 조합탈퇴자에 준하는 신분을 가진다는 이유로 매도청구에 관한 규정을 준용하여 재건축조합은 현금청산대상자를 상대로 소유권이전등기를 청구할 수 있다고 보았다.

> 도시정비법 제47조는 사업시행자인 재건축조합이 분양신청을 하지 아니한 토지등소유자 등에 대하여 부담하는 현금청산 의무를 규정하는 것에 불과하므로, 재건축조합이 위 조항을 근거로 하여 곧바로 현금청산 대상자를 상대로 정비구역 내 부동산에 관한 소유권이전등기를 청구할 수는 없다. 도시정비법의 사업시행자인 재건축조합에게는 원칙적으로 정비구역 내 부동산에 관한 수용권한도 인정되지 않는 것이고(제38조 참조), 제39조에서 규정하는 사업시행자의 매도청구권도 원칙적으로 조합원이 아닌 자를 상대로 하는 것으로서 조합설립에 동의한 조합원이었던 현금청산 대상자에 대하여 바로 적용할 수는 없으나, 현금청산 대상자는 분양신청을 하지 않는 등의 사유로 인하여 분양대상자의 지위를 상실함에 따라 조합원 지위도 상실하게 되어 조합탈퇴자에 준하는 신분을 가지므로, 매도청구에 관한 같은 법 제39조를 준용하여 재건축조합은 현금청산 대상자를 상대로 정비구역 내 부동산에 관한 소유권이전등기를 청구할 수 있다고 보아야 한다(**대법원 2010. 12. 23. 선고 2010다73215 판결, 대법원 2013. 9. 26. 선고 2011다16127 판결**).

개정법은 조합원이 아닌 자에 대한 매도청구에 관한 규정(제64조)과 별도로 현금청산대상자가 된 자를 상대로 하는 매도청구에 관한 규정(제73조)을 명문화하였다.

㉯ **매도청구의 효과**

현금청산 대상자에 대한 청산금 지급의무가 발생하는 시기는 제73조제1항의 규정에 따라 사업시행자가 정한 '분양신청기간의 종료일 다음날'이라고 하여야 하고, 현금청산의 목적물인 토지·건축물 또는 그 밖의 권리의 가액을 평가하는 기준시점도 같은 날이므로, 현금청산 대상자에 대한 매도청구권의 행사로 매매계약의 성립이 의제되는 날도 같은 날로 보아야 한다.

따라서 예컨대, 재건축조합은 분양신청을 하지 않음으로써 현금청산 대상자로 된 조합원을 상대로 부동산에 관한 현금청산을 협의하고 협의에 대한 성과가 없으면 매도청구권을 행사하여 '해당 조합원은 조합에게 분양신청기간 종료일 다음날을 기준으로 한 부동산가액 상당 청산금을 지급받음과 동시에 분양신청기간 다음날 매매를 원인으로 하는 소유권이전등기절차를 이행하라'는 취지의 청구를 하면 된다.

도시정비법 제73조에 따라 재건축조합이 조합원의 지위를 상실한 토지등소유자에게 청산금 지급의무를 부담하는 경우에, 공평의 원칙상 토지등소유자는 권리제한등기가 없는 상태로 토지 등의 소유권을 재건축조합에 이전할 의무를 부담하고, 이러한 권리제한등기 없는 소유권 이전의무와 재건축조합의 청산금 지급의무는 동시이행관계에 있는 것이 원칙이다(대법원 2010. 8. 19. 선고 2009다81203 판결).

③ 이미 신탁등기를 마친 경우

재건축조합정관에 예컨대 '조합원은 조합원 소유 토지 또는 주택에 관하여 신탁등기를 완료하여야 하며, 사업시행인가일 이전에 신탁등기를 이행하지 아니할 경우 조합은 신탁등기 이행의 소를 제기할 수 있다' '정관은 조합으로 등기를 받은 날 시행한다'고 규정되어 있다면, 조합원은 조합에게 조합등기일자 신탁을 원인으로 하는 소유권이전등기의무가 있다. 재건축조합원이 정관에 정해진 조합원의 의무이행으로 조합에게 이미 신탁등기를 마쳤으나, 분양신청을 하지 않는 등 사유로 조합원지위를 상실하여 현금청산대상자가 된 경우, 신탁부동산은 당연히 조합에 귀속되므로, 조합은 새로이 매도청구권을 행사할 필요가 없이 청산금지급의무를 부담하고, 토지등소유자도 청산금을 지급받기 위하여 별도로 소유권을 이전할 의무는 부담하지 아니한다.

도시정비법 제47조에서 재건축조합이 분양신청을 하지 아니하거나 철회한 토지등소유자를 상대로 그가 출자한 토지 등에 대하여 현금으로 청산하도록 규정한 취지는, 조합원이 조합 정관에 따라 현물출자의무를 이행한 후 조합원 지위를 상실함으로써 청산을 하여야 하는 경우에 그가 출자한 현물의 반환을 인정하지 아니하고 현금으로 지급하도록 정한 것으로 보아야 한다. 이는 조합원이 그 소유의 토지 등에 관하여 재건축조합 앞으로 신탁을 원인으로 한 소유권이전등기를 마친 후 조합원의 지위를 상실함으로써 신탁관계가 그 목적 달성 불능을 이유로 종료된 경우에도 달리 볼 것은 아니므로, 재건축조합은 위 토지 등의 소유권을 취득하기 위하여 도시정비법 제39

조를 준용하여 새로이 매도청구권을 행사할 필요가 없다.

따라서 도시정비법 제47조에 따라 재건축조합이 조합원의 지위를 상실한 토지등소유자에게 청산금 지급의무를 부담하는 경우에, 공평의 원칙상 토지등소유자는 권리제한등기가 없는 상태로 토지 등의 소유권을 재건축조합에 이전할 의무를 부담하고, 이러한 권리제한등기 없는 소유권 이전의무와 재건축조합의 청산금 지급의무는 동시이행관계에 있는 것이 원칙이나(**대법원 2010. 8. 19. 선고 2009다81203 판결**), 토지등소유자가 그 소유의 토지 등에 관하여 이미 재건축조합 앞으로 신탁을 원인으로 한 소유권이전등기를 마친 경우(재건축조합정관에 예컨대 '조합원은 조합원 소유 토지 또는 주택에 관하여 신탁등기를 완료하여야 하며, 사업시행인가일 이전에 신탁등기를 이행하지 아니할 경우 조합은 신탁등기 이행의 소를 제기할 수 있다' '정관은 조합으로 등기를 받은 날 시행한다'고 규정되어 있다면, 조합원은 조합에게 조합등기일자 신탁을 원인으로 하는 소유권이전등기의무가 있음)에는 청산금을 받기 위하여 별도로 소유권을 이전할 의무를 부담하지 아니하고, 조합원이 조합원 지위를 상실함으로써 신탁관계가 그 목적 달성 불능을 이유로 종료된 경우 신탁재산이었던 부동산은 당연히 재건축조합에 귀속되므로 재건축조합이 먼저 토지등소유자에게 신탁등기의 말소등기와 신탁재산의 귀속을 원인으로 한 소유권이전등기를 한 뒤 다시 토지등소유자가 재건축조합 앞으로 청산을 원인으로 하는 소유권이전등기를 하는 절차를 밟을 필요는 없다(**대법원 2013. 11. 28. 선고 2012다110477 판결**).

도시정비법 제47조의 규정에 따라 사업시행자가 분양신청을 하지 아니하거나 분양신청을 철회한 토지 등 소유자에게 청산금의 지급의무를 부담하는 경우에, 공평의 원칙상 토지 등 소유자는 권리제한등기가 없는 상태로 토지 등의 소유권을 사업시행자에게 이전할 의무를 부담하고, 이러한 권리제한등기 없는 소유권 이전의무와 사업시행자의 청산금 지급의무는 동시이행관계에 있는 것이 원칙이나, 토지 등 소유자가 그 소유 토지 등에 관하여 이미 사업시행자 앞으로 신탁을 원인으로 한 소유권이전등기를 마친 경우에는 청산금을 지급받기 위하여 별도로 소유권을 이전할 의무는 부담하지 아니한다(**대법원 2010. 9. 9. 선고 2010다19204 판결**).

다만 현금청산에서 토지등소유자가 토지 등에 관한 소유권이전등기 및 인도를 마쳤으나 근저당권설정등기를 말소하지 아니한 경우, 재건축조합은 말소되지 아니한 근저당권의 채권최고액 또는 채권최고액의 범위 내에서 확정된 피담보채무액에 해당하는 청산금에 대하여만 동시이행의 항변권에 기초하여 지급을 거절할 수 있다.

① 도시정비법 제47조는 재건축사업의 원활한 추진을 위하여 같은 조 각 호에 해당하는 토지 등 소유자에 대하여는 그 소유자의 의사와 무관하게 재건축조합과 사이에 토지 등을 현금으로 청산받아야만 하도록 규정하고 있는 점, ② 그 과정에서 토지 등 소유자는 재건축조합과 협의가 이루어지지 아니하는 이상 토지 등에 관하여 설정된 근저당권을 재건축조합에 인수시키는 내용으로 계약관계를 형성할 기회를 갖지 못한 채 근저당권설정등기의 말소의무를 부담하게 되는 점, ③ 토지 등에 관하여 소유권이전등기를 마치고 인도까지 받은 재건축조합은 그 토지 등을

이용하여 재건축사업을 추진하는 이익을 누릴 수 있고, 민법 제364조에 의하여 근저당권의 채권최고액의 범위 내에서 확정된 피담보채무를 변제하고 근저당권의 소멸을 청구할 수도 있는데, 근저당권설정등기가 말소되지 아니하였다는 이유로 도시정비법 제47조가 정한 청산기한 이후에도 근저당권의 채권최고액을 넘어 청산금 전부를 지급하지 아니할 수 있다고 보는 것은, 현금청산의 기한을 법정하고 있는 도시정비법 제47조의 취지에도 부합하지 아니하는 점, ④ 재건축조합은 사업수행을 위하여 필요한 경우에는 스스로 토지 등 소유자에게 청산금 중 권리제한등기를 말소하는 데 필요한 금액을 공제한 나머지 금액만을 지급하고 토지 등에 관한 소유권이전등기 및 인도를 구할 수 있는 점 등을 고려하면, 도시정비법 제47조에 따른 현금청산에서 토지 등 소유자가 토지 등에 관한 소유권이전등기 및 인도를 마쳤으나 근저당권설정등기를 말소하지 아니한 경우, 재건축조합은 말소되지 아니한 근저당권의 채권최고액 또는 채권최고액의 범위 내에서 확정된 피담보채무액에 해당하는 청산금에 대하여만 동시이행의 항변권에 기초하여 지급을 거절할 수 있다고 보는 것이 공평의 관념과 신의칙에 부합한다(**대법원 2015. 11. 19. 선고 2012다114776 전원합의체 판결**).

재건축조합의 조합원이 토지 등에 관하여 신탁을 원인으로 한 소유권이전등기 및 인도까지 마쳤으나, 분양계약을 체결하지 않아 조합원지위를 상실하여 현금청산 대상자가 된 경우, 토지 등에 대한 근저당권자는 근저당권 소멸의 효력이 발생하는 이전고시 이전이라도 조합원이 취득한 청산금에 대하여 물상대위권을 행사할 수 있다. 다만 조합은 이전고시 이전에는 저당권이나 가압류와 같은 권리제한등기의 말소의무가 이행되기까지 청산금 지급을 거절할 수 있고, 이전고시가 마쳐진 이후에는 기존의 권리관계는 이전고시로 소멸하므로 조합으로서는 권리제한등기 말소의무를 이유로 한 동시이행항변권을 행사할 수 없게 된다.

[1] 사업시행자가 분양신청을 하지 아니하거나 분양신청을 철회한 토지 등 소유자에게 청산금 지급의무를 부담하는 경우에, 공평의 원칙상 토지 등 소유자는 권리제한등기가 없는 상태로 토지 등의 소유권을 사업시행자에게 이전할 의무를 부담하고, 이러한 권리제한등기 없는 소유권 이전의무와 사업시행자의 청산금 지급의무는 동시이행관계에 있다.

[2] 도시정비법은 "사업시행자는 분양신청을 받은 후 잔여분이 있는 경우에는 정관 등 또는 사업시행계획이 정하는 목적을 위하여 보류지(건축물을 포함한다)로 정하거나 조합원 외의 자에게 분양할 수 있다."라고 규정하고 있고(제79조제4항), 위와 같은 보류지와 일반에게 분양하는 대지 또는 건축물을 '도시개발법 제34조의 규정에 의한 보류지 또는 체비지로 본다'고 규정하고 있다(제87조제3항). 이에 따라 조합원이 분양신청을 하지 않거나 분양계약을 체결하지 않아 보류지 또는 일반분양분이 되는 대지·건축물에 관하여는 도시개발법상 보류지 또는 체비지에 관한 법리가 적용될 수 있다.

한편 도시개발법은 제34조에서 보류지 또는 체비지에 관한 규정을 두면서, 제42조 제5항에서

"제34조에 따른 체비지는 시행자가, 보류지는 환지 계획에서 정한 자가 각각 환지처분이 공고된 날의 다음 날에 해당 소유권을 취득한다."라고 규정하고 있다. 나아가 제42조 제1항은 "환지 계획에서 정하여진 환지는 그 환지처분이 공고된 날의 다음 날부터 종전의 토지로 보며, 환지 계획에서 환지를 정하지 아니한 종전의 토지에 있던 권리는 그 환지처분이 공고된 날이 끝나는 때에 소멸한다."라고 규정하고 있다. 이러한 규정들에 의하면, 종전의 토지 중 환지 계획에서 환지를 정한 것은 종전 토지와 환지 사이에 동일성이 유지되므로 종전 토지의 권리제한은 환지에 설정된 것으로 보게 되고, 환지를 정하지 않은 종전 토지의 권리제한은 환지처분으로 소멸하게 된다. 이에 따라 보류지 또는 체비지는 그에 상응하는 종전의 토지에 아무런 권리제한이 없는 상태로 도시개발법 제42조 제5항이 정한 자가 소유권을 취득한다.

도시개발법 제40조 제4항, 제5항에 의하면, 시행자는 지정권자에 의한 준공검사를 받은 경우 환지 계획에서 정한 사항을 토지 소유자에게 알리고 이를 공고하는 방식으로 환지처분을 하고, 이러한 환지처분으로 환지 계획에서 정한 내용에 따른 권리변동이 발생한다. 한편 도시정비법 제54조 제1항, 제2항에 의하면, 사업시행자는 준공인가와 공사의 완료에 관한 고시가 있는 때 관리처분계획에 정한 사항을 분양받을 자에게 통지하고 그 내용을 당해 지방자치단체의 공보에 고시하는데, 이러한 이전고시로 관리처분계획에 따른 권리변동이 발생한다. 이와 같은 환지처분과 이전고시의 방식 및 효과에 비추어 보면, 이전고시의 효력 등에 관하여는 도시정비법 관련 규정에 의하여 준용되는 도시개발법에 따른 환지처분의 효력과 궤를 같이하여 새겨야 함이 원칙이다.

이러한 보류지 등에 관한 규정과 법리에 따라 살펴보면, 주택재건축사업에서 조합원이 분양신청을 하지 않거나 분양계약을 체결하지 않음으로써 청산금 지급 대상이 되는 대지·건축물의 경우에는, 특별한 사정이 없는 한 그에 관하여 설정되어 있던 기존의 권리제한은 이전고시로 소멸하게 된다. 이처럼 이전고시로 저당권이나 가압류와 같은 권리제한이 소멸하게 되는 이상, 이전고시 이후 사업시행자로서는 권리제한등기 말소의무를 이유로 한 동시이행 항변권을 행사할 수 없게 된다.

[3] 민법 제587조는 "매매계약이 있은 후에도 인도하지 아니한 목적물로부터 생긴 과실은 매도인에게 속한다. 매수인은 목적물의 인도를 받은 날로부터 대금의 이자를 지급하여야 한다."라고 규정하고 있다. 그러나 매수인의 대금 지급의무와 매도인의 근저당권설정등기 내지 가압류등기 말소의무가 동시이행관계에 있는 등으로 매수인이 대금 지급을 거절할 정당한 사유가 있는 경우에는 매매목적물을 미리 인도받았다 하더라도 위 민법 규정에 의한 이자를 지급할 의무는 없다고 보아야 한다.

[4] 갑 재건축정비사업조합이 시행하는 재건축사업의 정비구역 내 아파트 및 그 대지의 소유자인 을이 조합원 자격을 취득한 후 갑 조합에 아파트 및 그 대지에 관하여 신탁을 원인으로 한 소유권이전등기 및 인도까지 마쳤으나, 분양계약을 체결하지 않아 조합원 지위를 상실하여 현금청산 대상자가 되었는데, 위 아파트 대지에 병 은행을 근저당권자로 한 근저당권설정등기 및 가압류등기가 마쳐져 있었고, 병 은행으로부터 근저당권의 피담보채권을 양수한 정 유한회사가 을이 갑 조합으로부터 지급받을 청산금 및 이에 대한 지연이자 채권에 대하여 물상대위에 의한 채권압류 및 추심명령을 받았으며, 그 후 갑 조합이 이전고시를 마친 사안에서, 아파트 소유자인

을이 분양계약을 체결하지 않아 조합원 지위를 상실하여 현금청산 대상자가 된 이상, 위 아파트의 근저당권자로서는 근저당권 소멸의 효력이 발생하는 이전고시 이전이라도 을이 취득한 청산금에 대하여 물상대위권을 행사할 수 있으나, 이전고시 이전에 갑 조합은 을에 대하여 근저당권설정등기 내지 가압류등기의 말소의무와 동시이행으로만 청산금을 지급할 의무를 부담하므로, 근저당권자로서는 을이 취득한 청산금의 제한범위 내에서 물상대위권을 행사할 수 있을 따름이어서 근저당권의 피담보채권을 양수한 추심채권자인 정 회사의 추심금 청구에 대하여 제3채무자인 갑 조합은 이전고시 이전에 집행채무자인 을에게 주장할 수 있는 동시이행 항변권으로 정 회사에 대항할 수 있고, 갑 조합은 근저당권설정등기 내지 가압류등기의 말소의무가 이행되기까지 청산금 지급을 거절할 정당한 사유가 있으므로, 갑 조합이 위 부동산을 미리 인도받았다 하더라도 민법 제587조에 따른 이자를 지급할 의무가 없다고 한 사례(**대법원 2018. 9. 28. 선고 2016다246800 판결**).

3. 관리처분계획의 인가

(1) 수립 및 인가·변경인가

사업시행자는 분양신청기간이 종료된 때에는 분양신청의 현황을 기초로 관리처분계획을 수립하여 시장·군수등의 인가를 받아야 하며, 관리처분계획을 변경·중지 또는 폐지하려는 경우에도 또한 같다(제74조제1항본문). 사업시행자는 관리처분계획의 인가 또는 변경·중지·폐지의 인가를 받으려는 때에는 시행규칙 별지 제9호서식의 관리처분계획(인가, 변경·중지·폐지인가)신청서에 다음의 구분에 따른 서류(전자문서를 포함한다)를 첨부하여 시장·군수등에게 제출하여야 한다(시행규칙 제12조).

- 관리처분계획인가의 경우 : 관리처분계획서 및 총회의결서 사본
- 관리처분계획변경·중지 또는 폐지인가의 경우 : 변경·중지 또는 폐지의 사유와 그 내용을 설명하는 서류

서울시 도시및주거환경정비조례

제34조(관리처분계획의 수립기준) 법 제74조제1항에 따른 정비사업의 관리처분계획은 다음 각 호의 기준에 적합하게 수립하여야 한다.

1. 종전 토지의 소유면적은 관리처분계획기준일 현재 「공간정보의 구축 및 관리 등에 관한 법률」 제2조제19호에 따른 소유토지별 지적공부(사업시행방식전환의 경우에는 환지예정지증명원)에 따른다. 다만, 1필지의 토지를 여러 명이 공유로 소유하고 있는 경우에는 부동

산등기부(사업시행방식전환의 경우에는 환지예정지증명원)의 지분비율을 기준으로 한다.
2. 국·공유지의 점유연고권은 그 경계를 기준으로 실시한 지적측량성과에 따라 관계 법령과 정관 등이 정하는 바에 따라 인정한다.
3. 종전 건축물의 소유면적은 관리처분계획기준일 현재 소유건축물별 건축물 대장을 기준으로 하되, 법령에 위반하여 건축된 부분의 면적은 제외한다. 다만, 정관 등이 따로 정하는 경우에는 재산세과세대장 또는 측량성과를 기준으로 할 수 있다.
4. 종전 토지 등의 소유권은 관리처분계획기준일 현재 부동산등기부(사업시행방식전환의 경우에는 환지예정지증명원)에 따르며, 소유권 취득일은 부동산등기부상의 접수일자를 기준으로 한다. 다만, 특정무허가건축물(미사용승인건축물을 포함한다)인 경우에는 구청장 또는 동장이 발행한 기존무허가건축물확인원이나 그 밖에 소유자임을 증명하는 자료를 기준으로 한다.
5. 국·공유지의 점유연고권자는 제2호에 따라 인정된 점유연고권을 기준으로 한다.
6. 「건축법」 제2조제1항제1호에 따른 대지부분 중 국·공유재산의 감정평가는 법 제74조제2항제1호를 준용하며, 법 제98조제5항 및 제6항에 따라 평가한다.

(2) 경미한 변경 신고

대통령령으로 정하는 경미한 사항을 변경하려는 경우에는 시장·군수등에게 신고하여야 한다(제74조제1항단서). 시장·군수등은 신고를 받은 날부터 20일 이내에 신고수리 여부를 신고인에게 통지하여야 한다(제74조제2항). 시장·군수등이 위 기간 내에 신고수리 여부 또는 민원 처리 관련 법령에 따른 처리기간의 연장을 신고인에게 통지하지 아니하면 그 기간이 끝난 날의 다음 날에 신고를 수리한 것으로 본다(제74조제3항). "대통령령이 정하는 경미한 사항을 변경하려는 경우"란 다음의 어느 하나에 해당하는 때를 말한다(령 제61조).

- 계산착오·오기·누락 등에 따른 조서의 단순정정인 경우(불이익을 받는 자가 없는 경우에 한한다)
- 정관 및 사업시행인가의 변경에 따라 관리처분계획을 변경하는 경우
- 매도청구에 대한 판결에 따라 관리처분계획을 변경하는 경우
- 사업시행자와 권리자(정비사업과 관련하여 권리를 갖는 자)의 변동으로 종전 사업시행자와 권리자의 권리·의무가 새로운 사업시행자와 권리자에게 승계됨에 따라(제129조) 권리·의무의 변동이 있는 경우로서 분양설계의 변경을 수반하지 아니하는

경우

- 주택분양에 관한 권리를 포기하는 토지등소유자에 대한 임대주택의 공급에 따라 관리처분계획을 변경하는 경우
- 임대사업자의 주소(법인인 경우에는 법인의 소재지와 대표자의 성명 및 주소)를 변경하는 경우

판례는 '대통령령이 정하는 경미한 사항을 변경하고자 하는 때'란 시행령에 규정된 사항에 한정되는 것이 아니라, 변경대상이 되는 관리처분계획의 내용을 구체적·개별적으로 살펴보아 조합총회의 의결을 거치지 아니하더라도 그 변경내용이 객관적으로 조합원 등 이해관계인의 의사에 충분히 부합하고 그 권리의무 내지 법적 지위를 침해하지 아니하거나, 분양대상자인지 여부에 대한 확정판결에 따라 관리처분계획의 내용을 변경하는 때와 같이 조합총회의 의결을 거친다고 하더라도 그 변경내용과 다르게 의결할 수 있는 여지가 없는 경우 등도 포함한다고 봄이 타당하다고 판시하였다.

당초 제1관리처분계획에서 일부 공유지분권자들을 현금청산대상자로 삼았으나 그후 이어진 조정절차나 판결절차를 통하여 아파트를 단독으로 분양받을 권리가 있다고 확정되자 그 공유지분권자들에게 제1관리처분계획상 소송 보류시설로 지정되어 있던 78세대 중 74세대를 분양하는 것으로 일부 내용을 변경하는 제2관리처분계획을 작성하고 조합총회의 의결은 거치지 아니하고 관할구청장에게 신고하였고, 관할구청장도 제1관리처분계획에 대하나 경미한 사항의 변경으로 신고사항에 불과하다고 보아 제2관리처분계획의 수리통지만 하고 인가·고시절차를 취하지 아니하였다. 그러자 일부 조합원이 조합을 상대로 관리처분계획변경처분 및 이전고시처분의 무효확인을 구하고, 관할 행정청을 상대로 관리처분계획인가처분의 무효확인을 구하였다.

이에 대하여 서울고등법원은 「제2관리처분계획은 제1관리처분계획에 대한 관계에서 경미한 사항의 변경에 불과하다고 볼 수 없으므로 그 절차적 요건인 조합총회의 결의, 관할 행정청의 인가·고시를 모두 흠결하여 위법하고 이는 이전고시 전체의 위법사유에 해당하므로 이전고시는 위법하여 취소되어야 한다.」고 판시하였다.

이에 대하여 대법원은 「관리처분계획의 수립 또는 변경을 위하여 조합총회의 의결(제24조제3항제10호) 및 행정청의 인가절차(제48조제1항) 등을 요구하는 취지는, 관리처분계획의 수립 또는 변경이 조합원, 현금청산대상자 등에 대한 소유권 이전 등 권리귀속 및 비용부담에 관한 사항을 확정하는 행정처분에 해당하므로 그로 인하여 자신의 권리의무와 법적 지위에 커다란 영향을 받게 되는 조합원 등의 의사가 충분히 반영되어야 할 필요가 있기 때문이다. 반면에 관리처분계획의 경미한 사항을 변경하는 경우에는 이러한 필요성이 그다지 크지 아니하기 때문에 행정청에 신고하는 것으로 족하도록 규정하고 있는 것이라고 할 것이다.

도시정비법 제48조제1항 단서 소정의 '대통령령이 정하는 경미한 사항을 변경하고자 하는 때'란 도시정비법 시행령 제49조의 각호에 규정된 사항들에 한정되는 것이 아니라, 변경대상이 되는 관리처분계획의 내용을 구체적·개별적으로 살펴보아 조합총회의 의결을 거치지 아니하더라도 그 변경내용이 객관적으로 조합원 등 이해관계인의 의사에 충분히 부합하고 그 권리의무 내지 법적 지위를 침해하지 아니하거나, 분양대상자인지 여부에 대한 확정판결에 따라 관리처분계획의 내용을 변경하는 때와 같이 조합총회의 의결을 거친다고 하더라도 그 변경내용과 다르게 의결할 수 있는 여지가 없는 경우 등도 포함한다고 봄이 타당하다.

그렇다면 위 사안에서 제2관리처분계획의 변경내용은 조합총회의 의결을 거치지 아니하더라도 객관적으로 조합원 등 이해관계인의 의사에 충분히 부합하고 그 권리의무 및 법적 지위를 침해하지 아니하거나 조합총회의 의결을 거친다고 하더라도 그 변경내용과 다르게 의결할 수 없는 경우에 해당한다고 볼 여지가 많으므로 이전고시가 위법하여 취소되어야 한다는 원심결에는 '대통령령이 정하는 경미한 사항을 변경하고자 하는 때'의 해석에 관한 법리를 오해한 나머지 필요한 심리를 다하지 아니함으로써 판결에 영향을 미친 위법이 있다.」고 판시하였다(**대법원 2012. 5. 24. 선고 2009두22140 판결**).

(3) 관리처분계획 내용

① 법에 정해진 사항(제74조제1항)

- 분양설계
- 분양대상자의 주소 및 성명
- 분양대상자별 분양예정인 대지 또는 건축물의 추산액(임대관리 위탁주택에 관한 내용을 포함한다)
- 다음 각 사항에 해당하는 보류지 등의 명세와 추산액 및 처분방법. 다만, 공공지원민간임대주택의 경우에는 선정된 임대사업자의 성명 및 주소(법인인 경우에는 법인의 명칭 및 소재지와 대표자의 성명 및 주소)를 포함한다.
  - 일반 분양분
  - 공공지원민간임대주택
  - 임대주택
  - 그 밖에 부대시설·복리시설 등
- 분양대상자별 종전의 토지 또는 건축물 명세 및 사업시행계획인가 고시가 있은 날을 기준으로 한 가격(사업시행계획인가 전에 제81조제3항에 따라 철거된 건축물은 시장·군수등에게 허가를 받은 날을 기준으로 한 가격)

- 정비사업비의 추산액(재건축사업의 경우에는 재건축초과이익환수에관한법률에 따른 재건축부담금에 관한 사항을 포함한다) 및 그에 따른 조합원 분담규모 및 분담시기
- 분양대상자의 종전 토지 또는 건축물에 관한 소유권 외의 권리명세
- 세입자별 손실보상을 위한 권리명세 및 그 평가액
- 그 밖에 정비사업과 관련한 권리 등에 관하여 대통령령으로 정하는 사항

② 시행령으로 정해진 사항(령 제62조)

- 분양신청을 하지 아니하는 등으로 현금으로 청산하여야 하는 토지등소유자별 기존의 토지·건축물 또는 그 밖의 권리의 명세와 이에 대한 청산방법
- 분양신청을 받은 후 잔여분에 대하여 보류지로 지정하는 경우 보류지 등의 명세와 추산가액 및 처분방법
- 1필지의 대지 및 그 대지에 건축된 건축물을 2인 이상에게 분양하는 때에는 기존의 토지 및 건축물의 가격과 토지등소유자가 부담하는 비용의 비율에 따라 분양하는데, 그 비용의 부담비율에 의한 대지 및 건축물의 분양계획과 그 비용부담의 한도·방법 및 시기. 이 경우 비용부담에 의하여 분양받을 수 있는 한도는 정관등에서 따로 정하는 경우를 제외하고는 기존의 토지 또는 건축물의 가격의 비율에 따라 부담할 수 있는 비용의 50퍼센트를 기준으로 정한다.
- 정비사업의 시행으로 인하여 새롭게 설치되는 정비기반시설의 명세와 용도가 폐지되는 정비기반시설의 명세
- 기존 건축물의 철거 예정시기
- 그 밖에 시·도조례로 정하는 사항

③ 조례로 정해진 사항(서울시 조례 제33조)

- 분양설계에는 다음 각 목의 사항을 포함한다.
  - 관리처분계획 대상물건 조서 및 도면
  - 임대주택의 부지명세와 부지가액·처분방법 및 임대주택 입주대상 세입자명부(임대주택을 건설하는 정비구역으로 한정한다)
  - 환지예정지 도면
  - 종전 토지의 지적 또는 임야도면
- 관리처분계획의 총회의결서 사본 및 분양신청서(권리신고사항 포함) 사본

- 세입자별 손실보상을 위한 권리명세 및 그 평가액과 현금으로 청산하여야 하는 토지등소유자별 권리명세 및 이에 대한 청산방법 작성 시 협의체 운영 결과 또는 도시분쟁조정위원회 조정 결과 등 토지등소유자 및 세입자와 진행된 협의 경과
- 공공시설 또는 기반시설을 현금으로 납부하는 경우 현금납부액 산정을 위한 감정평가서, 납부방법 및 납부기한 등을 포함한 협약 관련 서류
- 그 밖의 관리처분계획 내용을 증명하는 서류

(4) 재산·권리 평가방법

관리처분계획에는 분양대상자별 분양예정인 대지 또는 건축물의 추산액, 분양대상자별 종전 토지 또는 건축물의 명세 및 사업시행계획인가고시일 기준 가격, 세입자별 손실보상을 위한 권리명세 및 그 평가액이 포함되어야 하는데, 정비사업에서 위와 같은 금액을 정하기 위하여 재산 또는 권리를 평가할 때에는 다음 의 방법에 따른다(제74조제4항).

- 「감정평가 및 감정평가사에 관한 법률」에 따른 감정평가법인등 중 다음의 구분에 따른 감정평가업등이 평가한 금액을 산술평균하여 산정한다. 다만, 관리처분계획을 변경·중지 또는 폐지하려는 경우 분양예정 대상인 대지 또는 건축물의 추산액과 종전의 토지 또는 건축물의 가격은 사업시행자 및 토지등소유자 전원이 합의하여 산정할 수 있다.
  - 주거환경개선사업 또는 재개발사업 : 시장·군수등이 선정·계약한 2인 이상의 감정평가법인등
  - 재건축사업 : 시장·군수등이 선정·계약한 1인 이상의 감정평가법인등과 조합총회의 의결로 선정·계약한 1인 이상의 감정평가법인등
- 시장·군수등은 감정평가법인등을 선정·계약하는 경우 감정평가법인등의 업무수행능력, 소속 감정평가사의 수, 감정평가 실적, 법규 준수 여부, 평가계획의 적정성 등을 고려하여 객관적이고 투명한 절차에 따라 선정하여야 한다. 이 경우 감정평가법인등의 선정·절차 및 방법 등에 필요한 사항은 시·도조례로 정한다.

서울시 도시및주거환경정비조례

제35조(감정평가업자의 선정기준 등) 법 제74조제2항제2호에 따라 구청장이 감정평가업자를

선정하는 기준·절차 및 방법은 다음 각 호와 같다.

1. 구청장은 「감정평가 및 감정평가사에 관한 법률」 제2조제4호의 '감정평가업자' 중 같은 법 제29조에 따라 인가를 받은 감정평가법인으로부터 신청을 받아 다음 각 목의 평가항목을 평가하여 감정평가업자를 선정하며, 세부 평가기준은 별표 3과 같다.
   가. 감정평가업자의 업무수행실적
   나. 소속 감정평가사의 수
   다. 기존평가참여도
   라. 법규준수 여부
   마. 감정평가수수료 적정성
   바. 감정평가계획의 적정성
2. 감정평가업자가 다음 각 목의 어느 하나에 해당하는 경우에는 선정에서 제외한다.
   가. 감정평가법 제32조에 따른 업무정지처분 기간이 만료된 날부터 6개월이 지나지 아니한 자
   나. 감정평가법 제41조제1항에 따른 과징금 또는 제52조에 따른 과태료 부과 처분을 받은 날부터 6개월이 지나지 아니한 자
   다. 「공익사업을 위한 토지 등의 취득 및 보상에 관한 법률」 제95조, 감정평가법 제49조 또는 제50조에 따른 벌금형 이상의 선고를 받고 1년이 지나지 아니한 자

- 사업시행자는 감정평가를 하려는 경우 시장·군수등에게 감정평가법인등의 선정·계약을 요청하고 감정평가에 필요한 비용을 미리 예치하여야 한다. 시장·군수등은 감정평가가 끝난 경우 예치된 금액에서 감정평가 비용을 직접 지급한 후 나머지 비용을 사업시행자와 정산하여야 한다.

(5) 종전자산 가격평가의 기준 시점

관리처분계획 수립을 위한 종전의 토지 또는 건축물의 가격에 대한 감정평가의 기준일은 원칙적으로 최초 사업시행계획인가 고시가 있은 날을 기준으로 한 가격을 평가함이 원칙이나, 조합이 사업시행인가를 받았으나 관리처분계획을 수립하지 않은 상태에서 당초 인가받은 사업시행계획 중 건폐율·용적률을 높이고 총세대수를 증가하는 등 주요 부분을 변경하여 사업시행변경인가를 받은 경우에는 관리처분계획 수립을 위한 종전의 토지 또는 건축물의 가격에 대한 감정평가의 기준일은 사업시행변경인가의 고시가 있은 날로 보아야 한다.

왜냐하면 토지 또는 건축물의 가격에 대한 감정평가를 하는 목적이 관리처분계획의 수립을 위한 것이라는 점에 비추어보면 관리처분계획의 수립 시점과 가장 근접한 시점인 사업시행변경인가의 고시가 있은 날이 보다 합리적 시점이라고 할 수 있고, 토지 또는 건축물의 감정평가액이 조합원의 재산가액과 각 조합원이 부담해야 할 분담금을 정하기 위한 것이라는 점에서도 최종적으로 변경된 계획을 기반으로 하여 평가를 하고 관리처분계획을 수립하는 것이 합리적이기 때문이다.

또한 건폐율·용적률을 높이고 총세대수를 증가하는 등 최초 사업시행계획의 주요 부분이 변경된 경우 건폐율·용적률 및 총세대수 증가는 조합원들의 재산권에 영향을 미치는 바가 크고, 사업시행계획의 변경은 사업구역의 확대에 따라 새로운 토지와 건축물이 추가되는 경우도 배제하지 않는데, 이와 같은 경우까지 최초 사업시행인가의 고시가 있은 날을 기준으로 평가하도록 하는 것은 불합리한 것으로 보이며, 비록 평가시점에 따라 평가액의 증감이 있는 경우라 할지라도 비례율 증감에 따라 그 평가액 변동분이 상쇄되어 사실상 분양대상자별 분담금에 변동이 없다고 볼 여지도 있으나, 최초 사업시행인가일과 사업시행변경인가일 간에 상당한 시간적 간격이 있는 경우 그 평가액에 현저한 차이가 발생할 수 있을 뿐만 아니라, 최초 사업시행계획의 주요 부분의 변경이 있어 변경전후의 계획이 동일성이 없다면 최초 사업시행인가의 고시가 있은 날을 기준으로 평가하도록 하는 것은 합리성이 없다.

(6) 관리처분의 방법 및 기준

① 주거환경개선사업(관리처분방법으로 시행하는 경우), 재개발사업의 경우

다음의 방법과 기준에 따른다(령 제63조제1항).

- 시·도조례로 분양주택의 규모를 제한하는 경우에는 그 규모 이하로 주택을 공급할 것
- 1개의 건축물의 대지는 1필지의 토지가 되도록 정할 것. 다만, 주택단지의 경우에는 그러하지 아니하다.
- 정비구역의 토지등소유자(지상권자를 제외한다)에게 분양할 것. 다만, 공동주택을 분양하는 경우 시·도조례로 정하는 금액·규모·취득 시기 또는 유형에 대한 기준에 부합하지 아니하는 토지등소유자는 시·도조례로 정하는 바에 따라 분양대상에서 제외할 수 있다.

- 1필지의 대지 및 그 대지에 건축된 건축물(분양신청을 받은 후 잔여분에 대하여 보류지로 정하거나 조합원외의 자에게 분양하는 부분을 제외한다)을 2인 이상에게 분양하는 때에는 기존의 토지 및 건축물의 가격(재개발사업의 사업시행방식이 환지방법에서 관리처분방법으로 전환되는 경우에는 환지예정지의 권리가액을 말한다)과 토지등소유자가 부담하는 비용(재개발사업의 경우에만 해당한다)의 비율에 따라 분양할 것
- 분양대상자가 공동으로 취득하게 되는 건축물의 공용부분은 각 권리자의 공유로 하되, 해당 공용부분에 대한 각 권리자의 지분비율은 그가 취득하게 되는 부분의 위치 및 바닥면적 등의 사항을 고려하여 정할 것
- 1필지의 대지위에 2인 이상에게 분양될 건축물이 설치된 경우에는 건축물의 분양면적의 비율에 따라 그 대지소유권이 주어지도록 할 것(주택과 그 밖의 용도의 건축물이 함께 설치된 경우에는 건축물의 용도 및 규모 등을 고려하여 대지지분이 합리적으로 배분될 수 있도록 한다). 이 경우 토지의 소유관계는 공유로 한다.
- 주택 및 부대시설·복리시설의 공급순위는 기존의 토지 또는 건축물의 가격을 고려하여 정할 것. 이 경우 그 구체적인 기준은 시·도조례로 정할 수 있다.

서울시 도시및주거환경정비조례

제35조(재개발사업의 분양대상 등) ① 영 제63조제1항제3호에 따라 재개발사업으로 건립되는 공동주택의 분양대상자는 관리처분계획기준일 현재 다음 각 호의 어느 하나에 해당하는 토지등소유자로 한다.

1. 종전의 건축물 중 주택(주거용으로 사용하고 있는 특정무허가건축물 중 조합의 정관등에서 정한 건축물을 포함한다)을 소유한 자
2. 분양신청자가 소유하고 있는 종전토지의 총면적이 90제곱미터 이상인 자
3. 분양신청자가 소유하고 있는 권리가액이 분양용 최소규모 공동주택 1가구의 추산액 이상인 자. 다만, 분양신청자가 동일한 세대인 경우의 권리가액은 세대원 전원의 가액을 합하여 산정할 수 있다.
4. 사업시행방식전환의 경우에는 전환되기 전의 사업방식에 따라 환지를 지정받은 자. 이 경우 제1호부터 제3호까지는 적용하지 아니할 수 있다.
5. 도시재정비법 제11조제4항에 따라 재정비촉진계획에 따른 기반시설을 설치하게 되는 경우로서 종전의 주택(사실상 주거용으로 사용되고 있는 건축물을 포함한다)에 관한 보상을 받은 자

② 제1항에도 불구하고 다음 각 호의 어느 하나에 해당하는 경우에는 여러 명의 분양신청자를 1명의 분양대상자로 본다.
1. 단독주택 또는 다가구주택을 권리산정기준일 후 다세대주택으로 전환한 경우
2. 법 제39조제1항제2호에 따라 여러 명의 분양신청자가 1세대에 속하는 경우
3. 1주택 또는 1필지의 토지를 여러 명이 소유하고 있는 경우. 다만, 권리산정기준일 이전부터 공유로 소유한 토지의 지분이 제1항제2호 또는 권리가액이 제1항제3호에 해당하는 경우는 예외로 한다.
4. 1필지의 토지를 권리산정기준일 후 여러 개의 필지로 분할한 경우
5. 하나의 대지범위에 속하는 동일인 소유의 토지와 주택을 건축물 준공 이후 토지와 건축물로 각각 분리하여 소유하는 경우. 다만, 권리산정기준일 이전부터 소유한 토지의 면적이 90제곱미터 이상인 자는 예외로 한다.
6. 권리산정기준일 후 나대지에 건축물을 새로 건축하거나 기존 건축물을 철거하고 다세대주택, 그 밖에 공동주택을 건축하여 토지등소유자가 증가되는 경우
③ 제1항제2호의 종전 토지의 총면적 및 제1항제3호의 권리가액을 산정함에 있어 다음 각 호의 어느 하나에 해당하는 토지는 포함하지 않는다.
1. 「건축법」 제2조제1항제1호에 따른 하나의 대지범위 안에 속하는 토지가 여러 필지인 경우 권리산정기준일 후에 그 토지의 일부를 취득하였거나 공유지분으로 취득한 토지
2. 하나의 건축물이 하나의 대지범위 안에 속하는 토지를 점유하고 있는 경우로서 권리산정기준일 후 그 건축물과 분리하여 취득한 토지
3. 1필지의 토지를 권리산정기준일 후 분할하여 취득하거나 공유로 취득한 토지
④ 제1항부터 제3항까지에도 불구하고 사업시행방식전환의 경우에는 환지면적의 크기, 공동환지 여부에 관계없이 환지를 지정받은 자 전부를 각각 분양대상자로 할 수 있다.

② 재건축사업의 경우

다음의 방법 및 기준에 따르되, 조합이 조합원 전원의 동의를 받아 그 기준을 따로 정하는 경우에는 그에 따른다(령 제63조제2항).

- 분양대상자가 공동으로 취득하게 되는 건축물의 공용부분은 각 권리자의 공유로 하되, 해당 공용부분에 대한 각 권리자의 지분비율은 그가 취득하게 되는 부분의 위치 및 바닥면적 등의 사항을 고려하여 정할 것
- 1필지의 대지위에 2인 이상에게 분양될 건축물이 설치된 경우에는 건축물의 분양면적의 비율에 의하여 그 대지소유권이 주어지도록 할 것(주택과 그 밖의 용도의 건축물이 함께 설치된 경우에는 건축물의 용도 및 규모 등을 고려하여 대지지분이 합리적으로

배분될 수 있도록 한다). 이 경우 토지의 소유관계는 공유로 한다.

- 부대시설·복리시설(부속토지를 포함한다)의 소유자에게는 부대시설·복리시설을 공급할 것. 다만, 다음의 어느 하나에 해당하는 경우에는 1주택을 공급할 수 있다.
  - 새로운 부대시설·복리시설을 건설하지 아니하는 경우로서 기존 부대시설·복리시설의 가액이 분양주택 중 최소분양단위규모의 추산액에 정관등으로 정하는 비율(정관등으로 정하지 아니하는 경우에는 1로 한다.)을 곱한 가액보다 클 것
  - 기존 부대시설·복리시설의 가액에서 새로 공급받는 부대시설·복리시설의 추산액을 뺀 금액이 분양주택 중 최소분양단위규모의 추산액에 정관등으로 정하는 비율(정관등으로 정하지 아니하는 경우에는 1로 한다.)을 곱한 가액보다 클 것
  - 새로 건설한 부대시설·복리시설 중 최소분양단위규모의 추산액이 분양주택 중 최소분양단위규모의 추산액보다 클 것

서울시 도시및주거환경정비조례

제38조(주택 및 부대복리시설 공급기준 등) ① 영 제63조제1항제7호에 따라 법 제23조제1항제4호의 방법으로 시행하는 주거환경개선사업, 재개발사업 및 단독주택재건축사업의 주택공급에 관한 기준은 다음 각 호와 같다.

1. 권리가액에 해당하는 분양주택가액의 주택을 분양한다. 이 경우 권리가액이 2개의 분양주택가액의 사이에 해당하는 경우에는 분양대상자의 신청에 따른다.
2. 제1호에도 불구하고 정관등으로 정하는 경우 권리가액이 많은 순서로 분양할 수 있다.
3. 법 제76조제1항제7호다목에 따라 2주택을 공급하는 경우에는 권리가액에서 1주택 분양신청에 따른 분양주택가액을 제외하고 나머지 권리가액이 많은 순서로 60제곱미터 이하의 주택을 공급할 수 있다.
4. 동일규모의 주택분양에 경합이 있는 경우에는 권리가액이 많은 순서로 분양하고, 권리가액이 동일한 경우에는 공개추첨에 따르며, 주택의 동·층 및 호의 결정은 주택규모별 공개추첨에 따른다.

② 영 제63조제1항제7호에 따라 법 제23조제1항제4호의 방법으로 시행하는 주거환경개선사업과 재개발사업으로 조성되는 상가 등 부대·복리시설은 관리처분계획기준일 현재 다음 각 호의 순위를 기준으로 공급한다. 이 경우 동일 순위의 상가 등 부대·복리시설에 경합이 있는 경우에는 제1항제4호에 따라 정한다.

1. 제1순위 : 종전 건축물의 용도가 분양건축물 용도와 동일하거나 비슷한 시설이며 사업자등록(인가·허가 또는 신고 등을 포함한다. 이하 이 항에서 같다)을 하고 영업을 하는 건축물

의 소유자로서 권리가액(공동주택을 분양받은 경우에는 그 분양가격을 제외한 가액을 말한다. 이하 이 항에서 같다)이 분양건축물의 최소분양단위규모 추산액 이상인 자

2. 제2순위 : 종전 건축물의 용도가 분양건축물 용도와 동일하거나 비슷한 시설인 건축물의 소유자로서 권리가액이 분양건축물의 최소분양단위규모 추산액 이상인 자
3. 제3순위 : 종전 건축물의 용도가 분양건축물 용도와 동일하거나 비슷한 시설이며 사업자등록을 필한 건축물의 소유자로서 권리가액이 분양건축물의 최소분양단위규모 추산액에 미달되나 공동주택을 분양받지 않은 자
4. 제4순위 : 종전 건축물의 용도가 분양건축물 용도와 동일하거나 비슷한 시설인 건축물의 소유자로서 권리가액이 분양건축물의 최소분양단위규모 추산액에 미달되나 공동주택을 분양받지 않은 자
5. 제5순위 : 공동주택을 분양받지 않은 자로서 권리가액이 분양건축물의 최소분양단위규모 추산액 이상인 자
6. 제6순위 : 공동주택을 분양받은 자로서 권리가액이 분양건축물의 최소분양단위규모 추산액 이상인 자

(7) 사전통지·총회의결

조합은 관리처분계획의 수립 및 변경 사항을 의결하기 위한 총회의 개최일부터 1개월 전에 다음의 사항을 조합원에게 문서로 통지하여야 한다(제74조제5항). 사업행자가 관리처분계획을 위한 총회 개최 이전에 조합원들에게 일부 사항을 통지하도록 하는 내용의 규정은 2009. 5. 27. 법률 제9729호로 개정되면서 마련되었다.

- 분양대상자별 분양예정인 대지 또는 건축물의 추산액
- 보류지 등의 명세와 추산액 및 처분방법
- 분양대상자별 종전 토지 또는 건축물의 명세 및 사업시행인가고시일 기준 가격
- 정비사업의 추산액 및 그에 따른 조합원 분담규모 및 분담시기에 관한 사항

(8) 준 용

관리처분계획의 내용에 포함되어 하는 사항에 관한 규정, 정비사업에서 재산 또는 권리를 평가할 때 감정평가서를 통하여 평가를 하여야 한다는 규정, 조합원에게 주요한 사항은 사전 통지해야 한다는 규정, 관리처분계획의 내용 및 방법에 관하여 대통령령으로 정하도록 한 규정은 시장·군수등이 직접 수립하는 관리처분계획에 준용한다(제74조제5항).

4. 사업시행계획인가 및 관리처분계획인가의 시기 조정

(1) 특별시장·광역시장 또는 도지사

특별시장·광역시장 또는 도지사는 정비사업의 시행으로 정비구역 주변 지역에 주택이 현저하게 부족하거나 주택시장이 불안정하게 되는 등 특별시·광역시 또는 도의 조례로 정하는 사유가 발생하는 경우에는 시·도 주거정책심의위원회의 심의를 거쳐 사업시행계획인가 또는 관리처분계획인가의 시기를 조정하도록 해당 시장, 군수 또는 구청장에게 요청할 수 있다. 이 경우 요청을 받은 시장, 군수 또는 구청장은 특별한 사유가 없으면 그 요청에 따라야 하며, 사업시행계획인가 또는 관리처분계획인가의 조정 시기는 인가를 신청한 날부터 1년을 넘을 수 없다(제75조제1항).

(2) 특별자치시장 및 특별자치도지사

특별자치시장 및 특별자치도지사는 정비사업의 시행으로 정비구역 주변 지역에 주택이 현저하게 부족하거나 주택시장이 불안정하게 되는 등 특별자치시 및 특별자치도의 조례로 정하는 사유가 발생하는 경우에는 시·도 주거정책심의위원회의 심의를 거쳐 사업시행계획인가 또는 관리처분계획인가의 시기를 조정할 수 있다. 이 경우 사업시행계획인가 또는 관리처분계획인가의 조정 시기는 인가를 신청한 날부터 1년을 넘을 수 없다(제75조제2항).

(3) 방법 및 절차

사업시행계획인가 또는 관리처분계획인가의 시기 조정의 방법 및 절차 등에 필요한 사항은 특별시·광역시·특별자치시·도 또는 특별자치도의 조례로 정한다.

서울특별시 도시및주거환경정비조례

제51조(시기조정 절차 및 방법) ① 구청장은 심의대상구역의 사업시행자가 사업시행인가 또는 관리처분계획인가를 신청하는 경우에는 시기조정자료와 검토의견을 작성하여 시장에게 심의를 신청하여야 한다.

② 시장은 심의대상구역의 사업시행인가 또는 관리처분계획인가 시기에 대하여 주거정책심의회의 심의를 거쳐 조정여부 및 조정기간 등을 결정한다.

③ 시장은 제2항에 따른 결정사항을 심의신청일로부터 60일 이내 구청장에게 서면으로 통보

하며, 구청장은 특별한 사유가 없으면 결정사항에 따라야 한다.
④ 구청장은 제2항에 따른 조정대상구역의 조정기간이 경과되면 인가를 할 수 있다.
⑤ 조정대상구역의 사업시행자는 사업시행인가 조정기간 중이라도 공공지원자와 협의하여 시공자를 선정할 수 있다.

5. 관리처분계획의 수립기준

(1) 수립기준

관리처분계획의 내용은 다음의 기준에 따른다(제76조제1항).

1. 종전의 토지 또는 건축물의 면적·이용 상황·환경, 그 밖의 사항을 종합적으로 고려하여 대지 또는 건축물이 균형 있게 분양신청자에게 배분되고 합리적으로 이용되도록 한다.
2. 지나치게 좁거나 넓은 토지 또는 건축물은 넓히거나 좁혀 대지 또는 건축물이 적정 규모가 되도록 한다.
3. 너무 좁은 토지 또는 건축물이나 정비구역 지정 후 분할된 토지를 취득한 자에게는 현금으로 청산할 수 있다.
4. 재해 또는 위생상의 위해를 방지하기 위하여 토지의 규모를 조정할 특별한 필요가 있는 때에는 너무 좁은 토지를 넓혀 토지를 갈음하여 보상을 하거나 건축물의 일부와 그 건축물이 있는 대지의 공유지분을 교부할 수 있다.
5. 분양설계에 관한 계획은 분양신청기간이 만료하는 날을 기준으로 하여 수립한다.
6. 1세대 또는 1명이 하나 이상의 주택 또는 토지를 소유한 경우 1주택을 공급하고, 같은 세대에 속하지 아니하는 2명 이상이 1주택 또는 1토지를 공유한 경우에는 1주택만 공급한다.
7. 제6호에도 불구하고 다음 각 목의 경우에는 각 목의 방법에 따라 주택을 공급할 수 있다.
   가. 2명 이상이 1토지를 공유한 경우로서 시·도조례로 주택공급을 따로 정하고 있는 경우에는 시·도조례로 정하는 바에 따라 주택을 공급할 수 있다.
   나. 다음 어느 하나에 해당하는 토지등소유자에게는 소유한 주택 수만큼 공급할 수 있다.
      1) 과밀억제권역에 위치하지 아니한 재건축사업의 토지등소유자. 다만, 투기과열지구 또는 조정대상지역에서 사업시행계획인가(최초 사업시행계획인가를 말한다)를 신청하는 재건축사업의 토지등소유자는 제외한다(개정법은 과밀억제권역에 위치하지 아니한 재건축사업 토지등소유자에게는 소유한 주택 수만큼 공급할 수 있다는 재건축조합원의 주택공급 수에 대한 종전법상의 특례를 주택법에 따른 조정대상지역 또는 투기과열지구에서는 적용하지 아니하는 것으로 개정하였다. 이 부분 개정 규정은 2018.2.9. 후 최초로 사업시행인가를 신청하는 경우부터 적용한다. 2018.2.9. 전에 지정된 조정대상지역 및 과밀억제권역 외의 투기과열지구에서 1명의 토지등소유자로부터 토지 또는 건축물의

소유권을 양수하여 여러 명이 소유하게 된 경우에는 양도인과 양수인에게 각각 1주택을 공급할 수 있다. 부칙 제3조).

2) 근로자(공무원인 근로자를 포함한다) 숙소, 기숙사 용도로 주택을 소유하고 있는 토지등소유자

3) 국가, 지방자치단체 및 토지주택공사등

4) 국가균형발전 특별법 제18조에 따른 공공기관지방이전시책 및 혁신도시 활성화를 위한 시책 등에 따라 이전하는 공공기관이 소유한 주택을 양수한 자(제76조제1항제7호나목(4)는 2016.1.27.부터 2년까지만 효력을 가지므로, 이전하는 공공기관의 주택을 양수할 경우 2018.1.27.까지 양수하여야 소유한 주택 수만큼 공급받을 수 있다. 부칙 제2조)

다. 제74조제1항제5호에 따른 가격의 범위 또는 종전 주택의 주거전용면적의 범위에서 2주택을 공급할 수 있고, 이 중 1주택은 주거전용면적을 60제곱미터 이하로 한다. 다만, 60제곱미터 이하로 공급받은 1주택은 제86조제2항에 따른 이전고시일 다음 날부터 3년이 지나기 전에는 주택을 전매(매매·증여나 그 밖에 권리의 변동을 수반하는 모든 행위를 포함하되 상속의 경우는 제외한다)하거나 전매를 알선할 수 없다.

라. 과밀억제권역에 위치한 재건축사업의 경우에는 토지등소유자가 소유한 주택수의 범위에서 3주택까지 공급할 수 있다. 다만, 투기과열지구 또는 조정대상지역에서 사업시행계획인가(최초 사업시행계획인가를 말한다)를 신청하는 재건축사업의 경우에는 그러하지 아니하다(개정법은 재건축사업의 경우 소유한 주택수의 범위 내에서 3주택까지 공급할 수 있도록 하고, 2014.12.31. 이후 최초로 관리처분계획의 인가를 신청하는 경우부터 적용한다. 부칙 제20조).

(2) 관련 판례

① 최초 사업시행계획의 주요 부분을 실질적으로 변경하는 사업시행계획 변경인가가 있는 경우라도 최초 사업시행계획 인가 고시일을 기준으로 평가한 종전자산가격을 기초로 하여 수립된 관리처분계획이 종전자산의 면적·이용상황·환경 등을 종합적으로 고려하여 대지 또는 건축물이 균형있게 분양신청자에게 배분되도록 정한 도시정비법 제76조제1항제1호에 위반된다고 볼 수 없다.

① 도시정비법에 따른 재개발·재건축 등 정비사업은 정비구역 내의 토지 등 소유자가 종전자산을 출자하고 공사비 등을 투입하여 공동주택 등을 새로이 건설한 후 조합원에게 배분되고 남는 공동주택 등을 일반에게 분양하여 발생한 개발이익을 조합원들 사이의 출자 비율에 따라 나누어 가지는 사업으로서, 관리처분계획의 내용으로서 종전자산가격의 평가는 이와 같은 조합원들 사이의 상대적 출자 비율을 정하기 위한 것인 점, ② 도시정비법 제48조제1항제4호가 원칙적으로 사업시행인가 고시일을 기준으로 종전자산가격을 평가하도록 정하면서, 도시정비법 제48조의2

제2항에 따라 철거된 건축물의 경우에는 시장·군수에게 허가받은 날을 기준으로 평가하도록 하고 있을 뿐, 사업시행계획이 변경된 경우 종전자산가격의 평가를 새로 하여야 한다는 내용의 규정을 두고 있지 아니한 것은 평가시점에 따라 종전자산의 가격이 달라질 경우 발생할 수 있는 분쟁을 방지하고 종전자산의 가격 평가시점을 획일적으로 정하기 위한 것으로 보이는 점, ③ 사업시행계획의 변경이 필연적으로 종전자산의 가격에 영향을 미쳐 그 평가를 변경인가 고시일을 기준으로 새로 해야 한다고 볼 수도 없는 점, ④ 최초 사업시행계획의 주요 부분에 해당하는 공동주택의 면적, 세대수 및 세대별 면적 등이 실질적으로 변경되어 최초 사업시행계획이 효력을 상실한다고 하더라도, 이는 사업시행계획 변경시점을 기준으로 최초 사업시행계획이 장래를 향하여 실효된다는 의미일 뿐, 그 이전에 이루어진 종전자산가격의 평가에 어떠한 영향을 미친다고 볼 수 없는 점, ⑤ 사업완료 후 총수입에서 총사업비를 공제한 금액을 종전자산의 총 가액으로 나눈 비례율에 조합원의 종전자산가격을 곱하여 산정되는 조합원별 권리가액의 산정방식에 비추어, 종전자산의 가격이 사후에 상승하였다고 하더라도 종전자산의 총 가액을 분모로 하는 비례율이 하락하여 그 상승분이 상쇄되므로, 평가시점의 차이로 정비구역 내 종전자산의 가액이 달라져도 반드시 권리가액이 달라진다고 볼 수는 없어 최초 사업시행계획 인가 고시일을 기준으로 종전자산가격을 평가하도록 한 것이 부당하다고 볼 수 없는 점 등에 비추어 보면, 도시정비법 제48조제1항제4호가 정한 종전자산가격평가 기준일인 '사업시행인가 고시일'이란 '최초 사업시행계획 인가 고시일'을 의미하는 것으로 봄이 타당하고, 따라서 최초 사업시행계획의 주요 부분을 실질적으로 변경하는 사업시행계획 변경인가가 있었다고 하더라도 특별한 사정이 없는 한 최초 사업시행계획 인가 고시일을 기준으로 평가한 종전자산가격을 기초로 하여 수립된 관리처분계획이 종전자산의 면적·이용상황·환경 등을 종합적으로 고려하여 대지 또는 건축물이 균형있게 분양신청자에게 배분되도록 정한 도시정비법 제48조제2항제1호에 위반된다고 볼 수 없다(**대법원 2015. 10. 29. 선고 2014두13294 판결, 대법원 2015. 11. 26. 선고 2014두15528 판결, 대법원 2016. 2. 18. 선고 2015두2048 판결**).

② 적법하게 인가된 관리처분계획이 종전자산의 면적·이용상황·환경 등을 종합적으로 고려하여 대지 또는 건축물이 균형 있게 분양신청자에게 배분되고 합리적으로 이용되도록 하는 것인 이상 관리처분계획이 토지등소유자들 사이에 다소 불균형이 초래된다고 하더라도 그것이 특정 토지등소유자의 재산권을 본질적으로 침해하는 것이 아닌 한 위법하다고 볼 수 없다.

도시정비법 제48조제2항제1호는 관리처분계획의 기준의 하나로 종전의 토지 또는 건축물의 면적·이용상황·환경 그 밖의 사항을 종합적으로 고려하여 대지 또는 건축물이 균형 있게 분양신청자에게 배분되고 합리적으로 이용되도록 할 것을 규정하고 있다. 그런데 도시환경정비사업은 상업지역·공업지역 등으로서 토지의 효율적 이용과 도심 또는 부도심 등 도시기능의 회복이나 상권활성화 등이 필요한 지역에서 도시환경을 개선하기 위하여 시행하는 것으로서 다수의 이해관계가 상충되어 토지등소유자들의 개별적이고 구체적인 이익 전부를 만족시킬 수는 없는 것이고, 도시환경정비사업에서의 관리처분계획은 사업을 시행함에 있어 반드시 수립하여야 하는 법률이 정한 행정계획으로서 토지등소유자의 지위나 권리·의무의 인정 자체에 관하여는 재량의 여지가 없다고 하겠지만, 그 구체적인 내용의 수립에 관하여는 이른바 계획재량행위에 해당하여 상당한 재량이 인정된다고 할 것이다. 따라서 적법하게 인가된 관리처분계획이 종전의 토지 또는 건축물의 면적·이용상황·환경 그 밖의 사항을 종합적으로 고려하여 대지 또는 건축물이 균형 있게 분양신청자에게 배분되고 합리적으로 이용되도록 하는 것인 이상, 그로 인하여 토지등소유자들 사이에 다소 불균형이 초래된다고 하더라도 그것이 특정 토지등소유자의 재산권을 본질적으로 침해하는 것이 아닌 한, 이에 따른 손익관계는 종전자산과 종후자산의 적정한 평가 등을 통하여 청산금을 가감함으로써 조정될 것이므로, 그러한 사정만으로 그 관리처분계획을 위법하다고 볼 수는 없다(**대법원 2010. 10. 28. 선고 2009두4029 판결, 대법원 2014. 3. 27. 선고 2011두24057 판결**).

③ 너무 좁은 토지 소유자에 대하여 현금청산할 수 있다는 규정(제76조제1항제3호)이 과잉금지원칙에 반하거나, 명확성의 원칙에 반하는 것은 아니다.

정비사업시행에 따른 새로운 건축물과 토지가 한정되어 있어 너무 좁은 토지 소유자를 포함한 조합원 모두에 대해서까지 현물분양하도록 한다면 정상적인 재개발사업이 불가능하게 되므로 이러한 사태를 막을 필요가 있을 뿐만 아니라, 투기세력에 의한 이른바 '지분 쪼개기'로 인하여 다수의 선량한 조합원들의 권리가 침해되는 것을 막고 재개발사업의 원만한 진행을 통하여 국민의 주거 안정을 확보하려는 데에 그 입법목적이 있는바, 이러한 입법목적은 정당하고, 너무 좁은 토지 소유자에 대하여 현물분양권을 제한하는 것은 위와 같은 입법목적을 달성하기 위한 유효한 수단이라 할 것이다.

너무 좁은 토지 소유자는 분양대상에서 제외되는 내용의 관리처분계획이 인가받게 되는 무렵을 기준으로 평가한 토지 등의 가격으로 현금청산을 받게 되고, 수용절차에 의할 때에는 부동산 인도에 앞서 청산금 등의 지급절차가 이루어져야 하므로 이 사건 법률조항에 의하여 부당하게 재산상 손해를 입는 것은 아니다.

정상적인 주택재개발사업의 진행 및 '지분 쪼개기' 등을 통한 부동산 투기억제와 일반 조합원 보호는 국민의 주거 안정에 직결되는 것으로 그 공익이 매우 큰 반면, 너무 좁은 토지 소유자가 받게 되는 재산권의 제한이라는 것은 재개발사업 시행에 따른 새로운 건축물 등에 대한 분양권을 갖지 못하는 것에 한정되므로, 법익의 균형성 원칙에도 위배되지 아니한다.

현금청산의 대상이 되는 "너무 좁은 토지"가 어느 정도 면적의 토지를 뜻하는지를 구체적으로 말해주는 것은 아니지만, 앞서 본 입법목적을 종합하여 보면 너무 좁은 토지 소유자를 포함한 모든 토지 소유자에 대해서까지 현물분양을 인정하게 되면 당해 사업의 구체적 규모와 정도에 비추어 정상적인 재개발사업의 진행을 어렵게 하는 면적이 그 기준이 된다는 점에 있어서 그 의미가 명확하다고 할 것이므로, "너무 좁은 토지"가 구체적으로 어느 면적의 토지를 말하는지를 알 수 없다는 이유만으로 이 사건 법률조항의 의미가 명확하지 않다고 할 수 없다(**헌재 2012. 2. 23. 2010헌바484 결정**).

6. 주택 등 건축물을 분양받을 권리의 산정 기준일

(1) 기 준 일

① 일반적인 경우에는 정비구역 지정권자가 지방도시계획위원회의 심의를 거쳐 정비구역을 지정하고 그 내용을 지방자치단체의 공보에 고시한 날

② 투기억제를 위하여 기본계획 수립후 정비구역 지정·고시전에 따로 정하는 날, 시·도지사는 기준일을 따로 정하는 경우에는 기준일·지정사유·건축물을 분양받을 권리의 산정 기준 등을 해당 지방자치단체의 공보에 고시하여야 한다.

(2) 기준일을 기준으로 분양권을 산정하는 경우

정비사업을 통하여 분양받을 건축물이 다음의 어느 하나에 해당하는 경우에는 기준일의 다음 날을 기준으로 건축물을 분양받을 권리를 산정한다(제77조제1항).

- 1필지의 토지가 여러 개의 필지로 분할되는 경우
- 단독주택 또는 다가구주택이 다세대주택으로 전환되는 경우
- 하나의 대지 범위에 속하는 동일인 소유의 토지와 주택 등 건축물을 토지와 주택 등 건축물로 각각 분리하여 소유하는 경우
- 나대지에 건축물을 새로 건축하거나 기존 건축물을 철거하고 다세대주택, 그 밖의 공동주택을 건축하여 토지등소유자의 수가 증가하는 경우

7. 관리처분계획의 공람 및 인가절차

(1) 공람 및 의견청취

사업시행자는 관리처분계획인가를 신청하기 전에 관계 서류의 사본을 30일 이상 토지등소유자에게 공람하게 하고 의견을 들어야 한다. 다만 대통령령으로 정하는 경미한 사항을 변경하려는 경우에는 토지등소유자의 공람 및 의견청취 절차를 거치지 아니할 수 있다(제78조제1항).

(2) 인 가

시장·군수등은 사업시행자의 관리처분계획인가의 신청이 있은 날부터 30일 이내에 인가 여부를 결정하여 사업시행자에게 통보하여야 한다. 다만, 시장·군수등은 제3항에 따라 관리처분계획의 타당성 검증을 요청하는 경우에는 관리처분계획인가의 신청을 받은 날부터 60일 이내에 인가 여부를 결정하여 사업시행자에게 통지하여야 한다(제78조제2항).

(3) 타당성검증

시장·군수등은 다음의 어느 하나에 해당하는 경우에는 토지주택공사등, 한국감정원에 관리처분계획의 타당성 검증을 요청하여야 한다. 이 경우 시장·군수등은 타당성 검증 비용을 사업시행자에게 부담하게 할 수 있다(제78조제3항, 령 제64조제1항).

- 관리처분계획의 정비사업비가 사업시행계획서의 정비사업비 기준으로 100분의 10 이상 늘어나는 경우
- 관리처분계획의 조합원 분담규모가 분양공고통지의 분양대상자별 분담금의 추산액 총액 기준으로 100분의 20 이상 늘어나는 경우
- 조합원 5분의 1 이상이 관리처분계획인가 신청이 있은 날부터 15일 이내에 시장·군수등에게 타당성 검증을 요청한 경우
- 그 밖에 시장·군수등이 필요하다고 인정하는 경우

개정법은 사업시행계획 대비 관리처분계획상 정비사업비가 일정 비율 이상 증가하거나, 일정 비율 이상의 조합원이 요구하는 경우에는 시장·군수등은 해당 관리처분계획에 대하여 공공기관의 타당성 검증을 반드시 받도록 하였고, 이 부분 개정규정은 개정법 시행 후 최초로 관리처분계획인가를 신청하는 경우부터 적용한다(부칙 제3조). 한편 정비사업을 통하여 '공공지원민간임대주택을 공급하는 경우' 임대사업자가 사들이는 일반분양 물량의 가격을 놓고 조합원과 조합 사이에 의견차이가 발생하고, '사업시행자가 신탁업자인 경우' 신탁업자가 제시하는 정비계획안을 토대로 사업이 추진되어 주민의 의사를 충분히 반영하지 못할 우려가 있으므로, 위와 같은 두 가지 경우에도 관리처분계획에 대한 타당성 검증을 하여야 한다는 의견이 제시되고 있다.

(4) 고 시

시장·군수등이 관리처분계획을 인가하는 때에는 그 내용을 해당 지방자치단체의 공보에 고시하여야 하고, 관리처분계획의 인가내용을 고시하는 때에는 다음의 사항을 포함하여 고시하여야 한다(제78조제4항, 시행규칙 제13조).

- 정비사업의 종류 및 명칭
- 정비구역의 위치 및 면적
- 사업시행자의 성명 및 주소
- 관리처분계획인가일
- 다음의 사항을 포함한 관리처분계획인가의 요지
  - 대지 및 건축물의 규모 등 건축계획
  - 분양 또는 보류지의 규모 등 분양계획
  - 신설 또는 폐지하는 정비기반시설의 명세
  - 기존 건축물의 철거 예정시기 등

(5) 통 지

사업시행자는 관리처분계획인가신청 전에 토지등소유자에게 관계서류 사본을 공람하게 할 경우에 토지등소유자에게 공람기간·장소 등 공람계획에 관한 사항과 개략적인 공람사항을 미리 통지하여야 하고(령 제65조제1항), 관리처분계획인가 후 시장·군수등의 고시가 있은 때에는 분양신청을 한 자에게 다음 사항을 통지하여야 하며, 관리처분계획 변경의 고시가 있는 때에는 변경내용을 통지하여야 한다(령 제65조제2항).

- 정비사업의 종류 및 명칭
- 정비사업 시행구역의 면적
- 사업시행자의 성명 및 주소
- 관리처분계획의 인가일
- 분양대상자별 기존의 토지 또는 건축물의 명세 및 가격과 분양예정인 대지 또는 건축물의 명세 및 추산가액

(6) 준 용

사업시행자는 관리처분계획인가신청 전에 토지등소유자에게 관리처분계획 관계

서류를 공람하게 해야 하고 토지등소유자에게 공람계획을 통지하여야 한다는 규정, 시장·군수등이 관리처분계획을 인가한 때에는 공보에 고시하여야 하고 사업시행자는 분양신청을 한 자에게 관리처분계획인가의 내용을 통지해야 한다는 규정은 시장·군수등이 직접 관리처분계획을 수립하는 경우에 준용한다(제78조제6항).

8. 사업시행계획 및 관리처분계획에 대한 쟁송

(1) 인가·고시 이전

당사자 소송으로 조합을 상대로 사업시행계획 내지 관리처분계획안에 대한 총회결의 취소 또는 무효확인

> 도시정비법 등 관련 법령에서 정한 요건과 절차를 갖추어 성립한 주택재건축정비사업조합은 관할 행정청의 감독 아래 정비구역 안에서 도시정비법상의 '주택재건축사업'을 시행하는 목적 범위 내에서 법령이 정하는 바에 따라 일정한 행정작용을 행하는 행정주체로서의 지위를 갖는 것이고, 조합설립변경 인가 또는 사업시행계획안에 대한 인가가 이루어지기 전에 행정주체인 재건축조합을 상대로 그 조합설립변경 결의 또는 사업시행계획 결의의 효력 등을 다투는 소송은 행정처분에 이르는 절차적 요건의 존부나 효력 유무에 관한 소송으로서 그 소송결과에 따라 행정처분의 위법 여부에 직접 영향을 미치는 공법상 법률관계에 관한 것이므로 이는 행정소송법상의 당사자소송에 해당한다(**대법원 2010. 7. 29. 선고 2008다6328 판결**).
>
> 그리고 이러한 소송은, 관리처분계획이 인가·고시되기 전이라면 위법한 총회결의에 대해 무효확인 판결을 받아 이를 관할 행정청에 자료로 제출하거나 재건축조합으로 하여금 새로이 적법한 관리처분계획안을 마련하여 다시 총회결의를 거치도록 함으로써 하자 있는 관리처분계획이 인가·고시되어 행정처분으로서 효력이 발생하는 단계에까지 나아가지 못하도록 저지할 수 있고, 또 총회결의에 대한 무효확인판결에도 불구하고 관리처분계획이 인가·고시되는 경우에도 관리처분계획의 효력을 다투는 항고소송에서 총회결의 무효확인소송의 판결과 증거들을 소송자료로 활용함으로써 신속하게 분쟁을 해결할 수 있으므로, 관리처분계획에 대한 인가·고시가 있기 전에는 허용할 필요가 있다.

(2) 인가·고시 이후

① **기본행위의 흠을 다투는 경우**: 항고소송으로 조합을 상대로 사업시행계획 내지 관리처분계획에 대한 취소 또는 무효확인

관리처분계획에 대하여 관할 행정청의 인가·고시까지 있게 되면 관리처분계획은 행정처분으로서 효력이 발생하게 되므로, 총회결의의 하자를 이유로 하여 행정처분의

효력을 다투는 항고소송의 방법으로 관리처분계획의 취소 또는 무효확인을 구하여야 하고, 그와 별도로 행정처분에 이르는 절차적 요건 중 하나에 불과한 총회결의 부분만을 따로 떼어내어 효력 유무를 다투는 확인의 소를 제기하는 것은 특별한 사정이 없는 한 허용되지 않는다.

도시정비법에 따른 주택재건축정비사업조합은 관할 행정청의 감독 아래 도시정비법상의 주택재건축사업을 시행하는 공법인으로서, 그 목적 범위 내에서 법령이 정하는 바에 따라 일정한 행정작용을 행하는 행정주체의 지위를 갖는다. 그리고 재건축조합이 행정주체의 지위에서 도시정비법 제48조에 따라 수립하는 관리처분계획은 정비사업의 시행 결과 조성되는 대지 또는 건축물의 권리귀속에 관한 사항과 조합원의 비용 분담에 관한 사항 등을 정함으로써 조합원의 재산상 권리·의무 등에 구체적이고 직접적인 영향을 미치게 되므로, 이는 구속적 행정계획으로서 재건축조합이 행하는 독립된 행정처분에 해당한다.

그런데 관리처분계획은 재건축조합이 조합원의 분양신청 현황을 기초로 관리처분계획안을 마련하여 그에 대한 조합 총회결의와 토지 등 소유자의 공람절차를 거친 후 관할 행정청의 인가·고시를 통해 비로소 그 효력이 발생하게 되므로, 관리처분계획안에 대한 조합 총회결의는 관리처분계획이라는 행정처분에 이르는 절차적 요건 중 하나로, 그것이 위법하여 효력이 없다면 관리처분계획은 하자가 있는 것으로 된다.

따라서 도시정비법상 행정주체인 주택재건축정비사업조합을 상대로 관리처분계획안에 대한 조합 총회결의의 효력 등을 다투는 소송은 행정처분에 이르는 절차적 요건의 존부나 효력 유무에 관한 소송으로서 그 소송결과에 따라 행정처분의 위법 여부에 직접 영향을 미치는 공법상 법률관계에 관한 것이므로, 이는 행정소송법상의 당사자소송에 해당한다.

그리고 이러한 소송은, 관리처분계획이 인가·고시되기 전이라면 위법한 총회결의에 대해 무효확인 판결을 받아 이를 관할 행정청에 자료로 제출하거나 재건축조합으로 하여금 새로이 적법한 관리처분계획안을 마련하여 다시 총회결의를 거치도록 함으로써 하자 있는 관리처분계획이 인가·고시되어 행정처분으로서 효력이 발생하는 단계에까지 나아가지 못하도록 저지할 수 있고, 또 총회결의에 대한 무효확인판결에도 불구하고 관리처분계획이 인가·고시되는 경우에도 관리처분계획의 효력을 다투는 항고소송에서 총회결의 무효확인소송의 판결과 증거들을 소송자료로 활용함으로써 신속하게 분쟁을 해결할 수 있으므로, 관리처분계획에 대한 인가·고시가 있기 전에는 허용할 필요가 있다.

그러나 나아가 도시정비법상 주택재건축정비사업조합이 제48조에 따라 수립한 관리처분계획에 대하여 관할 행정청의 인가·고시까지 있게 되면 관리처분계획은 행정처분으로서 효력이 발생하게 되므로, 총회결의의 하자를 이유로 하여 행정처분의 효력을 다투는 항고소송의 방법으로 관리처분계획의 취소 또는 무효확인을 구하여야 하고, 그와 별도로 행정처분에 이르는 절차적 요건 중 하나에 불과한 총회결의 부분만을 따로 떼어내어 효력 유무를 다투는 확인의 소를 제기하는 것은 특별한 사정이 없는 한 허용되지 않는다(**대법원 2009. 9. 17. 선고 2007다2428 전원합의체 판결, 대법원 2009. 10. 15. 선고 2008다93001 판결, 대법원 2010. 2. 25. 선고 2007다73598 판결**).

따라서 당초 주택재개발정비사업조합의 조합원 총회에서 사업시행계획안 및 관리처분계획안에 대하여 결의를 한 후에 다시 조합원 총회에서 새로운 결의를 거쳐 사업시행계획 및 관리처분계획을 변경하여 관할 행정청의 인가를 받은 경우에도, 행정처분인 변경된 사업시행계획 및 관리처분계획에 대하여 항고소송의 방법으로 취소 또는 무효확인을 구하여야 하고, 당초의 조합원 총회의 효력 유무를 다투는 확인의 소를 제기하는 것은 특별한 사정이 없는 한 허용되지 아니하며, 또한 설령 변경 전의 사업시행계획안 및 관리처분계획안에 대한 종전 결의에 하자가 있다 하더라도, 종전 결의의 무효확인을 구하는 것은 특별한 사정이 없는 한 과거의 법률관계 내지 권리관계의 확인을 구하는 것에 불과하여 권리보호요건으로서 확인의 이익이 없다(**대법원 2016. 10. 13. 선고 2012두24481 판결**).

② **보충행위(인가처분)의 흠을 다투는 경우**: 항고소송으로 행정청을 상대로 사업시행계획인가처분 내지 관리처분계획인가처분 취소 및 무효청구

주택재개발정비사업조합이 수립한 관리처분계획은 그것이 인가·고시를 통해 확정되면 이해관계인에 대한 구속적 행정계획으로서 독립적인 행정처분에 해당한다. 이러한 관리처분계획을 인가하는 행정청의 행위는 조합의 관리처분계획에 대한 법률상의 효력을 완성시키는 보충행위이다. 따라서 기본행위가 적법·유효하고 보충행위인 인가처분 자체에 흠이 있다면 그 인가처분의 무효나 취소를 주장할 수 있다. 그러나 인가처분에 흠이 없다면 기본행위에 흠이 있다고 하더라도 따로 기본행위의 흠을 다투는 것은 별론으로 하고 기본행위의 흠을 내세워 바로 그에 대한 인가처분의 무효확인 또는 취소를 구할 수는 없으므로, 그 당부에 관하여 판단할 필요 없이 해당 부분 청구를 기각하여야 한다(**대법원 2016. 12. 15. 선고 2015두51347 판결**).

③ **주요부분의 실질적 변경이 있는 경우**: 당초 관리처분계획은 과거의 법률관계이므로 무효확인을 구할 법률상 이익이 없음

당초 관리처분계획의 경미한 사항을 변경하는 경우와는 달리 당초 관리처분계획의 주요 부분을 실질적으로 변경하는 내용으로 새로운 관리처분계획을 수립하여 시장·군수의 인가를 받은 경우에 당초 관리처분계획은 달리 특별한 사정이 없는 한 그 효력을 상실한다고 할 것이고, 따라서 당초 관리처분계획은 별개의 새로운 관리처분계획으로 변경됨으로써 과거의 법률관계에 불과하므로 당초 관리처분계획의 무효확인을 구할 법률상 이익은 없다(**대법원 2012. 3. 22. 선고 2011두6400 전원합의체 판결**).

그리고 이러한 경우 당초 관리처분계획의 결의요건에 관한 하자가 있어 이를 보완하는 의미로

다시 조합총회의 결의를 거쳐 당초 관리처분계획에 대하여 시장·군수의 인가를 받은 경우에도 당초 관리처분계획은 달리 특별한 사정이 없는 한 그 효력을 상실한다고 할 것이다(**대법원 2013. 12. 26. 선고 2012두6674 판결**).

이때 당초 관리처분계획이 효력을 상실한다는 것은 당초 관리처분계획이 유효하게 존속하다가 변경 시점을 기준으로 장래를 향하여 실효된다는 의미이지 소급적으로 무효가 된다는 의미가 아니다. 그리고 이러한 법리는 변경된 관리처분계획이 당초 관리처분계획의 주요 부분을 실질적으로 변경하는 정도에 이르지 않는 경우에도 동일하게 적용되므로, 이와 같은 경우 당초 관리처분계획 중 변경되는 부분은 장래를 향하여 실효된다(**대법원 2016. 6. 23. 선고 2014다16500 판결**).

(3) 보전소송

① 인가·고시 이전 : 민사집행법상 가처분신청

조합을 상대로 하는 사업시행계획 또는 관리처분계획에 대한 총회결의의 효력을 다투는 소송은 행정소송법상 당사자소송이므로, 이를 본안으로 하여 본안판결 선고시까지 총회결의 효력정지를 구하는 신청은 민사집행법상 가처분신청의 방법에 의한다.

관할 행정청의 인가·고시 이전에 행정법원에 조합을 상대로 사업시행계획 내지 관리처분계획안에 대한 총회결의무효확인을 구하는 행정소송법상 당사자소송을 제기한 경우, 당사자소송에 대하여는 항고소송에 적용되는 행정소송법 제23조제2항의 집행정지에 관한 규정이 준용되지 아니하므로(행정소송법 제44조제1항), 이를 본안으로 하는 가처분에 대하여는 행정소송법 제8조제2항에 따라 민사집행법상의 가처분에 관한 규정이 준용되어야 한다(**대법원 2015. 8. 21.자 2015무26 결정**).

위 사례는, 부천 Y주택재건축정비사업조합 일부 조합원(조합장도 포함되어 있었음)이 조합을 상대로 관리처분계획안에 대한 총회결의의 무효확인을 구하는 소송을 제기하면서 '총회결의효력은 본안판결확정시까지 정지한다'는 보전처분을 한데 대하여, 인천지방법원이 '총회결의효력은 본안판결선고시까지 정지한다'는 결정을 하자, 조합은 불복하지 아니하고, 다른 일부 조합원이 조합을 위하여 보조참가하면서 즉시항고하였으나 서울고등법원에서 항고기각하자 대법원에 재항고한 사안에서, 대법원은 「본안소송은 관리처분계획안에 대한 조합 총회결의의 효력을 다투는 소송으로서 행정소송법상의 당사자소송에 해당하므로, 이러한 당사자소송을 본안으로 하는 보전소송에 대하여는 행정소송법상의 집행정지에 관한 규정이 아니라 민사집행법상의 가처분에 관한 규정을 준용하여야 하고, 가처분신청을 인용하는 내용의 가처분결정에 대하여 불복하는 경우 이의신청만이 허용되고 즉시항고는 허용되지 아니하므로(**대법원 2008. 10. 24.자 2007마1377 결정 등**), 보조참가인이 제출한 서면의 제목이 '즉시항고장'이고 그 끝부분에 '서울고등법원 귀중'이라고 기재되어 있더라도 이를 가처분결정에 대한 이의신청으로 처리하였어야 할 것이다. 그럼에도 인천지방법원이 보조참가인 의 불복신청을 즉시항고로 오인한 나머지 기록을 원심법원에 송부한 조치는 잘못된 것이고, 이를 송부받은 원심법원으로서도 마땅히 기록을 다시 이의신청 사건에 대한 관할권을 가지는 인천지방법원에 송부하여 가처분신청의 당부에 대하여 심리·판단하도록 하였어야 할 것임에도 보조참가인의 불복신청을 즉시항고로 보아 항고기각결정을 한 원심의 조치에는 가처분결정에 대한 이의신청 사건의 전속관할에 관한 규정을 위반한 위법이 있다.」고 판시하면서 사건을 관할권이 있는 인천지방법원 본원 합의부에 이송하였다.

② 인가·고시 이후 : 행정소송법상 집행정지신청

조합에 대한 사업시행계획 또는 관리처분계획의 효력을 다투는 소송은 행정소송법상 항고소송이므로, 이를 본안으로 하여 본안판결 선고시까지 사업시행계획 또는 관리처분계획 효력정지를 구하는 신청은 행정소송법상 집행정지신청의 방법에 의한다.

관할 행정청의 인가·고시 이후에 행정법원에 조합을 상대로 사업시행계획 및 관리처분계획에 대한 취소 또는 무효확인을 구하는 행정소송법상 항고소송을 제기한 경우, 행정소송법 제23조제2항에 따라 집행정지신청을 하고, 이에 대하여 불복이 있을 경우 즉시항고할 수 있음은 당연하다. 항고소송의 대상이 되는 행정처분의 효력이나 집행 혹은 절차속행 등의 정지를 구하는 신청은 행정소송법상 집행정지신청의 방법으로서만 가능할 뿐 민사소송법상 가처분의 방법으로는 허용될 수 없다(대법원 2009. 11. 2.자 2009마596 결정).

9. 관리처분계획에 따른 처분·관리

(1) 관리처분계획에 따른 공급

정비사업의 시행으로 조성된 대지 및 건축물은 관리처분계획에 따라 처분 또는 관리하여야 한다(제79조제1항). 사업시행자는 정비사업의 시행으로 건설된 건축물을 인가받은 관리처분계획에 따라 토지등소유자에게 공급하여야 한다(제79조제2항).

(2) 사업시행자가 정하는 방법에 따른 공급

주택법에 의하여 주택건설사업계획 또는 대지조성사업계획의 승인을 받아 사업을 시행하는 사업주체는 입주자를 모집하려는 경우 국토교통부령이 정하는 바에 따라 시장·군수·구청장의 승인을 받아야 하고, 주택을 공급하려는 경우 국토교통부령으로 정하는 입주자모집의 조건·방법·절차, 입주금의 납부 방법·시기·절차, 주택공급계약의 방법·절차 등에 적합하여야 하고, 국토교통부령으로 정하는 바에 따라 벽지·바닥재·

주방용구·조명기구 등을 제외한 부분의 가격을 따로 제시하고, 이를 입주자가 선택할 수 있도록 하도록 규정되어 있다(주택법 제54조).

그런데 정비사업의 사업시행자(사업시행자가 정비구역의 전부 또는 일부를 수용하여 주택을 건설한 후 토지등소유자에게 우선 공급하거나 대지를 토지등소유자 또는 토지등소유자 외의 자에게 공급하는 방법으로 시행하는 주거환경정비사업의 경우 대지를 공급받아 주택을 건설하는 주거환경개선사업의 시행자를 포함한다)는 정비구역에 주택을 건설하는 경우에는 입주자 모집 조건·방법·절차, 입주금(계약금·중도금 및 잔금을 말한다)의 납부 방법·시기·절차, 주택공급 방법·절차 등에 관하여 주택법 제54조에도 불구하고 대통령령으로 정하는 범위에서 시장·군수등의 승인을 받아 따로 정할 수 있다(제79조제3항).

현지개량방법, 수용후건설방법, 환지방법의 방법으로 시행하는 주거환경개선사업의 사업시행자 및 수용후건설방법에 따라 대지를 공급받아 주택을 건설하는 자가 정비구역에 주택을 건설하는 경우 주택의 공급에 관하여는 시행령 별표 2에 규정된 범위안에서 시장·군수등의 승인을 얻어 사업시행자가 이를 따로 정할 수 있다(령 제66조). 주거환경개선사업시 토지를 민간 사업자에게 공급하는 방식이 도입됨에 따라, 토지를 공급받은 민간사업자가 기존 주민에게 특별공급 할 수 있는 근거를 마련한 것이다.

시행령 별표 2(령 제66조 관련)

주거환경개선사업의 주택공급조건 등

1. **주택의 공급기준**: 1세대 1주택을 기준으로 공급한다.
2. **주택의 공급대상**: 다음 각 목에 해당하는 자에게 공급한다. 다만, 주거환경개선사업을 위한 정비구역에 「건축법」 제57조에 따른 대지분할제한면적 이하의 과소토지만을 소유하고 있는 자 등에 대한 주택공급기준은 시·도조례로 따로 정할 수 있다(서울시의 경우 주택공급대상에서 제외되는 자는 토지면적이 90제곱미터에 미달되는 토지소유자로 규정하고 있음, 서울시 조례 제43조).
   가. 제13조에 따른 정비계획의 공람공고일 또는 시장·군수등이 해당 구역의 특성에 따라 필요하다고 인정하여 시·도지사의 승인을 얻어 따로 정하는 날(이하 "기준일"이라 한다) 현재 해당 주거환경개선사업을 위한 정비구역 또는 다른 주거환경개선사업을 위한 정비구역에 주택이 건설될 토지 또는 철거예정인 건축물을 소유한 자
   나. 「국토의 계획 및 이용에 관한 법률」 제2조제11호에 따른 도시·군계획사업으로 인하여

주거지를 상실하여 이주하게 되는 자로서 해당 시장·군수등이 인정하는 자

3. 주택의 공급순위

가. 1순위 : 기준일 현재 해당 정비구역에 주택이 건설될 토지 또는 철거예정인 건축물을 소유하고 있는 자로서 해당 정비구역에 거주하고 있는 자

나. 2순위 : 기준일 현재 해당 정비구역에 주택이 건설될 토지 또는 철거예정인 건축물을 소유하고 있는 자(법인인 경우에는 사회복지를 목적으로 하는 법인만 해당한다)로서 해당 정비구역에 거주하고 있지 아니하는 자

다. 3순위 : 기준일 현재 다른 주거환경개선사업을 위한 정비구역에 토지 또는 건축물을 소유하고 있는 자로서 해당 정비구역에 거주하고 있는 자

라. 4순위 : 제2호나목에 해당하는 자

(3) 잔여분 공급

사업시행자는 분양신청을 받은 후 잔여분이 있는 경우에는 정관등 또는 사업시행계획으로 정하는 목적을 위하여 그 잔여분을 보류지(건축물을 포함한다)로 정하거나 조합원 또는 토지등소유자 이외의 자에게 일반분양할 수 있다. 이 경우 분양공고와 분양신청절차 등에 필요한 사항은 대통령령으로 정한다(제79조제4항).

잔여분을 조합원 이외의 자에게 분양하는 경우의 공고·신청절차·공급조건·방법 및 절차 등은 주택법 제54조를 준용한다. 이 경우 '사업주체'는 '사업시행자(토지주택공사등이 공동사업시행자인 경우에는 토지주택공사등을 말한다)'로 본다(령 제67조).

관리처분계획에 포함되는 사항들은 기본적으로 해당 정비사업의 조합원을 대상으로 하는 조합원 분양과 관련된 사항으로서, 조합원 외의 자를 대상으로 하는 일반분양에 적용되는 일반분양가는 도시정비법령에서 관리처분계획에 포함되어야 하는 사항으로 규정하고 있지 않으므로, 사업시행자가 관리처분계획의 인가를 신청할 때 일반분양가의 예정액을 관리처분계획서에 기재하였다 하더라도 이는 임의적인 사항으로서 관리처분계획 인가의 대상이 된 것은 아니다. 관리처분계획에 기재된 일반분양가의 변동이 조합원 부담규모의 변동에 영향을 주는 경우가 되더라도, 조합은 총회의 의결을 거쳐 관리처분계획의 변경인가를 받아 조합원 부담규모를 조정할 수 있는 것이므로, 관리처분계획에 일반분양가의 예정액이 포함되어 있다 하여 그 수정·변경이 불가능한 것도 아니다. 따라서 도시정비법에 따라 인가받은 관리처분계획에 공동주택의 일반분

양가가 포함된 경우, 잔여분에 대하여 실제 일반분양을 할 때 반드시 관리처분계획에서 예상한 일반분양가를 반드시 적용하여야 하는 것은 아니다.

서울특별시 도시및주거환경정비조례

제40조(일반분양) 법 제79조제2항에 따라 토지등소유자에게 공급하는 주택과 제44조에 따른 처분 보류지를 제외한 대지 및 건축물(이하 "체비시설"이라 한다)은 법 제79조제4항에 따라 조합원 또는 토지등소유자 이외의 자에게 분양할 수 있으며 분양기준은 다음 각 호에 따른다.

1. 체비시설 중 공동주택은 법 제74조제1항제4호가목에 따라 산정된 가격을 기준으로 「주택법」 및 「주택공급에 관한 규칙」에서 정하는 바에 따라 일반에게 분양한다.
2. 체비시설 중 부대·복리시설은 법 제74조제1항제4호라목에 따라 산정된 가격을 기준으로 「주택법」 및 「주택공급에 관한 규칙」에서 정하는 바에 따라 분양한다. 다만, 세입자(정비구역의 지정을 위한 공람공고일 3개월 전부터 사업시행계획인가로 인하여 이주하는 날까지 계속하여 영업하고 있는 세입자를 말한다)가 분양을 희망하는 경우에는 다음 각 목의 순위에 따라 우선 분양한다.
   가. 제1순위 : 종전 건축물의 용도가 분양건축물 용도와 동일하거나 비슷한 시설인 건축물의 세입자로서 사업자등록을 필하고 영업한 자
   나. 제2순위: 종전 건축물의 용도가 분양건축물 용도와 동일하거나 비슷한 시설인 건축물의 세입자로서 영업한 자
3. 제1호 및 제2호에 불구하고 구청장은 재정비촉진지구에서 도시계획사업으로 철거되는 주택을 소유한 자(철거되는 주택 이외의 다른 주택을 소유하지 않은 자로 한정한다)가 인근 정비구역의 주택분양을 희망하는 경우에는 「주택공급에 관한 규칙」 제36조에 따라 특별공급하도록 한다.

제44조(보류지 등) ① 사업시행자는 제38조에 따라 주택 등을 공급하는 경우 분양대상자의 누락·착오 및 소송 등에 대비하기 위하여 법 제79조제4항에 따른 보류지(건축물을 포함한다. 이하 같다)를 다음 각 호의 기준에 따라 확보하여야 한다.

1. 법 제74조 및 제79조에 따른 토지등소유자에게 분양하는 공동주택 총 건립세대수의 1퍼센트 범위의 공동주택과 상가 등 부대·복리시설의 일부를 보류지로 정할 수 있다.
2. 사업시행자가 제1호에 따른 1퍼센트의 범위를 초과하여 보류지를 정하려면 구청장에게 그 사유 및 증명 서류를 제출하여 인가를 받아야 한다.

② 제1항에 따른 보류지는 다음의 기준에 따라 처분하여야 한다.

1. 분양대상의 누락·착오 및 소송 등에 따른 대상자 또는 제27조제2항제3호에 따른 적격세입자에게 우선 처분한다.

> 2. 보류지의 분양가격은 법 제74조제1항제3호를 준용한다.
> 3. 제1호에 따라 보류지를 처분한 후 잔여분이 있는 경우에는 제40조에 따라 분양하여야 한다.

(4) 임대주택의 공급

① 재개발임대주택의 공공인수

㉮ 인 수 자

국토교통부장관, 시·도지사, 시장, 군수, 구청장 또는 토지주택공사등은 조합이 요청하는 경우 재개발사업의 시행으로 건설된 임대주택을 인수하여야 한다(제79조제5항). 조합이 재개발사업의 시행으로 건설된 재개발임대주택의 인수를 요청하는 경우 시·도지사 또는 시장, 군수, 구청장이 우선하여 인수하여야 하며, 시·도지사 또는 시장, 군수, 구청장이 예산·관리인력의 부족 등 부득이한 사정으로 인수하기 어려운 경우에는 국토교통부장관에게 토지주택공사등을 인수자로 지정할 것을 요청할 수 있다(령 제68조제1항).

㉯ 인수가격 및 인수절차

재개발임대주택의 인수가격은 공공주택특별법 시행령 제54조제5항에 따라 정해진 분양전환가격의 산정기준 중 건축비에 부속토지의 가격을 합한 금액으로 하며, 부속토지의 가격은 사업시행인가 고시가 있는 날을 기준으로 감정평가업자 둘 이상이 평가한 금액을 산술평균한 금액으로 한다. 이 경우 건축비 및 부속토지의 가격에 가산할 항목은 인수자가 조합과 협의하여 정할 수 있다. 재개발임대주택의 인수계약 체결을 위한 사전협의, 인수계약의 체결, 인수대금의 지급방법 등 필요한 사항은 인수자가 따로 정하는 바에 따른다(령 제68조제2항,제3항).

② 임대주택의 공급조건

㉮ 사업시행자가 정하는 경우

사업시행자는 정비사업의 시행으로 임대주택을 건설하는 경우에는 임차인의 자격·선정방법·임대보증금·임대료 등 임대조건에 관한 기준 및 무주택 세대주에게 우선 매각하도록 하는 기준 등에 관하여 민간임대주택에관한특별법 제42조 및 제44조, 공공주택특별법 제48조, 제49조 및 제50조의3에도 불구하고 시장·군수등의 승인을 받아 따로 정할 수 있는데(제79조제6항본문), 사업시행자가 임대주택을 건설하는 경우의 임차인의 자격·선정방법·임대보증금·임대료 등 임대조건에 관한 기준 및 무주택세대주에게 우선 분양전환하도록 하는 기준 등에 관하여는 시행령 별표 3에 규정된 범위에서 시장·군수등의 승인을 받아 사업시행자가 따로 정할 수 있다(령 제69조제1항).

시행령 별표 3(령 제69조제1항 관련)

임대주택의 공급조건 등

1. 주거환경개선사업
   가. 임대주택은 다음의 순위에 따라 입주를 희망하는 자에게 공급한다.
      1) 1순위 : 기준일 3개월 전부터 보상계획 공고시까지 계속하여 해당 주거환경개선사업을 위한 정비구역 또는 다른 주거환경개선사업을 위한 정비구역에 거주하는 세입자
      2) 2순위 : 시행령 별표 2 제3호가목 및 나목의 순위에 해당하는 자로서 주택분양에 관한 권리를 포기한 자
      3) 3순위 : 시행령 별표 2 제3호라목의 순위에 해당하는 자
   나. 세입자에게 공급하는 주택의 규모별 입주자 선정기준 : 입주대상자의 세대구성원의 수, 해당 정비구역에서의 거주기간, 소득수준, 「국민기초생활 보장법」에 따른 수급권자 여부 등을 고려하여 정한다.
   다. 공급절차 등
      1) 입주자모집공고 내용 및 절차, 공급신청 및 계약조건 등 임대주택의 공급에 관하여는 공공주택 특별법령 및 주택법령의 관련 규정에 따른다.
      2) 임대보증금·임대료 등에 관하여는 임대주택법령 및 주택건설촉진법령의 관련규정에 따른다. 다만, 시·도조례로 따로 정하는 경우에는 그에 따른다.

2. 재개발사업
   가. 임대주택은 다음의 어느 하나에 해당하는 자로서 입주를 희망하는 자에게 공급한다.
      1) 기준일 3개월 전부터 해당 재개발사업을 위한 정비구역 또는 다른 재개발사업을 위한 정비구역에 거주하는 세입자
      2) 기준일 현재 해당 재개발사업을 위한 정비구역에 주택이 건설될 토지 또는 철거예정인 건축물을 소유한 자로서 주택분양에 관한 권리를 포기한 자
      3) 시행령 별표 2 제3호라목의 순위에 해당하는 자
      4) 시·도조례로 정하는 자
   나. 주택의 규모 및 규모별 입주자선정방법, 공급절차 등에 관하여는 시·도조례로 정하는 바에 따른다.
   다. 공급절차 등 : 입주자모집공고 내용 및 절차, 공급신청·계약조건·임대보증금 및 임대료

등 주택공급에 관하여는 민간임대주택에 관한 특별법령, 공공주택 특별법령 및 주택법령의 규정에 따른다.

서울특별시 도시및주거환경정비조례

제46조(재개발사업의 임대주택 공급대상자 등) ① 영 제69조제1항 별표 3 제2호가목4)에서 "시·도조례로 정하는 자"란 다음 각 호의 어느 하나에 해당하는 자를 말한다.

1. 해당 정비구역에 거주하는 세입자로서 세대별 주민등록표에 등재된 날을 기준으로 영 제13조에 따른 정비구역의 지정을 위한 공람공고일(사업시행방식전환의 경우에는 전환을 위한 공람공고일을 말한다) 3개월 전(「국민기초생활 보장법」 제2조제2호에 따른 수급자는 사업시행계획인가 신청일 전)부터 사업시행계획인가로 인하여 이주하는 날(법 제81조제3항에 따라 건축물을 철거하는 경우 구청장의 허가를 받아 이주하는 날)까지 계속하여 거주하고 있는 무주택세대주(다만, 신발생무허가건축물에 거주하는 세입자는 제외한다) 및 해당 정비구역에 거주하는 토지등소유자로서 최소분양주택가액의 4분의 1보다 권리가액이 적은 자 중 해당 정비사업으로 인해 무주택자가 되는 세대주
2. 해당 정비구역의 주택을 공급받을 자격을 가진 분양대상 토지등소유자로서 분양신청을 포기한 자(철거되는 주택 이외의 다른 주택을 소유하지 않은 자로 한정한다)
3. 소속 대학의 장(총장 또는 학장)의 추천에 따라 선정된 저소득가구의 대학생(제8조제1항제2호에 따라 임대주택을 계획한 해당구역으로 한정한다)
4. 해당 정비구역 이외의 재개발구역 안의 세입자로서 제1호 또는 토지등소유자로서 제2호에 해당하는 입주자격을 가진 자
5. 해당 정비구역에 인접하여 시행하는 도시계획사업(법·영·시행규칙 및 이 조례에 따른 정비사업을 제외한다)으로 철거되는 주택의 소유자 또는 무주택세대주로서 구청장이 추천하여 시장이 선정한 자
6. 그 밖에 규칙으로 정하는 자

② 제1항제1호에 따른 공급대상자 세대의 판단기준은 다음 각 호와 같다.

1. 정비구역 지정을 위한 공람공고일 3개월 이전부터 임대주택 입주 시까지 세대별 주민등록표에 부부 또는 직계 존·비속으로 이루어진 세대. 이 경우 이혼모가 직계 존·비속이었던 사람과 동거하고 있는 세대를 포함한다.
2. 관할 구청장이 소년·소녀 가장세대로 정한 세대로서 가족 2명 이상이 세대별 주민등록표에 등재된 세대
3. 형제자매 등으로만 이루어진 세대로서 가족 2명 이상이 세대별 주민등록표에 등재된 세대.

이 경우 세대주가 30세 이상이거나 「소득세법」 제4조에 따른 소득이 있는 사람이어야 한다.

4. 재개발구역 지정을 위한 공람공고일(1996년 6월 30일 이전 지정된 정비구역은 사업계획결정고시일을 말하며, 사업시행방식전환의 경우에는 사업시행방식전환을 위한 공람공고일을 말한다) 3개월 이전부터 이주 시까지 세대별 주민등록표상에 배우자 및 직계 존·비속인 세대원이 없는 세대인 경우에는 세대주가 30세 이상이거나 「소득세법」 제4조에 따른 소득이 있는 자이어야 한다. 다만, 가옥주와 동일 가옥 거주자로서 주민등록표상 분리세대는 제외하며, 동일 가옥에 주민등록표상 여러 세대인 경우 하나의 임대주택만 공급한다.

③ 영 제69조제1항 별표 3 제2호나목에 따라 재개발사업의 임대주택은 다음 각 호의 순위에 따라 공급한다.

1. 제1순위: 제1항제1호에 해당하는 자
2. 제2순위: 제1항제2호에 해당하는 자
3. 제3순위: 제1항제3호에 해당하는 자
4. 제4순위: 제1항제4호에 해당하는 자
5. 제5순위: 제1항제5호에 해당하는 자
6. 제6순위: 제1항제6호에 해당하는 자

④ 제1항제3호 및 제3항제3호에 따라 공급하는 임대주택은 소속 대학의 장(총장 또는 학장)이 추천하는 학생으로서 다음 각 호의 순위에 따라 재학기간으로 한정하여 공급한다.

1. 제1순위: 아동복지시설에서 퇴거한 대학생
2. 제2순위: 기초생활수급자 자녀의 대학생
3. 제3순위: 차상위계층 자녀의 대학생

⑤ 제3항에 따른 같은 순위에서 경쟁이 있는 때에는 해당 정비구역에서 거주한 기간이 오래된 순으로 공급한다.

㉯ 인수자가 정하는 경우

다만 재개발임대주택으로서 최초의 임차인 선정이 아닌 경우에는 인수자는 다음의 범위에서 재개발임대주택의 임차인의 자격 등에 관한 사항을 정하여야 한다(령 제69조 제2항).

- 임차인의 자격은 무주택 기간과 해당 정비사업이 위치한 지역에 거주한 기간이 각각 1년 이상인 범위에서 오래된 순으로 할 것. 다만, 시·도지사가 임대주택을 인수한 경우에는 거주지역, 거주기간 등 임차인의 자격을 별도로 정할 수 있다.
- 임대보증금과 임대료는 정비사업이 위치한 지역의 시세의 100분의 90 이하의 범

위로 할 것
- 임대주택의 계약방법 등에 관한 사항은 공공주택특별법이 정하는 바에 따를 것
- 관리비 등 주택의 관리에 관한 사항은 공동주택관리법이 정하는 바에 따를 것

③ 임차인자격 검색의뢰

시장·군수등은 사업시행자 및 수용후건설방법에 의한 주거환경개선사업에 따라 대지를 공급받아 주택을 건설하는 자가 요청하거나 임차인 선정을 위하여 필요한 경우 국토교통부장관에게 임차인 자격 해당 여부에 관하여 주택전산망에 따른 전산검색을 요청할 수 있다(령 제69조제3항).

(5) 남은 주택 공급

사업시행자는 위와 같이 조합원분양, 보류지지정, 임대주택공급 등에 따라 공급대상자에게 주택을 공급하고 남은 주택을 공급대상자 외의 자에게 공급할 수 있다(제79조제7항).

남은 주택의 공급 방법·절차 등은 주택법 제54조를 준용한다. 남은 주택을 주택법 제54조에 의하여 일반분양할 경우, 사업시행자가 조합설립에 동의하지 아니한 자 등에 대한 매도청구소송을 통하여 법원의 승소판결을 받은 후 입주예정자에게 피해가 없도록 손실보상금을 공탁하고 분양예정인 건축물을 담보한 경우에는 법원의 승소판결이 확정되기 전이라도 주택법 제54조에도 불구하고 입주자를 모집할 수 있으나, 준공인가 신청 전까지 해당 주택건설 대지의 소유권을 확보하여야 한다.

10. 지분형주택 등의 공급

(1) 지분형주택

사업시행자가 토지주택공사등인 경우에는 분양대상자와 사업시행자가 공동 소유하는 방식으로 주택을 공급할 수 있고, 이를 지분형주택이라 한다.

지분형주택은 일반 수분양자와 공공이 공동소유하는 형태로 수분양자가 집값 일부만 내고 5년 정도 살아본 뒤 나머지 지분을 공공에서 사들이면 소유권을 완전히 넘겨받고, 만일 지분형주택을 공급받은 자가 공공의 지분을 취득하지 않을 경우 공공이 환매하도록 하는 것이다. 즉 지분형주택은 자금사정이 열악한 원주민의 경우 입주권리를

포기하고 정비구역 밖으로 이주하는 경우가 생기는 것을 방지하기 위한 목적 등으로 도입되었는데, 예컨대 재개발사업으로 신축된 2억원짜리 신규 분양 주택을 원주민이 70%인 1억 4,000만원만 내고 입주한 후 5년 뒤에 나머지 30%인 6,000만원을 LH에 지불하고 완전한 소유권을 취득할 수 있고, 이것이 여의치 않을 경우 자기 지분을 LH에 되팔 수도 있는 것이다.

지분형주택의 규모, 공동 소유기간 및 분양대상자는 다음 각 호와 같다(령 제70조제1항).

- 지분형주택의 규모는 주거전용면적 60제곱미터 이하인 주택으로 한정한다.
- 지분형주택의 공동 소유기간은 분양받을 자가 이전고시에 의하여 소유권을 취득한 날부터 10년의 범위에서 사업시행자가 정하는 기간으로 한다.
- 지분형주택의 분양대상자는 다음 각 요건을 모두 충족하는 자로 한다.
  • 종전에 소유하였던 토지 또는 건축물의 가격이 지분형주택의 분양가격 이하에 해당하는 사람
  • 세대주로서 정비계획의 공람 공고일 당시 해당 정비구역에 2년 이상 실제 거주한 사람
  • 정비사업의 시행으로 철거되는 주택 외 다른 주택을 소유하지 아니한 사람

지분형주택의 공급방법·절차, 지분 취득비율, 지분 사용료 및 지분 취득가격 등에 관하여 필요한 사항은 사업시행자가 따로 정한다(령 제70조제2항).

(2) 토지임대부 분양주택

토지임대부 분양주택이란 일반 서민의 주거비 부담경감과 주거안정에 도움이 되고자 만들어진 제도로 토지의 소유권은 공공이 가지고 주택 수분양자는 주택 및 공공복리시설에 대한 구분소유권과 토지에 대한 임대권을 가져 임대기간 동안 지상권을 설정하는 것을 말한다. 토지임대부 분양주택는 월별 임대료를 원칙으로 하되 임대료를 보증금 형태로 전환이 가능하다.

국토교통부장관, 시·도지사, 시장, 군수, 구청장 또는 토지주택공사등은 정비구역에 세입자와 다음과 같은 소유자의 요청이 있는 경우에는 사업시행자로부터 인수한 임대주택의 일부를 주택법에 따른 토지임대부 분양주택으로 전환하여 공급하여야 한다

(제80조제2항, 령 제71조제1항).

- 면적이 90제곱미터 미만의 토지를 소유한 자로서 건축물을 소유하지 아니한 자
- 바닥면적이 40제곱미터 미만의 사실상 주거를 위하여 사용하는 건축물을 소유한 자로서 토지를 소유하지 아니한 자

다만 토지 또는 주택의 면적은 위에서 정한 면적의 2분의 1 범위에서 시·도조례로 달리 정할 수 있다(령 제71조제2항).

11. 건축물 등의 사용·수익의 중지 및 철거

(1) 물건조서작성

사업시행자는 기존 건축물을 철거하기 전에 관리처분계획의 수립을 위하여 기존 건축물에 대한 물건조서와 사진 또는 영상자료를 만들어 이를 착공 전까지 보관하여야 한다(령 제72조제1항). 사업시행자가 물건조서를 작성할 때에는 관리처분계획의 내용에 포함되어야 하는 종전 건축물의 가격산정을 위하여 건축물의 연면적, 그 실측평면도, 주요마감재료 등을 첨부하여야 한다. 다만, 실측한 면적이 건축물대장에 첨부된 건축물현황도와 일치하는 경우에는 건축물현황도로 실측평면도를 갈음할 수 있다(령 제72조제2항).

(2) 사용·수익금지

① 관리처분계획인가후 사용수익금지

종전의 토지 또는 건축물의 소유자·지상권자·전세권자·임차권자 등 권리자는 관리처분계획인가의 고시가 있은 때에는 준공인가후 이전고시가 있는 날까지 종전의 토지 또는 건축물을 사용하거나 수익할 수 없다(제81조제1항본문).

> 주택재개발사업에 있어 기존의 노후·불량 건축물을 철거하고 공동주택 등 새로운 건축물을 건설하는 데 필요한 기간 동안 종전 토지 및 건축물에 대한 권리자의 사용·수익을 정지시키는 것은, 도시환경의 개선과 주거생활의 질을 높이고자 하는 주택재개발사업의 원활하고 신속한 진행을 도모하기 위한 것이므로 그 입법목적이 정당하다. 사업시행자는 관리처분계획의 인가를 받으면 기존의 건축물을 철거하는 등 정비사업에 착수할 수 있고, 관련 이해관계가 상충하는 정비사업의 원활하고 신속한 추진을 위해서는 소유자 등 권리자의 권리를 획일적으로 확정할 필요가 있으므로, 관리처분계획의 인가고시가 있은 때부터 이전고시가 있은 때까지 획일적으로 소유자 등 권리자의 사용·수익을 정지시키는 것은 위의 목적을 달성하기 위한 적절한 수단이

된다.

그러나 분양신청을 하지 않거나 이를 철회하여 현금청산대상자가 된 경우에는 사업시행자로부터 청산금 등의 보상만을 받을 뿐 향후 사용·수익이 재개될 여지가 없으므로 사실상 소유권의 상실에 버금가는 제한을 받고 있다. 따라서 현금청산대상자가 소유한 주거용 건축물의 사용·수익이 정지됨으로써 주거용 건축물을 사업시행자에게 인도하여야 한다는 것은, 사실상 이들에게 기존의 주거에서 이탈하여 주거생활을 재건해야 하는 부담을 부과하는 결과가 되므로 이는 현금청산대상자가 수인해야 하는 사회적 제약의 범주를 벗어난 재산권에 대한 과잉제한에 해당한다고 볼 것이며, 결국 이 사건 법률조항이 비례의 원칙에 부합하기 위해서는 가혹한 부담을 완화하는 보상조치들이 규정되어 있을 것을 요청한다.

주택재개발사업의 시행으로 인해 이주해야 하는 현금청산대상자에게는 도시정비법 및 공익사업법에 의한 손실보상으로서, 협의 또는 재결을 통한 청산금이 인정되고, 또한 이주대책에 갈음하여 지급되는 보상대상 주거용 건축물에 대한 평가액의 30퍼센트에 해당하는 금액의 이주정착금과 도시근로자가구의 가구원수별 월평균 명목 가계지출비를 기준으로 산정된 2개월분의 주거이전비, 가재도구 등 동산의 운반에 필요한 비용인 이사비의 보상이 인정된다. 즉, 도시정비법은 위에서 본 바와 같이 청산금을 통해 생활의 근거를 상실한 현금청산대상자의 손실을 보전하고, 이들이 종전과 같은 생활상태를 유지, 재건할 수 있도록 하는 보상조치를 마련하고 있을 뿐 아니라, 특히 도시정비법은 사용·수익이 정지되기에 앞서 이들 보상적 조치가 완료될 것을 요구하고 있으므로 아무런 보상도 받지 못한 상태에서 주거공간을 인도해야만 하는 상황을 방지함으로써 현금청산대상자의 주거 안정이 실질적으로 확보될 수 있도록 보장하고 있다.

위와 같은 사정들을 종합하면, 관리처분계획인가후 사용수익을 금지한 조항이 비록 현금청산대상자 등 일부 소유자의 재산권을 사회적 제약의 범주를 벗어날 정도로 과잉으로 제한하고 있지만, 현금청산대상자 등 소유자의 부담을 완화하는 보상조치와 보호대책을 마련하고 있으므로 침해최소성의 원칙에 위배되지 않고, 도시환경을 개선하고 주거생활의 질을 높인다는 주택재개발사업의 목적이나 이 사건 법률조항이 추구하는 재개발사업의 신속하고 원활한 진행이라는 공익과의 형량에 있어서도 법익 간의 비례관계를 유지하고 있다고 볼 수 있다(**헌재 2015. 11. 26. 2013헌바415, 판례집 27-2하, 191**).

② 계속 사용할 수 있는 경우

다음의 경우에는 관리처분계획인가고시 후에도 종전 소유자 등이 토지 또는 건축물을 계속 사용할 수 있다.

- 사업시행자의 동의를 받은 경우
- 토지보상법에 따른 손실보상이 완료되지 아니한 경우

이는 사업시행에 지장이 없어서 사업시행자가 동의를 하는 경우나 사업시행으로 인하여 소유권 등 권리를 상실하는 권리자가 주거공간을 인도하기 전에 손실보상을 받을 수 있도록 법적으로 보장함으로써 사업시행자와 권리자의 이해관계를 조정하고, 소유자 등 권리자의 재산권에 대한 손실을 보전하고 안정적인 주거 이전을 확보함에 그 취지가 있다. 따라서 손실보상이 완료되기 전까지 종전 건축물의 소유자는 관리처분계획의 인가고시가 있더라도 건축물을 계속 사용·수익할 수 있으며, 사업시행자는 사용·수익의 정지를 근거로 인도청구를 할 수 없다.

③ 인도청구소송

㉮ 사업시행자는 조합원에 대하여 인도청구권이 있고, 비록 총회결의나 인가처분의 효력이 다투어지고 있더라도 마찬가지이다.

> 관리처분계획의 인가고시가 있으면 목적물에 대한 종전 소유자 등의 사용·수익이 정지되므로 사업시행자는 목적물에 대한 별도의 수용 또는 사용의 절차 없이 이를 사용·수익할 수 있게 된다. 주택재개발조합이 인가청으로부터 관리처분계획인가처분을 받아 그 인가처분이 고시된 경우 관리처분계획인가처분이 당연무효이거나 취소되었다는 등의 특별한 사정이 없는 한 종전 토지 또는 건축물의 소유자인 조합원은 사업시행자인 조합의 인도청구에 응할 의무가 있다. 또한 통상 조합정관에 '사업시행계획에 의한 철거 및 이주의무'를 조합원의 의무로 규정하고 있으므로 조합원은 위 정관규정에 의해서도 부동산의 인도의무가 인정된다(**대법원 2013. 12. 26. 선고 2011다85352 판결**).
>
> 위 사건에서 원심은 「조합설립결의, 시공자선정결의, 조합설립인가처분, 공사도급계약 체결결의 및 관리처분계획인가처분 등의 효력이 다투어지고 있는 동안에 조합원들 조합에 대하여 부동산의 인도의무를 이행하지 않았다고 하더라도 그로 인하여 조합원들에게 채무불이행책임이 성립된다고 볼 수는 없다.」고 판단하였으나, 대법원에 의하여 파기되었다.

㉯ 재건축사업의 현금청산자에 대하여는 매매대금 지급과 동시에 인도청구할 수 있다.

> 주택재건축사업의 시행자가 매도청구권을 행사하면 그 매도청구권 행사의 의사표시가 도달함과 동시에 그 토지에 관하여 시가에 의한 매매계약이 성립하는바, 이때의 시가는 매도청구권이 행사된 당시의 객관적 거래가격으로서, 주택재건축사업이 시행되는 것을 전제로 하여 평가한 가격, 즉 재건축으로 인하여 발생할 것으로 예상되는 개발이익이 포함된 가격을 말한다(**대법원 2009. 3. 26. 선고 2008다21549 판결**).
>
> 만일 조합과 현금청산대상자 사이에 청산금에 관한 협의가 성립된다면 조합의 청산금 지급의무와 현금청산대상자의 토지 등 부동산 인도의무는 특별한 사정이 없는 한 동시이행의 관계에

있게 되고, 매도청구에 의할 경우에도 마찬가지이다.

㉰ 재건축사업의 임차인들에 대하여는 영업손실보상금 지급의무가 없다.

주택재건축정비조합의 관리처분계획이 인가되어 고시되자, 조합이 제49조제6항본문에 의하여 임차인들을 상대로 인도청구소송을 하자, 임차인들이 제49조제6항단서에 의하여 정당한 영업손실보상을 받기 전까지 사용·수익할 수 있다고 주장한 사안에서, 대법원은 「도시정비법 제49조제6항단서는 도시정비법 제38조에 따라 사업시행자에게 토지보상법상 정비구역 안의 토지 등을 수용 또는 사용할 권한이 부여된 정비사업에 제한적으로 적용되고, 그 권한이 부여되지 아니한 주택재건축사업에는 적용될 수 없다 할 것이다. 나아가 도시정비법의 입법 목적 및 취지, 도시정비법상 주택재건축사업의 특성 등과 아울러 ① 도시정비법은 다양한 유형의 정비사업에 대하여 각 사업의 공공성 및 공익성의 정도에 따라 그 구체적 규율의 내용을 달리하고 있는 점, ② 도시정비법상 주택재건축사업은 "정비기반시설은 양호하나 노후·불량건축물이 밀집한 지역에서 주거환경을 개선"할 목적으로 시행하는 것으로서 정비기반시설이 열악한 지역에서 정비기반시설 설치를 통한 도시기능의 회복 등을 목적으로 하는 주택재개발사업 등에 비하여 그 공공성 및 공익성이 상대적으로 미약한 점, ③ 그에 따라 도시정비법은 주택재건축사업 시행자와 토지등소유자 등의 협의가 성립하지 않을 경우의 해결방법으로, 수용·사용 등의 공적 수단에 의하지 않고 매도청구권의 행사를 통한 사적 자치에 의해 해결하도록 규정하고 있는바, 이는 도시정비법의 기본적 틀로서 입법자가 결단한 것이라고 볼 수 있는 점, ④ 주택재개발사업 등에 있어서 '수용보상금'의 산정이 '개발이익을 배제한 수용 당시의 공시지가'에 의하는 것과는 달리, 주택재건축사업의 매도청구권 행사의 기준인 '시가'는 '재건축으로 인하여 발생할 것으로 예상되는 개발이익이 포함된 가격'을 말하는데, 이러한 차이는 주택재건축사업의 토지등소유자로 하여금 임차권자 등에 대한 보상을 임대차계약 등에 따라 스스로 해결하게 할 것을 전제로 한 것으로 보이는 점 등에 비추어 보면, 주택재건축사업에 대하여 도시정비법 제49조제6항단서나 토지보상법 규정이 유추적용된다고 보기도 어렵다.

결국 수용 또는 사용 권한이 부여되어 있지 아니한 주택재건축사업의 시행자인 조합에게 임차권자들에 대하여는 영업손실 등에 관한 손실보상의 의무가 없다(**대법원 2014. 7. 24. 선고 2012다62561 판결**)고 판시하였다.

㉱ 재개발사업의 현금청산자에 대하여는 청산금에 대한 협의가 성립된다면 청산금 지급과 동시이행으로 인도청구할 수 있고, 재결절차에 의할 때에는 청산금지급후에 인도청구할 수 있다.

주택재개발사업의 사업시행자가 공사에 착수하기 위하여 조합원이 아닌 현금청산대상자로부터 그 소유의 정비구역 내 토지 또는 건축물을 인도받기 위해서는 관리처분계획이 인가·고시된 것만으로는 부족하고 나아가 도시정비법이 정하는 바에 따라 협의 또는 수용절차를 거쳐야 하며, 협의 또는 수용절차를 거치지 아니한 때에는 현금청산대상자를 상대로 토지 또는 건축물의 인도를 구할 수 없다.

만일 조합과 현금청산대상자 사이에 청산금에 관한 협의가 성립된다면 조합의 청산금 지급의무와 현금청산대상자의 토지 등 부동산 인도의무는 특별한 사정이 없는 한 동시이행의 관계에 있게 되고, 수용절차에 의할 때에는 부동산 인도에 앞서 청산금 등의 지급절차가 이루어져야 할 것이다(**대법원 2011. 7. 28. 선고 2008다91364 판결**).

㉰ 재개발사업의 임차인에 대하여는 영업손실보상금에 대한 협의가 성립된다면 보상금지급과 동시이행으로 인도청구할 수 있고, 재결절차에 의할 때에는 청산금지급후에 인도청구할 수 있다.

도시정비법 규정에 따라 관리처분계획의 인가·고시가 있으면 목적물에 대한 종전 소유자 등의 사용·수익이 정지되므로 사업시행자는 목적물에 대한 별도의 수용 또는 사용의 절차 없이 이를 사용·수익할 수 있게 되는 반면, 임차인은 도시정비법 제49조제6항본문에 의하여 자신의 의사에 의하지 아니하고 임차물을 사용·수익할 권능을 제한받게 되는 손실을 입는다. 그렇다면 사업시행자는 도시정비법 제49조제6항본문에 의하여 사용·수익권을 제한받는 임차인에게 토지보상법을 유추적용하여(도시정비법 제40조제1항도 참조) 그 해당 요건이 충족되는 경우라면 손실을 보상할 의무가 있다고 봄이 타당하다.

도시정비법 제49조제6항본문, 사전보상의 원칙을 규정한 토지보상법 제62조(사업시행자는 해당 공익사업을 위한 공사에 착수하기 이전에 토지소유자와 관계인에게 보상액 전액을 지급하여야 한다)를 비롯한 관계 규정들을 종합하여 보면, 도시환경정비사업의 사업시행자가 공사에 착수하기 위하여 임차인으로부터 정비구역 내 토지 또는 건축물을 인도받기 위하여는 관리처분계획이 인가·고시된 것만으로는 부족하고 협의 또는 재결절차에 의하여 결정되는 영업손실보상금 등을 지급할 것이 요구된다고 보는 것이 국민의 재산권을 보장하는 헌법에 합치하는 해석이라고 할 것이다. 만일 사업시행자와 임차인 사이에 보상금에 관한 협의가 성립된다면 조합의 보상금 지급의무와 임차인의 부동산 인도의무는 동시이행의 관계에 있게 되고, 재결절차에 의할 때에는 부동산 인도에 앞서 영업손실보상금 등의 지급절차가 선행되어야 할 것이다(**대법원 2011. 11. 24. 선고 2009다28394 판결**).

④ 이주관리 등

서울시는 사업시행자가 정비구역 내 토지 또는 건축물의 소유권과 그 밖의 권리에 대하여 법 제64조에 따른 매도청구, 법 제65조에 따른 수용 또는 사용에 대한 재결의 결과, 명도소송의 청구가 있는 경우 그 결과 및 집행법원에 인도집행을 신청하거나 집행일시 지정을 통보받은 경우 그 내용을 구청장에게 지체 없이 보고하도록 하고, 구청장은 법 제111조제2항에 따라 소속 공무원에게 인도집행 과정을 조사하게 할 수 있도록 규정하고 있다(서울시 조례 제68조제1항,제2항).

(3) 기존건축물철거

① 관리처분계획인가후 철거

사업시행자는 관리처분계획인가를 받은 후 기존의 건축물을 철거하여야 한다(제81조제2항).

시장·군수등은 사업시행자가 기존의 건축물을 철거하는 경우 다음의 어느 하나에 해당하는 시기에는 건축물의 철거를 제한할 수 있다(제81조제4항).

- 일출 전과 일몰 후
- 호우, 대설, 폭풍해일, 지진해일, 태풍, 강풍, 풍랑, 한파 등으로 해당 지역에 중대한 재해발생이 예상되어 기상청장이 특보를 발표한 때
- 재난및안전관리기본법 제3조에 따른 재난(국민의 생명·신체·재산과 국가에 피해를 주거나 줄 수 있는 자연재난 또는 사회재난)이 발생한 때
- 위 각 규정에 준하는 시기로 시장·군수등이 인정하는 시기(서울시는 협의체 운영 결과 또는 조정위원회 조정 결과에 따라 합의된 경우의 이주시 이외에는 12월 1일부터 다음해 2월 말일까지의 동절기에는 기존점유자에 대한 퇴거행위와 기존건축물의 철거행위를 제한하고 있다. 서울시 조례 제68조제3항)

② 관리처분계획인가전 철거

사업시행자는 다음의 어느 하나에 해당하는 경우에는 관리처분계획인가 전이라도 기존 건축물 소유자의 동의 및 시장·군수등의 허가를 받아 해당 건축물을 철거할 수 있다. 이 경우 건축물의 철거는 토지등소유자로서의 권리·의무에 영향을 주지 아니한다(제81조제3항).

- 재난및안전관리기본법·주택법·건축법 등 관계 법령에서 정하는 기존 건축물의 붕괴 등 안전사고의 우려가 있는 경우
- 폐공가의 밀집으로 범죄발생의 우려가 있는 경우

12. 시공보증

(1) 조합에 시공보증서 제출

시공보증이란 시공자가 공사의 계약상 의무를 이행하지 못하거나 의무이행을 하지 아니할 경우 보증기관에서 시공자를 대신하여 계약이행의무를 부담하거나, 총 공사금액의 100분의 50 이하 100분의 30 이상의 범위에서 사업시행자가 정하는 금액을 납부할 것을 보증하는 것을 말하는데, 조합이 정비사업의 시행을 위하여 시공자를 선정한 경우 그 시공자는 공사의 시공보증을 위하여 다음 기관의 시공보증서를 조합에 제출하여야 한다(제82조제1항, 령 제73조, 시행규칙 제14조).

- 건설산업기본법에 따른 공제조합이 발행한 보증서
- 주택도시기금법에 따른 주택도시보증공사가 발행한 보증서
- 은행법에 따른 금융기관, 한국산업은행법에 따른 한국산업은행, 한국수출입은행법에 의한 한국수출입은행, 중소기업은행법에 따른 중소기업은행 또는 장기신용은행법에 따른 장기신용은행이 발행한 지급보증서
- 보험업법에 의한 보험사업자가 발행한 보증보험증권

시장·군수등 또는 토지주택공사등이 시공하는 정비사업의 경우에는 시공보증을 요하지 아니한다.

재개발조합이 조합원 과반수의 동의를 받아 시장·군수등, 토지주택공사등, 건설업자, 등록사업자, 신탁업자, 한국감정원와 공동으로 시행하는 재개발사업에서 공동사업시행자가 시공하는 경우에는 시공보증을 요하나, 재건축조합이 조합원 과반수의 동의를 받아 시장·군수등, 토지주택공사등, 건설업자, 등록사업자와 공동으로 시행하는 재건축사업에서 공동사업시행자가 시공하는 경우에는 시공보증을 요하지 아니하는 것으로 규정되어 있었으나, 2018.10.13. 시행된 개정법은 건설업자와 공동시행방식으로 시행하는 재건축사업의 경우에도 재개발사업과 같이 공동사업시행자의 시공보증을 의무화하였다.

(2) 시장·군수등 시공보증서 제출 확인

시장·군수등은 건축법 제21조에 따른 착공신고를 받는 경우에는 시공보증서의 제출 여부를 확인하여야 한다.

▌제9장▐ 공사완료에 따른 조치

1. 정비사업의 준공인가·고시 및 공사완료고시

(1) 준공인가·고시

① 준공인가신청

시장·군수등이 아닌 사업시행자가 정비사업 공사를 완료한 때에는 시장·군수등의 준공인가를 받아야 한다(제83조제1항).

시장·군수등이 아닌 사업시행자는 준공인가를 받으려는 경우에는 시행규칙 별지 제10호서식의 준공인가신청서(전자문서로 된 신청서를 포함한다)에 다음 각 서류를 첨부하여 시장·군수에게 제출하여야 한다(령 제74조제1항본문, 시행규칙 제15조제1항).

- 건축물·정비기반시설 및 공동이용시설 등의 설치내역서
- 공사감리자의 의견서
- 기부채납 현금납부액의 납부증명서류

국토교통부장관 또는 지방자치단체의 장은 토지주택공사가 행하는 정비사업의 준공인가의 권한을 토지주택공사에 위탁할 수 있고(한국토지주택공사법 제19조제3항제6호), 토지주택공사가 준공인가를 처리하였을 때에는 준공인가 처리결과를 지체 없이 국토교통부장관 또는 지방자치단체의 장에게 보고하거나 통보하여야 하는데(한국토지주택공사법 시행령 제41조제2항), 정비사업 사업시행자(공동시행자인 경우를 포함)가 토지주택공사인 경우 토지주택공사가 위 규정에 따라 준공처리결과를 시장·군수등에게 통보한 경우에는 준공인가신청서를 제출할 필요가 없다(령 제74조제1항단서).

② 준공검사

준공인가신청을 받은 시장·군수등은 지체 없이 준공검사를 실시하여야 한다. 이 경우 시장·군수등은 효율적인 준공검사를 위하여 필요한 때에는 관계 행정기관·공공기관·연구기관, 그 밖의 전문기관 또는 단체에게 준공검사의 실시를 의뢰할 수 있다(제83조제2항).

③ 준공인가 및 공사완료고시

시장·군수등은 준공검사를 실시한 결과 정비사업이 인가받은 사업시행계획대로 완료되었다고 인정되는 때에는 준공인가를 하고, 해당 지방자치단체의 공보에 다음의 사항을 포함하여 공사의 완료를 고시하여야 하고(제83조제3항, 령 제74조제4항), 시장·군수등은 준공인가를 한 때에는 시행규칙 별지 제11호서식의 준공인가증에 다음 각 사항을 기재하여 사업시행자에게 교부하여야 한다(령 제74조제2항, 시행규칙 제15조제2항).

- 정비사업의 종류 및 명칭
- 정비사업 시행구역의 위치 및 명칭
- 사업시행자의 성명 및 주소
- 준공인가의 내역

(2) 공사완료고시

시장·군수등은 직접 시행하는 정비사업에 관한 공사가 완료된 때에는 다음 사항을 포함하여 공사 완료를 해당 지방자치단체의 공보에 고시하여야 한다(제83조제4항, 령 제74조제4항).

- 정비사업의 종류 및 명칭
- 정비사업 시행구역의 위치 및 명칭
- 사업시행자의 성명 및 주소
- 공사완료의 내역

(3) 분양대상자에 통지

토지주택공사인 사업시행자가 자체적으로 처리한 준공인가결과를 시장·군수등에게 통보한 때 또는 사업시행자가 시장·군수로부터 준공인가증을 교부받은 때에는 그 사실을 분양대상자에게 지체 없이 통지하여야 한다(령 제74조제3항).

(4) 준공인가전 사전사용

시장·군수등은 시장·군수등이 아닌 자가 시행한 정비사업에 대하여 준공인가를 하기 전이라도 완공된 건축물이 다음의 요건을 갖춘 경우에는 입주예정자가 완공된 건축물을 사용할 수 있도록 사업시행자에게 허가할 수 있다. 다만 시장·군수등이 사업시행자인 경우에는 허가를 받지 아니하고 입주예정자가 완공된 건축물을 사용하게 할 수 있다(제83조제5항, 령 제75조제1항).

- 완공된 건축물에 전기·수도·난방 및 상·하수도 시설 등이 갖추어져 있어 해당 건축물을 사용하는데 지장이 없을 것
- 완공된 건축물이 관리처분계획에 적합할 것
- 입주자가 공사에 따른 차량통행·소음·분진 등의 위해로부터 안전할 것

사업시행자는 사전사용허가를 받으려는 때에는 시행규칙 별지 제12호서식의 준공인가전 사용허가신청서를 시장·군수에게 제출하여야 한다. 시장·군수는 사전사용허가를 하는 때에는 동별·세대별 또는 구획별로 사용허가를 할 수 있다(령 제75조제2항,제3항, 시행규칙 제15조제3항).

(5) 준공인가·공사완료고시의 효과

① 준공검사·인가등 의제

㉮ 관계서류제출

시장·군수등이 아닌 사업시행자는 제57조에 따라 사업시행계획인가에 의하여 의제되는 인·허가등에 따른 준공검사·준공인가·사용검사·사용승인 등(준공검사·인가등)의 의제를 받으려는 경우에는 준공인가를 신청하는 때에 해당 법률이 정하는 관계 서류를 함께 제출하여야 한다.

㉯ 관계기관과 협의

시장·군수등은 시장·군수등이 아닌 사업시행자가 시행하는 정비사업에서 준공인가를 하거나, 시장·군수등이 직접 시행하는 정비사업에서 공사완료고시를 하는 경우 그 내용에 제57조에 따라 의제되는 인·허가등에 따른 준공검사·인가등에 해당하는 사항이 있은 때에는 미리 관계 행정기관의 장과 협의하여야 한다.

다만 시장·군수등은 천재지변이나 그 밖의 불가피한 사유로 긴급히 정비사업을 시행할 필요가 있다고 인정하는 때에는 관계 행정기관의 장과 협의를 마치기 전에 준공인가를 할 수 있다. 이 경우 협의를 마칠 때까지는 제57조에 따라 의제되는 인·허가등에 따른 준공검사·인가등을 받은 것으로 보지 아니한다.

㉰ 준공검사·인가의제

시장·군수등은 시장·군수등이 아닌 사업시행자가 시행하는 정비사업에서 준공인

가를 하거나, 시장·군수등이 직접 시행하는 정비사업에서 공사완료고시를 하는 경우 시장·군수등이 제57조에 따라 의제되는 인·허가등에 따른 준공검사·인가등에 관하여 관계 행정기관의 장과 협의한 사항은 해당 준공검사·인가등을 받은 것으로 본다(제85조제1항).

② 정비구역 해제 의제

정비구역의 지정은 관리처분계획을 수립하지 아니하는 경우에는 준공인가의 고시가 있은 날, 관리처분계획을 수립하는 경우에는 이전고시가 있은 날의 다음 날에 해제된 것으로 본다(제84조제1항전단). 종전법은 정비사업이 완료된 경우에도 정비구역의 해제규정이 없어 정비계획이 계속 존속하고 이에 따라 행위제한, 정비계획의 변경절차준수 등 불필요한 규제로 작용하였으나, 개정법에서는 정비구역 해제 간주 규정을 신설하였다. 개정법 시행 당시 이미 준공인가의 고시(관리처분계획을 수립하는 정비사업의 경우에는 이전고시를 말한다)가 있은 때에는 해당 정비구역은 개정법 시행일에 해제된 것으로 본다(부칙 제29조).

이 경우 지방자치단체는 해당 지역을 국토계획법에 따른 지구단위계획으로 관리하여야 한다(제84조제1항후단). 정비구역 지정·고시시 지구단위계획구역의 결정·고시로 의제되는 것으로 보는데, 정비구역이 해제되면 지구단위계획구역도 해제되는 것이 아닌가 하는 의문이 있을 수도 있으나 그동안 지구단위계획으로 관리되어 왔다. 이에 개정법은 정비사업이 준공된 경우에는 정비구역을 해제하고 지구단위계획으로 관리하도록 명문화하였다. 따라서 정비구역이 해제된 뒤에 다시 노후되어 개발을 할 때 개별건축은 불가능하고 지구단위계획지침에 따라 지구단위계획을 수립해서 개발하거나 다시 지구단위계획으로 의제되는 정비구역 지정을 받아 개발하여야 한다.

정비사업 준공후 정비구역의 해제는 조합의 존속에 영향을 주지 아니한다(제84조제2항).

2. 이전고시

(1) 대지확정측량 및 토지분할

사업시행자는 공사완료고시가 있은 때에는 지체 없이 대지확정측량을 하고 토지의 분할절차를 거쳐 관리처분계획에서 정한 사항을 분양받을 자에게 통지하고 대지 또는 건축물의 소유권을 이전하여야 한다. 다만, 정비사업의 효율적인 추진을 위하여 필요한 경우에는 해당 정비사업에 관한 공사가 전부 완료되기 전이라도 완공된 부분은 준공인가를 받아 대지 또는 건축물별로 분양받을 자에게 소유권을 이전할 수 있다(제86조제1항).

(2) 이전고시

① 이전고시의 법적성격

도시정비법에 따른 이전고시는 준공인가의 고시로 사업시행이 완료된 이후에 관리처분계획에서 정한 바에 따라 종전의 토지 또는 건축물에 대하여 정비사업으로 조성된 대지 또는 건축물의 위치 및 범위 등을 정하여 그 소유권을 분양받을 자에게 이전하고 그 가격의 차액에 상당하는 금액을 청산하거나, 대지 또는 건축물을 정하지 않고 금전적으로 청산하는 공법상 처분이다(대법원 2012. 3. 22. 선고 2011두6400 전원합의체 판결, 대법원 2016. 12. 29. 선고 2013다73551 판결 등). 즉 이전고시는 사업시행이 완료된 이후에 관리처분계획에서 이미 정한 바에 따라 정비사업으로 조성된 대지 또는 건축물 등의 소유권을 분양받을 자에게 이전하는 행정처분으로서 관리처분계획이 확정한 권리의무관계를 완성하는 집행행위이다.

② 이전고시의 방법

사업시행자는 이전고시에 따라 대지 및 건축물의 소유권을 이전하려는 때에는 그 내용을 해당 지방자치단체의 공보에 고시한 후 시장·군수등에게 보고하여야 한다.

(3) 소유권 및 지상권등 이전

① 소유권 취득

대지 또는 건축물을 분양받을 자는 이전고시가 있은 날의 다음 날에 그 대지 또는 건축물의 소유권을 취득한다(제86조제2항).

② 지상권등 설정 의제

대지 또는 건축물을 분양받을 자에게 이전고시에 따라 소유권이 이전된 경우 종전의 토지 또는 건축물에 설정된 지상권·전세권·저당권·임차권·가등기담보권·가압류 등 등기된 권리 및 주택임대차보호법 제3조제1항의 요건을 갖춘 임차권은 소유권을 이전받은 대지 또는 건축물에 설정된 것으로 본다(제87조제1항).

(4) 환지 또는 보류지·체비지 의제

① 토지등소유자에게 분양하는 대지 또는 건축물

㉮ 도시개발법의 환지 의제

도시개발법에 의한 도시개발사업은 수용방식 또는 환지방법(사업 후 필지정리를 통해 토지소유권을 재분배하는 방식)에 의하여 이루어지는데, 환지방법에 의한 시행의 경우 공사를 마치고 준공검사를 받은 경우 환지처분을 하고 이를 토지소유자에게 알리고 공고를 하도록 규정되어 있다. 정비사업에서 이전고시에 따라 취득하는 대지 또는 건축물 중 토지등소유자에게 분양하는 대지 또는 건축물은 도시개발법 제40조에 따라 행하여진 환지로 본다(제87조제2항).

㉯ 입체환지에 관한 규정 준용

한편, 도시개발법 제32조에서 규정하는 입체환지(토지 또는 건축물 소유자에게 건축물의 일부와 그 건축물이 있는 토지의 공유지분을 부여하는 것)는 시행자가 도시개발사업을 원활히 시행하기 위하여 환지의 목적인 토지에 갈음하여 토지 또는 건축물 소유자의 신청을 받아 건축물의 일부와 그 건축물이 있는 토지의 공유지분을 부여하는 것을 말하는데, 도시정비법상 이전고시는 종전 부동산과 새로운 부동산 사이에 형태상 일치가 존재하지 않는 점, 새로 취득하는 부동산이 건물과 그 부지의 지분이라는 점, 그리고 그것이 토지등소유자의 신청에 기초한다는 점에서 도시개발법상 입체환지와 유사하므로, 도시정비법상 토지등소유자가 분양받은 대지 또는 건축물에 관하여는 도시정비법에서 특별히 규정하는 내용을 제외하고는 원칙적으로 도시개발법상 환지에 관한 법리, 그중에서도 특히 입체환지에 관한 규정이 준용될 수 있다(대법원 2016. 12. 29. 선고 2013다73551 판결).

㉰ 관련판례

종전 수개 필지 토지가 한 필지의 환지예정지로 지정된 경우 환지예정지에 대한 사용수익권은 종전 수인이 준공유 형태로 취득한다.

> 소유자를 달리한 수 필지의 토지에 대하여 적법하게 한 필지의 환지예정지가 지정된 경우에는 종전의 수 필지의 토지에 대한 사용수익권이 한 필지의 환지예정지에 그대로 이행되는 결과 특별한 사정이 없으면 종전의 토지에 상응하는 비율에 따라서 종전의 수 필지의 토지 소유자들은 새로 지정받은 환지예정지에 대한 사용수익권을 준공유의 형태로 취득하게 되므로, 위와 같은

사용수익권에 대하여는 민법의 공유에 관한 규정이 준용된다. 따라서 종전의 수 필지의 토지 중 특정 필지의 소유자도 그 토지가 한 필지의 환지예정지의 일부로 지정된 후에는 그 부분에 해당하는 환지예정지를 배타적으로 점유·사용할 수 없고, 한 필지의 환지예정지에 대한 사용수익권의 준공유자들 사이에 준공유물인 환지예정지를 사용·수익할 구체적인 방법을 정하는 것은 준공유물의 관리에 관한 사항으로서 준공유자인 환지예정지 사용수익권자 지분의 과반수로써 결정하여야 할 것이다(**대법원 2013. 11. 28. 선고 2011다97379 판결**).

종전 수개 물건을 하나의 물건으로 이전할 때, 종전 일부 물건에 설정된 근저당권은, 종전 물건 지분에 한정되어, 이전되는 물건에 설정된 것으로 본다.

도시개발법에 의한 환지 등에 관한 규정인 환지등기절차 등에 관한 업무처리지침(대법원 등기예규 제1430호) 제6의 가.항은 소유자가 동일한 여러 필지의 토지에 관하여 1필지의 환지를 교부하는 합필환지에 관하여, "종전 토지 중 일부의 토지에 근저당권설정등기와 같이 지분 위에 존속할 수 있는 권리가 등기되어 있는 경우, 시행자는 촉탁서에 환지 중 얼마의 지분이 그 등기의 목적이라는 것을 구체적으로 기재하여야 하고, 등기관은 이를 환지의 등기기록에 기록하여야 한다. 예컨대, 근저당권설정등기가 되어 있는 종전 토지 1토지와 소유권 이외의 권리가 등기되어 있지 않은 2토지에 대하여 1필지를 환지로 지정한 경우, 시행자는 환지등기 촉탁서에 위 1토지의 근저당권이 환지의 몇 분의 몇 지분 위에 존속한다는 취지를 기재하여야 하고, 등기관은 환지등기를 실행하면서 당해 근저당권설정등기를 위 몇 분의 몇 지분에 대한 근저당권설정등기로 변경하여야 한다."라고 규정한다.

위와 같은 도시정비법상 이전고시의 법적 성격 및 관계 법령의 규정을 종합하면, 도시정비법상 정비구역에 포함된 종전의 여러 토지 또는 건축물에 대하여 정비사업으로 조성된 하나의 대지 또는 건축물의 소유권을 분양받을 자에게 이전함에 있어 종전의 여러 토지 또는 건축물 중 일부의 토지 또는 건축물에 근저당권이 설정되어 있는 경우에는 환지등기절차 등에 관한 업무처리지침상 합필환지의 규정을 준용하여, 도시정비법 제55조 제1항에 의하여 소유권이 이전되는 대지 또는 건축물에 설정된 것으로 보게 되는 근저당권의 목적물 범위는 위 대지 또는 건축물 중 위 근저당권이 설정되어 있던 종전의 토지 또는 건축물의 지분에 한정되는 것으로 볼 수 있다(**대법원 2016. 12. 29. 선고 2013다73551 판결**).

② 보류지와 일반에게 분양하는 대지 또는 건축물

도시개발사업법에 의하면 도시개발사업을 환지방법으로 시행하는 경우에는 시행자가 사업에 필요한 경비에 충당하거나 규약·정관·시행규정 또는 실시계획에서 정한 목적으로 사용하기 위하여 일정한 토지를 환지로 정하지 아니하고 보류지로 정할 있으며, 이러한 보류지 중 공동시설 설치 등을 위한 공공시설용지로 사용하기 위한 토지를 제외한 부분을 체비지로 정하여 도시개발사업에 필요한 경비충당을 위하여 매각처분할 수 있도록 규정하고 있다(도시개발법 제34조).

정비사업의 사업시행자는 분양신청을 받은 후 잔여분이 있는 경우에는 정관등 또는 사업시행계획으로 정하는 목적을 위하여 그 잔여분을 보류지로 정하거나 조합원 또는 토지소유자 이외의 자에게 분양을 할 수 있는데, 보류지와 일반에게 분양하는 것으로 정해진 대지 또는 건축물은 도시개발법 제34조에 따른 보류지 또는 체비지로 본다(제87조제3항). 이에 따라 조합원이 분양신청을 하지 않거나 분양계약을 체결하지 않아 보류지 또는 일반분양분이 되는 대지·건축물에 관하여는 도시개발법상 보류지 또는 체비지에 관한 법리가 적용될 수 있다.

(5) 등기절차

사업시행자는 이전고시가 있은 때에는 지체 없이 대지 및 건축물에 관한 등기를 지방법원지원 또는 등기소에 촉탁 또는 신청하여야 한다(제88조제1항). 등기에 관하여 필요한 사항은 대법원규칙으로 정한다. 이에 따라 대법원규칙(제2792호, 2018.5.29. 시행)으로 「도시 및 주거환경정비 등기처리규칙」이 정해져 있다.

도시및주거환경정비등기처리규칙

제1조(목적) 이 규칙은 「도시 및 주거환경정비법」(이하 "법"이라 한다) 제88조제2항의 규정에 의하여 부동산등기에 관한 필요한 사항을 규정함을 목적으로 한다.

제2조(대위등기신청) ① 정비사업시행자(이하 "시행자"라 한다)는 그 사업시행을 위하여 필요한 때에는 다음의 각호에 규정한 등기를 각 해당 등기의 신청권자를 대위하여 신청할 수 있다.

1. 부동산의 표시변경 및 경정등기
2. 등기명의인의 표시변경 및 경정등기
3. 소유권보존등기
4. 상속에 의한 소유권이전등기

② 제1항의 등기를 신청하는 때에는 신청서에 사업시행인가가 있었음을 증명하는 서면을 첨부하여야 한다.

제3조(대위등기의 일괄신청) 제2조제1항제1호 및 제2호의 규정에 의하여 등기를 신청하는 경우에는 등기원인 또는 등기의 목적이 동일하지 아니한 경우라도 동일한 신청서로 등기를 신청할 수 있다.

제4조(대위등기절차) ① 제2조제1항의 등기에는 「부동산등기법」 제28조제2항·제32조제4항 및 「부동산등기규칙」 제50조를 준용한다.

② 등기관이 제2조제3호 및 제4호의 등기를 마쳤을 때에는 등기필정보통지서를 신청인에게 교부하고 신청인은 지체없이 이를 해당 부동산의 등기권리자에게 넘겨주어야 한다.

[전문개정 2011. 9. 28.]

제5조(이전고시에 따른 등기신청) ① 시행자는 법 제86조제2항의 규정에 의한 이전고시를 한 때에는 지체없이 그 사실을 관할 등기소에 통지하고 다음의 등기를 신청하여야 한다.

1. 정비사업시행에 의한 종전 토지에 관한 등기의 말소등기
2. 정비사업시행으로 축조된 건축시설과 조성된 대지에 관한 소유권보존등기
3. 종전 건물과 토지에 관한 지상권, 전세권, 임차권, 저당권, 가등기, 환매특약이나 권리소멸의 약정, 처분제한의 등기(이하 "담보권등에 관한 권리의 등기"라 한다)로서 분양받은 건축시설과 대지에 존속하게 되는 등기

② 제1항의 등기를 신청함에 있어서는 1개의 건축시설 및 그 대지인 토지를 1개의 단위로 하여, 1필의 토지 위에 수개의 건축시설이 있는 경우에는 그 건축시설 전부와 그 대지를 1개의 단위로 하여, 수필의 토지를 공동대지로 하여 그 위에 수개의 건축시설이 있는 경우에는 그 건축시설 및 대지전부를 1개 단위로 하여 동시에 하여야 한다. 다만, 법 제86조제1항 단서의 규정에 의하여 시행자가 사업에 관한 공사의 완공 부분만에 관하여 이전고시를 한 때에는 제1항의 등기 중 건물에 관한 등기신청은 그 부분만에 관하여 할 수 있다.

③ 제1항의 등기를 신청하는 경우에는 관리처분계획 및 그 인가를 증명하는 서면과 이전고시를 증명하는 서면을 첨부하여야 한다.

제6조(종전 건물에 관한 등기신청) ① 제5조제2항의 규정에 의한 1개의 단위를 이루는 토지 위에 있던 종전 건물에 관한 등기의 말소등기를 신청하는 때에는 동일한 신청서로 하여야 한다.

② 제1항의 신청서에는 정비사업시행으로 인하여 등기를 신청한다는 취지를 기재하여야 한다.

제7조(종전 건물에 관한 등기) 등기관은 제6조의 신청에 의하여 등기를 하는 때에는 종전 건물의 등기부 중 표제부에 정비사업시행으로 인하여 말소한 취지를 기록하고 부동산의 표시를 말소하는 기호를 기록하고 그 등기부를 폐쇄하여야 한다.

제8조(종전 토지에 관한 등기신청) ① 제5조제2항의 규정에 의한 1개의 단위를 이루는 토지에 포함되는 종전 토지에 관한 등기의 말소등기를 신청하는 때에는 동일한 신청서로 하여야 한다.

② 제1항의 신청서에는 정비사업시행으로 인하여 등기를 신청한다는 취지를 기재하여야 한다.

제9조(종전 토지에 관한 등기) 등기관은 제8조의 신청에 의하여 등기를 하는 때에는 종전 토지

의 등기부 중 표제부에 정비사업시행으로 인하여 말소한 취지를 기록하고 부동산의 표시를 말소하는 기호를 기록하고 그 등기부를 폐쇄하여야 한다.

제10조(건축시설에 관한 등기신청) ① 건축시설에 관한 소유권보존등기 및 담보권등에 관한 권리의 등기의 신청을 하는 때에는 건축시설(구분건물인 경우에는 1동의 건물에 속하는 구분건물 전부)에 관하여 동일한 신청서로 하여야 한다.

② 제1항의 신청서에는 건축시설별로 소유권보존등기, 담보권등에 관한 권리의 등기의 순서로 등기사항을 기재하여야 하며, 동일한 건축시설에 관한 권리를 목적으로 하는 2개 이상의 담보권 등에 관한 권리의 등기에 있어서는 등기할 순서에 따라 등기사항을 기재하여야 한다.

③ 제1항의 신청서에는 다음 각 호의 사항을 적어야 한다.

1. 구분소유자의 대지소유권에 대한 공유지분 비율
2. 담보권 등에 관한 권리와 그 목적인 권리의 표시, 구분건물의 경우에는 담보권 등에 관한 권리가 해당 구분소유자의 대지소유권에 대한 공유지분에도 존속하는지 여부의 표시
3. 정비사업시행으로 인하여 등기를 신청한다는 취지

④제2항의 경우 건축시설에 이전고시를 받은 자보다 선순위의 가등기 또는 처분제한의 등기가 존속하는 때에는 신청서에 그 선순위의 가등기 또는 처분제한의 목적이 된 소유권등기명의인의 소유권보존등기, 그 선순위의 가등기 또는 처분제한의 등기, 이전고시를 받은 자 명의의 소유권이전등기의 순서로 등기사항을 기재하여야 한다.

제11조(건축시설에 관한 등기) 제10조의 신청에 의하여 등기를 하는 때에는 등기관은 등기부 중 표제부(구분건물의 경우에는 1동의 건물의 표제부)에 한 등기의 말미에 정비사업시행으로 인하여 등기하였다는 취지를 기록하여야 한다.

제12조(대지에 관한 등기신청) ① 대지에 관한 소유권보존등기 및 담보권 등에 관한 권리의 등기를 신청하는 때에는 1필의 토지에 관하여 동일한 신청서로 하여야 한다.

② 제1항의 신청서에는 소유권보존등기, 담보권등에 관한 권리의 등기의 순서로 등기사항을 기재하여야 하며, 동일한 토지에 관한 권리를 목적으로 하는 2개 이상의 담보권등에 관한 권리의 등기에 있어서는 등기할 순서에 따라 등기사항을 기재하여야 한다.

③ 제1항의 신청서에는 다음 각 호의 사항을 적어야 한다.

1. 담보권등에 관한 권리와 그 목적인 권리의 표시
2. 정비사업시행으로 인하여 등기를 신청한다는 취지

④제10조제4항의 규정은 제2항의 경우에 이를 준용한다.

제13조(대지에 관한 등기) ① 제12조의 신청에 의하여 등기를 하는 때에는 등기관은 등기부 중 표제부에 한 등기의 말미에 정비사업시행으로 인하여 등기하였다는 취지를 기록하여야 한다.

② 구분소유자의 대지소유권에 대한 공유지분을 목적으로 하는 담보권등에 관한 권리의 등기를 하여야 하는 경우로써 그 등기사항이 전유부분에 관한 것과 동일한 때에는 토지등기부에는 이를 기록하지 아니한다.

제14조(대지권의 등기, 대지권인 취지의 등기등) ① 구분건물에 관하여 제10조 및 제12조의 규정에 의하여 신청된 등기를 하는 때에는 등기관은 건물등기부에는 대지권의 등기를, 토지등기부에는 대지권인 취지의 등기를 각 하여야 한다.

② 토지등기부에 대지만을 목적으로 하는 담보권등에 관한 권리의 등기가 있는 때에는 건물등기부에 「부동산등기규칙」 제90조제1항에 따른 토지등기부에 별도의 등기가 있다는 취지를 기록하여야 한다.

제15조(첨부서면의 생략) 제2조제2항과 제5조제3항의 규정에 의하여 등기신청서에 첨부할 서면이 이미 시행자로부터 등기소에 제출된 경우에는 그 첨부를 요하지 아니한다.

제16조(담보권등에 관한 권리의 등기원인) 담보권등에 관한 권리의 등기를 신청하는 경우에는 신청서에 등기원인 및 그 연월일로서 이전고시전의 그 담보권등에 관한 권리의 등기원인 및 그 연월일을 기재하여야 한다. 이 경우 정비사업으로 인한 이전고시가 있었다는 취지 및 그 연월일을 함께 기재하여야 한다.

제17조(접수번호) 제10조 및 제12조의 신청서에 접수번호를 부여함에 있어서는 등기사항마다 신청서에 기재한 순서에 따라 별개의 번호를 부여하여야 한다. 그러나 구분건물의 소유권보존등기신청의 경우에는 모든 구분건물에 대하여 1개의 번호를 부여하여야 한다.

제18조(등기필정보통지서의 교부) 등기관이 제10조 및 제12조의 등기를 마쳤을 때에는 등기필정보통지서를 신청인에게 교부하고 신청인은 지체없이 이를 각 등기권리자에게 넘겨주어야 한다.

제19조(시행자의 촉탁) 시행자가 지방자치단체인 경우에는 이 규칙의 규정 중 「신청」「신청인」 및 「신청서」는 각 「촉탁」「촉탁인」 및 「촉탁서」로 본다.

제20조(제출서면의 보존) 시행자로부터 등기소에 제출되어 제15조에 의하여 첨부가 생략된 서면은 신청서에 합철하여 이를 보존하여야 한다.

제21조(준용규정) 정비사업시행으로 인한 등기에 관하여 이 규칙에 특별한 규정이 있는 경우를 제외하고는 부동산등기법을 준용한다.

부 칙 〈제2792호, 2018. 5. 29.〉

이 규칙은 공포한 날부터 시행한다.

(6) 권리변동제한

정비사업에 관하여 이전고시가 있은 날부터 이전고시에 따른 등기가 있을 때까지는 저당권 등의 다른 등기를 하지 못한다(제88조제3항).

(7) 이전고시 후 법적안정성 확보

① 이전고시가 효력을 발생하게 된 이후에는 관리처분계획의 취소 또는 무효확인, 관리처분계획인가처분의 취소 또는 무효확인을 구할 법률상 이익이 없다.

대지 또는 건축물의 소유권 이전에 관한 고시의 효력이 발생하면 조합원 등이 관리처분계획에 따라 분양받을 대지 또는 건축물에 관한 권리의 귀속이 확정되고 조합원 등은 이를 토대로 다시 새로운 법률관계를 형성하게 되는데, 이전고시의 효력 발생으로 대다수 조합원 등에 대하여 권리귀속 관계가 획일적·일률적으로 처리되는 이상 그 후 일부 내용만을 분리하여 변경할 수 없고, 그렇다고 하여 전체 이전고시를 모두 무효화시켜 처음부터 다시 관리처분계획을 수립하여 이전고시 절차를 거치도록 하는 것도 정비사업의 공익적·단체법적 성격에 배치되어 허용될 수 없다(**대법원 2012. 3. 22. 선고 2011두6400 전원합의체 판결 등**). 이전고시의 효력 발생으로 이미 대다수 조합원 등에 대하여 획일적·일률적으로 처리된 권리귀속 관계를 모두 무효화하고 다시 처음부터 관리처분계획을 수립하여 이전고시 절차를 거치도록 하는 것은 정비사업의 공익적·단체법적 성격에 배치되므로, 이전고시가 효력을 발생하게 된 이후에는 조합원 등이 관리처분계획의 취소 또는 무효확인을 구할 법률상 이익이 없다고 봄이 타당하다(**대법원 2012. 3. 22. 선고 2011두6400 전원합의체 판결**).

서울 B주택재건축정비사업조합의 일부 조합원이 조합을 상대로 관리처분계획무효확인을 구하는 사안에서 「이전고시의 효력 발생으로 이미 대다수 조합원 등에 대하여 획일적·일률적으로 처리된 권리귀속 관계를 모두 무효화시키고 다시 처음부터 관리처분계획을 수립하여 이전고시 절차를 거치도록 하는 것은 정비사업의 공익적·단체법적 성격에 배치된다고 할 것이므로, 이전고시가 그 효력을 발생하게 된 이후에는 조합원 등이 관리처분계획의 취소 또는 무효확인을 구할 법률상 이익이 없다고 봄이 타당하다.」고 판시하였다(**대법원 2012. 3. 22. 선고 2011두6400 전원합의체 판결**).

관리처분계획에 대한 인가처분의 취소 또는 무효확인을 구하는 경우에도 마찬가지이다(**대법원 2012. 5. 24. 선고 2009두22140 판결**).

② 이전고시의 효력이 발생한 후에는 원칙적으로 조합설립인가처분의 취소 또는 무효확인을 구할 법률상 이익이 없다.

대전 D주택재개발정비사업조합의 조합원 일부가 대전광역시 중구청장을 상대로 조합설립인가처분취소 또는 무효확인을 구하는 소송을 제기하고, 조합이 피고보조참가를 한 사안에서, 역시 위 전원합의체판결을 원용하면서 「위와 같은 정비사업의 공익적·단체법적 성격과 이전고시에 따라 이미 형성된 법률관계를 유지하여 법적 안정성을 보호할 필요성이 현저한 점 등을 고려할 때, 조합설립인가처분의 취소나 무효확인 판결이 확정되기 전에 이전고시의 효력이 발생하였다면 더 이상 정비사업 결과를 원상으로 되돌리는 것은 허용될 수 없으므로 이전고시의 효력이 발생한 후에는 원칙적으로 조합설립인가처분의 취소 또는 무효확인을 구할 법률상 이익이 없다고 해석함이 타당하다. 한편 청산금 부과처분은 확정된 관리처분계획의 일부 내용에 대한 집행이라는 성격을 가지는 것이므로, 이전고시의 효력이 발생한 후 정비사업조합이 청산금 부과처분을 할 수 있다고 하여 달리 해석하기 어렵다.」고 판시하였다(**대법원 2014. 9. 25. 선고 2011두20680 판결**).

③ 이전고시의 효력이 발생한 이후에는 원칙적으로 조합원 등이 해당 정비사업을 위하여 이루어진 수용재결이나 이의재결의 취소 또는 무효확인을 구할 법률상 이익이 없다.

부산 S주택재개발정비사업조합은 분양신청을 하지 않거나 철회한 조합원들 소유 부동산에 대하여 수용재결을 신청하여, 부산지방토지수용위원회에서 수용재결을 하자, 일부 조합원이 토지수용위원회를 상대로 수용재결무효확인의 소를 제기하고, 조합이 피고보조참가를 한 사안에서, 위 전원합의체판결을 원용하면서 「위와 같은 정비사업의 공익적·단체법적 성격과 이전고시에 따라 이미 형성된 법률관계를 유지하여 법적 안정성을 보호할 필요성이 현저한 점 등을 고려할 때, 이전고시의 효력이 발생한 이후에는 원칙적으로 조합원 등이 해당 정비사업을 위하여 이루어진 수용재결이나 이의재결의 취소 또는 무효확인을 구할 법률상 이익이 없다고 해석함이 타당하다.」고 판시하였다(**대법원 2017. 3. 30. 선고 2013두840 판결**).

3. 청 산 금

(1) 청산금 의의

대지 또는 건축물을 분양받은 자가 종전에 소유하고 있던 토지 또는 건축물의 가격과 분양받은 대지 또는 건축물의 가격 사이에 차이가 있는 경우 그 차액에 상당하는 금액을 청산금이라고 한다.

(2) 청산금 평가

① 평가 기준

사업시행자는 청산금을 징수하거나 지급하기 위하여 종전에 소유하고 있던 토지 또는 건축물의 가격과 분양받은 대지 또는 건축물의 가격을 평가하는 경우 그 토지 또는 건축물의 규모·위치·용도·이용 상황·정비사업비 등을 참작하여 평가하여야 한다(제88조제3항).

② 종전 토지 또는 건축물

대지 또는 건축물을 분양받은 자가 기존에 소유하고 있던 토지 또는 건축물의 가격은 다음 각 구분에 따른 방법으로 평가한다. 건축물의 가격평가에 있어서는 층별·위치별 가중치를 참작할 수 있다(령 제76조제1항,제4항).

- 관리처분방법으로 시행하는 주거환경개선사업과 재개발사업의 경우에는 시장·군수등이 선정·계약한 2인 이상의 감정평가업자가 평가한 금액을 산술평균하여 산정하는 방식으로 평가할 것
- 재건축사업의 경우에는 사업시행자가 정하는 바에 따라 평가할 것. 다만, 감정평가업자의 평가를 받으려는 경우에는 시장·군수등이 선정·계약한 1인 이상의 감정평가업자와 조합총회의 의결로 선정·계약한 1인 이상의 감정평가업자가 평가한 금액을 산술평균하여 산정하는 방식으로 평가할 것

③ 분양받은 대지 또는 건축물

분양받은 대지 또는 건축물의 가격은 다음 각 구분에 따른 방법으로 평가한다. 건축물의 가격평가에 있어서는 층별·위치별 가중치를 참작할 수 있다(령 제76조제2항, 제4항).

- 관리처분방법으로 시행하는 주거환경개선사업과 재개발사업의 경우에는 시장·군수등이 선정·계약한 2인 이상의 감정평가업자가 평가한 금액을 산술평균하여 산정하는 방식으로 평가할 것
- 재건축사업의 경우에는 사업시행자가 정하는 바에 따라 평가할 것. 다만, 감정평가업자의 평가를 받으려는 경우에는 시장·군수등이 선정·계약한 1인 이상의 감정평가입자와 조합총회의 의결로 선정·계약한 1인 이상의 감정평가업자가 평가한 금액을 산술평균하여 산정하는 방식으로 평가할 것

분양받은 대지 또는 건축물 가격의 평가에 있어 다음 각 비용은 가산하여야 하며, 보조금은 이를 공제하여야 한다(령 제76조제3항).

- 정비사업의 조사·측량·설계 및 감리에 소요된 비용

- 공사비
- 정비사업의 관리에 소요된 등기비용·인건비·통신비·사무용품비·이자 그 밖에 필요한 경비
- 융자금이 있는 경우에는 그 이자에 해당하는 금액
- 정비기반시설(주거환경개선사업을 위하여 지정·고시된 정비구역에 설치하는 공동이용시설로서 사업계획서에 시장·군수등이 관리하는 것으로 포함된 것은 제외함) 및 공동이용시설의 설치에 소요된 비용(시장·군수등이 부담한 비용을 제외한다)
- 안전진단의 실시, 정비사업전문관리업자의 선정, 회계감사, 감정평가 그 밖에 정비사업추진과 관련하여 지출한 비용으로서 정관등에서 정한 비용

(3) 청산금 징수 또는 지급

사업시행자는 이전고시가 있은 후에 청산금을 분양받은 자로부터 징수하거나 분양받은 자에게 지급하여야 한다(제88조제1항). 다만 사업시행자는 정관등에서 분할징수 및 분할지급을 정하고 있거나 총회의 의결을 거쳐 따로 정한 경우에는 관리처분계획인가 후부터 이전고시가 있은 날까지 일정 기간별로 분할징수하거나 분할지급할 수 있다.

(4) 청산금 징수위탁

시장·군수등인 사업시행자는 청산금을 납부할 자가 이를 납부하지 아니하는 경우 지방세 체납처분의 예에 따라 징수(분할징수를 포함한다)할 수 있으며, 시장·군수등이 아닌 사업시행자는 시장·군수등에게 청산금의 징수를 위탁할 수 있다. 시장·군수등은 부과·징수를 위탁받은 경우에는 지방세 체납처분의 예에 따라 부과·징수할 수 있다. 이 경우 사업시행자는 징수한 금액의 100분의 4에 해당하는 금액을 해당 시장·군수등에게 교부하여야 한다(제90조제1항).

따라서 청산금지급을 거부하는 조합원이 있다고 하여 사업시행자가 직접 공법상 당사자소송의 방법으로 청산금청구를 할 수는 없으나, 사업시행자가 시장·군수등에게 청산금 징수를 위탁하였음에도 시장·군수등이 징수위탁에 응하지 아니하는 경우에는 사업시행자가 직접 청산금 지급을 거부하는 조합원을 상대로 공법상 당사자 소송에 의하여 청산금 지급을 구하는 소를 제기할 수 있다.

시장·군수가 사업시행자의 청산금 징수 위탁에 응하지 아니하였다는 등의 특별한 사정이 없는

한 시장·군수가 아닌 사업시행자가 이와 별개로 공법상 당사자소송의 방법으로 청산금 청구를 할 수는 없다

제57조제1항에 규정된 청산금의 징수에 관하여는 지방세체납처분의 예에 의한 징수 또는 징수위탁과 같은 간이하고 경제적인 특별구제절차가 마련되어 있으므로, 시장·군수가 사업시행자의 청산금 징수 위탁에 응하지 아니하였다는 등의 특별한 사정이 없는 한 시장·군수가 아닌 사업시행자가 이와 별개로 공법상 당사자소송의 방법으로 청산금 청구를 할 수는 없다(**대법원 2017. 4. 28. 선고 2016두39498 판결**).

즉 대법원은 '성남시 소재 D빌라 재건축사업의 공동시행자인 한국토지주택공사과 D재건축정비사업조합이 일부 조합원이 아파트를 분양받고도 청산금을 지급하지 아니하자, 성남시에 대하여 청산금의 징수를 위탁하는 요청을 하였으나 성남시가 거절하였고, 이에 조합원을 상대로 청산금지급청구의 소를 제기한 사안'에서, 「성남시장이 시장·군수가 아닌 사업시행자의 징수위탁을 거절함으로써 징수절차에 의한 청산금의 권리실현에 장애가 있게 되는 특별한 사정이 있다고 볼 수 있으므로, 사업시행자가 청산금 지급을 거부하는 조합원을 상대로 공법상 당사자 소송에 의하여 청산금의 지급을 구하는 소는 허용된다고 봄이 타당하다.」고 판시하였다.

(5) 청산금 공탁

청산금을 지급받을 자가 받을 수 없거나 받기를 거부한 때에는 사업시행자는 그 청산금을 공탁할 수 있다(제90조제2항).

(6) 청산금채권 소멸시효

청산금을 지급(분할지급을 포함한다)받을 권리 또는 이를 징수할 권리는 이전고시일의 다음 날부터 5년간 행사하지 아니하면 소멸한다(제90조제3항).

(7) 청산금에 물상대위

정비구역에 있는 토지 또는 건축물에 저당권을 설정한 권리자는 사업시행자가 저당권이 설정된 토지 또는 건축물의 소유자에게 청산금을 지급하기 전에 압류절차를 거쳐 저당권을 행사할 수 있다(제91조). 즉 저당권자는 소유자를 채무자로 사업시행자를 제3채무자로 하여 청산금채권에 대하여 물상대위권에 의한 채권압류 및 전부(추심)명령을 거쳐야 우선변제권을 상실하지 아니한다.

▌제10장▐ 비용의 부담, 정비기반시설의 설치 및 국·공유재산 처분

1. 비용부담의 원칙

(1) 시행자 부담의 원칙

정비사업비는 정비사업법 또는 다른 법령에 특별한 규정이 있는 경우를 제외하고는 사업시행자가 부담한다(제92조제1항).

(2) 시장·군수등이 부담할 수 있는 경우

시장·군수등은 시장·군수등이 아닌 사업시행자가 시행하는 정비사업의 정비계획에 따라 설치되는 다음의 시설에 대하여는 그 건설에 드는 비용의 전부 또는 일부를 부담할 수 있다(제92조제2항, 령 제77조).

- 주요 정비기반시설 및 공동이용시설(도로, 상하수도, 공원, 공용주차장, 공동구, 녹지, 하천, 공공용지, 광장)
- 임시거주시설

2. 비용의 조달

(1) 부과금 및 매몰비용

사업시행자는 토지등소유자로부터 정비사업비(건축물의 철거 및 새 건축물의 건설에 드는 공사비 등 정비사업에 드는 비용)와 정비사업의 시행과정에서 발생한 수입의 차액을 부과금으로 부과·징수할 수 있다(제93조제1항).

정비사업조합이 정비사업을 추진하기 위하여 건설회사와 도급계약을 체결하고, 조합임원들의 연대보증하에 건설회사로부터 조합운영비를 차용하였는데, 이후 정비사업구역 내 소유자 과반수의 동의로 조합해산이 신청됨에 따라 조합설립인가가 취소되어, 건설회사가 조합임원에게 보증책임을 추궁하고, 이에 조합임원은 조합에 대한 구상금채권을 피보전권리로 무자력자인 조합을 대위하여 조합원들에 대한 비용부담금반환청구권을 대위행사하는 사례가 있다. 소위 사업중단에 따른 매몰비에 대하여 누가 책임을 질 것인지 조합원 개인에게 책임을 분담시킬 수 있는지에 대한 문제이나 하급심 사례를 보면 부정적으로 보고 있다.

조합임원이 건설회사에게 보증책임을 이행하기 전이라도 하더라도 조합에 대하여 민법 제442조제1항제4호에 의한 사전구상권을 행사할 수 있다 할 것이지만, 비록 정관에서 조합원들의 권리와 의무를 규정하면서 '정비사업비, 청산금, 부과금과 이에 대한 연체료 및 지연손해금 등의 비용 납부의무'를 명시하고 있고, 조합의 운영 및 사업시행을 위한 자금 조달방법을 규정하면서 '조합이 금융기관 및 시공자 등으로부터 조달하는 차입금'을 명시하고 있다고 하더라도, 정관은 조합의 내부관계를 규율하는 것에 불과하고 그 정관 조항에 의하여 곧바로 조합원들이 조합에 대한 구체적 채무를 부담한다고 볼 수는 없다.

정비사업법이 총회 의결을 거쳐야 하는 사항중에 '제93조에 따른 비용의 금액 및 징수방법(제45조제1항제12호)', '정비사업비의 조합원별 분담내역(제45조제1항제8호)'을 규정되어 있는 점에 비추어 조합이 채무를 구성원인 조합원들이 어떻게 분담할 것인지는 총회에서 조합원들이 납부하여야 할 금액을 결정하고 이를 조합원들에게 분담시키는 결의를 한 때에 비로소 확정적으로 발생하고 그 결의절차를 거치지 않았다면 조합원의 조합에 대한 부담금채무는 아직 발생한 것으로 볼 수 없다.

(2) 연 체 료

사업시행자는 토지등소유자가 부과금의 납부를 게을리한 때에는 연체료를 부과·징수할 수 있다(제93조제2항). 부과금 및 연체료의 부과·징수에 필요한 사항은 정관등으로 정한다.

(3) 부과징수위탁

시장·군수등이 아닌 사업시행자는 부과금 또는 연체료를 체납하는 자가 있는 때에는 시장·군수등에게 그 부과·징수를 위탁할 수 있다(제93조제4항). 시장·군수등은 부과·징수를 위탁받은 경우에는 지방세 체납처분의 예에 따라 부과·징수할 수 있다. 이 경우 사업시행자는 징수한 금액의 100분의 4에 해당하는 금액을 해당 시장·군수등에게 교부하여야 한다.

(4) 조합원지위상실자에 대한 사업비분담

현금청산대상자가 되어 조합원의 지위를 상실하는 자에게 조합원의 지위를 상실하기 전까지 발생한 정비사업비에 대하여 분담의무를 지우기 위해서는, 그 분담의무에 관한 취지를 정관이나 조합원총회 결의 또는 조합과 조합원 사이의 약정 등으로 미리 정하였음이 인정되어야 한다.

> 조합원이 현금청산대상자가 되는 경우에는 조합원의 지위를 상실하여 더 이상 조합원의 지위에 있지 않으므로 조합은 특별한 사정이 없는 한 현금청산대상자에게 도시정비법 제61조제1항에 따른 부과금을 부과·징수할 수 없다.
>
> 따라서 조합 정관, 조합원총회의 결의 또는 조합과 조합원 사이의 약정 등에서 현금청산대상자가 조합원의 지위를 상실하기 전까지 발생한 정비사업비 중 일정 부분을 분담하기로 미리 정하지 않았다면, 현금청산대상자에 대한 청산절차 등에서 이를 청산하거나 별도로 조합이 현금청산대상자에게 반환을 청구할 수 없다.
>
> 즉 현금청산대상자가 되어 조합원의 지위를 상실하는 자에게 조합원의 지위를 상실하기 전까지 발생한 정비사업비에 대하여 분담의무를 지우기 위해서는, 그 분담의무에 관한 취지를 정관이나 조합원총회 결의 또는 조합과 조합원 사이의 약정 등으로 미리 정하였음이 인정되어야 한다.
>
> 보통 조합정관에 '조합원은 정비사업비, 청산금, 부과금과 이에 대한 연체료 및 지연손실금 등의 비용 납부의무를 부담한다.'는 조항이 있으나, 이 조힝은 조합원이 정비사업비 등 납부의무를 부담한다는 일반적인 의무를 정한 것에 불과할 뿐이고, 현금청산대상자가 조합원의 지위를 상실하기 전까지 발생한 정비사업비 중 일정액을 분담하여야 한다는 의미는 아니다(**대법원 2016. 12. 27. 선고 2014다203212 판결, 대법원 2016. 12. 29. 선고 2013다217412 판결**).

3. 정비기반시설 관리자의 비용부담

(1) 정비기반시설 관리자

시장·군수등은 자신이 시행하는 정비사업으로 현저한 이익을 받는 정비기반시설의 관리자가 있는 경우에는 해당 정비사업비의 일부를 그 정비기반시설의 관리자와 협의하여 그 관리자에게 부담시킬 수 있다(제94조제1항). 정비기반시설 관리자의 부담비용의 총액은 해당 정비사업에 소요된 비용(정비사업의 조사·측량·설계 및 감리에 소요된 비용 제외)의 3분의 1을 초과하여서는 아니된다. 다만, 다른 정비기반시설의 정비가 그 정비사업의 주된 내용이 되는 경우에는 그 부담비용의 총액은 해당 정비사업에 소요된 비용의 2분의 1까지로 할 수 있다(령 제78조제1항). 시장·군수등은 정비사업비의 일부를 정비기반시설의 관리자에게 부담시키려는 때에는 정비사업에 소요된 비용의 명세와 부담금액을 명시하여 해당 관리자에게 통지하여야 한다(령 제78조제2항).

(2) 공동구 수용시설 설치의무자

사업시행자는 정비사업을 시행하는 지역에 전기·가스 등의 공급시설을 설치하기 위하여 공동구를 설치하는 경우에는 다른 법령에 따라 그 공동구에 수용될 시설을 설치할 의무가 있는 자에게 공동구의 설치에 드는 비용을 부담시킬 수 있다(제94조제2항).

공동구의 설치에 소요되는 비용은 다음과 같다. 다만, 보조금이 있는 경우에는 설치에 드는 비용에서 해당 보조금의 금액은 빼야 한다(시행규칙 제16조제1항).

- 설치공사의 비용
- 내부공사의 비용
- 설치를 위한 측량·설계비용
- 공동구의 설치로 인한 보상의 필요가 있는 경우에는 그 보상비용
- 공동구부대시설의 설치비용
- 융자금이 있는 경우에는 그 이자에 해당하는 금액

공동구에 수용될 전기·가스·수도의 공급시설과 전기통신시설 등의 관리자(공동구점용예정자)가 부담할 공동구의 설치에 소요되는 비용의 부담비율은 공동구의 점용예정면적비율에 따르고, 사업시행자는 사업시행인가의 고시가 있은 후 지체 없이 공동구점용예정자에게 산정된 부담금의 납부를 통지하여야 하고, 부담금의 납부통지를 받은 공동구점용예정자는 공동구의 설치공사가 착수되기 전에 부담금액의 3분의 1 이상을 납부하여야 하며, 그 잔액은 공사완료고시일전까지 이를 납부하여야 한다(시행규칙 제16조제2항,제3항,제4항).

공동구는 시장·군수등이 관리하고, 시장·군수등은 공동구 관리비용(유지·수선비를 말하며, 조명·배수·통풍·방수·개축·재축 그 밖의 시설비 및 인건비를 포함한다)의 일부를 그 공동구를 점용하는 자에게 부담시킬 수 있으며, 그 부담비율은 점용면적비율을 고려하여 시장·군수등이 정한다. 공동구 관리비용은 연도별로 산출하여 부과하고, 공동구 관리비용의 납입기한은 매년 3월 31일까지로 하며, 시장·군수등은 납입기한 1개월 전까지 납입통지서를 발부하여야 한다. 다만, 필요한 경우에는 2회로 분할납부하게 할 수 있으

며 이 경우 분할금의 납입기한은 3월 31일과 9월 30일로 한다(시행규칙 제17조).

4. 보조 및 융자

(1) 공공이 시행하는 정비사업

① 국가 또는 시·도가 시장, 군수, 구청장 또는 토지주택공사등이 시행하는 정비사업에 보조·융자

㉮ **보조·융자 대상사업**

국가 또는 시·도는 시장, 군수, 구청장 또는 토지주택공사등이 시행하는 정비사업에 관한 기초조사에 소요되는 비용, 정비사업의 시행에 필요한 정비기반시설 전부, 임시거주시설 전부의 건설에 드는 비용, 주거환경개선사업에 따른 공동이용시설 전부의 건설에 드는 비용의 일부를 보조하거나 융자할 수 있다(제95조제1항, 령 제79조제1항).

이 경우 국가 또는 시·도는 다음의 어느 하나에 해당하는 사업에 우선석으로 보조하거나 융자할 수 있다(제95조제1항).

- 시장·군수등 또는 토지주택공사등이 다음의 어느 하나에 해당하는 지역에서 시행하는 주거환경개선사업
  - 제20조 및 제21조에 따라 해제된 정비구역등
  - 「도시재정비 촉진을 위한 특별법」 제7조제2항에 따라 재정비촉진지구가 해제된 지역
- 국가 또는 지방자치단체가 도시영세민을 이주시켜 형성된 낙후지역으로서 다음의 요건에 모두 해당하는 지역에서 시장·군수등 또는 토지주택공사등이 단독으로 시행하는 재개발사업(령 제79조제2항)
  - 토지보상법 제4조에 따른 공익사업의 시행으로 인하여 다른 지역으로 이주하게 된 자가 집단으로 정착한 지역으로서 이주 당시 300세대 이상의 주택을 건설하여 정착한 지역
  - 정비구역 전체 건축물 중 준공 후 20년이 지난 건축물의 비율이 100분의 50 이상인 지역

㉯ **보조·융자하는 비용**

- 정비사업에 관한 기초조사에 소요되는 비용

- 정비기반시설 및 임시수용시설의 건설에 소요되는 비용
- 주거환경관리법에 따른 공동이용시설의 건설에 소요되는 비용

㉰ **보조·융자하는 범위**

국가 또는 지방자치단체가 보조하거나 융자할 수 있는 금액은 기초조사비, 정비기반시설 및 임시수용시설의 사업비의 각 80퍼센트 이내로 한다. 다만 현지개량방법으로 시행하는 주거환경개선사업을 시행하는 정비구역에서 시·도지사가 시장·군수등에게 보조하거나 융자하는 경우에는 100퍼센트로 한다(령 제79조제3항).

② 시장·군수등이 토지주택공사등이 시행하는 주거환경개선사업에 보조

시장·군수등은 사업시행자가 토지주택공사등인 주거환경개선사업과 관련하여 정비기반시설 및 공동이용시설, 임시거주시설을 건설하는 경우 건설에 드는 비용의 전부 또는 일부를 토지주택공사등에게 보조하여야 한다(제95조제2항).

③ 순환정비방식 정비사업에 우선지원

국가 또는 지방자치단체는 정비사업에 필요한 비용을 보조 또는 융자하는 경우 순환정비방식의 정비사업에 우선적으로 지원할 수 있다. 이 경우 순환정비방식의 정비사업의 원활한 시행을 위하여 국가 또는 지방자치단체는 순환용주택의 건설비, 순환용주택의 단열보완 및 창호교체 등 에너지 성능향상과 효율개선을 위한 리모델링 비용, 공가관리비의 일부를 보조 또는 융자할 수 있다(제95조제4항).

(2) 시장·군수등이 아닌 자가 시행하는 정비사업

국가 또는 지방자치단체는 시장·군수등이 아닌 사업시행자가 시행하는 정비사업에 드는 비용의 일부를 보조 또는 융자하거나 융자를 알선할 수 있다(제95조제3항).

국가 또는 지방자치단체가 보조할 수 있는 금액은 기초조사비, 정비기반시설 및 임시수용시설의 사업비, 조합 운영경비의 각 50퍼센트 이내로 한다(령 제79조제4항).

국가 또는 지방자치단체는 다음 각 사항에 필요한 비용의 각 80퍼센트 이내에서 융자하거나 융자를 알선할 수 있다(령 제79조제5항).

- 기초조사비
- 정비기반시설 및 임시수용시설의 사업비
- 세입자 보상비

- 주민 이주비
- 그 밖에 시·도 조례로 정하는 사항(지방자치단체가 융자하거나 융자를 알선하는 경우만 해당한다)

정비사업에 소요되는 비용의 보조에 관한 도시정비법 제63조제3항, 령 제60조제3항, 서울특별시 도시및주거환경 정비조례, 서울특별시 보조금관리조례의 내용 및 취지 등을 종합하면, 정비사업시행자가 도시정비법 제63조제3항에 따라 서울특별시에서 정비사업에 소요되는 비용의 일부를 보조받기 위해서는 미리 시장의 승인을 얻는 등 특별한 사정이 없는 한 공사 또는 사업시행 이전에 보조금 교부를 신청하여야 한다(**대법원 2015. 7. 9. 선고 2015두35468 판결**).

(3) 임대주택 관련 지원

① 순환용주택 임대주택 건설비용

국가는 '제59조제2항에 따라 토지주택공사등이 보유한 공공임대주택을 순환용주택으로 조합에게 제공하는 경우 그 건설비 및 공가관리비 등의 비용'의 전부 또는 일부를 지방자치단체 또는 토지주택공사등에 보조 또는 융자할 수 있다(제95조제5항제1호).

② 재개발임대주택 인수비용

국가는 '제79조제5항에 따라 시·도지사, 시장, 군수, 구청장 또는 토지주택공사등이 재개발임대주택을 인수하는 경우 그 인수 비용'의 전부 또는 일부를 지방자치단체 또는 토지주택공사등에 보조 또는 융자할 수 있다(제95조제5항제2호).

③ 토지임대부 분양주택 공급비용

국가 또는 지방자치단체는 토지임대부 분양주택을 공급받는 자에게 해당 공급비용의 전부 또는 일부를 보조 또는 융자할 수 있다(제95조제6항).

5. 정비기반시설의 설치 및 귀속

(1) 정비기반시설의 설치

사업시행자는 관할 지방자치단체의 장과의 협의를 거쳐 정비구역에 정비기반시설(주거환경개선사업의 경우에는 공동이용시설을 포함한다)을 설치하여야 한다(제96조). 종전법 제64조제2항은 '정비기반시설의 설치를 위하여 토지 또는 건축물이 수용된 자는 해당 정비구역안에 소재하는 대지 또는 건축물로서 매각대상이 되는 대지 또는 건축물에 대하여 다른 사람에 우선하여 매수청구할 수 있다. 이 경우 당해 대지 또는 건축물이 국가 또는 지방자치단체의 소유인 때에는 수의계약으로 매각할 수 있다.'고 규정하고 있었으나, 개정법은 종전법에 있던 정비구역 안에 정비기반시설 설치로 토지·건축물이 수용된 자에 대하여 인정하던 우선매수청구권을 삭제하였다.

(2) 정비기반시설 무상귀속·양도의 원칙

① 공공이 시행하는 정비사업

시장·군수등 또는 토지주택공사등이 정비사업의 시행으로 새로 정비기반시설을 설치하거나 기존의 정비기반시설을 대체하는 정비기반시설을 설치한 경우에는 국유재산법 및 공유재산및물품관리법에도 불구하고 종래의 정비기반시설은 사업시행자에게 무상으로 귀속되고, 새로 설치된 정비기반시설은 그 시설을 관리할 국가 또는 지방자치단체에 무상으로 귀속된다(제97호제1항).

② 민간이 시행하는 정비사업

㉮ 규정내용

시장·군수등 또는 토지주택공사등이 아닌 사업시행자가 정비사업의 시행으로 새로 설치한 정비기반시설은 그 시설을 관리할 국가 또는 지방자치단체에 무상으로 귀속되고, 정비사업의 시행으로 용도가 폐지되는 국가 또는 지방자치단체 소유의 정비기반시설은 사업시행자가 새로 설치한 정비기반시설의 설치비용에 상당하는 범위에서 그에게 무상으로 양도된다(제97조제2항).

㉯ 입법취지

전단 규정은, 민간사업시행자가 정비사업의 시행으로 새로이 설치한 정비기반시설을 국가 또는 지방자치단체에 무상으로 귀속하도록 규정한 이유는 정비사업과정에서 필수적으로 요구되는 도로 등 기반시설의 원활한 확보와 그 시설의 효율적인 유지·관리를 통하여 쾌적한 주거환경을 조성하기 위하여 사업지구 안의 기반시설을 사업시행자가 확보하도록 하되, 정비기반시설의 공공성 등을 고려하여 이를 국가 또는 지방자치단체에 귀속시켜 관리하도록 하고자 하는데 그 취지가 있다.

후단 규정은, 민간 사업시행자에 의해 새로 설치된 정비기반시설이 전단 규정에 따라 관리청에 무상으로 귀속됨으로 인해 야기되는 사업시행자의 재산상 손실을 고려하여, 그 사업시행자가 새로 설치한 정비기반시설의 설치비용에 상당하는 범위 안에서 정비사업의 시행으로 용도가 폐지되는 국가 또는 지방자치단체 소유의 정비기반시설을 그 사업시행자에게 무상으로 양도되도록 하여 위와 같은 재산상의 손실을 합리적인 범위 안에서 보전해 주고자 하는 데 그 입법 취지가 있다.

㉰ **관련판례**

• 제97조제2항 후단 규정에 따른 정비기반시설의 소유권귀속에 관한 국가 또는 지방자치단체와 정비사업시행자 사이의 법률관계는 공법상 법률관계로 보아야 한다.

> [1] 도시정비법 제97조제2항 후단 규정에 따른 정비기반시설의 소유권 귀속에 관한 국가 또는 지방자치단체와 정비사업시행자 사이의 법률관계는 공법상의 법률관계로 보아야 한다. 따라서 위 후단 규정에 따른 정비기반시설의 소유권 귀속에 관한 소송은 공법상의 법률관계에 관한 소송으로서 행정소송법 제3조 제2호에서 규정하는 당사자소송에 해당한다.
>
> [2] 원고가 고의 또는 중대한 과실 없이 행정소송으로 제기하여야 할 사건을 민사소송으로 잘못 제기한 경우, 수소법원으로서는 만약 그 행정소송에 대한 관할을 동시에 가지고 있다면 이를 행정소송으로 심리·판단하여야 하고, 그 행정소송에 대한 관할을 가지고 있지 아니하다면 당해 소송이 이미 행정소송으로서의 전심절차와 제소기간을 도과하였거나 행정소송의 대상이 되는 처분 등이 존재하지도 아니한 상태에 있는 등 행정소송으로서 소송요건을 결하고 있음이 명백하여 행정소송으로 제기되었더라도 어차피 부적법하게 되는 경우가 아닌 이상 이를 부적법한 소라고 하여 각하할 것이 아니라 관할법원에 이송하여야 한다(**대법원 2018. 7. 26. 선고 2015다221569 판결**).

• 국가나 지방자치단체가 용도폐지될 정비기반시설을 새로 설치될 정비기반사실의 설치비용에 상당하는 범위 안에서 무상양도하도록 규정한 제97조제2항후단은 강행규정이다.

> 국토계획법 제65조제2항은 "개발행위허가를 받은 자가 행정청이 아닌 경우 개발행위허가를 받은 자가 새로 설치한 공공시설은 그 시설을 관리할 관리청에 무상으로 귀속되고, 개발행위로 용도가 폐지되는 공공시설은 「국유재산법」과 「공유재산 및 물품 관리법」에도 불구하고 새로 설치한 공공시설의 설치비용에 상당하는 범위에서 개발행위허가를 받은 자에게 무상으로 양도할 수 있다"고 규정하고 있고, 주택법 제30조는 사업계획승인을 받은 주택건설사업의 시행자가 그 사업지구의 토지에 새로 공공시설을 설치하거나 기존의 공공시설에 대체되는 공공시설을 설치하는 경우 국토계획법 제65조를 준용하도록 하고 있다. 따라서 주택법에 따른 주택건설사업의 경우에 사업계획승인권자인 행정청은 그 사업에 따라 용도가 폐지되는 공공시설을 새로 설치되는 공공시설의 설치비용에 상당하는 범위에서 사업 시행자에게 무상으로 양도할 수 있고, 여기서

'무상으로 양도할 수 있다'는 것은 그 문언상 재량규정으로 보아야 한다.

한편 이와 달리 도시정비법 제65조제2항 후단은 "정비사업의 시행으로 인하여 용도가 폐지되는 국가 또는 지방자치단체 소유의 정비기반시설은 그가 새로이 설치한 정비기반시설의 설치비용에 상당하는 범위 안에서 사업시행자에게 무상으로 양도된다"고 규정하고 있고, 이는 민간 사업시행자에 의하여 새로 설치될 정비기반시설의 설치비용에 상당하는 범위 안에서 용도폐지될 정비기반시설의 무상양도를 강제하는 강행규정으로 해석된다.

주택법이 준용하는 국토계획법상 '공공시설'은 "도로·공원·철도·수도, 그 밖에 대통령령으로 정하는 공공용 시설을 말한다"고 되어 있고(국토계획법 제2조제13호), 도시정비법상 '정비기반시설'은 "도로·상하수도·공원·공용주차장·공동구, 그 밖에 주민의 생활에 필요한 가스 등의 공급시설로서 대통령령이 정하는 시설을 말한다"고 규정되어 있는바(도시정비법 제2조 제4호), 그 용도가 폐지되는 도로·공원·수도 등의 시설은, 주택법에 의한 주택건설사업의 경우에는 사업시행자에게 무상양도할지 여부를 행정청이 재량으로 정할 수 있는데 반해 도시정비법에 의한 정비사업의 경우에는 새로 설치되는 정비기반시설의 설치비용 범위 내에서 반드시 무상양도하여야 하는 것으로 서로 다르게 해석하는 것이지만, 도시정비사업의 경우에는 주택재건축조합이나 주택재개발조합이 사업시행자가 되는 경우에도 조합설립인가처분에 의하여 그 정비사업을 시행할 수 있는 권한을 갖는 행정주체(공법인)로서의 지위를 부여받게 되는 반면, 주택법에 의한 사업주체 중 주택건설사업자는 영리를 목적으로 하는 민간사업자로서 그 법적 지위가 전혀 다르다는 점 등을 고려해 볼 때 그러한 해석이 주택건설사업자를 불합리하게 차별하는 것이라거나 헌법의 재산권보장조항에 배치되는 것이라고 할 수는 없다(**대법원 2014. 1. 29. 선고 2013다200483 판결**).

- 신규 기반시설의 설치비용이 용도폐지되는 종전 기반시설의 가액을 초과하는 경우에는 종전 기반시설은 전부가 사업시행자에게 무상양도되어야 하므로, 사업시행 인가관청이 사업시행인가처분 등을 통하여 그중 일부를 무상양도 대상에서 제외하는 것은 특별한 사정이 없는 한 위법하다.

신규 기반시설의 설치비용이 용도폐지되는 종전 기반시설의 가액을 초과하는 경우에는 종전 기반시설은 전부가 사업시행자에게 무상양도되어야 하므로, 사업시행 인가관청이 사업시행인가처분 등을 통하여 그중 일부를 무상양도 대상에서 제외하는 것은 특별한 사정이 없는 한 위법하다.

정비사업법 시행령 제41조제2항제11호에서 사업시행자가 사업시행 인가신청을 할 때는 정비사업의 시행으로 용도폐지되는 정비기반 시설의 조서·도면 및 그 정비기반시설에 대한 2 이상의 감정평가업자의 감정평가서와 새로이 설치할 정비기반시설의 조서·도면 및 그 설치비용 계산서를 제출하도록 하는 점 등에 비추어, 무상양도 대상인 국가 또는 지방자치단체 소유의 종전 기반시설의 대상과 범위는 보통은 인가관청이 사업시행계획서 등을 심사하여 사업시행인가처분을 하면서 무상양도 대상인 종전 기반시설을 결정하고 그에 해당하지 않는 종전 기반시설은 유상매수하도록 하는 부관(부담)을 부가하는 데 따라 결정될 것이지만, 사업시행인가처분 이후 따로 결정할 것을 유보한 경우에는 나중에 사후부담의 부관을 부가하거나 변경처분을 함으로써 달리 정할 수 있다.

여기서 사업시행자가 사업시행인가처분 및 후속 사후부담 부가처분 또는 변경처분에서 특정한 정비기반시설을 무상양도 대상에서 제외한 부분의 취소를 구하는 소를 제기하는 경우, 제소기간은 무상양도 대상에 관한 행정청의 확정적인 제외 의사가 담긴 처분이 있은 때를 기준으로 한다. 그리고 이는 당해 처분서의 이유 기재 등 문언을 통하여 행정청의 의사가 처분의 상대방에게 명확하게 표명되었는지, 그 결과 처분의 상대방이 처분서에 따라 불복의 대상과 범위를 특정할 수 있는지 등 제반 사정을 종합적으로 고려하여 판단해야 한다(**대법원 2014. 2. 21. 선고 2011두20871 판결**).

- 지방자치단체가 도시계획사업의 일환으로 토지구획정리사업을 시행하여 설치한 도로의 부지에 관하여 구 도시 및 주거환경정비법 제97조 제2항 후단 규정이 적용되므로, 위 규정을 위반하여 사업시행자가 국가 또는 지방자치단체와 체결한 매매계약은 무효이다.

구 도시정비법 제65조(현 제97조) 제2항 후단은 '정비사업의 시행으로 인하여 용도가 폐지되는 국가 또는 지방자치단체 소유의 정비기반시설은 그가 새로이 설치한 정비기반시설의 설치비용에 상당하는 범위 안에서 사업시행자에게 무상으로 양도된다.'고 정하고 있다. 여기에서 '사업시행자에게 무상으로 양도되는 국가 또는 지방자치단체 소유의 정비기반시설'은 정비사업 시행인가 전에 이미 구 국토의 계획 및 이용에 관한 법률(2007. 12. 27. 법률 제8819호로 개정되기 전의 것, 이하 '구 국토계획법'이라 한다)에 따라 도시관리계획으로 결정되어 설치된 국가 또는 지방자치단체 소유의 기반시설을 의미한다.

도로는 도로의 형태를 갖추고 도로법에 따라 노선의 지정·인정 공고와 도로구역 결정·고시를 한 때 또는 구 도시계획법(1972. 12. 30. 법률 제2435호로 개정되기 전의 것, 이하 '구 도시계획법'이라 한다)이 정한 절차를 거쳐 도로를 설치한 때, 공용개시행위가 있다고 볼 수 있다. 토지가 지방자치단체의 토지구획정리사업의 시행 결과 지방자치단체가 관리하는 공공시설의 하나인 도로용지가 된 경우, 그 토지는 적어도 지방자치단체의 토지구획정리사업의 시행으로 공공시설의 목적에 제공하는 토지라고 할 수 있다.

구 도시계획법 제2조 제1항에 따르면 도시계획사업은 토지구획정리사업으로도 가능하다. 지방자치단체가 도시계획사업의 일환으로 토지구획정리사업을 시행하여 설치한 도로는 구 도시계획법에 따라 도시계획으로 결정되어 설치된 공공시설이라고 보아야 한다.

구 국토계획법 부칙(2002. 2. 4.) 제12조, 제15조에 따르면, 구 도시계획법에 의하여 결정된 도시계획은 구 국토계획법에 의하여 결정된 도시관리계획으로 간주되고, 구 도시계획법에 의한 도시계획시설은 구 국토계획법에 의한 도시계획시설로 간주된다. 따라서 지방자치단체가 도시계획사업의 일환으로 토지구획정리사업을 시행하여 설치한 도로의 부지에 대해서는 구 국토계획법상 기반시설에 관한 도시관리계획 결정도 있는 것으로 간주되어 도로법에 따라 노선의 지정·인정 공고와 도로구역 결정·고시가 되었는지와 상관없이 구 도시정비법 제65조 제2항 후단이 적용된다.

위에서 본 구 도시정비법 제65조 제2항 후단 규정은 그 입법 취지에 비추어, 민간 사업시행자가 새로 설치할 정비기반시설의 설치비용에 상당하는 범위 안에서 용도폐지될 정비기반시설의 무상양도를 강제하는 강행규정이므로, 위 규정을 위반하여 사업시행자와 국가 또는 지방자치단체 사이에 체결된 매매계약 등은 무효이다(**대법원 2018. 5. 11. 선고 2015다41671 판결**).

- 국가나 지방자치단체에게 무상으로 귀속되는 새로 설치된 정비기반시설 및 사업시행자에게 무상으로 양도되는 정비기반시설은 '정비구역 안'에 있는 정비기반시설만을 의미한다. 다만 정비구역 밖의 정비기반시설 설치 및 귀속에 관하여는 사업시행인가시 부관으로 부가할 수 있다.

도시정비법 제65조 제2항에서 말하는 정비사업의 시행으로 용도가 폐지되어 사업시행자에게 무상으로 '양도'되는 정비기반시설은 '정비구역 안'에 있는 정비기반시설만을 의미하는 것으로 해석하여야 하고, 사업시행자가 정비사업의 시행으로 새로이 설치한 정비기반시설로서 국가 또는 지방자치단체에 무상으로 '귀속'되는 정비기반시설도 이와 마찬가지로 새겨야 한다. 따라서 사업시행자가 정비사업의 시행으로 새로이 설치한 정비기반시설이지만 정비구역 밖에 위치한 것은 도시정비법 제65조제2항에 의하여 당연히 국가나 지방자치단체에 무상으로 귀속된다고 할 수 없다.

정비사업의 시행으로 정비구역 밖에 설치하는 정비기반시설이라 하더라도 사업시행 인가관청이 사업시행인가처분을 하면서 인가조건으로 시설을 설치하도록 하는 부담을 부과하고 사업시행자가 부담의 이행으로써 이를 설치한 때에는, 부관이 다른 법률의 규정에 위반되거나 부당결부금지의 원칙이나 비례의 원칙에 반하여 위법하다고 볼 특별한 사정이 없는 한, 인가조건의 내용에 따라 당해 정비기반시설은 무상으로 또는 정산을 거쳐 시설을 관리할 국가 또는 지방자치단체에 귀속될 수 있다(**대법원 2014. 2. 21. 선고 2012다78818 판결**).

즉 서울시 서초구가 B주택재건축사업시행을 인가하면서 정비구역 안과 정비구역 밖에 걸쳐 도로를 설치하여 서울시에 무상귀속시킬 것을 조건으로 부가한 사안에서, 「정비구역 안에 위치한 도로 부분은 도시정비법 제65조제2항전단 규정에 의하여 그 관리청인 서울특별시에 당연 귀속되었다 할 것이고, 정비구역 밖에 위치한 도로 부분은 도시정비법 제65조제2항의 적용대상이 아니므로 인가조건에 부가된 부담의 이행에 따라 서울특별시에 귀속되었다고 볼 것이다. 그리고 위 인가조건에서 도로 전체를 도시정비법 제65조제2항에 따라 정산한다고 정한 취지는 정비구역 밖에 위치한 부분의 공사비도 정산대상에는 포함시키되 그 정산방식은 위 법 규정에 따르도록 하겠다는 것이고, 따라서 정비구역 밖의 도로부분을 포함한 이 사건 도로 전체의 설치공사비를 새로이 설치하는 정비기반시설의 설치비용으로 보고 정산하되, 도시정비법 제65조제2항의 방식에 따라 신규 정비기반시설의 설치비용이 용도폐지되어 무상양도되는 기존 정비기반시설의 가액보다 적은 경우에는 사업시행자인 원고가 피고에게 그 차액을 정산금으로 납부하고, 반대로 기존 정비기반시설의 가액이 더 많은 경우에는 따로 정산절차를 거치지 아니한다는 취지라고 봄이 상당하다.」고 판단하였다.

• 사업시행자에게 무상으로 양도되는 정비기반시설은 정비사업시행인가 이전에 이미 국토계획법에 따라 도시관리계획으로 결정되어 설치된 시설을 의미하며, 현황도로나 현황공원 등 사실상 공중에 제공되고 있다는 사정만으로 무상양도되는 정비기반시설이라고 할 수는 없다.

도시정비법은 국토계획법상의 도시관리계획에 따라 도시기능의 회복이 필요하거나 주거환경이 불량한 지역을 계획적으로 정비하고 노후·불량건축물을 효율적으로 개량하기 위하여 필요한 사항을 규정하기 위한 목적으로 제정된 법률이라고 할 것이므로, 도시정비법 제65조제2항에서 정하는 '사업시행자에게 무상으로 양도되는 국가 또는 지방자치단체 소유의 정비기반시설'은 정비사업시행인가 이전에 이미 국토계획법에 따라 도시관리계획으로 결정되어 설치된 국가 또는 지방자치단체 소유의 기반시설을 의미한다고 봄이 타당하고, 그 현황이 도로나 공원 등으로 사실상 공중에 제공되고 있다는 사정만으로 사업시행자에게 무상으로 양도되는 정비기반시설이라고 할 수는 없다(**대법원 2008. 11. 27. 선고 2007두24289 판결, 대법원 2011. 2. 24. 선고 2010두22498 판결, 대법원 2013. 1. 24. 선고 2011두27193 판결**).

그리고 도시정비법 제65조제2항에 따라 사업시행자에게 무상으로 양도되는 정비기반시설이라는 사실에 관한 증명책임은 이를 주장하는 사업시행자가 부담한다(**대법원 2015. 10. 29. 선고 2012두19410 판결**).

• 중복기반시설의 경우 용도폐지시설에 해당하여 사업시행자가 매입할 대상이라면 새로 설치한 비용에 포함하고, 용도폐지시설에 해당하지 아니하여 사업시행자가 매입할 대상이 아니라면 새로 설치한 비용에서 제외한다.

정비사업의 시행으로 인하여 용도가 폐지되는 국가 또는 지방자치단체 소유의 '기존 정비기반시설'이 사업시행자가 새로이 설치한 '신설 정비기반시설'에 그대로 편입되는 경우가 있는데, 이처럼 기존 정비기반시설과 신설 정비기반시설이 겹치는 '중복 정비기반시설'의 경우에, 도시정비법 제65조제2항 규정의 입법 취지 및 문언의 내용 등에 비추어 볼 때, 후단 규정의 '사업시행자가 새로이 설치한 정비기반시설의 설치비용'을 계산함에 있어서, ① 중복 정비기반시설도 후단 규정의 '정비사업의 시행으로 인하여 용도가 폐지되는 국가 또는 지방자치단체 소유의 정비기반시설'에 해당하여 사업시행자가 매입할 대상으로 본다면, 사업시행자는 중복 정비기반시설을 매입하여 국가 등에 무상으로 귀속시키게 되므로, 후단 규정의 '사업시행자가 새로이 설치한 정비기반시설의 설치비용'에 중복 정비기반시설의 가액을 포함하여야 할 것이고, ② 그와 달리 중복 정비기반시설은 그대로 신설 정비기반시설로 사용될 예정이어서 후단 규정의 '정비사업의 시행으로 인하여 용도가 폐지되는 국가 또는 지방자치단체 소유의 정비기반시설'에 해당되지 아니하여 사업시행자가 매입할 대상이 아니라고 본다면, 중복 정비기반시설의 가액을 후단 규정의 '사업시행자가 새로이 설치한 정비기반시설의 설치비용'에서 제외하여야 할 것이다(**대법원 2013. 10. 24. 선고 2011두21157 판결**).

• 무상귀속되는 신규 정비기반시설의 설치비용이 용도폐지되어 무상양도되는 기존 정비기반시설의 가액보다 적은 경우에는 사업시행자인 조합이 국가·지방자치단체에게 그 차액을 정산금으로 납부하고, 반대로 기존 정비기반시설의 가액이 더 많은 경우에는 따로 정산절차를 거치지 아니한다.

도시정비법 제65조제2항,제4항은 민간 사업시행자에 의하여 새로이 설치된 정비기반시설은 정비사업의 준공인가에 의하여 당연히 국가 또는 지방자치단체에 무상귀속되는 것으로 함으로써 도로·상하수도·공원·공용주차장·공동구 등 공공시설의 확보와 효율적인 유지·관리를 위하여 국가 등에 관리권과 함께 소유권까지 일률적으로 귀속되도록 하는 한편 그로 인한 사업시행자의 재산상 손실을 고려하여 새로 설치한 정비기반시설의 설치비용에 상당하는 범위 안에서 용도폐지되는 정비기반시설은 사업시행자에게 무상양도하도록 강제하는 것으로서, 위 무상귀속과 무상양도에 관한 규정은 강행규정으로 해석된다.

새로 설치한 정비기반시설의 설치비용이 용도폐지되는 정비기반시설의 평가가액을 초과하는데도 사업시행 인가관청이 새로이 설치한 정비기반시설의 설치비용을 산정하면서 그중 일부를 제외하는 등으로 사업시행자에게 양도한 용도폐지 정비기반시설의 가액에 미달한다고 보아 차액 상당의 정산금을 부과하였다면 이는 강행규정인 도시정비법 제65조제2항에 반하는 것으로서 무효이므로, 사업시행자는 부과처분에 따라 납부한 정산금 상당에 대하여 부당이득반환을 청구할 수 있다.

도시정비법에 따른 재개발 또는 재건축사업의 시행으로 사업구역 내에 존재하는 공공하수도의 이전이나 증설 등이 필요하여 기존 하수도는 용도폐지되고 민간 사업시행자가 새로이 하수도를 설치한 경우에, 무상귀속 및 무상양도되는 재산의 범위와 가액을 정산할 때 새로 설치한 하수도 설치비용은 새로이 설치한 정비기반시설의 설치비용에 포함시켜야 하고, 구 하수도법 제32조제2항(현 제61조제2항, 공공하수도관리청은 타공사 또는 공공하수도의 신설·증설 등을 수반하는 타개발행위로 인하여 필요하게 된 공공하수도에 관한 공사에 소요되는 비용의 전부 또는 일부를 타공사 또는 타행위의 비용을 부담하여야 할 자에게 부담시키거나 필요한 공사를 시행하게 할 수 있다)을 이유로 설치비용에서 제외해서는 아니 된다. 그리고 이는 재건축 등 도시정비사업 시행인가처분의 인가조건에서 하수도 이설비용 등을 사업시행자가 부담하도록 정한 데 대하여 인가조건을 다툴 수 있는 불복기간이 지난 경우라고 하더라도 마찬가지이다(**대법원 2014. 2. 21. 선고 2012다82466 판결**).

③ 대부료 면제

정비사업의 시행으로 용도가 폐지되는 국가 또는 지방자치단체 소유의 정비기반시설의 경우 정비사업의 시행 기간 동안 해당 시설의 대부료는 면제된다(제97조제7항). 개정법은 정비사업으로 용도가 폐지되는 행정재산에 대한 대부료를 면제하는 규정을 두고 있다.

(3) 무상귀속·양도 해당도로

제97조제1항 및 제2항의 정비기반시설에 해당하는 도로는 다음의 어느 하나에 해당하는 도로를 말한다(제97조제3항).

- 국토계획법 제30조에 따라 도시·군관리계획으로 결정되어 설치된 도로
- 도로법 제23조에 따라 도로관리청이 관리하는 도로
  도시개발법 등 다른 법률에 따라 설치된 국가 또는 지방자치단체 소유의 도로
- 그 밖에 공유재산 및 물품 관리법에 따른 공유재산 중 일반인의 교통을 위하여 제공되고 있는 부지(현황도로). 이 경우 부지의 사용 형태, 규모, 기능 등 구체적인 기준은 시·도조례로 정할 수 있다.

개정법은 종전법에서 공공이 사업시행자일 경우에만 적용하던 위 규정을 민간이 사업시행자인 경우에도 적용함으로써('제1항 및 제2항의') 사업시행자가 공공뿐만 아니라 민간인 경우에도 무상양도되는 정비기반시설에 현황도로를 포함하도록 하였고, 이 부분 개정규정은 개정법 시행 이후 최초로 사업시행계획인가를 신청하는 경우부터 적용한다(부칙 제21조).

(4) 무상귀속·양도절차

① 시행인가전 관리청 의견청취

시장·군수등은 정비기반시설의 귀속 및 양도에 관한 사항이 포함된 정비사업을 시행하거나 그 시행을 인가하려는 경우에는 미리 그 관리청의 의견을 들어야 한다. 인가

받은 사항을 변경하려는 경우에도 또한 같다.

② 준공전 관리청에 통지

사업시행자는 관리청에 귀속될 정비기반시설과 사업시행자에게 귀속 또는 양도될 재산의 종류와 세목을 정비사업의 준공 전에 관리청에 통지하여야 한다.

③ 귀속·양도 시기

무상귀속이나 양도되는 정비기반시설은 그 정비사업이 준공인가되어 관리청에 준공인가통지를 한 때에 국가 또는 지방자치단체에 귀속되거나 사업시행자에게 귀속 또는 양도된 것으로 본다(제97조제5항).

④ 등 기

국가 또는 지방자치단체에 귀속되거나 사업시행자에게 귀속 또는 양도된 것으로 보는 정비기반시설의 등기에 있어서 정비사업의 시행인가서와 준공인가서(시장·군수등이 직접 정비사업을 시행하는 경우에는 사업시행계획인가의 고시와 공사완료의 고시를 말한다)는 부동산등기법에 따른 등기원인을 증명하는 서류를 갈음한다(제97조제6항).

6. 국유·공유재산의 처분·임대 및 무상양여

(1) 정비사업에 필요한 국유·공유재산의 처분

① 관리청과 사전협의

시장·군수등은 시장·군수등이 아닌 사업시행자에게 인가하려는 사업시행계획 또는 시장·군수등이 사업시행자로서 직접 작성하는 사업시행계획서에 국유·공유재산의 처분에 관한 내용이 포함되어 있는 때에는 미리 관리청과 협의하여야 한다. 이 경우 관리청이 불분명한 재산 중 도로·하천·구거 등은 국토교통부장관을, 그 외의 재산은 기획재정부장관을 관리청으로 본다. 시장·군수로부터 협의를 받은 관리청은 20일 이내에 의견을 제시하여야 한다.

② 종전용도폐지 의제

사업시행자 또는 점유자 및 사용자에게 우선 수의매각 또는 임대될 수 있는 정비구역의 국유·공유재산은 국유재산법, 공유재산및물품관리법 및 그 밖에 국·공유지의 관리와 처분에 관한 관계 법령에도 불구하고 사업시행계획인가의 고시가 있은 날부터 종전의 용도가 폐지된 것으로 본다(제98조제5항).

③ 매각 또는 임대

㉮ 정비사업 목적외 매각금지

정비구역의 국유·공유재산은 정비사업 외의 목적으로 매각되거나 양도될 수 없다(제98조제3항).

㉯ 수의계약에 의한 매각허용

정비구역의 국유·공유재산은 국유재산법 제9조 또는 공유재산및물품관리법 제10조에 따른 국유재산종합계획 또는 공유재산관리계획과 국유재산법 제43조 및 공유재산및물품관리법 제29조에 따른 계약의 방법에도 불구하고 사업시행자 또는 점유자 및 사용자에게 다른 사람에 우선하여 수의계약으로 매각 또는 임대될 수 있다(제98조제4항).

도시기능의 회복이 필요하거나 주거환경이 불량한 지역을 계획적으로 정비하고 노후·불량건축물을 효율적으로 개량하기 위하여 정비구역 안의 국·공유재산을 매각히는 경우에는, 정비사업의 원활한 추진을 위하여 사업시행자 등에게 국·공유재산을 우선하여 수의계약으로 매각할 수 있도록 하고 있다.

서울시는 우선매각기준에 대하여 매각면적은 200제곱미터를 초과할 수 없고, 점유·사용인정 면적은 건축물이 담장 등으로 경계가 구분되어 실제사용하고 있는 면석으로 하고, 경계의 구분이 어려운 경우에는 처마 끝 수직선을 경계로 하며, 건축물이 사유지와 국·공유지를 점유·사용하고 있는 경우에 매각면적은 구역 내 사유지면적과 국·공유지 면적을 포함하여야 한다고 규정하고 있다(서울시 조례 제56조).

㉰ 매각가격결정

정비사업을 목적으로 사업시행자 또는 점유자 및 사용자에게 우선하여 매각하는 국·공유지는 사업시행계획인가의 고시가 있은 날을 기준으로 평가하며, 주거환경개선사업의 경우 매각가격은 평가금액의 100분의 80으로 한다. 다만, 사업시행계획인가의 고시가 있은 날부터 3년 이내에 매매계약을 체결하지 아니한 국·공유지는 국유재산법 또는 공유재산및물품관리법에서 정한다(제98조제6항).

사업시행인가의 고시가 있은 날부터 3년 이내에는 그 국·공유지의 수의계약 매각을 위한 가격평가를 할 때 그 공시기준일부터 가격시점까지의 관계법령에 의한 해당 토지의 이용계획, 생산자물가상승률 등을 참작하도록 한 토지보상법에서 규정하는 산정방법과는 달리, 정비사업을 위한 사업시행인가의 고시가 있은 날을 기준으로 하여 해당 국·공유지의 가격을 평가하도록 하였다. 이는 사업시행인가의 고시 후 3년까지까지는 지가상승분 등을 고려하지 아니하고 그 국·공유지를 매각할 수 있도록 하여 신속하고 원활한 사업수행을 도모하려는 취지이다.

다만 '국·공유지는 사업시행계획인가의 고시가 있은 날을 기준으로 평가한다'는 규정은 평가기준일을 규정한 것이지 평가방법을 규정한 것으로 아니므로, 국·공유지를 수의계약으로 매각하기 위한 매각가격 결정을 위한 감정평가를 함에 있어서 사업시행계획인가고시일을 기준시기로 평가하면 족하고, 반드시 사업시행인가고시일의 토지현황에 의하여 평가하여야 하는 것은 아니다.

H구청장이 J주택재건축정비사업조합에 사업시행인가를 하면서 착공전까지 사업구역내 국유지에 대한 소유권을 취득하여 사업을 시행하라는 인가조건을 부가하였고, 국가의 위임을 받은 H구청장의 의뢰에 따라 감정평가법인이 시가감정을 하면서 사업시행인가 고시일 현재 도로로 사용되던 국유지를 향후 이용될 예정인 대지로 간주하여 평가하였고, 국가가 그 평가금액을 매각가격으로 수의계약으로 매각하였고, 이에 따라 대금을 모두 지급한 조합이 지급한 매매대금에서 도로를 전제로 한 평가금을 초과하는 부분을 부당이득으로 반환하라는 소를 제기한 사안에서,

원심은 "제66조제6항본문전단은 국공유지를 사업시행인가 고시일 당시의 현황을 기준으로 평가하고, 이를 매각가격으로 정하도록 한 규정으로 보아야 할 것이고 이러한 규정은 강행규정으로 봄이 상당하므로 향후 이용될 대지를 기준으로 한 평가함으로써 적정수준을 초과하는 부분은 강행규정에 위반하여 무효이다."고 판단하였으나,

대법원은『제66조제6항본문전단은 제4항의 규정에 의하여 수의계약으로 매각하는 토지의 평가 기준일자를 규정하는 것이지 그 평가방법까지 규정하는 것으로 보이지는 아니하고, 위 규정은 도시정비사업이 비교적 장기간에 걸쳐 시행되는 것임을 고려하여 국·공유재산에 대한 수의계약이 체결되는 구체적인 시기에 따라 매수부담이 달라지는 것을 방지하기 위해 어느 시기에 수의계약이 체결되더라도 그 가액은 사업시행인가의 고시가 있은 날을 기준시기로 이를 평가하도록 규정한 취지라고 보일 뿐, 반드시 그 기준시기의 현황에 의하여 평가하도록 하는 평가방법까지 함께 규정한 것이라고 해석하기는 어렵다.』고 판시하였다(**대법원 2010. 1. 28. 선고 2009다69548 판결**).

(2) 임대주택건설에 필요한 국·공유지의 임대

① 해당 정비사업

사업시행자가 주거환경개선구역 및 재개발구역에서 임대주택을 건설하는 경우(제

99조제1항)

② 관리청 협의

지방자치단체 또는 토지주택공사등은 국·공유재산 중 일반재산의 대부기간을 규정한 국유재산법 제46조제1항 또는 공유재산및물품관리법 제31조에도 불구하고 국·공유지 관리청과 협의하여 정한 기간 동안 국·공유지를 임대할 수 있다.

③ 건축행위

시장·군수등은 국·공유재산에 건물, 도랑·교량 등의 구조물과 그 밖의 영구시설물을 축조하지 못하도록 규정한 국유재산법 제18조제1항 또는 공유재산및물품관리법 제13조에도 불구하고 임대주택 건설을 위하여 정비사업 시행자에게 임대하는 국·공유지 위에 공동주택, 그 밖의 영구시설물을 축조하게 할 수 있다. 이 경우 해당 시설물의 임대기간이 종료되는 때에는 임대한 국·공유지 관리청에 기부 또는 원상으로 회복하여 반환하거나 국·공유지 관리청으로부터 매입하여야 한다.

④ 임 대 료

임대주택 건설을 위하여 정비사업 시행자에게 임대하는 국·공유지의 임대료는 국유재산법 또는 공유재산및물품관리법에서 정한다.

(3) 정비사업구역내 국·공유지 무상양여

① 해당 국·공유지

다음의 어느 하나에 해당하는 구역에서 국가 또는 지방자치단체가 소유하는 토지(제101조제1항)

- 주거환경개선구역
- 국가 또는 지방자치단체가 도시영세민을 이주시켜 형성된 낙후지역으로서 다음의 요건에 모두 해당하는 지역을 대상으로 한 재개발구역(무상양여 대상에서 국유지는 제외하고, 공유지는 시장·군수등 또는 토지주택공사등이 단독으로 사업시행자가 되는 경우로 한정한다)(령 제80조제2항, 제79조제2항)
  - 토지보상법 제4조에 따른 공익사업의 시행으로 인하여 다른 지역으로 이주하게 된 자가 집단으로 정착한 지역으로서 이주 당시 300세대 이상의 주택을 건설하여 정착한 지역

• 정비구역 전체 건축물 중 준공 후 20년이 지난 건축물의 비율이 100분의 50 이상인 지역

② 양도·매각제한

위 정비구역에서 국가 또는 지방자치단체가 소유하는 토지는 정비구역지정의 고시가 있은 날부터 정비사업 외의 목적으로 양도되거나 매각될 수 없다.

③ 종전용도폐지의제

위 해당 토지는 사업시행계획인가의 고시가 있은 날부터 종전의 용도가 폐지된 것으로 본다.

④ 협의 및 무상양여·등기

㉮ 국가·지방자치단체와 협의

시장·군수등은 무상양여의 대상이 되는 국·공유지를 소유 또는 관리하고 있는 국가 또는 지방자치단체와 협의를 하여야 한다.

㉯ 무상양여

위 해당 토지는 국유재산법, 공유재산및물품관리법 및 그 밖에 국·공유지의 관리 및 처분에 관하여 규정한 관계 법령에도 불구하고 해당 사업시행자에게 무상으로 양여된다. 다만, 국유재산법 제6조제2항에 따른 행정재산 또는 공유재산및물품관리법 제5조제2항에 따른 행정재산과 국가 또는 지방자치단체가 양도계약을 체결하여 정비구역지정 고시일 현재 대금의 일부를 수령한 토지에 대하여는 그러하지 아니하다.

㉰ 등 기

국가 또는 지방자치단체로부터 토지를 무상으로 양여받은 사업시행자는 사업시행계획인가 고시문 사본을 그 토지의 관리청 또는 지방자치단체의 장에게 제출하여 그 토지에 대한 소유권이전등기절차의 이행을 요청하여야 한다. 이 경우 토지의 관리청 또는 지방자치단체의 장은 전자정부법 제36조제1항에 따른 행정정보의 공동이용을 통하여 그 토지의 토지대장 등본 또는 등기부 등본을 확인하여야 한다. 소유권이전등기절차의 이행요청을 받은 관리청 또는 지방자치단체의 장은 즉시 소유권이전등기에 필요한 서류를 사업시행자에게 교부하여야 한다(령 제80조제1항,제3항).

⑤ 목적외 사용 제한

무상양여된 토지의 사용수익 또는 처분으로 발생한 수입은 주거환경개선사업 또는 재개발사업 외의 용도로 사용할 수 없다.

⑥ 양여된 토지의 관리처분에 필요한 사항

사업시행자에게 양여된 토지의 관리처분에 필요한 사항은 국토교통부장관의 승인을 받아 해당 시·도조례 또는 토지주택공사등의 시행규정으로 정한다(제101조제5항). 사업시행자는 사업시행인가가 취소된 때에는 무상양여된 토지를 원소유자인 국가 또는 지방자치단체에 반환하기 위하여 필요한 조치를 하고, 즉시 관할 등기소에 소유권이전 등기를 신청하여야 한다(령 제80조제4항).

(4) 주거환경개선구역내 공동시설 무상사용

지방지치단체의 장은 마을공동체 활성화 등 공익 목적을 위하여 공유재산및물품관리법 제20조에 따라 주거환경개선구역 내 공동이용시설에 대한 사용 허가를 하는 경우 사용료를 면제할 수 있다(제100조제1항). 공익 목적의 기준, 사용료 면제 대상 및 그 밖에 필요한 사항은 시·도조례로 정한다.

서울시 주거및도시환경정비조례

제56조(공동이용시설 사용료 면제를 위한 공익 목적 기준 등) ① 법 제100조에 따라 관리형 주거환경개선구역 내 공동이용시설의 사용료를 면제하기 위한 "공익 목적의 기준"이란 다음 각 호의 어느 하나에 해당하는 기준을 말한다.

1. 주거환경을 보호 및 정비하고 주민의 건강, 안전, 이익을 보장하며, 지역사회가 당면한 문제를 해결하는 활동일 것
2. 복지, 의료, 환경 등의 분야에서 사회서비스 또는 일자리 제공을 통해 지역경제를 활성화하여 지역주민의 삶의 질을 높이는 활동일 것

② 법 제100조에 따라 공동이용시설의 사용료를 면제할 수 있는 대상은 다음 각 호와 같다.

1. 구청장
2. 주민공동체운영회
3. 제1항의 공익 목적의 달성을 위해 주민공동체운영회와 연계되어 지역주민 주도로 구성된 조직

③ 제1항 및 제2항에 따라 공동이용시설의 사용료를 면제받는 대상은 기존상권을 침해하지

않는 범위에서 지역에서 요구되는 수익시설을 운영할 수 있으며, 수익금 창출 시 이를 마을기금으로 적립하고 제1항의 공익 목적의 달성을 위하여 투명하게 활용하여야 한다.

④ 시장은 제3항에 따른 마을기금의 적립, 사용 등에 관해서는 제61조를 준용하여 지도·감독할 수 있다.

제59조(주민공동체운영회의 구성과 운영 등) ① 주민공동체운영회(관리형 주거환경개선사업의 정비구역 지정후 물리적·사회적·경제적 측면의 도시재생 추진을 위해 주민, 관련 전문가 및 이해관계자 등으로 구성된 조직을 말함)를 구성하려면 구역 내 거주하는 주민의 10분의 1 이상의 동의를 받아 구청장의 승인을 받아야 한다. 다만, 주민공동체운영회 구성에 필요한 동의를 받지 못한 경우 구청장이 주민공동체운영회를 구성할 수 있다.

② 주민공동체운영회를 구성하는 때에는 운영규약을 작성하여야 하며, 운영규약을 변경하는 경우 구청장의 승인을 받아야 한다.

③ 시장은 주민공동체운영회의 운영, 위원 선임방법 및 절차 등 운영규약 작성에 필요한 사항을 포함한 주민공동체운영회 표준운영규약을 정할 수 있다.

제60조(주민공동체운영회 등의 지원) 시장 및 구청장은 관리형 주거환경개선구역 또는 예정된 구역에서 주민역량 강화 및 주민공동체 활성화를 위해 주민공동체운영회 및 주민협의체의 구성 및 운영 등에 필요한 비용의 일부를 예산의 범위에서 지원할 수 있다.

제61조(주민공동체운영회의 지도·감독) ① 시장은 주민공동체운영회에 대하여 지원 경비 및 주민공동이용시설 운영 사무와 관련하여 필요한 사항을 보고하게 하거나 업무 지도·감독에 필요한 서류, 시설 등을 검사할 수 있다.

② 시장은 제1항의 보고·검사결과 사무 처리가 위법 또는 부당하다고 인정될 때에는 시정명령을 할 수 있다.

③ 시장은 제2항에 따라 시정명령을 할 경우 문서로 주민공동체운영회에 통보하고 사전에 의견진술의 기회를 주어야 한다.

④ 시장은 주민공동체운영회가 제2항에 따른 시정명령을 이행하지 않을 경우 지원 경비 환수 또는 공동이용시설 관리주체 변경 등의 조치를 할 수 있다.

▌제11장▌ 정비사업전문관리업

1. 정비사업전문관리업의 등록

(1) 정비사업전문관리업 등록

① 등록·변경등록

정비사업전문관리업을 하고자 하는 자본·기술인력 등 시행령 별표 4와 같은 등록기준을 갖춰 시·도지사에게 등록 또는 변경등록 하여야 한다(제102조제1항, 령 제81조제1항).

시행령 별표 4(령 제81조제1항 관련)

정비사업전문관리업의 등록기준

1. 자본금(사산총액에서 부채총액을 차감한 금액) : 10억원(법인인 경우에는 5억원) 이상이어야 한다.

2. 인력확보기준
   가. 다음의 어느 하나에 해당하는 상근인력(다른 직무를 겸하지 않는 인력을 말한다)을 5명 이상 확보하여야 한다. 다만, 정비사업전문관리업자가 관계법령에 따른 감정평가법인·회계법인 또는 법무법인·법무법인(유한)·법무조합(이하 "법무법인등"이라 한다)과 정비사업의 공동수행을 위한 업무협약을 체결하는 경우에는 협약을 체결한 법무법인등의 수가 1개인 경우에는 4명, 2개인 경우에는 3명으로 한다.
      1) 건축사 또는 「국가기술자격법」에 의한 도시계획 및 건축분야 기술사와 「건설기술관리법 시행령」 제4조의 규정에 따라 이와 동등하다고 인정되는 특급기술자로서 특급기술자의 자격을 갖춘 후 건축 및 도시계획 관련 업무에 3년 이상 종사한 자
      2) 감정평가사·공인회계사 또는 변호사
      3) 법무사 또는 세무사
      4) 정비사업 관련 업무에 3년 이상 종사한 자로서 다음의 어느 하나에 해당하는 자
         가) 공인중개사·행정사
         나) 정부기관·공공기관 또는 제81조제3항 각 호의 기관에서 근무한 사람

다) 도시계획·건축·부동산·감정평가 등 정비사업 관련분야의 석사 이상의 학위 소지자
라) 2003년 7월 1일 당시 관계 법률에 따라 재개발사업 또는 재건축사업의 시행을 목적으로 하는 토지등소유자, 조합 또는 기존의 추진위원회와 민사계약을 하여 정비사업을 위탁받거나 자문을 한 업체에 근무한 사람으로서 법 제102조제1항제2호부터 제6호까지의 업무를 수행한 실적이 국토교통부장관이 정하는 기준에 해당하는 자
나. 가목의 인력확보기준을 적용함에 있어 가목 1) 및 2)의 인력은 각각 1명 이상을 확보하여야 하며, 같은 목 4)의 인력이 2명을 초과하는 경우에는 2명으로 본다.

3. 소재지 기준: 사무실은「건축법」 및 그 밖의 법령에 적합하여야 한다.

② 등록면제 및 등록불요의 경우

'자본금이 증액되거나 기술인력의 수가 증가된 경우'는 경미한 사항에 해당하여 변경등록을 하지 않아도 되며, 주택의 건설 등 정비사업관련 업무를 하는 공공기관(국토지주택공사와 한국감정원이 이에 해당한다)이 정비사업관련 업무를 대행할 경우에는 등록하지 아니한다(제102조제1항, 령 제81조제2항, 제3항).

(2) 등록절차

① 신청 및 수수료납부

정비사업전문관리업자로 등록 또는 변경등록하려는 자는 시행규칙 별지 제13호서식의 정비사업전문관리업 (변경)등록신청서(전자문서로 된 신청서를 포함한다)에 다음의 서류(전자문서를 포함한다)를 첨부하여 시·도지사에게 제출하여야 하며, 등록한 사항이 변경된 경우에는 2개월 이내에 변경사항을 시·도지사에게 제출하여야 한다(령 제82조제1항, 시행규칙 제18조제1항).

- 대표자 및 임원의 주소 및 성명
- 보유기술인력의 자격증 사본 또는 경력인증서
- 자본금을 확인할 수 있는 서류
- 협약서(시행령 별표 4 제2호 가목에 따라 감정평가법인·회계법인·법무법인등과 정비사업의 공동수행을 위한 업무협약을 체결한 경우에 한한다)

정비사업전문관리업자의 등록(변경등록을 제외한다)을 신청하는 자는 국토교통부령으로 정하는 수수료를 납부하여야 한다(령 제82조제3항). 등록수수료는 1건당 1만원으로 하되, 수입증지로 이를 납부하여야 한다. 다만, 시·도지사는 정보통신망을 이용하여 전

자화폐·전자결제 등의 방법으로 이를 납부하게 할 수 있다(시행규칙 제19조).

② 등록증교부

시·도지사는 정비사업전문관리업자등록 신청서를 제출받은 때에는 다음의 어느 하나에 해당하는 경우를 제외하고는 시행규칙 별지 제14호서식의 정비사업전문관리업자등록부에 등재하고, 신청인에게 시행규칙 별지 제15호서식의 정비사업전문관리업등록증을 교부하여야 한다(령 제82조제2항, 시행규칙 제18조제3항).

- 등록을 신청한 자가 제105조제1항(정비사업전문관리업자 결격사유) 각 호의 어느 하나에 해당하는 경우
- 시행령 별표 4에 따른 정비사업전문관리업의 등록기준을 갖추지 못한 경우

종전에는 '시·도지사는 등록신청서를 제출받은 때에는 등록기준에의 적합여부를 확인한 후 적합하다고 인정하는 자에 대하여는 정비사업전문관리업자등록부에 등재하고 등록증을 교부하여야 한다.'고 규정하고 있었으나, 정비사업전문관리업의 등록시 행정청의 재량영역을 축소함으로써 자유로운 경영활동을 보장하기 위해 정비사업전문관리업 등록규제를 네거티브 방식으로 전환하였다.

③ 보 고

시·도지사는 정비사업전문관리업의 등록 또는 변경등록한 현황, 정비사업전문관리업의 등록취소 또는 업무정지를 명한 현황을 국토교통부령으로 정하는 방법 및 절차에 따라 국토교통부장관에게 보고하여야 한다.

2. 정비사업전문관리업자의 업무

(1) 수행업무

정비사업전문관리업자는 다음 각 사항을 추진위원회 또는 사업시행자로부터 위탁받거나 이와 관련한 자문을 한다(제102조제1항).

- 조합설립의 동의 및 정비사업의 동의에 관한 업무의 대행
- 조합설립인가의 신청에 관한 업무의 대행
- 사업성 검토 및 정비사업의 시행계획서의 작성
- 설계자 및 시공자 선정에 관한 업무의 지원

- 사업시행계획인가의 신청에 관한 업무의 대행
- 관리처분계획의 수립에 관한 업무의 대행
- 정비사업을 공공지원하는 시장·군수등이 정비사업전문관리업자를 선정한 경우에는 추진위원회 설립에 필요한 동의서 제출의 접수, 운영규정 작성 지원, 그 밖에 시·도조례로 정하는 사항

(2) 업무제한

정비사업전문관리업자는 동일한 정비사업에 대하여 다음의 업무를 병행하여 수행할 수 없다(제103조, 령 제83조제2항).

- 건축물의 철거
- 정비사업의 설계
- 정비사업의 시공
- 정비사업의 회계감사
- 안전진단업무

위 규정을 적용함에 있어서 정비사업전문관리업자와 다음 어느 하나의 관계에 있는 자는 이를 해당 정비사업전문관리업자와 같은 자로 본다(령 제83조제1항).

- 정비사업전문관리업자가 법인인 경우에는 「독점규제 및 거래에 관한 법률」 제2조 제3호에 따른 계열회사
- 정비사업전문관리업자와 상호 출자한 관계

(3) 민법의 위임에 관한 규정준용

정비사업전문관리업자에게 업무를 위탁하거나 자문을 요청한 자와 정비사업전문관리업자의 관계에 관하여 정비사업법에 규정된 사항을 제외하고는 민법 중 위임에 관한 규정을 준용한다(제104조).

3. 결격사유 및 등록취소·업무정지

(1) 정비사업전문관리업자의 결격사유

① 등록신청 및 임직원취임제한

다음의 어느 하나에 해당하는 자는 정비사업전문관리업의 등록을 신청할 수 없으

며, 정비사업전문관리업자의 업무를 대표 또는 보조하는 임직원이 될 수 없다(제105조제1항).

- 미성년자(대표 또는 임원이 되는 경우로 한정한다)·피성년후견인 또는 피한정후견인(개정규정에 따른 피성년후견인 또는 피한정후견인에는 민법 일부개정법률에 따라 금치산 또는 한정치산 선고의 효력이 유지되는 사람이 포함되는 것으로 본다)
- 파산선고를 받은 자로서 복권되지 아니한 자
- 정비사업의 시행과 관련한 범죄행위로 인하여 금고 이상의 실형의 선고를 받고 그 집행이 종료(종료된 것으로 보는 경우를 포함한다)되거나 집행이 면제된 날부터 2년이 지나지 아니한 자
- 정비사업의 시행과 관련한 범죄행위로 인하여 금고 이상의 형의 집행유예를 받고 그 유예기간 중에 있는 자
- 정비사업법을 위반하여 벌금형 이상의 선고를 받고 2년이 지나지 아니한 자
- 제106조에 따라 등록이 취소된 후 2년이 지나지 아니한 자(법인인 경우 그 대표자를 말한다)
- 법인의 업무를 대표 또는 보조하는 임직원 중 위 어느 하나에 해당하는 자가 있는 법인

② 당연퇴직

정비사업전문관리업자의 업무를 대표 또는 보조하는 임직원이 제105조제1항 각 호의 어느 하나에 해당하게 되거나 선임 당시 그에 해당하는 자이었음이 판명된 때에는 당연 퇴직한다(제105조제2항). 그러나 당연 퇴직된 임직원이 퇴직 전에 관여한 행위는 효력을 잃지 아니한다(제105조제3항).

(2) 정비사업전문관리업의 등록취소 및 영업정지처분

① 등록취소 및 업무정지처분의 사유

시·도지사는 정비사업전문관리업자가 다음의 어느 하나에 해당하는 때에는 그 등록을 취소하거나(일부는 반드시 취소하여야 함) 1년 이내의 기간을 정하여 업무의 전부 또는 일부의 정지를 명할 수 있다(제106조제1항).

- 거짓, 그 밖의 부정한 방법으로 등록을 한 때(필요적 취소)
- 제102조제1항에 따른 등록기준에 미달하게 된 때

- 추진위원회, 사업시행자 또는 시장·군수등의 위탁이나 자문에 관한 계약 없이 제102조제1항 각 호에 따른 업무를 수행한 때
- 제102조제1항 각 호에 따른 업무를 직접 수행하지 아니한 때(필요적 취소)
- 고의 또는 과실로 조합에게 계약금액(정비사업전문관리업자가 조합과 체결한 총계약금액을 말한다)의 3분의 1 이상의 재산상 손실을 끼친 때
- 제107조에 따른 보고·자료제출을 하지 아니하거나 거짓으로 한 때 또는 조사·검사를 거부·방해 또는 기피한 때
- 제111조에 따른 보고·자료제출을 하지 아니하거나 거짓으로 한 때 또는 조사를 거부·방해 또는 기피한 때
- 최근 3년간 2회 이상의 업무정지처분을 받은 자로서 그 정지처분을 받은 기간이 합산하여 12개월을 초과한 때(필요적 취소)
- 다른 사람에게 자기의 성명 또는 상호를 사용하여 이 법에서 정한 업무를 수행하게 하거나 등록증을 대여한 때(필요적 취소)
- 정비사업법을 위반하여 벌금형 이상의 선고를 받은 경우(법인의 경우에는 그 소속 임직원을 포함한다)
- 그 밖에 정비사업법 또는 정비사업법에 따른 명령이나 처분을 위반한 때

② 등록취소 및 업무정지처분의 기준

정비사업전문관리업 등록의 취소 및 업무의 정지처분에 관한 기준은 시행령 별표 5와 같다(령 제84조).

시행령 별표 5(령 제84조 관련)

정비사업전문관리업자의 등록취소 및 업무정지처분의 기준

1. 일반기준

가. 법 위반행위에 대한 행정처분은 다른 법률에 별도의 처분기준이 있는 경우 외에는 이 기준에 따르며 영업정지처분기간 1개월은 30일로 본다.

나. 위반행위가 둘 이상인 경우로서 그에 해당하는 각각의 처분기준이 다른 경우에는 그 중 무거운 처분기준에 따르며, 둘 이상이 같은 영업정지인 경우에는 무거운 처분기준의 2분의 1까지 늘릴 수 있다. 이 경우 각 처분기준을 합산한 기간을 초과할 수 없고 합산한 업무정지기간이 1년을 초과하는 때에는 1년으로 본다.

다. 하나의 위반행위에 대한 처분기준이 둘 이상인 경우에는 그 중 무거운 처분기준에 따라 처분한다.

라. 위반행위의 횟수에 따른 가중된 행정처분은 최근 1년 간 같은 위반행위로 처분을 받은 경우에 적용한다. 이 경우 기간의 계산은 위반행위에 대하여 행정처분을 받은 날과 그 처분 후 다시 같은 위반행위를 하여 적발된 날을 기준으로 한다.

마. 라목에 따라 가중된 행정처분을 하는 경우 가중된 행정처분의 적용 차수는 그 위반행위 전 행정처분 차수(라목에 따른 기간 내에 행정처분이 둘 이상 있었던 경우에는 높은 차수를 말한다)의 다음 차수로 한다.

바. 처분권자는 위반행위의 동기·내용 및 위반의 정도 등 다음에 해당하는 사유를 고려하여 그 처분이 영업정지인 경우에는 행정처분기준의 2분의 1 범위에서 감경할 수 있다.

1) 위반행위가 고의나 중대한 과실이 아닌 사소한 부주의나 오류로 인한 것으로 인정되는 경우

2) 위반의 내용과 정도가 경미하여 주민에게 미치는 피해가 적다고 인정되는 경우

3) 위반행위자가 처음 위반행위를 한 경우로서 3년 이상 해당 사업을 모범적으로 해 온 사실이 인정되는 경우

4) 위반행위자가 해당 위반행위로 검사로부터 기소유예 처분을 받거나 법원으로부터 선고유예의 판결을 받은 경우

5) 위반행위자가 해당 사업과 관련 지역사회의 발전 등에 기여한 사실이 인정되는 경우

2. 개별기준

위반행위	근거 법조문	행정처분기준		
		1차	2차	3차 이상 위반
가. 거짓이나 그 밖의 부정한 방법으로 등록을 한 경우	법 제106조제1항제1호	등록취소		
나. 법 제102조제1항에 따른 등록기준에 미달하게 된 경우	법 제106조제1항제2호	업무정지 1년	등록취소	
다. 추진위원회, 사업시행자 또는 시장·군수등의 위탁이나 자문에 관한 계약 없이 법 제102조제1항 각 호에 따른 업무를 수행한 경우	법 제106조제1항제3호	업무정지 6개월	업무정지 1년	
라. 법 제102조제1항 각 호에 따른 업무를 직접 수행하지 아니한 경우	법 제106조제1항제4호	등록취소		
마. 고의 또는 과실로 조합에게 계약금액(정비사업전문관리업자가 조합과 체결한 총계약금액을 말한다)의 3분의 1 이상의 재산상 손실을 끼친	법 제106조제1항제5호	업무정지 6개월	업무정지 1년	

경우				
바. 법 제107조에 따른 보고·자료를 제출하지 않거나 거짓으로 한 경우 또는 조사·검사를 거부·방해 또는 기피한 경우	법 제106조 제1항제6호			
1) 보고 또는 자료 제출을 하지 않은 경우		업무정지 1개월	업무정지 3개월	업무정지 6개월
2) 보고 또는 자료 제출을 거짓으로 한 경우		업무정지 1개월	업무정지 2개월	업무정지 3개월
3) 조사·검사를 거부·방해 또는 기피한 경우		업무정지 1개월	업무정지 3개월	업무정지 6개월
사. 법 제111조에 따른 보고·자료 제출을 하지 않거나 거짓을 한 경우 또는 조사·검사를 거부·방해 또는 기피한 경우	법 제106조 제1항제7호			
1) 보고 또는 자료 제출을 하지 않은 경우		업무정지 1개월	업무정지 3개월	업무정지 6개월
2) 보고 또는 자료 제출을 거짓으로 한 경우		업무정지 1개월	업무정지 2개월	업무정지 3개월
3) 조사를 거부·방해 또는 기피한 경우		업무정지 1개월	업무정지 3개월	업무정지 6개월
아. 최근 3년간 2회 이상의 업무정지처분을 받은 자로서 그 정지처분을 받은 기간이 합산하여 12개월을 초과한 경우	법 제106조 제1항제8호	등록취소		
자. 다른 사람에게 자기의 성명 또는 상호를 사용하여 이 법에서 정한 업무를 수행하게 하거나 등록증을 대여한 경우	법 제106조 제1항제9호	등록취소		
차. 이 법을 위반하여 벌금형 이상의 선고를 받은 경우(법인의 경우에는 그 소속 임직원을 포함한다)	법 제106조 제1항제10호	업무정지 6개월	업무정지 9개월	업무정지 1년
카. 제103조 각 호에 따른 업무를 병행하여 수행한 경우	법 제106조 제1항제11호	업무정지 6개월	업무정지 1년	
타. 가목부터 카목까지에서 규정한 사항 외에 이 법 또는 이 법에 따른 명령이나 처분을 위반한 경우	법 제106조 제1항제11호	업무정지 1개월	업무정지 2개월	업무정지 3개월

③ 등록취소 및 업무정지처분의 효과

㉮ 통 지

등록취소처분 등을 받은 정비사업전문관리업자와 등록취소처분 등을 명한 시·도지사는 추진위원회 또는 사업시행자에게 해당 내용을 지체 없이 통지하여야 한다(제106조 제3항).

㉯ 종전업무계속수행

정비사업전문관리업자는 등록취소처분 등을 받기 전에 계약을 체결한 업무는 계속하여 수행할 수 있다. 이 경우 정비사업전문관리업자는 해당 업무를 완료할 때까지는 정비사업전문관리업자로 본다.

㉰ 업무수행제한

정비사업전문관리업자는 등록취소처분 등을 받기 전에 계약을 체결한 업무라고 하더라도 다음의 어느 하나에 해당하는 경우에는 업무를 계속하여 수행할 수 없다(제106조제5항).

- 사업시행자가 정비사업전문관리업자로부터 등록취소처분 등 통지를 받거나 처분사실을 안 날부터 3개월 이내에 총회 또는 대의원회의 의결을 거쳐 해당 업무계약을 해지한 경우
- 정비사업전문관리업자가 등록취소처분 등을 받은 날부터 3개월 이내에 사업시행자로부터 업무의 계속 수행에 대하여 동의를 받지 못한 경우. 이 경우 사업시행자가 동의를 하려는 때에는 총회 또는 대의원회의 의결을 거쳐야 한다.
- 거짓 그 밖의 부정한 방법으로 등록한 때, 정비사업 관련 업무를 직접 수행하지 아니한 때, 최근 3년간 2회 이상 업무정지처분을 받은 자로서 그 정지처분을 받은 기간이 합산하여 12개월을 초과한 때, 다른 사람에게 자기의 성명 또는 상호를 사용하여 정비사업법에서 정한 업무를 수행하거나 등록증을 대여한 때에 해당하여 등록이 취소된 경우

4. 정비사업전문관리업자 관리

(1) 조사·검사

국토교통부장관 또는 시·도지사는 등록요건 또는 결격사유 등 도시정비법에서 정

한 사항의 위반 여부를 확인할 필요가 있는 경우, 정비사업전문관리업자와 토지등소유자, 조합원, 그 밖에 정비사업과 관련한 이해관계인 사이에 분쟁이 발생한 경우, 그 밖에 시·도조례로 정하는 경우 정비사업전문관리업자에 대하여 그 업무에 관한 사항을 보고하게 하거나 자료의 제출, 그 밖의 필요한 명령을 할 수 있으며, 소속 공무원에게 영업소 등에 출입하여 장부·서류 등을 조사 또는 검사하게 할 수 있다. 출입·검사 등을 하는 공무원은 권한을 표시하는 증표를 지니고 관계인에게 내보여야 한다(제107조제1항제2항).

국토교통부장관 또는 시·도지사가 정비사업전문관리업자에게 업무에 관한 사항의 보고, 자료의 제출을 하게 하거나, 소속 공무원에게 조사 또는 검사하게 하려는 경우에는 행정조사기본법 제17조에 따라 사전통지를 하여야 한다(제107조제3항).

업무에 관한 사항의 보고 또는 자료의 제출 명령을 받은 정비사업전문관리업자는 그 명령을 받은 날부터 15일 이내에 이를 보고 또는 제출(전자문서를 이용한 보고 또는 제출을 포함한다)하여야 하고, 국토교통부장관 또는 시·도지사는 제1항에 따른 업무에 관한 사항의 보고, 자료의 제출, 조사 또는 검사 등이 완료된 날부터 30일 이내에 그 결과를 통지하여야 한다(제107조제4항,제5항).

(2) 정보종합관리

국토교통부장관은 정비사업전문관리업자의 자본금·사업실적·경영실태 등에 관한 정보를 종합적이고 체계적으로 관리하고 추진위원회 또는 사업시행자 등에게 제공하기 위하여 정비사업전문관리업 정보종합체계를 구축·운영할 수 있다(제108조제1항). 정비사업전문관리업 정보종합체계의 구축·운영에 필요한 사항은 국토교통부령으로 정한다.

5. 정비사업전문관리업자단체(협회)

(1) 협회의 설립 및 취소

① 발기인구성 및 정관작성

정비사업전문관리업자는 정비사업전문관리업의 전문화와 정비사업의 건전한 발전을 도모하기 위하여 정비사업전문관리업자단체(협회)를 설립할 수 있다(제109조제1항).

협회를 설립하려는 때에는 회원의 자격이 있는 50명 이상을 발기인으로 하여 정관을 작성한다. 협회의 정관, 설립인가의 취소, 그 밖에 필요한 사항은 대통령령으로 정한다. 현재 전국 300여 정비사업등록업체를 회원으로 하는 '한국도시정비협회'가 설립되어 있다. 정비사업등록업체의 절반 이상은 서울에 소재한다.

② 정관의 내용

협회의 정관에는 다음의 사항이 포함되어야 한다(령 제85조).

- 목적
- 명칭
- 주된 사무소의 소재지
- 회원의 가입 및 탈퇴에 관한 사항
- 사업 및 그 집행에 관한 사항
- 임원의 정원·임기 및 선출방법에 관한 사항
- 총회 및 이사회에 관한 사항
- 조직 및 운영에 관한 사항
- 자산 및 회계에 관한 사항
- 정관의 변경에 관한 사항
- 위 각 사항 외에 협회의 운영에 필요하다고 인정되는 사항

③ 창립총회 및 설립인가

협회는 창립총회의 의결을 거쳐 국토교통부장관의 인가를 받아야 한다. 국토교통부장관은 협회 설립인가 신청의 내용이 다음 각 기준에 적합한 경우에 인가할 수 있다(령 제86조).

- 법인의 목적과 사업이 실현 가능할 것
- 협회의 회원은 정비사업전문관리업자일 것
- 목적하는 사업을 수행할 수 있는 충분한 능력이 있고, 재정적 기초가 확립되어 있거나 확립될 수 있을 것
- 다른 법인과 동일한 명칭이 아닐 것

④ 설립등기 및 사단법인규정 준용

협회는 주된 사무소의 소재지에서 설립등기를 하는 때에 성립한다(제109조제3항). 협

회는 법인으로 한다. 협회에 관하여 도시정비에 규정된 사항을 제외하고는 민법 중 사단법인에 관한 규정을 준용한다(제109조제7항).

⑤ 회원자격 정지·상실

정비사업법에 따라 시·도지사로부터 업무정지처분을 받은 회원의 권리·의무는 영업정지기간 중 정지되며, 정비사업전문관리업의 등록이 취소된 때에는 회원의 자격을 상실한다.

⑥ 설립인가취소

국토교통부장관은 협회가 다음 어느 하나에 해당하는 경우에는 협회의 설립인가를 취소할 수 있다(일부는 필요적으로 취소하여야 한다). 국토교통부장관은 협회의 설립인가를 취소하려면 미리 청문을 하여야 한다(령 제86조제2항, 제3항).

- 거짓이나 부정한 방법으로 설립인가를 받은 경우(필요적 취소)
- 설립인가 조건을 위반한 경우
- 목적 달성이 불가능하게 된 경우(필요적 취소)
- 목적사업 외의 사업을 한 경우

(2) 협회의 업무

- 정비사업전문관리업 및 정비사업의 건전한 발전을 위한 조사·연구
- 회원의 상호 협력증진을 위한 업무
- 정비사업전문관리 기술 인력과 정비사업전문관리업 종사자의 자질향상을 위한 교육 및 연수
- 그 밖에 대통령령으로 정하는 업무

(3) 감 독

국토교통부장관은 협회의 업무 수행 현황 또는 도시정비법이 위반 여부를 확인할 필요가 있는 때에는 협회에게 업무에 관한 사항을 보고하게 하거나 자료의 제출, 그 밖에 필요한 명령을 할 수 있으며, 소속 공무원에게 그 사무소 등에 출입하여 장부·서류 등을 조사 또는 검사하게 할 수 있다(제110조제2항). 정비사업전문관리업자에 대한 조사 또는 검사를 할 때와 마찬가지의 절차를 지켜야 한다.

▌제12장▐ 행정청의 감독·조정·지원

1. 자료제출명령·조사

(1) 상부기관보고

시·도지사는 국토교통부령으로 정하는 방법 및 절차에 따라 정비사업의 추진실적을 분기별로 국토교통부장관에게, 시장, 군수 또는 구청장은 시·도조례로 정하는 바에 따라 정비사업의 추진실적을 특별시장·광역시장 또는 도지사에게 보고하여야 한다(제111조제1항). 시·도지사는 정비구역의 지정, 사업시행자의 지정 또는 조합설립인가, 사업시행계획인가, 관리처분계획인가 및 정비사업완료의 실적을 매분기가 끝나는 날부터 15일 이내에 국토교통부장관에게 보고(전자문서에 의한 보고를 포함한다)하여야 한다(시행규칙 제21조제1항).

(2) 자료제출명령·조사

국토교통부장관, 시·도지사, 시장, 군수 또는 구청장은 정비사업의 원활한 시행을 위하여 감독상 필요한 경우로서 도시정비법의 위반 여부를 확인할 필요가 있는 경우, 토지등소유자, 조합원, 그 밖에 정비사업과 관련한 이해관계인 사이에 분쟁이 발생된 경우, 그 밖에 시·도조례로 정하는 경우에는 추진위원회·사업시행자·정비사업전문관리업자·설계자 및 시공자 등 도시정비법에 따른 업무를 하는 자에게 그 업무에 관한 사항을 보고하게 하거나 자료의 제출, 그 밖의 필요한 명령을 할 수 있으며, 소속 공무원에게 영업소 등에 출입하여 장부·서류 등을 조사 또는 검사하게 할 수 있다(제111조제2항).

이 경우에도 출입·검사 등을 하는 공무원은 권한을 표시하는 증표를 지니고 관계인에게 내보여야 하고, 국토교통부장관 등이 업무에 관한 사항의 보고, 자료의 제출을 하게 하거나, 소속 공무원에게 조사 또는 검사하게 하려는 경우에는 행정조사기본법 제17조에 따라 사전통지를 하여야 하고, 업무에 관한 사항의 보고 또는 자료의 제출 명령을 받은 자는 그 명령을 받은 날부터 15일 이내에 이를 보고 또는 제출(전자문서를 이용한 보고 또는 제출을 포함한다)하여야 하고, 국토교통부장관 등은 업무에 관한 사항의 보고, 자료의 제출, 조사 또는 검사 등이 완료된 날부터 30일 이내에 그 결과를 통지하여야 한다.

(3) 업무사항조사절차

추진위원회·사업시행자·정비사업전문관리업자·철거업자·설계자 및 시공자 등 정비사업법에 따른 업무를 하는 자에 대하여 그 수행하는 업무를 조사하는 공무원은 국토교통부령으로 정하는 방법 및 절차에 따라 조사 일시·목적 등을 미리 알려주어야 한다(제111조제3항). 국토교통부장관, 시·도지사 또는 시장·군수 또는 구청장은 소속공무원에게 업무를 조사하게 하려는 때에는 업무조사를 받을 자에게 조사 3일전까지 조사의 일시·목적 등을 서면으로 통지하여야 하고(시행규칙 제21조제3항), 업무를 조사하는 공무원은 그 권한을 표시하는 시행규칙 별지 제16호서식의 조사공무원증표를 관계인에게 보여주어야 한다(시행규칙 제21조제4항).

(4) 조사태만에 대한 책임유무

행정청이 관리처분계획에 대한 인가여부를 결정할 때 정비계획 수립 과정에서 미리 조사하거나 조합으로부터 이미 제출받아 보유하고 있는 정비구역 내 토지등소유자의 명단과 관리처분계획상 분양대상자, 현금청산대상자 명단을 하나하나 대조하여 현금청산대상자 중 누락된 사람이 있는지를 확인할 의무까지 부담한다고 볼 수 없는 없다.

> 행정청이 관리처분계획에 대한 인가 여부를 결정할 때에는 관리처분계획인가 신청서와 첨부서류를 기준으로 관리처분계획에 도시정비법 제48조제1항, 도시정비법 시행령 제50조에 규정된 사항이 포함되어 있는지, 계획의 내용이 도시정비법 제48조제2항의 기준에 부합하는지 등을 심사·확인하여 인가 여부를 결정하면 되고, 그 과정에서 행정청은 도시정비법 제75조제2항, 제77조제1항에서 정한 조치를 통하여 관리처분계획을 실질적으로 심사할 권한이 있으나, 더 나아가 행정청이 정비계획 수립 과정에서 미리 조사하거나 재개발조합으로부터 이미 제출받아 보유하고 있는 정비구역 내 토지등소유자의 명단과 관리처분계획상 분양대상자, 현금청산대상자 명단을 하나하나 대조하여 현금청산대상자 중 누락된 사람이 있는지를 확인할 의무까지 부담한다고 볼 수 없으며, 설령 현금청산대상자를 누락하는 등의 하자가 있는 관리처분계획을 그대로 인가하였다고 하더라도 그 하자의 존재를 관리처분계획인가 신청서와 첨부서류에 대한 심사만으로 발견할 수 없는 경우라면 누락된 현금청산대상자에 대하여 불법행위로 인한 손해배상책임을 진다고 볼 수 없다(**대법원 2014. 3. 13. 선고 2013다27220 판결**).

2. 회계감사

(1) 회계감사시기

시장·군수등 또는 토지주택공사등이 아닌 사업시행자 또는 추진위원회는 다음의 어느 하나에 해당하는 경우에는 다음의 어느 하나의 구분에 따른 기간 안에 「주식회사 등의 외부감사에 관한 법률」 제2조제7호 및 제9조에 따른 감사인의 회계감사를 받기 위하여 시장·군수등에게 회계감사기관의 선정·계약을 요청하여야 하며, 그 감사결과를 회계감사가 종료된 날부터 15일 이내에 시장·군수등 및 해당 조합에 보고하고 조합원이 공람할 수 있도록 하여야 한다(제112조제1항, 령 제88조).

- 제34조제4항에 따라 추진위원회에서 사업시행자로 인계되기 전까지 납부 또는 지출된 금액과 계약 등으로 지출될 것이 확정된 금액의 합이 대통령령으로 정한 금액 이상인 경우: 추진위원회에서 사업시행자로 인계되기 전 7일 이내
- 제50조제9항에 따른 사업시행계획인가 고시일 전까지 납부 또는 지출된 금액이 대통령령으로 정하는 금액 이상인 경우 : 사업시행계획인가의 고시일부터 20일 이내
- 제83조제1항에 따른 준공인가 신청일까지 납부 또는 지출된 금액이 대통령령으로 정하는 금액 이상인 경우 : 준공인가의 신청일부터 7일 이내
- 토지등소유자 또는 조합원 5분의 1 이상이 사업시행자에게 회계감사를 요청하는 경우 : 제4항에 따른 절차를 고려한 상당한 기간 이내

종전에는 위의 경우에 해당하더라도 비용의 납부 및 지출내역에 대하여 조합원 80퍼센트 이상의 동의를 얻은 경우에는 회계감사를 받지 않아도 되는 것으로 규정하고 있었으나, 이는 조합 비리를 방조할 위험이 있어 회계감사의 예외 사유에서 조합원 동의 규정은 삭제하고, 사업 단계별 지출액이 일정금액 이하인 경우에만 예외사유로 규정하였다.

> 일정 액수 이상의 돈이 지출되거나 지출될 것이 확정된 추진위원회에 외부 감사인의 회계감사를 의무적으로 받도록 정한 취지는 추진위원회의 법률행위 효과가 재건축조합에 포괄적으로 승계된다는 점을 고려하여 재건축조합 설립 전 추진위원회의 재정 운영에 관한 투명성을 담보하기 위한 것인데, 추진위원회가 체결한 계약상 대금지급의무의 이행기가 언제인지에 따라 회계감사 여부가 결정된다면 계약 당사자의 자유로운 의사로 위 조항을 잠탈할 우려가 있다. 이러한 법의 취지 등을 고려하면, 추진위원회가 체결한 계약에 따른 대금지급의무가 성립하였다면 그 이행기가 도래되지 않은 채무액도 위에서 정한 "계약 등을 통해 지출될 것이 확정된 금액"에 포함된다고

해석함이 타당하다(**대구지방법원 2017. 6. 15. 선고 2017고단1887 판결**).

(2) 회계감사기관 선정

시장·군수등은 사업시행자 또는 추진위원회의 회계감사기관 선정·계약 요청이 있는 경우 즉시 회계기관을 선정하여 회계감사가 이루어지도록 하여야 한다(제112조제2항). 사업시행자 또는 추진위원회는 회계감사기관의 선정·계약을 요청하려는 경우 시장·군수등에게 회계감사에 필요한 비용을 미리 예치하여야 한다. 시장·군수등은 회계감사가 끝난 경우 예치된 금액에서 회계감사비용을 직접 지급한 후 나머지 비용은 사업시행자와 정산하여야 한다.

시·군에는 보통 다음과 같은 지침이 마련되어 있다.

○○시 정비사업 회계감사기관 선정 등에 관한 지침

제1조(목적) 이 지침은 도시및주거환경정비법(이하 '도정법'이라 한다) 제112조 및 시행령 제88조에 따른 정비사업 회계감사기관의 선정·계약에 관한 사항과 그 시행에 필요한 사항을 규정함을 목적으로 한다.

제2조(적용범위) ①도정법 제2조제2호에 따른 정비사업에 대하여 ○○시장이 회계감사기관을 선정하는 경우에 이를 적용한다.

② 이 지침에서 정하지 않는 사항은 관계법령에서 정한 바에 따른다.

제3조(회계감사기관 선정) ① 시장은 한국공인회계사회에서 주식회사의외부감사에관한법률(이하 '외부감사법'이라 한다) 제3조제1항 각 호의 기준에 해당하는 회계감사기관을 추천 받아 선정한다.

② 시장은 정비사업 회계감사기관 선정·계약대장을 작성하여 관리한다.

제4조(회계감사기관 선정절차) ① 사업시행자는 도정법 제112조 및 같은 법 시행령 제88조에 따라 외부회계감사가 필요할 경우 시장에게 회계감사기관의 선정을 요청하여야 한다.

② 시장은 사업시행자로부터 제1항에 따른 회계감사기관의 선정요청이 있을 경우 한국공인회계사회에서 2개 이상의 회계감사기관을 추천 받아 수수료의 견적 중 낮은 금액으로 제출된 회계감사기관과 계약하여야 한다. 다만, 규모 및 조건 등이 유사한 사업구역과 수수료가 상당한 차이가 있다고 인정되는 경우 금액을 조정하여 계약할 수 있다.

③ 시장은 회계감사기관이 선정·결정되었을 경우 사업시행자에게 예정수수료의 납부를 통보하여야 하며, 사업시행자는 ○○시세입세출외현금 계좌에 입금하여야 한다.

④ 시장은 사업시행자로부터 납부수수료가 ㅇㅇ시세입세출외현금계좌에 입금된 후 계약을 체결하여야 한다.

제5조(회계감사 보고) ① 회계감사기관은 회계감사가 종료된 날로부터 15일이내에 시장에게 그 결과를 보고하고, 이를 당해 조합에 보고하여 조합원이 공람토록 하여야 한다.

② 회계감사기관은 제1항에 따른 회계감사 결과의 보고가 있은 후 시장에게 수수료의 지급을 요청할 수 있다.

제6조(비용의 지급 및 정산) ① 시장은 제5조에 따른 수수료 지급 요청이 있을 경우 회계감사 비용을 지급하고 사업시행자와 정산하여야 한다.

② 회계감사 비용 지급시 예치된 금액이 부족할 경우 사업시행자는 부족분에 대하여 추가 입금하여야 한다.

제7조(불성실 회계감사기관의 배제) 시장은 다음 각 호의 어느 하나에 해당하는 경우에는 회계감사기관의 선정 시 배제할 수 있다.

1. 관계법령의 규정을 위반하여 회계감사를 하였을 경우
2. 외부감사법을 위반하여 처벌되거나 위반사항이 확정되어 외부감사법 제16조의 2에 따라 위반사실이 공시된 경우
3. 회계감사결과를 기한 내에 제출하지 않아 관련 업무에 지장을 초래한 경우
4. 회계감사업무 시 조합 또는 직무관련 공무원 등에게 금품 등을 제공하여 사회적 물의를 일으킨 경우

부 칙

이 지침은 발령한 날부터 시행한다.

(3) 회계감사기관 감독

회계감사기관을 선정·계약한 경우 시장·군수등은 한 회계감사를 위하여 선정된 회계감사기관을 감독하여야 하며, 필요한 처분이나 조치를 명할 수 있다(제112조제3항).

3. 감 독

(1) 필요한 행정처분 시행

정비사업의 시행이 다음 요건에 해당하는 때에는 다음 당사자에 의하여 정비사업의 적정한 시행을 위하여 필요한 범위에서 다음의 처분을 취할 수 있다(제113조제1항).

① 처분의 요건

- 정비사업의 시행이 도시정비법에 위반된 경우
- 정비사업의 시행이 도시정비법에 따른 명령·처분에 위반되었다고 인정되는 때
- 정비사업의 시행이 사업시행계획서 또는 관리처분계획에 위반되었다고 인정되는 때

따라서 정비사업이 시행이 정관에 위반된 경우에는 해당하지 아니한다.

② 처분의 당사자

- 국토교통부장관은 시·도지사, 시장, 군수, 구청장, 추진위원회, 주민대표회의, 사업시행자 또는 정비사업전문관리업자에게
- 특별시장, 광역시장 또는 도지사는 시장, 군수, 구청장, 추진위원회, 주민대표회의, 사업시행자 또는 정비사업전문관리업자에게
- 시장·군수는 추진위원회, 주민대표회의, 사업시행자 또는 정비사업전문관리업자에게

③ 처분의 내용

- 처분의 취소·변경 또는 정지
- 공사의 중지·변경
- 임원의 개선 권고
- 그 밖의 필요한 조치

'그 밖의 필요한 조치'는 그 앞에 규정되어 있는 '처분의 취소·변경 또는 정지, 공사의 중지·변경, 임원의 개선 권고'와 서로 동등하거나 유사한 것을 의미한다는 점에서, 해당 규정에 언급된 '임원의 개선 권고'보다 더 침익적이고 제한적 성격을 가지는 '임원의 개선 명령'이 '그 밖의 필요한 조치'에 포함된다고 볼 수는 없다.

(2) 점검반 현장조사 시행

국토교통부장관, 시·도지사, 시장, 군수 또는 구청장은 도시정비법에 따른 정비사업의 원활한 시행을 위하여 관계 공무원 및 전문가로 구성된 점검반을 구성하여 정비사업 현장조사를 통하여 분쟁의 조정, 위법사항의 시정요구 등 필요한 조치를 할 수 있다(제113조제2항전단).

이 경우 관할 지방자치단체의 장과 조합 등은 다음의 각 자료의 제공 등 점검반의 활동에 적극 협조하여야 한다(제113조제2항후단, 령 제89조).

- 토지등소유자의 동의서
- 총회의 의사록
- 정비사업과 관련된 계약에 관한 서류
- 사업시행계획서·관리처분계획서 및 회계감사보고서를 포함한 회계관련 서류
- 정비사업의 추진과 관련하여 분쟁이 발생한 경우에는 해당 분쟁과 관련된 서류

(3) 시공자선정취소명령·과징금부과 및 입찰참가제한

① 제도 신설

2018.10.13. 시행된 개정법은 시·도지사는 건설업자가 시공자 선정 등과 관련하여 금품·향응 제공 등 행위제한의무를 위반한 경우 사업시행자에게 시공사 선정을 취소할 것을 명하거나 건설업자에게 과징금을 부과할 수 있도록 하고, 해당 건설업자에 대해서는 2년 이내의 범위에서 정비사업의 입찰참가를 제한할 수 있도록 하는 규정을 신설하였다.

② 시공자선정취소명령 또는 과징금부과

시·도지사(해당 정비사업을 관할하는 시·도지사를 말한다)는 건설업자가 다음의 어느 하나에 해당하는 경우 사업시행자에게 건설업자의 해당 정비사업에 대한 시공자 선정을 취소할 것을 명하거나 그 건설업자에게 사업시행자와 시공자 사이의 계약서상 공사비의 100분의 20 이하에 해당하는 금액의 범위에서 과징금을 부과할 수 있다. 이 경우 시공자 선정 취소의 명을 받은 사업시행자는 시공자 선정을 취소하여야 한다(제113조의2 제1항). 과징금을 부과하는 위반행위의 종류와 위반 정도 등에 따른 과징금의 금액 등에 필요한 사항은 대통령령으로 정한다(제113조의2 제2항).

- 건설업자가 제132조를 위반한 경우
- 건설업자가 제132조의2를 위반하여 관리·감독 등 필요한 조치를 하지 아니한 경우로서 용역업체의 임직원(건설업자가 고용한 개인을 포함한다)이 제132조를 위반한 경우

시·도지사는 과징금의 부과처분을 받은 자가 납부기한까지 과징금을 내지 아니하

면 「지방세외수입금의 징수 등에 관한 법률」에 따라 징수한다(제113조의2 제3항). 시·도지사는 시공자 선정을 취소할 것을 명하거나 과징금을 부과하려는 경우에는 그 위반행위, 처분의 종류 및 과징금의 금액(과징금을 부과하는 경우만 해당한다)을 적어 서면으로 통지하여야 한다(령 제89조의2 제2항). 과징금 부과 통지를 받은 자는 통지가 있은 날부터 20일 또는 시·도지사가 20일 이상의 범위에서 따로 정한 기간 이내에 시·도지사가 정하는 수납기관에 과징금을 납부하여야 한다(령 제89조의2 제3항).

③ 입찰참가제한

시·도지사는 제113조의2제1항 각 호의 어느 하나에 해당하는 건설업자에 대해서는 2년 이내의 범위에서 대통령령으로 정하는 기간 동안 정비사업의 입찰참가를 제한할 수 있다(제113조의3 제1항).

시·도지사는 건설업자에 대한 정비사업의 입찰참가를 제한하려는 경우에는 대통령령으로 정하는 바에 따라 대상, 기간, 사유, 그 밖의 입찰참가 제한과 관련된 내용을 공개하고, 관할 구역의 시장, 군수 또는 구청장 및 사업시행자에게 통보하여야 한다. 이 경우 통보를 받은 사업시행자는 해당 건설업자의 입찰 참가자격을 제한하여야 한다(제113조의3 제2항).

사업시행자는 제2항에 따라 입찰참가를 제한받은 건설업자와 계약(수의계약을 포함한다)을 체결해서는 아니 된다(제113조의3 제3항).

시·도지사는 정비사업의 입찰참가를 제한하려는 경우에는 업체(상호)명·성명(법인인 경우 대표자의 성명) 및 사업자등록번호(법인인 경우 법인등록번호), 입찰참가자격 제한기간, 입찰참가자격을 제한하는 구체적인 사유를 지체 없이 해당 지방자치단체의 공보에 게재하고 일반인이 해당 내용을 열람할 수 있도록 인터넷 홈페이지에 입찰참가 제한기간 동안 게시하여야 한다(령 제89조의3 제2항).

④ 과징금부과기준 및 입찰참가제한기준

과징금의 부과기준 및 정비사업의 입찰참가 제한기준은 시행령 별표 5의2와 같다(령 제89조의2 제1항, 제89조의3 제1항).

[별표 5의2]

과징금의 부과기준 및 정비사업의 입찰참가 제한기준

(제89조의2제1항 및 제89조의3제1항 관련)

위반행위	근거 법조문	과징금 금액	입찰참가 제한기간
가. 건설업자가 법 제132조를 위반한 경우	법 제113조의2제1항제1호 및 제113조의3제1항		
1) 건설업자가 법 제132조를 위반하여 금품, 향응 또는 그 밖의 재산상 이익을 제공하거나 제공의사를 표시하거나 제공을 약속(이하 "부정제공"이라 한다)한 가액의 합이 3천만원 이상인 경우		공사비의 100분의 20	2년
2) 건설업자가 법 제132조를 위반하여 부정제공한 가액의 합이 1천만원 이상 3천만원 미만인 경우		공사비의 100분의 15	2년
3) 건설업자가 법 제132조를 위반하여 부정제공한 가액의 합이 500만원 이상 1천만원 미만인 경우		공사비의 100분의 10	1년
4) 건설업자가 법 제132조를 위반하여 부정제공한 가액의 합이 500만원 미만인 경우		공사비의 100분의 5	1년
나. 건설업자가 법 제132조의2를 위반하여 관리·감독 등 필요한 조치를 하지 않은 경우로서 용역업체의 임직원이 법 제132조를 위반한 경우	법 제113조의2제1항제2호 및 제113조의3제1항		
1) 용역업체의 임직원이 법 제132조를 위반하여 부정제공한 가액의 합이 3천만원 이상인 경우		공사비의 100분의 20	2년
2) 용역업체의 임직원이 법 제132조를 위반하여 부정제공한 가액의 합이 1천만원 이상 3천만원 미만인 경우		공사비의 100분의 15	2년
3) 용역업체의 임직원이 법 제132조를 위반하여 부정제공한 가액의 합이 500만원 이상 1천만원 미만인 경우		공사비의 100분의 10	1년
4) 용역업체의 임직원이 법 제132조를 위반하여 부정제공한 가액의 합이 500만원 미만인 경우		공사비의 100분의 5	1년

4. 정비사업 지원기구

재개발, 재건축사업에서는 각종 분쟁과 비리가 끊이지 않고, 일부 사업장에서는 시공사의 횡포와 조합장의 비전문성, 영세 정비업체에 의한 사업관리에 따른 부실화 등의 문제가 지적되기도 하였다. 전문적인 공공기관이 정비사업을 지원함으로써 이러한 고질적인 문제를 해소할 수 있게 하기 위하여, 개정법은 정비사업에 전문성이 있는 공공기관으로 하여금 정비사업의 원활한 진행을 위해 지원할 수 있도록 정비사업 지원기구를 신설하였다.

국토교통부장관은 다음의 업무를 수행하기 위하여 정비사업 지원기구를 설치할 수 있다. 이 경우 국토교통부장관은 한국부동산원 또는 한국토지주택공사에게 정비사업 지원기구의 업무를 대행하게 할 수 있다(제114조).

- 정비사업 상담지원업무
- 정비사업전문관리제도의 지원
- 전문조합관리인의 교육 및 운영지원
- 소규모 영세사업장 등의 사업시행계획 및 관리처분계획 수립지원
- 정비사업을 통한 공공지원민간임대주택 공급 업무 지원
- 제29조의2에 따른 공사비검증 업무
- 그 밖에 국토교통부장관이 정하는 업무

5. 교육의 실시

국토교통부장관, 시·도지사, 시장, 군수 또는 구청장은 추진위원장 및 감사, 조합임원, 전문조합관리인, 정비사업전문관리업자의 대표자 및 기술인력, 토지등소유자 등에 대하여 교육을 실시할 수 있고(제115조), 교육의 내용에는 다음의 사항이 포함되어야 한다(령 제90조).

- 주택건설 제도
- 도시 및 주택 정비사업 관련 제도
- 정비사업 관련 회계 및 세무 관련 사항
- 그 밖에 국토교통부장관이 정하는 사항

6. 분쟁조정

(1) 도시분쟁조정위원회 구성

정비사업의 시행으로 발생한 분쟁을 조정하기 위하여 정비구역이 지정된 특별자치시, 특별자치도, 또는 시·군·자치구에 도시분쟁조정위원회를 둔다. 다만, 시장·군수등을 당사자로 하여 발생한 정비사업의 시행과 관련된 분쟁 등의 조정을 위하여 필요한 경우에는 시·도에 조정위원회를 둘 수 있다(제116조제1항). 조정위원회는 부시장·부지사·부구청장 또는 부군수를 위원장으로 한 10명 이내의 위원으로 구성한다.

조정위원회 위원은 정비사업에 대한 학식과 경험이 풍부한 사람으로서 다음의 어느 하나에 해당하는 사람 중에서 시장·군수등이 임명 또는 위촉한다. 이 경우 일부 직역은 각 2명 이상 포함되어야 한다.

- 해당 특별자치시, 특별자치도 또는 시·군·구에서 정비사업 관련 업무에 종사하는 5급 이상 공무원(2명 이상 포함)
- 대학이나 연구기관에서 부교수 이상 또는 이에 상당하는 직에 재직하고 있는 사람
- 판사, 검사 또는 변호사의 직에 5년 이상 재지한 사람(2명 이상 포함)
- 건축사, 감정평가사, 공인회계사로서 5년 이상 종사한 사람(2명 이상 포함)
- 그 밖에 정비사업에 전문적 지식을 갖춘 사람으로서 시·도조례로 정하는 자

서울시 도시및주거환경정비조례

제64조(도시분쟁조정위원회 위원 자격) 법 제116조제3항제5호에서 “그 밖에 정비사업에 전문적 지식을 갖춘 자로서 시도조례로 정하는 자”란 다음의 어느 하나에 해당하는 자를 말한다.
1. 해당 자치구의회 의원
2. 해당 자치구 도시계획위원회 또는 건축위원회 위원

조정위원회에는 위원 3명으로 구성된 분과위원회를 두며, 분과위원회에는 공무원 및 법조인에 해당하는 사람이 각 1명 이상 포함되어야 한다. 조정위원회의 구성·운영 및 비용의 부담, 조정기간 연장 등에 필요한 사항은 시·도조례로 정한다.

서울시 도시및주거환경정비조례

第65조(도시분쟁조정위원회 운영 등) ① 도시분쟁조정위원회(이하 "조정위원회"라 한다)의 위원 중 법 제116조제3항제1호에 해당하는 공무원 및 위원장의 임기는 해당 직에 재직하는 기간으로 하고, 위촉직 위원의 임기는 2년으로 하되, 연임할 수 있다.

② 조정위원회에는 다음 각 호와 같이 분과위원회를 둔다.

1. 제1분과위원회 : 조합 또는 추진위원회와 조합원 또는 토지등소유자간의 분쟁 조정
2. 제2분과위원회 : 제1분과위원회에 해당하지 않는 그 밖에 분쟁에 관한 사항 조정

③ 위원장은 조정위원회의 회의를 소집하여 그 의장이 되며 위원장의 직무는 다음 각 호와 같다. 다만, 위원장이 부득이한 사유로 직무를 수행할 수 없는 때에는 해당 위원 중 호선된 위원이 그 직무를 대행한다.

1. 위원장이 조정위원회의 회의를 소집하고자 하는 때에는 회의 개최 5일 전까지 회의 일시·장소 및 분쟁조정 안건 등을 위원에게 통지한다.
2. 위원장은 조정위원회의 심사에 앞서 분과위원회에서 사전심사를 담당하게 할 수 있다.
3. 위원장은 효율적인 심사조정을 위하여 필요하다고 인정하는 경우에는 현장조사를 하거나 조정당사자, 관련전문가 및 관계공무원을 회의에 참석하게 하여 의견을 진술하게 할 수 있다.

④ 조정위원회의 회의는 재적위원 과반수의 출석으로 개회하고, 출석위원 과반수의 찬성으로 의결한다. 다만, 분과위원회는 위원 전원의 찬성으로 의결한다.

⑤ 조정위원회의 사무를 처리하기 위하여 간사 1명과 서기 1명을 두되, 간사는 조정위원회를 주관하는 업무담당 주사가 되고, 서기는 업무담당자로 한다.

⑥ 조정위원회의 위원이 다음 각 호의 어느 하나에 해당하는 경우에는 해당 분쟁조정 사건의 심사의결에서 제척된다.

1. 해당 분쟁조정 사건과 관련하여 용역·감정·수용·자문 및 연구 등을 수행하였거나 수행 중에 있는 경우
2. 해당 분쟁조정 사건의 당사자와 친족관계에 있거나 있었던 경우
3. 해당 분쟁조정 사건과 직접적인 이해관계가 있는 경우

⑦ 당사자는 위원에게 심사의결의 공정성을 기대하기 어려운 사정이 있는 경우에는 기피신청을 할 수 있다. 이 경우 조정위원회의 위원장은 기피신청에 대하여 조정위원회의 의결을 거치지 아니하고 결정한다.

⑧ 위원이 제척사유에 해당하는 경우에는 스스로 해당 분쟁조정 사건의 심사·의결에서 회피할 수 있다.

⑨ 조정위원회에 출석한 위원에게는 예산의 범위에서 수당과 여비 등을 지급하되, 조사 및 현장 확인을 위한 출장비용 등은 실제 비용으로 지급할 수 있다.

제67조(협의체 구성 및 운영) ① 구청장은 영 제91조제4호에 따라 법 제73조제1항 각 호에서 정한 손실보상 협의대상자 또는 법 제52조제1항제4호에 따른 세입자와 사업시행자 간의 이주대책 및 손실보상 협의 등으로 인한 분쟁을 조정하기 위하여 협의체를 구성·운영할 수 있다.

② 협의체는 법 제72조에 따른 분양신청기간 종료일의 다음 날부터 구성하며, 관리처분계획 수립을 위한 총회 전까지 3회 이상 운영한다. 다만, 구청장이 필요하다고 인정하는 경우에는 관리처분계획인가 이후에도 운영할 수 있다.

③ 협의체는 다음 각 호에 해당하는 사람 중 위원장을 포함하여 5명 이상 15명 이하의 위원으로 구성하고 위원장은 제2호의 전문가 중 1명을 호선하며 제16조제3항은 협의체 구성 시 준용한다. 이 경우 "검증위원회"는 "협의체"로 본다.

1. 해당 자치구에서 정비사업 업무에 종사하는 6급 이상 공무원
2. 법률, 감정평가, 정비사업전문관리업 등 분야별 전문가

④ 협의체 회의에는 다음 각 호에 해당하는 자 전부 또는 일부가 참석한다.

1. 사업시행자
2. 법 제52조제1항에 따른 주거 및 이주 대책 수립 대상 세입자
3. 법 제73조에 따른 손실보상에 관한 협의 대상자
4. 법 제74조제2항, 영 제60조에 따라 재산 또는 권리 등을 평가한 감정평가업자
5. 그 밖에 구청장이 협의가 필요하다고 인정하는 자

⑤ 협의체는 다음 각 호의 사항을 협의 조정한다.

1. 주거세입자에 대한 손실보상액 등
2. 상가세입자에 대한 영업손실보상액 등
3. 법 제73조제1항 및 영 제60조에 따라 분양신청을 하지 않은 자 등에 대한 손실보상 협의 금액(토지·건축물 또는 그 밖의 권리에 대한 금액) 등
4. 그 밖에 구청장이 필요하다고 인정하는 사항

⑥ 제2항에 따라 협의체가 3회 이상 운영되었음에도 불구하고 합의가 이루어지지 않은 경우 구청장은 법 제117조제2항제2호 및 영 제91조제4호에 따라 조정위원회를 개최하여 심사·조정할 수 있다.

⑦ 구청장은 협의체 운영 결과 또는 조정위원회 조정 결과 등을 사업시행자에게 통보하여야 한다.

⑧ 시장은 협의체 구성 방법 및 운영 등에 필요한 세부기준을 정하여 고시할 수 있으며, 협의체 운영에 소요되는 비용의 전부 또는 일부를 지원할 수 있다.

(2) 조정대상

조정위원회는 정비사업의 시행과 관련하여 다음의 어느 하나에 해당하는 분쟁 사항을 심사·조정한다. 다만, 주택법, 토지보상법, 그 밖의 관계 법률에 따라 설치된 위원회의 심사대상에 포함되는 사항은 제외할 수 있다(제117조제1항, 령 제91조).

- 매도청구권 행사 시 감정가액에 대한 분쟁
- 공동주택 평형 배정방법에 대한 분쟁
- 건축물 또는 토지 명도에 관한 분쟁
- 손실보상협의에서 발생하는 분쟁
- 총회 의결사항에 대한 분쟁
- 그 밖에 시·도조례로 정하는 사항에 대한 분쟁

(3) 조정절차

시장·군수등은 다음의 어느 하나에 해당하는 경우 조정위원회를 개최할 수 있으며, 조정위원회는 조정신청을 받은 날부터 60일 이내에 조정절차를 마쳐야 한다.

- 분쟁당사자가 정비사업의 시행으로 인하여 발생한 분쟁의 조정을 신청하는 경우
- 시장·군수등이 조정위원회의 조정이 필요하다고 인정하는 경우

조정기간 내에 조정절차를 마칠 수 없는 정당한 사유가 있다고 판단되는 경우에는 조정위원회의 의결로 그 기간을 한 차례만 연장할 수 있으며 그 기간은 30일 이내로 하되, 이 경우 조정위원회는 조정위원회를 처음 개최한 날부터 60일 이내에 조정절차를 마쳐야 한다. 개정법은 도시분쟁조정위원회가 조정은 정당한 사유가 있는 경우만 한차례 연장할 수 있도록 하였다.

조정위원회의 위원장은 조정위원회의 심사에 앞서 분과위원회에서 사전 심사를 담당하게 할 수 있다. 다만 분과위원회의 위원 전원이 일치된 의견으로 조정위원회의 심사가 필요 없다고 인정하는 경우에는 조정위원회에 회부하지 아니하고 분과위원회의 심사로 조정절차를 마칠 수 있다.

(4) 조정수락효력

조정위원회 또는 분과위원회는 조정절차를 마친 경우 조정안을 작성하여 지체 없

이 각 당사자에게 제시하여야 한다. 이 경우 조정안을 제시받은 각 당사자는 제시받은 날부터 15일 이내에 수락 여부를 조정위원회 또는 분과위원회에 통보하여야 한다. 당사자가 조정안을 수락한 경우 조정위원회는 즉시 조정서를 작성한 후, 위원장 및 각 당사자는 조정서에 서명·날인하여야 한다.

조정이 성립되어 당사자가 강제집행을 승낙하는 취지의 내용이 기재된 조정서에 서명·날인한 경우 조정서의 정본은 집행력 있는 집행권원과 같은 효력을 가진다. 다만, 청구에 관한 이의의 주장에 대하여는 민사집행법 제44조제2항을 적용하지 아니하므로 이의 이유의 발생시기를 묻지 아니하고 이의의 이유로 삼을 수 있다(제117조제6항). 개정법은 분쟁조정위원회의 분쟁조정이 성립된 경우 집행력을 부여하였고, 이 부분 개정규정은 개정법 시행 후 분쟁조정을 신청한 경우부터 적용한다(부칙 제22조).

7. 정비사업의 공공지원

(1) 공공지원 또는 공공지원위탁

시장·군수등은 정비사업의 투명성 강화 및 효율성 제고를 위하여 시·도조례로 정하는 정비사업에 대하여 사업시행 과정을 지원(공공지원)하거나 토지주택공사등, 신탁업자, 주택도시기금법에 따른 주택도시보증공사, 한국토지주택공사, 한국감정원에 공공지원을 위탁할 수 있다(제118조제1항, 령 제63조제3항).

서울시 도시및주거환경정비조례

제73조(공공지원의 대상사업) 법 제118조제1항에서 "시·도조례로 정하는 정비사업"이란 법 제25조에 따른 조합이 시행하는 정비사업(조합이 건설업자 또는 등록사업자와 공동으로 시행하는 사업을 포함한다)을 말한다. 다만, 법 제16조에 따라 정비구역 지정·고시가 있은 날의 토지등소유자의 수가 100명 미만으로서 주거용 건축물의 건설비율이 50퍼센트 미만인 도시정비형 재개발사업은 제외한다.

제79조(위탁지원자의 지정 등) ① 공공지원자가 법 제118조제1항에 따라 정비사업에 대한 사업시행 과정 지원을 위탁하고자 하는 경우 「행정권한의 위임 및 위탁에 관한 규정」을 준용하여 위탁지원자를 지정하여야 한다.

② 시장은 다음 각 호의 내용이 포함된 표준협약서를 작성하여 보급할 수 있다.

1. 위탁의 목적

2. 상호 간의 권리와 의무
3. 구역의 위치 및 면적
4. 위탁 업무의 범위
5. 위탁 기간
6. 계약체결 및 수수료 지급 방법
7. 감독에 관한 사항
8. 협약 해지 등 위탁 관리에 필요한 사항

(2) 공공지원내용

정비사업을 공공지원하는 시장·군수등 및 공공지원을 위탁받은 자(위탁지원자)는 다음의 업무를 수행한다(제118조제2항).

- 추진위원회 또는 주민대표회의 구성
- 정비사업전문관리업자의 선정(위탁지원자는 선정을 위한 지원으로 한정한다)
- 설계자 및 시공자 선정 방법 등
- 세입자의 주거 및 이주 대책(이주 거부에 따른 협의 대책을 포함한다) 수립
- 관리처분계획 수립
- 그 밖에 시·도조례로 정하는 사항

서울시 도시및주거환경정비조례

제75조(공공지원자의 업무범위) 법 제118조제2항제6호에 따라 "그 밖에 시·도조례로 정하는 사항"이란 다음 각 호에 해당하는 업무를 말한다.

1. 추진위원회 구성을 위한 위원 선출업무의 선거관리위원회 위탁
2. 건설사업관리자 등 그 밖의 용역업체 선정 방법 등에 관한 업무의 지원
3. 조합설립 준비업무에 관한 지원
4. 추진위원회 또는 조합의 운영 및 정보공개 업무의 지원
5. 법 제52조제1항제4호에 따른 세입자의 주거 및 이주 대책 수립에 관한 지원
6. 관리처분계획 수립에 관한 지원
7. 법 제31조제4항에 따라 추진위원회 구성 단계를 생략하는 정비사업의 조합설립에 필요한 토지등소유자의 대표자 선출 등 지원

8. 법 제118조제7항제1호에 따른 건설업자의 선정방법 등에 관한 업무 지원

(3) 위탁관리자 감독

시장·군수등은 위탁지원자의 공정한 업무수행을 위하여 관련 자료의 제출 및 조사, 현장점검 등 필요한 조치를 할 수 있다. 이 경우 위탁지원자의 행위에 대한 대외적인 책임은 시장·군수등에게 있다.

(4) 공공지원 비용

공공지원에 필요한 비용은 시장·군수등이 부담하되, 특별시장, 광역시장 또는 도지사는 관할 구역의 시장, 군수 또는 구청장에게 특별시·광역시 또는 도의 조례로 정하는 바에 따라 그 비용의 일부를 지원할 수 있다.

서울시 도시및주거환경정비조례

제74조(공공지원을 위한 비용부담 등) ① 구청장은 공공지원 업무를 수행하는데 필요한 다음 각 호의 비용을 부담한다.

1. 추진위원회 구성 또는 조합설립(법 제31조제4항에 따라 추진위원회를 구성하지 아니하는 경우로 한정한다)을 위한 구청장의 용역 및 선거관리위원회 위탁비용
2. 위탁지원 수수료

② 법 제118조제2항 각 호 외의 업무를 지원받고자 하는 경우에는 총회의 의결을 거쳐 구청장에게 신청할 수 있다.

③ 구청장은 제2항에 따라 조합의 신청이 있는 경우 법 제118조제1항의 기관 중에서 지정하여 조합에 통보하여야 하며, 조합은 해당 기관과 지원 범위 및 수수료 등에 대한 계약을 체결하고 비용을 부담하여야 한다.

제84조(비용지원 등) 법 제118조제4항에 따라 시장은 다음 각 호의 업무에 소요되는 비용의 70퍼센트 범위에서 「서울특별시 지방보조금 관리 조례」 제8조에 따라 자치구 재정력을 감안하여 구청장에게 지원할 수 있다. 다만, 법 제44조제3항에 따라 구청장이 직접 총회를 소집하는 경우 소요비용의 일부 또는 전부를 지원할 수 있다.

1. 법 제118조제2항제1호에 따른 추진위원회 구성을 위한 소요비용
2. 법 제118조제1항에 따른 공공지원의 위탁수수료
3. 제82조에 따른 조합설립 지원을 위한 소요비용

(5) 공공지원 방법·절차

공공지원의 시행을 위한 방법과 절차, 기준 및 도시·주거환경정비기금의 지원, 시공자 선정 시기 등에 필요한 사항은 시·도조례로 정한다. 다만 다음의 어느 하나에 해당하는 경우에는 토지등소유자(조합을 설립한 경우에는 조합원을 말한다)의 과반수 동의를 받아 경쟁입찰 또는 수의계약(2회 이상 경쟁입찰이 유찰된 경우로 한정)의 방법으로 시공자를 선정할 수 있다.

- 조합이 건설업자와 공동으로 정비사업을 시행하는 경우로서 조합과 건설업자 사이에 협약을 체결하는 경우
- 제28조제1항 및 제2항(장기간 정비사업이 지연되거나 권리관계에 관한 분쟁 등으로 해당 조합 또는 토지등소유자가 시행하는 정비사업을 계속 추진하기 어렵다고 인정하는 경우 및 토지등소유자나 조합원의 과반수 동의로 요청하는 경우에 시장·군수등이 조합 또는 토지등소유자를 대신하여 사업대행자로 하여금 정비사업을 시행하게 할 수 있다)에 따라 사업대행자가 정비사업을 시행하는 경우

조합이 건설업자와 공동으로 정비사업을 시행하는 경우로서 조합과 건설업자 사이에 협약을 체결하는 경우 협약사항에 관한 구체적인 내용은 시·도조례로 정할 수 있다.

서울시 도시및주거환경정비조례

제77조(시공자 등의 선정기준) ① 법 제118조제6항에 따라 조합은 사업시행계획인가를 받은 후 총회에서 시공자를 선정하여야 한다. 다만, 법 제118조제7항제1호에 따라 조합과 건설업자 사이에 협약을 체결하는 경우에는 시공자 선정 시기를 조정할 수 있다.

② 제1항에 따라 조합은 사업시행계획인가 된 사업시행계획서를 반영한 설계도서를 작성하여 법 제29조제1항에 따른 경쟁입찰 또는 수의계약(2회 이상 경쟁입찰이 유찰된 경우로 한정한다. 이하 이 조에서 같다)의 방법으로 시공자를 선정하여야 한다.

③ 추진위원회 또는 조합은 총회에서 법 제29조제1항에 따른 경쟁입찰 또는 수의계약의 방법으로 「건축사법」 제23조에 따라 건축사사무소 개설신고 한 자를 설계자로 선정하여야 한다.

④ 추진위원회 또는 조합은 총회에서 법 제29조제1항에 따른 경쟁입찰 또는 수의계약의 방법으로 법 제102조에 따라 등록한 정비사업전문관리업자를 선정하여야 한다. 이 경우 법 제118조제5항에 따라 구청장이 정비사업전문관리업자를 선정하는 경우에는 제외한다.

⑤ 시장은 정비사업전문관리업자·설계자·시공자 및 법 제118조제7항제1호에 따른 건설업자의 선정방법 등에 대하여 다음 각 호의 내용을 포함하는 기준을 정할 수 있다.

1. 업체 선정에 관한 세부절차
2. 업체 선정 단계별 공공지원자 등의 기능 및 역할
3. 그 밖에 업체 선정 방법 등 지원을 위하여 필요한 사항

⑥ 시장은 제75조제2호에 따른 용역업체의 선정기준 등에 대하여 제5항을 준용하여 정할 수 있다.

제78조(공동사업시행의 협약 등) ① 법 제118조제8항에 따른 협약사항에 관한 구체적인 내용은 다음 각 호와 같다.

1. 협약의 목적
2. 당사자 간의 지위, 권리 및 의무
3. 협약의 범위 및 기간
4. 협약의 체결, 변경, 해지, 연장, 이행 보증 등에 관한 사항
5. 사업의 시행, 변경에 관한 사항
6. 사업경비의 부담, 이익의 분배, 손실의 부담에 관한 사항
7. 채권 및 채무에 관한 사항
8. 의사결정 방법 및 절차 등에 관한 사항
9. 공시의 시행 및 관리에 관한 사항
10. 공시목적물의 처분 및 인수 등에 관한 사항
11. 입주 및 하자관리 등에 관한 사항
12. 분쟁 및 소송 등에 관한 사항
13. 인·허가 업무에 관한 사항
14. 그 밖에 공동사업시행에 필요한 사항

② 시장은 제1항 각 호의 내용이 포함된 표준공동사업시행협약서를 작성하여 보급할 수 있다.

8. 정비사업 관리시스템구축 및 정보공개

(1) 정비사업관리시스템구축

시·도지사는 정비사업의 효율적이고 투명한 관리를 위하여 정비사업관리시스템을 구축하여 운영할 수 있다(제119조제1항). 개정법은 정비사업의 효율적이고 투명한 관리를 위해 시·도지사가 정비사업관리시스템을 구축·운영할 수 있는 근거규정을 두었다. 서울시는 이미 재개발·재건축 클린업시스템을 구축하고 있는데 클린업시스템이란 재개발·재건축 등 정비사업의 추진과정을 투명하게 공개하기 위하여 서울시에서 구축한

홈페이지(cleanup.seoul.go.kr)로서 서울시에서 운영하는 '통합홈페이지'와 정비사업을 추진하고 있는 추진위원회·조합에서 운영하는 '추진위원회·조합 홈페이지'로 구성되어 있다. 개정법의 시행으로 다른 시·도에서도 이와 같은 시스템을 구축·운영할 것으로 예상된다.

> **서울시 도시및주거환경정비조례**
>
> **제69조(정비사업관리시스템의 구축 및 운영 등)** ① 시장은 법 119조에 따라 정비사업의 효율적이고 투명한 관리를 위하여 다음 각 호의 정비사업관리시스템(이하 "정비사업시스템"이라 한다)을 구축·운영한다.
>
> 1. 클린업시스템 : 정비사업 시행과 관련한 자료 구축 및 정보를 제공하기 위한 시스템
> 2. 분담금 추정 프로그램: 제80조에 따른 토지등소유자별 분담금 추산액 등 정보를 제공하기 위한 시스템
> 3. 정비사업 e-조합 시스템 : 예산·회계와 행정업무 등 처리 및 관련 정보를 제공하기 위한 시스템
>
> ② 시장은 제1항에 따라 구축된 정비사업시스템의 기능을 지속적으로 개선하고 이용자의 활용을 촉진하는 계획을 수립하고 시행하여야 한다.
>
> ③ 구청장은 시스템에 구축된 정비구역 홈페이지가 정상적으로 운영되도록 관리·감독·지원하여야 한다.
>
> ④ 법 제124조에 따라 추진위원회 및 사업시행자(조합의 경우 청산인을 포함한 조합임원을 말한다)는 인터넷을 통하여 정보를 공개하는 경우 클린업시스템을 이용하여야 한다. 다만 토지등소유자가 단독으로 시행하는 재개발사업의 경우에는 제외할 수 있다.
>
> ⑤ 추진위원장 또는 조합임원(조합의 청산인을 포함한다)은 정비사업 e-조합 시스템을 이용하여 예산·회계관리 및 문서 등의 작성된 자료를 공개하여야 한다.
>
> ⑥ 시장은 제1항 각 목에 따른 정비사업시스템의 운영 및 관리에 관한 세부기준을 정할 수 있다.

(2) 정비사업의 정보공개

시장·군수등은 정비사업의 투명성 강화를 위하여 조합이 시행하는 정비사업에 관한 다음의 사항을 매년 1회 이상 인터넷과 그 밖의 방법을 병행하여 공개하여야 한다. 이 경우 공개의 방법 및 시기 등 필요한 사항은 시·도조례로 정한다(제120조). 개정법은 시장·군수등은 관리처분계획상 사업시행자가 체결한 모든 계약금액을 매년 1회 이상

공개하도록 하였다. 이 부분 개정규정은 2016.3.2. 당시 총회에서 시공자를 선정하지 아니한 정비사업부터 적용하되, 시장·군수는 정비사업의 투명성강화를 위하여 필요한 경우에는 2016.3.2. 전에 관리처분계획의 인가를 받은 사항에 대하여도 적용하여 공개할 수 있다(부칙 제23조).

- 관리처분계획의 인가(변경인가를 포함한다)를 받은 사항 중 추진위원장 또는 사업시행자가 공사, 용역, 물품구매, 제조 등에 관하여 체결한 계약금액
- 관리처분계획의 인가를 받은 사항 중 정비사업에서 발생한 이자
- 그 밖에 시·도조례로 정하는 사항

서울시 도시및주거환경정비조례

제70조(정보공개의 방법 및 시기 등) ① 구청장은 법 제120조에 따라 다음 각 호의 사항을 회계연도 종료일부터 90일 이내 클린업시스템에 공개하여야 한다.

1. 관리처분계획의 인가(변경인가를 포함한다. 이하 이 조에서 같다)를 받은 사항 중 법 제29조에 따른 계약금액
2. 관리처분계획의 인가를 받은 사항 중 정비사업에서 발생한 이자

② 제1항의 공개는 별지 제5호서식에 따른다.

제71조(정보제공 및 의견청취) 시장 및 구청장은 필요한 경우에 토지등소유자에게 의사결정에 필요한 정보를 제공하고 의견을 청취할 수 있다.

제85조(공공지원의 정보공개) 공공지원자 및 위탁지원자는 다음 각 호의 관련 자료를 클린업시스템과 그 밖의 방법을 병행하여 토지등소유자, 조합원 및 세입자에게 공개하여야 한다.

1. 법 제118조제1항에 따른 위탁지원자의 지정 및 계약에 관한 사항
2. 법 제118조제2항제2호에 따른 정비사업전문관리업자 선정 및 계약에 관한 사항
3. 제75조제1호 및 제7호에 따른 추진위원회 구성을 위한 위원 선출 및 조합설립(추진위원회 구성 단계를 생략하는 경우로 한정한다)에 필요한 토지등소유자의 대표자 선출에 관한 사항
4. 조합임원의 선거관리에 관한 사항

9. 청 문

국토교통부장관, 시·도지사, 시장, 군수 또는 구청장은 다음의 어느 하나에 해당하는 처분을 하려는 경우에는 청문을 하여야 한다(제121조).

- 제106조제1항에 따른 정비사업전문관리업의 등록취소
- 제113조제1항부터 제3항까지의 규정에 따른 추진위원회 승인의 취소, 조합 설립인가의 취소, 사업시행계획인가의 취소 또는 관리처분계획인가의 취소
- 제113조의2제1항에 따른 시공자 선정 취소 또는 과징금 부과
- 제113조의3제1항에 따른 입찰참가 제한

▌제13장▌ 보 칙

1. 토지등소유자의 설명의무

토지등소유자는 자신이 소유하는 정비구역 내 토지 또는 건축물에 대하여 매매·전세·임대차 또는 지상권 설정 등 부동산 거래를 위한 계약을 체결하는 경우 다음의 사항을 거래 상대방에게 설명·고지하고, 거래 계약서에 기재 후 서명·날인하여야 한다(제122조제1항, 령 제92조). 이러한 사항은 공인중개사의 중개대상물의 확인·설명의무를 규정한 공인중개사법 제25조제1항제2호의 "법령의 규정에 의한 거래 또는 이용제한사항"으로 본다(제122조제2항).

- 해당 정비사업의 추진단계
- 퇴거예정시기(건축물의 경우 철거예정시기를 포함한다)
- 제19조에 따른 행위제한
- 제39조에 따른 조합원의 자격
- 제70조제5항에 따른 계약기간
- 제77조에 따른 주택 등 건축물을 분양받을 권리의 산정 기준일
- 분양대상자별 분담금의 추산액
- 정비사업비의 추산액(재건축사업의 경우에는 재건축초과이익환수에관한법률에 따른 재건축부담금에 관한 사항을 포함한다) 및 그에 따른 조합원 분담규모 및 분담시기

2. 재개발사업 등의 시행방식의 전환

(1) 재개발사업의 시행방식 전환

① 요 건

시장·군수등은 다음의 경우에는 정비사업이 완료되기 전이라도 환지로 공급하는 방법으로 실시하는 재개발사업을 위하여 정비구역의 전부 또는 일부를 인가받은 관리처분계획에 따라 건축물을 건설하여 공급하는 방법으로 사업방식을 전환하는 것을 승

인할 수 있다(제123조제1항, 령 제93조).

- 시장·군수등이 제28조제1항에 따라 사업대행자를 지정할 때 재개발사업의 시행방식 전환이 필요하다고 인정하는 경우
- 시장·군수등이 토지등소유자의 5분의 4 이상의 요구가 있어 재개발사업의 시행방식 전환이 필요다고 인정하는 경우

② 관리처분계획 변경동의

사업시행자는 시행방식을 전환하기 위하여 관리처분계획을 변경하려는 경우 토지면적의 3분의 2 이상의 토지소유자의 동의와 토지등소유자의 5분의 4 이상의 동의를 받아야 하며, 변경절차에 관하여는 관리처분계획 변경에 관한 규정을 준용한다.

③ 정비구역 일부에 대한 시행방식 전환

사업시행자는 정비구역의 일부에 대하여 시행방식을 전환하려는 경우에 재개발사업이 완료된 부분은 준공인가를 거쳐 해당 지방자치단체의 공보에 공사완료의 고시를 하여야 하며, 전환하려는 부분은 도시정비법에서 정하고 있는 절차에 따라 시행방식을 전환하여야 한다.

(2) 주거환경개선사업의 시행방식 전환

사업시행자는 정비계획이 수립된 주거환경개선사업을 '인가받은 관리처분계획에 따라 주택 및 부대시설·복리시설을 건설하여 공급하는 방법'으로 변경하려는 경우에는 토지등소유자의 3분의 2 이상의 동의를 받아야 한다(제123조제5항). 종전법에는 없던 규정으로 개정법 시행 전에 주거환경개선사업의 사업시행인가를 신청한 경우에는 종전법 규정에 따른다(부칙 제38조).

3. 관련자료 공개와 보존

(1) 자료공개

① 공개의무

추진위원장 또는 사업시행자(조합의 경우 청산인을 포함한 조합임원, 토지등소유자가 단독으로 시행하는 재개발사업의 경우에는 그 대표자를 말한다)는 정비사업의 시행에 관한 다음의 서류 및 관련 자료가 작성되거나 변경된 후 15일 이내에 이를 조합원, 토지등소유자

또는 세입자가 알 수 있도록 인터넷과 그 밖의 방법을 병행하여 공개하여야 한다(제124조제1항). 토지등소유자와 조합원 모두 정비사업 시행 관련 자료 등의 공개대상자로 구분하여 열거되어 있고, 재건축사업에 동의하지 않은 토지등소유자라도 소유권을 매도하기 전이라면 여전히 토지등소유자로서의 지위가 유지되고 이해관계 역시 있으므로, 재건축사업에 동의하지 않은 토지등소유자에게도 정비사업의 시행에 관한 서류와 관련자료를 공개하여야 한다.

- 추진위원회 운영규정 및 정관등
- 설계자·시공자·철거업자 및 정비사업전문관리업자 등 용역업체의 선정계약서
- 추진위원회·주민총회·조합총회 및 조합의 이사회·대의원회의 의사록
- 사업시행계획서
- 관리처분계획서
- 해당 정비사업의 시행에 관한 공문서
- 회계감사보고서
- 월별 자금의 입금·출금 세부내역
- 결산보고서
- 청산인의 업무 처리 현황
- 그 밖에 정비사업 시행에 관하여 대통령령으로 정하는 서류 및 관련 자료

"대통령령으로 정하는 서류 및 관련 자료"란 다음 각 자료를 말한다(령 제94조제1항).

- 분양공고 및 분양신청에 관한 사항
- 연간 자금운용 계획에 관한 사항
- 정비사업의 월별 공사 진행에 관한 사항
- 설계자·시공자·정비사업전문관리업자 등 용역업체와의 세부 계약 변경에 관한 사항
- 정비사업비 변경에 관한 사항

② 서면통지

공개의 대상이 되는 서류 및 관련 자료의 경우 분기별로 공개대상의 목록, 개략적인 내용, 공개장소, 열람·복사 방법 등을 조합원 또는 토지등소유자에게 서면으로 통지하여야 한다(제124조제2항).

추진위원장 또는 사업시행자(조합의 경우 조합임원, 재개발사업을 토지등소유자가 시행하는 경우 그 대표자를 말한다)는 매 분기가 끝나는 달의 다음 달 15일까지 다음의 사항을 조합원 또는 토지등소유자에게 서면으로 통지하여야 한다(령 제94조제2항).

- 공개 대상의 목록
- 공개 자료의 개략적인 내용
- 공개 장소
- 대상자별 정보공개의 범위
- 열람·복사 방법
- 등사에 필요한 비용

③ 정보공개

추진위원장 또는 사업시행자는 공개의 대상이 되는 서류 및 관련자료에 대하여 공개 및 열람·복사 등을 하는 경우에는 주민등록번호를 제외하고 공개하여야 한다(제124조제3항).

한편 개인정보보호법 제18조제2항에 따르면 정보주체의 동의나 다른 법률에 특별한 규정이 있더라도 정보주체의 이익을 부당하게 침해할 우려가 있으면 개인정보의 공개가 제한되는데, 도시정비법 제124조제1항,제3항에 따라 공개대상인 의사록의 관련 자료로서 서면결의서를 공개함에 있어 주민등록번호만을 제외하고 이름, 주소를 공개할 수 있는지가 문제된다.

도시정비법이 의사록 및 관련 자료를 공개하도록 하고 있는 것은 정비사업의 투명한 추진과 조합원 등의 알권리 충족을 위하여 추진위원회 및 사업시행자의 정비사업과 관련된 자료의 공개의무를 명확히 한 것으로서, 그 연혁을 보면 구 도시정비법(2012. 2. 1. 법률 제11293호로 개정되어 2012. 8. 2. 시행되기 전의 것을 말함) 제81조제3항에서 공개 및 공람의 적용범위·절차 등에 필요한 사항은 국토해양부령으로 정하도록 함에 따라 구 도시정비법 시행규칙(2012. 2. 1. 국토해양부령 제506호로 개정되어 2012. 8. 2. 시행되기 전의 것을 말함) 제22조제1항에서 공개 대상 서류 및 관련 자료로 '이름, 주민등록번호 및 주소'를 제외하고 공개하도록 하던 것을, 도시정비법령의 개정으로 종전법 제81조제3항에서 '주민등록번호'를 제외하고 공개하여야 한다고 규정하면서, 위 시행규칙 제22조제1항의 '이름, 주민등록번호 및 주소를 제외하고 공개'하도록 한 규정은 삭제하였다.

서면결의서는 총회 등에서 조합원 등이 의결권을 행사함에 있어 불가피한 사유로 직접 참석하기 곤란한 경우 안건에 대한 의사를 서면으로 표시한 것으로, 이러한 서면결의서를 의사록의 관련 자료로 보아 의사록이 진정하게 작성되었는지 여부, 의사정족수와 의결정족수가 충족되었는지 여부, 조합원 등의 의사결정내용이 올바르게 반영되었는지 여부 등을 판단하기 위해서 공개하도록 하고 있는데, 이러한 서면결의서가 진정하게 작성되었는지 여부는 서면결의서 제출자의 이름, 주소를 확인하여야만 서면결의서의 진정성을 확인할 수 있다.

따라서 서면결의서에 포함된 이름과 주소를 공개함으로써 이를 제출한 조합원 또는 제3자의 이익을 부당하게 침해할 우려가 있는지의 문제와는 별개로, 의사록의 관련 자료로서 서면결의서를 공개함에 있어, 주민등록번호만을 제외하고 이름, 주소를 공개할 수 있다.

④ 열람·복사

조합원, 토지등소유자가 공개대상 서류 및 다음을 포함하여 정비사업 시행에 관한 서류와 관련 자료에 대하여 열람·복사 요청을 한 경우 추진위원장이나 사업시행자는 15일 이내에 그 요청에 따라야 한다(제124조제4항). 토지등소유자 또는 조합원의 열람·복사 요청은 사용목적 등을 기재한 서면(전자문서를 포함한다)으로 하여야 한다(시행규칙 제22조).

- 토지등소유자 명부
- 조합원 명부
- 그 밖에 대통령령으로 정하는 서류 및 관련 자료

복사에 필요한 비용은 실비의 범위에서 청구인이 부담한다. 열람·복사를 요청한 사람은 제공받은 서류와 자료를 사용목적 외의 용도로 이용·활용하여서는 아니 된다(제124조제6항).

재건축사업구역내 토지등소유자가 재건축조합에게 조합원총회 참석자명부, 서면결의서, 조합원명부에서 주민등록번호를 제외하고 모두 공개하여 달라는 정보공개청구를 하자, 조합은 서면결의서와 조합원명부 중 이름, 주소, 주민등록번호, 전화번호 등 개인정보를 제외한 나머지를 공개하겠다고 답변하였고, 이에 토지등소유자는 관할 행정청에 민원을 제기하였고, 관할행정청에서 제113조제1항에 따라 조합에게 '토지등소유자에게 조합원명부와 서면결의서 중 주민등록번호를 제외하고 성명, 주소, 권리내역, 전화번호 등을 공개하라'는 조치명령을 하였다.

이에 조합이 관할 행정청을 상대로 '조합원명부 및 서면결의서 등 정비관련자료에 대한 공개조치 지시중 성명, 주소, 전화번호에 대하여 공개하라는 조치명령을 취소하라'는 소를 제기한데 대하여, 법원은 「도시정비법은 공개대상 제외 정보를 주민등록번호에 한정하고 있는 점, 조합원명부 중 성명, 주소, 전화번호와 서면결의서 등 정비사업의 시행에 관한 정보는 추진위원회·조합의 해산 또는 정비구역 등의 지정해제를 희망하는 토지등소유자나 조합의 활동을 감시하기를 희망하는 조합원에게 공개하여야 할 공익상의 필요가 있으며, 도시정비법은 열람·복사의 청구인 자격과 자료의 사용용도를 엄격히 제한하고 있는 점 등에 비추어, 관할 행정청이 재건축정비사업조합에 토지등소유자인가 정보공개를 청구한 조합원명부와 서면결의서 중 주민등록번호를 제외하고 성명, 주소, 권리내역, 전화번호 등을 공개하라는 조치명령을 한 것이 사안에서, 관련 자료를 공개하는 것이 도시 및 주거환경정비법이나 개인정보보호법의 취지에 어긋나지 않으므로 조치명령이 적법하다.」고 판시하였다(**광주지방법원 2015. 7. 9. 선고 2014구합11076 판결**).

대법원은 최근 선고한 판례에 의하여, 조합원이 서면으로 정보공개청구를 하고 조합을 방문하지 않았더라도 조합임원은 적절한 방법으로 열람·복사요청에 응하여야 함을 확인하고 있다.

원심은 "조합임원인 피고인들이 조합원으로부터 관계 열람·복사 요청을 받고도 15일 이내에 응하지 아니하였다"는 죄로 기소된 사안에서, 열람·복사 요청에 응할 의무는 그 요청에 응할 수 없는 특별한 사유가 없는 한 15일 이내에 현장에서 조합원이 요청한 서류 및 관련자료를 열람하게 하거나 복사하여 주어야 한다는 것으로 해석함이 상당한데, 조합원은 정보공개청구서로서 정비사업시행 관련 서류에 대한 열람복사 요청을 한 뒤 15일 이내에 조합을 방문하지 않았으므로 피고인들이 조합원의 열람·복사 요청에 응하지 아니하였다고 볼 수 없다는 이유로 무죄를 선고하였다.

이에 대하여 대법원은 "구 도시정비법은 조합임원으로 하여금 열람·복사 요청이 있는 경우 그 요청에 따라야 하고, 복사에 필요한 비용을 청구인이 부담한다고만 규정하고 있을 뿐 구체적으로 어떠한 방법으로 열람·복사 요청에 응하여야 하는지에 관하여는 규정하고 있지 않다. 나아가 조합임원은 조합원에게 열람·복사 방법을 서면으로 통지하도록 규정하여 개별 조합에 열람·복사의 방법을 구체적으로 정할 수 있도록 재량권을 주고 있음에도, 개별 조합에서 열람·복사의 방법을 특정하지 않았다면 현장교부 외에도 통상의 방법인 우편, 팩스 또는 정보통신망 중 어느 하나의 방법을 이용하여 열람·복사 요청에 응하여야 한다고 해석함이 타당하다."는 사유를 들어 "조합이 조합원에게 열람·복사의 방법을 제한하였다고 볼 아무 자료가 없으므로, 조합임원이 열람·복사 신청을 받은 날로부터 15일 이내에 이에 응하지 아니하면 구 도시정비법 제81조 제6항의 의무위반이 성립하고, 열람·복사를 신청한 조합원이 다시 조합사무실 등의 현장에 방문하여 열람·복사를 해야만 하는 것은 아닌데도, 이와 달리 열람·복사를 신청한 조합원이 15일 이내에 조합을 방문하였음을 인정할 증거가 없다는 이유로 피고인들에게 무죄를 선고한 원심판단에 구 도시정비법상의 열람·복사 요청에 응할 의무에 관한 법리를 오해하여 필요한 심리를 다하지 아니한 위법이 있다"고 판단하였다(**대법원 2018. 4. 26. 선고 2016도13811 판결**).

(2) 자료보관

① 보 관

추진위원장·정비사업전문관리업자 또는 사업시행자(조합의 경우 청산인을 포함한 조합임원, 토지등소유자가 단독으로 시행하는 재개발사업의 경우에는 그 대표자를 말한다)는 공개대상 서류 및 관련 자료와 총회 또는 다음의 회의가 있은 때에는 속기록·녹음 또는 영상자료를 만들어 청산 시까지 보관하여야 한다(제125조제1항, 령 제94조제3항).

- 용역 (변경)계약 및 업체 선정과 관련된 대의원회·이사회
- 조합임원·대의원의 선임·해임·징계 및 토지등소유자(조합이 설립된 경우에는 조합원을 말한다) 자격에 관한 대의원회·이사회

② 인 계

시장·군수등 또는 토지주택공사등이 아닌 사업시행자는 정비사업을 완료하거나 폐지한 때에는 시·도조례로 정하는 바에 따라 관계 서류를 시장·군수등에게 인계하여야 한다. 시장·군수등 또는 토지주택공사등인 사업시행자와 제2항에 따라 관계 서류를 인계받은 시장·군수등은 해당 정비사업의 관계 서류를 5년간 보관하여야 한다.

서울시 도시및주거환경정비조례

제88조(관련 자료의 인계) ① 법 제125조제2항에 따라 토지주택공사등이 아닌 사업시행자는 다음 각 호의 서류를 구청장에게 인계하여야 한다.

1. 이전고시 관계서류
2. 확정측량 관계서류
3. 청산관계 서류
4. 등기신청 관계서류
5. 감정평가 관계서류
6. 손실보상 및 수용 관계서류
7. 공동구설치 비용부담 관계서류

8. 회계 및 계약 관계서류
9. 회계감사 관계서류
10. 총회, 대의원회, 이사회 및 감사의 감사 관계서류
11. 보류지 및 체비시설의 처분에 대한 분양 관계서류

② 제1항에 따른 서류의 인계는 법 제86조에 따른 이전고시일부터 3개월 또는 정비사업이 폐지되는 경우 폐지일부터 2개월 이내에 하여야 한다. 다만, 구청장이 부득이한 사정이 있다고 인정하는 때에는 사업시행자의 신청에 따라 연기할 수 있다.

4. 도시·주거환경정비기금의 설치

(1) 주 관

기본계획을 수립하거나 승인하는 특별시장·광역시장·특별자치시장·도지사·특별자치도지사 또는 시장은 정비사업의 원활한 수행을 위하여 도시·주거환경정비기금(정비기금)을 설치하여야 한다. 다만, 기본계획을 수립하지 아니하는 시장 및 군수도 필요한 경우에는 정비기금을 설치할 수 있다(제126조제1항). 정비기금의 관리·운용과 개발부담금의 지방자치단체의 귀속분 중 정비기금으로 적립되는 비율 등에 필요한 사항은 시·도조례로 정한다.

서울시 도시및주거환경정비조례

제89조(도시·주거환경정비기금의 운용 및 비율 등) ① 법 제126조제1항 및 제4항에 따른 도시·주거환경정비기금(이하 "정비기금"이라 한다)은 서울특별시 주택사업특별회계에 포함하여 운용·관리한다.

② 법 제126조와 영 제95조에 따른 기금의 재원 중 정비기금으로 적립되는 비율은 다음 각 호와 같다.

1. 정비구역 내 공유지 매각대금의 100분의 30
2. 개발부담금 중 지방자치단체 귀속분의 100분의 50
3. 「지방세법」 제112조(같은 조 제1항제1호는 제외한다)에 따른 재산세 징수 총액의 100분의 10

③ 법 제126조제3항제1호라목에서 "시·도조례로 정하는 사항"이란 다음 각 호와 같다.

1. 추진위원회·조합의 운영경비, 설계비 등 용역비, 세입자 대책비, 조합원 이주비
2. 관리형 주거환경개선구역의 신축비용, 주민공동체 활성화를 위한 조직 운영비 및 사업비
3. 제52조제8항에 따라 지원하는 주택개량비용
4. 도시정비형 재개발사업의 건축비용
5. 추진위원회 및 조합 사용비용 보조금
6. 정비구역(전면철거방식이 아닌 정비사업으로 한정한다) 내 범죄예방 등 안전한 주거환경 조성비
7. 주택정비형 재개발구역 중 옛길, 옛물길 및 한옥 보전 등에 따른 사업비용

(2) 기 금

정비기금은 다음의 어느 하나에 해당하는 금액을 재원으로 조성한다.

- 제17조제4항에 따라 사업시행자가 현금으로 납부한 금액
- 제55조제1항에 따라 시·도지사, 시장, 군수 또는 구청장에게 공급된 소형주택의 임대보증금 및 임대료
- 제94조에 따른 부담금 및 정비사업으로 발생한 개발이익환수에관한법률에 따른 개발부담금 중 지방자치단체 귀속분의 일부
- 제98조에 따른 정비구역(재건축구역은 제외한다) 안의 국·공유지 매각대금 중 국유지의 경우에는 20퍼센트, 공유지의 경우에는 30퍼센트 이상의 금액(단 국유지의 경우에는 중앙관서의 장과 협의하여야 한다)(령 제95조제1항)
- 제113조의2에 따른 과징금
- 재건축초과이익환수에관한법률에 따른 재건축부담금 중 같은 법 제4조제3항 및 제4항에 따른 지방자치단체 귀속분
- 지방세법 제69조에 따라 부과·징수되는 지방소비세 중 3퍼센트 이상의 금액 또는 지방세법 제112조(같은 조 제1항제1호는 제외한다)에 따라 부과·징수되는 재산세 중 10퍼센트 이상의 금액(령 제95조제2항)
- 그 밖에 시·도조례로 정하는 재원

서울특별시 도시및주거환경정비조례

제89조(도시·주거환경정비기금의 운용 및 비율 등) ③ 법 제126조제3항제1호라목에서 "시·도

조례로 정하는 사항"이란 다음 각 호와 같다.
1. 추진위원회·조합의 운영경비, 설계비 등 용역비, 세입자 대책비, 조합원 이주비
2. 관리형 주거환경개선구역의 신축비용, 주민공동체 활성화를 위한 조직 운영비 및 사업비
3. 제52조제8항에 따라 지원하는 주택개량비용
4. 도시정비형 재개발사업의 건축비용
5. 추진위원회 및 조합 사용비용 보조금
6. 정비구역(전면철거방식이 아닌 정비사업으로 한정한다) 내 범죄예방 등 안전한 주거환경 조성비
7. 주택정비형 재개발구역 중 옛길, 옛물길 및 한옥 보전 등에 따른 사업비용

개발부담금의 지방자치단체의 귀속분중 정비기금으로 적립되는 비율 등에 관하여 필요한 사항은 시·도조례로 정한다.

서울특별시 도시및주거환경정비조례

제89조(도시·주거환경정비기금의 운용 및 비율 등) ② 법 제126조와 영 제95조에 따른 기금의 재원 중 정비기금으로 적립되는 비율은 다음 각 호와 같다.
1. 정비구역 내 공유지 매각대금의 100분의 30
2. 개발부담금 중 지방자치단체 귀속분의 100분의 50
3. 「지방세법」 제112조(같은 조 제1항제1호는 제외한다)에 따른 재산세 징수 총액의 100분의 10

(3) 용 도

정비기금은 다음의 어느 하나의 용도로만 사용하여야 한다.

- 도시정비법에 따른 정비사업으로서 다음의 어느 하나에 해당하는 사항
  - 기본계획의 수립
  - 안전진단 및 정비계획의 수립
  - 추진위원회의 운영자금 대여
  - 그 밖에 도시정비법과 시·도조례로 정하는 사항
- 임대주택의 건설·관리
- 임차인의 주거안정 지원

- 재건축초과이익환수에관한법률에 따른 재건축부담금의 부과·징수
- 주택개량의 지원
- 정비구역등이 해제된 지역에서의 정비기반시설의 설치 지원
- 빈집및소규모주택정비에관한특례법 제44조에 따른 빈집정비사업 및 소규모주택 정비사업에 대한 지원
- 주택법 제68조에 따른 증축형 리모델링의 안전진단 지원(이 부분 개정규정은 개정법 시행후 증축형 리모델링의 안전진단을 요청하는 경우부터 적용한다. 부칙 제24조)
- 제142조에 따른 신고포상금의 지급

5. 노후·불량주거지 개선계획의 수립

국토교통부장관은 주택 또는 기반시설이 열악한 주거지의 주거환경개선을 위하여 5년마다 개선대상지역을 조사하고 연차별 재정지원계획 등을 포함한 노후·불량주거지 개선계획을 수립하여야 한다(제127조).

6. 권한의 위임·위탁

(1) 시·도시지사 등에게 위임

국토교통부장관은 도시정비법에 따른 권한의 일부를 시·도지사, 시장, 군수 또는 구청장에게 위임할 수 있는데(제128조제1항), 국토교통부장관은 정비사업전문관리업자에 대한 조사 등의 권한을 시·도지사에게 위임하고 있다(령 제96조제1항).

서울특별시 도시및주거환경정비조례

제90조(권한의 위임) 시장은 다음 각 호의 권한을 구청장에게 위임한다.

1. 정비사업의 임대주택 매매계약 체결 및 단계별(계약금·중도금·잔금) 매매대금의 지급에 관한 사항
2. 법 시행 전 종전의 「도시저소득주민의주거환경개선을위한임시조치법」에 따라 주거환경개선지구로 지정된 정비구역의 정비계획 수립
3. 법 제21조제1항에 따라 해제되는 정비구역등의 추진위원회 또는 조합이 사용한 비용의 보조에 관한 업무

(2) 협회 등에 위탁

① 위탁내용

국토교통부장관, 시·도지사, 시장, 군수 또는 구청장은 도시정비법의 효율적인 집행을 위하여 필요한 경우에는 다음의 어느 하나에 해당하는 사무를 정비사업지원기구, 협회 등 대통령령으로 정하는 기관 또는 단체에 위탁할 수 있는데(제128조제2항), 국토교통부장관은 정비사업전문관리업 정보종합체계의 구축·운영에 관한 사무를 한국감정원에, 교육의 실시에 관한 사무를 협회에 위탁하고 있다(령 제96조제2항).

② 정보종합체계의 구축·운영에 관한 사무

정비사업전문관리업 정보종합체계의 구축·운영에 관한 사무를 위탁받은 한국감정원은 관계행정기관 및 정비사업전문관리업자에게 정비사업전문관리업 정보종합체계의 구축 및 활용에 필요한 다음의 자료의 제출을 요청할 수 있다(시행규칙 제20조제1항).

- 상호 및 대표자의 성명
- 법 제10조에 따라 등록한 연월일 및 등록번호
- 자본금
- 주된 영업소의 소재지 및 전화번호
- 보유 기술인력의 수, 기술인력별 자격 및 경력에 관한 형황
- 사업실적
- 법 제106조제1항에 따른 등록의 취소 및 업무정지처분, 법 제113조에 따른 시정조치를 받은 사항

한국감정원은 위 각 정보를 매 분기가 끝난 날의 다음 달 말일까지 정비사업전문관리업 정보종합체계에 입력하고, 추진위원회 또는 사업시행자 등이 정비사업전문관리업 정보종합체계를 상시적으로 이용할 수 있도록 하여야 한다(시행규칙 제20조제2항).

한국감정원은 정비사업전문관리업 정보종합체계의 구축·운영을 위하여 다음 각 업무를 수행할 수 있다(시행규칙 제20조제3항).

- 정비사업전문관리업 정보종합체계의 구축·운영에 관한 각종 연구개발 및 기술지원
- 정비사업전문관리업 정보종합체계의 구축을 위한 관련 기관과의 공동사업 시행
- 정비사업전문관리업 정보종합체계를 이용한 정보의 공동활용 촉진

③ 교육의 실시에 관한 사무

교육의 실시에 관한 사무를 위탁받은 협회는 교육을 실시하기 전에 교육과정, 교육대상자, 교육시간 및 교육비 등 교육실시에 필요한 세부 사항을 정하여 국토교통부장관의 승인을 받아야 한다(령 제96조제3항).

7. 사업시행자 등의 권리의무의 승계

사업시행자와 정비사업과 관련하여 권리를 갖는 자(권리자)의 변동이 있은 때에는 종전의 사업시행자와 권리자의 권리·의무는 새로 사업시행자와 권리자로 된 자가 승계한다(제129조). 정비사업 시행자의 지위는 사법상의 계약에 의한 양도의 대상이 될 수 없을 뿐 아니라 사법상 권리의 양도계약에 의한 사업시행자의 변동은 도시정비법에 규정된 시행자 변동의 어느 유형에도 해당되지 아니하므로, 도시정비법 규정에 의한 '사업시행자의 변동'에는 사법상의 매매계약에 의한 사업시행자의 양도·양수는 포함되지 아니한다.

8. 정비구역의 범죄예방

시장·군수등은 사업시행계획인가를 한 경우 그 사실을 관할 경찰서장 및 관할 소방서장에게 통보하여야 한다. 시장·군수등은 사업시행계획인가를 한 경우 정비구역 내 주민 안전 등을 위하여 다음의 사항을 관할 시·도경찰청장 또는 경찰서장에게 요청할 수 있다(제130조).

- 순찰 강화
- 순찰초소의 설치 등 범죄 예방을 위하여 필요한 시설의 설치 및 관리
- 그 밖에 주민의 안전을 위하여 필요하다고 인정하는 사항

시장·군수등은 사업시행계획인가를 한 경우 정비구역 내 주민 안전 등을 위하여 관할 시·도 소방본부장 또는 소방서장에게 화재예방 순찰을 강화하도록 요청할 수 있다(제130조제3항).

9. 재건축사업의 안전진단 재실시

시장·군수등은 정비구역이 지정·고시된 날부터 10년이 되는 날까지 사업시행계획인가를 받지 아니하고 다음의 어느 하나에 해당하는 경우에는 안전진단을 다시 실시하

여야 한다(제131조).

- 재난및안전관리기본법 제27조제1항에 따라 재난이 발생할 위험이 높거나 재난예방을 위하여 계속적으로 관리할 필요가 있다고 인정하여 특정관리대상지역으로 지정하는 경우
- 시설물의안전및유지관리에관한특별법 제12조제2항에 따라 재해 및 재난 예방과 시설물의 안전성 확보 등을 위하여 정밀안전진단을 실시하는 경우
- 공동주택관리법 제37조제3항에 따라 공동주택의 구조안전에 중대한 하자가 있다고 인정하여 안전진단을 실시하는 경우

10. 조합임원등의 선임선정시 행위제한

누구든지 추진위원, 조합임원의 선임 또는 정비사업과 관련된 계약(공사, 용역, 물품구매 및 제조 등을 포함한다) 체결과 관련하여 다음의 행위를 하여서는 아니 된다(제132조).

- 금품, 향응 또는 그 밖의 재산상 이익을 제공하거나 제공의사를 표시하거나 제공을 약속하는 행위
- 금품, 향응 또는 그 밖의 재산상 이익을 제공받거나 제공의사 표시를 승낙하는 행위
- 제3자를 통하여 위에 해당하는 행위를 하는 행위

11. 건설업자의 관리·감독 의무

건설업자는 시공자 선정과 관련하여 홍보 등을 위하여 계약한 용역업체의 임직원이 제132조를 위반하지 아니하도록 교육, 용역비 집행 점검, 용역업체 관리·감독 등 필요한 조치를 하여야 한다(제132조의2).

2018.10.13. 시행된 개정법은 건설업자에게 시공자 선정과 관련하여 계약한 용역업체 및 피고용인에 대한 관리·감독의무를 부여하고, 이를 위반한 경우 5천만원 이하의 벌금에 처하는 규정을 신설하였다.

12. 조합설립인가등의 취소에 따른 채권의 손해액 산입

시공자·설계자 또는 정비사업전문관리업자 등은 해당 추진위원회 또는 조합(연대보증인을 포함한다)에 대한 채권(조합등이 시공자등과 합의하여 이미 상환하였거나 상환할 예정인

채권은 제외한다)의 전부 또는 일부를 포기하고 이를 조세특례제한법 제104조의26에 따라 손금에 산입하려면 해당 조합등과 합의하여 다음 각의 사항을 포함한 채권확인서를 시장·군수등에게 제출하여야 한다(제133조).

- 채권의 금액 및 그 증빙 자료
- 채권의 포기에 관한 합의서 및 이후의 처리 계획
- 그 밖에 채권의 포기 등에 관하여 시·도조례로 정하는 사항

▌제14장▌ 벌 칙

1. 형법상 뇌물관련죄

(1) 공무원의제

추진위원장·조합임원·청산인·전문조합관리인, 정비사업전문관리업자의 대표자(법인인 경우에는 임원을 말한다)·직원, 위탁지원자는 형법 제129조(수뢰, 사전수뢰), 제130조(제3자뇌물제공), 제131조(수뢰후부정처사, 사후수뢰), 제132조(알선수뢰)의 규정을 적용할 때에는 공무원으로 본다(제134조).

(2) 취 지

뇌물죄 등에 있어서 공무원 의제규정은 재건축·재개발 정비사업이 노후·불량 건축물이 밀집하여 주거환경이 불량한 지역을 계획적으로 정비하고 개량하여 주거생활의 질을 높이기 위한 공공적 성격을 띤 사업일 뿐만 아니라, 정비구역 내 주민들이나 토지 등 소유자들의 재산권 행사에 중대한 영향을 미치는 점을 고려하여, 정비사업조합의 임원 등의 직무수행의 공정성과 청렴성을 확보하여 재건축·재개발 정비사업이 공정하고 투명하게 진행되도록 하기 위한 것이다(대법원 2016. 1. 14. 선고 2015도15798 판결).

헌법재판소는 주택재건축 정비사업조합의 임원을 형법상 뇌물죄의 벌칙 적용에 있어서 공무원으로 의제하는 규정은 과잉금지원칙 및 평등원칙에 위반되지 아니한다고 판단한 바 있다.

> 주택재건축 정비사업과 관련된 비리는 다수 조합원들의 재산권에 적지 않은 피해를 주고 사회·경제에 미치는 영향 또한 매우 커 주택재건축 정비사업조합의 임원에게는 도시정비기능을 수행하는 범위 내에서는 공무원에 버금가는 고도의 청렴성과 업무의 불가매수성이 요구되므로, 도시정비법이 정비사업의 공정성을 확보하고자 형법상 뇌물죄의 적용에 있어 이들 임원을 공무원으로 의제하여 엄하게 처벌하는 것은 그 입법목적이 정당하고, 그 목적을 달성하기 위한 적절한 수단이 된다. 또한, 주택재건축 정비사업은 주거환경을 개선하여 도시의 기능을 정비한다는 공공의 이익이 매우 크고, 위 정비사업에 관련된 비리는 조합 및 조합원의 피해로 직결되고 지역사회 및 국가 전체에 미치는 병폐 또한 크다는 점을 고려하면, 위 조합의 임원을 형법 제129조의 적용

에 있어서 공무원으로 의제하여 처벌하는 것이 범죄와 형벌에 관한 입법형성권의 한계를 벗어났다고 보기 어렵다. 따라서 공무원의제에 관한 도시정비법조항은 과잉금지원칙에 위반되지 아니한다.

주택재건축 정비사업조합은 강한 공공적 성격을 가지고 있으므로, 형법상 뇌물죄의 적용과 관련하여 주택재건축 정비사업조합의 임원을 사적인 경제활동 영역에 속해 있는 주택법상 주택조합의 임원 또는 사기업의 임원 등과 달리 취급하더라도 불합리한 차별이라고 볼 수 없다(**헌재 2007. 10. 25. 2006헌마30 등, 헌재 2011. 10. 25. 2011헌바13 등**).

(3) 임원의 의미

① 조합의 임원

'조합임원'이란 도시정비법에 따라 정비사업을 시행하기 위하여 토지등소유자로 구성되어 설립된 조합이 도시정비법 제41조에 따라 둔 조합장, 이사, 감사의 지위에 있는 자이다.

② 법인인 정비사업전문관리업자의 임원

도시정비법에서 정하는 '정비사업전문관리업자'가 주식회사인 경우 공무원으로 의제되는 '임원'은 형법 제129조 내지 제132조에 해당하는 수뢰행위 당시 상업등기부에 대표이사, 이사, 감사로 등기된 사람에 한정된다. 실질적경영자라도 임원으로 등기되지 아니한 사람은 공무원으로 의제되는 임원에 해당한다고 볼 수 없다.

도시정비법은 정비사업전문관리업자가 법인인 경우 공무원으로 의제되는 '임원'에 관하여 더 이상의 자세한 규정을 두고 있지 아니하다. 따라서 위와 같은 '임원'에 해당하는지 여부는 민법, 상법, 기타의 실체법에 의하여 결정하여야 할 것인데, 그 중 주식회사의 법률관계를 규율하고 있는 상법 제312조는 '임원의 선임'이라는 표제하에 "창립총회에서는 이사와 감사를 선임하여야 한다."고 하면서, 상법 제317조 제2항은 주식회사의 설립에 있어 등기하여야 할 사항으로 "이사와 감사의 성명 및 주민등록번호"(제8호), "회사를 대표할 이사의 성명·주민등록번호 및 주소"(제9호) 등을 규정하고 있다. 위와 같은 규정들의 문언·체계 및 그 취지 등을 종합하면, 도시정비법에서 정하는 '정비사업전문관리업자'가 주식회사인 경우 같은 법 제84조에 의하여 공무원으로 의제되는 '임원'은 형법 제129조 내지 제132조에 해당하는 수뢰행위 당시 상업등기부에 대표이사, 이사, 감사로 등기된 사람에 한정된다고 보아야 하며, 설령 실질적 경영자라고 하더라도 해당 주식회사의 임원으로 등기되지 아니한 사람까지 도시정비법 제84조에 의하여 공무원으로 의제되는 정비사업전문관리업자의 '임원'에 해당한다고 해석하는 것은 형벌법규를 피고인에게 불리한 방향으로 지나치게 유추하거나 확장해석하는 것으로서 죄형법정주의의 원칙에 어긋나는 것이어서 허용될 수 없다(**대법원 2014. 1. 23. 선고 2013도9690 판결**).

③ 업무대행권한위임 전인 정비사업전문관리업자의 임직원

정비사업전문관리업자가 추진위원회나 조합으로부터 정비사업에 관한 업무를 대행할 권한을 위임받거나, 추진위원회나 조합과 구체적인 업무위탁계약을 체결하여 그 직무에 관하여 이익을 취득할 것을 요하는 것은 아니다.

> 정비사업전문관리업자가 반드시 특정 재건축·재개발 정비사업과 관련하여 조합설립추진위원회나 정비사업조합과 구체적인 업무계약을 체결하거나 정비사업에 관한 업무를 대행할 권한을 위임받은 후에야 비로소 정비사업전문관리업자의 임·직원이 형법 제129조 내지 제132조의 적용에 있어서 공무원으로 의제된다고 한정할 것은 아니다. 정비사업전문관리업자의 임·직원이 일정한 자본·기술인력 등의 기준을 갖추어 등록한 후에는 조합설립추진위원회로부터 정비사업전문관리업자로 선정되기 전이라도 그 직무에 관하여 뇌물을 수수한 때에 형법 제129조 내지 제132조의 적용대상이 되고, 정비사업전문관리업자가 조합설립추진위원회로부터 정비사업에 관한 업무를 대행할 권한을 위임받은 후에야 비로소 그 임·직원이 형법 제129조 내지 제132조의 적용에 있어 공무원으로 의제된다고 볼 것은 아니라고 판단한 것은 정당하다.
>
> 또한 공무원으로 의제되는 정비사업전문관리업자의 임·직원이 얻는 어떤 이익을 직무와 대가관계가 있는 부당한 이익으로서 뇌물에 해당하는 것으로 보려면 정비사업전문관리업자가 반드시 정비조합이나 조합설립추진위원회와 특정 재건축·재개발 정비사업에 관하여 구체적인 업무위탁계약을 체결하여 그 직무에 관하여 이익을 취득할 것을 요하는 것은 아니라고 할 것이다(**대법원 2008. 9. 25. 선고 2008도2590 판결, 대법원 2010. 5. 13. 선고 2008도5506 판결**).

④ 직무대행자가 선임된 상태에서 선출된 피대행자의 후임자

법원에 의하여 직무대행자가 선임된 상태에서 총회에서 피대행자의 후임자가 선출된 자가 실질적으로 조합장 직무를 수행하였으면 공무원으로 의제되는 조합의 임원으로 보아야 한다.

> 법인 등 대표자의 직무대행자가 선임된 상태에서 피대행자의 후임자가 적법하게 소집된 총회의 결의에 따라 새로 선출되었다 해도 그 직무대행자의 권한은 위 총회의 결의에 의하여 당연히 소멸하는 것은 아니므로 사정변경 등을 이유로 가처분결정이 취소되지 않는 한 직무대행자만이 적법하게 위 법인 등을 대표할 수 있고, 총회에서 선임된 후임자는 그 선임결의의 적법 여부에 관계없이 대표권을 가지지 못한다(**대법원 2010. 2. 11. 선고 2009다70395 판결 등**).
>
> 그러나 도시정비법 제84조의 문언과 취지를 고려하면, 전임 조합장의 직무대행자가 선임된 상태에서 적법하게 소집된 총회의 결의에 의하여 후임 조합장으로 선임된 자가 직무대행자로부터 조합 사무를 인계받아 실질적으로 조합장 직무를 수행하였다면, 비록 대표권을 가지지 못한다고 하더라도, 형법 제129조 내지 제132조의 적용에 있어서 공무원으로 의제되는 조합의 임원으로 보아야 한다(**대법원 2010. 12. 23. 선고 2010도13584 판결**).

⑤ 지위상실임원

임기만료 등으로 지위를 상실한 조합임원이라도 계속하여 실질적으로 임원으로서 직무를 수행하여왔다면 공무원으로 의제되는 조합의 임원으로 보아야 한다.

> 정비사업조합의 임원이 그 정비구역 안에 있는 토지 또는 건축물의 소유권 또는 그 지상권을 상실함으로써 조합 임원의 지위를 상실한 경우나 임기가 만료된 정비사업조합의 임원이 관련 규정에 따라 그 후임자가 선임될 때까지 계속하여 그 직무를 수행하다가 후임자가 선임되어 그 직무수행권을 상실한 경우, 그 조합 임원이 그 후에도 조합의 법인 등기부에 임원으로 등기되어 있는 상태에서 계속하여 실질적으로 조합 임원으로서의 직무를 수행하여 왔다면 그 직무수행의 공정과 그에 대한 사회의 신뢰 및 직무행위의 불가매수성은 여전히 보호되어야 한다. 따라서 그 조합 임원은 임원의 지위 상실이나 직무수행권의 상실에도 불구하고 도시정비법 제84조에 따라 형법 제129조 내지 제132조의 적용에 있어서 공무원으로 보아야 한다(**대법원 2016. 1. 14. 선고 2015도15798 판결**).

⑥ 조합설립인가처분이 취소된 조합의 임원

일정비율 이상의 조합원 동의에 의한 조합해산신청으로 조합설립인가가 취소된 경우(종전법 제16조의제1항) 조합설립인가의 취소는 장래에 대하여 효력이 있는 행정행위의 철회에 해당하므로 조합설립인가처분이 취소되기 전까지 공무원으로 의제되는 조합임원이 금품을 수수한 행위는 뇌물죄로 처벌된다.

> 행정행위의 취소는 일단 유효하게 성립한 행정행위를 그 행위에 위법 또는 부당한 하자가 있음을 이유로 소급하여 그 효력을 소멸시키는 별도의 행정처분이고, 행정행위의 철회는 적법요건을 구비하여 완전히 효력을 발하고 있는 행정행위를 사후적으로 그 행위의 효력의 전부 또는 일부를 장래에 향해 소멸시키는 행정처분이다. 그러므로 행정행위의 취소사유는 행정행위의 성립 당시에 존재하였던 하자를 말하고, 철회사유는 행정행위가 성립된 이후에 새로이 발생한 것으로서 행정행위의 효력을 존속시킬 수 없는 사유를 말한다.
>
> 한편 도시정비법 제16조의2 제1항은 일정한 경우 시장·군수는 추진위원회 승인 또는 조합 설립인가를 취소하여야 한다고 규정하고 있는데, 여기에서 말하는 추진위원회 승인 또는 조합 설립인가의 '취소'는 추진위원회 승인이나 조합 설립인가 당시에 위법 또는 부당한 하자가 있음을 이유로 한 것이 아니라 처분 이후 발생한 후발적 사정을 이유로 하는 것이므로, 추진위원회 승인 또는 조합 설립인가의 효력을 소급적으로 상실시키는 행정행위의 '취소'가 아니라 적법요건을 구비하여 완전히 효력을 발하고 있는 추진위원회 승인 또는 조합 설립인가의 효력을 장래에 향해 소멸시키는 행정행위의 '철회'라고 봄이 상당하다(**대법원 2016. 6. 10. 선고 2015도576 판결**).
>
> 대법원은 도시정비법 제16조의2제1항에 의하여 조합설립인가처분이 취소되기 전까지 공무원

으로 의제되는 조합의 임원이 철거용역업체 선정과 관련하여 금품을 수수한 행위에 대하여 뇌물죄로 처벌할 수 없다는 원심을 위와 같은 논지를 들어 유죄취지로 파기하였다.

2. 도시정비법 위반행위

개정법 시행 전의 행위에 대한 벌칙을 적용할 때에는 종전의 규정에 따른다(부칙 제5조). 제135조부터 제138조까지에 규정된 죄와 다른 죄의 경합범(競合犯)에 대하여 벌금형을 선고하는 경우에는 이를 분리하여 선고하여야 한다(법제43조의2).

(1) 5년 이하의 징역 또는 5천만원 이하의 벌금에 처하는 경우(제135조)

1. 제36조에 따른 토지등소유자의 서면동의서를 위조한 자
2. 제132조 각 호의 어느 하나를 위반하여 금품, 향응 또는 그 밖의 재산상 이익을 제공하거나 제공의사를 표시하거나 제공을 약속하는 행위를 하거나 제공을 받거나 제공의사 표시를 승낙한 자

제132조 각 호의 어느 하나를 위반하여 금품, 향응 또는 그 밖의 재산상 이익을 제공하거나 제공의사를 표시하거나 제공을 약속하는 행위를 하거나 제공을 받거나 제공의사 표시를 승낙한 자가 자수하였을 때에는 그 형벌을 감경 또는 면제한다(제141조). 개정법은 정비사업의 계약체결 시 금품 또는 향응을 제공하거나 수수한 자가 수사기관에 자진 신고한 경우에는 형벌을 감면하는 규정을 신설하면서, 개정법 시행 전의 자수자에 대하여 적용되도록 하였다(부칙 제4조).

시·도지사 또는 대도시의 시장은 제132조 각 호의 행위사실을 신고한 자에게 시·도조례로 정하는 바에 따라 포상금을 지급할 수 있다(제142조). 개정법은 정비사업과 관련한 계약체결 시 금품 또는 향응을 주고받는 행위를 신고한 자에게 시·도지사가 포상금을 지급할 수 있도록 하였다.

서울특별시 도시및주거환경정비조례

제91조(금품·향응 수수행위 등에 대한 신고 및 신고포상금 지급기준 등) ① 시장은 법 제142조에 따라 금품·향응 수수행위 등의 사실을 신고한 자에 대하여 신고포상금(이하 "포상금"이

라 한다)을 지급할 수 있다. 이 경우 지급한도액은 2억원 이하로 한다.
② 시장은 법 제132조 각 호의 행위 사실을 시장 또는 수사기관에게 신고 또는 고발한 자에게 그 신고 또는 고발사건에 대해 기소유예, 선고유예·집행유예 또는 형의 선고 등이 확정되는 경우 신고포상금 심사위원회(이하 "심사위원회"라 한다)의 의결을 거쳐 포상금을 지급할 수 있다.
③ 법 제132조 각 호의 행위를 하는 자를 신고하려는 자는 별지 제6호서식에 따른 금품·향응 수수행위 등에 관한 신고서에 신고내용을 증명할 수 있는 자료를 첨부하여 시장에게 제출하여야 한다. 다만, 동일한 사항에 대하여 이미 신고 되어 진행 중이거나 종료된 경우에는 신고내용을 조사하지 않는다.
④ 포상금은 제2항에 따라 포상금 지급이 결정된 그 해 예산의 범위에서 지급한다.
⑤ 포상금 지급에 따른 심사위원회 구성 및 지급기준 등에 관한 세부적인 사항은 규칙으로 정할 수 있다.

조합임원이 시공자 선정 등과 관련하여 금품을 수수할 경우에는 공무원으로 의제되어 뇌물죄로 처벌하고, 조합임원이 아닌 자가 시공자 선정 등과 관련하여 금품을 수수한 경우에는 제135조제2호에 의하여 처벌된다.

누구든지 재개발사업 등의 시공자, 설계자 또는 정비사업전문관리업자의 선정과 관련하여 금품을 수수하는 등의 행위를 하면 처벌하도록 규정한 제84조의2는 조합 임원에 대한 공무원 의제 규정인 제84조가 이미 존재하는 상태에서 2012.2.1. 법률이 개정되어 신설된 것으로서, 기존 제84조의 입법 취지, 적용대상, 법정형 등과 비교해 보면 시공자의 선정 등과 관련한 부정행위에 대하여 조합 임원이 아닌 사람에 대해서까지 처벌 범위를 확장한 것일 뿐 조합 임원을 형법상의 수뢰죄 또는 특정범죄가중법 위반죄로 처벌하는 것이 너무 과중하여 부당하다는 반성적 고려에서 그 형을 가볍게 한 것이라고는 인정되지 아니한다.

따라서 조합임원이 시공자 등 선정과 관련하여 금품을 수수할 경우 공무원으로 의제되어 여전히 형법 제129조를 적용하고, 수뢰액이 일정금액 이상이면 특정범죄가중법제2조에 따라 가중되며, 조합임원이 아닌 자는 시공자 등 선정과 관련하여 금품을 수수할 경우 제84조의2에 의하여 처벌대상이 된다(**대법원 2016. 10. 27. 선고 2016도9954 판결**).

(2) 3년 이하의 징역 또는 3천만원 이하의 벌금에 처하는 경우(제136조)

1. 제29조제1항에 따른 계약의 방법을 위반하여 계약을 체결한 추진위원장, 전문조합관리인 또는 조합임원(조합의 청산인 및 토지등소유자가 시행하는 재개발사업의 경우에는 그 대표자, 지정개발자가 사업시행자인 경우 그 대표자를 말한다)

2. 제29조제4항부터 제8항까지의 규정을 위반하여 시공자를 선정한 자 및 시공자로 선정된 자
2의2. 제29조제9항을 위반하여 시공자와 공사에 관한 계약을 체결한 자
3. 제31조제1항에 따른 시장·군수등의 추진위원회 승인을 받지 아니하고 정비사업 전문관리업자를 선정한 자
4. 제32조제2항에 따른 계약의 방법을 위반하여 정비사업전문관리업자를 선정한 추진위원장(전문조합관리인을 포함한다)
5. 제36조에 따른 토지등소유자의 서면동의서를 매도하거나 매수한 자
6. 거짓 또는 부정한 방법으로 제39조제2항을 위반하여 조합원 자격을 취득한 자와 조합원 자격을 취득하게 하여준 토지등소유자 및 조합의 임직원(전문조합관리인을 포함한다)
7. 제39조제2항을 회피하여 제72조에 따른 분양주택을 이전 또는 공급받을 목적으로 건축물 또는 토지의 양도·양수 사실을 은폐한 자
8. 제76조제1항제7호다목 단서를 위반하여 주택을 전매하거나 전매를 알선한 자

(3) 2년 이하의 징역 또는 2천만원 이하의 벌금에 처하는 경우(제137조)

1. 제12조제5항에 따른 안전진단 결과보고서를 거짓으로 작성한 자
2. 제19조제1항을 위반하여 허가 또는 변경허가를 받지 아니하거나 거짓, 그 밖의 부정한 방법으로 허가 또는 변경허가를 받아 행위를 한 자
3. 제31조제1항 또는 제47조제3항을 위반하여 추진위원회 또는 주민대표회의의 승인을 받지 아니하고 제32조제1항 각 호의 업무를 수행하거나 주민대표회의를 구성·운영한 자
4. 제31조제1항 또는 제47조제3항에 따라 승인받은 추진위원회 또는 주민대표회의가 구성되어 있음에도 불구하고 임의로 추진위원회 또는 주민대표회의를 구성하여 도시정비법에 따른 정비사업을 추진한 자
5. 제35조에 따라 조합이 설립되었는데도 불구하고 추진위원회를 계속 운영한 자
6. 제45조에 따른 총회의 의결을 거치지 아니하고 같은 조 제1항 각 호의 사업(같은 항 제13호 중 정관으로 정하는 사항은 제외한다)을 임의로 추진한 조합임원(전문조합관리인을 포함한다)

7. 제50조에 따른 사업시행계획인가를 받지 아니하고 정비사업을 시행한 자와 같은 사업시행계획서를 위반하여 건축물을 건축한 자
8. 제74조에 따른 관리처분계획인가를 받지 아니하고 제86조에 따른 이전을 한 자
9. 제102조제1항을 위반하여 등록을 하지 아니하고 도시정비법에 따른 정비사업을 위탁받은 자 또는 거짓, 그 밖의 부정한 방법으로 등록을 한 정비사업전문관리업자
10. 제106조제1항 각 호 외의 부분 단서에 따라 등록이 취소되었음에도 불구하고 영업을 하는 자
11. 제113조제1항부터 제3항까지의 규정에 따른 처분의 취소·변경 또는 정지, 그 공사의 중지 및 변경에 관한 명령을 받고도 이에 응하지 아니한 추진위원회, 사업시행자, 주민대표회의 및 정비사업전문관리업자
12. 제124조제1항에 따른 서류 및 관련 자료를 거짓으로 공개한 추진위원장 또는 조합임원(토지등소유자가 시행하는 재개발사업의 경우 그 대표자)
13. 제124조제4항에 따른 열람·복사 요청에 허위의 사실이 포함된 자료를 열람·복사해 준 추진위원장 또는 조합임원(토지등소유자가 시행하는 재개발사업의 경우 그 대표자)

• '예산으로 정한 사항 외에 조합원에게 부담이 될 계약'은 총회의 의결을 거쳐야 하는데(제45조제1항제4호), 조합장이 예산 즉 '당해 회계연도의 수입지출계획'에 포함되지 않은 용역계약을 총회의결을 거치지 아니하고 체결한 것은 제137조제6호에 의하여 처벌된다.

주택재개발정비사업조합 조합장이 조합원총회의 의결을 거치지 않고 용역업체와 용역계약을 체결한 것에 대하여 도시정비법 제85조제5호 위반죄로 기소된 사건에서, 원심이 조합장은 임시총회에서 의결된 '정비계획 변경수립에 따른 예산(안)'에서 정한 사항을 집행한 것에 불과하다는 이유로 무죄를 선고하였으나, 대법원은 위와 같이 판시하면서 「'정비계획 변경수립에 따른 예산(안)'은 정비사업의 지출예정에 불과한 것으로 '2011년 회계연도의 수입·지출계획' 즉 2011년도 예산으로 볼 수는 없으므로, 2011년 회계연도의 수입지출계획에 포함되지 않은 용역계약은 총회의 의결을 거쳐서 체결하였어야 한다.」는 이유로 유죄판결하였다(**대법원 2015. 5. 14. 선고 2014도8096 판결**).

• 조합임원이 총회의 사전 의결을 거치지 아니하고 '예산으로 정한 사항 외에 조합

원의 부담이 될 계약'을 체결하였다면 이로써 제137조제6호에 위반한 범행이 성립된다고 할 것이고, 나중에 총회에서 추인 의결이 이루어지더라도 그 범행이 소급적으로 불성립하게 된다고 볼 수는 없다.

> 도시정비법 제85조제5호에 정한 '총회의 의결'은 원칙적으로 사전 의결을 의미한다고 보아야 한다. 주택재건축사업의 성격상 조합이 추진하는 모든 업무의 구체적 내용을 총회에서 사전에 의결하기 어렵더라도 도시정비법 규정 취지에 비추어 보면 '예산으로 정한 사항 외에 조합원의 부담이 될 계약'을 체결하는 경우에는 사전에 총회에서 추진하려는 계약의 목적과 내용, 그로 인하여 조합원들이 부담하게 될 부담의 정도를 개략적으로 밝히고 그에 관하여 총회의 의결을 거쳐야 한다고 볼 것이다. 조합의 임원이 총회의 사전 의결을 거치지 아니하고 '예산으로 정한 사항 외에 조합원의 부담이 될 계약'을 체결하였다면 이로써 도시정비법 제85조제5호에 위반한 범행이 성립된다고 할 것이고, 나중에 총회에서 추인 의결이 이루어지더라도 그 범행이 소급적으로 불성립하게 된다고 볼 수는 없다(**대법원 2015. 4. 23. 선고 2014도4454 판결**).
>
> 도시정비법 제24조 제3항 세5호에서 '예산으로 정한 사항 외에 조합원의 부담이 될 계약'을 총회의 의결 사항으로 규정한 취지는 조합원들의 권리·의무에 직접적인 영향을 미치는 사항이어서 조합원들의 의사가 반영될 수 있도록 절차적 보장을 하기 위한 것이고 이를 위하여 같은 법 제85조 제5호에 벌칙 조항을 둔 것으로 해석되는 점, 총회의 사전 의결 없이 계약이 체결되어 이행된 경우 원상회복이 어려울 뿐만 아니라 법률관계의 혼란을 초래하고 이러한 상황이 조합원들의 자유로운 의사결성에 방해가 될 수 있는 점 등에 비추어 볼 때, 도시정비법 제85조 제5호의 '총회의 의결'은 원칙적으로 사전 의결을 의미한다고 보아야 한다. 따라서 조합의 임원이 총회의 사전 의결을 거치지 아니하고 예산으로 정한 사항 외에 조합원의 부담이 될 계약을 체결하였다면 그로써 도시정비법 제85조 제5호에 위반한 범행이 성립된다고 할 것이고, 이와 달리 그 범행 성립시기가 추후에 이루어지는 총회에서 추인 의결이 부결된 때라거나 추후 총회에서 추인 의결이 이루어진다고 해서 그 범행이 소급적으로 불성립하게 된다고 볼 수도 없다. 한편 주택재개발사업의 성격상 조합이 추진하는 모든 업무의 구체적 내용을 총회에서 사전에 의결하기 어렵다 하더라도 위 도시정비법 규정 취지에 비추어 보면 '예산으로 정한 사항 외에 조합원의 부담이 될 계약'을 체결하는 경우에는 사전에 총회에서 추진하려는 계약의 목적과 내용, 그로 인하여 조합원들이 부담하게 될 부담의 정도를 개략적으로 밝히고 그에 관하여 총회의 의결을 거쳐야 한다고 볼 것이다(**대법원 2010. 6. 24. 선고 2009도14296 판결**).

• 다만 도시정비법 규정 취지에 비추어 사전에 총회에서 추진하려는 계약의 목적과 내용, 그로 인하여 조합원들이 부담하게 될 부담의 정도를 개략적으로 밝히고 그에 관하여 총회의 의결을 거쳤다면 사전 의결을 거친 것으로 볼 수 있다.

> 도시정비법 제24조제3항제5호에서 '예산으로 정한 사항 외에 조합원의 부담이 될 계약'을 총회

의 의결사항으로 규정한 취지는 조합원들의 권리·의무에 직접적인 영향을 미치는 사항이므로 조합원들의 의사가 반영될 수 있도록 절차적으로 보장하려는 것이다. 따라서 조합의 임원이 사전 의결 없이 조합원의 부담이 될 계약을 체결하였다면 이로써 도시정비법 제85조제5호에 위반한 범행이 성립되지만, 주택재개발사업의 성격상 조합이 추진하는 모든 업무의 구체적 내용을 총회에서 사전에 의결하기는 어려우므로, 위 도시정비법 규정 취지에 비추어 사전에 총회에서 추진하려는 계약의 목적과 내용, 그로 인하여 조합원들이 부담하게 될 부담의 정도를 개략적으로 밝히고 그에 관하여 총회의 의결을 거쳤다면 사전 의결을 거친 것으로 볼 수 있다(**대법원 2015. 9. 10. 선고 2015도9533 판결**).

정비사업의 성격상 조합이 추진하는 모든 업무의 구체적 내용을 총회에서 사전에 의결하기는 어려우므로, 위 구 도시정비법 규정 취지에 비추어 사전에 총회에서 추진하려는 계약의 목적과 내용, 그로 인하여 조합원들이 부담하게 될 부담의 정도를 개략적으로 밝히고 그에 관하여 총회의 의결을 거쳤다면 사전 의결을 거친 것으로 볼 수 있다.

따라서 총회 의결 없이 조합의 부담이 늘어나는 계약을 체결하여 조합원의 이익이 침해되는 일이 없도록 하면서도, 기존 총회 의결 과정에서 조합원들의 부담 정도를 충분히 예상할 수 있는 정보가 제공된 상태에서 장차 그러한 계약이 체결될 것을 의결한 경우에는 사전 의결을 거친 것으로 보아 정비사업의 원활한 추진에 지장이 없도록 조화롭게 해석할 필요가 있다(**대법원 2018. 6. 15. 선고 2018도1202 판결**).

- 형식적으로 총회의 의결을 거쳐 설계자를 선정하였더라도 그 총회의 결의에 부존재 또는 무효의 하자가 있는 경우에는 특별한 사정이 없는 한 그 설계자의 선정은 총회의 의결을 거치지 아니한 것에 해당한다고 보아야 한다.

도시정비법 제24조제3항제6호는 '시공자·설계자의 선정 및 변경'은 총회의 의결을 거치도록 규정하고, 제85조 제5호는 '제24조의 규정에 의한 총회의 의결을 거치지 아니하고 동조 제3항 각 호의 사업을 임의로 추진하는 조합의 임원'을 형벌에 처하도록 규정하고 있다. 도시정비법 제24조 제3항의 입법 취지 등을 고려하면 형식적으로 총회의 의결을 거쳐 설계자를 선정하였더라도 그 총회의 결의에 부존재 또는 무효의 하자가 있는 경우에는 특별한 사정이 없는 한 그 설계자의 선정은 총회의 의결을 거치지 아니한 것에 해당한다고 보아야 한다(**대법원 2014. 7. 10. 선고 2013도11532 판결**).

- 도시정비법 규정에 따른 처분의 취소·변경 또는 정지, 그 공사의 중지 및 변경에 관한 명령을 받고도 이에 응하지 아니한 자를 제137조제11호로 처벌하려면 그 명령은 적법한 것이어야 한다.

도시정비법 제77조 제1항의 규정에 따른 처분의 취소·변경 또는 정지, 그 공사의 중지 및 변경에 관한 명령을 받은 사업시행자 및 정비사업 전문관리업자가 이를 위반한 경우, 그로 인하여 법 제85조 제12호에 정한 처벌을 하기 위하여는 그 명령이 적법한 것이어야 하고, 그 처분이 당연무효가 아니라 하더라도 그것이 위법한 처분으로 인정되는 한 같은 법 제85조 제12호 위반죄가 성립할 수 없다. 도시정비법 제69조 제1항, 제70조 제1호, 제77조 제1항 등의 규정을 종합하면, 시장·군수가 사업시행자가 아닌 정비사업 전문관리업자를 상대로 '처분의 취소·변경 또는 정지, 그 공사의 중지 및 변경에 관한 명령'을 할 수 있는 것은 그 명령이 해당 정비사업 전문관리업자가 추진위원회 또는 조합으로부터 위탁받은 사항에 관련된 경우에 한정되고, 이와는 달리 그 명령이 해당 정비사업 전문관리업자가 수행할 수 없는 업무, 예컨대 건축물의 철거에 관련된 것인 경우에는 정비사업 전문관리업자를 상대로 '그 공사의 중지 및 변경'에 관한 명령을 할 수 없다(**대법원 2008. 2. 29. 선고 2006도7689 판결**).

(4) 1년 이하의 징역 또는 1천만원 이하의 벌금에 처하는 경우(제138조제1항)

1. 제19조제8항을 위반하여 「주택법」 제2조제11호가목에 따른 지역주택조합의 조합원을 모집한 자
2. 제34조제4항을 위반하여 추진위원회의 회계장부 및 관계 서류를 조합에 인계하지 아니한 추진위원장(전문조합관리인을 포함한다)
3. 제83조제1항에 따른 준공인가를 받지 아니하고 건축물 등을 사용한 자와 같은 조 제5항 본문에 따라 시장·군수등의 사용허가를 받지 아니하고 건축물을 사용한 자
4. 다른 사람에게 자기의 성명 또는 상호를 사용하여 도시정비법에서 정한 업무를 수행하게 하거나 등록증을 대여한 정비사업전문관리업자
5. 제102조제1항 각 호에 따른 업무를 다른 용역업체 및 그 직원에게 수행하도록 한 정비사업전문관리업자
6. 제112조에 따른 회계감사를 요청하지 아니한 추진위원장, 전문조합관리인 또는 조합임원
7. 제124조제1항을 위반하여 정비사업시행과 관련한 서류 및 자료를 인터넷과 그 밖의 방법을 병행하여 공개하지 아니하거나 같은 조 제4항을 위반하여 조합원 또는 토지등소유자의 열람·복사 요청에 응하지 아니하는 추진위원장, 전문조합관리인 또는 조합임원(조합의 청산인 및 토지등소유자가 시행하는 재개발사업의 경우에는 그 대표자, 제27조에 따른 지정개발자가 사업시행자인 경우 그 대표자를 말한다)

8. 제125조제1항을 위반하여 속기록 등을 만들지 아니하거나 관련 자료를 청산 시까지 보관하지 아니한 추진위원장, 전문조합관리인 또는 조합임원(조합의 청산인 및 토지등소유자가 시행하는 재개발사업의 경우에는 그 대표자, 제27조에 따른 지정개발자가 사업시행자인 경우 그 대표자를 말한다)

(5) 5천만원 이하의 벌금에 처하는 경우(제138조제2항)

건설업자가 제132조의2에 따른 조치를 소홀히 하여 용역업체의 임직원이 제132조 각 호의 어느 하나를 위반한 경우 그 건설업자는 5천만원 이하의 벌금에 처한다.

(6) 양벌규정

법인의 대표자나 법인 또는 개인의 대리인, 사용인, 그 밖의 종업원이 그 법인 또는 개인의 업무에 관하여 제135조부터 제138조까지의 어느 하나에 해당하는 위반행위를 하면 그 행위자를 벌하는 외에 그 법인 또는 개인에게도 해당 조문의 벌금에 처한다. 다만, 법인 또는 개인이 그 위반행위를 방지하기 위하여 해당 업무에 관하여 상당한 주의와 감독을 게을리하지 아니한 경우에는 그러하지 아니하다(제139조).

(7) 도시정비법위반죄의 주체로 규정된 조합임원·추진위원장에 대한 검토

① 법원에 의하여 선임된 직무대행자

법원에 의하여 선임된 조합임원 직무대행자도 도시정비법위반죄의 주체인 조합임원에 해당한다.

> 법원의 가처분명령에 의하여 선임된 조합임원 직무대행자는 조합을 종전과 같이 그대로 유지하면서 관리하는 것과 같은 조합의 통상사무에 속하는 행위를 할 수 있다. 따라서 법원에 의하여 선임된 조합임원 직무대행자도 조합의 통상사무를 처리하는 범위 내에서는 원칙적으로 조합 총회의 의결을 거쳐 선임된 조합임원과 동일한 권한을 가진다. 이러한 점과 더불어 정비사업의 투명성·공공성을 확보하고 조합원 등의 알권리를 충족시키기 위하여 정비사업시행과 관련한 서류 및 자료를 공개하지 아니한 조합임원 등을 처벌하는 규정을 둔 구 도시정비법의 취지 등을 종합하면, 법원에 의하여 선임된 조합임원 직무대행자도 도시정비법 제86조 제6호, 제81조 제1항 위반죄의 범행주체인 조합임원에 해당한다(**대법원 2017. 6. 15. 선고 2017도2532 판결**).

② 운영규정에 따라 추진위원장 직무대행자가 된 자

추진위원장 유고로 추진위원회 운영규정에 따라 연장자순으로 추진위원장 직무대행자가 된 자는 도시정비법위반죄의 주체인 추진위원장이 아니다.

> 도시정비법 제86조제6호와 제84조의3제5호 위반죄의 범행주체인 '추진위원회 위원장'이란 제13조제2항, 제15조제1항에 따라 정비사업조합을 설립하기 위하여 토지등소유자 과반수의 동의를 얻은 후 시장·군수의 승인을 얻어 구성된 조합설립추진위원회의 위원장을 의미하므로, 추진위원회의 부위원장이나 추진위원이었다가 추진위원회 위원장의 유고 등을 이유로 운영규정에 따라 연장자 순으로 추진위원회 위원장 직무대행자가 된 자를 도시정비법 제86조제6호, 제81조제1항, 제84조의3제5호, 제14조제2항에서 규정한 '추진위원회 위원장'에 해당하는 것으로 해석하는 것은 형벌법규를 피고인에게 불리한 방향으로 지나치게 확장 해석하거나 유추 해석하는 것으로서 죄형법정주의의 원칙에 어긋나 허용될 수 없다(**대법원 2015. 3. 12. 선고 2014도10612 판결**).

③ 임시이사

법원이 선임한 임시이사도 도시정비법위반죄의 주체인 조합임원에 해당한다.

> 도시정비법은 조합장 1인과 이사, 감사를 조합의 임원으로 규정하고 있는데(제21조제1항), 조합에 관하여는 도시정비법에 규정된 것을 제외하고는 민법 중 사단법인에 관한 규정을 준용하도록 하고 있으므로(제27조), 조합의 임원인 이사가 없거나 도시정비법과 정관이 정한 이사 수에 부족이 있는 때에는 민법 제63조의 규정이 준용되어 법원이 임시이사를 선임할 수 있다. 그런데 법원에 의하여 선임된 임시이사는 원칙적으로 정식이사와 동일한 권한을 가지고, 도시정비법이 조합 총회에서 선임된 이사와 임시이사의 권한을 특별히 달리 정한 규정을 두고 있지도 않다. 이러한 점과 더불어 총회의결사항에 관하여 의결을 거치지 아니하고 임의로 추진한 조합 임원을 처벌하는 규정(제85조제5항)을 둔 도시정비법의 취지를 함께 살펴보면, 법원이 선임한 임시이사도 도시정비법 제85조 제5호에서 규정한 '조합의 임원'에 해당한다(**대법원 2016. 10. 27. 선고 2016도138 판결**).

④ 조합설립인가처분 부존재 및 무효의 경우

정비사업을 시행하려는 어떤 조합이 조합설립인가처분을 받았다 하더라도 그 조합설립인가처분이 무효여서 처음부터 조합이 성립되었다고 할 수 없는 경우에 그 성립되지 아니한 조합의 조합장, 이사 또는 감사로 선임된 자는 도시정비법위반죄의 주체인 조합임원에 해당하지 아니한다.

> 도시정비법 제18조에 의하면 토지등소유자로 구성되어 정비사업을 시행하려는 조합은 제13조 내지 제17조를 비롯한 관계 법령에서 정한 요건과 절차를 갖추어 조합설립인가처분을 받은 후에 등기함으로써 성립하며, 그때 비로소 관할 행정청의 감독 아래 정비구역 안에서 정비사업을 시행하는 행정주체로서의 지위가 인정된다. 여기서 행정청의 조합설립인가처분은 조합에 정비사업을 시행할 수 있는 권한을 갖는 행정주체(공법인)로서의 지위를 부여하는 일종의 설권적 처분의 성격을 가진다. 따라서 토지등소유자로 구성되는 조합이 그 설립과정에서 조합설립인가처분을 받

지 아니하였거나 설령 이를 받았다 하더라도 처음부터 조합설립인가처분으로서 효력이 없는 경우에는, 도시정비법 제13조에 의하여 정비사업을 시행할 수 있는 권한을 가지는 행정주체인 공법인으로서의 조합이 성립되었다 할 수 없고, 또한 이러한 조합의 조합장, 이사, 감사로 선임된 자 역시 도시정비법에서 정한 조합의 임원이라 할 수 없다.

이러한 법률 규정과 법리에 비추어 보면, 정비사업을 시행하려는 어떤 조합이 조합설립인가처분을 받았다 하더라도 그 조합설립인가처분이 무효여서 처음부터 도시정비법 제13조에서 정한 조합이 성립되었다고 할 수 없는 경우에, 그 성립되지 아니한 조합의 조합장, 이사 또는 감사로 선임된 자는 도시정비법 제85조 제5호 위반죄 또는 제86조 제6호 위반죄의 주체인 '조합의 임원' 또는 '조합임원'에 해당하지 아니한다고 해석함이 타당하며, 따라서 그러한 자의 행위에 대하여는 도시정비법 제85조제5호 위반죄 또는 제86조제6호 위반죄로 처벌할 수 없다(**대법원 2014. 5. 22. 선고 2012도7190 전원합의체 판결**).

3. 토지보상법 위반행위

도시정비법 제63조에 의하면 주거환경개선사업, 재개발사업, 긴급시행 재건축사업의 경우 토지보상법에 따라 토지·물건 또는 그 밖의 권리를 취득하거나 사용할 수 있고, 제65조에 의하면 정비구역에서 정비사업의 시행을 위한 토지 또는 건축물의 소유권과 그 밖의 권리에 대한 수용 또는 사용은 이 법에 규정된 사항을 제외하고는 토지보상법을 준용하고, 사업시행계획인가고시(시장·군수등이 직접 정비사업을 시행하는 경우에는 사업시행계획서의 고시)가 있는 때에 토지보상법상 사업인정 및 그 고시가 있는 것으로 본다. 따라서 토지보상법의 벌칙 규정도 정비사업 준용된다.

(1) 토지보상법 제93조

거짓이나 그 밖의 부정한 방법으로 보상금을 받은 자 또는 그 사실을 알면서 보상금을 지급한 자는 5년 이하의 징역 또는 3천만원 이하의 벌금에 처한다.

(2) 토지보상법 제95조

토지수용위원회로부터 감정평가를 의뢰받은 감정평가업자나 그 밖의 감정인으로서 거짓이나 그 밖의 부정한 방법으로 감정평가를 한 자는 2년 이하의 징역 또는 1천만원 이하의 벌금에 처한다.

(3) 토지보상법 제95조의2

사업시행자는 타인이 점유하는 토지에 출입하여 측량 또는 조사를 할 때 장해물을 제거하거나 토지를 파는 행위를 하여야 할 부득이한 사유가 있는 경우에는 그 소유자 및 점유자의 동의를 받아야 한다. 다만 그 소유자 및 점유자의 동의를 받지 못하였을 때에는 특별자치도, 시·군 또는 구 아닌 사업시행자는 특별자치도지사, 시장·군수 또는 구청장의 허가를 받아 장해물 제거 등을 할 수 있으며, 특별자치도, 시·군 또는 구가 사업시행자인 경우에 특별자치도지사, 시장·군수 또는 구청장은 허가 없이 장해물 제거 등을 할 수 있다(토지보상법 제12조제1항).

토지소유자 및 관계인과 그 밖에 토지소유자나 관계인에 포함되지 아니하는 자로서 수용하거나 사용할 토지나 그 토지에 있는 물건에 관한 권리를 가진 자는 수용 또는 사용의 개시일까지 그 토지나 물건을 사업시행자에게 인도하거나 이전하여야 한다(토지보상법 제43조).

토지보상법 제12조제1항을 위반하여 동의나 허가 없이 장해물제거 등을 한 사업시행자나 토지보상법 제43조를 위반하여 토지나 물건을 인도하거나 이전하지 아니한 토지소유자 및 관계인은 1년 이하의 징역 또는 1천만원 이하의 벌금에 처한다.

(4) 토지보상법 제96조

사업인정고시가 된 후에는 누구든지 고시된 토지에 대하여 사업에 지장을 줄 우려가 있는 형질의 변경이나 토지와 함께 공익사업을 위하여 필요한 입목, 건물, 그 밖에 토지에 정착된 물건, 토지에 속한 흙·돌·모래 또는 자갈을 손괴하거나 수거하는 행위를 하지 못한다(토지보상법 제25조제1항).

사업인정고시가 된 후에 고시된 토지에 건축물의 건축·대수선, 공작물의 설치 또는 물건의 부가(附加)·증치(增置)를 하려는 자는 특별자치도지사, 시장·군수 또는 구청장의 허가를 받아야 한다(토지보상법 제25조제2항전단).

토지보상법 제25조제1항 또는 제2항 전단을 위반한 자는 1년 이하의 징역 또는 500만원 이하의 벌금에 처한다.

(5) 토지보상법 제97조

사업시행자(특별자치도, 시·군 또는 자치구가 사업시행자인 경우는 제외한다)는 공익사업을 준비하기 위하여 타인이 점유하는 토지에 출입하여 측량하거나 조사를 할 수 있는데, 측량이나 조사를 하려면 사업의 종류와 출입할 토지의 구역 및 기간을 정하여 특별자치도지사, 시장·군수 또는 자치구의 구청장의 허가를 받아야 한다(토지보상법 제9조제2항 본문).

토지점유자는 정당한 사유 없이 사업시행자가 특별자치도지사, 시장·군수 또는 자치구의 구청장의 허가를 받아 출입하려는 날의 5일 전까지 그 일시 및 장소를 시장·군수 또는 구청장에게 통지하고 출입·측량 또는 조사하는 행위를 방해하지 못한다(토지보상법 제11조).

토지보상법 제9조제2항본문을 위반하여 특별자치도지사, 시장·군수 또는 구청장의 허가를 받지 아니하고 타인이 점유하는 토지에 출입하거나 출입하게 한 사업시행자 및 제11조를 위반하여 사업시행자 또는 감정평가업자의 행위를 방해한 토지점유자는 200만원 이하의 벌금에 처한다.

(6) 양벌규정(제98조)

법인의 대표자나 법인 또는 개인의 대리인, 사용인, 그 밖의 종업원이 그 법인 또는 개인의 업무에 관하여 제93조, 제95조, 제95조의2, 제96조 또는 제97조의 어느 하나에 해당하는 위반행위를 하면 그 행위자를 벌하는 외에 그 법인 또는 개인에게도 해당 조문의 벌금형을 과한다. 다만, 법인이나 개인이 그 위반행위를 방지하기 위하여 해당 업무에 관하여 상당한 주의와 감독을 게을리하지 아니한 경우에는 그러하지 아니하다.

4. 과 태 료

(1) 도시정비법에 규정된 과태로

① 1000만원 이하 부과 행위(제140조제1항)

제113조제2항에 따른 점검반의 현장조사를 거부·기피 또는 방해한 자에게는 1천만원의 과태료를 부과한다.

② 500만원 이하 부과 행위(제140조제2항)

다음의 어느 하나에 해당하는 자에게는 500만원 이하의 과태료를 부과한다.

1. 제29조제2항을 위반하여 전자조달시스템을 이용하지 아니하고 계약을 체결한 자
2. 제78조제5항 또는 제86조제1항에 따른 통지를 게을리한 자
3. 제107조제1항 및 제111조제2항에 따른 보고 또는 자료의 제출을 게을리한 자
4. 제125조제2항에 따른 관계 서류의 인계를 게을리한 자

③ 과태료 부과기준

과태료는 대통령령으로 정하는 방법 및 절차에 따라 국토교통부장관, 시·도지사, 시장, 군수 또는 구청장이 부과·징수한다(제140조제3항). 과태료의 부과기준은 시행령 별표 6과 같다(령 제99조).

시행령 별표 6(령 제99조 관련)

과태료의 부과기준

1. 일반기준

가. 제2호에 따른 지연기간에는 다음의 사유로 지연된 기간은 산입하지 않는다.

1) 천재지변 등 불가항력적인 경우

2) 소송 등의 사유로 의무의 불이행에 상당한 사유가 있다고 인정되는 경우

나. 부과권자는 다음의 어느 하나에 해당하는 경우에는 제2호가목부터 다목까지 및 마목의 규정에 따른 과태료 금액의 2분의 1의 범위에서 그 금액을 줄일 수 있다. 다만, 과태료를 체납하고 있는 위반행위자의 경우에는 그러하지 아니하다.

1) 위반행위자가 「질서위반행위규제법 시행령」 제2조의2제1항 각 호의 어느 하나에 해당하는 경우

2) 위반행위가 사소한 부주의나 오류로 인한 것으로 인정되는 경우

3) 위반행위자가 법 위반상태를 시정하거나 해소하기 위하여 노력한 사실이 인정되는 경우

4) 그 밖에 위반행위의 정도·동기 및 그 결과 등을 고려하여 과태료를 줄일 필요가 있다고 인정되는 경우

다. 부과권자는 다음의 어느 하나에 해당하는 경우에는 제2호가목부터 다목까지 및 마목의 규정에 따른 과태료 금액의 2분의 1의 범위에서 그 금액을 늘릴 수 있다. 다만, 늘리는 경우에도 법 제140조제2항에서 규정한 과태료의 상한을 넘을 수 없다.

1) 위반의 내용·정도가 중대하여 이해관계인 등에게 미치는 피해가 크다고 인정되는 경우

2) 법 위반상태의 기간이 6개월 이상인 경우

3) 그 밖에 위반행위의 정도·동기 및 그 결과 등을 고려하여 과태료를 늘릴 필요가 있다고 인정되는 경우

2. 개별기준

위반행위	근거 법조문	과태료 금액
가. 법 제29조제2항을 위반하여 전자조달시스템을 이용하지 않고 계약을 체결한 경우	법 제140조제2항제1호	500만원
나. 법 제78조제5항 및 제86조제1항을 위반하여 관리처분계획의 인가 내용 통지를 게을리한 경우	법 제140조제2항제2호	
1) 관리처분계획을 인가한 날부터 1개월 이상 2개월 미만 지연한 경우		50만원
2) 관리처분계획을 인가한 날부터 2개월 이상 3개월 미만 지연한 경우		100만원
3) 관리처분계획을 인가한 날부터 3개월 이상 4개월 미만 지연한 경우		150만원
4) 관리처분계획을 인가한 날부터 4개월 이상 지연하거나 통지를 하지 않은 경우		200만원
다. 법 제107조제1항 또는 제111조제2항을 위반하여 보고 또는 자료의 제출을 게을리한 경우	법 제140조제2항제3호	
1) 보고 또는 자료의 제출 기일을 경과한 날부터 1개월 이상 2개월 미만 지연한 경우		100만원
2) 보고 또는 자료의 제출 기일을 경과한 날부터 2개월 이상 3개월 미만 지연한 경우		200만원
3) 보고 또는 자료의 제출 기일을 경과한 날부터 3개월 이상 4개월 미만 지연한 경우		300만원
4) 보고 또는 자료의 제출 기일을 경과한 날부터 4개월 이상 지연하거나 보고 또는 자료 제출을 하지 않은 경우		400만원
라. 법 제113조제2항에 따른 점검반의 현장조사를 거부·기피 또는 방해한 경우	법 제140조제1항	1,000만원
마. 법 제125조제2항을 위반하여 관계서류의 인계를 게을리한 경우	법 제140조제2항제4호	
1) 시·도조례로 정하는 인계기간을 경과한 날부터 1개월 이상 2개월 미만 지연한 경우		100만원
2) 시·도조례로 정하는 인계기간을 경과한 날부터 2개월 이상 3개월 미만 지연한 경우		200만원
3) 시·도조례로 정하는 인계기간을 경과한 날부터 3개월 이상 4개월 미만 지연한 경우		300만원

4) 시·도조례로 정하는 인계기간을 경과한 날부터 4개월 이상 지연하거나 인계하지 않은 경우		400만원

(2) 토지보상법에 규정된 과태로

토지수용위원회는 심리에 필요하다고 인정할 때에는 다음 각 호의 행위를 할 수 있다(토지보상법 제58조제1항).

1. 사업시행자, 토지소유자, 관계인 또는 참고인에게 토지수용위원회에 출석하여 진술하게 하거나 그 의견서 또는 자료의 제출을 요구하는 것
2. 감정평가업자나 그 밖의 감정인에게 감정평가를 의뢰하거나 토지수용위원회에 출석하여 진술하게 하는 것
3. 토지수용위원회의 위원 또는 제52조제8항에 따른 사무기구의 직원이나 지방토지수용위원회의 업무를 담당하는 직원으로 하여금 실지조사를 하게 하는 것

다음의 어느 하나에 해당하는 자에게는 200만원 이하의 과태료를 부과한다(토지보상법 제99조).

1. 제58조제1항제1호에 규정된 자로서 정당한 사유 없이 출석이나 진술을 하지 아니하거나 거짓으로 진술한 자
2. 제58조제1항제1호에 따라 의견서 또는 자료 제출을 요구받고 정당한 사유 없이 이를 제출하지 아니하거나 거짓 의견서 또는 자료를 제출한 자
3. 제58조제1항제2호에 따라 감정평가를 의뢰받거나 출석 또는 진술을 요구받고 정당한 사유 없이 이에 따르지 아니한 감정평가업자나 그 밖의 감정인
4. 제58조제1항제3호에 따른 실지조사를 거부, 방해 또는 기피한 자

❙제15장❙ 각종 부담금

1. 부 담 금

(1) 의 의

부담금이란 중앙행정기관의 장, 지방자치단체의 장, 행정권한을 위탁받은 공공단체 또는 법인의 장 등 법률에 따라 금전적 부담의 부과권한을 부여받은 부과권자가 분담금, 부과금, 기여금, 그 밖의 명칭에도 불구하고 재화 또는 용역의 제공과 관계없이 특정 공익사업과 관련하여 법률에서 정하는 바에 따라 부과하는 조세 외의 금전지급의무를 말한다(부담금관리기본법 제2조).

(2) 근 거

부담금은 근거 법률이 있어야 설치할 수 있는데, 개발사업과 관련된 부담금은 다음과 같은 것들이 있다.

- 국토계획법 제68조에 따른 기반시설설치비용 부과금
- 재건축초과이익 환수에 관한 법률 제3조에 따른 재건축부담금
- 학교용지 확보 등에 관한 특례법 제5조에 따른 학교용지부담금
- 대도시권 광역교통 관리에 관한 특별법 제11조에 따른 광역교통시설부담금
- 개발이익환수에 관한 법률 제3조에 따른 개발부담금
- 도시개발법 제58조에 따른 도시개발구역 밖의 기반시설의 설치비용 부담금
- 수도권정비계획법 제12조에 따른 과밀부담금
- 도로법 제91조에 따른 원인자 부담금
- 수도법 제71조에 따른 원인자부담금
- 하수도법 제61조에 따른 원인자부담금

2. 기반시설설치비용 부과금

(1) 기반시설부담구역

기반시설부담구역은 개발로 인하여 기반시설의 용량이 부족할 것으로 예상되는 지역 가운데 추가적인 기반시설의 설치가 가능한 지역을 대상으로 개발자에게 기반시설의 추가 설치에 대한 부담을 부과하는 지역을 말한다.

(2) 기반시설부담구역의 지정

기반시설부담구역은 당해 구역 안에서 개발행위자가 직접 기반시설을 설치하도록 하거나 기반시설 설치에 상응하는 비용을 납부하게 하여 추가적인 기반시설을 확보하기 위해 지정된다(국토계획법 제67조). 기반시설부담구역의 지정·변경 시에는 반드시 주민의견을 청취하고 지방도시계획위원회의 심의를 거쳐 이를 고시하도록 하고 있다.

국토계획법에 의하여 특별시장·광역시장 시장·군수는 기반시설부담구역 안에서 일정한 개발행위를 하는 자에 대하여 기반시설을 설치하거나 그에 필요한 용지를 확보하도록 할 수 있다. 기반시설부담구역이 지정되면 지정권자는 기반시설 설치계획을 수립하고 이를 도시관리계획에 반영하여 체계적으로 기반시설을 확충하게 된다.

(3) 기반시설설치비용의 부과대상 및 산정기준

기반시설설치비용이란 단독주택 및 숙박시설 등 대통령령으로 정하는 시설의 신·증축 행위로 인하여 유발되는 기반시설을 설치하거나 그에 필요한 용지를 확보하기 위하여 부과·징수하는 금액을 말하는데, 기반시설부담구역에서 기반시설설치비용의 부과대상인 건축행위는 기존 건축물의 연면적을 포함하여 200제곱미터를 초과하는 건축물의 신축·증축 행위로 하되, 기존 건축물을 철거하고 신축하는 경우에는 기존 건축물의 건축연면적을 초과하는 건축행위만 부과대상으로 한다.

기반시설설치비용은 기반시설을 설치하는 데 필요한 기반시설 표준시설비용과 용지비용을 합산한 금액에 부과대상 건축연면적과 기반시설 설치를 위하여 사용되는 총비용 중 국가·지방자치단체의 부담분을 제외하고 민간 개발사업자가 부담하는 부담률을 곱한 금액으로 한다.

(4) 기반시설설치비용의 납부 및 사용

기반시설설치비용 부과대상 건축행위를 하는 자는 기반시설설치비용을 내야 하는데, 특별시장·광역시장·특별자치시장·특별자치도지사·시장 또는 군수는 납부의무자가 국가 또는 지방자치단체로부터 건축허가(다른 법률에 따른 사업승인 등 건축허가가 의제되는 경우에는 그 사업승인)를 받은 날부터 2개월 이내에 기반시설설치비용을 부과하여야 하고, 납부의무자는 사용승인(다른 법률에 따라 준공검사 등 사용승인이 의제되는 경우에는 그 준공검사) 신청 시까지 이를 내야 한다.

특별시장·광역시장·특별자치시장·특별자치도지사·시장 또는 군수는 납부의무자가 납부기한까지 기반시설설치비용을 내지 아니하는 경우에는 지방세외수입금의징수등에관한법률에 따라 징수할 수 있다.

특별시장·광역시상·특별자치시장·특별자치도지사·시장 또는 군수는 기반시설설치비용의 관리 및 운용을 위하여 기반시설부담구역별로 특별회계를 설치하여야 하며, 그에 필요한 사항은 지방자치단체의 조례로 정한다.

기반시설설치비용은 해당 기반시설부담구역에서 기반시설의 설치 또는 그에 필요한 용지의 확보 등을 위하여 사용하여야 한다. 다만, 해당 기반시설부담구역에 사용하기가 곤란한 경우로서 대통령령으로 정하는 경우에는 해당 기반시설부담구역의 기반시설과 연계된 기반시설의 설치 또는 그에 필요한 용지의 확보 등에 사용할 수 있다.

3. 재건축부담금

(1) 재건축부담금

재건축사업으로 인하여 정상주택가격상승분을 초과하여 재건축조합이나 조합원에게 귀속되는 주택가액의 증가분을 재건축초과이익이라고 하는데, 국토교통부장관은 재건축초과이익중 일정 부분을 재건축부담금으로 부과·징수한다(재건축초과이익환수에관한법률). 재건축부담금의 납부의무자는 조합이나 재건축부담금은 조합원별 납부액이 관리처분계획에 명시되고 실제로는 조합원이 납부하는 결과가 된다.

(2) 한시적면제후 재시행

재건축부담금 부과대상 사업으로서 2017. 12. 31.까지 관리처분계획의 인가를 신청한 재건축사업에 대하여는 재건축부담금을 면제한다. 초과이익환수제는 재건축으로 조합이 얻은 이익이 인근 집값 상승분과 비용 등을 빼고 1인당 평균 3,000만원을 넘을 경우 초과금액의 최고 50%를 세금으로 내도록 한 제도로 집값 급등기인 2006년에 도입되었다가 금융위기 이후 부동산시장을 위축시킨다는 지적이 나오면서 2013년부터 2017년 연말까지 제도 시행이 한시적으로 유예되었다가, 2018년부터 다시 시행되고 있다.

(3) 부과기준

재건축초과이익 금액 = 종료시점 주택가액 - (개시시점 주택가액 + 정상주택가격 상승분 + 개발비용)

- 종료시점 주택가액 : 종료시점(준공인가일)에 공시된 주택가액(조합원만 해당, 일반분양은 일반분양 가액)
- 개시시점 주택가액 : 공시된 주택가액에 공시기준일부터 개시시점(추진위원회 승인일)까지 정상주택가격 상승분 반영
- 정상주택가격 상승분 : 정기예금이자율과 해당 지자체 평균주택가격상승률 중 높은 비율을 곱함
- 개발비용 : 사업경비(공사비, 설계비 등), 제세공과금, 기부체납 토지가액 등

(4) 부 과 율

납부의무자가 납부하여야 할 재건축부담금은 재건축초과이익을 당해 조합원 수로 나눈 금액에 다음의 부과율을 적용하여 계산한 금액을 그 부담금액으로 한다.

조합원1인당 평균이익	부과율 및 부담금산식
3천만원 이하	면제
3천만원 초과 5천만원 이하	3천만원 초과 금액의 100분의 10×조합원수
5천만원 초과 7천만원 이하	200만원×조합원수+5천만원 초과 금액의 100분의 20×조합원수
7천만원 초과 9천만원 이하	600만원×조합원수+7천만원 초과 금액의 100분의 30×조합원수
9천만원 초과 1억1천만원 이하	1천200만원×조합원수+9천만원 초과 금액의 100분의 40×조합원수
1억1천만원 초과	2천만원×조합원수+1억1천만원 초과 금액의 100분의 50×조합원수

(5) 부과징수

국토교통부장관은 부과종료시점 즉 당해 주택재건축사업의 준공인가일로부터 4월 이내에 재건축부담금을 결정·부과하여야 한다. 재건축부담금을 통지받은 납무의무자는 부담금에 대하여 이의가 있는 경우 사전통지를 받은 날로부터 50일 이내에 국토교통부장관에게 심사를 청구할 수 있다.

재건축부담금의 납부의무자는 부과일부터 6월 이내에 재건축부담금을 납부하여야 한다. 재건축부담금은 현금에 의한 납부를 원칙으로 한다. 다만, 대통령령으로 정하는 납부대행기관을 통하여 신용카드·직불카드 등으로 납부하거나 해당 주택재건축사업으로 건설·공급되는 주택으로 납부(물납)할 수 있다.

4. 학교용지부담금

(1) 의 의

학교용지란 공립 초등학교·중학교 및 고등학교의 교사(校舍)·체육장 및 실습지, 그 밖의 학교시설을 신설하는 데에 필요한 토지를 말하고, 개발사업에 대하여 시·도지사가 학교용지를 확보하거나, 학교용지를 확보할 수 없는 경우 가까운 곳에 있는 학교를 증축하기 위하여 개발사업을 시행하는 자에게 징수하는 경비를 학교용지부담금이라고 한다(학교용지 확보 등에 관한 특례법).

학교용지부담금은 개발사업 지역의 학교시설 확보라는 특별한 공익사업의 재정을 충당하기 위하여 특정 집단에게만 반대급부 없이 부과되는 재정조달목적 부담금에 해당한다. 개발사업이 진행되는 지역에서 단기간에 형성된 취학 수요에 부응하기 위한 학교의 신설 및 증축은 일반적 공익사업으로서 교육시설을 확보하는 것과 달리 개발지역의 기반시설을 확보하는 성격을 가진다. 그 재정을 충당하기 위하여 조세 이외의 부담금인 학교용지부담금을 개발사업의 시행자에게 부과하는 것은, 개발사업의 시행자가 위와 같은 학교시설 확보의 필요성을 유발하였기 때문이다.

(2) 학교용지의 조성·개발

300가구(노인복지법에 따른 노인복지주택 등 취학수요가 발생하지 아니하는 용도의 개발사업은 그 개발사업분을 뺀 가구 수를 대상으로 하고, 도시정비법의 주택재건축사업 및 빈집및소규모주택정비에관한특례법의 소규모재건축사업은 기존 가구를 뺀 가구 수를 대상으로 한다) 규모 이상의 개발사업을 시행하는 자는 개발사업을 시행하기 위하여 수립하는 계획에 학교용지의 조성·개발에 관한 사항을 포함시켜야 한다.

개발사업이란 다음의 어느 하나에 해당하는 법률에 따라 시행하는 사업 중 100가구 규모 이상의 주택건설용 토지를 조성·개발하거나 공동주택을 건설하는 사업을 말한다.

- 건축법
- 도시개발법
- 도시 및 주거환경정비법
- 주택법
- 택지개발촉진법
- 산업입지 및 개발에 관한 법률
- 공공주택 특별법
- 신행정수도 후속대책을 위한 연기·공주지역 행정중심복합도시 건설을 위한 특별법
- 공공기관 지방이전에 따른 혁신도시 건설 및 지원에 관한 특별법
- 경제자유구역의 지정 및 운영에 관한 특별법
- 기업도시개발 특별법
- 도청이전을 위한 도시건설 및 지원에 관한 특별법
- 주한미군 공여구역주변지역 등 지원 특별법
- 민간임대주택에 관한 특별법
- 연구개발특구의 육성에 관한 특별법

교육감은 학교시설이 설치기준에 못 미치는 개발사업에 대하여는 개발사업시행자에게 그 개발사업의 규모와 지역 여건을 고려하여 적절한 규모의 학교용지를 확보하도록 한다. 다만 그 지역이 협소하여 개발사업시행자가 학교용지를 확보할 수 없다고 판단되면 개발사업시행자로 하여금 사업지와 인접한 곳에 학교용지를 확보하도록 할 수 있다.

(3) 학교용지의 확보 및 경비의 부담

시·도인 개발사업시행자는 학교용지를 확보하여 시·도 교육비특별회계 소관 공유재산으로 하여야 하고, 시·도 외의 개발사업시행자는 학교용지를 시·도에 공급하고, 시·도는 학교용지를 확보하여 시·도 교육비특별회계 소관 공유재산으로 하여야 한다.

학교용지의 공급가액은 다음과 같다.

- 공공이 도시정비법에 따른 정비사업을 하는 경우 2천가구 규모 이상은 초등학교와 중학교는 학교용지 조성원가의 100분의 50, 고등학교는 학교용지 조성원가의 100분의 70으로 하고, 2천가구 규모 미만인 경우에는 조성원가로 공급하고, 기타 개발사업의 경우에는 무상으로 공급하여야 한다.
- 민간 개발사업시행자가 공급하는 학교용지의 공급가액은 감정평가에 의한 가액으로 한다.

시·도가 학교용지를 확보하는 데에 드는 경비는 시·도의 일반회계와 학교용지부담금특별회계에서 2분의 1을, 시·도 교육비특별회계에서 2분의 1을 각각 부담한다.

(4) 부담금의 부과·징수

① 산정기준

시·도지사는 개발사업지역에서 단독주택을 건축하기 위한 토지를 개발하여 분양하거나 공동주택을 분양하는 자에게 부담금을 부과·징수할 수 있다.

학교용지 부담금은 공동주택인 경우에는 분양가격을 기준으로 부과하고, 단독주택을 건축하기 위한 토지인 경우에는 단독주택 용지의 분양가격을 기준으로 다음의 산식에 따라 부과한다.

- 공동주택 : 가구별 공동주택 분양가격×1천분의 8
- 단독주택을 건축하기 위한 토지 : 단독주택지 분양가격×1천분의 14

② 제외사업

다음의 어느 하나에 해당하는 개발사업분의 경우에는 부담금을 부과·징수하지 아니한다.

- 토지보상법에 따른 이주용 택지나 이주용 주택을 분양하는 경우
- 임대주택을 분양하는 경우

- 도시개발법에 따른 도시개발사업 시행 결과 해당 도시개발구역 내 가구 수가 증가하지 아니하는 경우
- 도시정비법에 따른 주거환경개선사업의 경우
- 도시정비법에 따른 재개발사업·재건축사업, 빈집및소규모주택정비에관한특례법에 따른 가로주택정비사업·소규모재건축사업 시행 결과 해당 정비구역 및 사업시행구역 내 가구 수가 증가하지 아니하는 경우
- 주택법에 따른 리모델링주택조합의 구성원에게 분양하는 경우

③ 면 제

시·도지사는 다음의 어느 하나에 해당하는 경우에는 부담금을 면제하여야 한다.

- 개발사업시행자가 교육감 의견으로 제시된 학교용지를 시·도 교육비특별회계에 기부채납하는 경우
- 최근 3년 이상 취학 인구가 지속적으로 감소하여 학교 신설의 수요가 없는 지역에서 개발사업을 시행하는 경우(이 경우는 면제할 수 있다)
- 노인복지법에 따른 노인복지주택 등 취학 수요가 발생하지 아니하는 용도의 개발사업을 시행하는 경우
- 개발사업시행자가 학교용지 또는 학교시설을 시·도 교육비특별회계 소관 공유재산으로 무상공급하는 경우

④ 징 수

시·도지사는 부담금 납부의무자가 납부기한까지 부담금을 내지 아니하면 납부기한이 지난 후 10일 이내에 독촉장을 발급하여야 한다. 납부의무자가 납부기한까지 부담금을 내지 아니하면 부담금의 100분의 3에 해당하는 가산금을 부과할 수 있다. 시·도지사는 납부의무자가 독촉장을 받고 지정된 기한까지 부담금과 가산금을 내지 아니하면 지방세외수입금의징수등에관한법률에 따라 징수할 수 있다.

5. 광역교통시설부담금

(1) 부과대상 사업

광역교통시설계획이 수립·고시된 대도시권에서 다음 어느 하나에 해당하는 사업을 시행하는 자는 광역교통시설들의 건설 및 개량을 위한 광역교통시설부담금을 내야 한

다(대도시권 광역교통관리에 관한 특별법).

- 택지개발촉진법에 따른 택지개발사업
- 도시개발법에 따른 도시개발사업
- 주택법에 따른 대지조성사업
- 주택법에 따른 주택건설사업
- 도시정비법에 따른 재개발·재건축사업
- 건축법에 따른 건축허가를 받아 주택 외의 시설과 20세대 이상의 주택을 동일 건축물로 건축하는 사업
- 그 밖에 위 각 사업과 유사한 사업으로서 대통령령으로 정하는 사업

(2) 부담금의 산정기준

① 택지개발사업, 도시개발사업, 대지조성사업에 해당하는 부담금

산식 : {1㎡당 표준개발비 × 부과율 × 개발면적 × (용적률 ÷ 200)} - 공제액

표준개발비 : 단위당 개발비용으로서 생산자물가상승률 등을 고려하여 국토교통부장관이 고시하는 금액으로 하는데, 현재 ㎡당 299,350원으로 정해져 있다.

부과율 : 100분의 50 범위 내에서 대통령령으로 정하되 사업이 시행되는 지구, 구역 또는 사업지역의 위치·규모·특성 등에 따라 시·도조례로 조정할 수 있도록 규정되어 있고, 서울시와 인천시의 경우 조례에서 100분의 15로 정하고 있다.

개발면적 : 당해 사업이 시행되는 지구·구역 또는 사업지역의 전체면적에서 다음 각호의 용지의 면적을 제외한 면적으로 한다.

- 관계 법령의 규정에 의하여 국가 또는 지방자치단체에 무상으로 귀속되거나 사업시행자가 국가 또는 지방자치단체에 기부채납하는 용지
- 임대주택의 건설을 위한 용지
- 이주대책의 실시에 따른 주택지의 조성 및 주택의 건설을 위한 용지
- 공용의 청사용지와 각급학교 용지

용적률 : 해당사업이 시행되는 지구·구역 또는 사업지역 안에서 주택법에 따른 사업계획의 승인(택지개발촉진법 또는 도시개발법에 따라 승인을 얻은 것으로 보는 경우를 포함한다)을 얻어 단독주택 및 공동주택을 건립하는 경우 각 주택이 건립되는 대지의 면적에

따라 가중평균하여 산정한다. 다만 가중평균하여 산정된 용적률이 국토계획법에서 정한 주거지역 용적률의 최대한도를 초과하는 경우에는 그 최대한도의 용적률을 적용한다.

② 주택건설사업, 재개발·재개발사업, 주상복합건물신축(20세대 이상)사업에 해당하는 부담금 산식 : {1㎡당 표준건축비 × 부과율 × 건축연면적(주상복합건물신축사업의 경우 주택인 시설의 건축연면적 합계임)} – 공제액

표준건축비 : 공공주택특별법에 따라 공공건설임대주택의 분양전환가격을 산정하는 기준으로 국토교통부장관이 고시하는 표준건축비로 한다.

부과율 : 100분의 50 범위 내에서 대통령령으로 정하되 사업이 시행되는 지구, 구역 또는 사업지역의 위치·규모·특성 등에 따라 시·도조례로 조정할 수 있도록 규정되어 있고, 서울시의 경우 전용면적 85㎡ 이하 주택 100분의 2, 전용면적 85㎡ 초과 주택 100분의 4, 주택이외 시설 100분의 4로 정하고 있고, 인천시의 경우 전용면적 60㎡ 이하 주택 100분의 2, 전용면적 60 초과 85㎡ 이하 주택 100분의 3, 전용면적 85㎡ 초과 주택 100분의 4, 주택이외 시설 100분의 4로 정하고 있다.

건축연면적 : 전체 연면적의 합계에서 다음 각 호의 어느 하나에 해당하는 연면적의 합계를 제외한 면적으로 한다.

- 지하층(주거용인 경우를 제외한다)과 건축물안의 주차장
- 공용의 청사와 각급학교
- 부대시설 및 복리시설
- 주민공동시설
- 재개발사업·재건축사업의 경우 해당 사업이 시행되는 구역 내 종전 건축물의 연면적
- 국민주택 규모 이하인 임대주택의 연면적

③ 공 제 액

다음 각 호의 금액을 모두 합한 금액으로 한다.

- 당해 사업과 관련하여 도시철도 또는 철도의 건설 및 개량에 소요되는 비용을 부담하는 경우에는 그 금액

- 사업이 시행되는 지구·구역 또는 사업지역 밖에서 다음 각 목의 어느 하나에 해당하는 도로를 설치하거나 그 비용의 전부 또는 일부를 부담하는 경우에는 그 금액
  - 도로관계 법령에 의한 고속국도, 자동차전용도로, 일반국도, 특별시도, 광역시도 또는 지방도
  - 광역도로에 해당하는 시·군·구도
  - 확정된 광역교통개선대책에 따라 건설 또는 개량되는 도로
  - 그 밖에 시·도지사가 광역교통에 영향을 미친다고 인정하는 도로
- 해당 사업과 관련하여 다음 각 목의 어느 하나에 해당하는 시설을 설치하거나 그 시설의 건설 및 개량에 드는 비용의 전부 또는 일부를 부담하는 경우에는 그 금액
  - 주차장
  - 여객자동차 운수사업에 제공되는 차고지로서 지방자치단체의 장이 설치하는 공영차고지
  - 간선급행버스체계의 구성시설
  - 환승센터의 구성시설

(3) 부과징수

부담금은 사업이 시행되는 지역의 시·도지사가 부과·징수하되 사업시행자가 국가나 지방자치단체로부터 사업의 승인 또는 인가 등을 받은 날부터 60일 이내에 부과한다. 부과된 부담금은 부과일부터 1년 이내에 내야 하되, 납부기한 내에 사업의 사용승인등을 받을 경우에는 그 신청일 이전까지 내야 한다. 다만 시·도지사는 대통령령으로 정하는 바에 따라 납부의무자의 신청을 받아 사업의 사용승인등을 받는 날까지의 범위에서 분할납부를 하게 할 수 있다.

시·도지사는 납부의무자가 부담금을 납부기한까지 내지 아니하면 납부기한이 지난 후 10일 이내에 독촉장을 발급하여야 한다. 이 경우 납부기한은 독촉장 발급일부터 10일로 한다. 시·도지사는 납부의무자가 부담금을 제2항에 따른 기한까지 내지 아니하면 부담금액의 100분의 3에 해당하는 가산금을 징수할 수 있다. 시·도지사는 납부의무자가 독촉장을 받고 지정된 기한까지 부담금 또는 가산금을 내지 아니하면 지방세외수입금의징수등에관한법률에 따라 징수할 수 있다.

▌제16장▐ 빈집정비사업·소규모주택정비사업

1. 소규모주택정비법 제정

최근 저출산·고령화와 저성장 기조가 지속되고 전국 주택보급률이 100%를 초과함에 따라 다수의 대규모 정비사업이 지연·중단되고 있으며 구도심 쇠퇴 등으로 빈집이 지속적으로 증가하고 있는 추세이다. 빈집 증가에 따라 안전사고나 범죄발생의 우려가 있고 도시미관이나 주거환경에 장해가 되는 등 다양한 사회문제가 유발되고 있으나, 빈집에 대한 정의가 지방자치단체별로 다르고 빈집 실태조사나 정비계획 수립 등 빈집을 체계적으로 정비하기 위한 제도가 부재한 실정이다.

또한 종전 도시정비법은 대규모 정비사업 위주로 주요내용이 구성되어 있고, 가로주택정비사업 등 소규모 정비사업과 관련된 사항이 있으나 사업 활성화를 위한 지원규정은 미흡한 수준이고, 특히 서소득층의 60% 이상이 단독·다세대주택에 거주하고 있다는 점에서 소규모주택 정비에 대한 공공의 다각적 지원이 요구되고 있다.

이에 빈집 및 소규모주택 정비에 관한 「빈집 및 소규모주택 정비에 관한 특례법」(소규모주택정비법이라고 약칭한다)을 새로이 제정(시행 2018. 2. 9.)하여, 빈집의 체계적 정비를 위한 제도적 근거를 마련하고, 종전 도시정비법에서 규정하고 있는 가로주택정비사업 등을 소규모주택정비법으로 이관하여 사업절차를 간소화하는 한편, 사업 활성화를 위하여 건축규제완화, 임대주택건설 등의 특례규정과 정비지원기구 지정, 임대관리업무 지원, 기술지원 및 정보제공 등의 지원규정을 신설하였다. 소규모주택정비법은 도시정비법 규정의 여러 규정을 준용하고 있다.

2. 사업의 유형과 비교

(1) 소규모주택정비법의 사업절차 비교

구 분	빈집정비사업	소규모주택정비사업		
		자율주택정비사업	가로주택정비사업	소규모재건축사업
대 상	빈집(주택)	단독·다세대주택	단독주택+공동주택	공동주택
정 의	빈집을 개량 또는 철거하거나 효율적 관리 또는 활용	단독·다세대주택을 자율적으로 개량 또는 정비	가로구역에서 종전의 가로를 유지하면서 소규모로 주거환경개선	정비기반시설이 양호한 지역에서 소규모로 공동주택 재건축
시행방법	경수선, 개축·증축, 대수선, 용도변경, 철거, 철거후 주택 및 기반시설 건설	주택을 스스로 정비 또는 개량	사업시행계획인가에 따라 주택 등을 건설·공급	
시행자	빈집의 소유자 또는 시장·군수등, 직권철거시 시장·군수등	토지등소유자(주민합의체)	토지등소유자(주민합의체) 또는 조합	토지등소유자(주민합의체) 또는 조합, 안전사고 우려시 시장·군수등
공동시행자	주택공사, 건설업자, 등록업자, 사회적기업등	시장·군수등, LH등, 건설업자, 신탁업자, 부동산투자회사		
시행절차	건축심의(필요시 통합심의) → 사업시행계획인가(관리처분계획포함) → 착공 및 준공 빈집정비사업 및 자율주택정비사업의 경우 사업시행계획서 내용 간소화			
인허가의제	건축허가(건축신고)	건축허가 및 건축협정	사업계획승인 등	사업계획승인 등
건축특례	법령 제정·개정 등으로 법령에 맞지 않는 빈집의 개축 또는 용도변경		대지의 조경기준, 건폐율의 산정기준, 대지안의 공지기준, 건축물의 높이제한 기준, 부대·복리시설 기준등(소규모재건축의 경우 안전사고 우려시 한정)	
	부지 인근에 노상·노외주차장 사용권확보시 부설주차장 설치기준 완화 공동이용시설·주민공동시설 설치시 해당 용적률 완화			

(2) 도시정비법의 정비사업과 비교

도시정비법에 따라 시행하는 정비사업은 기본계획수립 및 정비계획수립 등 조합을 설립하기 위한 인·허가청의 계획수립절차가 필요하나, 소규모주택정비사업은 주민들이 바로 조합을 구성하여 사업을 추진할 수 있다.

또한 도시정비법의 재건축사업은 정비구역 고시 전에 공동주택에 대하여 안전진단을 통한 노후건축물 여부에 대한 판단이 필요하나, 소규모주택정비사업에서는 안전진단이 필요하지 않으며, 관리처분계획도 사업시행계획인가 시 함께 수립함에 따라 사업기간이 정비사업에 비하여 크게 축소되었다.

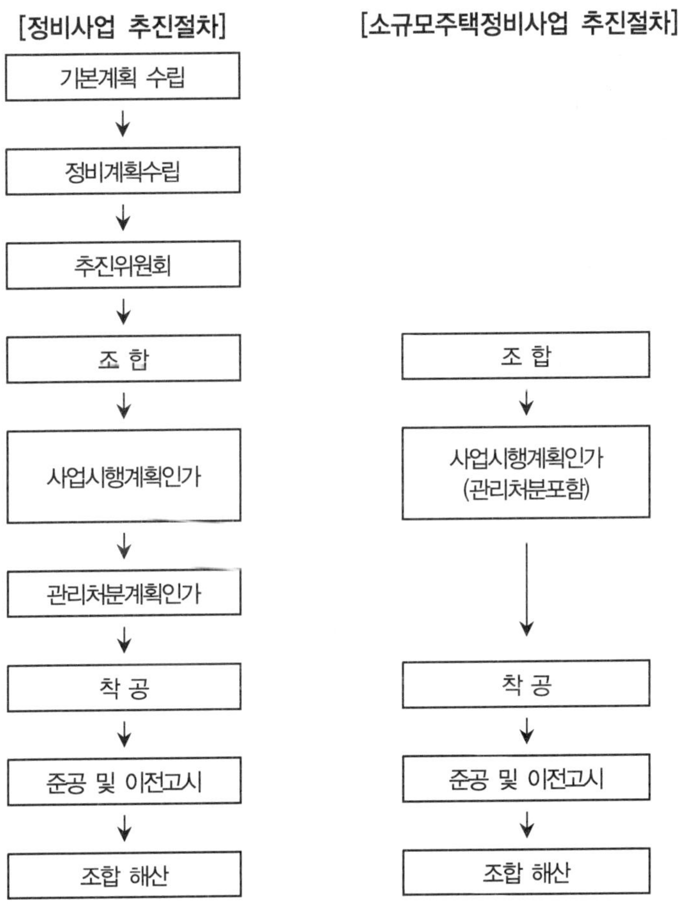

3. 빈집정비사업

(1) 의 의

빈집이란 시장·군수등이 거주 또는 사용 여부를 확인한 날부터 1년 이상 아무도 거주 또는 사용하지 아니하는 주택(미분양주택 등 대통령령으로 정하는 주택은 제외)을 말하는데, 빈집을 개량 또는 철거하거나 효율적으로 관리 또는 활용하기 위한 사업을 빈집정비사업이라고 한다.

(2) 빈집정비계획의 수립·고시

시장·군수등은 빈집을 효율적으로 정비 또는 활용하기 위하여 다음의 사항을 포함하는 빈집정비계획을 수립하여야 한다.

- 빈집정비의 기본방향
- 빈집정비사업의 추진계획 및 시행방법
- 빈집정비사업에 필요한 재원조달계획
- 그 밖에 빈집정비를 위하여 필요한 사항으로서 대통령령으로 정하는 사항

시장·군수등은 빈집정비계획을 수립하거나 변경하는 경우 빈집정비(변경)계획을 14일 이상 지역 주민에게 공람하여 의견을 수렴하여야 하고, 국토계획법에 따라 설치하는 지방도시계획위원회의 심의를 거쳐야 하고, 지체 없이 해당 지방자치단체의 공보에 고시하여야 하며, 상급 행정청에 보고하여야 한다.

(3) 빈집실태조사

시장·군수등은 빈집이나 빈집으로 추정되는 주택에 대하여 다음의 사항에 관한 실태조사를 실시하거나 전문기관을 지정하여 실태조사를 대행하게 할 수 있다.

- 빈집 여부의 확인
- 빈집의 관리 현황 및 방치기간
- 빈집 소유권 등의 권리관계 현황
- 빈집 및 그 대지에 설치된 시설 또는 인공구조물 등의 현황
- 그 밖에 빈집 발생 사유 등 대통령령으로 정하는 사항

시장·군수등 또는 실태조사를 대행하는 전문기관의 장은 실태조사를 위하여 빈집 소유자 및 이해관계자에게 필요한 자료의 제출을 요청할 수 있고, 필요한 경우 빈집등 및 그 대지에 출입할 수 있다. 실태조사를 위하여 빈집등 및 그 대지에 출입하는 경우 출입하는 날 7일 전까지 소유자·점유자 또는 관리인에게 그 일시와 장소를 알려야 하고, 다만 소유자·점유자 또는 관리인의 부재나 주소불명 등으로 알릴 수 없는 경우에는 지방자치단체의 공보 및 홈페이지에 공고하여야 한다. 빈집등 및 그 대지에 출입하는 자는 그 권한을 표시하는 증표를 지니고 이를 관계인에게 내보여야 한다.

시장·군수등은 실태조사에 따른 빈집등 및 그 대지에의 출입으로 손실을 입은 자가

있으면 그 손실을 보상하여야 하는데, 먼저 손실을 입은 자와 협의하여 보상하여야 하고, 협의가 성립되지 아니하거나 협의를 할 수 없는 경우에는 토지보상법에 따른 관할 토지수용위원회에 재결을 신청할 수 있다.

(4) 빈집정비사업의 시행방법

- 빈집의 내부 공간을 칸막이로 구획하거나 벽지·천장재·바닥재 등을 설치하는 방법(수리)
- 빈집을 철거하지 아니하고 개축·증축·대수선하거나 용도변경하는 방법(증·개축·대수선·용도변경)
- 빈집을 철거하는 방법(철거)
- 빈집을 철거한 후 주택 등 건축물을 건축하거나 정비기반시설 및 공동이용시설 등을 설치하는 방법(신축)

(5) 빈집정비사업의 시행자

빈집정비사업은 시장·군수등 또는 빈집 소유자가 직접 시행하거나 다음에 해당하는 자와 공동으로 시행할 수 있고, 시장·군수등은 철거 이외의 방법으로 시행하는 빈집정비사업으로서 빈집 소유자가 요청하거나 빈집정비사업을 효율적으로 시행하기 위하여 필요한 경우에는 다음에 해당하는 자를 사업시행자로 지정하여 해당 빈집정비사업을 시행하게 할 수 있다.

- 한국토지주택공사 또는 지방공사
- 건설산업기본법에 따른 건설업자
- 주택법에 따라 건설업자로 보는 등록사업자
- 부동산투자회사법에 따른 부동산투자회사
- 사회적기업육성법에 따른 사회적기업, 협동조합기본법에 따라 설립신고된 협동조합, 민법에 따른 비영리법인, 공익법인의설립·운영에관한법률에 따라 설립허가된 공익법인

시장·군수등은 빈집정비사업(직권으로 빈집을 철거하는 경우는 제외한다)을 시행하는 경우에는 해당 빈집 소유자의 동의를 받아야 한다. 다만, 해당 빈집 소유자의 소재를 알 수 없는 경우에는 사업시행계획서의 내용을 해당 지방자치단체의 공보 및 홈페이지에

공고하고, 공고한 날부터 30일이 지난날까지 해당 빈집 소유자가 의견을 제출하지 아니하면 동의한 것으로 본다.

(6) 빈집의 철거

① 철거명령

시장·군수등은 빈집이 다음의 어느 하나에 해당하면 빈집정비계획에서 정하는 바에 따라 그 빈집 소유자에게 철거 등 필요한 조치를 명할 수 있다.

- 붕괴·화재 등 안전사고나 범죄발생의 우려가 높은 경우
- 공익상 유해하거나 도시미관 또는 주거환경에 현저한 장해가 되는 경우

② 직권철거

빈집 소유자는 특별한 사유가 없으면 60일 이내에 조치를 이행하여야 하며, 빈집 소유자가 특별한 사유 없이 따르지 아니하면 시장·군수등은 직권으로 그 빈집을 철거할 수 있다. 철거할 빈집 소유자의 소재를 알 수 없는 경우 그 빈집에 대한 철거명령과 이를 이행하지 아니하면 직권으로 철거한다는 내용을 일간신문 및 홈페이지에 1회 이상 공고하고, 일간신문에 공고한 날부터 60일이 지난날까지 빈집 소유자가 빈집을 철거하지 아니하면 직권으로 철거할 수 있다.

③ 보상비 지급

빈집을 철거하는 경우에는 정당한 보상비(철거에 소요된 비용을 공제할 수 있고)를 빈집 소유자에게 지급하여야 하고, 빈집 소유자가 보상비 수령을 거부하는 경우, 빈집 소유자의 소재불명으로 보상비를 지급할 수 없는 경우, 압류나 가압류에 의하여 보상비 지급이 금지된 경우에는 보상비를 공탁하여야 한다.

④ 등기말소

시장·군수등은 빈집을 철거한 경우에는 지체 없이 건축물대장을 정리하고, 관할 등기소에 해당 빈집이 이 법에 따라 철거되었다는 취지의 통지를 하고 말소등기를 촉탁하여야 한다.

(7) 사업시행계획서작성 및 사업시행계획인가

① 사업시행계획서작성

사업시행자는 다음의 사항을 포함하는 사업시행계획서를 작성하여야 한다.

- 사업시행구역 및 그 면적
- 토지이용계획(건축물배치계획을 포함한다)
- 정비기반시설 및 공동이용시설의 설치계획(신축방식에 한정함)
- 임대주택의 건설계획(신축방식에 한정함)
- 건축물의 높이 및 용적률 등에 관한 건축계획
- 그 밖에 빈집정비사업 시행을 위하여 필요한 사항으로서 대통령령으로 정하는 바에 따라 시·도조례로 정하는 사항

② 사업시행계획인가

사업시행자(사업시행자가 시장·군수등인 경우는 제외한다)는 증·개축·대수선·용도변경 또는 신축의 방법으로 빈집정비사업을 시행하는 경우 사업시행계획서를 작성하여 시장·군수등에게 제출하고 사업시행계획인가를 받아야 한다.

시장·군수등은 특별한 사유가 없으면 사업시행계획서(사업시행계획서의 변경을 포함한다)가 제출된 날부터 60일 이내에 인가 여부를 결정하여 사업시행자에게 통보하여야 하고, 사업시행계획인가(시장·군수등이 직접 사입시행계획서를 작성한 경우를 포함한다)를 하거나 변경인가 그 내용을 해당 지방자치단체의 공보에 고시하여야 한다.

(8) 준공인가 및 공사완료고시

사업시행자(사업시행자가 시장·군수등인 경우는 제외한다)가 증·개축·대수선·용도변경 또는 신축의 방법으로 빈집정비사업의 공사를 완료한 때에는 시장·군수등에게 준공인가를 받아야 한다. 시장·군수등은 준공검사를 실시한 결과 빈집정비사업이 인가받은 사업시행계획대로 완료되었다고 인정되는 때에는 준공인가를 하고 공사의 완료를 해당 지방자치단체의 공보에 고시하여야 한다.

시장·군수등은 증·개축·대수선·용도변경 또는 신축의 방법으로 직접 시행한 빈집정비사업의 공사를 완료한 때에는 그 완료를 해당 지방자치단체의 공보에 고시하여야 한다.

4. 소규모주택정비사업

(1) 의 의

소규모주택정비사업 소규모주택정비법에서 정한 절차에 따라 노후·불량건축물의 밀집 등 대통령령으로 정하는 요건에 해당하는 지역 또는 가로구역에서 시행하는 다음의 사업을 말한다.

- 자율주택정비사업 : 단독주택 및 다세대주택을 스스로 개량 또는 건설하기 위한 사업
- 가로주택정비사업 : 가로구역에서 종전의 가로를 유지하면서 소규모로 주거환경을 개선하기 위한 사업
- 소규모재건축사업 : 정비기반시설이 양호한 지역에서 소규모로 공동주택을 재건축하기 위한 사업

(2) 시행방법

자율주택정비사업은 사업시행계획인가를 받은 후에 사업시행자가 스스로 주택을 개량 또는 건설하는 방법으로 시행할 수 있다.

가로주택정비사업은 가로구역의 전부 또는 일부에서 인가받은 사업시행계획에 따라 주택 등을 건설하여 공급하거나 보전 또는 개량하는 방법으로 시행할 수 있다.

소규모재건축사업은 인가받은 사업시행계획에 따라 주택, 부대시설·복리시설 및 오피스텔을 건설하여 공급하는 방법으로 시행하되, 지형 여건, 주변 환경으로 보아 사업 시행상 불가피하면 주택단지에 위치하지 아니한 건축물도 포함하여 사업을 시행할 수 있다.

(3) 시 행 자

① 토지등소유자의 의미

자율주택정비사업 또는 가로주택정비사업의 토지등소유자는 사업시행구역에 위치한 토지 또는 건축물의 소유자, 해당 토지의 지상권자이고, 소규모재건축사업의 토지등소유자는 사업시행구역에 위치한 건축물 및 그 부속토지의 소유자이다.

신탁업자가 사업시행자로 지정된 경우 토지등소유자가 소규모주택정비사업을 목

적으로 신탁업자에게 신탁한 토지 또는 건축물에 대하여는 위탁자를 토지등소유자로 본다.

② 자율주택정비사업

2명 이상의 토지등소유자가 직접 시행하거나 시장·군수등, 토지주택공사등, 건설업자, 등록사업자, 신탁업자, 부동산투자회사와 공동으로 시행하는 방법으로 시행하되, 자율주택정비사업의 시행으로 임대주택을 공급하는 경우에는 토지등소유자 1명이 사업을 시행할 수 있다.

③ 가로주택정비사업 또는 소규모재건축사업

토지등소유자가 20명 미만인 경우에는 토지등소유자가 직접 시행하거나 해당 토지등소유자가 시장·군수등, 토지주택공사등, 건설업자, 등록사업자, 신탁업자, 부동산투자회사와 공동으로 시행하는 방법 또는 조합이 직접 시행하거나 해당 조합이 조합원의 과반수 동의를 받아 시장·군수등, 토지주택공사등, 건설업자, 등록사업자, 신탁업자, 부동산투자회사와 공동으로 시행하는 방법으로 시행한다.

④ 가로주택정비사업·소규모재건축사업의 공공시행자 시행

시장·군수등은 가로주택정비사업 또는 소규모재건축사업이 나음의 어느 하나에 해당하는 경우에는 직접 해당 사업을 시행하거나 토지주택공사등(토지주택공사등이 건설업자 또는 등록사업자와 공동으로 시행하는 경우를 포함한다)을 사업시행자로 지정하여 해당 사업을 시행하게 할 수 있다.

- 천재지변, 재난및안전관리기본법 제27조 또는 시설물의안전관리에관한특별법 제14조에 따른 사용제한·사용금지, 그 밖의 불가피한 사유로 긴급하게 사업을 시행할 필요가 있는 경우
- 토지등소유자가 주민합의체를 신고한 날 또는 조합이 조합설립인가를 받은 날부터 3년 이내에 사업시행계획인가를 신청하지 아니한 경우
- 사업이 장기간 지연되거나 권리관계에 대한 분쟁 등으로 해당 조합 또는 토지등소유자가 시행하는 사업을 계속 추진하기 어려운 경우
- 위반사항이 인정되어 감독관청으로부터 사업시행계획인가가 취소된 경우
- 사업시행구역의 국유지·공유지 면적 또는 국유지·공유지와 토지주택공사등이 소유한 토지를 합한 면적이 전체 토지면적의 2분의 1 이상으로서 토지등소유자 과

반수가 시장·군수등 또는 토지주택공사등을 사업시행자로 지정하는 것에 동의하는 경우

- 사업시행구역의 토지면적의 2분의 1 이상의 토지소유자와 토지등소유자의 3분의 2 이상에 해당하는 자가 시장·군수등 또는 토지주택공사등을 사업시행자로 지정할 것을 요청한 경우

공공시행자 지정·고시가 있은 때에는 그 고시일 다음 날에 주민합의체의 신고 또는 조합설립인가가 취소된 것으로 본다.

⑤ 가로주택정비사업·소규모재건축사업의 지정개발자 시행

시장·군수등은 가로주택정비사업 또는 소규모재건축사업의 조합설립을 위하여 조합설립 동의요건 이상에 해당하는 자가 신탁업자(지정개발자)를 사업시행자로 지정하는 것에 동의하는 때에는 지정개발자를 사업시행자로 지정하여 해당 사업을 시행하게 할 수 있다.

지정개발자는 사업시행자 지정에 필요한 동의를 받기 전에 다음 사항을 토지등소유자에게 제공하여야 한다.

- 토지등소유자별 분담금 추산액 및 산출근거
- 그 밖에 추정분담금의 산출 등과 관련하여 시·도조례로 정하는 사항

지정개발자 지정·고시가 있은 때에는 그 고시일 다음 날에 주민합의체의 신고 또는 조합설립인가가 취소된 것으로 본다.

(4) 시공자 선정

토지등소유자가 시행할 경우 토지등소유자는 소규모주택정비사업을 시행하는 경우 주민합의체를 신고한 후 주민합의서에서 정하는 바에 따라 건설업자 또는 등록사업자를 시공자로 선정하여야 한다.

조합은 소규모주택정비사업을 시행하는 경우 조합설립인가를 받은 후 조합 총회에서 경쟁입찰 또는 수의계약(2회 이상 경쟁입찰이 유찰된 경우로 한정한다)의 방법으로 건설업자 또는 등록사업자를 시공자로 선정하여야 한다. 다만, 대통령령으로 정하는 규모 이하의 소규모주택정비사업은 조합 총회에서 정관으로 정하는 바에 따라 선정할 수 있다.

사업시행자는 시장·군수등이 공공시행자로 직접 사업을 시행하거나 토지주택공사등을 사업시행자로 지정하는 경우 또는 지정개발자를 사업시행자로 지정하여 사업을 시행하게 하는 경우 사업시행자지정에 따른 고시가 있은 후 건설업자 또는 등록사업자를 시공자로 선정하여야 한다. 이 경우 주민대표회의 또는 토지등소유자 전체회의는 경쟁입찰 또는 수의계약(2회 이상 경쟁입찰이 유찰된 경우로 한정한다)의 방법으로 시공자를 추천할 수 있고, 사업시행자는 주민대표회의 또는 토지등소유자 전체회의가 시공자를 추천한 경우 추천받은 자를 시공자로 선정하여야 한다.

(5) 주민합의체 구성 및 조합의 설립

① 주민합의체 구성

토지등소유자는 다음에 따라 소규모주택정비사업을 시행하는 경우 토지등소유자 전원의 합의를 거쳐 주민합의체를 구성하여야 한다.

- 토지등소유자 2명 이상이 자율주택정비사업을 시행하는 경우
- 20명 미만인 토지등소유자가 가로주택정비사업 또는 소규모재건축사업을 시행하는 경우

② 조합 설립

가로주택정비사업의 토지등소유자는 조합을 설립하는 경우 토지등소유자의 10분의 8 이상 및 토지면적의 3분의 2 이상의 토지소유자 동의를 받아 다음의 사항을 첨부하여 시장·군수등의 인가를 받아야 한다. 이 경우 사업시행구역의 공동주택은 각 동(복리시설의 경우에는 주택단지의 복리시설 전체를 하나의 동으로 본다)별 구분소유자의 과반수 동의(공동주택의 각 동별 구분소유자가 5명 이하인 경우는 제외한다)를, 공동주택 외의 건축물은 해당 건축물이 소재하는 전체 토지면적의 2분의 1 이상의 토지소유자 동의를 받아야 한다.

- 정관
- 공사비 등 소규모주택정비사업에 드는 비용(정비사업비)과 관련된 자료 등 국토교통부령으로 정하는 서류
- 그 밖에 시·도조례로 정하는 서류

소규모재건축사업의 토지등소유자는 조합을 설립하는 경우 주택단지의 공동주택의 각 동(복리시설의 경우에는 주택단지의 복리시설 전체를 하나의 동으로 본다)별 구분소유자

의 과반수 동의(공동주택의 각 동별 구분소유자가 5명 이하인 경우는 제외한다)와 주택단지의 전체 구분소유자의 4분의 3 이상 및 토지면적의 4분의 3 이상의 토지소유자 동의를 받아 다음의 사항을 첨부하여 시장·군수등의 인가를 받아야 한다. 토지등소유자는 주택단지가 아닌 지역이 사업시행구역에 포함된 경우 주택단지가 아닌 지역의 토지 또는 건축물 소유자의 4분의 3 이상 및 토지면적의 3분의 2 이상의 토지소유자의 동의를 받아야 한다.

- 정관
- 공사비 등 소규모주택정비사업에 드는 비용(정비사업비)과 관련된 자료 등 국토교통부령으로 정하는 서류
- 그 밖에 시·도조례로 정하는 서류

③ 조합원의 자격

조합원은 토지등소유자(소규모재건축사업의 경우에는 소규모재건축사업에 동의한 자만 해당한다)로 하되, 다음의 어느 하나에 해당하는 때에는 그 여러 명을 대표하는 1명을 조합원으로 본다.

- 토지 또는 건축물의 소유권과 지상권이 여러 명의 공유에 속하는 때
- 여러 명의 토지등소유자가 1세대에 속하는 때. 이 경우 동일한 세대별 주민등록표상에 등재되어 있지 아니한 배우자 및 미혼인 19세 미만의 직계비속은 1세대로 보며, 1세대로 구성된 여러 명의 토지등소유자가 조합설립인가 후 세대를 분리하여 동일한 세대에 속하지 아니하는 때에도 이혼 및 19세 이상 자녀의 분가(세대별 주민등록을 달리하며 실거주지를 분가한 경우로 한정한다)를 제외하고는 1세대로 본다.
- 조합설립인가 후 1명의 토지등소유자로부터 토지 또는 건축물의 소유권이나 지상권을 양수하여 여러 명이 소유하게 된 때

주택법에 따른 투기과열지구로 지정된 지역에서 소규모재건축사업을 시행하는 경우 조합설립인가 후 해당 사업의 건축물 또는 토지를 양수(매매·증여 그 밖의 권리의 변동을 수반하는 일체의 행위를 포함하되, 상속·이혼으로 인한 양도·양수의 경우는 제외한다.)한 자는 조합원이 될 수 없다. 다만, 양도인이 다음의 어느 하나에 해당하는 경우 그 양도인으로부터 그 건축물 또는 토지를 양수한 자는 그러하지 아니하다.

- 세대원(세대주가 포함된 세대의 구성원을 말한다. 이하 이 조에서 같다)의 근무상 또는 생

업상의 사정이나 질병치료·취학·결혼으로 세대원 모두 해당 사업시행구역이 위치하지 아니한 특별시·광역시·특별자치시·특별자치도·시 또는 군으로 이전하는 경우
- 상속으로 취득한 주택으로 세대원 모두 이전하는 경우
- 세대원 모두 해외로 이주하거나 세대원 모두 2년 이상 해외에 체류하는 경우
- 그 밖에 불가피한 사정으로 양도하는 경우로서 대통령령으로 정하는 경우

사업시행자는 투기과열지구내 양수인인 이유로 조합원의 자격을 취득할 수 없는 경우 토지, 건축물 또는 그 밖의 권리를 취득한 자에게 분양신청을 하지 아니한 자 등과 마찬가지로 손실보상을 하여야 한다.

(6) 사업시행계획 및 관리처분계획

① 건축심의

가로주택정비사업 또는 소규모재건축사업의 사업시행자(사업시행자가 시장·군수등인 경우는 제외한다)는 사업시행계획서를 작성하기 전에 사업시행에 따른 건축물의 높이·층수·용적률 등 대통령령으로 정하는 사항에 대하여 지방건축위원회의 심의를 거쳐야 한다.

사업시행자(시장·군수등 또는 토지주택공사등은 제외한다)는 지방건축위원회의 심의를 신청하기 전에 다음 의 어느 하나에 해당하는 동의 또는 의결을 거쳐야 한다.
- 사업시행자가 토지등소유자인 경우에는 주민합의서에서 정하는 토지등소유자의 동의
- 사업시행자가 조합인 경우에는 조합 총회에서 조합원 과반수의 찬성으로 의결. 다만, 정비사업비가 100분의 10(생산자물가상승률분 및 제36조에 따른 손실보상 금액은 제외한다) 이상 늘어나는 경우에는 조합원 3분의 2 이상의 찬성으로 의결
- 사업시행자가 지정개발자인 경우에는 토지등소유자의 과반수 동의 및 토지면적 2분의 1 이상의 토지소유자의 동의

② 분양공고 및 분양신청

가로주택정비사업 또는 소규모재건축사업의 사업시행자는 건축심의 결과를 통지받은 날부터 90일 이내에 다음의 사항을 토지등소유자에게 통지하고, 분양의 대상이

되는 대지 또는 건축물의 내역 등 대통령령으로 정하는 사항을 해당 지역에서 발간되는 일간신문에 공고하여야 한다.

- 분양대상자별 종전의 토지 또는 건축물의 명세 및 건축심의 결과를 통지받은 날을 기준으로 한 가격(건축심의 전에 철거된 건축물은 시장·군수등에게 허가를 받은 날을 기준으로 한 가격)
- 분양대상자별 분담금의 추산액
- 분양신청기간
- 그 밖에 대통령령으로 정하는 사항

분양신청기간은 토지등소유자에게 건축심의결과를 통지한 날부터 30일 이상 60일 이내로 하여야 하고, 관리처분계획의 수립에 지장이 없다고 판단하는 경우에는 분양신청기간을 20일 범위에서 한 차례만 연장할 수 있다.

대지 또는 건축물에 대한 분양을 받으려는 토지등소유자는 분양신청기간에 대통령령으로 정하는 방법 및 절차에 따라 분양신청을 하여야 한다.

③ 사업계획시행인가 및 사업시행계획서·시행규정 작성

사업시행자(사업시행자가 시장·군수등인 경우는 제외한다)는 소규모주택정비사업을 시행하는 경우에는 사업시행계획에 정관등과 그 밖에 국토교통부령으로 정하는 서류를 첨부하여 시장·군수등에게 제출하고 사업시행계획인가를 받아야 하며, 인가받은 사항을 변경하는 경우에도 또한 같다.

사업시행자는 다음의 사항을 포함하는 사업시행계획서를 작성하여야 한다.

- 사업시행구역 및 그 면적
- 토지이용계획(건축물배치계획을 포함한다)
- 정비기반시설 및 공동이용시설의 설치계획
- 임시거주시설을 포함한 주민이주대책
- 사업시행기간 동안 사업시행구역 내 가로등 설치, 폐쇄회로 텔레비전 설치 등 범죄예방대책
- 임대주택의 건설계획
- 건축물의 높이 및 용적률 등에 관한 건축계획
- 사업시행과정에서 발생하는 폐기물의 처리계획

- 정비사업비
- 분양설계 등 관리처분계획
- 그 밖에 사업시행을 위한 사항으로서 대통령령으로 정하는 바에 따라 시·도조례로 정하는 사항

시장·군수등, 토지주택공사등 또는 지정개발자가 단독으로 소규모주택정비사업을 시행하는 경우 다음의 사항을 포함하는 시행규정을 작성하여야 한다.

- 소규모주택정비사업의 종류 및 명칭
- 소규모주택정비사업의 시행연도 및 시행방법
- 비용부담 및 회계
- 토지등소유자의 권리·의무
- 정비기반시설 및 공동이용시설의 부담
- 공고·공람 및 통지의 방법
- 토지 및 건축물에 관한 권리의 평가방법
- 관리처분계획 및 청산(분할징수 또는 납입에 관한 사항을 포함한다). 다만, 수용의 방법으로 시행하는 경우에는 제외한다.
- 시행규정의 변경
- 사업시행계획서의 변경
- 대통령령으로 정하는 기준에 따라 사업관리에 필요한 비용의 책정(사업시행자가 시장·군수등 및 토지주택공사등인 경우로 한정한다)
- 토지등소유자 전체회의(지정개발자가 사업시행자인 경우로 한정한다)

④ 관리처분계획의 내용 및 수립기준

가로주택정비사업 또는 소규모재건축사업의 사업시행자는 분양신청기간이 종료된 때에는 분양신청의 현황을 기초로 다음의 사항을 포함하여 관리처분계획을 수립하여야 한다.

- 분양설계
- 분양대상자의 주소 및 성명
- 분양대상자별 분양예정인 대지 또는 건축물의 추산액(임대관리 위탁주택에 관한 내용을 포함한다)
- 보류지 등의 명세와 추산액 및 처분방법

- 분양대상자별 종전의 토지 또는 건축물 명세 및 건축심의 결과를 받은 날을 기준으로 한 가격
- 정비사업비의 추산액(소규모재건축사업의 경우에는 재건축분담금에 관한 사항을 포함한다) 및 그에 따른 조합원 분담규모 및 분담시기
- 분양대상자의 종전 토지 또는 건축물에 관한 소유권 외의 권리명세
- 세입자별 손실보상을 위한 권리명세 및 그 평가액(취약주택정비사업의 경우로 한정한다)
- 그 밖에 소규모주택정비사업과 관련한 권리 등에 관하여 대통령령으로 정하는 사항

관리처분계획의 내용은 다음의 기준에 따른다.

- 종전의 토지 또는 건축물의 면적, 이용 상황, 환경, 그 밖의 사항을 종합적으로 고려하여 대지 또는 건축물이 균형 있게 분양신청자에게 배분되고 합리적으로 이용되도록 한다.
- 지나치게 좁거나 넓은 토지 또는 건축물은 넓히거나 좁혀 대지 또는 건축물이 적정 규모가 되도록 한다.
- 너무 좁은 토지 또는 건축물이나 정비구역 지정 후 분할된 토지를 취득한 자에게는 현금으로 청산할 수 있다.
- 재해상 또는 위생상의 위해를 방지하기 위하여 토지의 규모를 조정할 특별한 필요가 있는 때에는 너무 좁은 토지를 넓혀 토지에 갈음하여 보상을 하거나 건축물의 일부와 그 건축물이 있는 대지의 공유지분을 교부할 수 있다.
- 분양설계에 관한 계획은 분양신청기간이 만료하는 날을 기준으로 하여 수립한다.
- 1세대 또는 1명이 하나 이상의 주택 또는 토지를 소유한 경우 1주택을 공급하고, 같은 세대에 속하지 아니하는 2명 이상이 1주택 또는 1토지를 공유한 경우에는 1주택만 공급한다. 다만 다음의 경우에는 다음의 방법에 따라 주택을 공급할 수 있다.
  - 2명 이상이 1토지를 공유한 경우로서 시·도조례로 주택공급을 따로 정하고 있는 경우에는 시·도조례로 정하는 바에 따라 주택을 공급할 수 있다.
  - 과밀억제권역에 위치하지 아니한 재건축사업의 토지등소유자, 근로자 숙소·기숙사 용도로 주택을 소유하고 있는 토지등소유자, 국가·지방자치단체 및 토지주

택공사등, 국가균형발전 특별법에 따른 공공기관지방이전시책 및 혁신도시 활성화를 위한 시책 등에 따라 이전하는 공공기관이 소유한 주택을 양수한 자에 해당하는 토지등소유자에게는 소유한 주택 수만큼 공급할 수 있다.

- 종전자산 가격의 범위 또는 종전 주택의 주거전용면적의 범위에서 2주택을 공급할 수 있고, 이 중 1주택은 주거전용면적을 60제곱미터 이하로 한다. 다만, 60제곱미터 이하로 공급받은 1주택은 이전고시일 다음 날부터 3년이 지나기 전에는 주택을 전매(매매·증여나 그 밖에 권리의 변동을 수반하는 모든 행위를 포함하되 상속의 경우는 제외한다)하거나 전매를 알선할 수 없다.
- 가로주택정비사업의 경우에는 3주택 이하로 한정하되, 다가구주택을 소유한 자에 대하여는 보류지 등의 명세와 추산액 및 처분방법에 따른 가격을 분양주택 중 최소분양단위 규모의 추산액으로 나눈 값(소수점 이하는 버린다)만큼 공급할 수 있다.
- 과밀억제권역에서 투기과열지구에 위치하지 아니한 소규모재건축사업의 경우에는 토지등소유자가 소유한 주택수의 범위에서 3주택 이하로 한정하여 공급할 수 있다.

(7) 사업시행을 위한 조치

① 조합설립 미동의자에 대한 매도청구

가로주택정비사업 또는 소규모재건축사업의 사업시행자(토지등소유자가 시행하는 경우는 제외한다)는 건축심의 결과를 받은 날부터 30일 이내에 다음의 자에게 조합설립 또는 사업시행자의 지정에 동의할 것인지 여부를 회답할 것을 서면으로 촉구하여야 한다.

- 조합설립에 동의하지 아니한 자
- 공공시행자 시행 또는 지정개발자 시행에 따라 시장·군수등, 토지주택공사등 또는 지정개발자 지정에 동의하지 아니한 자

촉구를 받은 토지등소유자는 촉구를 받은 날부터 60일 이내에 회답하여야 하고, 그 기간 내에 회답하지 아니한 토지등소유자는 조합설립 또는 사업시행자의 지정에 동의하지 아니하겠다는 뜻을 회답한 것으로 보며, 사업시행자는 회답기간이 만료된 때부터 60일 이내에 조합설립 또는 사업시행자 지정에 동의하지 아니하겠다는 뜻을 회답한 토

지등소유자와 건축물 또는 토지만 소유한 자에게 건축물 또는 토지의 소유권과 그 밖의 권리를 매도할 것을 청구할 수 있다.

② 분양신청을 하지 아니한 자 등에 대한 조치

가로주택정비사업 또는 소규모재건축사업의 사업시행자는 사업시행계획이 인가·고시된 날부터 90일 이내에 다음에서 정하는 자와 토지, 건축물 또는 그 밖의 권리의 손실보상에 관한 협의를 하여야 한다. 다만, 사업시행자는 분양신청기간 종료일부터 협의를 시작할 수 있다.

- 분양신청을 하지 아니한 자
- 분양신청기간 종료 이전에 분양신청을 철회한 자
- 인가된 관리처분계획에 따라 분양대상에서 제외된 자

사업시행자는 보상 협의가 성립되지 않은 경우에는 그 기간의 만료일 다음 날부터 60일 이내에 수용재결을 신청하거나 매도청구소송을 제기하여야 하고, 만일 사업시행자가 그 기간을 넘겨서 수용재결을 신청하거나 매도청구소송을 제기한 경우 대통령령으로 정하는 바에 따라 해당 토지등소유자에게 지연일수(遲延日數)에 따른 이자를 지급하여야 한다.

③ 종전 건축물 등 사용·수익의 중지 및 철거

종전의 토지 또는 건축물의 소유자·지상권자·전세권자·임차권자 등 권리자는 사업시행계획이 인가된 때에는 이전고시가 있는 날까지 종전의 토지 또는 건축물을 사용하거나 수익할 수 없다. 다만, 다음의 어느 하나에 해당하는 경우에는 그러하지 아니하다.

- 사업시행자의 동의를 받은 경우
- 토지보상법따른 손실보상이 완료되지 않은 경우

사업시행자는 사업시행계획인가를 받은 후 기존의 건축물을 철거하여야 한다. 기존 건축물의 붕괴 등 안전사고의 우려가 있는 경우 및 폐공가의 밀집으로 범죄발생의 우려가 있는 경우에는 사업시행계획인가 전이라도 기존 건축물 소유자의 동의 및 시장·군수등의 허가를 받아 해당 건축물을 철거할 수 있다.

④ 지상권 등 계약의 해지

소규모주택정비사업의 시행으로 지상권·전세권 또는 임차권의 설정 목적을 달성할 수 없는 때에는 그 권리자는 계약을 해지할 수 있고, 계약을 해지할 수 있는 자가 가지는 전세금·보증금, 그 밖의 계약상의 금전의 반환청구권은 사업시행자에게 행사할 수 있다.

계약을 해지할 수 있는 자의 금전의 반환청구권의 행사로 해당 금전을 지급한 사업시행자는 해당 토지등소유자에게 구상할 수 있고, 구상이 되지 아니한 경우에는 해당 토지등소유자에게 귀속될 대지 또는 건축물을 압류할 수 있다. 이 경우 압류한 권리는 저당권과 동일한 효력을 가진다.

(8) 공사완료에 따른 조치

① 준공인가 및 공사완료고시

시장·군수등이 아닌 사업시행자가 소규모주택정비사업 공사를 완료한 때에는 시장·군수등의 준공인가를 받아야 한다. 준공인가신청을 받은 시장·군수등은 지체 없이 준공검사를 실시하여, 인가받은 사업시행계획대로 완료되었다고 인정되는 때에는 준공인가를 하고 그 사실을 해당 지방자치단체의 공보에 고시하여야 한다.

시장·군수등은 직접 시행하는 소규모주택정비사업에 관한 공사가 완료된 때에는 그 사실을 해당 지방자치단체의 공보에 고시하여야 한다.

② 이전고시 및 권리변동의 제한

사업시행자는 공사완료고시가 있은 때에는 지체 없이 대지확정측량을 하고 토지의 분할절차를 거쳐 관리처분계획에서 정한 사항을 분양받을 자에게 통지하고 대지 또는 건축물의 소유권을 이전하여야 하는데, 사업시행자는 제1항에 따라 대지 및 건축물의 소유권을 이전하는 때에는 그 내용을 해당 지방자치단체의 공보에 고시하여야 하여야 한다.

대지 또는 건축물을 분양받을 자는 이전고시가 있은 날의 다음 날에 그 대지 또는 건축물의 소유권을 취득하고, 사업시행자는 이전고시가 있은 때에는 지체 없이 대지 및 건축물에 관한 등기를 지방법원 또는 등기소에 촉탁 또는 신청하여야 한다.

③ 청 산 금

사업시행자는 대지 또는 건축물을 분양받은 자가 종전에 소유하고 있던 토지 또는 건축물의 가격과 분양받은 대지 또는 건축물의 가격 사이에 차이가 있는 경우 이전고시가 있은 후에 그 차액에 상당하는 청산금을 분양받은 자로부터 징수하거나 분양받은 자에게 지급하여야 한다.

사업시행구역에 있는 토지 또는 건축물에 저당권을 설정한 권리자는 사업시행자가 저당권이 설정된 토지 또는 건축물의 소유자에게 청산금을 지급하기 전에 압류절차를 거쳐 저당권을 행사할 수 있다.

(9) 사업활성화를 위한 지원

① 보조 및 융자

지방자치단체는 시장·군수등이 아닌 사업시행자가 시행하는 빈집정비사업 또는 소규모주택정비사업에 드는 비용의 일부를 보조 또는 출자·융자하거나 융자를 알선할 수 있다.

② 공동이용시설 사용료 등의 감면

지방자치단체의 장은 마을공동체 활성화 등 공익 목적을 위하여 사업시행구역 내 공동이용시설에 대한 사용 허가 또는 대부를 하는 경우 사용료 또는 대부료를 감면할 수 있다.

③ 빈집정비사업에 대한 개축·용도변경의 특례

빈집정비사업의 사업시행자는 해당 빈집이 법령의 제정·개정이나 그 밖에 대통령령으로 정하는 사유로 대지나 건축물이 법령에 맞지 아니하게 된 경우에는 대통령령으로 정하는 범위에서 지방건축위원회의 심의를 거쳐 개축 또는 용도변경을 할 수 있다.

④ 정비구역의 행위제한에 관한 특례

정비구역에서는 시장·군수등의 허가 없이 건축물의 건축, 공작물의 설치 등 행위가 제한되지만, 사업시행자는 현지개량방법(사업시행자가 정비구역에서 정비기반시설 및 공동이용시설을 새로 설치하거나 확대하고 토지등소유자가 스스로 주택을 보전·정비하거나 개량하는 방법)으로 주거환경개선사업을 시행하는 정비구역에서는 빈집정비사업 또는 소규모주택

정비사업을 시행할 수 있다.

⑤ 건축규제의 완화 등에 관한 특례

사업시행자는 자율주택정비사업, 가로주택정비사업 또는 취약주택정비사업의 시행으로 건설하는 건축물에 대하여 다음의 어느 하나에 해당하는 사항은 지방건축위원회의 심의를 거쳐 그 기준을 완화받을 수 있다.

- 건축법에 따른 대지의 조경기준
- 건축법에 따른 건폐율의 산정기준(경사지에 위치한 가로구역으로 한정한다)
- 건축법에 따른 대지 안의 공지기준
- 건축법에 따른 건축물의 높이 제한
- 주택법에 따른 부대시설 및 복리시설의 설치기준
- 그 외에 사업의 원활한 시행을 위하여 대통령령으로 정하는 사항

사업시행자는 소규모주택정비사업의 시행으로 건설하는 건축물에 공동이용시설 및 복리시설로서 대통령령으로 정하는 공동시설을 설치하는 경우에 국토계획법에 따라 해당 지역에 적용되는 용적률에 공동이용시설등에 해당하는 용적률을 더한 범위에서 시·도조례로 정하는 용적률을 적용받을 수 있다.

시장·군수등은 사업시행자가 빈집정비사업 또는 소규모주택정비사업의 시행으로 건설하는 건축물에 대하여 주차장법에 따른 노상주차장 및 노외주차장을 사용할 수 있는 권리)를 확보하는 경우 그에 상응하는 범위에서 주차장 설치기준을 완화할 수 있다.

⑥ 임대주택 건설에 따른 특례

사업시행자는 빈집정비사업 또는 소규모주택정비사업의 시행으로 다음의 임대주택을 건설하는 경우 국토계획법에 따라 시·도조례로 정한 용적률에도 불구하고 관계법령에 따른 용적률의 상한까지 건축할 수 있다.

- 공공임대주택
- 공공지원민간임대주택

시장·군수등은 사업시행자가 임대주택을 다세대주택이나 다가구주택으로 건설하는 경우 주차장 설치기준에 관하여 주택법에도 불구하고 대통령령으로 정하는 기준을 적용한다.

⑦ 정비지원기구

국토교통부장관은 빈집정비사업 및 소규모주택정비사업의 활성화를 위하여 다음의 어느 하나의 기관을 정비지원기구로 지정할 수 있다.

- 한국토지주택공사
- 국토연구원
- 그 밖에 대통령령으로 정하는 공공기관

정비지원기구는 다음의 업무를 대행할 수 있다.

- 빈집정비사업 및 소규모주택정비사업의 정책 지원
- 빈집정비사업 및 소규모주택정비사업의 상담 및 교육 지원
- 빈집정비사업 및 소규모주택정비사업의 사업시행계획 및 관리처분계획의 수립 지원
- 그 밖에 국토교통부령으로 정하는 업무

⑧ 임대관리업무 등의 지원

국토교통부장관 또는 지방자치단체의 장은 빈집정비사업 또는 소규모주택정비사업의 사업시행자가 자신이 소유한 주택을 개량한 후 의무임대기간, 최초 임대료 및 연간인상률 등 대통령령으로 정하는 조건을 갖춘 임대주택으로 공급하는 경우 다음의 임대관리업무를 지원할 수 있다.

- 임대사업을 하려는 자의 모집 및 선정
- 임대주택의 건설 및 매입
- 임차인의 모집·입주 및 명도·퇴거
- 임대료의 부과·징수 등의 업무

국토교통부장관 또는 지방자치단체이 장은 임대관리업무를 한국토지주택공사에 위탁할 수 있다. 이 경우 위탁을 받은 한국토지주택공사는 주택임대관리업을 하는 자에게 다시 위탁할 수 있다.

■ 도시 및 주거환경정비법 시행규칙 [별지 제1호 서식]

안전진단 요청서

※ 색상이 어두운 란은 동의자가 적지 않습니다. (앞 쪽)

<table>
<tr><td colspan="3">접수번호</td><td colspan="3">접수일</td><td colspan="3">처리기간 30일</td></tr>
<tr><td rowspan="4">신청인</td><td colspan="2">추진위원회 명칭</td><td colspan="6"></td></tr>
<tr><td rowspan="2">대표자</td><td>성명</td><td colspan="3"></td><td>생년월일</td><td colspan="2"></td></tr>
<tr><td>주소</td><td colspan="3"></td><td>전화번호</td><td colspan="2"></td></tr>
<tr><td colspan="2">주된 사무소 소재지</td><td colspan="3"></td><td>전화번호</td><td colspan="2"></td></tr>
<tr><td rowspan="11">기존 건축물</td><td colspan="2">대지위치</td><td colspan="6"></td></tr>
<tr><td colspan="2">사업계획승인일</td><td colspan="2"></td><td>사용검사일</td><td colspan="2"></td></tr>
<tr><td colspan="2">착공일</td><td colspan="2"></td><td>준공일</td><td colspan="2"></td></tr>
<tr><td colspan="2">설계자</td><td colspan="2"></td><td>시공자</td><td colspan="2"></td></tr>
<tr><td colspan="2">대지면적</td><td colspan="2">㎡</td><td>건축면적</td><td colspan="2">㎡</td></tr>
<tr><td colspan="2">연면적</td><td colspan="2">㎡</td><td>용적률</td><td colspan="2">%</td></tr>
<tr><td colspan="2">동수</td><td colspan="2"></td><td>세대수</td><td colspan="2"></td></tr>
<tr><td colspan="2">구조방식</td><td colspan="2"></td><td>난방방식</td><td colspan="2"></td></tr>
<tr><td colspan="2">동 고유번호</td><td>동 명칭 및 번호</td><td>연면적 (㎡)</td><td>동 고유번호</td><td>동 명칭 및 번호</td><td>연면적 (㎡)</td></tr>
<tr><td colspan="2"></td><td></td><td></td><td></td><td></td><td></td></tr>
<tr><td colspan="2"></td><td></td><td></td><td></td><td></td><td></td></tr>
<tr><td colspan="3">신청사유</td><td colspan="6"></td></tr>
</table>

「도시 및 주거환경정비법」 제12조제2항 및 같은 법 시행규칙 제3조에 따라 위와 같이 안전진단을 신청합니다.

년 월 일

신청인 대표 (서명 또는 인)

시장·군수·구청장 귀하

신청인 제출서류	1. 사업지역 및 주변지역의 여건 등에 관한 현황도 2. 결함부위의 현황사진	수수료 없음

210㎜×297㎜[백상지(80g/㎡) 또는 중질지(80g/㎡)]

(뒤 쪽)

처 리 절 차

이 신청서는 아래와 같이 처리됩니다.

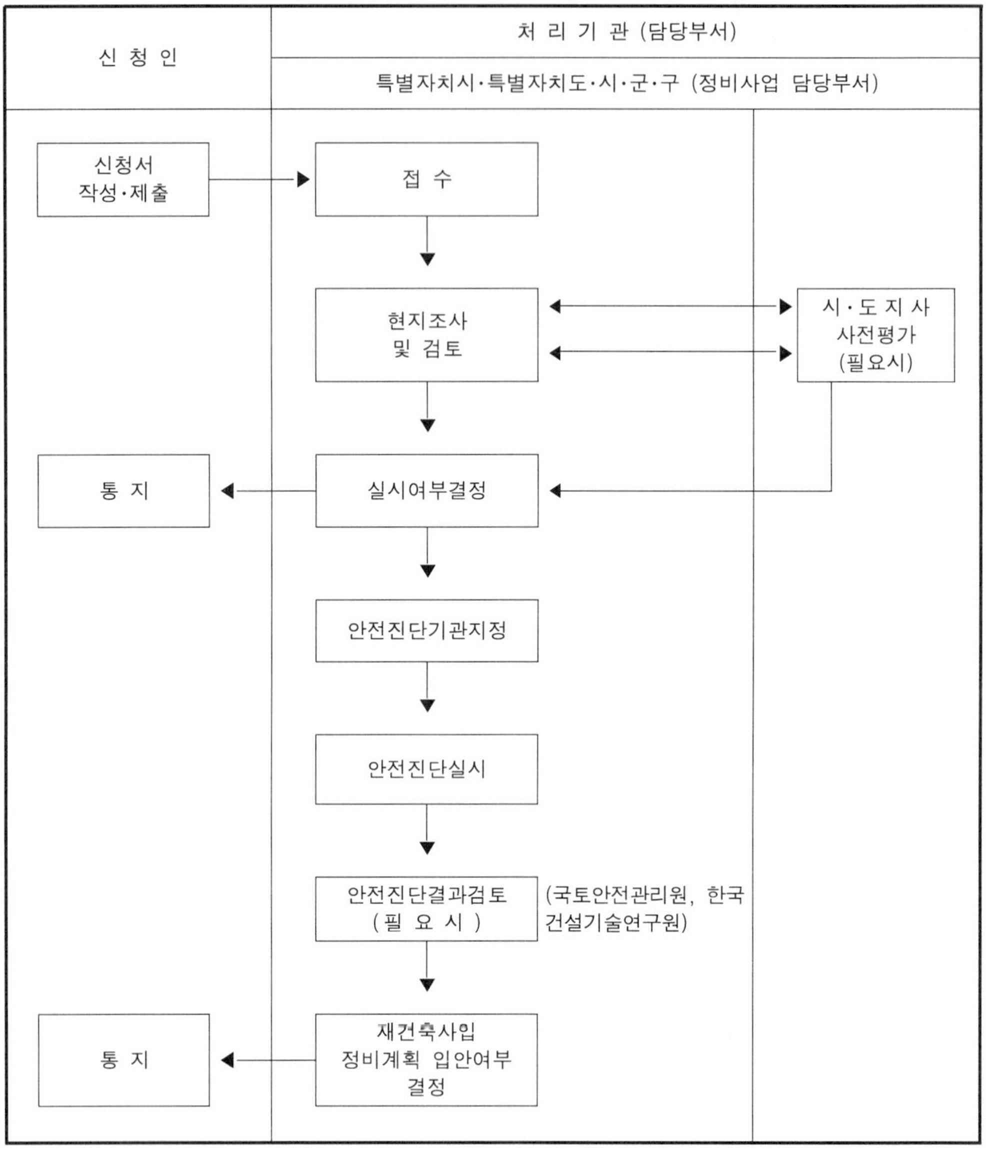

■ 도시 및 주거환경정비법 시행규칙 [별지 제2호 서식]

사업시행자(신탁업자) 지정 동의서

(앞 쪽)

Ⅰ. 동의자 현황

<table>
<tr><td rowspan="2">인 적
사 항</td><td>성 명</td><td></td><td>생년월일</td><td></td></tr>
<tr><td>주민등록상
주 소</td><td></td><td>전화번호</td><td></td></tr>
</table>

<table>
<tr><td rowspan="14">소유권
현 황</td><td rowspan="4">토 지
(총 필지)</td><td>소 재 지 (공유 여부)</td><td>면적(㎡)</td></tr>
<tr><td>( )</td><td></td></tr>
<tr><td>( )</td><td></td></tr>
<tr><td>( )</td><td></td></tr>
<tr><td rowspan="4">건 축 물</td><td>소 재 지 (허가 유무)</td><td>동 수</td></tr>
<tr><td>( )</td><td></td></tr>
<tr><td>( )</td><td></td></tr>
<tr><td>( )</td><td></td></tr>
<tr><td rowspan="3">지 상 권
(건축물 외의 수목 또는 공작물의 소유 목적으로 설정한 권리를 말합니다)</td><td>설 정 토 지</td><td>지상권의 내용</td></tr>
<tr><td></td><td></td></tr>
<tr><td></td><td></td></tr>
</table>

Ⅱ. 동의 내용

1. 신탁업자 현황

<table>
<tr><td>명 칭</td><td></td><td>법인등록번호</td><td></td></tr>
<tr><td>대표자</td><td></td><td>주된 사무소
전화번호</td><td></td></tr>
<tr><td>주된 사무소
소재지</td><td colspan="3"></td></tr>
</table>

2. 정비사업 내용

<table>
<tr><td rowspan="2">가. 신축건축물의 설계개요</td><td>대지 면적
(공부상 면적)</td><td>건축 연면적</td><td colspan="2">규 모</td><td>비 고</td></tr>
<tr><td>㎡</td><td>㎡</td><td colspan="2"></td><td></td></tr>
<tr><td rowspan="2">나. 공사비 등 정비사업에 드는 비용</td><td>철거비</td><td>신축비</td><td>신탁보수</td><td>그 밖의 비용</td><td>합 계</td></tr>
<tr><td></td><td></td><td></td><td></td><td></td></tr>
</table>

210㎜×297㎜[백상지(80g/㎡) 또는 중질지(80g/㎡)]

(뒷 쪽)

다. 나목에 따른 비용의 분담

1) 시행규정 및 신탁계약에 따라 경비를 부과·징수하고, 관리처분 시 임시정산하며, 신탁종료 시 정산금을 최종 확정합니다.

2) 신탁업자의 시행에 동의한 토지등소유자 소유 자산의 가치를 시행규정 및 신탁계약서에서 정하는 바에 따라 산정하여 그 비율에 따라 비용을 부담합니다.

3) 분양대상자별 분담금 추산방법(예시)
분양대상자별 분담금 추산액 = 분양예정인 대지 및 건축물의 추산액 - (분양대상자별 종전의 토지 및 건축물의 가격 × 비례율*)

* 비례율 = (사업완료 후의 대지 및 건축물의 총 수입 - 총사업비) / 종전의 토지 및 건축물의 총 가액

라. 신축건축물 구분소유권의 귀속

※ 개별 정비사업의 특성에 맞게 정합니다. 다만, 신축 건축물의 배정은 토지소유자의 의사가 최대한 반영되도록 하되, 같은 면적의 주택 분양에 경합이 있는 경우에는 종전 토지 및 건축물의 가격 등을 고려하여 우선 순위를 정하거나 추첨에 따르는 등 구체적인 배정방법을 정하여 향후 관리처분계획을 수립할 때 분양면적별 배분의 기준이 되도록 합니다.

3. 추진위원회 구성승인 또는 조합설립인가의 취소

「도시 및 주거환경정비법」 제27조제5항에 따라 시장·군수등이 신탁업자를 사업시행자로 지정·고시한 때에는 그 고시일 다음 날에 **추진위원회의 구성승인 또는 조합설립인가가 취소**된 것으로 봅니다.

4. 시행규정

「도시 및 주거환경정비법」 제27조제4항에 따라 이 동의서에 포함된 시행규정에 대해 동의하고, 같은 법 제48조에 따라 시행규정이 변경되는 경우 이의 없이 따릅니다.

5. 신탁계약

(　　　　　　)재개발사업·재건축사업의 사업시행자를 위의 신탁업자로 지정하는 것에 필요한 신탁계약에 관한 사항(「도시 및 주거환경정비법」 제27조제4항에 따라 이 동의서에 포함된 것을 말합니다)과 **사업이 취소·해지 등의 사유로 중단되는 경우 사업에 든 비용의 부담 내역과 부담방법** 등에 대해 사전에 충분히 설명·고지 받았으며, 신탁계약에 동의합니다.

※ 본 동의서를 제출한 경우에도 해당 신탁업자를 사업시행자로 지정하는 것에 반대하고자 할 경우 「도시 및 주거환경정비법 시행령」 제33조제2항에 따라 동의를 철회할 수 있습니다.

위와 같이 본인은 (　　　　　　)재개발사업·재건축사업 시행구역의 토지등소유자로서 위의 동의 내용을 숙지하고 동의하며, 「도시 및 주거환경정비법」 제27조제1항제3호에 따라 위의 신탁업자를 사업시행자로 지정하는 것에 동의합니다.

년　　월　　일

위 동의자 : (자필로 이름을 써넣음) 지장날인

(　　　　　　) 추진위원회·조합·신탁회사 귀중

신청인 제출서류	1. 토지등소유자 신분증명서 사본 1부.	수수료 없음

210㎜×297㎜[백상지(80g/㎡) 또는 중질지(80g/㎡)]

■ 도시 및 주거환경정비법 시행규칙 [별지 제3호 서식]

조합설립추진위원회 승인신청서

[□재개발사업, □재건축사업]

※ 색상이 어두운 란은 동의자가 적지 않습니다.

<table>
<tr><td colspan="3">접수번호</td><td>접수일</td><td colspan="2">처리기간 30일</td></tr>
<tr><td rowspan="3">신청인</td><td colspan="2">추진위원회 명 칭</td><td colspan="3"></td></tr>
<tr><td rowspan="2">대표자</td><td>성명</td><td></td><td>생년월일</td><td></td></tr>
<tr><td>주소</td><td></td><td>전화번호</td><td></td></tr>
<tr><td rowspan="3">추진위원회 구성 내역</td><td colspan="2">주된 사무소 소재지</td><td></td><td>전화번호</td><td></td></tr>
<tr><td rowspan="2">사업 시행 예정 구역</td><td>구역 명칭</td><td></td><td>구역면적</td><td>㎡</td></tr>
<tr><td>위치</td><td colspan="3"></td></tr>
<tr><td>동의 사항</td><td>토지 등소 유자 수</td><td colspan="2">명
(토지소유자: 명)
(건축물소유자: 명)
(지상권자: 명)
(주택 및 토지소유자: 명)
(부대시설·복리시설 및 토지소유자: 명)</td><td>동의율</td><td>%
(동의자 수 / 토지등소유자수)</td></tr>
</table>

「도시 및 주거환경정비법」 제31조제1항 및 같은 법 시행규칙 제7조에 따라 위와 같이 조합설립추진위원회의 구성 승인을 신청합니다.

년 월 일

신청인 대표 (서명 또는 인)

특별자치시장·특별자치도지사
시장·군수·구청장 귀하

<table>
<tr><td>신청인 제출서류</td><td>1. 토지등소유자의 명부
2. 토지등소유자의 동의서
3. 위원장 및 위원의 주소 및 성명
4. 위원선정을 증명하는 서류</td><td>수수료 없음</td></tr>
</table>

이 신청서는 다음과 같이 처리됩니다.

처리절차

신청서 작성	→	접 수	→	검 토	→	승 인	→	통 지
신청인		특별자치시·특별자치도·시·군·구		특별자치시·특별자치도·시·군·구		특별자치시·특별자치도·시·군·구		특별자치시·특별자치도·시·군·구

210㎜×297㎜[백상지(80g/㎡) 또는 중질지(80g/㎡)]

■ 도시 및 주거환경정비법 시행규칙 [별지 제4호 서식]

정비사업 조합설립추진위원회 구성동의서

※ 색상이 어두운 란은 동의자가 적지 않습니다. (앞 쪽)

행정기관에서 부여한 연번범위		연 번	/

Ⅰ. 소유자 인적사항

인 적 사 항	성 명		생년월일	
	주민등록상 주 소		전화번호	

<table>
<tr><td rowspan="14">소유권 현 황</td><td colspan="4">※ 재건축사업의 경우</td></tr>
<tr><td colspan="2">소유권 위치(주소)</td><td colspan="2"></td></tr>
<tr><td colspan="2">등기상 건축물지분(면적)</td><td>㎡</td><td>등기상 대지지분(면적) ㎡</td></tr>
<tr><td colspan="4">※ 재개발사업의 경우</td></tr>
<tr><td rowspan="10">권리 내역</td><td rowspan="4">토지</td><td>소재지 (공유여부)</td><td>면적(㎡)</td></tr>
<tr><td>(계 필지)</td><td></td></tr>
<tr><td>( )</td><td></td></tr>
<tr><td>( )</td><td></td></tr>
<tr><td rowspan="3">건축물</td><td>소재지 (허가유무)</td><td>동 수</td></tr>
<tr><td>( )</td><td></td></tr>
<tr><td>( )</td><td></td></tr>
<tr><td rowspan="3">지상권 (건축물 외 수목 또는 공작물의 소유목적)</td><td>설정 토지</td><td>지상권의 내용</td></tr>
<tr><td></td><td></td></tr>
<tr><td></td><td></td></tr>
</table>

Ⅱ. 동의사항

<table>
<tr><td>1. 추진위원회 명칭</td><td colspan="4"></td></tr>
<tr><td rowspan="10">2. 추진위원회 구성
※ 공란으로 두고 동의를 얻을 수 없습니다.</td><td>직 책</td><td>성 명</td><td>생년월일</td><td>주 소</td></tr>
<tr><td>위원장</td><td></td><td></td><td></td></tr>
<tr><td>감 사</td><td></td><td></td><td></td></tr>
<tr><td>부위원장</td><td></td><td></td><td></td></tr>
<tr><td rowspan="6">추진위원</td><td></td><td></td><td></td></tr>
<tr><td></td><td></td><td></td></tr>
<tr><td></td><td></td><td></td></tr>
<tr><td></td><td></td><td></td></tr>
<tr><td></td><td></td><td></td></tr>
<tr><td></td><td></td><td></td></tr>
</table>

210㎜×297㎜[백상지(80g/㎡) 또는 중질지(80g/㎡)]

(뒤 쪽)

3. 추진위원회 업무	(1) 정비사업전문관리업자, 설계자 선정(필요시) (2) 개략적인 사업시행계획서의 작성 (3) 조합설립 인가를 받기 위한 준비업무 (4) 조합정관 초안 작성 (5) 조합설립을 위한 토지등소유자의 동의서 받기 (6) 조합설립을 위한 창립총회의 개최
4. 운영규정	※ 별첨

Ⅲ. 동의내용

가. 본인은 동의서에 자필서명 및 지장날인하기 전에 동의서를 얻으려는 자로부터 다음 각 호의 사항을 사전에 충분히 설명·고지 받았습니다.

(1) 본 동의시의 제출 시 「도시 및 주거환경정비법」 제31조제2항에 따라 조합설립에 동의한 것으로 의제된다는 사항

(2) 본 동의서를 제출한 경우에도 조합설립에 반대하고자 할 경우 「도시 및 주거환경정비법 시행령」 제33조제2항에 따라 조합설립인가 신청 전에 반대의 의사표시를 함으로써 조합설립에 동의한 것으로 의제되지 않도록 할 수 있음과 반대의 의사표시의 절차에 관한 사항

나. 본인은 Ⅱ. 동의 사항(추진위원회 명칭, 구성, 업무, 운영규정)이 빠짐없이 기재되어 있음을 확인하고 충분히 숙지하였으며, 기재된 바와 같이 추진위원장, (부위원장), 감사 및 추진위원으로 하여 000 재건축/재개발사업 조합설립추진위원회를 구성하고 동 추진위원회가 Ⅱ. 동의 사항 중 3. 추진위원회 업무를 추진하는데 동의함.

년 월 일

위 동의자 : (자필로 이름을 써넣음) 지장날인

( )사업 조합설립추진위원회 귀중

신청인 제출서류	1. 토지등소유자 신분증명서 사본 1부.	수수료 없음

210㎜×297㎜[백상지(80g/㎡) 또는 중질지(80g/㎡)]

■ 도시 및 주거환경정비법 시행규칙 [별지 제5호 서식]

조합설립(변경) 인가신청서

[□재개발사업, □재건축사업]

※ 색상이 어두운 란은 동의자가 적지 않습니다. (앞 쪽)

<table>
<tr><td colspan="3">접수번호</td><td colspan="2">접수일</td><td colspan="2">처리기간 30일</td></tr>
<tr><td rowspan="3">신청인</td><td colspan="2">조합 명칭</td><td colspan="4"></td></tr>
<tr><td rowspan="2">대표자</td><td>성명</td><td colspan="2"></td><td>생년월일</td><td></td></tr>
<tr><td>주소</td><td colspan="2"></td><td>전화번호</td><td></td></tr>
<tr><td rowspan="4">조합 설립 내역</td><td colspan="2">주된 사무소 소재지</td><td colspan="2"></td><td>전화번호</td><td></td></tr>
<tr><td rowspan="2">사업 시행 예정 구역</td><td>구역 명칭</td><td colspan="2"></td><td>구역면적</td><td>㎡</td></tr>
<tr><td>위치</td><td colspan="4"></td></tr>
<tr><td colspan="2">조합원 수</td><td>명</td><td>사업시행인가 신청예정시기</td><td colspan="2">구역지정 고시일(년 월 일) 부터 ( ) 이내</td></tr>
<tr><td>동의 사항</td><td colspan="2">토지 등소 유자 수</td><td colspan="2">명
(토지소유자: 명)
(건축물소유자: 명)
(지상권자: 명)
(주택 및 토지소유자: 명)
(부대시설·복리시설 및 토지소유자: 명)</td><td>동의율</td><td>%
(동의자 수 / 토지등소유자수)</td></tr>
<tr><td colspan="2" rowspan="2">정비사업 전문관리업자</td><td>명 칭</td><td colspan="2"></td><td>대표자</td><td></td></tr>
<tr><td>주된 사무소 소재지</td><td colspan="2"></td><td>전화번호</td><td></td></tr>
</table>

「도시 및 주거환경정비법」 제35조, 같은 법 시행령 제30조 및 같은 법 시행규칙 제8조에 따라 위와 같이 조합설립(변경)인가를 신청합니다.

년 월 일

신청인 대표 (서명 또는 인)

특별자치시장·특별자치도지사
시장·군수·구청장 귀하

210㎜×297㎜[백상지(80g/㎡) 또는 중질지(80g/㎡)]

(뒤 쪽)

신청인 제출서류	1. 설립인가 : 다음 각 목의 서류 가. 조합정관 나. 조합원명부(조합원자격을 증명하는 서류 첨부) 다. 공사비 등 정비사업에 드는 비용을 기재한 토지등소유자의 조합설립동의서 및 동의사항을 증명하는 서류 라. 창립총회 회의록(총회참석자 연명부를 포함합니다) 마. 토지·건축물 또는 지상권이 여럿이서 공유하는 경우에는 그 대표자의 선임동의서 바. 창립총회에서 임원·대의원을 선임한 때에는 선임된 자의 자격을 증명하는 서류 사. 건축계획(주택을 건설하는 경우에는 주택건설예정세대수를 포함하여야 합니다), 건축예정지의 지번·지목 및 등기명의자, 도시관리계획상의 용도지역, 대지 및 주변현황을 기재한 사업계획서 아. 그 밖에 시·도조례로 정하는 서류 2. 변경인가의 경우 : 변경내용을 증명하는 서류	수수료 없음

이 신청서는 다음과 같이 처리됩니다.

처리절차

신청서 작성	➔	접 수	➔	검 토	➔	인 가	➔	통 지
신청인		특별자치시·특별자치도·시·군·구		특별자치시·특별자치도·시·군·구		특별자치시·특별자치도·시·군·구		특별자치시·특별자치도·시·군·구

210㎜×297㎜[백상지(80g/㎡) 또는 중질지(80g/㎡)]

■ 도시 및 주거환경정비법 시행규칙 [별지 제6호 서식]

조합설립 동의서
[□재개발사업, □재건축사업]

※ 색상이 어두운 란은 동의자가 적지 않습니다. (3쪽 중 제1쪽)

행정기관에서 부여한 연번범위		연 번	/

Ⅰ. 동의자 현황

구분				
인적 사항	성 명		생년월일	
	주민등록상 주 소		전화번호	
소유권 현황 ※ 재개발 사업인 경우	토 지 (총 필지)	소 재 지 (공유 여부)		면적(㎡)
		( )		
		( )		
		( )		
	건 축 물	소 재 지 (허가 유무)		동 수
		( )		
		( )		
		( )		
	지 상 권 (건축물 외의 수목 또는 공작물의 소유 목적으로 설정한 권리를 말합니다)	설 정 토 지		지상권의 내용
소유권 현황 ※ 재건축 사업인 경우	소유권 위치 (주소)	(단독주택) (아파트·연립주택) (상가)		
	등기상 건축물지분 (면적, ㎡)		등기상 대지지분 (면적, ㎡)	

210㎜×297㎜[백상지(80g/㎡) 또는 중질지(80g/㎡)]

(3쪽 중 제2쪽)

Ⅱ. 동의 내용

1. 조합설립 및 정비사업 내용

<table>
<tr><td rowspan="2">가. 신축건축물의 설계개요</td><td>대지 면적
(공부상 면적)</td><td>건축 연면적</td><td>규 모</td><td>비 고</td></tr>
<tr><td>㎡</td><td>㎡</td><td></td><td></td></tr>
<tr><td rowspan="2">나. 공사비 등 정비사업에 드는 비용</td><td>철거비</td><td>신축비</td><td>그 밖의 비용</td><td>합 계</td></tr>
<tr><td></td><td></td><td></td><td></td></tr>
<tr><td>다. 나목에 따른 비용의 분담</td><td colspan="4">1) 조합정관에 따라 경비를 부과·징수하고, 관리처분 시 가청산하며, 조합청산 시 청산금을 최종 확정합니다.
2) 조합원 소유 자산의 가치를 조합정관이 정하는 바에 따라 산정하여 그 비율에 따라 비용을 부담합니다.
3) 분양대상자별 분담금 추산방법(예시)
분양대상자별 분담금 추산액 = 분양예정인 대지 및 건축물의 추산액 - (분양대상자별 종전의 토지 및 건축물의 가격 × 비례율*)
* 비례율 = (사업완료 후의 대지 및 건축물의 총 수입 - 총사업비) / 종전의 토지 및 건축물의 총 가액</td></tr>
<tr><td>라. 신축건축물 구분소유권의 귀속에 관한 사항</td><td colspan="4">※ 개별 정비사업의 특성에 맞게 정합니다. 다만, 신축 건축물의 배정은 토지소유자의 의사가 최대한 반영되도록 하되, 같은 면적의 주택 분양에 경합이 있는 경우에는 종전 토지 및 건축물의 가격 등을 고려하여 우선 순위를 정하거나 추첨에 따르는 등 구체적인 배정방법을 정하여 향후 관리처분계획을 수립할 때 분양면적별 배분의 기준이 되도록 합니다.

(예시)
1) 사업시행 후 분양받을 주택 등의 면적은 분양면적(전용면적+공용면적)을 기준으로 하고, 대지는 분양받은 주택 등의 면적 비례에 따라 공유지분으로 분양합니다.
2) 조합정관에서 정하는 관리처분계획에 관한 기준에 따라 주택을 소유한 조합원의 신축 건축물에 대한 분양면적 결정은 조합원의 신청규모를 우선적으로 고려하되, 같은 규모에서 경합이 있는 경우에는 종전 토지 및 건축물의 가격이 높은 순서에 따르고, 동·호수는 전산추첨으로 결정합니다.
3) 조합원에게 우선분양하고 남는 잔여주택 및 상가 등 복리시설은 관계법령과 조합정관이 정하는 바에 따라 일반분양합니다.
4) 토지는 사업완료 후 지분등기하며 건축물은 입주조합원 각자 보존등기합니다.</td></tr>
</table>

2. 조합장 선정동의

조합의 대표자(조합장)는 조합원총회에서 조합정관에 따라 선출된 자로 합니다.

210㎜×297㎜[백상지(80g/㎡) 또는 중질지(80g/㎡)]

3. 조합정관 승인

「도시 및 주거환경정비법」 제35조에 따라 정비사업 조합을 설립할 때 그 조합정관을 신의성실의 원칙에 따라 준수하며, 조합정관이 정하는 바에 따라 조합정관이 변경되는 경우 이의 없이 따릅니다.

* 조합정관 간인은 임원 및 감사 날인으로 대체합니다.

4. 정비사업 시행계획서

(　　　　　　　)재개발사업·재건축사업 조합설립추진위원회에서 작성한 정비사업 시행계획서와 같이 재개발사업·재건축사업을 합니다.

※ 본 동의서를 제출한 경우에도 조합설립에 반대하고자 할 경우 「도시 및 주거환경정비법 시행령」 제33조제2항에 따라 조합설립인가를 신청하기 전까지 동의를 철회할 수 있습니다. 다만, 동의 후 「도시 및 주거환경정비법 시행령」 제31조제2항 각 호의 사항이 변경되지 아니한 경우에는 최초로 동의한 날부터 30일까지만 철회할 수 있으며, 30일이 경과되지 아니한 경우에도 조합설립을 위한 창립총회 후에는 철회할 수 없습니다.

위와 같이 본인은 (　　　　　　　)재개발사업·재건축사업 시행구역의 토지등소유자로서 위의 동의 내용을 숙지하고 동의하며, 「도시 및 주거환경정비법」 제35조에 따른 조합의 설립에 동의합니다. 또한, 위의 조합 설립 및 정비사업 내용은 사업시행계획인가내용, 시공자 등과의 계약내용 및 제반 사업비의 지출내용에 따라 변경될 수 있으며, 그 내용이 변경됨에 따라 조합원 청산금 등의 조정이 필요할 경우 「도시 및 주거환경정비법」 및 같은 법 시행령에서 정하는 변경절차를 거쳐 사업을 계속 추진하는 것에 동의합니다.

년　　월　　일

위 동의자 : (자필로 이름을 써넣음) 지장날인

(　　　) 재개발사업
(　　　) 재건축사업　　**조합설립추진위원회** 귀중

신청인 제출서류	1. 토지등소유자 신분증명서 사본 1부.	수수료 없음

210㎜×297㎜[백상지(80g/㎡) 또는 중질지(80g/㎡)]

■ 도시 및 주거환경정비법 시행규칙 [별지 제7호 서식]

주민대표회의 승인신청서

※ 색상이 어두운 란은 동의자가 적지 않습니다. (1쪽 중 제1쪽)

접수번호	접수일	처리기간 30일

<table>
<tr><td rowspan="8">주민대표회의 구성 내역</td><td colspan="2">주민대표회의 명칭</td><td colspan="3"></td></tr>
<tr><td rowspan="2">위원장</td><td>성명</td><td></td><td>생년월일</td><td></td></tr>
<tr><td>주소</td><td></td><td>전화번호</td><td></td></tr>
<tr><td colspan="2">정비사업 종류</td><td></td><td>위원수</td><td></td></tr>
<tr><td colspan="2">주된 사무소 소재지</td><td></td><td>전화번호</td><td></td></tr>
<tr><td rowspan="2">사업 구역</td><td>구역 명칭</td><td colspan="3"></td></tr>
<tr><td>위치</td><td colspan="3"></td></tr>
<tr><td colspan="5"></td></tr>
<tr><td>동의 사항</td><td>토지등 소유자 수</td><td colspan="2">명
(토지소유자: 명)
(건축물소유자: 명)
(지상권자: 명)
(토지 및 건축물소유자: 명)</td><td>동의율</td><td>%
(동의자 수 / 토지등소유자수)</td></tr>
</table>

「도시 및 주거환경정비법」 제47조제3항 및 같은 법 시행규칙 제9조에 따라 위와 같이 주민대표회의의 승인을 신청합니다.

년 월 일

신청인 대표 (서명 또는 인)

특별자치시장·특별자치도지사
시장·군수·구청장 귀하

신청인 제출서류	1. 「도시 및 주거환경정비법시행령」 제37조제5항에 따라 주민대표회의가 정하는 운영규정 2. 토지등소유자의 동의서 3. 위원장·부위원장 및 감사의 주소 및 성명 4. 위원장·부위원장 및 감사의 선정을 증명하는 서류 5. 토지등소유자 명부	수수료 없음

이 신청서는 다음과 같이 처리됩니다.

처리절차

신청서 작성	→	접 수	→	검 토	→	승 인	→	통 지
신청인		특별자치시·특별자치도·시·군·구		특별자치시·특별자치도·시·군·구		특별자치시·특별자치도·시·군·구		특별자치시·특별자치도·시·군·구

210㎜×297㎜[백상지(80g/㎡) 또는 중질지(80g/㎡)]

■ 도시 및 주거환경정비법 시행규칙 [별지 제8호 서식]

사업시행계획 (인가, 변경·중지·폐지인가)신청서

[□재개발사업, □재건축사업, □주거환경개선사업]

※ 색상이 어두운 란은 동의자가 적지 않습니다. (3쪽 중 제1쪽)

접수번호	접수일	처리기간 60일

<table>
<tr><td rowspan="5">신청인</td><td colspan="2">사업시행자
명칭</td><td></td><td>사업시행자 지정
근거 및 일자</td><td></td></tr>
<tr><td rowspan="2">대표자</td><td>성명</td><td></td><td>생년월일</td><td></td></tr>
<tr><td>주소</td><td></td><td>전화번호</td><td></td></tr>
<tr><td colspan="2">주된 사무소
소재지</td><td></td><td>전화번호</td><td></td></tr>
</table>

<table>
<tr><td rowspan="6">시행
구역</td><td colspan="2">구역명칭</td><td colspan="5"></td><td>시행면적</td><td colspan="3">㎡</td></tr>
<tr><td colspan="2">위 치</td><td colspan="5"></td><td>건축물</td><td colspan="3">동
(무허가 동)</td></tr>
<tr><td colspan="2">거주가구
및 인구</td><td colspan="5">가구 (인)</td><td>도시계획</td><td colspan="3">지역
지구</td></tr>
<tr><td rowspan="2">지목별</td><td>지목</td><td></td><td></td><td></td><td></td><td rowspan="2">국·공유지
관리청별</td><td>관리청</td><td></td><td></td><td></td></tr>
<tr><td>면적(㎡)
(필지수)</td><td></td><td></td><td></td><td></td><td>면적(㎡)
(필지수)</td><td></td><td></td><td></td></tr>
</table>

<table>
<tr><td rowspan="3">동의
내역</td><td colspan="2">토지면적</td><td colspan="2">토지 소유자수</td><td colspan="2">건축물 소유자수</td></tr>
<tr><td>대상면적</td><td>㎡</td><td>대상 소유자수</td><td>인</td><td>대상 소유자수</td><td>인</td></tr>
<tr><td>동의면적
(동의율)</td><td>㎡
(%)</td><td>동의자수
(동의율)</td><td>인
(%)</td><td>동의자수
(동의율)</td><td>인
(%)</td></tr>
</table>

<table>
<tr><td rowspan="2">정비사업
전문관리업자</td><td>명 칭</td><td></td><td>대표자</td><td></td></tr>
<tr><td>주된 사무소
소재지</td><td></td><td>전화번호</td><td></td></tr>
</table>

<table>
<tr><td rowspan="5">사업
시행
계획</td><td>시행기간</td><td colspan="2">사업시행계획인가일 ~ 일</td><td>사업비</td><td colspan="2">원</td></tr>
<tr><td>부지 명칭</td><td></td><td>대지면적</td><td>㎡</td><td>주용도</td><td></td></tr>
<tr><td>건축면적</td><td>㎡</td><td>건축연면적</td><td>㎡</td><td>지하면적</td><td>㎡</td></tr>
<tr><td>건폐율</td><td>%</td><td>용적률</td><td>%</td><td>최고높이</td><td>m</td></tr>
<tr><td>층수
(지상/지하)</td><td></td><td>주차장</td><td>대
㎡</td><td></td><td></td></tr>
</table>

210㎜×297㎜[백상지(80g/㎡) 또는 중질지(80g/㎡)]

(3쪽 중 제2쪽)

구분										
사업시행계획	주택	공급구분	주택형태	동수	세대수	주택규모별 세대수 (전용면적기준)				
		계								
		분양								
		임대								

구분		용도폐지 정비기반시설		새로 설치할 정비기반시설			
사업시행계획	정비기반시설	종류	규모	종류	규모	시행자	비용부담자 및 부담내용

구분							
사업시행계획	철거 또는 이전요구 대상	건축물	철거	이전	공작물	철거	이전
			동	동		개소	개소
	개수대상 건축물		동	임시수용계획			

구분					
사업시행계획	수용 또는 사용대상	토지	필지수	면적	권리자수
				㎡	
		건축물	동수	연면적	권리자수
				㎡	
	세입자 대책	대상 세대수	임대주택 공급세대	주거대책비 지급세대	비대책 세대

구분			
일괄처리사항	주택건설사업자등록 (　　)	주택건설사업계획승인 (　　)	건축허가 (　　)
	가설건축물건축허가 (　　)	가설건축물축조신고 (　　)	도로공사시행허가 (　　)
	도로점용허가 (　　)	사방지지정해제 (　　)	농지전용허가·협의·신고 (　　)
	농지전용신고 (　　)	보전임지전용허가·협의 (　　)	보안림안에서 행위허가 (　　)
	입목벌채등의허가·신고 (　　)	하천공사시행허가 (　　)	하천공사실시계획인가 (　　)

210㎜×297㎜[백상지(80g/㎡) 또는 중질지(80g/㎡)]

(3쪽 중 제3쪽)

일괄 처리 사항	하천점용허가 (　　　　　)	일반수도사업인가 (　　　　　)	전용상수도·전용공업수도 설치인가(　　　　　)
	공공하수도사업허가 (　　　　　)	측량성과 사용의 심사 (　　　　　)	대규모점포의 등록 (　　　　　)
	국유지사용수익허가 (　　　　　)	공유지대부·사용허가 (　　　　　)	사업착수·변경 또는 완료 신고(　　　　　)
	공장설립승인·신고 (　　　　　)	자가용전기설비공사계획의 인가·신고(　　　　　)	폐기물처리시설설치(변경) 승인·신고(　　　　　)
	오수처리시설·단독정화조 설치신고(　　　　　)	소방동의·제조소등의 설치허가(　　　　　)	대기·수질·소음 진동배출 시설 허가·신고(　　　　　)
	화약류저장소설치의 허가 (　　　　　)		

이 신청서 및 첨부서류에 기재한 내용과 같이 「도시 및 주거환경정비법」 제50조제1항 및 같은 법 시행규칙 제10조에 따른 사업시행계획(인가, 변경·중지·폐지인가)를 신청합니다.

년　　월　　일

신청인 대표　　　　　　(서명 또는 인)

특별지차시장·특별지치도지사
시장·시장·군수·구청장　　귀하

신청인 제출서류	1. 사업시행계획인가 : 다음 각 목의 서류 가. 「도시 및 주거환경정비법」(이하 "법"이라 한다) 제2조제11호에 따른 정관등 나. 총회의결서 사본. 다만, 법 제25조제1항제2호에 따라 토지등소유자가 재개발사업을 시행하려는 경우 또는 법 제27조에 따라 사업시행자를 사업시행자로 지정한 경우에는 토지등소유자의 동의서 및 토지등소유자의 명부를 첨부합니다. 다. 법 제52조에 따른 사업시행계획서 라. 법 제57조제3항에 따라 제출하여야 하는 서류 마. 법 제63조에 따른 수용 또는 사용할 토지 또는 건축물의 명세 및 소유권외의 권리의 명세서(재건축사업의 경우에는 제26조제1항제1호 및 제27조제1항제1호에 해당하는 사업을 시행하는 경우로 한정합니다.) 2. 변경·중지·폐지인가 : 다음 각 목의 서류 가. 법 제2조제11호에 따른 정관등 나. 법 제63조에 따른 수용 또는 사용할 토지 또는 건축물의 명세 및 소유권 외의 권리의 명세서(재건축사업의 경우에는 법 제26조제1항제1호 및 제27조제1항제1호에 해당하는 사업을 시행하는 경우로 한정합니다.) 나. 변경·중지 또는 폐지의 사유 및 내용을 설명하는 서류	수수료 없음

이 신청서는 다음과 같이 처리됩니다.

처리절차

신청서 작성	→	접 수	→	공 람 (14일 이상)	→	의견제출 및 검토	→	인 가	→	고 시	→	통 보
신청인		특별자치시·특별자치도·시·군·구		특별자치시·특별자치도·시·군·구		관계기관 및 특별자치시·특별자치도·시·군·구		특별자치시·특별자치도·시·군·구		특별자치시·특별자치도·시·군·구		특별자치시·특별자치도·시·군·구

210mm×297mm[백상지(80g/㎡) 또는 중질지(80g/㎡)]

■ 도시 및 주거환경정비법 시행규칙 [별지 제9호 서식]

관리처분계획(인가, 변경·중지·폐지인가)신청서

[□재개발사업, □재건축사업, □주거환경개선사업]

※ 색상이 어두운 란은 신청인이 적지 않습니다. (3쪽 중 제1쪽)

접수번호	접수일	처리기간 30일

신청인	사업시행자 명칭				
	대표자	성 명		생년월일	
		주 소		전화번호	
	주된 사무소 소재지			전화번호	

계획대상	사업의 명칭			
	위치			
	계획면적	㎡	정 비 건 축 물	동
	사업시행계획인가 고시일		시 행 기 간	

토지소유권변환	총면적	시행전	사유 토지				국공 유지		그 밖의 토지			
	㎡ (필지)	시행후	환지 대상			시행자 보유					시행자 보유 토지 배분 면적	그 밖의 토지
			기존 사유지	점유자 매수	존치 국공 유지	청산	수용	협의 매수	국공 유지 매각	국공 유지 무상 양수		

토지용도변환	용도	택지				공공시설				그 밖의 용도		
		소 계	공동 주택	단독 주택	그 밖의 건축 시설	소계				소 계		
	시행전 (㎡)											
	시행후 (㎡)											

210㎜×297㎜[백상지(80g/㎡) 또는 중질지(80g/㎡)]

(3쪽 중 제2쪽)

건축물 및 건축 시설									
	시행전 건축물	허가 건축물		동	무허가 건축물	동(새로 발생 동)			
	시행후 건축물	용도		대지면적	동수	층수	세대수	건축 연면적	비고
		주택	소계						
			분양						
			임대						
		상가							

건축물 및 건축 시설										
	공급계획	공급대상	주택규모별(전용면적기준) 공급세대수					상가 면적(㎡)	그 밖의 건축 시설면적(㎡)	
			계	㎡	㎡	㎡	㎡			
		계								
		토지등소유자								
		보류시설								
		일반분양								
		임대								

분양 신청 및 권리 신고	구분	분양신청				수인이 1인의 분양 대상자로 신청	권리신고(권리종류별)			
		소계	토지 및 건축물 소유자	토지 소유자	건축물 소유자		소계			
	신청인수					건 (인)				

권리자별 관리처분 (단위 : 인)	권리자별	대상	분양				청산	수용	협의 매수	그 밖의 처분
			소계	주택	상가	그 밖의 용도				
	계									
	토지 및 건축물소유자									
	토지 소유자									
	건축물 소유자									

210㎜×297㎜[백상지(80g/㎡) 또는 중질지(80g/㎡)]

(3쪽 중 제3쪽)

소유권외의 권리	대 상	건	이전 설정	건	해지 또는 소멸	건

세 입 자 대 책	대 상		임대 주택 공급		주거대책 비지급		비대상	

공공시설	신 설					용 도 폐 지				
	종류	명칭	규모	설치비용	관리청	종류	명칭	규모	국공유지 (㎡)	무상양여 (㎡)

평가액 또는 추산액	시행 전			시행 후		
	계	토 지	건 축 물	계	토 지	건 축 물

자금운용	총 소요사업비			수입 추산액		

「도시 및 주거환경정비법」 제74조 및 같은 법 시행규칙 제13조에 따라 위와 같이 관리처분계획(인가, 변경·중지·폐지인가)를 신청합니다.

년 월 일

신청인 대표 (서명 또는 인)

특별지차시장·특별지치도지사
시장·군수·구청장 귀하

신청인 제출서류	1. 관리처분계획인가의 경우 가. 관리처분계획서 나. 총회의결서 사본 2. 관리처분계획 변경·중지·폐지인가의 경우 : 변경·중지·폐지의 사유와 그 내용을 설명하는 서류 ※ 유의사항 : 이 서식은 사업유형별 여건에 따라 일부 항목을 추가 또는 삭제하여 작성할 수 있습니다.	수수료 없음

처 리 절 차

신청서 작성	➔	접 수	➔	검 토	➔	인 가	➔	고 시
신청인		특별자치시·특별자치도·시·군·구		특별자치시·특별자치도·시·군·구		특별자치시·특별자치도·시·군·구		특별자치시·특별자치도·시·군·구

210㎜×297㎜[백상지(80g/㎡) 또는 중질지(80g/㎡)]

■ 도시 및 주거환경정비법 시행규칙 [별지 제10호 서식]

준공인가신청서

[□재개발사업, □재건축사업, □주거환경개선사업]

※ 색상이 어두운 란은 동의자가 적지 않습니다. (앞 쪽)

<table>
<tr><td colspan="3">접수번호</td><td colspan="2">접수일</td><td colspan="2">처리기간 15일</td></tr>
<tr><td colspan="2">인가번호(년-월-일)</td><td colspan="5"></td></tr>
<tr><td rowspan="2">사업
시행자</td><td>명칭</td><td colspan="2"></td><td>등록번호</td><td colspan="2"></td></tr>
<tr><td>주소</td><td colspan="2"></td><td>대표자</td><td colspan="2"></td></tr>
<tr><td rowspan="2">설계자</td><td>명칭</td><td colspan="2"></td><td>등록번호</td><td colspan="2"></td></tr>
<tr><td>주소</td><td colspan="2"></td><td>대표자</td><td colspan="2"></td></tr>
<tr><td rowspan="2">시공자</td><td>명칭</td><td colspan="2"></td><td>등록번호</td><td colspan="2"></td></tr>
<tr><td>주소</td><td colspan="2"></td><td>대표자</td><td colspan="2"></td></tr>
<tr><td rowspan="3">공사
감리자</td><td>명칭</td><td colspan="2"></td><td>등록번호</td><td colspan="2"></td></tr>
<tr><td>주소</td><td colspan="2"></td><td>대표자</td><td colspan="2"></td></tr>
<tr><td>상주감리자</td><td colspan="2"></td><td>보유자격</td><td colspan="2"></td></tr>
<tr><td colspan="2">사업위치</td><td colspan="5"></td></tr>
<tr><td colspan="2">공사착공일</td><td colspan="2">년 월 일</td><td>공사완료일</td><td colspan="2">년 월 일</td></tr>
<tr><td rowspan="2">건축물
개요</td><td>주용도</td><td colspan="2"></td><td>주요구조</td><td colspan="2"></td></tr>
<tr><td>세대수</td><td colspan="2"></td><td>층수</td><td colspan="2">지상( )층 / 지하( )층</td></tr>
</table>

「도시 및 주거환경정비법」 제83조 및 같은 법 시행규칙 제16조에 따라 위와 같이 정비사업에 대한 준공인가를 신청합니다.

년 월 일

신청인 대표 (서명 또는 인)

특별자치시장·특별자치도지사
시장·군수·구청장 귀하

210㎜×297㎜[백상지(80g/㎡) 또는 중질지(80g/㎡)]

(뒤 쪽)

신청인 제출서류	1. 건축물, 「도시 및 주거환경정비법」 제2조제4호에 따른 정비기반시설(같은 법 시행령 제3조제9호에 해당하는 것을 제외한다) 및 같은 법 제2조제5호에 따른 공동이용시설 등의 설치내역서 2. 공사감리자의 의견서 3. 「도시 및 주거환경정비법 시행령」 제14조제5항에 따른 현금납부액의 납부증명 서류(법 제17조제4항에 따라 현금을 납부한 경우로 한정합니다)	수수료 없음

이 신청서는 다음과 같이 처리됩니다.

처리절차						
신청서 작성	→ 접 수	→ 현지조사 및 검토	· 관계기관 협의	→ 준공 인가	→ 고 시	→ 통 지
신청인	특별자치시·특별자치도·시·군·구	특별자치시·특별자치도·시·군·구	관계기관	특별자치시·특별자치도·시·군·구	특별자치시·특별자치도·시·군·구	특별자치시·특별자치도·시·군·구

210㎜×297㎜[백상지(80g/㎡) 또는 중질지(80g/㎡)]

■ 도시 및 주거환경정비법 시행규칙 [별지 제11호 서식]

제 호

준공인가증

<table>
<tr><td colspan="2">사업구분</td><td colspan="3">□ 재개발사업 □ 재건축사업 □ 주거환경개선사업</td></tr>
<tr><td rowspan="4">사업
시행자</td><td>명 칭</td><td colspan="3"></td></tr>
<tr><td>등록번호</td><td colspan="3"></td></tr>
<tr><td>주 소</td><td colspan="3"></td></tr>
<tr><td>대 표 자</td><td colspan="3"></td></tr>
<tr><td colspan="2">사업위치</td><td colspan="3"></td></tr>
<tr><td colspan="2">공사착공일</td><td>년 월 일</td><td>공사완료일</td><td>년 월 일</td></tr>
<tr><td rowspan="4">건축물
개요</td><td>주 용 도</td><td colspan="3"></td></tr>
<tr><td>세 대 수</td><td colspan="3"></td></tr>
<tr><td>주요구조</td><td colspan="3"></td></tr>
<tr><td>층 수</td><td colspan="3">지상 ( ) 층 / 지하 ( ) 층</td></tr>
</table>

「도시 및 주거환경정비법」 제83조 및 같은 법 시행규칙 제16조에 따라 위와 같이 준공인가를 필하였음을 증명합니다.

년 월 일

별자치시장·특별자치도지사
시장·군수·구청장 **직인**

210㎜×297㎜[백상지(80g/㎡) 또는 중질지(80g/㎡)]

■ 도시 및 주거환경정비법 시행규칙[별지 제12호 서식]

준공인가 전 사용허가신청서

[□재개발사업, □재건축사업, □주거환경개선사업]

※ 색상이 어두운 란은 동의자가 적지 않습니다. (앞 쪽)

<table>
<tr><td colspan="2">접수번호</td><td colspan="2">접수일</td><td colspan="2">처리기간 15일</td></tr>
<tr><td colspan="2">인가번호(년-월-일)</td><td colspan="4"></td></tr>
<tr><td rowspan="2">사업
시행자</td><td>명칭</td><td colspan="2"></td><td>등록번호</td><td></td></tr>
<tr><td>주소</td><td colspan="2"></td><td>대표자</td><td></td></tr>
<tr><td rowspan="2">설계자</td><td>명칭</td><td colspan="2"></td><td>등록번호</td><td></td></tr>
<tr><td>주소</td><td colspan="2"></td><td>대표자</td><td></td></tr>
<tr><td rowspan="2">시공자</td><td>명칭</td><td colspan="2"></td><td>등록번호</td><td></td></tr>
<tr><td>주소</td><td colspan="2"></td><td>대표자</td><td></td></tr>
<tr><td rowspan="3">공사
감리자</td><td>명칭</td><td colspan="2"></td><td>등록번호</td><td></td></tr>
<tr><td>주소</td><td colspan="2"></td><td>대표자</td><td></td></tr>
<tr><td>상주감리자</td><td colspan="2"></td><td>보유자격</td><td></td></tr>
<tr><td colspan="2">사업위치</td><td colspan="4"></td></tr>
<tr><td colspan="2">공사착공일</td><td>년 월 일</td><td colspan="2">공사완료일</td><td>년 월 일</td></tr>
<tr><td rowspan="2">건축물
개요</td><td>주용도</td><td></td><td colspan="2">주요구조</td><td></td></tr>
<tr><td>세대수</td><td></td><td colspan="2">층수</td><td>지상( )층 / 지하( )층</td></tr>
</table>

「도시 및 주거환경정비법」 제83조 및 같은 법 시행규칙 제16조 제4항에 따라 위와 같이 정비사업에 대한 준공인가 전 사용허가를 신청합니다.

년 월 일

신청인 대표 (서명 또는 인)

특별자치시장·특별자치도지사
시장·군수·구청장 귀하

210㎜×297㎜[백상지(80g/㎡) 또는 중질지(80g/㎡)]

(뒤 쪽)

신청인 제출서류	없 음	수수료 없음

이 신청서는 다음과 같이 처리됩니다.

처리절차					
신청서 작성 ➔	접 수 ➔	현지조사 및 검토 ·	관계기관 협의 ➔	준공인가 전 사용허가 ➔	통 지
신청인	특별자치시·특별자치도·시·군·구	특별자치시·특별자치도·시·군·구	관계기관	특별자치시·특별자치도·시·군·구	특별자치시·특별자치도·시·군·구

210㎜×297㎜[백상지(80g/㎡) 또는 중질지(80g/㎡)]

■ 도시 및 주거환경정비법 시행규칙 [별지 제13호 서식]

정비사업전문관리업 등록신청서

※ 색상이 어두운 란은 신청인이 적지 않습니다.

접수번호	접수일	처리기간 30일

구분	항목	내용	항목	내용
신청인	명 칭		법인 등록번호	
	대 표 자		생년월일	
	주된 사무소 소 재 지		전화번호	
자본금				

구분	성 명	생년월일	분야 및 자격
기술인력			

「도시 및 주거환경정비법」 제102조제1항, 같은 법 시행령 제82조제1항 및 같은 법 시행규칙 제18조제1항에 따라 위와 같이 정비사업전문관리업의 등록 또는 변경등록을 신청합니다.

년 월 일

신청인 대표 (서명 또는 인)

특별시장·광역시장·특별자치시장·도지사·특별자치도지사 귀하

구분	내용	수수료
신청인 제출서류	1. 대표자 및 임원의 주소 및 성명 2. 보유 기술인력의 자격증 사본 또는 경력인증서 3. 자본금을 확인할 수 있는 서류 4. 협약서(「도시 및 주거환경정비법 시행령」 별표 4 제2호가목에 따라 업무협약을 체결한 경우로 한합니다.) ※ 변경등록한 경우에는 변경과 관련된 서류로 한정합니다.	등록 수수료 10,000원
담당 공무원 확인사항	법인 등기사항증명서 ※ 신청인이 개인인 경우에는 주민등록표초본, 외국인인 경우에는 외국인등록사실증명을 말하며, 이 서류에 대하여는 담당 공무원의 확인에 동의하지 아니하는 경우 신청인이 직접 제출하여야 합니다.	

행정정보 공동이용 동의서

본인은 이 건 업무처리와 관련하여 「전자정부법」 제36조제1항에 따른 행정정보의 공동이용을 통하여 담당공무원이 주민등록표 또는 외국인등록사실증명을 확인하는 것에 동의합니다.

※ 신청인이 담당 공무원의 확인에 동의하지 아니하거나 전산정보처리조직 및 전자정부법 제36조제1항에 따른 행정정보의 공동이용을 통하여 확인할 수 없는 경우에는 해당 서류(법인등기부등본은 제외)를 신청인이 직접 제출하여야 합니다.

신청인 대표 (서명 또는 인)

처 리 절 차

신청서 작성	→	접 수	→	검 토	→	결 재	→	등록부 등재
신청인		특별시·광역시·특별자치시·도·특별자치도		특별시·광역시·특별자치시·도·특별자치도		특별시·광역시·특별자치시·도·특별자치도		특별시·광역시·특별자치시·도·특별자치도
						↓		
						등록증 교부		

210㎜×297㎜[백상지(80g/㎡) 또는 중질지(80g/㎡)]

■ 도시 및 주거환경정비법 시행규칙 [별지 제14호 서식]

정비사업전문관리업자 등록부								
① 등록 번호	② 등록 일자	③ 대표자명	④ 상호명	⑤ 영업소 소재지	⑥ 자본금	⑦ 기술자 성명	⑧ 사무실 주소	⑨ 비고 (전화)

210㎜×297㎜[백상지(80g/㎡) 또는 중질지(80g/㎡)]

■ 도시 및 주거환경정비법 시행규칙 [별지 제15호 서식]

제　　　호

정비사업전문관리업 등록증

○ 상　　호 :

○ 대 표 자 :

○ 소 재 지 :

○ 등록연월일 :　　　　.　　　.　　　.

「도시 및 주거환경정비법」 제102조 및 같은 법 시행규칙 제19조제2항에 따라 위와 같이 정비사업전문관리업자로 등록한 자임을 증명합니다.

년　　월　　일

시 · 도 지 사 [직인]

210㎜×297㎜[백상지(80g/㎡) 또는 중질지(80g/㎡)]

■ 도시 및 주거환경정비법 시행규칙 [별지 제16호 서식]

<table>
<tr><td colspan="2">조사공무원증표</td></tr>
<tr><td>소속:
직위:
성명:
유효기간: 년 월 일 ~
년 월 일</td><td>사진
(3.5cm×4.5cm)</td></tr>
<tr><td colspan="2">위 사람은 「도시 및 주거환경정비법」 제107조제2항·제111조제2항 및 제113조제2항에 따라 조사·감독 등을 할 수 있는 자임을 증명합니다.

년 월 일

국토교통부장관
시·도지사
시장·군수·구청장 직인</td></tr>
</table>

80㎜×100㎜[백상지(150g/㎡)]

판례색인

대결 2008.10.24. 2007마1377 …… 394
대결 2009. 9.24. 2009마168,169 …… 251
대결 2009.11. 2. 2009마596 …… 395
대결 2010. 4. 8. 2009마1026 …… 223
대결 2015. 8.21. 2015무26 …… 394
대결 2018. 7.12. 2018무600 …… 232

대판 1994.11.11. 93누19375 …… 316
대판 1996.11.12. 96누7519 …… 134
대판 1998.11.27. 96누13927 …… 77
대판 1999.11. 9. 98두15214 …… 253
대판 2002.10.11. 2000두8226 …… 77
대판 2004. 4.28. 2003두1806 …… 150
대판 2007. 4.12. 2005두1893 …… 76
대판 2008. 2.29. 2006도7689 …… 511
대판 2008. 2.29. 2006다56572 …… 332, 333
대판 2008. 9.25. 2008도2590 …… 503
대판 2008.10. 9. 2007두25237 …… 318
대판 2008.10. 9. 2008다37780 …… 357
대판 2008.11.27. 2007두24289 …… 441
대판 2009. 1.30. 2007다31884 …… 261
대판 2009. 3.26. 2008다21549 …… 330, 331, 334, 407
대판 2009. 9.17. 2007다2428(전) …… 393
대판 2009.10.15. 2008다93001 …… 393
대판 2009.10.15. 2009다10638,10645 …… 224
대판 2009.10.29. 2009두12297 …… 188
대판 2010. 1.14. 2009두15852 …… 236
대판 2010. 1.28. 2009다69548 …… 446
대판 2010. 1.28. 2009두4845 …… 223
대판 2010. 2.11. 2009다70395 …… 503
대판 2010. 2.25. 2007다73598 …… 393
대판 2010. 4. 8. 2009다10881 …… 334
대판 2010. 4. 8. 2009다27636 …… 223
대판 2010. 5.13. 2008도5506 …… 503
대판 2010. 5.27. 2009다95578 …… 333
대판 2010. 6.24. 2009도14296 …… 509
대판 2010. 7.15. 2009다63380 …… 334
대판 2010. 7.29. 2008다6328 …… 391
대판 2010. 8.19. 2009다81203 …… 365, 367, 368
대판 2010. 9. 9. 2010다19204 …… 368
대판 2010.10.28. 2009두4029 …… 387
대판 2010.11.11. 2010두3558 …… 321
대판 2010.12. 9. 2009두4555 …… 224, 227
대판 2010.12. 9. 2009두4913 …… 312
대판 2010.12.23. 2010다73215 …… 366
대판 2010.12.23. 2010도13584 …… 503
대판 2011. 1.27. 2008두14340 …… 351, 362
대판 2011. 2.24. 2010두22498 …… 441
대판 2011. 4.28. 2010다105112 …… 273
대판 2011. 7.14. 2011두3685 …… 327
대판 2011. 7.28. 2008다91364 …… 362, 409
대판 2011.11.24. 2009다28394 …… 324, 409
대판 2011.11.24. 2010다80749 …… 323
대판 2011.12. 8. 2008두18342 …… 309, 365
대판 2012. 3.15. 2011다95779 …… 265
대판 2012. 3.22. 2011두6400(전) …… 393, 417, 424
대판 2012. 3.29. 2008다95885 …… 230
대판 2012. 3.29. 2010두7765 …… 365
대판 2012. 4.12. 2009다22419 …… 214
대판 2012. 4.12. 2010다10986 …… 184
대판 2012. 4.26. 2010두7475 …… 328
대판 2012. 5.24. 2009두22140 …… 374, 424
대판 2012. 6.18. 2010두16592(전) …… 83
대판 2012. 7.26. 2011도8267 …… 364

대판 2012. 8.23. 2010두13463 ………………… 259
대판 2012.10.25. 2010다102533 ……………… 262
대판 2012.10.25. 2010두25107 ………………… 243
대판 2012.11.29. 2011두518 …………… 230, 239
대판 2012.11.29. 2012두16077 …………… 83, 84
대판 2012.12.13. 2011두21010 ………………… 226
대판 2013. 1.10. 2010두16394 ………………… 232
대판 2013. 1.16. 2011두19185 ………… 321, 363
대판 2013. 1.16. 2012두34 ……………… 321, 363
대판 2013. 1.24. 2011두27193 ………………… 441
대판 2013. 1.31. 2011두11112 ………… 193, 228
대판 2013. 2.28. 2012다34146 ………………… 334
대판 2013. 3.14. 2012다111531 ……………… 332
대판 2013. 5.23. 2010다64112 ………………… 273
대판 2013. 6.13. 2010두10488,10495
…………………………………………………… 193, 228
대판 2013. 6.13. 2011두19994 ………………… 311
대판 2013. 6.14. 2012두5022 ………………… 261
대판 2013. 7.11. 2011두27544 ………………… 217
대판 2013. 7.11. 2013다13023 ………………… 356
대판 2013. 9.26. 2011다16127 ………………… 366
대판 2013.10.24. 2011두21157 ………………… 442
대판 2013.10.24. 2011두28455 ………………… 187
대판 2013.10.24. 2012두12853 ·· 226, 227, 260
대판 2013.11.14. 2011두5759 …· 218, 232, 243
대판 2013.11.28. 2011다97379 ………………… 419
대판 2013.11.28. 2011두30199 ………………… 310
대판 2013.11.28. 2012다110477 ……… 357, 368
대판 2013.12.12. 2011두12900 ………………… 339
대판 2013.12.12. 2011두22051 ………………… 147
대판 2013.12.26. 2011다85352 ………………… 407
대판 2013.12.26. 2011두8291
…………………………………… 192, 214, 218, 229
대판 2013.12.26. 2012두6674 ………………… 394
대판 2014. 1.16. 2011두12801 ………………… 219
대판 2014. 1.23. 2013도9690 ………………… 502
대판 2014. 1.29. 2013다200483 ……………… 438
대판 2014. 2.21. 2011두20871 ………………… 439
대판 2014. 2.21. 2012다78818 ………………… 440
대판 2014. 2.21. 2012다82466 ………………… 443
대판 2014. 2.27. 2011두2248 ………………… 190
대판 2014. 2.27. 2011두25173 ………… 309, 310
대판 2014. 3.13. 2013다27220 ………………… 464
대판 2014. 3.27. 2011두3692 ………………… 259
대판 2014. 3.27. 2011두24057 ………………… 387
대판 2014. 4.14. 2012두1419(전)
…………………………… 192, 214, 229, 234, 238
대판 2014. 4.24. 2012두21437 ………………… 241
대판 2014. 4.24. 2012두29004 ………………… 234
대판 2014. 5.16. 2011두13736 ………………… 224
대판 2014. 5.16. 2011두27094 ………… 217, 226
대판 2014. 5.19. 2011두25876 ………………… 226
대판 2014. 5.22. 2012도7190(전) …………… 514
대판 2014. 5.29. 2011다46128,2013다69057
…………………………………………………… 225, 226
대판 2014. 5.29. 2011두3305 ………………… 223
대판 2014. 5.29. 2012두18677 ………… 218, 236
대판 2014. 5.29. 2013두18773 ………………… 225
대판 2014. 6.12. 2012두12051 ………………… 188
대판 2014. 6.12. 2012두28520 ………………… 259
대판 2014. 7.10. 2013도11532 ………… 257, 510
대판 2014. 7.24. 2012다62561 ………… 345, 408
대판 2014. 7.24. 2012두13764 ………… 226, 259
대판 2014. 8.20. 2012두5572 …· 226, 259, 366
대판 2014. 8.26. 2013두4293 ………… 357, 361
대판 2014. 9. 4. 2012다4145 ………………… 268
대판 2014. 9.25. 2011두20680 ………………… 425
대판 2014.10.30. 2012두5060 ………… 234, 238
대판 2014.10.30. 2012두25125 ………………… 195
대판 2014.12.11. 2013다204690 ……………… 262
대판 2014.12.11. 2014다41698 ………………… 334
대판 2015. 2.12. 2013다15623 ………………… 331
대판 2015. 2.26. 2012두19519 ………………… 324
대판 2015. 3.12. 2014도10612 ………………… 513

대판 2015. 3.20. 2012두23242 ………………… 237
대판 2015. 4. 9. 2012두6605 ………………… 286
대판 2015. 4. 9. 2013다89372 ………………… 265
대판 2015. 4.23. 2014도4454 ………………… 509
대판 2015. 5.14. 2014도8096 ………… 273, 508
대판 2015. 7. 9. 2014다72203 ………………… 261
대판 2015. 7. 9. 2015두35468 ………………… 435
대판 2015. 7.23. 2012두22911 ………………… 321
대판 2015. 9.10. 2015도9533 ………………… 510
대판 2015.10.29. 2012두19410 ………………… 441
대판 2015.10.29. 2014두13294 ………………… 386
대판 2015.11.19. 2012다114776(전) ………… 369
대판 2015.11.26. 2014두15528 ………………… 386
대판 2015.11.27. 2015두48877 ………………… 360
대판 2015.12.23. 2015두50535 ………………… 361
대판 2016. 1.14. 2015도15798 ………… 501, 504
대판 2016. 2.18. 2015두2048 ………… 351, 386
대판 2016. 5.12. 2013다1570 ………………… 280
대판 2016. 5.12. 2013다49381 ………………… 261
대판 2016. 6.10. 2015도576 ………………… 504
대판 2016. 6.23. 2013다58613 ………………… 194
대판 2016. 6.23. 2014다16500 ………………… 394
대판 2016.10.13. 2012두24481 ………………… 393
대판 2016.10.27. 2016도138 ………………… 513
대판 2016.10.27. 2016도9954 ………………… 506
대판 2016.12.15. 2013두17473 ………………… 230
대판 2016.12.15. 2015두51309 ………… 318, 356
대판 2016.12.15. 2015두51347 ………………… 393
대판 2016.12.15. 2016두49754 ·· 322, 324, 328
대판 2016.12.27. 2014다203212 ……………… 431
대판 2016.12.29. 2013다73551 ·· 417, 418, 419
대판 2016.12.29. 2013다217412 ……… 365, 431
대판 2016.12.29. 2015다202162 ……………… 332
대판 2017. 2. 3. 2015두50283 ………………… 238
대판 2017. 3.30. 2013두840 ………………… 425
대판 2017. 3.30. 2014두43387 ………………… 320
대판 2017. 4.28. 2016두39498 ………………… 428
대판 2017. 5.30. 2014다61340 ………………… 185
대판 2017. 6.15. 2017도2532 ………………… 512
대판 2017.10.31. 2017두40068 ………………… 325
대판 2018. 3.13. 2016두35281 ………………… 274
대판 2018. 4.26. 2016도13811 ………………… 491
대판 2018. 5.11. 2015다41671 ………………… 440
대판 2018. 6.15. 2018도1202 ………………… 510
대판 2018. 7.26. 2015다221569 ……………… 437
대판 2018. 7.26. 2017두33978 ……… 318, 319
대판 2018. 9.28. 2016다246800 ……………… 371
대판 2019. 1.17. 2018두54675 ………………… 317
대판 2019. 1.31. 2018다227520 ……………… 257
대판 2019.10.31. 2017다282438 ……………… 253
대판 2019.11.15. 2019두46763 ………………… 239

서울고판 2016. 8.18. 2015누72759 ………… 322
광주지판 2015. 7. 9. 2014구합11076 ……… 490
대구지판 2014. 6.24. 2013가합7107 ……… 267
대구지판 2017. 6.15. 2017고단1887 ……… 466
서울행판 2010. 8.12. 2010구합13838 ……… 337
서울행판 2016. 4.22. 2015구합59679 ……… 355

헌재 2007.10.25. 2006헌마30 ………………… 502
헌재 2011.10.25. 2011헌바13 ………………… 502
헌재 2012. 2.23. 2010헌바484 ………………… 388
헌재 2014. 1.28. 2011헌바363 ………………… 315
헌재 2015.11.26. 2013헌바415 ………………… 406

사항색인

【ㄱ】

가로주택정비사업 ······ 540
감정평가업자 ······ 376, 377, 426
감정평가의 기준일 ······ 377
개발사업 ······ 526
건설업자 ······ 68
건축물 ······ 152
건폐율 ······ 90
검인서면동의서 ······ 233
결격사유 ······ 197
겸직금지의무 ······ 265
경미한 사항 ······ 75, 128, 221, 257, 288, 372
경쟁입찰 ······ 174
공공기관지방이전시책 ······ 246
공공법인 ······ 154
공공시설 ······ 132
공공시행자 ······ 155
공공임대주택 ······ 68, 307
공공주택 ······ 292
공공지원 ······ 477
공공지원민간임대주택 ······ 69
공동구 ······ 68, 432
공동시행자 ······ 154, 155
공동이용시설 ······ 46
공무원의제 ······ 501
공보 고시일 ······ 346
공사완료고시 ······ 414
과밀억제권역 ······ 294
과태료 ······ 516
과태료 부과기준 ······ 517
관리처분계획(인가, 변경·중지·폐지인가) 신청서 ······ 371
관리처분계획의 수립기준 ······ 384
관리처분방법 ······ 151, 152, 153
광역교통시설부담금 ······ 528
교육의 실시 ······ 472
구조안전성 평가 ······ 110
구조안전성 평가 안전진단 ······ 114
국민주택규모의 주택 ······ 101
국민주택채권 ······ 339
권한의 위임·위탁 ······ 495
기반시설 ······ 53, 132
기반시설설치비용 부과금 ······ 522
기본계획 ······ 71
기부채납 ······ 289
기업형임대사업자 ······ 68, 175
기준일 ······ 388, 396, 400

【ㄴ】

노후·불량건축물 ······ 80

【ㄷ】

단기민간임대주택 ······ 69
대리인의결 ······ 271
대의원회 ······ 274
대지조성사업 ······ 57
도시개발구역 ······ 55
도시개발사업 ······ 54
도시개발조합 ······ 55
도시분쟁조정위원회 ······ 473
도시·군계획시실 ······ 53
도시·군계획시설사업 ······ 50
도시·군관리계획 ······ 51
도시·군기본계획 ······ 51
도시·주거환경 정비계획 수립 지침 ······ 90
도시·주거환경정비기금 ······ 492
동의서 재사용 ······ 241
동의의 철회 ······ 239

동의자수 산정기준 …… 234
등록사업자 …… 68
등록취소 …… 455

【ㅁ】

매도청구 …… 330, 358
매도청구권 …… 366
매몰비용 …… 145, 429
무상귀속 …… 436
무상양도 …… 437, 438
무상양여 …… 447
무허가건축물 …… 251
물건조서 …… 405
민간임대주택 …… 68
민관합동법인 …… 158

【ㅂ】

반대의사의 표시 …… 239
법적상한용적률 …… 296
보전소송 …… 394
보조·융자 …… 433
보충적 처분 …… 189
보충행위 …… 309
복리시설 …… 216
부과금 …… 429
부담금 …… 521
분과위원회 …… 473
분담금 추산액 …… 215, 349
분양공고 …… 349
분양신청 …… 349
분양신청기간 …… 352
비례율 …… 142
비용부담 …… 429
빈집실태조사 …… 536
빈집정비계획 …… 536
빈집정비사업 …… 535

【ㅅ】

사업계획승인 …… 57, 61
사업대행개시결정 …… 160
사업대행자 …… 160
사업시행계획(인가, 변경·중지·폐지인가)
  신청서 …… 286, 287
사업시행계획서 …… 290
사업시행계획인가 …… 285
사업예정구역 …… 109
사용수익금지 …… 405
사전사용 …… 414
사후 현물보상 …… 316
생활권 …… 73
서면동의서 …… 232
서면의결 …… 270
설권적 처분 …… 189
성장관리권역 …… 294
소규모재건축사업 …… 540
소규모주택정비법 …… 533
소규모주택정비사업 …… 540
소형주택 …… 298
손해액 산입 …… 498
수용권 …… 314
수용보상금 …… 317
수용재결 …… 358
수용후건설방법 …… 151
수의계약 …… 162, 163
순환용주택 …… 306
순환정비방식 …… 306
시공보증 …… 411
시장정비사업 …… 64
시장·군수등이 지정개발자 방식 …… 346
시행규정 …… 293
시·도조례가 정하는 사항의 변경 …… 129
신탁등기 …… 367
신탁업자 …… 158
신탁업자 지정 동의서 …… 159

실질적 정관변경 ······ 258

【ㅇ】

안전진단 ······ 107, 117
안전진단 결과보고서 ······ 110
안전진단 요청서 ······ 109
안전진단기관 ······ 110
안전진단기준 강화 ······ 122
양벌규정 ······ 512, 516
영업보상 ······ 329
영업정지처분 ······ 455
용도지역별 용적률 ······ 106
용적률 ······ 89
용적률 완화 ······ 105
용적률완화 ······ 335
위탁자 ······ 67
이사비 ······ 328
이익상반행위 ······ 265
이전고시 ······ 417
이주정착금 ······ 320
인허가 의제 ······ 300
일몰제 ······ 138
일반경쟁 입찰 ······ 162
일반형임대사업자 ······ 69
임대주택 ······ 102, 299, 399, 435
임대주택 및 주택규모별 건설비율 ······ 101
임시거주시설 ······ 306, 313
임시상가 ······ 313
임시이사 ······ 513
임원 ······ 502
임원의 당연퇴임 ······ 266
임원의 해임 ······ 267
입체환지 ······ 418

【ㅈ】

자료공개 ······ 486
자료보관 ······ 491
자료열람·등사권 ······ 364
자료제출명령·조사 ······ 463
자율주택정비사업 ······ 540
잔여분 공급 ······ 397
장기일반민간임대주택 ······ 69
재건축부담금 ······ 523
재결신청지연가산금 ······ 358
재산관리청 ······ 236, 238
재정비촉진지구 ······ 295
전문조합관리인 ······ 196, 263
전자조달시스템 ······ 163
점검반 ······ 468
정관 ······ 253
정보공개 ······ 488
정비계획 ······ 79
정비계획 입안제안 ······ 125
정비계획의 입안대상지역 ······ 84, 85
정비구역 ······ 46
정비구역 해제 의제 ······ 416
정비구역의 해제 ······ 138
정비기반시설 ······ 46, 435
정비기반시설 관리자 ······ 431
정비기본방침 ······ 71
정비사업 ······ 46
정비사업 계약업무 처리기준 ······ 164
정비사업관리시스템 ······ 481
정비사업의 시행방법 ······ 151
정비사업전문관리업 ······ 451
정비사업전문관리업 (변경)등록신청서 ······ 452
정비사업전문관리업 정보종합체계 ······ 460
정비사업전문관리업자단체 ······ 460
정비예정구역 ······ 108
조건부 재건축 ······ 114
조사공무원증표 ······ 464
조정대상 ······ 476
조정대상지역 ······ 247
조합설립(변경) 인가신청서 ······ 220

조합설립결의 취소 또는 무효확인 ············ 223
조합설립동의서 ············ 217
조합설립인가처분의 취소 또는 무효확인 ··· 223
조합설립추진위원회 승인신청서 ············ 189
조합원의 수 ············ 244
조합의 법인격 ············ 242
조합임원 ············ 262, 502
조합장 ············ 264
주거이전비 ············ 323
주거환경 중심 평가 안전진단 ············ 114
주거환경중심 평가 ············ 110
주민공람 ············ 140
주민대표회의 ············ 277
주민대표회의 승인신청서 ············ 277
주민의견청취 ············ 74, 127
주민합의체 ············ 543
주택 재건축 판정을 위한 안전진단 기준 ··· 113
주택건설사업 ············ 57
주택건설사업등록 ············ 228
주택단지 ············ 107, 216
주택접도율 ············ 147
주택조합 ············ 58
준공인가 ············ 413
준공인가신청서 ············ 413
준공인가전 사용허가신청서 ············ 415
준공인가증 ············ 414
지구단위계획 ············ 52, 130
지명경쟁 ············ 162
지분형주택 ············ 403
지연이자 ············ 358
지정개발자 ············ 157
직무대행자 ············ 512

【ㅊ】

창립총회 ············ 194
철거 ············ 410
철거공사 ············ 174
청산금 ············ 425
청산금 징수위탁 ············ 427
총회 ············ 268
추진위원 ············ 196
추진위원장 ············ 196
추진위원장 직무대행 ············ 196
추진위원회 ············ 187
추진위원회 구성 동의서 ············ 190
추진위원회 운영규정 ············ 197
추진위원회구성승인처분 ············ 191

【ㅋ】

클린업시스템 ············ 481

【ㅌ】

택지개발사업 ············ 56
토지등소유자 ············ 66, 243
토지등소유자 전체회의 ············ 281
토지등소유자의 설명의무 ············ 485
토지분할 ············ 336
토지임대부 분양주택 ············ 404
투기과열지구 ············ 247
투지과열지구 ············ 353

【ㅍ】

표준정관 ············ 255

【ㅎ】

학교용지부담금 ············ 525
합동홍보설명회 ············ 174
행방식의 전환 ············ 485
행위제한 ············ 133
현금 기부채납 ············ 132
현금대상자 ············ 365
현금청산대상자 ············ 354, 361
현장설명회 ············ 174
현지개량방법 ············ 151

현지조사 ······ 115
호수밀도 ······ 147
환지방법 ······ 151, 152
회계감사 ······ 465
회계감사기관 ······ 466

•• 저자 약력 ••

【학 력】

– 고려대학교 법학과 졸업(84학번)

– 사법연수원 수료(제24기)

【주요경력】

– 제34회 사법시험 합격

– 대구지방법원 판사

– 대구지방법원 영덕지원 판사

– 인천지방법원 판사

– 변호사 개업(2003)

前 인천시 행정심판위원

現 변호사 최근형 법률사무소 대표
중부지방국세청 국세심사위원
인천세관 관세심사위원
인천지방경찰청 집회시위자문위원

[제4판] **재개발·재건축** – 전면개정된 도시정비법 해설을 중심으로 –

저 자	최 근 형	2018년 4월 25일 초 판 발행
발행인	양 진 수	2019년 1월 18일 제2판 발행
발행처	진 원 사	2020년 5월 20일 제3판 발행
		2021년 12월 27일 제4판 인쇄
		2022년 1월 5일 제4판 발행

서울시 송파구 법원로 9길 26, C동 1107호 (문정동, H비즈니스파크)
전화 : 02) 916-1850 / 팩스 : 02) 916-3442
신고번호 제 2018 - 000026호
http://www.jinwonsa.co.kr
http://www.lawbookstore.co.kr
e-mail : hhansin@hanmail.net

저자와의 협의하에 인지생략

ISBN : 978-89-6346-602-6 93360 **정가 38,000원**